# Einführung in die höhere Mathematik

Vorlesungen an der Universität Berlin (1920-1934)

von

## Georg Feigl †

bearbeitet und herausgegeben von

## Hans Rohrbach

o. Professor der Mathematik an der Universität Mainz

Mit 19 Abbildungen

## Springer-Verlag

Berlin · Göttingen · Heidelberg

1953

ISBN 978-3-642-49452-9    ISBN 978-3-642-49731-5 (eBook)
DOI 10.1007/ 978-3-642-49731-5

*Seinem Freunde*

# Alfred Brauer

*gewidmet*

*vom Herausgeber*

# Vorwort.

Die Vorlesung zur Einführung in die höhere Mathematik, die GEORG FEIGL während seiner Lehrtätigkeit an der Universität Berlin von 1920 bis 1934 regelmäßig jedes Semester gelesen hat, diente einem doppelten Zweck. Sie sollte den Studierenden den Übergang vom Schulunterricht zu dem so ganz anders gearteten Unterricht durch Vorlesungen erleichtern, und sie sollte zugleich für die Dozenten die Anfängervorlesungen in stofflicher Hinsicht entlasten. In der Analytischen Geometrie möchte man die Grundbegriffe der Vektoralgebra und der Matrizenrechnung als Hilfsmittel verwenden, ohne sich lange darüber auslassen zu müssen, und in der Infinitesimalrechnung muß man auf einem gesicherten Begriff der reellen Zahl aufbauen, zu dessen Begründung innerhalb der Vorlesung jedoch die Zeit nicht ausreicht.

Diese beiden Ziele haben den Charakter der FEIGLschen Einführungsvorlesung sowie die Auswahl des in ihr behandelten Stoffes bestimmt, wobei im einzelnen auch ERHARD SCHMIDT maßgeblicher Berater war. Die eine Anfängervorlesung begleitend, die andere vorbereitend, dabei in der Darstellung an die Unterrichtsmethoden der Schule anknüpfend, hat die „Einführung" vielen Generationen von Mathematikstudierenden in Berlin Freude und Nutzen gebracht. Es ist zu erwarten, daß sie auch in der vorliegenden Buchform geeignet ist, die Anfangsschwierigkeiten des Mathematikstudiums überwinden zu helfen und darüber hinaus all denen Einblicke in die höhere Mathematik zu vermitteln, die sich aus Liebhaberei oder aus beruflichem Interesse mit dieser Wissenschaft beschäftigen wollen. Vorausgesetzt wird lediglich einiges aus der Schulmathematik sowie einmal (Kap. IV, § 3) der Fundamentalsatz der Algebra.

Der Aufforderung des Springer-Verlages, die FEIGLsche „Einführung" herauszugeben, bin ich gern nachgekommen. Denn meine Bekanntschaft mit dieser Vorlesung spannt sich in weitem Bogen vom Wintersemester 1921/22, in dem ich sie gehört, bis zum Sommersemester 1934, in dem ich sie gelesen habe, als durch die Wegberufung von FEIGL seine Vertretung notwendig wurde. Bei der Abfassung des Manuskripts habe ich mich auf Vorlesungs-Mitschriften gestützt, die im Sommersemester 1925 Fräulein ROSE GADEBUSCH (jetzt meine Frau) und im Sommersemester 1932 Fräulein HANNA VON CAEMMERER (jetzt Dr. HANNA NEUMANN, University College, Hull) angefertigt hatten. Ich danke ihnen für die Überlassung dieser Mitschriften. Die Bearbeitung geschah im Einvernehmen mit Frau Dr. MARIA FEIGL, der ich für ihre wertvolle Hilfe

bei der Durchsicht des Manuskripts und für mannigfache Anregung
und Unterstützung zu danken habe. Außerdem bin ich Herrn Dr. ACHIM
ZULAUF sehr zu Dank verpflichtet, der mich auf einige wesentliche
Verbesserungsmöglichkeiten in der Darstellung aufmerksam gemacht
hat, sowie Herrn Dr. BODO VOLKMANN für Hilfe bei der Korrektur. Bei
der Bearbeitung haben einige Kapitel weiter ausgeführt werden müssen,
als sie in der Vorlesung gebracht wurden. Dafür fehlt ein Abschnitt
über Grundlagen der Geometrie, der mit Rücksicht auf den Umfang
des Buches leider nicht mehr aufgenommen werden konnte.

Die FEIGLsche „Einführung" ist aus Wiederholungs- und Ergän-
zungskursen hervorgegangen, die von FEIGL und anderen Assistenten
des Berliner Mathematischen Seminars unmittelbar nach dem Kriege
in den Zwischensemestern 1919 abgehalten wurden, und zwar war es
die im Herbst 1919 von einigen Studenten gegründete Mathematisch-
Physikalische Arbeitsgemeinschaft (MAPHA) der Universität Berlin,
auf deren Anregung hin der in didaktischer Hinsicht besonders aus-
geprägte FEIGLsche Ergänzungskurs in erweiterter Form als ständige
Vorlesung zur Einführung in die höhere Mathematik in den Lehrplan
aufgenommen wurde. Mit der MAPHA und ihrem segensreichen Wirken
ist der Name eines ihrer Begründer, ALFRED BRAUER (jetzt Professor
of Mathematics, University of North Carolina, Chapel Hill, N. C.,
USA), unauslöschlich verbunden. Ihm, dem Initiator dieser Einführungsvorlesung und meinem Freunde seit achtundzwanzig Jahren, soll daher
dies Buch gewidmet sein.

Im April 1945 erlag GEORG FEIGL auf Schloß Wechselburg in
Sachsen einem Magenleiden. Mit ihm ging ein akademischer Lehrer von
uns, der mit besonderer Liebe und einfühlendem Verständnis sich der
Studierenden und vor allem der Anfänger unter ihnen annahm. Möge
dies Buch dazu beitragen, das Gedächtnis an GEORG FEIGL auch unter
den Studierenden von heute lebendig zu erhalten!

Mainz, im Dezember 1952.

**H. Rohrbach.**

# Inhaltsverzeichnis.

## Berichtigungen.

| | | | |
|---|---|---|---|
| S. 24, Zeile 3/4: | Arithmetik | statt | Arithmethik |
| S. 59, Formel (32): | $\overline{OD}*^2$ | statt | $\overline{OD*^2}$ |
| S. 82, Fußnote: | 1823 | statt | 18 .. |
| S. 185, 1. Zeile der Fußnote: | $\dotplus$ | statt | $+$ |
| S. 186, Definition: | alle ( | statt | (alle |
| S. 220, Kolumnentitel: | 220 | statt | 200 |
| S. 225, letzte Zeile: | hermitisch | statt | hermetisch |
| S. 315, Formel (83): | $\leqq$ bzw. $\geqq$ | statt | $\leq$ bzw. $\geq$ |

Kapitel I.

# Komplexe Zahlen.

## § 1. Vorbemerkungen über reelle Zahlen.

**1. Die Grundgesetze der Arithmetik.** Im ersten Teil dieses Buches sollen die reellen Zahlen und die Gesetze, nach denen man mit ihnen rechnet, als bekannt vorausgesetzt werden. Eine Definition der reellen Zahlen und der mit ihnen möglichen Grundoperationen der Addition, Subtraktion, Multiplikation und Division wird, zusammen mit der Herleitung der zugehörigen Rechengesetze, im letzten Kapitel des Buches erfolgen.

Vorerst genügt es, wenn der Leser unter den reellen Zahlen die Zahlen versteht, mit denen im täglichen Leben gerechnet und gemessen wird, und beachtet, daß mit $a$ und $b$ auch die **Summe** $a + b$, die **Differenz** $a - b$, das **Produkt** $a \cdot b$ (wofür man meist $ab$ schreibt) und, falls $b$ nicht 0 ist, der **Quotient** $\frac{a}{b}$ (wofür man auch $a : b$ und zuweilen $a/b$ schreibt) stets wieder reelle Zahlen sind. Sie lassen sich jeweils in eindeutiger Weise aus $a$ und $b$ errechnen. *Die Division durch* 0 ergibt keine Zahl und *wird ein für allemal ausgeschlossen.* Ferner besteht zwischen je zwei reellen Zahlen $a$ und $b$ genau eine der beiden Beziehungen

$$a = b, \qquad a \neq b \tag{1}$$

(letztere wird gelesen: $a$ ungleich $b$).

Schließlich möge sich der Leser daran erinnern, daß für das Rechnen die folgenden Gesetze gelten, die man als **Grundgesetze der Arithmetik** bezeichnet.

**A. Gesetze der Gleichheit.** *Sind $a, b, c$ Zahlen, so gilt:*

    1. *Es ist stets $a = a$* (Reflexivgesetz).
    2. *Ist $a = b$, so ist auch $b = a$* (Symmetriegesetz).
    3. *Aus $a = b$ und $b = c$ folgt $a = c$* (Transitivgesetz).

**B. Gesetze der Addition.** *Sind $a, b, c$ Zahlen, so gilt:*

    1. *Aus $a = b$ folgt $a + c = b + c$* (schwaches Monotoniegesetz).
    2. *Es ist stets $a + b = b + a$* (Kommutativgesetz).
    3. *Es ist stets $(a + b) + c = a + (b + c)$* (Assoziativgesetz).
    4. *Zu gegebenen $a, b$ gibt es stets eine Zahl $x$ derart, daß*

$$a + x = b \tag{2}$$

*ist* (Umkehrbarkeitsgesetz).

Die Lösung von (2) ist $x = b - a$, speziell $x = 0$, wenn $b = a$ ist. Sie ist, wie man leicht einsieht, eindeutig durch $a$ und $b$ bestimmt.

**C. Gesetze der Multiplikation.** *Sind $a$, $b$, $c$ Zahlen, so gilt:*

1. *Aus $a = b$ folgt $ac = bc$* (schwaches Monotoniegesetz).
2. *Es ist stets $ab = ba$* (Kommutativgesetz).
3. *Es ist stets $(ab)c = a(bc)$* (Assoziativgesetz).
4. *Es ist stets $(a + b)c = ac + bc$* (Distributivgesetz).
5. *Zu gegebenen $a$, $b$ mit $a \neq 0$ gibt es stets eine Zahl $x$ derart, daß*

$$a x = b \tag{3}$$

*ist* (Umkehrbarkeitsgesetz).

Die Lösung von (3) ist $x = b/a$, speziell $x = 1$, wenn $b = a$ ist. Sie ist, wie man leicht einsieht, eindeutig durch $a$ und $b$ bestimmt.

Zu den unter A, B und C zusammengefaßten Gesetzen, die etwas über die Gleichheit von Zahlen und Zahlverknüpfungen aussagen, kommen nun die Gesetze, die die *Anordnung der reellen Zahlen* berücksichtigen. Von je zwei verschiedenen reellen Zahlen $a$ und $b$ ist eine die kleinere (und dann die andere die größere). Führt man also neben dem Zeichen $=$ noch die Zeichen $<$ (gelesen: kleiner als) bzw. $>$ (gelesen: größer als) ein, so gilt: Für $a \neq b$ ist entweder $a < b$ (und dann $b > a$) oder $b < a$ (und dann $a > b$). Daher kann man die Disjunktion (1) dahin präzisieren, daß zwischen je zwei reellen Zahlen $a$, $b$ genau eine der drei Beziehungen

$$a < b, \quad a = b, \quad a > b \tag{4}$$

besteht.

Bei Bedarf faßt man die ersten beiden der Beziehungen (4) zu $a \leq b$ (gelesen: $a$ kleiner oder gleich $b$; $a$ nicht größer als $b$) und die letzten beiden zu $a \geq b$ zusammen (gelesen: $a$ größer oder gleich $b$; $a$ nicht kleiner als $b$). Es ist $a \leq b$ bzw. $a \geq b$ das Gegenteil von $a > b$ bzw. $a < b$, ebenso wie die aus der ersten und dritten Beziehung (4) zusammengefaßte Relation $a \lessgtr b$ (gelesen: $a$ kleiner oder größer als $b$; $a$ nicht gleich $b$), die mit $a \neq b$ äquivalent ist, das Gegenteil der zweiten Beziehung (4) bedeutet.

Eine reelle Zahl $a$ heißt *positiv*, wenn $a > 0$ ist, *negativ*, wenn $a < 0$ ist. Ist $a = 0$, so sagt man auch, *$a$ verschwindet*. Nach (4) trifft für jede reelle Zahl $a$ genau eine dieser drei Möglichkeiten zu.

**D. Gesetze der Anordnung.** *Sind $a$, $b$, $c$ reelle Zahlen, so gilt:*

1. *Aus $a < b$ und $b < c$ folgt $a < c$* (Transitivgesetz).
2. *Aus $a < b$ folgt stets $a + c < b + c$* (starkes Monotoniegesetz der Addition).
3. *Aus $a < b$ und $c > 0$ folgt stets $ac < bc$* (starkes Monotoniegesetz der Multiplikation).

**2. Folgerungen.** Aus den Grundgesetzen der Arithmetik lassen sich die bekannten Regeln des Buchstabenrechnens, das ist das Rechnen mit

Klammern und mit Gleichheiten sowie die Vorzeichenregeln, ableiten.
Doch gehen wir an dieser Stelle nur mit dem folgenden Beispiel darauf ein:

**Regel 1.** *Gleichheiten zwischen Zahlen dürfen gliedweise zueinander addiert und miteinander multipliziert werden, in Zeichen:*

$$Aus\ a = b,\ c = d\ folgt\ a + c = b + d\ und\ ac = bd.$$

*Beweis.* Die Voraussetzungen ergeben nach B. 1 bzw. C. 1

$$a + c = b + c \quad \text{bzw.} \quad ac = bc,$$
$$c + b = d + b \quad \text{bzw.} \quad cb = db.$$

Hieraus folgt aber mittels B. 2 bzw. C. 2 und A. 3 die Behauptung.

Einige andere Folgerungen aus den Grundgesetzen aber, die grundsätzliche Bedeutung haben oder dem Anfänger nicht bekannt sein dürften, sollen noch erwähnt werden.

Die Zahlen 0 und 1, die durch die Gl. (2) bzw. (3) für $b = a$ definiert sind, haben die Eigenschaft

$$a \cdot 0 = 0 \cdot a = 0 \quad \text{für jede Zahl } a \tag{5}$$

bzw.

$$a \cdot 1 = 1 \cdot a = a \quad \text{für jede Zahl } a. \tag{6}$$

Die Lösung von (2) für $b = 0$ heißt die zu $a$ *entgegengesetzte Zahl* und wird mit $-a$ bezeichnet. Für sie gilt also

$$a + (-a) = -a + a = 0. \tag{7}$$

Die Lösung von (3) für $b = 1$ heißt die *reziproke* oder *inverse Zahl* zu $a$ und wird mit $1/a$ bezeichnet. Für sie gilt also

$$a \cdot \frac{1}{a} = \frac{1}{a} \cdot a = 1 \quad (a \neq 0). \tag{8}$$

Jede reelle Zahl $a$ hat ein *Vorzeichen*, sgn $a$ (gelesen: signum $a$), das durch die Festsetzung

$$\operatorname{sgn} a = \begin{cases} 1 & \text{für } a > 0, \\ 0 & \text{für } a = 0, \\ -1 & \text{für } a < 0 \end{cases} \tag{9}$$

definiert wird. Es ist z. B. sgn $(-3) = -1$, sgn $\frac{1}{2} = 1$.

Auf Grund der assoziativen Gesetze ist die Summe und das Produkt von beliebig, aber endlich vielen, etwa $n$, Zahlen eindeutig bestimmt. In dem Spezialfall, daß diese $n$ Zahlen alle einander gleich sind und etwa den gemeinsamen Wert $a$ haben, erhält man bei der Summe das *n-fache* $na$ von $a$ (ein **Vielfaches**), beim Produkt die *n*-te **Potenz** $a^n$ der *Basis* $a$. Hierin bedeutet $n$ eine *natürliche* Zahl, d. h. eine ganze Zahl $\geq 1$. Im Fall des Vielfachen ist durch

$$0 \cdot a = 0, \quad (-n) \cdot a = n \cdot (-a),$$

wo die rechte Seite der zweiten Gleichung als Summe von $n$ Summanden $-a$ zu denken ist, die Erweiterung des Begriffes auf eine beliebige ganze Zahl für jedes $a$ sofort gegeben. Im Fall der Potenz wird dies durch die Festsetzungen[1] $a^0 = 1$ und, *falls $a \neq 0$ ist*,

$$a^{-1} = \frac{1}{a}, \qquad a^{-n} = (a^{-1})^n$$

erreicht. Das *b-fache* von $a$ für beliebig reelles $b$ ist das Produkt $ba$.

Von grundsätzlicher Bedeutung, da für Zahlen charakteristisch, ist schließlich noch der folgende

**Satz 1.** *Ein Produkt zweier Zahlen ist dann und nur dann gleich 0, wenn mindestens einer der Faktoren verschwindet.*

Die hier gebrauchte, dem Leser vielleicht noch ungewohnte Formulierung *dann und nur dann* hat in der mathematischen Sprechweise eine *ganz bestimmte Bedeutung*, daß nämlich sowohl die ausgesprochene Behauptung wie auch deren Umkehrung gilt oder, anders ausgedrückt, daß Voraussetzung und Behauptung ihre Rolle vertauschen dürfen[2]. In einem Dann-und-nur-dann-Satz sind also stets zwei Aussagen konzentriert, z. B. in Satz 1:

a) *Dann* (hinreichend): Ein Produkt zweier Zahlen ist gleich 0, wenn mindestens einer der Faktoren verschwindet.

b) *Nur dann* (notwendig): Wenn ein Produkt zweier Zahlen gleich 0 ist, verschwindet mindestens einer der Faktoren.

Dementsprechend besteht auch die Beweisanordnung für einen Dann-und-nur-dann-Satz immer aus zwei Einzelbeweisen, je einem für die beiden im Satz enthaltenen Aussagen.

*Beweis von Satz 1.* Die beiden Zahlen seien $c$ und $d$.

a) Wenn $c = 0$ oder $d = 0$ oder beide gleich 0 sind, so ist $cd = 0$ nach (5).

b) Es sei $cd = 0$. Verschwinden beide Faktoren, so ist nichts zu beweisen. Es sei also etwa $c \neq 0$. Dann existiert $1/c$ nach C. 5, und aus $cd = 0$ folgt mittels (8), C. 3, C. 1 und (5)

$$d = \left(\frac{1}{c}\, c\right) d = \frac{1}{c}\,(cd) = \frac{1}{c} \cdot 0 = 0.$$

**3. Abbildung auf die Zahlengerade.** Man pflegt die reellen Zahlen in bestimmter Weise den Punkten einer Geraden zuzuordnen, auf der

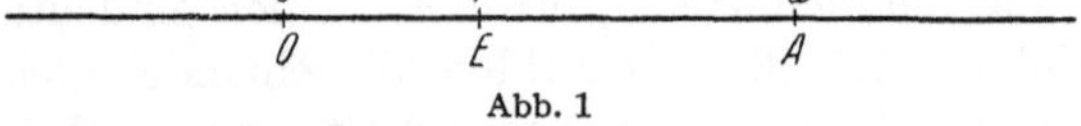

0　　　　　1　　　　　$a$
O　　　　　E　　　　　A

Abb. 1

man durch beliebige Wahl zweier verschiedenen Punkte $O$ und $E$ als Nullpunkt und Einheitspunkt einen Maßstab festgelegt hat (Abb. 1).

---

[1] Man beachte, daß hierin auch die Festsetzung $0^0 = 1$ enthalten ist.

[2] Mit der Ausdrucksweise *dann und nur dann* gleichbedeutend sind die Formulierungen *genau dann* oder *notwendig und hinreichend* (z. B. notwendig und hinreichend für das Verschwinden eines Produktes zweier Zahlen ist, daß mindestens einer der Faktoren verschwindet).

Den Punkten $O$ bzw. $E$ der (beiderseits unbegrenzt zu denkenden) Geraden ordnet man die Zahlen 0 bzw. 1 zu und umgekehrt den Zahlen 0 und 1 die Punkte $O$ bzw. $E$. Ist $a$ eine beliebige reelle Zahl, so wird ihr derjenige Punkt $A$ der Geraden zugeordnet, dessen Abstand von $O$ gleich dem $a$-fachen des Abstandes des Punktes $E$ von $O$ ist. Dabei liegen $A$ und $E$ auf derselben Seite von $O$ oder nicht, je nachdem die Zahl $a$ positiv oder negativ ist. Umgekehrt entspricht jedem Punkte $A$ der Geraden als reelle Zahl $a$ die (in entsprechender Weise wie eben) mit Vorzeichen zu versehende, auf die Einheitsstrecke $OE$ bezogene Maßzahl seines Abstandes von $O$. Man nennt $a$ auch die *Koordinate des Punktes $A$*.

Eine Begründung für die Möglichkeit dieser Zuordnung, die man als eine *eineindeutige Abbildung* (vgl. VIII, Nr. 5) der reellen Zahlen auf die Punkte einer Geraden bezeichnet, wird ebenfalls im Schlußteil dieses Buches nachgeholt werden. Die zur Abbildung benutzte Gerade heißt die *Zahlengerade*. Sie bringt zwei wesentliche Eigenschaften des Systems der reellen Zahlen zum Ausdruck: seine *Anordnung* und seine *Lückenlosigkeit*.

**4. Das Rechnen mit Ungleichungen.** Relationen zwischen Zahlen, die nicht das Gleichheitszeichen, sondern eines der Zeichen $<$, $\leqq$, $>$, $\geqq$ oder $\neq$ enthalten, bezeichnet man als *Ungleichheiten* oder *Ungleichungen*. Da das Rechnen hiermit weniger bekannt zu sein pflegt als das mit Gleichheiten, sollen die wichtigsten Regeln hier zusammengestellt werden.

**Regel 2.** *Aus $a < b$, $c < d$ folgt $a + c < b + d$.*

*Beweis.* Man addiere (nach D. 2) in $a < b$ beiderseits $c$, in $c < d$ beiderseits $b$ und wende D. 1 an.

**Regel 3.** *Aus $a < b$, $c < d$ und $b > 0$, $c > 0$ folgt $ac < bd$.*

*Beweis.* Man multipliziere (nach D. 3) $a < b$ mit $c$, dann $c < d$ mit $b$ und wende D. 1 an.

Hier müssen die Voraussetzungen $b > 0$, $c > 0$ beachtet werden. Dies zeigen die Beispiele:

$$\alpha) \quad -3 < -2, \quad +1 < +2, \quad \text{aber} \quad (-3) \cdot (+1) > (-2) \cdot (+2),$$
$$\beta) \quad -3 < +1, \quad -1 < +2, \quad \text{aber} \quad (-3) \cdot (-1) > (+1) \cdot (+2),$$
$$\gamma) \quad -3 < -2, \quad -1 < +2, \quad \text{aber} \quad (-3) \cdot (-1) > (-2) \cdot (+2).$$

**Regel 4.** *Aus $0 < a < b$ folgt $a^n < b^n$ für ganzzahliges $n \geqq 1$.*

*Beweis.* Aus $a < b$, $a < b$ folgt $a^2 < b^2$ nach Regel 3. Aus $a < b$ und $a^2 < b^2$ ebenso $a^3 < b^3$. Durch Fortsetzung dieser Schlußweise erhält man aus $a^{n-1} < b^{n-1}$ und $a < b$ schließlich $a^n < b^n$.

**Regel 5.** *Aus $a < b$ folgt $-a > -b$, allgemeiner $ac > bc$, wenn $c < 0$ ist.*

*Beweis.* Man addiere (nach D. 2) in $a < b$ beiderseits $-b$; dann folgt $a - b < 0$. Addiert man hier beiderseits $-a$, so erhält man

$-b < -a$ mittels B. 2 und B. 3. Ist $c < 0$, so setze man $c = -c'$. Dann ist $c' > 0$, und nach D. 3 und dem eben Bewiesenen folgt aus $a < b$

$$ac' < bc', \quad -ac' > -bc', \quad ac > bc.$$

**Regel 6.** *Aus $0 < a < b$ oder $a < b < 0$ folgt $\dfrac{1}{a} > \dfrac{1}{b}$.*

*Beweis.* Nach Voraussetzung ist $ab > 0$, ferner ist $ab \cdot \dfrac{1}{ab} = 1 > 0$ nach (8) und daher auch $c = \dfrac{1}{ab} > 0$. Aus $a < b$ folgt also nach D. 3

$$\frac{1}{b} = a \cdot \frac{1}{ab} < b \cdot \frac{1}{ab} = \frac{1}{a}.$$

Liest man die Ungleichungen von rechts nach links, statt von links nach rechts, so erhält man die den Regeln 2 bis 6 entsprechenden Aussagen für Ungleichungen mit dem Zeichen $>$ statt $<$. Werden die Regeln über Ungleichungen mit denen für Gleichungen kombiniert, so ergeben sich Aussagen über Ungleichungen mit dem Zeichen $\geqq$ bzw. $\leqq$. Es folgt z. B.

$$a + c > b + d \quad \text{aus} \quad a \geqq b, c > d \quad \text{oder aus} \quad a > b, c \geqq d \quad (10)$$

mittels D. 2 (falls das Zeichen $=$ gilt) und Regel 2 (falls das Zeichen $>$ gilt). Entsprechend folgt mittels D. 3 und Regel 3

$$ac > bd, \quad \text{wenn außerdem} \quad b > 0, c > 0 \quad \text{ist.} \quad (11)$$

Die Zusammenfassung von Regel 1 und Regel 2 ergibt:

$$a + c \geqq b + d, \quad \text{falls} \quad a \geqq b, c \geqq d \quad \text{ist.} \quad (12)$$

Entsprechend erhält man aus Regel 1 und Regel 3 bzw. Regel 4:

$$ac \geqq bd, \quad \text{wenn außerdem} \quad b > 0, c > 0 \quad \text{ist;} \quad (13)$$

$$a^n \geqq b^n, \quad \text{falls} \quad a \geqq b > 0 \quad \text{ist.} \quad (14)$$

Und die Regeln 5 und 6 liefern:

$$\frac{1}{a} \geqq \frac{1}{b}, \quad \text{falls} \quad 0 < a \leqq b \quad \text{oder} \quad a \leqq b < 0 \quad \text{ist,} \quad (15)$$

$$ac \geqq bc, \quad \text{falls} \quad a \geqq b \quad \text{und} \quad c > 0 \quad \text{ist.} \quad (16)$$

Wie wir später (XI, Nr. 28) zeigen werden, hat die Gleichung $x^n = a$ für ganzzahliges $n \geqq 1$ und reelles $a > 0$ stets genau eine positive reelle Lösung $x$, die man die **positive $n$-te Wurzel aus $a$** nennt und mit $x = \sqrt[n]{a}$ bezeichnet. Für $n = 2$ spricht man von der **Quadratwurzel** oder kurz **Wurzel** aus $a$ und schreibt $x = \sqrt{a}$. Da in diesem Fall mit $\sqrt{a}$ stets auch $-\sqrt{a}$ der Gleichung $x^2 = a$ genügt, so pflegt man $\sqrt{a}$ meist deutlicher durch $\overset{+}{\sqrt{a}}$ zu kennzeichnen.

**Regel 7.** *Aus $\overset{+}{a^n} < b^n$ für ganzzahliges $n \geqq 1$ und $b > 0$ folgt $a < b$.*

*Beweis.* Wäre $a \geqq b$, so wäre wegen $b > 0$ nach (14) auch $a^n \geqq b^n$ im Widerspruch zur Voraussetzung.

**Regel 7'.** *Aus* $0 < a \leq b$ *folgt* $\sqrt[n]{a} \leq \sqrt[n]{b}$ *für ganzzahliges* $n \geq 1$.

*Beweis.* Für $a = b$ ist $\sqrt[n]{a} = \sqrt[n]{b}$ nach Definition. Ist $a < b$, so gilt $\sqrt[n]{a} < \sqrt[n]{b}$ nach Regel 7, da $\sqrt[n]{b} > 0$ und $(\sqrt[n]{a})^n = a$, $(\sqrt[n]{b})^n = b$ ist.

**Regel 8.** *Aus* $a + b = 0$ *und* $a \geq 0$, $b \geq 0$ *folgt* $a = b = 0$.

*Beweis.* Wäre $a \neq 0$ oder $b \neq 0$, also $a > 0$, $b \geq 0$ bzw. $a \geq 0$, $b > 0$, so wäre $a + b > 0$ nach (10) im Widerspruch zur Voraussetzung.

**Bemerkung.** Im Gegensatz zu den Beweisen der Regeln 1 bis 6, bei denen man von der Voraussetzung ausgehend die Richtigkeit der Behauptung erschließt (Methode des *direkten Beweises*), sind die Regeln 7 und 8 in der Weise bewiesen worden, daß die Behauptung als unrichtig angenommen und diese Annahme widerlegt, d. h. daraus ein Widerspruch zur Voraussetzung gefolgert wird. Diese Methode des *indirekten Beweises* benutzt das logische *Prinzip des ausgeschlossenen Dritten*, nach dem eine Aussage nur entweder richtig oder nicht richtig ist, also eine Behauptung, deren Unrichtigkeit als nicht möglich erwiesen wird, notwendigerweise richtig sein muß. Die Frage, wie weit dieses unmittelbar einleuchtende Prinzip auch beim Operieren mit dem Unendlichen gültig bleibt, hat zu tiefgehenden Untersuchungen über die Grundlagen der Mathematik geführt, ohne bisher vollständig gelöst worden zu sein (vgl. VIII, Nr. 13).

**5. Der absolute Betrag.** Ist $a$ eine reelle Zahl, so liegen $a$ und $-a$ auf der Zahlengeraden auf verschiedenen Seiten des Nullpunktes; beide haben aber denselben Abstand vom Nullpunkt. Diesen Sachverhalt erfaßt die folgende

**Definition.** *Unter dem* **absoluten Betrag** $|a|$ *(gelesen: a absolut oder Betrag a) der reellen Zahl a versteht man die durch die Festsetzung*

$$|a| = \begin{cases} a & \text{für} & a > 0 \\ 0 & \text{für} & a = 0 \\ -a & \text{für} & a < 0 \end{cases} \tag{17}$$

*gekennzeichnete nichtnegative Zahl.*

*Beispiele.* $\quad |2| = 2, \quad |-2| = -(-2) = 2, \quad |0| = 0.$

Nach (9) und (17) gilt also für jede reelle Zahl $a$ die Zerlegung

$$a = \operatorname{sgn} a \cdot |a|.$$

Aus der Definition folgt unmittelbar:

$$|a| \geq 0, \quad |-a| = |a|, \quad \pm a \leq |a|.$$

Hierbei gilt $|a| = 0$ dann und nur dann, wenn $a = 0$ ist. Die zweite Beziehung besagt, daß $a$ und $-a$ auf der Zahlengeraden gleichen Abstand vom Nullpunkt haben, und die dritte bedeutet: Entweder ist $a = |a|$ (und dann $-a < |a|$) oder $-a = |a|$ (und dann $a < |a|$).

**Regel 9.** *Für je zwei reelle Zahlen $a$, $b$ ist*

$$|a + b| \leqq |a| + |b|, \quad (18\,\text{a}) \qquad |a - b| \leqq |a| + |b|, \quad (18\,\text{b})$$

$$|a + b| \geqq ||a| - |b||, \quad (19\,\text{a}) \qquad |a - b| \geqq ||a| - |b||, \quad (19\,\text{b})$$

*oder in eine Formel zusammengefaßt:*

$$||a| - |b|| \leqq |a \pm b| \leqq |a| + |b|.$$

*Beweis.* Ersetzt man in (18a) bzw. (19a) $b$ durch $-b$, so erhält man (18b) bzw. (19b), da $|-b| = |b|$ ist. Es genügt also, (18a) und (19a) zu beweisen. Aus $a \leqq |a|$, $b \leqq |b|$ folgt $a + b \leqq |a| + |b|$ nach Regel 2, ebenso $-(a + b) \leqq |a| + |b|$ aus $-a \leqq |a|$, $-b \leqq |b|$. Da nun eine der beiden Zahlen $\pm(a + b)$ nach Definition mit $|a + b|$ übereinstimmt, so ist (18a) bewiesen.

Zum Beweis von (19a) wende man (18a) auf die Gleichungen

$$a = (a + b) - b, \quad b = (a + b) - a$$

an. Man erhält

$$|a| = |(a + b) - b| \leqq |a + b| + |b|, \quad |b| = |(a+b) - a| \leqq |a+b| + |a|,$$

$$|a| - |b| \leqq |a + b|, \qquad\qquad |b| - |a| \leqq |a+b|.$$

Daher ist $\pm(|a| - |b|) \leqq |a + b|$, andererseits eine der beiden Zahlen $\pm(|a| - |b|)$ gleich $||a| - |b||$, also (19a) bewiesen.

Man beachte, daß die Differenz $|a| - |b|$ negativ sein kann (z. B. $a = 1$, $b = 2$). Die Ungleichungen

$$|a \pm b| \geqq |a| - |b|$$

sind dann selbstverständlich, da links eine nichtnegative Zahl steht. Erst wenn man, wie es in (19a) und (19b) geschieht, rechts den absoluten Betrag der Differenz setzt, bedürfen die Ungleichungen eines Beweises.

**Regel 10.** *Für je zwei reelle Zahlen $a$, $b$ ist*

$$|a \cdot b| = |a| \cdot |b|. \tag{20}$$

*Beweis.* Ist $a = 0$ oder $b = 0$, so sind beide Seiten von (20) gleich 0. Es sei also $a \neq 0$, $b \neq 0$. Dann folgt aus

$$|a| = \begin{cases} a & \text{für} \quad a > 0 \\ -a & \text{für} \quad a < 0, \end{cases} \qquad |b| = \begin{cases} b & \text{für} \quad b > 0 \\ -b & \text{für} \quad b < 0, \end{cases}$$

daß

$$|a| \cdot |b| = \begin{cases} ab = (-a)(-b) & \text{für} \quad ab > 0 \\ (-a)b = a(-b) & \text{für} \quad ab < 0. \end{cases}$$

Andererseits ist nach Definition

$$|ab| = \begin{cases} ab & \text{für} \quad ab > 0 \\ -ab & \text{für} \quad ab < 0. \end{cases}$$

**Regel 11.** *Für reelle Zahlen $a$, $b$ mit $a \neq 0$ ist*

$$\left|\frac{1}{a}\right| = \frac{1}{|a|}, \quad (21\,\text{a}) \qquad\qquad \left|\frac{b}{a}\right| = \frac{|b|}{|a|}. \quad (21\,\text{b})$$

*Beweis.* Man wende (20) auf

$$a \cdot \frac{1}{a} = 1 \quad \text{bzw.} \quad b \cdot \frac{1}{a} = \frac{b}{a}$$

an. Dann folgt, da mit $a$ auch $|a| \neq 0$ ist,

$$\left| a \cdot \frac{1}{a} \right| = |a| \cdot \left| \frac{1}{a} \right| = 1 \quad \text{bzw.} \quad \left| b \cdot \frac{1}{a} \right| = |b| \cdot \left| \frac{1}{a} \right| = \left| \frac{b}{a} \right|,$$

$$\left| \frac{1}{a} \right| = \frac{1}{|a|} \quad \text{bzw.} \quad \left| \frac{b}{a} \right| = |b| \cdot \frac{1}{|a|} = \frac{|b|}{|a|}.$$

## § 2. Das Rechnen mit komplexen Zahlen.

**6. Definition der komplexen Zahl.** Schon frühzeitig hat man festgestellt, daß es Gleichungen zweiten Grades mit reellen Koeffizienten gibt, die sich nicht durch reelle Zahlen lösen lassen. Zum Beispiel hat die Gleichung

$$x^2 + b = 0 \qquad (b > 0, \text{ reell}) \tag{22}$$

keine reelle Zahl $x$ als Lösung. Für jedes reelle $x$ ist nämlich $x^2 \geqq 0$, woraus mit $b > 0$ nach (10) stets $x^2 + b > 0$ folgt. Löst man (22) formal auf, so wird man auf die Quadratwurzel aus einer negativen Zahl

$$x = \pm \sqrt{-b} \tag{23}$$

geführt. Dieser Ausdruck ist also keine reelle Zahl und daher sinnlos, solange man nur reelle Zahlen kennt. Ebenso stellen die Ausdrücke $3 + \sqrt{-2}$ und $3 - \sqrt{-2}$ keine reellen Zahlen dar. Rechnet man aber mit ihnen, wie man es von den reellen Zahlen her gewohnt ist, so prüft man leicht nach, daß beide Ausdrücke die Gleichung $x^2 - 6x + 11 = 0$ erfüllen. Doch hat diese Gleichung, da für jedes reelle $x$

$$x^2 - 6x + 11 = (x - 3)^2 + 2 > 0$$

ist, keine reelle Zahl als Lösung.

Es erhebt sich also die Frage, ob man das System der reellen Zahlen so zu einem umfassenderen Zahlensystem erweitern kann, daß Ausdrücke der eben betrachteten Art darin enthalten sind und zuvor nicht lösbare Gleichungen in dem erweiterten Zahlensystem lösbar werden. Zur Beantwortung dieser Frage muß zunächst klargestellt werden, was unter einem Zahlensystem verstanden werden soll.

**Definition.** *Ein System von Dingen, das die reellen Zahlen umfaßt, nennen wir ein* **Zahlensystem** *und bezeichnen jedes Ding selber als eine* **Zahl**, *wenn sich für diese Dinge Gleichheit, Addition und Multiplikation so definieren lassen, daß die unter A, B und C (vgl. § 1) zusammengefaßten Grundgesetze der Arithmetik erfüllt sind.*

Wir wollen, ausgehend von den reellen Zahlen, ein umfassenderes Zahlensystem aufbauen, das das vorhin Gewünschte leistet. Bei diesem System handelt es sich um das System der komplexen Zahlen.

**Definition.** *Sind $a$ und $b$ reelle Zahlen, so heißt das geordnete Zahlenpaar $(a, b)$, sofern diese Paare den nachstehend definierten Relationen* (24), (25), (26) *genügen, eine* **komplexe Zahl.**

**7. Nachweis der Zahleneigenschaft.** Wir bezeichnen diese geordneten Paare reeller Zahlen mit kleinen griechischen Buchstaben und wollen zunächst nachweisen, daß — im Sinne der obigen Definition — die Bezeichnung *Zahl* für ein solches Zahlenpaar zu Recht besteht.

**Definition.** *Zwei Zahlenpaare $\alpha = (a, b)$ und $\beta = (c, d)$ heißen einander* **gleich,** *in Zeichen $\alpha = \beta$, wenn $a = c$ und $b = d$ ist; die* **Gleichheit** *wird also geregelt durch die Festsetzung*

$$(a, b) = (c, d), \quad \text{wenn} \quad a = c \quad \text{und} \quad b = d. \tag{24}$$

Demgemäß gilt $\alpha \neq \beta$, wenn $a \neq c$ oder $b \neq d$ oder beides zutrifft. Für je zwei Zahlenpaare $\alpha$, $\beta$ besteht daher genau eine der beiden Beziehungen $\alpha = \beta$ oder $\alpha \neq \beta$. Insbesondere ist $(a, b) \neq (b, a)$, für $a \neq b$.

Die Gesetze A. 1, A. 2, A. 3 der Gleichheit sind für Zahlenpaare $\alpha$, $\beta$, $\gamma$ erfüllt. Denn diese Aussagen werden durch die Gleichheitsdefinition auf die entsprechenden Gesetze für reelle Zahlen zurückgeführt.

**Definition.** *Unter der* **Summe** $\alpha + \beta$ *der beiden Zahlenpaare $\alpha = (a, b)$ und $\beta = (c, d)$ versteht man das Zahlenpaar $(a + c, b + d)$; die* **Addition** *erfolgt also nach der Vorschrift*

$$(a, b) + (c, d) = (a + c, b + d). \tag{25}$$

Damit ist die Addition der Zahlenpaare auf die der reellen Zahlen zurückgeführt. Infolgedessen bestätigt man leicht die Gültigkeit der Gesetze B. 1, B. 2, B. 3 der Addition für Zahlenpaare. Setzt man ferner $(x, y) = \xi$, so hat die Gleichung

$$\alpha + \xi = \beta, \quad \text{d. h.} \quad (a, b) + (x, y) = (c, d)$$

als (einzige) Lösung das Zahlenpaar $(x, y) = (c - a, d - b)$; denn die Gleichungen

$$a + x = c, \quad b + y = d$$

sind eindeutig nach $x$ und $y$ auflösbar. Das lösende Zahlenpaar wird als **Differenz**

$$\beta - \alpha = (c - a, d - b)$$

von $\beta$ und $\alpha$ bezeichnet. Also ist auch B. 4 erfüllt. Im Spezialfall $\beta = \alpha$, d. h. $c = a$, $d = b$, erhält man als Differenz das Zahlenpaar $(0, 0)$. Dieses spielt die Rolle der *Null* beim Rechnen mit Zahlenpaaren und wird ebenfalls mit 0 bezeichnet. Für jedes Zahlenpaar $\alpha$ ist

$$\alpha + 0 = 0 + \alpha = \alpha.$$

**Definition.** *Unter dem* **Produkt** $\alpha \cdot \beta$ *(meist $\alpha\beta$ geschrieben) der Zahlenpaare $\alpha = (a, b)$ und $\beta = (c, d)$ versteht man das Zahlenpaar $(ac - bd, ad + bc)$; die* **Multiplikation** *erfolgt also nach der Vorschrift*

$$(a, b) \cdot (c, d) = (ac - bd, ad + bc). \tag{26}$$

Hiermit ist die Multiplikation von Zahlenpaaren auf die Multiplikation und Addition von reellen Zahlen zurückgeführt. Man rechnet daher ohne große Mühe nach, daß für Zahlenpaare die Gesetze C. 1, C. 2, C. 3, C. 4 der Multiplikation gelten. Ist ferner $\alpha$ ein Zahlenpaar $\neq 0$, $\xi' = (x', y')$, so ist die Gleichung

$$\alpha \xi' = \beta, \quad \text{d. h.} \quad (a, b)\, (x', y') = (c, d)$$

stets lösbar. Sie führt nämlich auf Grund von (26) zu

$$(a\,x' - b\,y',\ a\,y' + b\,x') = (c, d)$$

und nach (24) auf die beiden Gleichungen

$$a\,x' - b\,y' = c, \quad a\,y' + b\,x' = d$$

zwischen reellen Zahlen. Als deren Lösung erhält man

$$x' = \frac{ac + bd}{a^2 + b^2}, \qquad y' = \frac{ad - bc}{a^2 + b^2}. \tag{27}$$

Nach Voraussetzung ist $\alpha \neq 0$, d. h. $(a, b) \neq (0, 0)$, also mindestens eine der beiden Zahlen $a, b$ von 0 verschieden und daher $a^2 + b^2 \neq 0$ (vgl. Regel 8). Folglich sind die Werte $x', y'$ in (27) reelle Zahlen, und das Zahlenpaar

$$(x', y') = \left( \frac{ac + bd}{a^2 + b^2},\ \frac{ad - bc}{a^2 + b^2} \right) \tag{28}$$

ist eine Lösung der Gleichung $\alpha \xi' = \beta$. Es ist also auch C. 5 erfüllt.

Die Lösung (28) ist überdies eindeutig bestimmt. Nach C. 5 und C. 2 gibt es nämlich zu $\alpha \neq 0$ ein $\alpha^*$ mit $\alpha \alpha^* = \alpha^* \alpha = 1$, und aus $\alpha \xi_1' = \beta$, $\alpha \xi_2' = \beta$ folgt dann mittels C. 1 und C. 3

$$\xi_1' = (\alpha^* \alpha)\, \xi_1' = \alpha^* (\alpha \xi_1') = \alpha^* (\alpha \xi_2') = (\alpha^* \alpha)\, \xi_2' = \xi_2'.$$

Das Zahlenpaar (28) heißt der **Quotient** der Zahlenpaare $\beta$ und $\alpha \neq 0$ und wird mit $\beta/\alpha$ bezeichnet. Im Spezialfall $\beta = \alpha$, d. h. $c = a$, $d = b$, erhält man als Quotienten das Zahlenpaar $(1, 0)$. Dieses spielt die Rolle der *Eins* beim Rechnen mit Zahlenpaaren und soll vorläufig mit $\varepsilon$ bezeichnet werden. Für jedes Zahlenpaar $\alpha$ ist $\alpha \varepsilon = \varepsilon \alpha = \alpha$.

Das System der geordneten Paare reeller Zahlen erfüllt also die Grundgesetze A, B und C, wenn Gleichheit, Addition und Multiplikation gemäß (24), (25) und (26) definiert werden. Es umfaßt auch, wie in Nr. 9 mit (31) gezeigt wird, die reellen Zahlen. Wir dürfen daher die Zahlenpaare selbst als Zahlen bezeichnen und sprechen demgemäß nicht mehr von Zahlenpaaren, sondern von Zahlen und nennen diese die komplexen Zahlen.

*Beispiel.* Es sei $\alpha = (2, 1)$, $\beta = (-1, 3)$. Dann ist

$$\alpha + \beta = (1, 4), \quad \alpha - \beta = (3, -2), \quad \beta - \alpha = (-3, 2);$$

$$\alpha\beta = (-5, 5), \quad \frac{\alpha}{\beta} = \left( \frac{1}{10},\ \frac{-7}{10} \right), \quad \frac{\beta}{\alpha} = \left( \frac{1}{5},\ \frac{7}{5} \right);$$

$$\alpha - \beta + (\beta - \alpha) = (0, 0) = 0, \quad \frac{\alpha}{\beta} \cdot \frac{\beta}{\alpha} = (1, 0) = \varepsilon.$$

**8. Weitere Eigenschaften.** Die Definitionen von Gleichheit, Addition und Multiplikation der Zahlenpaare hätten auch anders erfolgen können, als es mit den Festsetzungen (24), (25) und (26) geschehen ist. Beispielsweise könnte man das Produkt von $(a, b)$ und $(c, d)$, in Analogie zur Summendefinition (25), durch

$$(ac, bd) \tag{29}$$

definieren. Man überzeugt sich leicht, daß mit (24), (25) und (29) die Zahlenpaare alle unter A, B und C zusammengefaßten Grundgesetze mit Ausnahme von C. 5 befolgen. Eine Gleichung $\alpha\xi = \beta$ ist bei Zugrundelegung von (29) nur für Paare $\alpha = (a, b)$ mit $a \neq 0$ *und* $b \neq 0$ lösbar, also nicht, wie es sein müßte, für *alle* $\alpha \neq 0$. Die kompliziertere Produktdefinition (26) sichert uns außerdem auch die Übertragung von Satz 1. Es gilt nämlich

**Satz 2.** *Ein Produkt zweier komplexen Zahlen ist dann und nur dann gleich Null, wenn mindestens einer der Faktoren verschwindet.*

*Beweis.* Es sei $\alpha = (a, b), \beta = (c, d)$. Ist dann $\alpha = 0$ oder $\beta = 0$, so ist nach (26) auch $\alpha\beta = 0$. Ist umgekehrt $\alpha\beta = 0$ und etwa $\beta \neq 0$, so muß $\alpha = 0$ sein. Denn $\alpha\beta = 0$ bedeutet

$$ac - bd = 0 \quad \text{und} \quad ad + bc = 0. \tag{30}$$

Multipliziert man die erste Gleichung mit $c$, die zweite mit $d$ und addiert, so folgt $a(c^2 + d^2) = 0$, also $a = 0$ nach Satz 1, da $\beta \neq 0$, d. h. $c^2 + d^2 \neq 0$ ist. Multipliziert man die erste Gl. (30) mit $-d$, die zweite mit $c$ und addiert, so folgt $b(d^2 + c^2) = 0$, also, entsprechend wie eben, $b = 0$. Mit $a = b = 0$ ist aber $\alpha = 0$.

Dieser Satz 2, der eine wesentliche Eigenschaft der reellen Zahlen (Satz 1) auch für die komplexen Zahlen als gültig nachweist, gilt *nicht* mehr, wenn man die Multiplikation der Zahlenpaare durch die einfachere Vorschrift (29) definiert. Denn dann wäre z. B. für alle reellen Zahlen $a \neq 0$, $d \neq 0$ das Produkt

$$(a, 0) \cdot (0, d) = (0, 0) = 0,$$

ohne daß einer der Faktoren verschwindet.

Es läßt sich sogar beweisen, daß die Definitionen (24), (25) und (26) im wesentlichen die einzige Möglichkeit darstellen, ein komplexes Zahlensystem im Sinne der Definition von Nr. 6 zu begründen, daß also das System der komplexen Zahlen als d a s Zahlensystem anzusehen ist. Doch kann auf diesen Nachweis hier nicht eingegangen werden[1].

Nach Definition ist $\beta - \alpha = 0$, wenn $\beta = \alpha$ ist, und umgekehrt. Für $0 - \alpha$ setzt man $-\alpha$ und nennt $-\alpha = (-a, -b)$ die zu $\alpha = (a, b)$ *entgegengesetzte* komplexe Zahl. Für sie gilt also, wenn man noch das kommutative Gesetz beachtet, $\alpha - \alpha = -\alpha + \alpha = 0$.

---

[1] Vgl. dazu H. KNESER: Die komplexen Zahlen und ihre Verallgemeinerung. Mathematisch-Physikalische Semesterberichte **1** (1950), S. 256—267.

Die Begriffe des *Vielfachen* $n\alpha$ und der *Potenz* $\alpha^n$ (Nr. 2) lassen sich für ganze Zahlen $n$ ohne weiteres von reellen auf komplexe Zahlen übertragen. Ist $\alpha \neq 0$, so heißt

$$\frac{\varepsilon}{\alpha} = \left( \frac{a}{a^2 + b^2}, \quad \frac{-b}{a^2 + b^2} \right)$$

die *reziproke* komplexe Zahl zu $\alpha = (a, b)$, wofür wir auch $\alpha^{-1}$ schreiben. Ferner setzen wir $\alpha^0 = \varepsilon$ und $\alpha^{-n} = (\alpha^{-1})^n$, falls die *Basis* $\alpha \neq 0$ ist.

**9. Die Gausssche Zahlenebene.** Die reellen Zahlen pflegt man sich auf einer Geraden, der Zahlengeraden, zu veranschaulichen. Um das Entsprechende für die komplexen Zahlen tun zu können, braucht man eine Ebene. Man zeichne in einer Ebene zwei aufeinander senkrechte Geraden, nehme ihren Schnittpunkt als Nullpunkt $O$ und auf jeder Geraden einen Einheitspunkt $E_1$ bzw. $E_2$ an. Es sei (vgl. Abb. 1) $E_1$ auf der waagerechten Geraden rechts von $O$ und $E_2$ auf der dazu senkrechten Geraden oberhalb von $O$ gelegen, und ihre Abstände von $O$ seien einander gleich. Die Geraden stellen ein rechtwinkliges Koordinatenkreuz dar, und jeder Punkt $P$ der Ebene ist durch zwei reelle Zahlen, seine *Koordinaten*, eindeutig festgelegt. Diese erhält man, indem man durch $P$ Parallelen zu den Achsen zieht und die Koordinaten der Schnittpunkte $A$, $B$ dieser Parallelen mit den beiden Achsen bestimmt. Ordnet man dem Punkte $P$ mit den Koordinaten $a$, $b$ (die erste Zahl kennzeichne die Koordinate auf der waagerechten Achse) die komplexe Zahl $\alpha = (a, b)$ zu, so hat man eine *eineindeutige Abbildung* (vgl. VIII, Nr. 5) *der komplexen Zahlen auf die Punkte der Ebene.* Jeder Zahl entspricht ein Punkt und jedem Punkt eine Zahl. Man nennt die Ebene die *Zahlenebene*, auch *Gaußsche Zahlenebene*[1].

Die Punkte der Ebene, deren *zweite* Koordinate 0 ist, liegen auf der waagerechten Achse. Ihnen entsprechen die Zahlen $(a, 0)$. Nun ist aber die waagerechte Achse nichts anderes als ein Exemplar der Zahlengeraden, wie wir sie in Nr. 3 zur Abbildung der reellen Zahlen auf die Punkte einer Geraden benutzt haben. Die Zahl $(a, 0)$ kennzeichnet den Punkt $A$ der Zahlengeraden, der die Koordinate $a$ hat, dem also die reelle Zahl $a$ entspricht. Die spezielle komplexe Zahl $(a, 0)$ und die reelle Zahl $a$ sind also ein und demselben Punkt $A$ der Zahlengeraden zugeordnet. *Wir dürfen und wollen daher die Zahl $(a, 0)$ mit der Zahl $a$ identifizieren:*

$$(a, 0) = a \quad \text{für jedes reelle } a. \tag{31}$$

Diese Gleichsetzung wird auch durch folgende Tatsache nahegelegt: Wendet man die Definitionen (24), (25) und (26) der Gleichheit, Addition und Multiplikation speziell auf komplexe Zahlen $\alpha = (a, 0)$ und

---

[1] CARL FRIEDRICH GAUSS, 1777—1855, von 1807 an Professor für Mathematik und Astronomie an der Universität Göttingen.

$\gamma = (c, 0)$ an, deren zweite Koordinate gleich 0 ist, so wird [man braucht nur in (24), (25), (26) und (28) $b = d = 0$ zu setzen]:

$$\alpha = \gamma, \quad \text{wenn} \quad a = c \quad \text{ist},$$

$$\alpha + \gamma = (a + c, 0), \quad \alpha - \gamma = (a - c, 0),$$

$$\alpha \gamma = (ac, 0),$$

$$\frac{\alpha}{\gamma} = \left(\frac{a}{c}, 0\right), \quad \text{falls} \ \gamma \neq 0, \quad \text{d. h.} \quad c \neq 0 \quad \text{ist}.$$

Mit diesen speziellen komplexen Zahlen darf man also genau so rechnen wie mit reellen Zahlen. Durch (31) wird auch die frühere Festsetzung

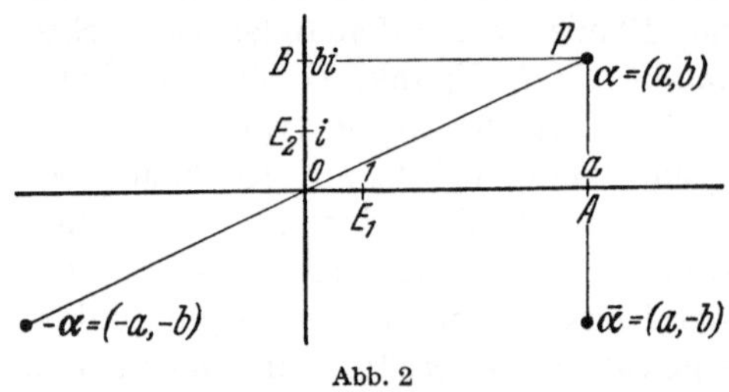

Abb. 2

$(0, 0) = 0$ nachträglich gerechtfertigt, und wegen $(1, 0) = 1$ können wir jetzt auf die vorläufige Bezeichnung $\varepsilon$ verzichten und die Eins der komplexen Zahlen ebenfalls mit 1 bezeichnen. Auf Grund von (31) heißt die waagerechte Achse des Achsenkreuzes (Abb. 2) auch die *reelle Achse* oder *Achse des Reellen*.

Die Punkte der Ebene, deren *erste* Koordinate 0 ist, liegen auf der senkrechten Achse. Ihnen entsprechen die Zahlen $(0, b)$. Nun ist nach (26)

$$(0, b) = (b, 0)(0, 1). \tag{32}$$

Führt man daher für die Zahl $(0, 1)$ die Abkürzung

$$(0, 1) = i$$

ein, so gilt nach (31) und (32)

$$(0, b) = bi \quad \text{für jedes reelle } b. \tag{33}$$

Es wird also dem Einheitspunkte $E_2$ der senkrechten Achse die Zahl $i$ und einem Punkte $B$ dieser Achse, der im Sinne von Nr. 3 die Koordinate $b$ hat, die Zahl $bi$ zugeordnet. Dies ist eine vollkommene Analogie zu dem Vorgang auf der reellen Achse, wo dem Einheitspunkte $E_1$ die Zahl 1 und einem Punkte $A$ mit der Koordinate $a$ die Zahl $a \cdot 1 = a$ zugeordnet wird. Aber es liegt auch nicht mehr als nur eine Analogie vor. Man muß stets bedenken, daß das Produkt $bi$ seinen Sinn erst dadurch erhält, daß die Faktoren $b$ bzw. $i$ Abkürzungen für die Zahlen $(b, 0)$ bzw. $(0, 1)$ sind. Man nennt — in Analogie zur *reellen Einheit* 1 — die Zahl $i$ die *imaginäre Einheit* und die senkrechte Achse des Achsenkreuzes die *imaginäre Achse* oder *Achse des Imaginären*, die auf ihr liegenden Zahlen $bi$ *rein imaginär*.

**10. Die Schreibweise $a + bi$.** Ist jetzt $\alpha = (a, b)$ eine beliebige komplexe Zahl, so läßt $\alpha$ auf Grund der aus (25) folgenden Zerlegung

$$(a, b) = (a, 0) + (0, b)$$

nach (31) und (33) die Darstellung

$$\alpha = a + bi \tag{34}$$

zu. Diese Darstellung von $\alpha$ ist für das praktische Rechnen mit komplexen Zahlen von Bedeutung. Die Rechenvorschriften (25) und (26) der Addition und Multiplikation lauten nämlich in der neuen Schreibweise (34):

$$(a + bi) \pm (c + di) = (a \pm c) + (b \pm d)i, \tag{35}$$

$$(a + bi) \cdot (c + di) = (ac - bd) + (ad + bc)i, \tag{36}$$

und da nach (26) und unseren Festsetzungen

$$i^2 = (0,\,1)\,(0,\,1) = (-1,\,0) = -1 \tag{37}$$

ist, kann man die Gl. (35) und (36) so deuten: *Man darf mit Ausdrücken der Form $a + bi$ so rechnen, wie man es vom Buchstabenrechnen mit reellen Zahlen her gewohnt ist, falls man, bei der Bildung von Produkten, $i^2$ jedesmal durch $-1$ ersetzt.*

Das System der komplexen Zahlen enthält also Zahlen, deren Quadrat negativ-reell ist. Daher hat z. B. die Gl. (22) in Nr. 6 jetzt Lösungen. Aus (22) folgt

$$x^2 = -b = i^2 b, \quad \text{d. h.} \quad x = \pm \sqrt{b}\,i, \quad x^2 + b = (x - \sqrt{b}\,i)\,(x + \sqrt{b}\,i).$$

Wir werden später sehen (IV, Nr. 4), daß mit Hilfe der komplexen Zahlen *jede* quadratische Gleichung lösbar wird, unser Ziel also erreicht ist. Es gilt sogar viel mehr: Auch die Lösungen algebraischer Gleichungen von höherem als zweitem Grade gehören sämtlich dem System der komplexen Zahlen an. Doch kann hierauf in diesem Buch nicht eingegangen werden.

Wir werden von jetzt ab für die komplexe Zahl $\alpha = (a, b)$ im allgemeinen die Darstellung $a + bi$ benutzen. Man nennt $a$ (die Koordinate auf der reellen Achse) den *Realteil*, $b$ (die Koordinate auf der imaginären Achse) den *Imaginärteil* von $\alpha$, in Zeichen

$$a = \Re(\alpha), \quad b = \Im(\alpha).$$

Die Zahl $(a, -b) = a - bi$ heißt die zu $\alpha$ *konjugiert-komplexe* oder *konjugierte Zahl*, in Zeichen

$$a + bi = \alpha, \quad a - bi = \bar{\alpha} \quad \text{(gelesen: } \alpha \text{ überstrichen oder } \alpha \text{ quer).}$$

Man kann sich $\bar{\alpha}$ aus $\alpha$ so entstanden denken, daß $i$ durch $-i$ ersetzt wird. In der Zahlenebene erhält man $\bar{\alpha}$ aus $\alpha$ durch *Spiegelung an der reellen Achse* (vgl. Abb. 2), dagegen $-\alpha$ wie im Reellen durch *Spiegelung am Nullpunkt.*

*Beispiele.* $\Re(3 - 2i) = 3, \quad \Im(3 - 2i) = -2; \quad \overline{3 - 2i} = 3 + 2i,$

$$\overline{\tfrac{1}{2} + i} = \tfrac{1}{2} - i, \quad \overline{\sqrt{2}\,i} = -\sqrt{2}\,i.$$

Für den Übergang zur konjugiert-komplexen Zahl hat man, wie man leicht nachprüft, die Regeln:

$$\overline{\alpha + \beta} = \bar{\alpha} + \bar{\beta}, \qquad \overline{\alpha - \beta} = \bar{\alpha} - \bar{\beta}, \tag{38a}$$

$$\overline{\alpha \cdot \beta} = \bar{\alpha} \cdot \bar{\beta}, \qquad \overline{\left(\frac{\alpha}{\beta}\right)} = \frac{\bar{\alpha}}{\bar{\beta}} \quad (\beta \neq 0). \tag{38b}$$

Ferner erhält man als konjugierte Zahl zu $\bar{\alpha}$ die ursprüngliche Zahl: $\bar{\bar{\alpha}} = \alpha$. Und es gilt der Satz:

**Satz 3.** *Eine Zahl $\alpha$ ist dann und nur dann reell, wenn $\bar{\alpha} = \alpha$ ist.*

*Beweis.* a) Ist $\alpha = a + bi$ reell, so ist $b = 0$, also $\alpha = \bar{\alpha} = a$.

b) Ist $\alpha = \bar{\alpha}$, also $a + bi = a - bi$, so ist $2bi = 0$, also $b = 0$ nach Satz 2, weil $2i \neq 0$ ist. Mit $b = 0$ ist aber $\alpha = a$ reell.

Summe und Produkt von $\alpha$ und $\bar{\alpha}$ sind reell, ihre Differenz ist rein imaginär:

$$\alpha + \bar{\alpha} = (a + bi) + (a - bi) = 2a, \tag{39a}$$

$$\alpha - \bar{\alpha} = (a + bi) - (a - bi) = 2bi, \tag{39b}$$

$$\alpha \cdot \bar{\alpha} = (a + bi)(a - bi) = a^2 + b^2. \tag{39c}$$

Dies Produkt heißt die *Norm* von $\alpha$, in Zeichen

$$\bar{\alpha}\alpha = \alpha\bar{\alpha} = a^2 + b^2 = ||\alpha|| \quad \text{(gelesen: Norm } \alpha\text{)}.$$

Die Norm ist eine reelle Zahl. Für jedes komplexe $\alpha$ ist $||\alpha|| \geqq 0$, und nach Regel 8 ist dann und nur dann $||\alpha|| = 0$, wenn $\alpha = 0$ ist.

Für die Division zweier komplexen Zahlen $\alpha = a + bi$ und $\beta = c + di$ in dieser Schreibweise geht man so vor, daß man, falls $\alpha \neq 0$, also $||\alpha|| \neq 0$ ist, zunächst $1/\alpha$ mit der konjugierten Zahl $\bar{\alpha}$ erweitert:

$$\frac{1}{a + bi} = \frac{1}{\alpha} = \frac{\bar{\alpha}}{\alpha \cdot \bar{\alpha}} = \frac{\bar{\alpha}}{||\alpha||} = \frac{a - bi}{a^2 + b^2} = \frac{a}{a^2 + b^2} - \frac{b}{a^2 + b^2}\,i \tag{40}$$

und dann nach (36) mit $c + di$ multipliziert:

$$\frac{c + di}{a + bi} = \frac{ac + bd}{a^2 + b^2} + \frac{ad - bc}{a^2 + b^2}\,i.$$

Auch hier erhält man also durch formales Buchstabenrechnen und Ersetzen von $i^2$ durch $-1$ den Quotienten in der durch (28) festgelegten Form.

**11. Der absolute Betrag.** Die komplexen Zahlen erfüllen, wie wir in Nr. 7 gesehen haben, die unter A, B und C zusammengefaßten Grundgesetze der Arithmetik. Wie steht es nun mit den Gesetzen der Gruppe D, den Gesetzen der Anordnung? Hier zeigen wir

**Satz 4.** *Die komplexen Zahlen lassen sich in keiner Weise so anordnen, daß alle drei Grundgesetze D erfüllt sind.*

*Beweis.* Angenommen, es gäbe eine solche Anordnung. Sie werde mit $<$ bezeichnet. Bei dieser Anordnung müßte, da $i \neq 0$ ist, entweder $i > 0$ oder $i < 0$ sein. Es genügt, den Fall $i > 0$ zu betrachten. Denn im Falle $i < 0$ wäre $-i > 0$ und man könnte mit $-i$ statt $i$ schließen. (Wäre nämlich bei $i < 0$ auch $-i < 0$, so wäre nach D. 2

$$0 = -i + i < 0 + i = i < 0, \quad \text{also} \quad 0 < 0$$

nach D. 1, was nicht zutrifft.) Aus $i > 0$ folgte nun nach D. 3 zunächst $-1 = i^2 > 0$ und dann $(-1)i = -i > 0$ und aus $i > 0$ und $-i > 0$ durch Addition nach D. 2 und D. 1 der Widerspruch $0 > 0$.

Infolgedessen sind die Gesetze D der Anordnung für komplexe Zahlen gegenstandslos. Da man aber auf die Möglichkeit, auch diese in bezug auf ihre Größe miteinander zu vergleichen, nicht verzichten will, muß man sich einen Ersatz für die Anordnung schaffen.

**Definition.** *Unter dem* **absoluten Betrag** $|\alpha|$ *(gelesen: $\alpha$ absolut oder Betrag $\alpha$) der komplexen Zahl* $\alpha = a + bi$ *versteht man den positiven Wert der Quadratwurzel aus der Norm von $\alpha$:*

$$|\alpha| = \sqrt[+]{\|\alpha\|} = \sqrt[+]{a^2 + b^2}. \tag{41}$$

*Beispiele.* $|i| = 1, \quad |1 + i| = \sqrt[+]{2}, \quad |3 - \sqrt{2}\,i| = \sqrt[+]{11}.$

Aus der Definition folgt unmittelbar, daß $|\alpha|$ eine reelle Zahl ist mit den Eigenschaften:

$$|\alpha| \geq 0, \quad |\alpha|^2 = \|\alpha\| = \alpha \cdot \bar{\alpha}, \quad |-\alpha| = |\alpha|, \quad |\bar{\alpha}| = |\alpha|. \tag{42a}$$

Da ferner $|\alpha| = 0$ mit $a^2 + b^2 = 0$ gleichbedeutend[1] ist, so ist nach Regel 8 dann und nur dann $|\alpha| = 0$, wenn $\alpha = 0$ ist. Außerdem liefert (41) noch:

$$|\alpha| \geq a = \Re(\alpha), \quad |\alpha| \geq b = \Im(\alpha). \tag{42b}$$

Ist $\alpha$ reell, d. h. $b = 0$, so ist $|\alpha| = \sqrt[+]{a^2} = |a|$. Die Definition des absoluten Betrages einer komplexen Zahl umfaßt also die für eine reelle als Spezialfall, wie es auch bei den Definitionen der Rechenregeln der Fall war.

**Regel 12.** *Für je zwei komplexe Zahlen $\alpha, \beta$ ist*

$$|\alpha + \beta| \leq |\alpha| + |\beta|, \tag{43a} \qquad |\alpha - \beta| \leq |\alpha| + |\beta|, \tag{43b}$$

$$|\alpha + \beta| \geq \big||\alpha| - |\beta|\big|, \tag{44a} \qquad |\alpha - \beta| \geq \big||\alpha| - |\beta|\big|. \tag{44b}$$

*Beweis.* Ist $\alpha = a + bi$, $\beta = c + di$, so ist

$$a^2 d^2 - 2abcd + b^2 c^2 = (ad - bc)^2 \geq 0,$$

da $ad - bc$ reell ist. Bringt man $2abcd$ nach rechts und fügt beiderseits passende Glieder hinzu, so folgt

$$(ac + bd)^2 \leq (a^2 + b^2)(c^2 + d^2).$$

---

[1] Zwei Aussagen heißen *gleichbedeutend*, wenn jede von ihnen aus der anderen folgt.

Jetzt nimmt man beiderseits den positiven Wurzelwert (nach Regel 7′), multipliziert mit 2 und addiert wieder passende Glieder. So erhält man

$$(a+c)^2 + (b+d)^2 \leqq (\sqrt{a^2+b^2} + \sqrt{c^2+d^2})^2, \quad \text{d. h.} \quad |\alpha+\beta|^2 \leqq (|\alpha|+|\beta|)^2.$$

Hieraus folgt (43a) nach Regel 7′.

Da $|-\beta| = |\beta|$ ist, folgt (43b) unmittelbar aus (43a), indem man $\beta$ durch $-\beta$ ersetzt. Auf dieselbe Weise ergibt sich (44b) aus (44a), so daß nur noch (44a) zu zeigen ist. Hierzu nehme man die nach (43b) richtige Ungleichung

$$|\gamma - \beta| \leqq |\gamma| + |\beta|$$

und setze $\gamma = \alpha + \beta$. Man erhält $|\alpha| \leqq |\alpha + \beta| + |\beta|$, also

$$|\alpha + \beta| \geqq |\alpha| - |\beta|$$

und, wenn man $\alpha$ und $\beta$ vertauscht,

$$|\alpha + \beta| = |\beta + \alpha| \geqq |\beta| - |\alpha|.$$

Die beiden letzten Ungleichungen sind aber gleichbedeutend mit (44a) (vgl. den Schluß des Beweises von Regel 9).

**Regel 13.** *Für je zwei komplexe Zahlen* $\alpha$, $\beta$ *ist*

$$|\alpha \cdot \beta| = |\alpha| \cdot |\beta| \tag{45}$$

*und, falls* $\alpha \neq 0$ *ist, auch*

$$\left|\frac{\beta}{\alpha}\right| = \frac{|\beta|}{|\alpha|}. \tag{46}$$

Den Beweis hierfür, der sich leicht aus der Definition (41) ergibt, verschieben wir auf später [Nr. 12, (53) und (55)].

**Folgerung.** Durch mehrfache Anwendung von (45) bzw. (46) erhält man insbesondere

$$|\alpha^n| = |\alpha|^n, \quad \left|\frac{1}{\alpha^n}\right| = \frac{1}{|\alpha|^n} \qquad (\alpha \neq 0),$$

wo $n$ jede (nichtnegative) ganze Zahl bedeuten darf.

In dem absoluten Betrag hat man nun ein Mittel, komplexe Zahlen hinsichtlich ihrer Größe vergleichen zu können. Da der absolute Betrag eine reelle Zahl ist, gilt nach (4) für je zwei komplexe Zahlen $\alpha$, $\beta$ immer genau eine der drei Relationen

$$|\alpha| < |\beta|, \quad |\alpha| = |\beta|, \quad |\alpha| > |\beta|. \tag{47}$$

Man kann also bei komplexen Zahlen nur sagen, daß die eine *absolut genommen größer* sei als die andere (sofern beide Zahlen, absolut genommen, verschieden sind). Für die absoluten Beträge gelten, da sie reelle Zahlen sind, die Gesetze D der Anordnung.

Man denke sich $\beta$ fest und $\alpha$ veränderlich. Welche Zahlen $\alpha$ werden dann durch die Bedingungen (47) gekennzeichnet? Faßt man $\alpha = a + bi$ als den Punkt der Zahlenebene auf, der die Koordinaten $a$, $b$ hat, so ist $|\alpha|^2 = a^2 + b^2$ das Quadrat seines Abstandes vom Nullpunkt der

Zahlenebene. Folglich kennzeichnet $|\alpha|^2 = |\beta|^2$ die Gesamtheit der Punkte $\alpha$, die auf dem Kreise vom Radius $|\beta|$ um den Nullpunkt liegen. Nun ist aber $|\alpha|^2 = |\beta|^2$ gleichbedeutend mit $|\alpha| = |\beta|$, da für den absoluten Betrag nur der positive Quadratwurzelwert in Frage kommt. Daher liefert die zweite der Relationen (47) bei festem $\beta$ alle Punkte $\alpha$ der Kreisperipherie vom Radius $|\beta|$ um den Nullpunkt. Damit sind aber auch die beiden anderen Bedingungen (47) gedeutet. Sie kennzeichnen alle Punkte $\alpha$, deren Abstand vom Nullpunkt kleiner bzw. größer ist als $|\beta|$, also die Punkte innerhalb bzw. außerhalb des durch den Radius $|\beta|$ bestimmten Kreises um den Nullpunkt. Dieser Kreis schneidet die reelle Achse in den Punkten $|\beta|$ und $-|\beta|$. In Abb. 3 ist das Gebiet der Punkte $\alpha$ mit $|\alpha| < |\beta|$ schraffiert. Die Peripherie enthält alle Punkte $\alpha$ mit $|\alpha| = |\beta|$ und trennt das schraffierte Gebiet von dem nichtschraffierten Teil der Ebene, dem alle Punkte $\alpha$ mit $|\alpha| > |\beta|$ angehören.

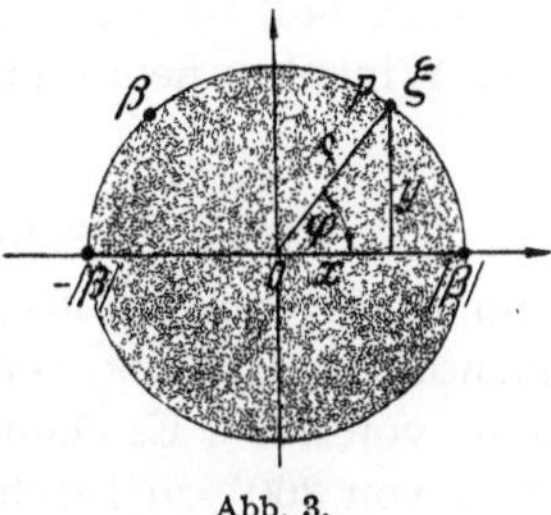

Abb. 3.

**12. Polarkoordinatendarstellung.** Man kann einen beliebigen Punkt $P$ der Ebene außer durch seine, als *kartesische* Koordinaten bezeichneten, Abstände $x, y$ von den (aufeinander senkrechten, maßstabgleichen) Koordinatenachsen auch durch zwei andere reelle Zahlen festlegen: seinen Abstand $r$ vom Nullpunkt $O$ und den Winkel $\varphi$, den die Strecke $OP$ mit der positiven Hälfte der waagerechten Achse bildet. Man nennt $r, \varphi$ die *Polarkoordinaten* des Punktes $P$ oder der $P$ entsprechenden komplexen Zahl $\xi$ (Abb. 3). Dabei wird stets der Abstand $r \geqq 0$ genommen und der Winkel $\varphi$ im mathematisch positiven Richtungssinn, d. h. entgegengesetzt zur Uhrzeigerbewegung, gemessen. Für einen festen Wert von $\varphi$ und alle reellen Zahlen $r \geqq 0$ erhält man alle Punkte des *Halbstrahls der Richtung* $\varphi$, d. h. derjenigen vom Nullpunkt ausgehenden Geraden, die mit der positiv-reellen Halbachse den Winkel $\varphi$ einschließt. Zum Beispiel kennzeichnet $\varphi = 0°$ die positiv-reelle Halbachse selbst, $\varphi = 90°$ die positiv-imaginäre Halbachse, $\varphi = 180°$ die negativ-reelle Halbachse und $\varphi = 270°$ die negativ-imaginäre Halbachse. Für $\varphi = 360°$ erhält man wieder die positiv-reelle Halbachse, so daß es genügt, $\varphi$ einen Winkelbereich von 360° durchlaufen zu lassen. Der zugehörige Halbstrahl überstreicht dann einmal die ganze Ebene. Im Nullpunkt ist $r = 0$, der Wert von $\varphi$ dagegen unbestimmt.

Der Zusammenhang zwischen den kartesischen Koordinaten $x, y$ und den Polarkoordinaten $r, \varphi$ eines vom Nullpunkt verschiedenen Punktes $P$ oder der ihm entsprechenden komplexen Zahl $\xi \neq 0$ wird durch die Formeln

$$r = \sqrt[+]{x^2 + y^2}, \quad \cos\varphi = \frac{x}{\sqrt[+]{x^2 + y^2}}, \quad \sin\varphi = \frac{y}{\sqrt[+]{x^2 + y^2}} \qquad (48)$$

gegeben, die $r$ und $\varphi$ aus $x$ und $y$ bestimmen, bzw. durch deren Umkehrungen

$$x = r \cos\varphi, \qquad y = r \sin\varphi, \tag{49}$$

die $x$ und $y$ durch $r$ und $\varphi$ ausdrücken.

Die Richtigkeit der Formeln (48) und (49) entnimmt man für den ersten Quadranten der Abb. 3; für die drei anderen Quadranten ergibt sie sich analog, wenn man beachtet, wie sich $\sin\varphi$ und $\cos\varphi$ in diesen Quadranten verhalten.

Nach (48) ist $r$ nichts anderes als der absolute Betrag der Zahl $\xi$. Den Winkel $\varphi$ nennt man ihr *Argument* oder ihren *Arcus*; in Zeichen

$$r = |\xi|, \qquad \varphi = \operatorname{arc}\xi. \tag{50}$$

Die Zahl $\xi$ liegt im Schnittpunkt des Halbstrahls der Richtung $\varphi$ mit dem Kreis vom Radius $r$ um den Nullpunkt. Das Argument von $\xi$ ist unendlich vieldeutig; seine Werte unterscheiden sich aber nur um Vielfache von $360°$. Es genügt, wie bereits oben gezeigt, sich auf einen Bereich von $360°$ zu beschränken. Man pflegt hierfür das Intervall

$$-180° < \operatorname{arc}\xi \leqq +180°$$

zu wählen und nennt den hierdurch festgelegten Wert den *Hauptwert* des Arguments von $\xi$. Zwei durch ihre Polarkoordinaten gegebene komplexe Zahlen heißen demgemäß einander *gleich*, wenn ihre absoluten Beträge und die Hauptwerte ihrer Argumente übereinstimmen.

*Beispiele.* Es ist für die komplexen Zahlen

| $\xi =$ | 1 | $i$ | $1+i$ | $-2$ | $-1-i$ | $-3i$, |
|---|---|---|---|---|---|---|
| $\|\xi\| =$ | 1 | 1 | $\sqrt{2}$ | 2 | $\sqrt{2}$ | 3, |
| $\operatorname{arc}\xi =$ | $0°$ | $90°$ | $45°$ | $180°$ | $-135°$ | $-90°$, |

wobei jedesmal der Hauptwert von $\operatorname{arc}\xi$ angegeben ist.

Unter Benutzung von (49) erhält man aus der kartesischen Darstellung $\xi = x + iy$ die *trigonometrische Darstellung* der komplexen Zahlen:

$$\xi = r\cos\varphi + ir\sin\varphi = r(\cos\varphi + i\sin\varphi). \tag{51}$$

Sie setzt sich multiplikativ aus dem Betrag $r$ und dem vom Argument $\varphi$ abhängenden *Richtungsfaktor* $\cos\varphi + i\sin\varphi$ zusammen. Für diesen ist stets

$$|\cos\varphi + i\sin\varphi| = \sqrt{\cos^2\varphi + \sin^2\varphi} = 1.$$

Die Darstellung (51) ist bei der Multiplikation und Division komplexer Zahlen von Vorteil. Sind $\alpha, \beta$ — unter geringer Abänderung der eben benutzten Bezeichnung — die Zahlen

$$\alpha = a + bi = r(\cos\varphi + i\sin\varphi),$$
$$\beta = c + di = s(\cos\psi + i\sin\psi),$$

so ist nach (36)

$$\alpha\beta = (ac - bd) + (ad + bc)\,i$$
$$= rs\,(\cos\varphi\cos\psi - \sin\varphi\sin\psi) + rs\,(\cos\varphi\sin\psi + \sin\varphi\cos\psi)\,i,$$
$$\alpha\beta = rs\,(\cos(\varphi + \psi) + i\sin(\varphi + \psi)). \tag{52}$$

Es gilt also: Der Betrag eines Produktes ist gleich dem Produkt der Beträge, sein Argument gleich der Summe der Argumente der Faktoren, in Zeichen:

$$|\alpha \cdot \beta| = |\alpha| \cdot |\beta|, \qquad \operatorname{arc}\alpha\beta = \operatorname{arc}\alpha + \operatorname{arc}\beta. \tag{53}$$

Ferner ist für $\alpha \neq 0$ nach (40)

$$\frac{1}{\alpha} = \frac{a}{a^2 + b^2} - \frac{b}{a^2 + b^2}\,i = \frac{1}{a^2 + b^2}\,(a - bi)$$

und, wenn man $a, b$ durch $r, \varphi$ ausdrückt:

$$\frac{1}{\alpha} = \frac{1}{r^2}\,(r\cos\varphi - ir\sin\varphi) = \frac{1}{r}\,(\cos(-\varphi) + i\sin(-\varphi)).$$

Daher erhält man für $\dfrac{\beta}{\alpha} = \beta \cdot \dfrac{1}{\alpha}$ nach (52)

$$\frac{\beta}{\alpha} = \frac{s}{r}\,(\cos(\psi - \varphi) + i\sin(\psi - \varphi)). \tag{54}$$

Es gilt also: Der Betrag eines Quotienten ist gleich dem Quotienten der Beträge, sein Argument gleich der Differenz der Argumente von Dividendus und Divisor, in Zeichen:

$$\left|\frac{\beta}{\alpha}\right| = \frac{|\beta|}{|\alpha|}, \qquad \operatorname{arc}\frac{\beta}{\alpha} = \operatorname{arc}\beta - \operatorname{arc}\alpha. \tag{55}$$

Mit (53) und (55) ist insbesondere der noch ausstehende *Beweis für Regel* 13 erbracht.

Mehrmalige Anwendung der Formeln (52) und (54) ergibt die sog. **Moivresche Formel**[1] für die $n$-te Potenz einer komplexen Zahl, wenn diese in der trigonometrischen Darstellung $\alpha = r(\cos\varphi + i\sin\varphi)$ vorliegt:

$$\alpha^n = r^n\,(\cos n\varphi + i\sin n\varphi), \tag{56}$$

wo $n$ jede ganze Zahl bedeuten darf, jedoch $\alpha \neq 0$ sein muß, falls $n < 0$ ist.

**13. Radizieren.** Mit Hilfe der Moivreschen Formel läßt sich die Frage des *Wurzelziehens* bei komplexen Zahlen lösen. Setzt man für $n \geq 2$

$$\alpha^n = \gamma = t(\cos\chi + i\sin\chi), \tag{57}$$

so ist $\alpha$ eine Zahl, deren $n$-te Potenz gleich $\gamma$ ist. Man setzt wieder $\alpha = \sqrt[n]{\gamma}$ und bezeichnet zum Unterschied hierzu die bisher (Nr. 4)

---

[1] Abraham de Moivre, 1667—1754, französischer Mathematiker, ab 1687 als Privatlehrer in London (Hugenottenflüchtling).

nur bekannte positive $n$-te Wurzel aus einer positiven reellen Zahl $a$ mit $\sqrt[n]{a}$. Zwischen Betrag und Argument von $\alpha$ und $\gamma$ besteht nach (56) und (57) die Gleichung

$$r^n (\cos n\varphi + i \sin n\varphi) = t(\cos \chi + i \sin \chi).$$

Hieraus folgt auf Grund der Gleichheitsdefinition für komplexe Zahlen

$$r^n = t, \qquad n\varphi = \chi. \tag{58}$$

Für $\gamma = 0$ setzt man $\sqrt[n]{0} = 0$. Für $\gamma \neq 0$ ist $\alpha \neq 0$, also $r > 0$, und die erste Gl. (58) liefert $r = \sqrt[n]{t}$, d. h. $r$ ist die im Reellen eindeutig bestimmte, positive $n$-te Wurzel aus $t$. Die zweite Gl. (58) ist nach Nr. 12 nur als eine Gleichheit bis auf Vielfache von $360°$ zu verstehen. Daher erhält man als ihre Lösungen die $n$ Winkel

$$\varphi = \frac{1}{n}\chi, \quad \frac{1}{n}(\chi + 360°), \quad \frac{1}{n}(\chi + 2 \cdot 360°), \ldots, \frac{1}{n}(\chi + (n-1)\cdot 360°),$$

und auch nur diese. Denn für $0 \leq \chi < 360°$ und $k = 0, 1, 2, \ldots, n-1$, also $0 \leq k \leq n-1$, ist $0 \leq k \cdot 360° \leq (n-1)\cdot 360°$ und

$$0 \leq \chi + k \cdot 360° < n \cdot 360°, \quad 0 \leq \frac{\chi + k \cdot 360°}{n} < 360°.$$

Und für ganze Zahlen $k \geq n$ ist diese Bedingung nicht mehr erfüllt. Für $\gamma \neq 0$ hat also $\sqrt[n]{\gamma}$ die $n$ Werte

$$\sqrt[n]{t}\left(\cos \frac{\chi + k \cdot 360°}{n} + i \sin \frac{\chi + k \cdot 360°}{n}\right) \quad (k = 0, 1, 2, \ldots, n-1). \tag{59}$$

Dieselben $n$ Werte erhält man, wenn für $\chi$ der Hauptwert genommen wird. In diesem Fall zeichnet man den Wert mit $k = 0$ als den *Hauptwert* von $\sqrt[n]{\gamma}$ aus. Ist $\chi = 0$, also $\gamma = t$ reell, so ist dieser Hauptwert die positive $n$-te Wurzel aus $t$.

*Beispiele.* 1. Es sei $\gamma = 1$. Dann ist $\chi = 0$, $\sqrt[n]{1} = 1$, und die $n$ Werte von $\sqrt[n]{1}$ sind

$$\varepsilon_k^{(n)} = \cos \frac{k \cdot 360°}{n} + i \sin \frac{k \cdot 360°}{n} \quad (k = 0, 1, \ldots, n-1). \tag{60}$$

Für jedes mögliche Paar $k$ und $n$ ist $\left|\varepsilon_k^{(n)}\right| = 1$; folglich liegt $\varepsilon_k^{(n)}$ auf dem Kreis vom Radius 1 um den Nullpunkt, dem sog. **Einheitskreis.** Die Halbstrahlen der Richtung $0°$, $\frac{1}{n} \cdot 360°$, $\frac{2}{n} \cdot 360°$, $\ldots$, $\frac{n-1}{n} \cdot 360°$ treffen den Einheitskreis in den Punkten $\varepsilon_0^{(n)}, \varepsilon_1^{(n)}, \varepsilon_2^{(n)}, \ldots, \varepsilon_{n-1}^{(n)}$. Diese bilden also die Ecken eines dem Einheitskreis einbeschriebenen regelmäßigen $n$-Ecks, dessen eine Ecke, da $\varepsilon_0^{(n)} = \sqrt[n]{1} = 1$ ist, im Punkte 1 der reellen Achse liegt. Man nennt die Zahlen (60) die **$n$-ten Einheits-**

**wurzeln.** Auf Grund der MOIVREschen Formel (56) lassen sie sich alle als Potenz von $\varepsilon_1^{(n)}$ darstellen:

$$\varepsilon_k^{(n)} = (\varepsilon_1^{(n)})^k \quad (k = 0, 1, \ldots, n-1).$$

In Abb. 4 sind die fünf fünften Einheitswurzeln veranschaulicht. Wie man leicht mittels (60) nachprüft, ist in diesem Beispiel $\bar{\varepsilon}_1 = \varepsilon_4$, $\bar{\varepsilon}_2 = \varepsilon_3$ und allgemein

$$\overline{\varepsilon_k^{(n)}} = \varepsilon_{n-k}^{(n)} \quad (k = 1, 2, \ldots, n-1).$$

2. Ist $\gamma = t$ eine positive reelle Zahl, so ist wieder $\chi = 0$, und nach (59) und (60) sind

$$\tau_k^{(n)} = \sqrt[n]{t} \cdot \varepsilon_k^{(n)} \quad (k = 0, 1, \ldots, n-1) \quad (61)$$

die $n$ Werte von $\sqrt[n]{t}$. Sie bilden auf dem Kreis vom Radius $\sqrt[n]{t}$ um den Nullpunkt

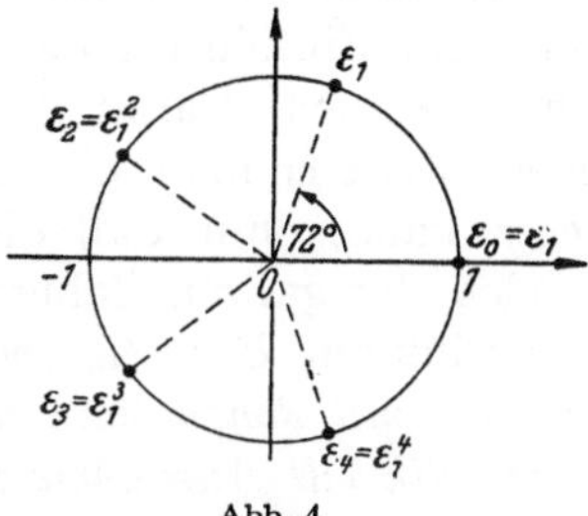

Abb. 4.

die $n$ Ecken eines regelmäßigen $n$-Ecks. Für gerades $n = 2m$ ist

$$\varepsilon_m^{(n)} = \cos 180° + i \sin 180° = -1, \quad \tau_m^{(n)} = -\sqrt[n]{t}.$$

Im Falle $n = 2$ bekommt man also die bekannten beiden Werte $\sqrt{t}$ und $-\sqrt{t}$ der Quadratwurzel, die beide reell sind. Für $n > 2$ sind aber, wie (61) zeigt, schon bei reellem $t > 0$ die komplexen Zahlen zur vollständigen Bestimmung von $\sqrt[n]{t}$ erforderlich. Für $t < 0$ ist $\sqrt[n]{t}$ überhaupt erst mittels komplexer Zahlen definierbar. Hat man diese aber zur Verfügung, so reichen sie nach (59) auch aus, um für *jede* komplexe Zahl $\gamma$ die $n$ Werte von $\sqrt[n]{\gamma}$ herzustellen.

Für $\gamma = -1$, $n = 2$ erhält man, da $|-1| = 1$, $\mathrm{arc}\,(-1) = 180°$ ist, nach (59) für die beiden Werte von $\sqrt{-1}$:

$$\sqrt{1} \left( \cos \frac{180° + k \cdot 360°}{2} + i \sin \frac{180° + k \cdot 360°}{2} \right) \quad (k = 0, 1),$$

also $\sqrt{-1} = \pm i$ [in Übereinstimmung mit (37)]; denn es ist

$$\cos 90° + i \sin 90° = i, \quad \cos 270° + i \sin 270° = -i.$$

**14. Überblick über die Gesamtheit der Zahlen.** Die komplexen Zahlen sind uns nunmehr bekannt, und wir wissen, wie wir mit ihnen zu rechnen haben. Wenn im folgenden von Zahlen schlechthin gesprochen wird, sind stets komplexe Zahlen gemeint, falls nicht ausdrücklich etwas anderes vereinbart wird. Die Einteilung der Zahlen ergibt sich aus ihrem sich schrittweise vollziehenden Aufbau, auf den wir noch kurz eingehen wollen. Eine ausführliche Darstellung der einzelnen Schritte dieses Aufbaus erfolgt später (Kap. IX bis XI).

Ausgangspunkt sind die positiven ganzen Zahlen $1, 2, 3, 4, 5, \ldots$, die man als gegeben hinnimmt. Von ihnen sagt L. KRONECKER[1]: *Die positiven ganzen Zahlen hat Gott geschaffen, alles Andere* (in der Arithmethik) *ist Menschenwerk.* Man nennt sie **natürliche Zahlen.** Für sie sind zwei Verknüpfungen definiert, Addition und Multiplikation, bei deren Anwendung auf natürliche Zahlen stets wieder natürliche Zahlen entstehen.

Das Bedürfnis, diese Verknüpfungen umkehren zu können, gibt Anlaß zur Einführung neuer Zahlen, zunächst der 0 und der negativen ganzen Zahlen. Damit hat man die Gesamtheit der **ganzen Zahlen**, innerhalb derer man unbeschränkt addieren, subtrahieren und multiplizieren kann, ohne daß die Anwendung dieser Operationen aus dem Bereich der ganzen Zahlen hinausführt.

**Definition.** *Eine Gesamtheit von wenigstens zwei[2] Dingen, Elemente genannt, mit denen man nach den den Grundgesetzen A, B und C der Arithmetik mit Ausnahme von C. 5 rechnen kann — evtl. auch mit Ausnahme des kommutativen Gesetzes der Multiplikation — und für die überdies Summe, Differenz und Produkt je zweier Elemente wieder der Gesamtheit angehören, heißt ein* **Ring,** *gegebenenfalls ein* **nichtkommutativer Ring.**

Die Gesamtheit der ganzen Zahlen ist ein Beispiel für einen Ring. Die natürlichen Zahlen dagegen bilden keinen Ring.

Soll auch die Multiplikation der ganzen Zahlen umkehrbar, d. h. die Division möglich sein, so hat man als weitere Art von neuen Zahlen die gebrochenen Zahlen einzuführen. Dadurch kommt man zur Gesamtheit der **rationalen Zahlen**, d. h. aller Zahlen der Form $\frac{m}{n}$, wo $m$ und $n$ irgendwelche ganze Zahlen sind, jedoch $n \neq 0$ ist. Man berücksichtigt natürlich nur die voneinander verschiedenen Werte $\frac{m}{n}$ und beschränkt sich jeweils auf die gekürzte Form, bei der $m$ und $n$ keinen gemeinsamen Teiler haben und $n > 0$ ist.

**Definition.** *Ein Ring, der mit je zweien seiner Elemente auch immer deren Quotienten enthält (falls der Nenner vom Nullelement verschieden ist) heißt ein* **Körper,** *gegebenenfalls ein* **nichtkommutativer** *oder* **Schiefkörper.**

Die Gesamtheit der rationalen Zahlen ist ein Körper; denn gleichgültig, wie man die Operationen der Addition, Subtraktion, Multiplikation und Division (ausgenommen die Division durch 0) auf rationale Zahlen anwendet — man bleibt stets innerhalb dieser Gesamtheit. Man nennt diese vier Operationen die **rationalen Rechenoperationen.**

Zu diesen gehört als Spezialfall (mehrmalige Anwendung der Multiplikation auf ein und dieselbe Zahl) das Potenzieren. Das Radizieren

---

[1] LEOPOLD KRONECKER, 1823—1891, von 1855 an Professor der Mathematik an der Universität Berlin.

[2] Damit wird der uninteressante Fall ausgeschlossen, daß die betrachtete Gesamtheit nur aus dem Element 0 besteht.

jedoch, die eine Umkehrung des Potenzierens, ist keine rationale Rechenoperation mehr. Zum Beispiel ist kein Wert von $\sqrt{2}$ oder $\sqrt{-1}$ eine rationale Zahl.

Wie wir dann später durchführen werden (Kap. XI), erweitert man die Gesamtheit der rationalen Zahlen in bestimmter Weise zu der der **reellen Zahlen**, deren Eigenschaften wir in § 1 kurz geschildert haben. Nr. 1 zeigt insbesondere, daß auch die reellen Zahlen einen Körper bilden. Hinsichtlich des Radizierens wird durch diese Erweiterung jedoch nur erreicht, daß für jedes ganze $n \geqq 1$ die $n$-te Wurzel aus einer positiv-reellen Zahl wieder reell ist. Erst bei dem letzten Schritt, der von den reellen zu den **komplexen Zahlen** führt — auch diese bilden einen Körper, wie in Nr. 7 gezeigt ist —, erhält die den Rechenoperationen zugrunde gelegte Zahlengesamtheit die Eigenschaft, daß auch die Anwendung des Radizierens auf eine beliebige Zahl des Körpers nicht aus diesem hinausführt.

Auch die andere Umkehrung des Potenzierens, das Logarithmieren, ist im Körper der reellen Zahlen nur auf positiv-reelle Zahlen anwendbar. Erst im Körper der komplexen Zahlen ist es möglich, den Logarithmus von negativ-reellen und beliebigen komplexen Zahlen zu definieren. Dann verläuft auch diese letzte der sieben Rechenoperationen ganz innerhalb der Gesamtheit der komplexen Zahlen. Doch kann auf diese Frage hier nicht eingegangen werden.

Die Zahlenebene veranschaulicht gut das Ineinanderenthaltensein der hier betrachteten Zahlkörper. Die Ebene selbst entspricht dem Körper der komplexen Zahlen. Dieser besteht aus den reellen Zahlen (das sind die Punkte der reellen Achse) und den nichtreellen Zahlen (das sind die Punkte außerhalb der reellen Achse). Der Körper der reellen Zahlen besteht aus den rationalen Zahlen (das sind diejenigen Punkte der reellen Achse, deren Koordinaten von der Form $m/n$ sind mit $m$, $n$ ganz und ohne gemeinsamen Teiler, $n > 0$) und den irrationalen Zahlen (das sind die übrigen Punkte der reellen Achse). Der Körper der rationalen Zahlen besteht aus den ganzen Zahlen (das sind die Zahlen $\frac{m}{n}$ mit $n = 1$; ihre Bildpunkte auf der reellen Achse erhält man nacheinander durch Abtragen der Einheitsstrecke nach rechts und links vom Nullpunkt aus) und den gebrochenen Zahlen $\frac{m}{n}$ ($n \neq 1$, $n \neq 0$). Der Ring der ganzen Zahlen schließlich besteht aus den natürlichen Zahlen einerseits und der 0 und den negativen ganzen Zahlen andererseits.

## § 3. Das Rechnen mit endlichen Summen und Produkten.

**15. Das Summenzeichen.** Ein häufig benutztes Symbol der mathematischen Formelsprache ist das Summenzeichen $\sum$, mit dessen Hilfe man die Summe von Zahlen und anderen Rechengrößen abkürzend und präzise schreiben kann. Es seien endlich viele Zahlen[1] $a_1, a_2, \ldots, a_n$ gegeben. Die angehängten kleinen Zahlen $1, 2, \ldots, n$, *Indizes* genannt, dienen dazu, die gegebenen Zahlen zu unterscheiden und ihre Reihenfolge und Anzahl zu kennzeichnen. Statt $a_1, a_2, \ldots, a_n$ schreibt man abkürzend $a_\nu$ $(\nu = 1, 2, \ldots, n)$ und sagt, der Index $\nu$ *durchläuft* die Zahlen $1, 2, \ldots, n$. Beispielsweise bedeutet $1/\nu$ $(\nu = 1, 2, \ldots, 10)$ die Folge der Zahlen $1, \frac{1}{2}, \frac{1}{3}, \frac{1}{4}, \frac{1}{5}, \frac{1}{6}, \frac{1}{7}, \frac{1}{8}, \frac{1}{9}, \frac{1}{10}$. Die Summe der $n$ Zahlen $a_\nu$ $(\nu = 1, 2, \ldots, n)$ pflegt man nun kürzer so zu schreiben, daß man

$$a_1 + a_2 + \cdots + a_n = \sum_{\nu=1}^{n} a_\nu \quad \text{(gelesen: Summe } a_\nu, \; \nu = 1 \text{ bis } n)$$

setzt. Man spricht dann von einer *Summation* und sagt, man *summiert* $a_\nu$ *über* $\nu$ *von* 1 *bis* $n$. Das große griechische Sigma heißt das *Summenzeichen*, $a_\nu$ das *allgemeine Glied* der Summe, $\nu$ der *Summationsindex* oder *Summationsbuchstabe*, die Zahlen $1, 2, \ldots, n$ die *Indexmenge* oder der *Definitionsbereich*, 1 und $n$ die *Grenzen der Summation*. Die *Summationsvorschrift* $\nu = 1, \ldots, n$, in der nur die Grenzen der Summation angegeben werden, ist stets so zu verstehen, daß der Summationsbuchstabe *alle* ganzen Zahlen zwischen den beiden Grenzen, diese eingeschlossen, zu durchlaufen hat. So ist z. B.

$$\sum_{\nu=1}^{10} \frac{1}{\nu} = 1 + \frac{1}{2} + \frac{1}{3} + \frac{1}{4} + \frac{1}{5} + \frac{1}{6} + \frac{1}{7} + \frac{1}{8} + \frac{1}{9} + \frac{1}{10} = \frac{7381}{2520} = 2{,}928968\ldots$$

Eine Summationsvorschrift kann statt mit 1 auch mit einer anderen ganzen Zahl beginnen. Sind etwa $h$ und $m$ die Grenzen der Summation, so ist lediglich zu fordern, daß $h \leq m$ und das allgemeine Glied der Summe für die ganzen Zahlen $h, h+1, \ldots, m$ definiert ist. Dann ist

$$\sum_{\nu=h}^{m} a_\nu = a_h + a_{h+1} + \cdots + a_m,$$

und im Falle $h = m$ besteht die Summe nur aus dem einen Glied $a_m$. Wenn einmal — was vorkommen kann — im Verlauf einer Rechnung eine Summationsvorschrift mit $h > m$ auftritt, so gilt eine solche Summe als *leer* und bedeutet 0.

Für das Rechnen mit dem Summenzeichen gelten folgende Regeln:

**Regel 14.** *Auf die Bezeichnung des Summationsbuchstabens kommt es nicht an. Es ist*

$$\sum_{\nu=1}^{n} a_\nu = \sum_{i=1}^{n} a_i = a_1 + a_2 + \cdots + a_n.$$

---

[1] Die Vereinbarung, mit kleinen lateinischen Buchstaben reelle, mit kleinen griechischen Buchstaben komplexe Zahlen zu bezeichnen, gilt nur für § 2. Die Bezeichnungen werden jetzt wieder frei gewählt und unter Zahlen, wenn nichts anderes gesagt wird, komplexe Zahlen verstanden.

**Regel 15.** *Zwei Summen mit gleicher Summationsvorschrift dürfen zu einer Summe vereinigt werden:*

$$\sum_{\nu=1}^{n} a_\nu + \sum_{\varkappa=1}^{n} b_\varkappa = \sum_{\nu=1}^{n} (a_\nu + b_\nu).$$

Denn es ist[1]

$$\sum_{\nu=1}^{n} a_\nu + \sum_{\varkappa=1}^{n} b_\varkappa = (a_1 + a_2 + \cdots + a_n) + (b_1 + b_2 + \cdots + b_n)$$

$$= (a_1 + b_1) + (a_2 + b_2) + \cdots + (a_n + b_n) = \sum_{\nu=1}^{n} (a_\nu + b_\nu).$$

**Regel 16.** *Ein allen Summanden gemeinsamer Faktor darf vor das Summenzeichen gesetzt werden:*

$$\sum_{\nu=1}^{n} k \cdot b_\nu = k \cdot \sum_{\nu=1}^{n} b_\nu.$$

Es ist nämlich

$$\sum_{\nu=1}^{n} k \cdot b_\nu = k \cdot b_1 + k \cdot b_2 + \cdots + k \cdot b_n = k \cdot (b_1 + b_2 + \cdots + b_n) = k \cdot \sum_{\nu=1}^{n} b_\nu.$$

*Beispiele.* a) $\displaystyle\sum_{k=1}^{10} \frac{2}{k} = 2 \sum_{k=1}^{10} \frac{1}{k} = \frac{7381}{1260} = 5{,}857936\ldots,$

b) $\displaystyle\sum_{r=4}^{20} 5r = 5 \sum_{r=4}^{20} r = 5(4 + 5 + 6 + \cdots + 20)$

$$= 5 \cdot 204 = 1020,$$

c) $\displaystyle\sum_{\nu=1}^{n} a = a \sum_{\nu=1}^{n} 1 = n \cdot a.$

Ein vom Summationsbuchstaben abhängender Faktor des allgemeinen Gliedes ist kein gemeinsamer Faktor und darf nicht herausgezogen werden. Zum Beispiel:

$$\sum_{\nu=1}^{n} \nu \cdot b_\nu = b_1 + 2b_2 + \cdots + nb_n.$$

**Regel 17.** *Bei Abtrennung oder Hinzunahme von Summanden muß die Summationsvorschrift entsprechend geändert werden:*

$$\sum_{\nu=1}^{n} a_\nu = a_1 + \sum_{\nu=2}^{n} a_\nu = a_n + \sum_{\nu=1}^{n-1} a_\nu = a_i + \sum_{\nu=1}^{i-1} a_\nu + \sum_{\nu=i+1}^{n} a_\nu = a_i + \sum_{\substack{\nu=1 \\ \nu \neq i}}^{n} a_\nu.$$

Der Zusatz $\nu \neq i$ bei der zuletzt angegebenen Summationsvorschrift bedeutet, daß $\nu$ die Zahlen $1, 2, \ldots, n$ *mit Ausnahme von* $i$ (dem Index des abgetrennten Gliedes) durchlaufen soll.

*Beispiel.* $\displaystyle 1 + \sum_{k=1}^{n} 2^k = \sum_{k=0}^{n} 2^k.$

---

[1] Man beachte, daß das Summenzeichen stärker bindet als das einfache Pluszeichen. Bei der obigen Summe handelt es sich um $\left(\sum_\nu a_\nu\right) + \left(\sum_\varkappa b_\varkappa\right)$, nicht etwa um $\sum_\nu \left(a_\nu + \sum_\varkappa b_\varkappa\right).$

**Regel 18.** *Bei einer Transformation des Summationsbuchstabens muß die Summationsvorschrift entsprechend geändert werden:*

$$\sum_{\nu=1}^{n} a_\nu = \sum_{\lambda=2}^{n+1} a_{\lambda-1}$$

(Transformation $\nu = \lambda - 1$. Da $\lambda = \nu + 1$ ist, geht $\nu = 1, 2, \ldots, n$ über in $\lambda = 2, 3, \ldots, n+1$).

$$\sum_{\nu=1}^{n} a_\nu = \sum_{\lambda=p}^{n+p-1} a_{\lambda-p+1}$$

(Transformation $\nu = \lambda - p + 1$. Aus $\lambda = \nu + p - 1$, $\nu = 1, 2, \ldots, n$ folgt $\lambda = p, p+1, \ldots, p+n-1$).

$$\sum_{\nu=0}^{n} a_\nu = \sum_{\mu=0}^{n} a_{n-\mu}$$

(Transformation $\nu = n - \mu$. Aus $\nu = 0, 1, \ldots, n$ folgt $\mu = n - \nu = n, n-1, \ldots, 2, 1, 0$, also auch $\mu = 0, 1, \ldots, n$).

In anderen Fällen hat man entsprechend zu verfahren.

**16. Einige Anwendungen.** Als Beispiele für die Benutzung des Summenzeichens betrachten wir:

**a) Berechnung der Summe einer (endlichen) geometrischen Reihe.** Man nennt $a_1 + a_2 + \cdots + a_n$ eine $n$-gliedrige geometrische Reihe, wenn $a_\nu \neq 0$ ist für $\nu = 1, 2, \ldots, n$ und die Quotienten je zweier aufeinanderfolgenden Glieder denselben Wert haben. Es sei[1]:

$$\frac{a_2}{a_1} = \frac{a_3}{a_2} = \cdots = \frac{a_n}{a_{n-1}} = q \neq 1, \quad \text{d. h.} \quad \frac{a_\nu}{a_{\nu-1}} = q \neq 1 \quad (\nu = 2, 3, \ldots, n).$$

Hieraus erhält man, wenn $i$ eine der Zahlen $2, 3, \ldots, n$ ist, für $\nu = i, i-1, \ldots, 2$ die Gleichungen

$$a_i = a_{i-1}\, q,$$
$$a_{i-1} = a_{i-2}\, q,$$
$$\cdots \cdots \cdots \cdots$$
$$a_3 = a_2\, q,$$
$$a_2 = a_1\, q.$$

Multiplikation dieser Gleichungen miteinander und nachfolgende Division durch das Produkt $a_2 a_3 \cdots a_{i-1} \neq 0$ ergibt:

$$a_i = q^{i-1} a_1 \quad (i = 2, 3, \ldots, n).$$

Jetzt berechnet man die verlangte Summe folgendermaßen:

$$\sum_{\nu=1}^{n} a_\nu = \sum_{i=1}^{n} a_i = a_1 + \sum_{i=2}^{n} a_i = a_1 + \sum_{i=2}^{n} q^{i-1}\, a_1$$

$$= a_1 \left( 1 + \sum_{i=2}^{n} q^{i-1} \right) = a_1 \cdot \sum_{i=1}^{n} q^{i-1}.$$

---

[1] Im Fall $q = 1$ hat die Summe, wie leicht ersichtlich, den Wert $n$.

Bezeichnet man die zuletzt auftretende Summe mit $s$, so folgt weiter

$$s = \sum_{i=1}^{n} q^{i-1}, \quad q \cdot s = q \cdot \sum_{i=1}^{n} q^{i-1} = \sum_{i=1}^{n} q^{i}, \tag{62}$$

$$qs - s = \sum_{i=1}^{n} q^{i} - \sum_{i=1}^{n} q^{i-1} = q^{n} + \sum_{i=1}^{n-1} q^{i} - \left( 1 + \sum_{i=2}^{n} q^{i-1} \right),$$

$$s(q-1) = q^{n} - 1 + \sum_{i=1}^{n-1} q^{i} - \sum_{l=1}^{n-1} q^{l} \quad \text{(Transformation } i-1=l\text{)}.$$

Da die letzten beiden Summen gleich sind und $q \neq 1$ ist, erhält man

$$s = \frac{q^{n}-1}{q-1}, \quad \sum_{\nu=1}^{n} a_{\nu} = a_{1} \cdot s = a_{1} \frac{q^{n}-1}{q-1}.$$

Insbesondere gilt, indem man links $s$ aus (62) einsetzt:

$$\sum_{i=1}^{n} q^{i-1} = \sum_{\mu=0}^{n-1} q^{\mu} = \frac{q^{n}-1}{q-1}. \tag{63}$$

**b) Folgerung.** Für $a \neq b$ ist

$$(a^{n+1} - b^{n+1}) : (a - b) = a^{n} + a^{n-1} b + \cdots + a b^{n-1} + b^{n} = \sum_{\nu=0}^{n} a^{n-\nu} b^{\nu}. \tag{64}$$

*Beweis.* Ist $b = 0$, so ist nichts zu beweisen; denn dann ist

$$\sum_{\nu=0}^{n} a^{n-\nu} b^{\nu} = a^{n} \quad \text{und auch} \quad (a^{n+1} - b^{n+1}) : (a - b) = a^{n}.$$

Es sei also $b \neq 0$. Wegen $a \neq b$ ist $\frac{a}{b} \neq 1$; daher folgt unter Benutzung von (63)

$$\sum_{\nu=0}^{n} a^{n-\nu} b^{\nu} = \sum_{\nu=0}^{n} \frac{a^{n-\nu}}{b^{n-\nu}} b^{n} = b^{n} \sum_{\nu=0}^{n} \left( \frac{a}{b} \right)^{n-\nu} = b^{n} \sum_{\mu=0}^{n} \left( \frac{a}{b} \right)^{\mu}$$

$$= b^{n} \left( \left( \frac{a}{b} \right)^{n+1} - 1 \right) : \left( \frac{a}{b} - 1 \right) = (a^{n+1} - b^{n+1}) : (a - b).$$

**c) Berechnung der Summe einer (endlichen) arithmetischen Reihe.**
Man nennt $a_{1} + a_{2} + \cdots + a_{n}$ eine $n$-gliedrige arithmetische Reihe, wenn die Differenzen je zweier aufeinanderfolgenden Glieder einander gleich sind:

$$a_{2} - a_{1} = a_{3} - a_{2} = \cdots = a_{n} - a_{n-1} = d,$$

d. h.

$$a_{\nu} - a_{\nu-1} = d \quad (\nu = 2, 3, \ldots, n).$$

Schreibt man, wenn $i$ eine der Zahlen $2, 3, \ldots, n$ ist, diese Gleichung für $\nu = i, i-1, \ldots, 2$ hin und addiert die entstehenden $i - 1$ Gleichungen, so erhält man

$$a_{i} - a_{1} = (i-1)d, \quad a_{i} = a_{1} + (i-1)d.$$

Jetzt berechnet man die verlangte Summe wie folgt: Es ist

$$2\sum_{\nu=1}^{n} a_{\nu} = \sum_{i=1}^{n} a_i + \sum_{\nu=1}^{n} a_{\nu} = \sum_{i=1}^{n} a_i + \sum_{i=1}^{n} a_{n-i+1} \quad \text{(Transformation } \nu = n - i + 1)$$

$$= \sum_{i=1}^{n} (a_i + a_{n-i+1}) = \sum_{i=1}^{n} \{a_1 + (i-1)\,d + a_1 + (n-i)\,d\}$$

$$= \begin{cases} \sum_{i=1}^{n} \{a_1 + a_1 + (n-1)\,d\} = \sum_{i=1}^{n} (a_1 + a_n) = n\,(a_1 + a_n) \\ \sum_{i=1}^{n} \{2a_1 + (n-1)\,d\} \;\; = 2n\,a_1 + n\,(n-1)\,d. \end{cases} \quad \begin{array}{l} \text{[Regel 16,} \\ \text{Beispiel c]} \end{array}$$

Damit ergibt sich in doppelter Weise der gesuchte Summenwert zu

$$\sum_{\nu=1}^{n} a_{\nu} = \frac{n\,(a_1 + a_n)}{2} = n\,a_1 + \frac{n\,(n-1)}{2}\,d. \tag{65}$$

**d) Berechnung der Summe** $s_1 = \sum_{\mu=1}^{n} \mu$. Für jede Zahl $\mu$ ist

$$(\mu + 1)^2 - \mu^2 = 2\mu + 1.$$

Durch Summation über $\mu$ von 1 bis $n$ ergibt sich

$$\sum_{\mu=1}^{n} ((\mu + 1)^2 - \mu^2) = \sum_{\mu=1}^{n} (2\mu + 1),$$

$$\sum_{\mu=1}^{n} (\mu + 1)^2 - \sum_{\mu=1}^{n} \mu^2 = 2\sum_{\mu=1}^{n} \mu + \sum_{\mu=1}^{n} 1,$$

$$(n + 1)^2 + \sum_{\mu=1}^{n-1} (\mu + 1)^2 - \sum_{\mu=2}^{n} \mu^2 - 1 = 2s_1 + n$$

und hieraus mittels der Transformation $\mu = \lambda + 1$ in der zweiten Summe

$$(n + 1)^2 - 1 + \sum_{\mu=1}^{n-1} (\mu + 1)^2 - \sum_{\lambda=1}^{n-1} (\lambda + 1)^2 = 2s_1 + n,$$

$$(n + 1)^2 - 1 = 2s_1 + n,$$

$$s_1 = \frac{n^2 + n}{2} = \frac{n\,(n + 1)}{2}. \tag{65a}$$

Dieses Ergebnis ist ein Spezialfall von (65), wenn man dort $a_1 = d = 1$, also $a_\mu = \mu$ setzt. Der Leser berechne in analoger Weise die Summe $s_2 = \sum_{\mu=1}^{n} \mu^2$.

**e) Abschätzung des Absolutbetrages einer Summe.** Für beliebige Zahlen $a_1, a_2, \ldots, a_n$ gilt in Verallgemeinerung von (43a) und (43b):

$$\left| \sum_{\nu=1}^{n} a_{\nu} \right| \leqq \sum_{\nu=1}^{n} |a_{\nu}|. \tag{66}$$

Dies ergibt sich durch mehrmaliges, abwechselndes Anwenden von Regel 17 und (43a). Es ist nämlich

$$\left|\sum_{\nu=1}^{n} a_\nu\right| = \left|\left(\sum_{\nu=1}^{n-1} a_\nu\right) + a_n\right| \leqq \left|\sum_{\nu=1}^{n-1} a_\nu\right| + |a_n| = \left|\left(\sum_{\nu=1}^{n-2} a_\nu\right) + a_{n-1}\right| + |a_n|$$

$$\leqq \left|\sum_{\nu=1}^{n-2} a_\nu\right| + |a_{n-1}| + |a_n| = \left|\left(\sum_{\nu=1}^{n-3} a_\nu\right) + a_{n-2}\right| + |a_{n-1}| + |a_n|$$

$$\cdots \cdots \cdots \cdots \cdots \cdots \cdots$$

$$\leqq |a_1 + a_2| + |a_3| + \cdots + |a_n| \leqq |a_1| + |a_2| + \cdots + |a_n| = \sum_{\nu=1}^{n} |a_\nu|.$$

**17. Doppelsummen.** Die Multiplikation zweier endlichen Summen geschieht nach der sog. *Klammerregel*:

$$(a_1 + a_2 + \cdots + a_m)(b_1 + b_2 + \cdots + b_n) = a_1 b_1 + a_1 b_2 + \cdots + a_1 b_n$$
$$+ a_2 b_1 + a_2 b_2 + \cdots + a_2 b_n$$
$$\cdots \cdots \cdots \cdots \cdots \cdots \cdots$$
$$+ a_m b_1 + a_m b_2 + \cdots + a_m b_n,$$

d. h. man multipliziert jedes Glied der einen Klammer mit jedem Glied der anderen Klammer und addiert die entstehenden Produkte. Wie kann man diese Regel unter Benutzung des Summenzeichens schreiben? Die Beantwortung dieser Frage führt auf den Begriff der Doppelsumme.

Man betrachte allgemein ein Schema von $mn$ Zahlen, die in $m$ Reihen zu je $n$ angeordnet sind. Statt die $mn$ Zahlen mit $a_1, a_2, \ldots, a_{mn}$ zu bezeichnen, gibt man ihnen, mit Rücksicht auf ihre Anordnung, besser *doppelte Indizes*:

$$
\begin{array}{llll}
a_{1,1} & a_{1,2} & \cdots & a_{1,n} \\
a_{2,1} & a_{2,2} & \cdots & a_{2,n} \\
\cdot & \cdot & \cdots & \\
a_{m,1} & a_{m,2} & \cdots & a_{m,n}
\end{array}
\qquad \text{allgemein: } a_{\mu,\nu} \begin{pmatrix} \mu = 1, 2, \ldots, m \\ \nu = 1, 2, \ldots, n \end{pmatrix}. \qquad (67)
$$

In diesem Schema heißen die Horizontalreihen *Zeilen*, die Vertikalreihen *Spalten*; das Schema als Ganzes heißt eine **Matrix** mit $m$ Zeilen und $n$ Spalten, kürzer eine *m, n-reihige Matrix*. Die Zahlen $a_{\mu,\nu}$ nennt man die *Elemente* der Matrix. Die erste Nummer jedes Indexpaares gibt die Zeile, die zweite Nummer die Spalte an, in der das betreffende Element steht. Es befindet sich also $a_{\mu,\nu}$ im Schnittpunkt der $\mu$-ten Zeile mit der $\nu$-ten Spalte.

Es soll jetzt die Summe der $mn$ Zahlen $a_{\mu,\nu}$ gebildet werden. Die Summe der Elemente der ersten Zeile ist $\sum_{\nu=1}^{n} a_{1,\nu}$, die der zweiten Zeile $\sum_{\nu=1}^{n} a_{2,\nu}, \ldots$, die der letzten Zeile $\sum_{\nu=1}^{n} a_{m,\nu}$. Die Summe aller Elemente ist die Summe der $m$ Zeilensummen, also

$$\sum_{\nu=1}^{n} a_{1,\nu} + \sum_{\nu=1}^{n} a_{2,\nu} + \cdots + \sum_{\nu=1}^{n} a_{m,\nu} = \sum_{\mu=1}^{m} \sum_{\nu=1}^{n} a_{\mu,\nu}. \tag{68}$$

Statt der Summen der $m$ Zeilen kann man auch die Summen der $n$ Spalten bilden und dann die $n$ Spaltensummen addieren. Auf diese Weise erhält man für die Summe aller $mn$ Elemente:

$$\sum_{\mu=1}^{m} a_{\mu,1} + \sum_{\mu=1}^{m} a_{\mu,2} + \cdots + \sum_{\mu=1}^{m} a_{\mu,n} = \sum_{\nu=1}^{n} \sum_{\mu=1}^{m} a_{\mu,\nu}. \tag{69}$$

Bei beiden Prozessen ergibt sich natürlich der gleiche Endwert. Daher sind die beiden zweifachen Summen auf den rechten Seiten von (68) und (69) einander gleich. Man schreibt abkürzend:

$$\sum_{\mu=1}^{m} \sum_{\nu=1}^{n} a_{\mu,\nu} = \sum_{\nu=1}^{n} \sum_{\mu=1}^{m} a_{\mu,\nu} = \sum_{\substack{\mu=1,\ldots,m \\ \nu=1,\ldots,n}} a_{\mu,\nu}. \tag{70}$$

Die Summe rechts, die durch *ein* Summenzeichen, aber *doppelte* Summationsvorschrift dargestellt ist, nennt man eine *Doppelsumme* und sagt, die Zahlen $a_{\mu,\nu}$ werden *summiert über $\mu$ und $\nu$ von 1 bis $m$ bzw. $n$*. Die in Nr. 16 betrachteten Summen werden, wenn eine Unterscheidung notwendig ist, als *einfache Summen* bezeichnet. Die Doppelsummation steht für zwei nacheinander auszuführende einfache Summationen: Bei festgehaltenem $\mu$ wird über $\nu$ von 1 bis $n$ summiert; dies geschieht für $\mu = 1, 2, \ldots, m$.

*Beispiel.* Die Multiplikation zweier einfachen Summen (Klammerregel) kann folgendermaßen geschrieben werden:

$$\sum_{\mu=1}^{m} a_\mu \cdot \sum_{\nu=1}^{n} b_\nu = \sum_{\substack{\mu=1,\ldots,m \\ \nu=1,\ldots,n}} a_\mu b_\nu. \tag{71}$$

Die Zurückführung der Doppelsummation auf zwei einfache Summationen zeigt zunächst, daß für jeden Summationsbuchstaben einzeln die Regeln 14 bis 18 von Nr. 15 gelten. Hinzu kommt für Doppelsummen das Ergebnis (70), dessen Bedeutung wir in einer besonderen Regel wiedergeben:

**Regel 19.** *In einer Doppelsumme kommt es auf die Reihenfolge der Summationen nicht an. Wird sie als zweifache Summe geschrieben, so dürfen die beiden Summationsvorschriften vertauscht werden, ohne daß dadurch der Wert der Summe beeinflußt wird.*

**18. Spezialfälle.** Ist $m = n$ in (70), so werden die einfachen Summationsvorschriften einander gleich (nach Regel 14) und man kann die doppelte Summationsvorschrift kürzer schreiben:

$$\sum_{\mu=1}^{n} \sum_{\nu=1}^{n} a_{\mu,\nu} = \sum_{\mu,\nu=1}^{n} a_{\mu,\nu}. \tag{72}$$

Je nach Art der auszuführenden Summierung wird die Summationsvorschrift auch anders gefaßt werden können. Ist z. B. wieder $m = n$ und sind alle $a_{\mu,\mu} = 0$ $(\mu = 1, 2, \ldots, n)$, so kann man schreiben:

$$\sum_{\mu,\,\nu=1}^{n} a_{\mu,\nu} = \sum_{\substack{\mu,\,\nu=1\\ \mu\,\neq\,\nu}}^{n} a_{\mu,\nu} = \sum_{\substack{\mu,\,\nu=1\\ \mu\,<\,\nu}}^{n} a_{\mu,\nu} + \sum_{\substack{\mu,\nu=1\\ \mu\,>\,\nu}}^{n} a_{\mu,\nu}.$$

Ist überdies $a_{\mu,\nu} = a_{\nu,\mu}$ $(\mu,\ \nu = 1, 2, \ldots, n)$, so folgt weiter, indem man nach Regel 14 in der letzten Summe $\mu$ durch $\nu$ und $\nu$ durch $\mu$ ersetzt:

$$\sum_{\substack{\mu,\,\nu=1\\ \mu\,\neq\,\nu}}^{n} a_{\mu,\nu} = \sum_{\substack{\mu,\,\nu=1\\ \mu\,<\,\nu}}^{n} a_{\mu,\nu} + \sum_{\substack{\mu,\,\nu=1\\ \mu\,<\,\nu}}^{n} a_{\nu,\mu} = 2 \sum_{\substack{\mu,\,\nu=1\\ \mu\,<\,\nu}}^{n} a_{\mu,\nu}. \tag{73}$$

Für das Beispiel (71) folgt aus (72):

$$\sum_{\mu=1}^{n} a_\mu \sum_{\nu=1}^{n} b_\nu = \sum_{\mu,\,\nu=1}^{n} a_\mu\, b_\nu. \tag{74}$$

Hier ist es wesentlich, links die Summationsbuchstaben *verschieden* zu wählen (trotz übereinstimmender Summationsvorschrift). Würde $\mu = \nu$ gesetzt werden, so hätte man in (74) rechts

$$\sum_{\nu=1}^{n} a_\nu\, b_\nu = a_1 b_1 + a_2 b_2 + \cdots + a_n b_n,$$

was keineswegs das Produkt der beiden Summen links darstellt.

Aus (74) erhält man, wenn man $a_\nu = b_\nu$ setzt $(\nu = 1, 2, \ldots, n)$:

$$\left( \sum_{\nu=1}^{n} a_\nu \right)^2 = \sum_{\mu=1}^{n} a_\mu \cdot \sum_{\nu=1}^{n} a_\nu = \sum_{\mu,\,\nu=1}^{n} a_\mu a_\nu.$$

Die letzte Summe zerlege man in zwei Summen, von denen die eine die Glieder mit $\mu = \nu$, die andere die Glieder mit $\mu \neq \nu$ enthält. Dann wird unter Benutzung von (73):

$$\sum_{\mu,\,\nu=1}^{n} a_\mu a_\nu = \sum_{\mu=1}^{n} a_\mu^2 + \sum_{\substack{\mu,\,\nu=1\\ \mu\,\neq\,\nu}}^{n} a_\mu a_\nu = \sum_{\mu=1}^{n} a_\mu^2 + 2 \sum_{\substack{\mu,\,\nu=1\\ \mu\,<\,\nu}}^{n} a_\mu a_\nu;$$

denn für $\mu,\ \nu = 1, 2, \ldots, n$ ist $a_\mu a_\nu = a_\nu a_\mu$. Die so erhaltene Formel lautet in den Spezialfällen $n = 2$ und $n = 3$:

$$(a_1 + a_2)^2 = a_1^2 + a_2^2 + 2a_1 a_2,$$
$$(a_1 + a_2 + a_3)^2 = a_1^2 + a_2^2 + a_3^2 + 2(a_1 a_2 + a_1 a_3 + a_2 a_3).$$

**19. Mehrfache Summen.** Die Betrachtungen über Doppelsummen lassen sich auf mehrfache Summen übertragen. Auf eine *dreifache Summe* wird man geführt, wenn drei einfache Summen miteinander multipliziert werden:

$$\sum_{\varkappa=1}^{k} a_\varkappa \sum_{\lambda=1}^{l} b_\lambda \sum_{\mu=1}^{m} c_\mu = \sum_{\substack{\varkappa=1,\ldots,k\\ \lambda=1,\ldots,l\\ \mu=1,\ldots,m}} a_\varkappa\, b_\lambda\, c_\mu,$$

und allgemein auf eine *n-fache Summe* bei der Multiplikation von $n$ einfachen Summen:

$$\sum_{\varkappa_1=1}^{k_1} a_{1,\varkappa_1} \cdot \sum_{\varkappa_2=1}^{k_2} a_{2,\varkappa_2} \cdots \sum_{\varkappa_n=1}^{k_n} a_{n,\varkappa_n} = \sum_{\substack{\varkappa_1=1,\ldots,k_1 \\ \varkappa_2=1,\ldots,k_2 \\ \cdots\cdots\cdots\cdots \\ \varkappa_n=1,\ldots,k_n}} a_{1,\varkappa_1} a_{2,\varkappa_2} \cdots a_{n,\varkappa_n}.$$

Der Leser, der an das Rechnen mit dem Summenzeichen nicht gewöhnt ist, tut gut, sich diese Formeln, die nichts anderes darstellen als eine Erweiterung der in Nr. 17 angegebenen Klammerregel, einmal ohne Benutzung des Summenzeichens aufzuschreiben.

Erklärt wird die $n$-fache Summe als Aufeinanderfolge von $n$ einfachen Summen:

$$\sum_{\substack{\varkappa_1=1,\ldots,k_1 \\ \varkappa_2=1,\ldots,k_2 \\ \cdots\cdots\cdots\cdots \\ \varkappa_n=1,\ldots,k_n}} a_{1,\varkappa_1} a_{2,\varkappa_2} \cdots a_{n,\varkappa_n} = \sum_{\varkappa_1=1}^{k_1} \sum_{\varkappa_2=1}^{k_2} \cdots \sum_{\varkappa_n=1}^{k_n} a_{1,\varkappa_1} a_{2,\varkappa_2} \cdots a_{n,\varkappa_n},$$

in Verallgemeinerung von Formel (70). Die Summationsbuchstaben $\varkappa_1, \varkappa_2, \ldots, \varkappa_n$ der $n$-fachen Summe durchlaufen unabhängig voneinander ihre Definitionsbereiche. Das bedeutet, daß man zuerst alle Summationsbuchstaben bis auf $\varkappa_n$ festhält und das allgemeine Glied $a_{1,\varkappa_1} a_{2,\varkappa_2} \cdots a_{n,\varkappa_n}$ nur über $\varkappa_n$ summiert, dann diese Summe unter Festhaltung aller früheren Summationsbuchstaben über $\varkappa_{n-1}$, usw., bis schließlich als letzte die Summation über $\varkappa_1$ ausgeführt wird. Für jeden einzelnen Summationsbuchstaben gelten die Regeln 14 bis 18 von Nr. 15.

Man kann die Reihenfolge der Summationsbuchstaben, über die summiert wird, auch anders wählen. Zum Beispiel ist im Fall der dreifachen Summe:

$$S = \sum_{\substack{\varkappa=1,\ldots,k \\ \lambda=1,\ldots,l \\ \mu=1,\ldots,m}} a_\varkappa b_\lambda c_\mu = \sum_{\varkappa=1}^{k} \sum_{\lambda=1}^{l} \sum_{\mu=1}^{m} a_\varkappa b_\lambda c_\mu$$

$$= \sum_{\varkappa=1}^{k} \sum_{\mu=1}^{m} \sum_{\lambda=1}^{l} a_\varkappa b_\lambda c_\mu \qquad \text{(nach Regel 18)}.$$

Löst man hier die Summation über $\lambda$ auf:

$$S = \sum_{\varkappa=1}^{k} \sum_{\mu=1}^{m} (a_\varkappa b_1 c_\mu + a_\varkappa b_2 c_\mu + \cdots + a_\varkappa b_l c_\mu)$$

$$= \sum_{\varkappa=1}^{k} \sum_{\mu=1}^{m} a_\varkappa b_1 c_\mu + \sum_{\varkappa=1}^{k} \sum_{\mu=1}^{m} a_\varkappa b_2 c_\mu + \cdots + \sum_{\varkappa=1}^{k} \sum_{\mu=1}^{m} a_\varkappa b_l c_\mu$$

und summiert jetzt von neuem über $\lambda$, so folgt

$$S = \sum_{\lambda=1}^{l} \sum_{\varkappa=1}^{k} \sum_{\mu=1}^{m} a_\varkappa b_\lambda c_\mu$$

$$= \sum_{\lambda=1}^{l} \sum_{\mu=1}^{m} \sum_{\varkappa=1}^{k} a_\varkappa b_\lambda c_\mu \qquad \text{(nach Regel 18)}.$$

Entsprechend ergibt sich

$$S = \sum_{\mu=1}^{m} \sum_{\varkappa=1}^{k} \sum_{\lambda=1}^{l} a_\varkappa \, b_\lambda \, c_\mu = \sum_{\mu=1}^{m} \sum_{\lambda=1}^{l} \sum_{\varkappa=1}^{k} a_\varkappa \, b_\lambda \, c_\mu .$$

Die analoge Betrachtung gilt für eine $n$-fache Summe. Der Wert einer $n$-fachen Summe ist also unabhängig von der Reihenfolge der Summationen.

**20. Das Produktzeichen.** Wie bei der Addition das Summenzeichen $\sum$, so wird das *Produktzeichen* $\prod$ bei der Multiplikation verwendet. Man setzt

$$a_1 \cdot a_2 \cdots a_n = \prod_{\nu=1}^{n} a_\nu$$

(gelesen: Produkt $a_\nu$ über $\nu$ von 1 bis $n$) und sagt, es wird $a_\nu$ über $\nu$ *von 1 bis n multipliziert*. Die Bezeichnungen *Multiplikationsbuchstabe* $\nu$ und *Multiplikationsvorschrift* $\nu = 1, \ldots, n$ sind unmittelbar verständlich. Die *Grenzen* der Multiplikation können auch andere ganze Zahlen $h, m$ mit $h \leq m$ sein, sofern das *allgemeine Glied* des Produkts dafür definiert ist. Tritt einmal eine Multiplikationsvorschrift mit $h > m$ auf, so gilt das Produkt als *leer* und bedeutet 1.

Man bestätigt leicht die den Regeln 14 bis 18 entsprechenden Regeln:

**Regel 20.** *Auf die Bezeichnung des Multiplikationsbuchstabens kommt es nicht an:*

$$\prod_{\nu=1}^{n} a_\nu = \prod_{\varkappa=1}^{n} a_\varkappa .$$

**Regel 21.** *Produkte mit gleichen Multiplikationsvorschriften dürfen zu einem Produkt zusammengefaßt werden:*

$$\prod_{\nu=1}^{n} a_\nu \cdot \prod_{\mu=1}^{n} b_\mu = \prod_{\nu=1}^{n} a_\nu \, b_\nu .$$

Man beachte, daß das Produktzeichen stärker bindet als das einfache Malzeichen. In der vorstehenden Formel handelt es sich um das Produkt $\left( \prod\limits_{\nu} a_\nu \right) \left( \prod\limits_{\mu} b_\mu \right)$, nicht etwa um das Produkt $\prod\limits_{\nu} \left( a_\nu \prod\limits_{\mu} b_\mu \right)$.

**Regel 22.** *Ein allen $n$ Faktoren gemeinsamer Faktor tritt als $n$-te Potenz vor das Produktzeichen:*

$$\prod_{\nu=1}^{n} h \, a_\nu = h^n \prod_{\nu=1}^{n} a_\nu .$$

*Beispiel.* $\displaystyle\prod_{\nu=1}^{n} h = h^n \prod_{\nu=1}^{n} 1 = h^n \cdot 1 = h^n .$

Hängt aber der Faktor des allgemeinen Gliedes vom Multiplikationsbuchstaben ab, so ist er kein gemeinsamer Faktor und darf nicht herausgezogen werden. Dann findet Regel 21 Anwendung.

*Beispiel.* $\displaystyle\prod_{\nu=1}^{n} \nu \, a_\nu = \prod_{\nu=1}^{n} \nu \cdot \prod_{\nu=1}^{n} a_\nu .$

Das hier auftretende Produkt der ersten $n$ ganzen Zahlen wird mit

$$\prod_{\nu=1}^{n} \nu = n! \quad \text{(gelesen: } n \text{ Fakultät)}$$

bezeichnet.

**Regel 23.** *Bei Abspaltung oder Hinzufügen von Faktoren muß die Multiplikationsvorschrift entsprechend geändert werden:*

$$\prod_{\nu=1}^{n} a_\nu = a_1 \prod_{\nu=2}^{n} a_\nu = a_i \prod_{\substack{\nu=1 \\ \nu \neq i}}^{n} a_\nu = \prod_{\nu=1}^{k} a_\nu \cdot \prod_{\nu=k+1}^{n} a_\nu .$$

**Regel 24.** *Bei einer Transformation des Multiplikationsbuchstabens muß die Multiplikationsvorschrift entsprechend geändert werden:*

$$\prod_{\nu=1}^{n} a_\nu = \prod_{\lambda=r}^{n+r-1} a_{\lambda-r+1} .$$

**21. Mehrfache Produkte.** Bildet man von allen Zahlen des Schemas (67) das Produkt, so wird man auf *zweifache Produkte* geführt. Man erhält, wenn man wie bei der Summenbildung erst zeilenweise, dann spaltenweise vorgeht, die Analoga zu (68) und (69):

$$\prod_{\nu=1}^{n} a_{1,\nu} \cdot \prod_{\nu=1}^{n} a_{2,\nu} \cdots \prod_{\nu=1}^{n} a_{m,\nu} = \prod_{\mu=1}^{m} \prod_{\nu=1}^{n} a_{\mu,\nu} ,$$

$$\prod_{\mu=1}^{m} a_{\mu,1} \cdot \prod_{\mu=1}^{m} a_{\mu,2} \cdots \prod_{\mu=1}^{m} a_{\mu,n} = \prod_{\nu=1}^{n} \prod_{\mu=1}^{m} a_{\mu,\nu} .$$

Beide zweifachen Produkte stimmen überein. Man setzt

$$\prod_{\mu=1}^{m} \prod_{\nu=1}^{n} a_{\mu,\nu} = \prod_{\nu=1}^{n} \prod_{\mu=1}^{m} a_{\mu,\nu} = \prod_{\substack{\mu=1,\ldots,m \\ \nu=1,\ldots,n}} a_{\mu,\nu} \tag{75}$$

und hat damit, indem man hier und im folgenden die Bezeichnungen denen für mehrfache Summen entsprechend nachbildet:

**Regel 25.** *In einem Doppelprodukt kommt es auf die Reihenfolge der Multiplikationen nicht an. Wird es als zweifaches Produkt geschrieben, so dürfen die beiden Multiplikationsvorschriften vertauscht werden, ohne daß der Wert des Produktes dadurch geändert wird.*

*Beispiel.* Man bilde alle Differenzen der Zahlen $a_1, a_2, \ldots, a_n$ und setze $a_\mu - a_\nu = a_{\mu,\nu}$ $(\mu, \nu = 1, 2, \ldots, n)$. Dann ist, wenn man noch $a_{\mu,\mu} = 0$ für $\mu = 1, 2, \ldots, n$ beachtet:

$$\prod_{\substack{\mu,\nu=1 \\ \mu \neq \nu}}^{n} a_{\mu,\nu} = \prod_{\substack{\mu,\nu=1 \\ \mu \neq \nu}}^{n} (a_\mu - a_\nu) = \prod_{\substack{\mu,\nu=1 \\ \mu < \nu}}^{n} (a_\mu - a_\nu) \cdot \prod_{\substack{\mu,\nu=1 \\ \mu > \nu}}^{n} (a_\mu - a_\nu) .$$

Vertauscht man in dem letzten Produkt $\mu$ und $\nu$ und berücksichtigt, daß hier $a_{\nu,\mu} = -a_{\mu,\nu}$ ist, so erhält man

$$\prod_{\substack{\mu,\nu=1 \\ \mu \neq \nu}}^{n} (a_\mu - a_\nu) = (-1)^{\frac{n(n-1)}{2}} \Delta^2, \quad \text{falls} \quad \Delta = \prod_{\substack{\mu,\nu=1 \\ \mu < \nu}}^{n} (a_\mu - a_\nu) \tag{76}$$

gesetzt wird. Das hier auftretende Produkt $\Delta$ heißt das *Differenzenproduct* von $a_1, a_2, \ldots, a_n$.

Man kann nun auch ein dreifaches, allgemeiner ein *n-faches Produkt* bilden, indem man in Verallgemeinerung von (75) mehrere passende $(n-1)$-fache Produkte multipliziert. Doch erübrigt es sich wohl, darauf hier noch einzugehen.

<h2 style="text-align:center">Kapitel II.</h2>

<h1 style="text-align:center">Zahlenreihen und Vektoren.</h1>

<h2 style="text-align:center">§ 1. Das Rechnen mit Zahlenreihen.</h2>

**1. Addition von Zahlenreihen.** Nach der Bildung von Zahlenpaaren (aus reellen Zahlen), durch die man auf die komplexen Zahlen geführt wird, liegt es nahe, Zahlentripel, Zahlenquadrupel, ..., allgemein Zahlen-$n$-tupel zu bilden und zu untersuchen, ob und wie man mit solchen Zahlenkombinationen rechnen kann. Statt der reellen Zahlen nehmen wir aber von vornherein komplexe Zahlen als Ausgangszahlen an.

**Definition.** *Unter einer **Zahlenreihe** oder einem **Zahlenwurf** soll eine endliche geordnete Gesamtheit von (komplexen) Zahlen $a_1, a_2, \ldots, a_n$ verstanden werden.*

Als Bezeichnung dient ein kleiner deutscher Buchstabe:

$$\mathfrak{a} = (a_1 \ a_2 \ \cdots \ a_n).$$

Die Zahlen $a_\nu$ $(\nu = 1, 2, \ldots, n)$ heißen die *Elemente* von $\mathfrak{a}$; sie dürfen in der gegebenen Reihenfolge horizontal oder vertikal angeordnet sein. Nur aus Gründen der Platzersparnis wird hier die horizontale Anordnung bevorzugt. Eine Zahlenreihe mit $n$ Elementen soll auch *n-Zahlenreihe* genannt werden.

*Beispiel.* Die Matrix I, (67) besteht aus $m$ Zahlenreihen zu je $n$ Elementen (horizontal gelesen) oder aus $n$ Zahlenreihen zu je $m$ Elementen (vertikal gelesen). Eine Zahlenreihe ist selbst nichts anderes als eine einreihige Matrix; wir setzen sie in Klammern, um die Gesamtheit der umschlossenen Elemente als ein *Ganzes* erscheinen zu lassen.

**Definition.** *Zwei Zahlenreihen $\mathfrak{a} = (a_1 \ a_2 \cdots a_n)$ und $\mathfrak{b} = (b_1 \ b_2 \cdots b_n)$ mit gleich viel Elementen heißen **einander gleich**, wenn je zwei entsprechende Elemente übereinstimmen:*

$$\mathfrak{a} = \mathfrak{b} \quad \textit{bedeutet} \quad a_1 = b_1, \ a_2 = b_2, \ldots, a_n = b_n. \tag{1}$$

Man sieht, daß diese Gleichheitsbeziehung die Gesetze A (I, Nr. 1) erfüllt, da durch (1) die Gleichheit von Zahlenreihen auf die von komplexen Zahlen zurückgeführt wird und diese den Gesetzen A genügen.

**Definition.** *Unter der **Nullreihe** $\mathfrak{o}$ versteht man jede aus endlich vielen Nullen bestehende Zahlenreihe:*

$$\mathfrak{o} = (0 \ 0 \ \cdots \ 0).$$

Hiernach bedeutet die Relation $\mathfrak{a} = \mathfrak{o}$, daß $a_1 = a_2 = \cdots = a_n = 0$ ist.

**Definition.** *Unter der* **Summe** $\mathfrak{a} + \mathfrak{b}$ *der beiden Zahlenreihen* $\mathfrak{a}$ *und* $\mathfrak{b}$ *mit gleich viel Elementen versteht man die durch elementweise Addition gewonnene Zahlenreihe:*

$$\mathfrak{a} + \mathfrak{b} = (a_1+b_1 \quad a_2+b_2 \quad \cdots \quad a_n+b_n). \tag{2}$$

Die so definierte **Addition** genügt den Gesetzen B (I, Nr. 1). Denn durch (2) wird die Addition von Zahlenreihen auf die von komplexen Zahlen zurückgeführt, und für diese gelten die Gesetze B. Das assoziative Gesetz hat insbesondere zur Folge, daß die Summe von drei oder mehr Zahlenreihen eindeutig bestimmt ist; z. B.

$$\mathfrak{a} + \mathfrak{b} + \mathfrak{c} = (\mathfrak{a} + \mathfrak{b}) + \mathfrak{c}, \ldots, \mathfrak{a}_1 + \mathfrak{a}_2 + \cdots + \mathfrak{a}_n = (\mathfrak{a}_1 + \cdots + \mathfrak{a}_{n-1}) + \mathfrak{a}_n.$$

Die Umkehrbarkeit der Addition besagt, daß es zu je zwei Zahlenreihen $\mathfrak{a}$, $\mathfrak{b}$ mit gleich viel Elementen eine Zahlenreihe $\mathfrak{x}$ gibt, für die

$$\mathfrak{a} + \mathfrak{x} = \mathfrak{b} \tag{3}$$

ist. Da jede der $n$ Gleichungen $a_\nu + x_\nu = b_\nu$ in komplexen Zahlen sogar eindeutig nach $x_\nu$ auflösbar ist ($\nu = 1, 2, \ldots, n$), ist auch die Lösung $\mathfrak{x} = (x_1 \ x_2 \ \cdots \ x_n)$ von (3) eindeutig bestimmt. Man setzt

$$\mathfrak{x} = \mathfrak{b} - \mathfrak{a}, \quad \text{wo} \quad \mathfrak{b} - \mathfrak{a} = (b_1-a_1 \quad b_2-a_2 \quad \cdots \quad b_n-a_n).$$

Die Zahlenreihe $\mathfrak{b} - \mathfrak{a}$ heißt die **Differenz** der Zahlenreihen $\mathfrak{b}$ und $\mathfrak{a}$, der Rechenvorgang, der $\mathfrak{b} - \mathfrak{a}$ aus $\mathfrak{b}$ und $\mathfrak{a}$ entstehen läßt, **Subtraktion**. Im Falle $\mathfrak{a} = \mathfrak{b}$ besteht $\mathfrak{b} - \mathfrak{a}$ aus lauter Nullen, und es ist $\mathfrak{b} - \mathfrak{a} = \mathfrak{o}$ die Nullreihe. Diese spielt die Rolle der Null bei der Addition von Zahlenreihen. Sie wird daher meistens mit dem Symbol 0 bezeichnet; das wird auch im folgenden geschehen.

**2. Multiplikation mit einer Zahl.** Für die Multiplikation bei Zahlenreihen hat man zwei Arten zu unterscheiden: die Multiplikation einer Zahlenreihe mit einer Zahl und die Multiplikation zweier Zahlenreihen miteinander.

**Definition.** *Ist* $t$ *eine Zahl,* $\mathfrak{a}$ *eine Zahlenreihe, so versteht man unter* $t \cdot \mathfrak{a}$ *und* $\mathfrak{a} \cdot t$ *diejenige Zahlenreihe, deren Elemente die mit* $t$ *multiplizierten Elemente von* $\mathfrak{a}$ *sind:*

$$t\mathfrak{a} = (ta_1 \ ta_2 \ \cdots \ ta_n), \quad \mathfrak{a}t = (a_1t \ a_2t \ \cdots \ a_nt). \tag{4}$$

Die **Multiplikation einer Zahlenreihe mit einer Zahl** gehorcht dem kommutativen, assoziativen und distributiven Gesetz der Multiplikation. Es gilt:

$$t\mathfrak{a} = \mathfrak{a}t. \tag{5}$$

Denn es ist $ta_\nu = a_\nu t$ für $\nu = 1, 2, \ldots, n$, da für Zahlen das Gesetz C. 2 erfüllt ist. Ferner ist, wenn $s$ und $t$ Zahlen bedeuten,

$$s(t\mathfrak{a}) = (st)\mathfrak{a}, \tag{6}$$

da auf Grund von C. 3 für Zahlen stets $s(ta_\nu) = (st)a_\nu$ erfüllt ist $(\nu = 1, 2, \ldots, n)$.

Für das Distributivgesetz sind hier zwei Formen möglich: Sind $s$ und $t$ Zahlen, $\mathfrak{a}$ und $\mathfrak{b}$ Zahlenreihen, so ist

$$(s + t)\,\mathfrak{a} = s\,\mathfrak{a} + t\,\mathfrak{a}, \qquad (7a) \qquad t\,(\mathfrak{a} + \mathfrak{b}) = t\,\mathfrak{a} + t\,\mathfrak{b}. \qquad (7b)$$

*Beweis.* a) $(s + t)\,\mathfrak{a} = ((s + t)a_1 \ \ (s + t)a_2 \cdots (s + t)a_n)$,

$$s\,\mathfrak{a} + t\,\mathfrak{a} = (sa_1 + ta_1 \ \ sa_2 + ta_2 \cdots sa_n + ta_n).$$

Nach C. 4 ist $(s + t)a_\nu = sa_\nu + ta_\nu$ für $\nu = 1, 2, \ldots, n$. Daher gilt (7a).

b) $\quad t\,(\mathfrak{a} + \mathfrak{b}) = (t(a_1 + b_1) \ \ t(a_2 + b_2) \cdots t(a_n + b_n))$,

$$t\,\mathfrak{a} + t\,\mathfrak{b} = (ta_1 + tb_1 \ \ ta_2 + tb_2 \cdots ta_n + tb_n).$$

Hieraus folgt (7b), indem wieder C. 4 benutzt wird.

Auch das Analogon zu I, Satz 1 ist für diese Multiplikation erfüllt. Denn es gilt:

**Satz 1.** *Ist $t$ eine Zahl, $\mathfrak{a}$ eine Zahlenreihe, so ist das Produkt $t \cdot \mathfrak{a}$ dann und nur dann gleich 0, wenn mindestens einer der Faktoren verschwindet.*

*Beweis.* a) Wenn $t = 0$ oder $\mathfrak{a} = 0$ ist, so sind alle Elemente von $t \cdot \mathfrak{a}$ gleich 0; also ist $t \cdot \mathfrak{a} = 0$.

b) Ist $t \cdot \mathfrak{a} = 0$, so ist $ta_1 = ta_2 = \cdots = ta_n = 0$. Dann muß nach I, Satz 2, wenn $t \neq 0$ ist, $a_1 = a_2 = \cdots = a_n = 0$, d. h. $\mathfrak{a} = 0$ sein. Ist aber $\mathfrak{a} \neq 0$, so ist mindestens ein Element $a_\nu$ von 0 verschieden. Es sei etwa $a_1 \neq 0$. Dann folgt aber nach I, Satz 2 aus $ta_1 = 0$, daß $t = 0$ ist. Folglich ist $\mathfrak{a} = 0$ oder $t = 0$, wenn $t\mathfrak{a} = 0$ gilt.

Zusammenfassend kann man also sagen, daß man bei Zahlenreihen hinsichtlich Addition, Subtraktion und Multiplikation mit einer Zahl nach d e n Regeln rechnen darf, die von den Zahlen her geläufig sind, abgesehen von C. 5, das hier sinnlos ist.

**3. Beispiel.** Gegeben sei das lineare Gleichungensystem

$$\begin{aligned}
3x_1 + 4x_2 + 2x_3 &= 5, \\
4x_1 + 3x_2 + 5x_3 &= 2, \\
x_1 + x_2 + x_3 &= 1.
\end{aligned}$$

Für die Zahlenreihen der Koeffizienten

$$\mathfrak{a}_1 = (3\ 4\ 2\ 5), \quad \mathfrak{a}_2 = (4\ 3\ 5\ 2), \quad \mathfrak{a}_3 = (1\ 1\ 1\ 1)$$

gilt, wie man sofort nachprüft, die Relation

$$\mathfrak{a}_1 + \mathfrak{a}_2 - 7\,\mathfrak{a}_3 = 0. \qquad (8)$$

Man setze nun zur Abkürzung

$$\begin{aligned}
H_1 &= 3x_1 + 4x_2 + 2x_3, & L_1 &= H_1 - 5, \\
H_2 &= 4x_1 + 3x_2 + 5x_3, & L_2 &= H_2 - 2, \\
H_3 &= x_1 + x_2 + x_3, & L_3 &= H_3 - 1.
\end{aligned}$$

Dann folgt aus (8)

$$L_1 + L_2 - 7 L_3 = 0.$$

Hat man also $x_1$, $x_2$, $x_3$ so bestimmt, daß $L_1 = 0$ und $L_2 = 0$ sind, so ist von selbst $L_3 = 0$, d. h. man braucht nur die beiden ersten Gleichungen zu lösen; die dritte ist von selbst erfüllt.

Ändert man unser Beispiel so ab, daß die dritte Gleichung

$$x_1 + x_2 + x_3 = 2$$

lautet, so hat man $\mathfrak{a}_3$ durch $\mathfrak{a}_3' = (1\ 1\ 1\ 2)$ zu ersetzen, und es ist $\mathfrak{a}_1 + \mathfrak{a}_2 - 7 \mathfrak{a}_3' = \mathfrak{b} \neq 0$; denn es ist $\mathfrak{b} = (0\ 0\ 0\ -7)$. Bezeichnen aber $\mathfrak{b}_1$, $\mathfrak{b}_2$, $\mathfrak{b}_3$ die Zahlenreihen

$$\mathfrak{b}_1 = (3\ 4\ 2), \quad \mathfrak{b}_2 = (4\ 3\ 5), \quad \mathfrak{b}_3 = (1\ 1\ 1),$$

so gilt auch hier $\mathfrak{b}_1 + \mathfrak{b}_2 - 7 \mathfrak{b}_3 = 0$. Folglich ist

$$H_1 + H_2 - 7 H_3 = 0. \tag{9}$$

Angenommen, es sei möglich, $x_1$, $x_2$, $x_3$ so zu bestimmen, daß $H_1 = 5$, $H_2 = 2$, $H_3 = 2$ wird, wie es das abgeänderte Gleichungensystem verlangt. Setzt man dann $H_1$ und $H_2$ in (9) ein, so folgt $7 - 7 H_3 = 0$ und hieraus $H_3 = 1$, im Widerspruch zu $H_3 = 2$, d. h. das abgeänderte Gleichungensystem kann keine Lösung besitzen. Das beruht darauf, daß zwischen den linken Seiten des Gleichungensystems eine lineare Beziehung besteht, nämlich (9), die von den rechten Seiten nicht erfüllt wird. Um einen solchen Sachverhalt systematisch für beliebige lineare Gleichungensysteme aufklären zu können, müssen wir erst ausreichende Hilfsmittel erarbeiten. Die vollständige Behandlung dieser Fragen wird in Kapitel IV erfolgen.

**4. Lineare Abhängigkeit.** Von grundlegender Bedeutung ist der Begriff der linearen Abhängigkeit bzw. Unabhängigkeit von Zahlenreihen. $K$ sei ein beliebig, aber fest gewählter Zahlkörper, der im Körper der komplexen Zahlen enthalten ist (vgl. I, Nr. 14).

    **Definition.** *Ist $k > 1$, so heißen $k$ Zahlenreihen $\mathfrak{a}_1$, $\mathfrak{a}_2$, ..., $\mathfrak{a}_k$ mit gleich viel Elementen* **linear abhängig** *über $K$, wenn es Zahlen $t_1$, $t_2$, ..., $t_k$ aus $K$, die nicht sämtlich gleich 0 sind, so gibt, daß*

$$t_1 \mathfrak{a}_1 + t_2 \mathfrak{a}_2 + \cdots + t_k \mathfrak{a}_k = 0 \tag{10}$$

*ist. Läßt der Ansatz (10) mit unbekannten $t_1$, $t_2$, ..., $t_k$ aus $K$ nur die Lösung $t_1 = t_2 = \cdots = t_k = 0$ zu, so heißen $\mathfrak{a}_1$, $\mathfrak{a}_2$, ..., $\mathfrak{a}_k$* **linear unabhängig** *über $K$.*

    Die Forderung, daß $t_1$, $t_2$, ..., $t_k$ nicht alle gleich 0 sind, wird durch die Schreibweise $t_1$, $t_2$, ..., $t_k \neq 0, 0, ..., 0$ wiedergegeben.

    Als Relation zwischen den Elementen $a_{\varkappa 1}$, $a_{\varkappa 2}$, ..., $a_{\varkappa n}$ der Zahlenreihen $\mathfrak{a}_\varkappa$ ($\varkappa = 1, 2, ..., k$) ist (10) nach den Regeln von Nr. 2 gleichbedeutend mit dem folgenden Gleichungensystem:

$$\left.\begin{array}{l} t_1\,a_{11} + t_2\,a_{21} + \cdots + t_k\,a_{k1} = 0, \\ t_1\,a_{12} + t_2\,a_{22} + \cdots + t_k\,a_{k2} = 0, \\ \cdots\cdots\cdots\cdots\cdots\cdots\cdots\cdots\cdots\cdots \\ t_1\,a_{1n} + t_2\,a_{2n} + \cdots + t_k\,a_{kn} = 0. \end{array}\right\} \qquad (11)$$

*Beispiele.* Linear abhängig (über dem Körper der rationalen Zahlen) sind die Zahlenreihen $\mathfrak{a}_1$, $\mathfrak{a}_2$, $\mathfrak{a}_3$ bzw. $\mathfrak{b}_1$, $\mathfrak{b}_2$, $\mathfrak{b}_3$ von Nr. 3, die die Relation $\mathfrak{a}_1 + \mathfrak{a}_2 - 7\mathfrak{a}_3 = 0$ bzw. $\mathfrak{b}_1 + \mathfrak{b}_2 - 7\mathfrak{b}_3 = 0$ erfüllen. Hier ist $k = 3$, $t_1 = 1$, $t_2 = 1$, $t_3 = -7$. Linear unabhängig (über jedem Zahlkörper $K$) sind die Zahlenreihen ($k = n = 3$)

$$\mathfrak{a}_1 = (1\ 0\ 0), \quad \mathfrak{a}_2 = (0\ 1\ 0), \quad \mathfrak{a}_3 = (0\ 0\ 1).$$

Macht man hier nämlich den Ansatz $t_1\mathfrak{a}_1 + t_2\mathfrak{a}_2 + t_3\mathfrak{a}_3 = 0$, so folgt aus

$$t_1\mathfrak{a}_1 + t_2\mathfrak{a}_2 + t_3\mathfrak{a}_3 = (t_1\ t_2\ t_3)$$

und der Definition der Nullreihe, daß $t_1 = t_2 = t_3 = 0$ ist. Schließlich sind, wie der Leser nachprüfen möge, die Zahlenreihen

$$\mathfrak{a} = (1\ i\ -1), \quad \mathfrak{b} = (i\ -1\ -i)$$

linear unabhängig über dem Körper der reellen Zahlen, aber linear abhängig über dem Körper der komplexen Zahlen, da $\mathfrak{a} + i\,\mathfrak{b} = 0$ ist.

Wir stellen nun einige Regeln über die lineare Abhängigkeit bzw. Unabhängigkeit von Zahlenreihen zusammen.

**Regel 1.** *Zwei Zahlenreihen* $\mathfrak{a}$, $\mathfrak{b}$ *sind dann und nur dann linear abhängig über* $K$, *wenn sie proportional sind.*

*Beweis.* a) Es sei $s\mathfrak{a} + t\mathfrak{b} = 0$ und $s$, $t \neq 0$, 0. Dann ist, falls $s \neq 0$ und $t \neq 0$ ist,

$$\mathfrak{a} = -\frac{t}{s}\,\mathfrak{b}, \quad \mathfrak{b} = -\frac{s}{t}\,\mathfrak{a}.$$

Mit $-\dfrac{s}{t} = c \neq 0$ ist also $\mathfrak{b} = c\mathfrak{a}$, $\mathfrak{a} = \dfrac{1}{c}\,\mathfrak{b}$, d. h. $\mathfrak{a}$ und $\mathfrak{b}$ sind proportional. Proportionalitätsfaktor ist $c$ bzw. $1/c$. Ist eine der Zahlen $s$ und $t$ gleich 0, etwa $s = 0$, so ist $c = 0$ und damit $\mathfrak{b} = 0$. In diesem Fall ist also eine der Zahlenreihen die Nullreihe, und man spricht von *uneigentlicher Proportionalität*, im Gegensatz zum ersten Fall ($s \neq 0$, $t \neq 0$), der auf *eigentliche Proportionalität* ($c \neq 0$) führt.

b) Sind umgekehrt $\mathfrak{a}$ und $\mathfrak{b}$ proportional, etwa $\mathfrak{b} = c\mathfrak{a}$, so ist $c\mathfrak{a} - 1 \cdot \mathfrak{b} = 0$ eine lineare Relation zwischen $\mathfrak{a}$ und $\mathfrak{b}$, in der mindestens der Koeffizient von $\mathfrak{b}$ nicht gleich 0 ist. Folglich sind $\mathfrak{a}$ und $\mathfrak{b}$ linear abhängig.

*Beispiel.* $\mathfrak{a} = (1\ 7\ 5\ 3)$, $\mathfrak{b} = (2\ 14\ 10\ 6)$.

$$2 \cdot \mathfrak{a} - 1 \cdot \mathfrak{b} = 0, \quad \mathfrak{b} = 2\mathfrak{a}, \quad \mathfrak{a} = \tfrac{1}{2}\mathfrak{b}.$$

**Regel 2.** *Ist von den Zahlenreihen* $\mathfrak{a}_1$, $\mathfrak{a}_2$, $\ldots$, $\mathfrak{a}_k$ *mindestens eine die Nullreihe, so sind* $\mathfrak{a}_1$, $\mathfrak{a}_2$, $\ldots$, $\mathfrak{a}_k$ *stets linear abhängig.*

*Beweis.* Es sei etwa $\mathfrak{a}_1 = 0$. Dann ist

$$1 \cdot \mathfrak{a}_1 + 0 \cdot \mathfrak{a}_2 + \cdots + 0 \cdot \mathfrak{a}_k = 0,$$

und die Koeffizienten $1, 0, \ldots, 0$ verschwinden nicht sämtlich.

**Folgerung.** *Sind* $\mathfrak{a}_1, \mathfrak{a}_2, \ldots, \mathfrak{a}_k$ *linear unabhängig, so sind sie sämtlich von der Nullreihe verschieden.*

**Regel 3.** *Sind von* $k$ *Zahlenreihen* $\mathfrak{a}_1, \mathfrak{a}_2, \ldots, \mathfrak{a}_k$ *etwa* $l$ *über* $K$ *linear abhängig* $(l \leqq k)$, *so sind alle Zahlenreihen linear abhängig über* $K$.

*Beweis.* Sind etwa $\mathfrak{a}_1, \mathfrak{a}_2, \ldots, \mathfrak{a}_l$ linear abhängig, so gibt es in $K$ Zahlen $t_1, t_2, \ldots, t_l \neq 0, 0, \ldots, 0$, so daß $\sum\limits_{\lambda=1}^{l} t_\lambda \mathfrak{a}_\lambda = 0$ ist. Dann ist

$$t_1 \mathfrak{a}_1 + \cdots + t_l \mathfrak{a}_l + 0 \cdot \mathfrak{a}_{l+1} + \cdots + 0 \cdot \mathfrak{a}_k = 0$$

und $\qquad\qquad t_1, \ldots, t_l, 0, \ldots, 0 \neq 0, 0, \ldots, 0.$

*Beispiel.* $\mathfrak{a}_1 = (3\ 7\ 5\ 9)$, $\mathfrak{a}_2 = (6\ 14\ 10\ 18)$, $\mathfrak{a}_3 = (-3\ 57\ 1092\ 0)$. Es ist $2\,\mathfrak{a}_1 - \mathfrak{a}_2 = 0$, also auch $2\,\mathfrak{a}_1 - \mathfrak{a}_2 + 0 \cdot \mathfrak{a}_3 = 0$.

**Regel 4.** *Sind* $\mathfrak{a}_1, \mathfrak{a}_2, \ldots, \mathfrak{a}_k$ *linear abhängig über* $K$, *aber* $\mathfrak{a}_1, \mathfrak{a}_2, \ldots, \mathfrak{a}_{k-1}$ *linear unabhängig, so läßt sich* $\mathfrak{a}_k$ *durch* $\mathfrak{a}_1, \mathfrak{a}_2, \ldots, \mathfrak{a}_{k-1}$ *mit Koeffizienten aus* $K$ *linear darstellen.*

*Beweis.* Nach Voraussetzung gibt es Zahlen $t_1, t_2, \ldots, t_k \neq 0, 0, \ldots, 0$ in $K$ derart, daß $t_1 \mathfrak{a}_1 + t_2 \mathfrak{a}_2 + \cdots + t_k \mathfrak{a}_k = 0$ ist. Hier muß insbesondere $t_k \neq 0$ sein. Wäre nämlich $t_k = 0$, so wäre

$$t_1 \mathfrak{a}_1 + t_2 \mathfrak{a}_2 + \cdots + t_{k-1} \mathfrak{a}_{k-1} = 0 \quad \text{und} \quad t_1, \ldots, t_{k-1} \neq 0, \ldots, 0,$$

d. h. $\mathfrak{a}_1, \ldots, \mathfrak{a}_{k-1}$ wären linear abhängig, im Widerspruch zur Voraussetzung. Aus $t_k \neq 0$ folgt aber

$$\mathfrak{a}_k = -\frac{t_1}{t_k}\,\mathfrak{a}_1 - \frac{t_2}{t_k}\,\mathfrak{a}_2 - \cdots - \frac{t_{k-1}}{t_k}\,\mathfrak{a}_{k-1}.$$

Hier sind die Koeffizienten wieder Zahlen aus $K$, da $K$ ein Körper ist (Nr. 14).

Man sagt: $\mathfrak{a}_k$ ist *von* $\mathfrak{a}_1, \ldots, \mathfrak{a}_{k-1}$ *linear abhängig* über $K$, eine *Linearkombination von* $\mathfrak{a}_1, \ldots, \mathfrak{a}_{k-1}$ über $K$.

*Beispiel.* $\mathfrak{a}_1, \mathfrak{a}_2, \mathfrak{a}_3$ aus Nr. 3 mit der Relation (8). Hieraus folgt $\mathfrak{a}_3 = \frac{1}{7}\,\mathfrak{a}_1 + \frac{1}{7}\,\mathfrak{a}_2$. Es sind $\mathfrak{a}_1 = (3\ 4\ 2\ 5)$ und $\mathfrak{a}_2 = (4\ 3\ 5\ 2)$ linear unabhängig. Der Ansatz $t_1 \mathfrak{a}_1 + t_2 \mathfrak{a}_2 = 0$ führt u. a. auf die Gleichungen $3t_1 + 4t_2 = 0$, $4t_1 + 3t_2 = 0$, aus denen $t_2 = -\frac{3}{4}t_1 = -\frac{4}{3}t_1$ folgt, also $\left(\frac{1}{3} - \frac{3}{4}\right) t_1 = 0$, $t_1 = 0$, $t_2 = 0$.

**Regel 5.** *Werden Zahlenreihen übereinstimmend verkürzt, d. h. in jeder Zahlenreihe dieselben* $n - r$ *Elemente* $(1 \leqq r < n)$ *gestrichen, so gehen linear abhängige Zahlenreihen wieder in linear abhängige über.*

*Beweis.* Die Streichung von je $n - r$ an entsprechenden Stellen stehenden Elementen in $\mathfrak{a}_1, \ldots, \mathfrak{a}_k$ bedeutet, daß von den Gl. (11)

bestimmte $n - r$ fortfallen. Die übrigen $r$ Gleichungen allein stellen aber eine lineare Abhängigkeit der auf je $r$ Elemente verkürzten Zahlenreihen dar.

Man streiche z. B. in jeder Zahlenreihe die letzten $n - r$ Elemente.

**5. Lineare Räume.** Die beiden Verknüpfungen, die wir bei Zahlenreihen kennengelernt haben, nehmen wir zum Ausgangspunkt, um allgemeiner zu definieren:

**Definition.** *Eine Gesamtheit $\mathfrak{R}$ von Dingen $\mathfrak{a}$, $\mathfrak{b}$, $\mathfrak{c}$, ... (Elemente von $\mathfrak{R}$ genannt) heißt ein **linearer Raum** über dem Zahlkörper $K$, wenn*

1) *die Summe $\mathfrak{a} + \mathfrak{b}$ je zweier Dinge aus $\mathfrak{R}$ und das Produkt $t \cdot \mathfrak{a}$ mit einer Zahl $t$ aus $K$ erklärt und je wieder ein Ding aus $\mathfrak{R}$ ist,*

2) *die Addition und die Multiplikation mit einer Zahl aus $K$ die Grundgesetze A, B und C mit Ausnahme von C. 5 erfüllen.*

Nach der Schlußbemerkung von Nr. 2 liefert z. B. die Gesamtheit aller $n$-Zahlenreihen einen linearen Raum über dem Körper der komplexen Zahlen. Wir wollen ihn $\mathfrak{R}^{(n)}$ nennen.

**Definition.** *Ein Teil $\mathfrak{T}$ eines linearen Raumes $\mathfrak{R}$ heißt ein **linearer Teilraum** von $\mathfrak{R}$ über $K$, wenn für je zwei Elemente $\mathfrak{a}$, $\mathfrak{b}$ aus $\mathfrak{T}$ und jedes $t$ aus $K$ auch $\mathfrak{a} + \mathfrak{b}$ und $t\mathfrak{a}$ zu $\mathfrak{T}$ gehören.*

Ein linearer Teilraum ist selbst wieder ein linearer Raum, denn er hat die Eigenschaft 1) nach Definition, und die Eigenschaft 2) ist in $\mathfrak{R}$, also erst recht in $\mathfrak{T}$ erfüllt.

*Beispiel.* Sind $\mathfrak{a}_1, \ldots, \mathfrak{a}_k$ irgend $k$ linear unabhängige $n$-Zahlenreihen, so sei $\mathfrak{R}^{(n)}_{(k)}$ die Gesamtheit aller Linearkombinationen

$$\mathfrak{r} = r_1 \mathfrak{a}_1 + r_2 \mathfrak{a}_2 + \cdots + r_k \mathfrak{a}_k \quad (r_\varkappa \text{ beliebig}; \varkappa = 1, 2, \ldots, k). \quad (12)$$

Offenbar sind mit $\mathfrak{s} = s_1 \mathfrak{a}_1 + \cdots + s_k \mathfrak{a}_k$ auch

$$\mathfrak{r} + \mathfrak{s} = (r_1 + s_1) \mathfrak{a}_1 + \cdots + (r_k + s_k) \mathfrak{a}_k \text{ und } t\mathfrak{r} = (t r_1) \mathfrak{a}_1 + \cdots + (t r_k) \mathfrak{a}_k$$

wieder Linearkombinationen von $\mathfrak{a}_1, \ldots, \mathfrak{a}_k$. Da $\mathfrak{R}^{(n)}_{(k)}$ ein Teil aller $n$-Zahlenreihen ist, ist $\mathfrak{R}^{(n)}_{(k)}$ linearer Teilraum von $\mathfrak{R}^{(n)}$ (über dem Körper der komplexen Zahlen) und selbst wieder ein linearer Raum.

Wir werden es im folgenden nur mit linearen Räumen zu tun haben, deren Elemente Zahlenreihen sind, und zwar über dem Körper der reellen oder dem der komplexen Zahlen, je nachdem die Zahlenreihen nur aus reellen oder auch aus komplexen Zahlen bestehen. Wir beschränken uns für das Weitere daher auf diese Art von linearen Räumen, die wir kurz $L$-Räume nennen (ohne den Zahlkörper besonders zu erwähnen), obwohl sich die Betrachtungen ohne Mühe auch für lineare Räume mit beliebigen Elementen und für beliebige Zahlkörper $K$ durchführen lassen.

**Definition.** *Irgend $k$ linear unabhängige Zahlenreihen $\mathfrak{a}_1, \ldots, \mathfrak{a}_k$ heißen eine **Basis**, genauer eine **$k$-gliedrige Basis** eines $L$-Raumes $\mathfrak{R}$, wenn sich jede Zahlenreihe $\mathfrak{r}$ aus $\mathfrak{R}$ als Linearkombination (12) von $\mathfrak{a}_1, \ldots, \mathfrak{a}_k$ schreiben läßt.*

*Beispiele.* 1. Der $L$-Raum $\mathfrak{R}_{(k)}^{(n)}$ aller Linearkombinationen von $k$ linear unabhängigen Zahlenreihen besitzt nach Definition eine $k$-gliedrige Basis.

2. Der $L$-Raum $\mathfrak{R}^{(n)}$ aller $n$-Zahlenreihen besitzt eine $n$-gliedrige Basis. Denn die Zahlenreihen

$$\mathfrak{e}_\nu = (0 \cdots 0\, 1\, 0 \cdots 0) \quad (\nu = 1, 2, \ldots, n), \quad (13)$$

wo an der $\nu$-ten Stelle eine 1, sonst 0 steht, sind linear unabhängig, da

$$\sum_{\nu=1}^{n} t_\nu\, \mathfrak{e}_\nu = (t_1\ t_2 \cdots t_n) = 0$$

genau für $t_1 = t_2 = \cdots = t_n = 0$ gilt. Ferner ist jede $n$-Zahlenreihe

$$\mathfrak{a} = (a_1\ a_2 \cdots a_n) = \sum_{\nu=1}^{n} a_\nu\, \mathfrak{e}_\nu$$

eine Linearkombination von $\mathfrak{e}_1, \mathfrak{e}_2, \ldots, \mathfrak{e}_n$.

**Satz 2.** *Besitzt der $L$-Raum $\mathfrak{R}$ eine Basis, so läßt sich jede Zahlenreihe aus $\mathfrak{R}$ auf eine und nur eine Weise als Linearkombination der Basiszahlenreihen schreiben.*

*Beweis.* Ist $\mathfrak{a}_1, \ldots, \mathfrak{a}_k$ eine Basis, $\mathfrak{r}$ eine beliebige Zahlenreihe von $\mathfrak{R}$, so existiert eine Darstellung $\mathfrak{r} = r_1 \mathfrak{a}_1 + \cdots + r_k \mathfrak{a}_k$ nach Definition. Es sei $\mathfrak{r} = r_1' \mathfrak{a}_1 + \cdots + r_k' \mathfrak{a}_k$ eine andere Darstellung von $\mathfrak{r}$ durch die Basis. Dann ist

$$(r_1 - r_1')\, \mathfrak{a}_1 + \cdots + (r_k - r_k')\, \mathfrak{a}_k = \mathfrak{r} - \mathfrak{r} = 0.$$

Hieraus folgt wegen der linearen Unabhängigkeit von $\mathfrak{a}_1, \ldots, \mathfrak{a}_k$

$$r_\varkappa - r_\varkappa' = 0, \quad \text{d. h.} \quad r_\varkappa = r_\varkappa' \quad \text{für} \quad \varkappa = 1, 2, \ldots, k.$$

Es gibt also nur *eine* Darstellung von $\mathfrak{r}$ durch die betrachtete Basis.

Nach Satz 2 ist eine Basis ein geeignetes Mittel, um alle Zahlenreihen eines $L$-Raumes zu erfassen. Es erhebt sich nun die Frage, ob jeder $L$-Raum eine Basis besitzt. Das wollen wir jetzt klären.

**Definition.** *Gibt es zu einem $L$-Raum $\mathfrak{R}$ eine Zahl $d$ derart, daß in $\mathfrak{R}$ zwar $d$ linear unabhängige Zahlenreihen existieren, aber je $d + 1$ linear abhängig sind, so heißt $d$ die* **Dimension** *von $\mathfrak{R}$, in Zeichen: $d = \dim \mathfrak{R}$. Wenn $\dim \mathfrak{R}$ existiert, so heißt $\mathfrak{R}$* **von endlicher Dimension.**

**Satz 3.** *Ist $\mathfrak{R}$ ein $L$-Raum der Dimension $d$ und $\mathfrak{T}$ ein linearer Teilraum von $\mathfrak{R}$, so ist auch $\mathfrak{T}$ von endlicher Dimension, und es ist $\dim \mathfrak{T} \leqq d$.*

*Beweis.* Da in $\mathfrak{R}$ keine $d + 1$ linear unabhängige Zahlenreihen existieren, so hat der Teilraum $\mathfrak{T}$ als Teil von $\mathfrak{R}$ erst recht diese Eigenschaft. Es sei $d'$ die kleinste Zahl derart, daß je $d' + 1$ Zahlenreihen aus $\mathfrak{T}$ linear abhängig sind. Dann ist $0 \leqq d' \leqq d$ und $d' = \dim \mathfrak{T}$.

**Satz 4a.** *Ist $\mathfrak{R}$ ein $L$-Raum der Dimension $d$, so besitzt $\mathfrak{R}$ eine $d$-gliedrige Basis.*

*Beweis.* Nach Definition der Dimension gibt es in $\Re$ genau $d$ linear unabhängige Zahlenreihen, etwa $\mathfrak{a}_1, \ldots, \mathfrak{a}_d$. Ist $\mathfrak{r}$ eine weitere, so sind $\mathfrak{a}_1, \ldots, \mathfrak{a}_d, \mathfrak{r}$ linear abhängig. Nach Regel 4 läßt sich also $\mathfrak{r}$ als Linearkombination von $\mathfrak{a}_1, \ldots, \mathfrak{a}_d$ darstellen. Da $\mathfrak{r}$ beliebig aus $\Re$ gewählt werden darf, bilden $\mathfrak{a}_1, \ldots, \mathfrak{a}_d$ eine Basis in $\Re$.

Wesentlicher als Satz 4a ist aber die Tatsache, daß auch die Umkehrung gilt:

**Satz 4b.** *Besitzt der L-Raum $\Re$ eine k-gliedrige Basis, so sind je $k + 1$ Zahlenreihen von $\Re$ linear abhängig, d. h. es ist $\dim \Re = k$.*

Beweisen können wir den Satz 4b mit den bisher verfügbaren Mitteln noch nicht; er wird sich später (V, Nr. 12) als einfache Folgerung ergeben[1]. Wir wollen ihn aber trotzdem schon ausnutzen, um die vorhin gestellte Frage nach der Existenz einer Basis zu beantworten.

**Satz 5.** *Jeder L-Raum $\Re$ aus n-Zahlenreihen ist von endlicher Dimension $d \leqq n$ und besitzt daher eine d-gliedrige Basis.*

*Beweis.* Der $L$-Raum $\Re^{(n)}$ aller $n$-Zahlenreihen besitzt nach Beispiel 2. eine $n$-gliedrige Basis. Nach Satz 4b ist also $\dim \Re^{(n)} = n$. Für den betrachteten $L$-Raum $\Re$, der gewiß Teilraum von $\Re^{(n)}$ ist, gilt nach Satz 3 daher $\dim \Re \leqq n$. Setzt man $\dim \Re = d$, so folgt mit Satz 4a die Behauptung.

**Bemerkung.** Satz 5 läßt sich nicht wie die übrigen Betrachtungen dieser Nr. 5 auf beliebige lineare Räume übertragen. Ein aus anderen Elementen als Zahlenreihen bestehender linearer Raum hat nicht notwendig eine endliche Dimension.

**6. Multiplikation zweier Zahlenreihen.** Wir führen jetzt eine erste multiplikative Verknüpfung zwischen Zahlenreihen ein. Ihre Elemente seien komplexe Zahlen.

**Definition.** *Sind $\mathfrak{a} = (a_1 \cdots a_n)$ und $\mathfrak{b} = (b_1 \cdots b_n)$ zwei Zahlenreihen mit gleich viel Elementen, so verstehen wir unter ihrem (formalen)* **Produkt** $\mathfrak{a} \cdot \mathfrak{b}$ *(meist $\mathfrak{a}\mathfrak{b}$ geschrieben) die (komplexe) Zahl*

$$\mathfrak{a}\mathfrak{b} = \sum_{\nu=1}^{n} a_\nu\, b_\nu. \tag{14}$$

*Beispiele.* 1. $\mathfrak{a} = (3\ 5\ 2\ -1\ 8)$, $\quad \mathfrak{b} = (-1\ 6\ 2\ 0\ 1)$, $\quad \mathfrak{a}\mathfrak{b} = 39$.

2. $\mathfrak{a} = (1\ i\ 1\ -i)$, $\quad \mathfrak{b} = (1+i\ 2\ -i)$,

$$\mathfrak{a}\mathfrak{b} = 1(1+i) + i \cdot 2 - (1-i)\, i = 2i.$$

Während also die Multiplikation einer Zahlenreihe mit einer Zahl wieder eine Zahlenreihe ergibt, liefert das Produkt zweier Zahlenreihen eine Zahl. Wir rechtfertigen zunächst den Namen *Produkt*, indem wir beweisen:

---

[1] Der Leser prüfe dann nach, daß für diese Folgerung weder Satz 4b noch aus ihm abgeleitete Aussagen benutzt werden.

**Satz 6.** *Für die Multiplikation zweier Zahlenreihen gemäß obiger Definition gelten die Grundgesetze* C (I, Nr. 1), *soweit sie sinnvoll sind:*

$$\text{Aus } \mathfrak{a} = \mathfrak{b} \quad \text{folgt} \quad \mathfrak{a}\mathfrak{c} = \mathfrak{b}\mathfrak{c}. \tag{15a}$$

$$\mathfrak{a}\mathfrak{b} = \mathfrak{b}\mathfrak{a}. \tag{15b}$$

$$\mathfrak{a}(\mathfrak{b} + \mathfrak{c}) = \mathfrak{a}\mathfrak{b} + \mathfrak{a}\mathfrak{c}. \tag{15c}$$

*Die Gleichung* $\mathfrak{a}\mathfrak{x} = c$ ($c$ *Zahl*) *besitzt für* $\mathfrak{a} \neq 0$ *eine Lösung* $\mathfrak{x}$. (15d)

*Ferner gilt: Sind* $s$ *und* $t$ *Zahlen, so ist*

$$(s\mathfrak{a})(t\mathfrak{b}) = (st)\,\mathfrak{a}\mathfrak{b}; \quad \mathfrak{a}(t\mathfrak{b}) = (\mathfrak{a}t)\mathfrak{b}. \tag{15e}$$

*Vorbemerkung.* Das Assoziativgesetz C. 3 ist gegenstandslos, da ein Produkt von mehr als zwei Zahlenreihen nicht erklärt ist. Das Produkt $(\mathfrak{a}\mathfrak{b})\mathfrak{c}$ führt auf die Multiplikation einer Zahlenreihe mit einer Zahl zurück. Die Aussagen (15e) sind ein gewisser Ersatz für das Assoziativgesetz. Die Lösung $\mathfrak{x}$ von (15d) ist, wie sich zeigen wird, im allgemeinen (d. h. für $n > 1$) nicht eindeutig bestimmt.

*Beweis von Satz 6.* a) Aus $\mathfrak{a} = \mathfrak{b}$ folgt $a_\nu = b_\nu$ ($\nu = 1, 2, \ldots, n$) und daher mit $\mathfrak{c} = (c_1 \cdots c_n)$

$$\mathfrak{a}\mathfrak{c} = \sum_{\nu=1}^{n} a_\nu\, c_\nu = \sum_{\nu=1}^{n} b_\nu\, c_\nu = \mathfrak{b}\mathfrak{c}.$$

b) Es ist

$$\mathfrak{a}\mathfrak{b} = \sum_{\nu=1}^{n} a_\nu\, b_\nu = \sum_{\nu=1}^{n} b_\nu\, a_\nu = \mathfrak{b}\mathfrak{a}.$$

c) Es ist

$$\mathfrak{a}(\mathfrak{b} + \mathfrak{c}) = \sum_{\nu=1}^{n} a_\nu\,(b_\nu + c_\nu) = \sum_{\nu=1}^{n} a_\nu\, b_\nu + \sum_{\nu=1}^{n} a_\nu\, c_\nu = \mathfrak{a}\mathfrak{b} + \mathfrak{a}\mathfrak{c}.$$

d) Nach Voraussetzung ist $\mathfrak{a} \neq 0$, also mindestens ein Element, etwa $a_\varkappa \neq 0$. Man wähle Zahlen $x_1, \ldots, x_{\varkappa-1}, x_{\varkappa+1}, \ldots, x_n$ beliebig und setze

$$x_\varkappa = \frac{c}{a_\varkappa} - \frac{1}{a_\varkappa}\,(a_1 x_1 + \cdots + a_{\varkappa-1}\, x_{\varkappa-1} + a_{\varkappa+1}\, x_{\varkappa+1} + \cdots + a_n\, x_n).$$

Dann ist mit $\mathfrak{x} = (x_1 \cdots x_n)$ offenbar $\mathfrak{a}\mathfrak{x} = c$. Es gibt also für $n > 1$ beliebig viele Lösungen von (15d).

e) Es ist

$$(s\mathfrak{a})(t\mathfrak{b}) = \sum_{\nu=1}^{n} s a_\nu\, t b_\nu = st \sum_{\nu=1}^{n} a_\nu\, b_\nu = (st)\,\mathfrak{a}\mathfrak{b}.$$

Für $s = 1$ folgt hieraus auch $\mathfrak{a}(t\mathfrak{b}) = (\mathfrak{a}t)\,\mathfrak{b}$, da beide Seiten gleich $t \cdot \mathfrak{a}\mathfrak{b}$ sind.

**Folgerung.** Das Produkt zweier Zahlenreihen kann verschwinden, ohne daß einer der beiden Faktoren die Nullreihe ist. Ein Analogon zu I, Satz 1 oder Satz 2 gilt also nicht. Dies ergibt sich aus (15d) mit $c = 0$.

*Beispiel.* $(1+i \ \ 3 \ \ 0 \ \ i) \cdot (1-i \ \ -\tfrac{2}{3} \ \ 6+3i \ \ 0) = 2-2+0+0 = 0.$

**7. Das innere Produkt.** Die soeben eingeführte Produktbildung zweier Zahlenreihen hat aber, obwohl sie nach Satz 6 die zu fordernden Rechengesetze erfüllt, nur eine untergeordnete Bedeutung. Für die Anwendungen in Geometrie und Physik ist es zweckmäßig und sogar notwendig, noch eine weitere multiplikative Verknüpfung zweier Zahlenreihen zu definieren.

**Definition.** *Unter dem* ***inneren Produkt*** *oder* ***Skalarprodukt*** *zweier Zahlenreihen* $\mathfrak{a} = (a_1 \cdots a_n)$ *und* $\mathfrak{b} = (b_1 \cdots b_n)$, *in dieser Reihenfolge, versteht man, falls* $\bar{\mathfrak{a}}$ *die Zahlenreihe* $(\bar{a}_1 \cdots \bar{a}_n)$ *bezeichnet, das formale Produkt*

$$\bar{\mathfrak{a}}\,\mathfrak{b} = \sum_{\nu=1}^{n} \bar{a}_\nu\, b_\nu . \tag{16}$$

*Hierfür ist auch die Bezeichnung* $(\mathfrak{a},\,\mathfrak{b})$ *gebräuchlich.*

Da es in (16) auf die Reihenfolge der Faktoren ankommt, sagt man für diese Produktbildung (16) nötigenfalls deutlicher: Man multipliziere $\mathfrak{b}$ von links skalar mit $\mathfrak{a}$ oder $\mathfrak{a}$ von rechts skalar mit $\mathfrak{b}$.

*Beispiele.* $\mathfrak{a} = (1 \quad i \quad 1-i), \qquad \mathfrak{b} = (1+i \quad 2 \quad -i),$

$$\bar{\mathfrak{a}} = (1 \quad -i \quad 1+i), \quad \bar{\mathfrak{b}} = (1-i \quad 2 \quad i),$$

$$(\mathfrak{a},\,\mathfrak{b}) = \bar{\mathfrak{a}}\,\mathfrak{b} = 1(1+i) - i \cdot 2 - (1+i)\,i = 2 - 2\,i,$$

$$(\mathfrak{b},\,\mathfrak{a}) = \bar{\mathfrak{b}}\,\mathfrak{a} = (1-i)\cdot 1 + 2i + i\,(1-i) = 2+2i \neq (\mathfrak{a},\,\mathfrak{b}).$$

Die Zahlenreihe $\bar{\mathfrak{a}} = (\bar{a}_1 \cdots \bar{a}_n)$ heißt die zu $\mathfrak{a}$ *konjugiert-komplexe Zahlenreihe.* Für den Übergang zum Konjugiert-Komplexen bei Zahlenreihen gelten, wie aus I, (38a) und (38b) sowie II, (2) und (4) leicht folgt, die Regeln

$$\overline{\mathfrak{a} + \mathfrak{b}} = \bar{\mathfrak{a}} + \bar{\mathfrak{b}}, \quad \overline{t\mathfrak{a}} = \bar{t} \cdot \bar{\mathfrak{a}} . \tag{17}$$

Ist $\bar{\mathfrak{a}} = \mathfrak{a}$, so sind nach I, Satz 3 die Elemente $a_1, \ldots, a_n$ von $\mathfrak{a}$ sämtlich reell. In diesem Fall heißt $\mathfrak{a}$ eine **reelle Zahlenreihe.**

**Bemerkung.** Nach Definition erhält man das innere Produkt von $\mathfrak{a}$ und $\mathfrak{b}$, indem man nach (14) das formale Produkt von $\bar{\mathfrak{a}}$ mit $\mathfrak{b}$ bildet. Hat man es nun ausschließlich mit reellen Zahlenreihen zu tun, so sind wegen $\bar{\mathfrak{a}} = \mathfrak{a}$ formales und inneres Produkt identisch. Daher kommt es, daß das formale Produkt $\mathfrak{a}\mathfrak{b}$ zuweilen auch für komplexe Zahlenreihen bereits als inneres und $\bar{\mathfrak{a}}\mathfrak{b}$ zum Unterschied davon als **unitäres** *inneres Produkt* von $\mathfrak{a}$ und $\mathfrak{b}$ bezeichnet wird.

Das Kommutativgesetz C. 2 ist, wie bereits bemerkt, für die skalare Multiplikation nicht erfüllt. Statt dessen gilt

**Satz 7.** *Für je zwei Zahlenreihen* $\mathfrak{a},\,\mathfrak{b}$ *ist*

$$\bar{\mathfrak{b}}\,\mathfrak{a} = \overline{\bar{\mathfrak{a}} \cdot \mathfrak{b}} = \mathfrak{a}\,\bar{\mathfrak{b}} . \tag{18}$$

*Beweis.* Nach I, (38a) und (38b) folgt

$$\bar{\mathfrak{b}}\,\mathfrak{a} = \sum_{\nu=1}^{n} \bar{b}_\nu\, a_\nu = \sum_{\nu=1}^{n} a_\nu\, \bar{b}_\nu = \sum_{\nu=1}^{n} \overline{\bar{a}_\nu\, b_\nu} = \overline{\bar{\mathfrak{a}}\,\mathfrak{b}} .$$

Im übrigen lassen sich — das Assoziativgesetz C. 3 ist natürlich auch hier gegenstandslos — die Aussagen von Satz 6 auf das innere Produkt übertragen. Wir formulieren etwas allgemeiner:

**Satz 8.** *Für die skalare Multiplikation gelten die Regeln:*
*Aus* $\mathfrak{a} = \mathfrak{b}$ *folgt*

$$(\mathfrak{a},\, \mathfrak{c}) = (\mathfrak{b},\, \mathfrak{c}). \tag{19a}$$

$$\left( \sum_{\lambda=1}^{l} s_\lambda\, \mathfrak{a}_\lambda,\ \sum_{\mu=1}^{m} t_\mu\, \mathfrak{b}_\mu \right) = \sum_{\lambda=1}^{l} \sum_{\mu=1}^{m} \bar{s}_\lambda\, t_\mu\, (\mathfrak{a}_\lambda,\, \mathfrak{b}_\mu). \tag{19b}$$

$$\bar{\mathfrak{a}}\,(\mathfrak{b} + \mathfrak{c}) = \bar{\mathfrak{a}}\,\mathfrak{b} + \bar{\mathfrak{a}}\,\mathfrak{c} \quad und \quad \overline{(\mathfrak{a} + \mathfrak{b})}\,\mathfrak{c} = \bar{\mathfrak{a}}\,\mathfrak{c} + \bar{\mathfrak{b}}\,\mathfrak{c}. \tag{19c}$$

*Für* $\mathfrak{a} \neq 0$ *bzw.* $\mathfrak{b} \neq 0$ *haben die Gleichungen*

$$\bar{\mathfrak{a}}\,\mathfrak{x} = c \quad bzw. \quad \bar{\mathfrak{x}}\,\mathfrak{b} = d \tag{19d}$$

*eine (für $n > 1$ nicht eindeutig bestimmte) Lösung $\mathfrak{x}$.*

*Beweis.* a) Da mit $\mathfrak{a} = \mathfrak{b}$ auch $\bar{\mathfrak{a}} = \bar{\mathfrak{b}}$ ist, folgt (19a) aus (15a).

b) Man setze

$$\mathfrak{a}_\lambda = (a_{\lambda 1} \cdots a_{\lambda n}), \quad \mathfrak{b}_\mu = (b_{\mu 1} \cdots b_{\mu n}).$$

Dann ist

$$\overline{\sum_{\lambda=1}^{l} s_\lambda\, \mathfrak{a}_\lambda} \cdot \sum_{\mu=1}^{m} t_\mu\, \mathfrak{b}_\mu = \sum_{\nu=1}^{n} \left( \sum_{\lambda=1}^{l} \overline{s_\lambda\, a_{\lambda\nu}} \sum_{\mu=1}^{m} t_\mu\, b_{\mu\nu} \right)$$

$$= \sum_\lambda \sum_\mu \left( \sum_\nu \bar{s}_\lambda\, t_\mu\, \bar{a}_{\lambda\nu}\, b_{\mu\nu} \right) = \sum_\lambda \sum_\mu \bar{s}_\lambda\, t_\mu\, \bar{\mathfrak{a}}_\lambda\, \mathfrak{b}_\mu.$$

c) Da das Kommutativgesetz nicht gilt, müssen Distributivgesetz (19c) und ebenso die Umkehrung (19d) der Multiplikation sowohl für rechts- wie für linksseitige Anwendung formuliert werden. Die erste Formel (19c) beweist man wie (15c) mit $\bar{\mathfrak{a}}$ statt $\mathfrak{a}$, die zweite entsprechend:

$$\overline{(\mathfrak{a} + \mathfrak{b})}\,\mathfrak{c} = \sum_\nu \overline{(a_\nu + b_\nu)}\, c_\nu = \sum_\nu \bar{a}_\nu\, c_\nu + \sum_\nu \bar{b}_\nu\, c_\nu = \bar{\mathfrak{a}}\,\mathfrak{c} + \bar{\mathfrak{b}}\,\mathfrak{c}.$$

d) Nach (15d) mit $\bar{\mathfrak{a}}$ statt $\mathfrak{a}$ folgt die Lösbarkeit von (19d), da mit $\mathfrak{a}$ auch $\bar{\mathfrak{a}} \neq 0$ ist. Die zweite Gl. (19d) ist nach Satz 7 mit $\bar{\mathfrak{b}}\,\mathfrak{x} = \bar{d}$ äquivalent und diese nach (15d) lösbar.

**Folgerung.** Das innere Produkt zweier Zahlenreihen kann verschwinden, ohne daß einer der beiden Faktoren verschwindet. Ein Analogon zu I, Satz 1 oder 2 gibt es hier also nicht. Dies folgt aus (19d) mit $c = d = 0$.

*Beispiel.* $\mathfrak{a} = (3\ 5\ i\ 2)$, $\mathfrak{b} = (-i\ 0\ -1\ i)$, $\mathfrak{a} \neq 0$, $\mathfrak{b} \neq 0$, $\bar{\mathfrak{a}}\,\mathfrak{b} = 0$.

**8. Norm und Betrag.** Bis jetzt ist nicht ersichtlich, warum das innere Produkt vor dem formalen Produkt den Vorzug verdient. Seine Bedeutung erhellt der folgende Satz, der für das innere, aber nicht mehr für das formale Produkt erfüllt ist.

**Satz 9.** *Das innere Produkt einer Zahlenreihe mit sich selbst ist stets reell und nicht negativ, für jede Zahlenreihe $\mathfrak{a}$ ist also $\bar{\mathfrak{a}}\,\mathfrak{a} \geqq 0$, und das Gleichheitszeichen gilt dann und nur dann, wenn $\mathfrak{a} = 0$ ist.*

*Beweis.* Nach I, (42a) ist stets

$$\bar{\mathfrak{a}}\,\mathfrak{a} = \sum_{\nu=1}^{n} \bar{a}_\nu\, a_\nu = \sum_{\nu=1}^{n} |a_\nu|^2 \geqq 0$$

und $= 0$ genau dann, wenn $a_1 = a_2 = \cdots = a_n = 0$, d. h. $\mathfrak{a} = 0$ ist.

Dies Ergebnis ermöglicht uns die folgende

**Definition.** *Die (reelle, nichtnegative) Zahl $\bar{\mathfrak{a}}\,\mathfrak{a}$ heißt die **Norm** der Zahlenreihe $\mathfrak{a}$, die positive Quadratwurzel aus der Norm der **Betrag** der Zahlenreihe $\mathfrak{a}$, in Zeichen:*

$$\bar{\mathfrak{a}}\,\mathfrak{a} = \|\mathfrak{a}\|, \qquad (20a) \qquad \sqrt[+]{\bar{\mathfrak{a}}\,\mathfrak{a}} = |\mathfrak{a}|. \qquad (20b)$$

Der Vergleich mit I, Nr. 10 und Nr. 11 zeigt die Analogie mit den entsprechenden Begriffen bei komplexen Zahlen. Die folgenden Regeln und Sätze werden die Analogie noch weiterführen.

**Regel 6.** *Ist $\mathfrak{a}$ eine Zahlenreihe, $t$ eine Zahl, so gilt*

$$\|\bar{\mathfrak{a}}\| = \|\mathfrak{a}\|, \qquad (21a) \qquad |\mathfrak{a}| = |\bar{\mathfrak{a}}|, \qquad (21b) \qquad |t\mathfrak{a}| = |t| \cdot |\mathfrak{a}|. \qquad (21c)$$

Denn nach (18) ist $\mathfrak{a}\,\bar{\mathfrak{a}} = \bar{\mathfrak{a}}\,\mathfrak{a}$ und damit (21a) und (21b) nachgewiesen. Ferner ist nach (19b)

$$|t\mathfrak{a}|^2 = (\overline{t\mathfrak{a}})\,(t\mathfrak{a}) = \bar{t}\,t\,\bar{\mathfrak{a}}\,\mathfrak{a} = |t|^2\,|\mathfrak{a}|^2,$$

woraus durch Ziehen der positiven Quadratwurzel auch (21c) folgt.

**Satz 10 (Cauchy-Schwarzsche Ungleichung)[1].** *Sind $\mathfrak{a}$ und $\mathfrak{b}$ Zahlenreihen, so gilt*

$$|\bar{\mathfrak{a}}\,\mathfrak{b}| \leqq |\mathfrak{a}|\,|\mathfrak{b}|, \quad \textit{also auch} \quad |\mathfrak{a}\,\mathfrak{b}| \leqq |\mathfrak{a}|\,|\mathfrak{b}|, \qquad (22)$$

*d. h. der Betrag des formalen wie des inneren Produkts ist höchstens gleich dem Produkt der Beträge der Faktoren. Das Gleichheitszeichen steht dann und nur dann, wenn $\mathfrak{a}$ und $\mathfrak{b}$ linear abhängig sind.*

*Beweis.* Ist $\mathfrak{a} = 0$, so ist $\bar{\mathfrak{a}}\,\mathfrak{b} = 0$, also $|\bar{\mathfrak{a}}\,\mathfrak{b}| = |\mathfrak{a}|\,|\mathfrak{b}| = 0$, und nach Regel 2 sind $\mathfrak{a}$ und $\mathfrak{b}$ linear abhängig. Damit ist (22) für diesen Fall bewiesen. Ist $\mathfrak{a} \neq 0$, also $|\mathfrak{a}| \neq 0$ nach Satz 9, so bilde man mit den komplexen Zahlen

$$s = -\frac{\bar{\mathfrak{a}}\,\mathfrak{b}}{|\mathfrak{a}|}, \quad t = |\mathfrak{a}| \qquad (23)$$

---

[1] Hermann Amandus Schwarz, 1844—1917, von 1875—1892 Professor der Mathematik in Göttingen, von 1892 an in Berlin.

Augustin Cauchy, 1789—1857, von 1848 an Professor der mathematischen Astronomie in Paris.

die Linearkombination $c = s\mathfrak{a} + t\mathfrak{b}$. Dann ist nach (19b), (18) und (23)

$$
\begin{aligned}
|c|^2 = \bar{c}c &= \overline{(s\mathfrak{a} + t\mathfrak{b})}\,(s\mathfrak{a} + t\mathfrak{b}) \\
&= \bar{s}s\,\bar{\mathfrak{a}}\mathfrak{a} + \bar{s}t\,\bar{\mathfrak{a}}\mathfrak{b} + \bar{t}s\,\bar{\mathfrak{b}}\mathfrak{a} + \bar{t}t\,\bar{\mathfrak{b}}\mathfrak{b} \\
&= |s|^2|\mathfrak{a}|^2 + \bar{s}t\,\bar{\mathfrak{a}}\mathfrak{b} + \bar{t}s\,\overline{\bar{\mathfrak{a}}\mathfrak{b}} + |t|^2|\mathfrak{b}|^2 \\
&= |\bar{\mathfrak{a}}\mathfrak{b}|^2 - 2\,(\overline{\bar{\mathfrak{a}}\mathfrak{b}})\,(\bar{\mathfrak{a}}\mathfrak{b}) + |\mathfrak{a}|^2|\mathfrak{b}|^2 \\
&= |\mathfrak{a}|^2|\mathfrak{b}|^2 - |\bar{\mathfrak{a}}\mathfrak{b}|^2.
\end{aligned}
$$

Nach Satz 9 ist nun stets

$$
|\mathfrak{a}|^2|\mathfrak{b}|^2 - |\bar{\mathfrak{a}}\mathfrak{b}|^2 = |c|^2 \geqq 0
$$

und $= 0$ genau dann, wenn $c = 0$ ist. Addiert man beiderseits $|\bar{\mathfrak{a}}\mathfrak{b}|^2$ und zieht die positive Quadratwurzel, so folgt

$$
|\mathfrak{a}|\,|\mathfrak{b}| \geqq |\bar{\mathfrak{a}}\mathfrak{b}|, \tag{24}
$$

und das Gleichheitszeichen gilt genau dann, wenn $s\mathfrak{a} + t\mathfrak{b} = 0$, d. h. da $t = |\mathfrak{a}| \neq 0$ ist, wenn $\mathfrak{a}$ und $\mathfrak{b}$ linear abhängig sind. Die zweite Form der Behauptung (22) ergibt sich, wenn man in (24) links $|\mathfrak{a}|$ durch $|\bar{\mathfrak{a}}|$ (Regel 6) und dann beiderseits $\bar{\mathfrak{a}}$ durch $\mathfrak{a}$ ersetzt.

**Satz 11 (Dreiecksungleichung).** *Für je zwei Zahlenreihen* $\mathfrak{a}$ *und* $\mathfrak{b}$ *ist*

$$
|\mathfrak{a} + \mathfrak{b}| \leqq |\mathfrak{a}| + |\mathfrak{b}|. \tag{25}
$$

*Beweis.* Mittels (17), (18) und I, (39a), (42b) folgt

$$
\begin{aligned}
|\mathfrak{a} + \mathfrak{b}|^2 = \overline{(\mathfrak{a} + \mathfrak{b})}\,(\mathfrak{a} + \mathfrak{b}) &= |\mathfrak{a}|^2 + \bar{\mathfrak{a}}\mathfrak{b} + \bar{\mathfrak{b}}\mathfrak{a} + |\mathfrak{b}|^2 \\
&= |\mathfrak{a}|^2 + 2\,\Re(\bar{\mathfrak{a}}\mathfrak{b}) + |\mathfrak{b}|^2 \\
&\leqq |\mathfrak{a}|^2 + 2\,|\bar{\mathfrak{a}}\mathfrak{b}| + |\mathfrak{b}|^2.
\end{aligned}
$$

Nach Satz 10 ergibt sich weiter

$$
|\mathfrak{a} + \mathfrak{b}|^2 \leqq |\mathfrak{a}|^2 + 2\,|\mathfrak{a}|\,|\mathfrak{b}| + |\mathfrak{b}|^2 = (|\mathfrak{a}| + |\mathfrak{b}|)^2
$$

und hieraus durch Radizieren die Behauptung.

**9. Normale Systeme von Zahlenreihen.** Wir wollen die Bedeutung des inneren Produkts noch an einigen weiteren Eigenschaften kennenlernen.

**Definition.** *Eine Zahlenreihe* $\mathfrak{a}$ *heißt* **normiert,** *wenn* $|\mathfrak{a}| = 1$ *ist.*

**Satz 12.** *Zu jeder Zahlenreihe* $\mathfrak{a} \neq 0$ *gibt es eine (reelle, sogar positive) Zahl* $\varkappa$ *derart, daß* $\varkappa\mathfrak{a}$ *normiert ist.*

*Beweis.* Wegen $\mathfrak{a} \neq 0$ ist $|\mathfrak{a}| > 0$ (Satz 9). Man setze $\varkappa = \dfrac{1}{|\mathfrak{a}|}$. Dann ist nach (21c)

$$
|\varkappa\mathfrak{a}| = |\varkappa|\,|\mathfrak{a}| = \frac{1}{|\mathfrak{a}|}\,|\mathfrak{a}| = 1.
$$

*Beispiel.* Für $\mathfrak{a} = (3\ \ 1+i\ \ {-1}\ \ 2i)$ ist $|\mathfrak{a}| = 4$ und

$$
\frac{1}{4}\,\mathfrak{a} = \left(\frac{3}{4}\ \ \frac{1+i}{4}\ \ -\frac{1}{4}\ \ \frac{i}{2}\right)
$$

normiert. Man mache die Probe!

**Definition.** *Zwei von 0 verschiedene Zahlenreihen* $\mathfrak{a}$, $\mathfrak{b}$ *heißen zueinander* **orthogonal,** *wenn ihr inneres Produkt* $\mathfrak{a}\mathfrak{b} = 0$ *ist.*

*Bemerkungen.* 1) Die Orthogonalität ist eine symmetrische Beziehung, wie in der Definition bereits zum Ausdruck gebracht ist. Wenn $\mathfrak{a}$ orthogonal ist zu $\mathfrak{b}$, so ist auch $\mathfrak{b}$ orthogonal zu $\mathfrak{a}$, da mit $\overline{\mathfrak{a}}\mathfrak{b} = 0$ auch $\overline{\mathfrak{b}}\mathfrak{a} = \overline{\overline{\mathfrak{a}}\mathfrak{b}} = 0$ ist.

2) Nach (19d) gibt es zu gegebenem $\mathfrak{a} \neq 0$ beliebig viele orthogonale Zahlenreihen $\mathfrak{b}$ (vgl. auch Folgerung aus Satz 8).

**Definition.** *Sind die Zahlenreihen* $\mathfrak{a}_1, \ldots, \mathfrak{a}_k$ *normiert und je zwei von ihnen orthogonal, d. h. ist*

$$\overline{\mathfrak{a}}_\varkappa\, \mathfrak{a}_\lambda = \begin{cases} 1 & \textit{für} \quad \varkappa = \lambda \\ 0 & \textit{für} \quad \varkappa \neq \lambda \end{cases} \quad (\varkappa,\,\lambda = 1,\,2,\,\ldots,\,k), \tag{26}$$

*so heißen* $\mathfrak{a}_1, \ldots, \mathfrak{a}_k$ *ein* **normiertes Orthogonalsystem** *oder kürzer ein* **normales System.**

*Beispiele.* Ist $\mathfrak{e}_\nu$ die Zahlenreihe (13), so bilden $\mathfrak{e}_1, \ldots, \mathfrak{e}_n$ ein normales System, ebenso — was der Leser nachprüfe — die Zahlenreihen

$$\left(0 \;\; \frac{4}{5} \;\; \frac{3}{5}i\right), \quad \left(\frac{1+i}{\sqrt{2}} \;\; 0 \;\; 0\right) \quad \text{und} \quad \left(0 \;\; -\frac{3}{5} \;\; \frac{4}{5}\right).$$

**Satz 13.** *Die Zahlenreihen eines (normierten) Orthogonalsystems sind linear unabhängig.*

*Beweis.* Man multipliziere den Ansatz

$$\sum_{\lambda=1}^{k} t_\lambda\, \mathfrak{a}_\lambda = t_1\, \mathfrak{a}_1 + \cdots + t_k\, \mathfrak{a}_k = 0$$

von links skalar mit einem festen $\mathfrak{a}_\varkappa$. Dann folgt wegen $\overline{\mathfrak{a}}_\varkappa\, \mathfrak{a}_\lambda = 0$ für $\lambda = 1,\,2,\,\ldots,\,k;\;\; \varkappa \neq \lambda$:

$$0 + \cdots + t_\varkappa\, \overline{\mathfrak{a}}_\varkappa\, \mathfrak{a}_\varkappa + \cdots + 0 = t_\varkappa\, |\mathfrak{a}_\varkappa|^2 = 0$$

und hieraus, da $|\mathfrak{a}_\varkappa| \neq 0$ ist, $t_\varkappa = 0$ nach I, Satz 2. Dies gilt für jedes $\varkappa = 1,\,2,\,\ldots,\,k$. Man sieht, daß die Normiertheit der $\mathfrak{a}_\varkappa$ für die lineare Unabhängigkeit unwesentlich ist. Es genügt, daß die $\mathfrak{a}_\varkappa \neq 0$ und je zwei zueinander orthogonal sind.

Die normalen Systeme eignen sich besonders gut als Basis eines linearen Raumes aus Zahlenreihen. Es gilt nämlich

**Satz 14.** *Ist die Basis* $\mathfrak{a}_1, \ldots, \mathfrak{a}_k$ *eines L-Raumes* $\mathfrak{R}$ *zugleich ein normales System, so erhält man die Koeffizienten der Darstellung* (12) *einer Zahlenreihe* $\mathfrak{r}$ *aus* $\mathfrak{R}$ *durch* $\mathfrak{a}_1, \ldots, \mathfrak{a}_k$ *nach der Vorschrift*

$$r_\varkappa = \overline{\mathfrak{a}}_\varkappa\, \mathfrak{r} \qquad (\varkappa = 1,\,2,\,\ldots,\,k). \tag{27}$$

*Beweis.* Man multipliziere $\mathfrak{r} = \sum_\lambda r_\lambda \mathfrak{a}_\lambda$ von links skalar mit $\mathfrak{a}_\varkappa$ und beachte die Orthogonalitätsrelationen (26).

Die Frage, ob jeder $L$-Raum eine normale Basis besitzt, werden wir erst später (III, Nr. 28) und zwar bejahend entscheiden können.

Beschränkt man sich nur auf reelle Zahlenreihen, so hat man in den vorstehenden Formeln den Querstrich überall, wo er steht, fortzulassen. Historisch gesehen, hat man natürlich die reellen Zahlenreihen zuerst betrachtet und erst später die komplexen mit einbezogen. Daher werden auch jetzt noch, wie der Begriff des inneren Produkts, so die Begriffe Norm, Betrag, normiert, orthogonal nur für reelle Zahlenreihen benutzt und zum Unterschied dazu die entsprechenden Begriffe für komplexe Zahlenreihen mit dem Zusatz **unitär** versehen. Man geht jedoch mehr und mehr dazu über, die reellen lediglich als Spezialfall der komplexen Zahlenreihen anzusehen, und trägt dem, wie wir es hier durchgeführt haben, auch bei der Definition der Begriffe Rechnung.

### § 2. Deutung reeller Zahlenreihen als Vektoren für $n = 1, 2, 3$.

**10. Einführung des Vektorbegriffs.** Das Rechnen mit Zahlenreihen ist, wie bereits bemerkt, von Bedeutung für die Geometrie und die Physik. Nur spricht man da nicht von Zahlenreihen, sondern von *Vektoren*. Wir wollen Vektoren zunächst in einer Geraden, in einer Ebene und im Raum einführen, und zwar unabhängig vom Begriff der Zahlenreihe in der Weise, wie man etwa in der Physik unmittelbar auf sie geführt wird. Um dies für alle drei Fälle zugleich tun zu können, bezeichnen wir eine Gerade als einen $\mathfrak{R}_1$, eine Ebene als einen $\mathfrak{R}_2$ und den Raum als einen $\mathfrak{R}_3$, so daß wir im folgenden kurz von Vektoren des $\mathfrak{R}_n$ sprechen ($n = 1, 2, 3$). Unser erstes Ziel nach Einführung des Vektorbegriffs wird der Nachweis sein, daß die Vektoren des $\mathfrak{R}_n$ nichts anderes sind als reelle Zahlenreihen mit $n = 1, 2, 3$ Elementen, daß sich also diese Zahlenreihen als Vektoren des $\mathfrak{R}_n$ deuten lassen. Im nächsten Paragraphen werden wir dann durch Analogiebildungen auch die reellen Zahlenreihen mit mehr als drei Elementen und die komplexen Zahlenreihen als Vektoren eines (künstlich zu schaffenden) Raumes erklären.

Wir denken uns einen Körper, an dem eine Kraft angreift. Zur Kennzeichnung dieser Kraft sind zwei Angaben nötig: erstens die Größe der Kraft (eine nichtnegative reelle Zahl, die mittels geeigneter Maßsysteme der Physik bestimmt wird) und zweitens die Richtung, in der die Kraft wirkt. Es ist nützlich, diese Kraft $\mathfrak{k}$ geometrisch zu veranschaulichen, z. B. durch einen Pfeil, dessen Richtung gleich der der Kraft und dessen Länge gleich der Größe der Kraft ist. Mißt also $\mathfrak{k}$ etwa $k$ Krafteinheiten, so mißt der Pfeil $k$ Längeneinheiten. Im folgenden werden wir unter einem **Pfeil** stets eine mit einer bestimmten Durchlaufungsrichtung versehene Strecke zwischen zwei (notwendig verschiedenen) Punkten des $\mathfrak{R}_n$ verstehen. Seine Spitze wird als Spitze, sein Ende nur als Punkt markiert.

         *B* Offenbar ist der eine gegebene Kraft veranschaulichende Pfeil
            nicht eindeutig bestimmt, da ja alle Pfeile, die durch starre
*A.*      Parallelverschiebung auseinander hervorgehen, hinsichtlich

Länge und Richtung übereinstimmen. Das steht auch im Einklang mit den physikalischen Gegebenheiten; denn der Kraftbegriff ist unabhängig vom Angriffspunkt der Kraft definiert.

Die Tatsache, daß noch viele andere physikalische Begriffe (z. B. die Geschwindigkeit) ebenfalls nur durch ihre Größe und Richtung gekennzeichnet sind, gibt uns Anlaß, hierfür eine feste Bezeichnung einzuführen.

**Definition.** *Ein Begriff, welcher allein durch Angabe einer nichtnegativen reellen Zahl und einer Richtung im $\Re_n$ charakterisiert wird, heißt ein* **Vektor** *des $\Re_n$, die ihm mitgegebene Zahl der* **Betrag** *des Vektors.*

Beispielsweise ist die Geschwindigkeit, mit der sich eine Lokomotive, ein Schiff bzw. ein Flugzeug fortbewegt, ein Vektor des $\Re_1$, $\Re_2$ bzw. $\Re_3$. Im $\Re_1$ sind nur zwei Richtungen möglich, deren jede zur anderen *entgegengesetzt* heißt. Auf Grund der Definition ist die Gesamtheit aller Pfeile derselben Richtung und Länge — wir wollen sie kurz eine **Pfeilklasse** nennen — auch ein Vektor. Ein einzelner Pfeil dagegen ist kein Vektor, sondern nur ein *Repräsentant* der Pfeilklasse, der er angehört. Umgekehrt entspricht jedem Vektor genau eine Pfeilklasse, nämlich die Klasse aller Pfeile, deren Richtung der des Vektors und deren Länge dem Betrag des Vektors gleich ist. Jeder Vektor kann daher, wie beim Beispiel der Kraft gezeigt, durch einen Pfeil repräsentiert und damit geometrisch veranschaulicht werden. Auch wenn, wie es des öfteren geschieht, bereits der Repräsentant als Vektor bezeichnet wird, so ist damit stets seine ganze Klasse gemeint. Dies gilt insbesondere für die zeichnerische Veranschaulichung von Vektoren. Dementsprechend setzen wir fest:

**Definition.** *Zwei Vektoren heißen einander* **gleich,** *wenn die repräsentierenden Pfeile derselben Pfeilklasse angehören.*

**11. Rechnen mit Vektoren.** Vektoren werden wir mit kleinen deutschen Buchstaben bezeichnen, den Betrag des Vektors $\mathfrak{v}$ mit $|\mathfrak{v}|$ (gelesen: Betrag $\mathfrak{v}$). Wir definieren nun drei Verknüpfungen: die Addition von Vektoren, die Multiplikation eines Vektors mit einer Zahl und die skalare Multiplikation von Vektoren.

Zur Definition der Summe zweier Vektoren greifen wir auf unser physikalisches Beispiel zurück. Sind $\mathfrak{f}_1$ und $\mathfrak{f}_2$ zwei Kräfte, die am gleichen Punkt angreifen, so kann man sie auf Grund der physikalischen Erfahrung durch eine einzige Kraft ersetzen, die man ihre *Summe* oder *Resultante* nennt. Diese läßt sich zeichnerisch konstruieren, wenn man die Kräfte durch Pfeile repräsentiert. Hierzu dient folgendes allgemeine

**Anlegeverfahren.** *Es seien zwei Vektoren $\mathfrak{v}_1$ und $\mathfrak{v}_2$ gegeben, repräsentiert je durch einen Pfeil. Man füge diese Pfeile durch starre Parallelverschiebung so aneinander, daß das Ende des $\mathfrak{v}_2$-Pfeils in der Spitze des $\mathfrak{v}_1$-Pfeils liegt, und zeichne den vom Ende von $\mathfrak{v}_1$ zur Spitze von $\mathfrak{v}_2$ führen-*

*den Pfeil* (Abb. 5). *Dieser repräsentiert dann seinerseits eindeutig einen Vektor, der als* **durch Anlegen von** $\mathfrak{v}_2$ **an** $\mathfrak{v}_1$ **entstanden** *bezeichnet sei.*

Versteht man unter $\mathfrak{v}_1$ und $\mathfrak{v}_2$ speziell die Kräfte $\mathfrak{f}_1$ und $\mathfrak{f}_2$, so wird die aus beiden resultierende Kraft erfahrungsgemäß genau durch den nach dem Anlegeverfahren konstruierten Pfeil repräsentiert. Denn das Parallelogramm der Kräfte ist das gleiche, ob nun $\mathfrak{f}_1$ und $\mathfrak{f}_2$ vom gleichen Punkt ausgehen oder ob $\mathfrak{f}_2$ an der Spitze von $\mathfrak{f}_1$ angelegt wird (Abb. 6). So kommt man zur allgemeinen Definition der Summe:

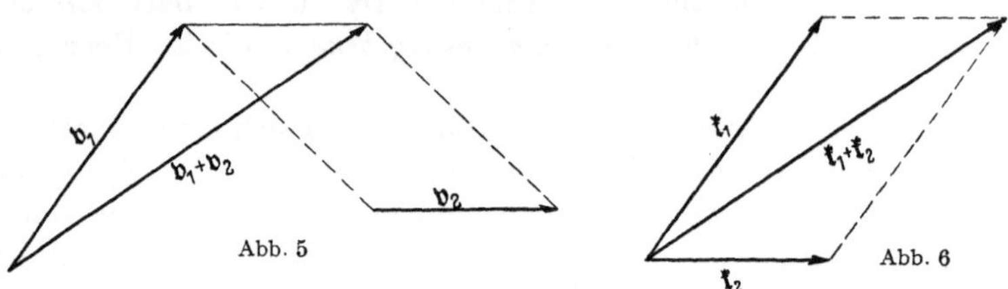


**Definition.** *Unter der* **Summe** $\mathfrak{v}_1 + \mathfrak{v}_2$ *zweier Vektoren* $\mathfrak{v}_1$ *und* $\mathfrak{v}_2$ *versteht man den mittels des Anlegeverfahrens zu* $\mathfrak{v}_1$ *und* $\mathfrak{v}_2$ *eindeutig bestimmbaren Vektor* (Abb. 5).

Wenn $\mathfrak{f}_1$ und $\mathfrak{f}_2$ sich gegenseitig aufheben, d. h. gleich groß, aber entgegengesetzt gerichtet sind, so ist die resultierende Kraft ohne Wirkung, anders ausgedrückt: ihre Größe ist 0, ihre Richtung unbestimmt. Daher führen wir noch einen uneigentlichen Vektor, den Nullvektor, ein durch die

**Definition.** *Unter dem* **Nullvektor** *versteht man einen Vektor vom Betrag 0. Seine Richtung ist unbestimmt, sein geometrischer Repräsentant ein Punkt.*

Wir bezeichnen den Nullvektor mit $\mathfrak{o}$ und erklären die Addition mit $\mathfrak{o}$, indem wir im Anlegeverfahren den Grenzfall betrachten, daß einer der Pfeile oder beide in einen Punkt ausarten.

**Festsetzung.** *Für jeden (eigentlichen oder uneigentlichen) Vektor* $\mathfrak{v}$ *wird*

$$\mathfrak{v} + \mathfrak{o} = \mathfrak{o} + \mathfrak{v} = \mathfrak{v}$$

*gesetzt. Insbesondere ist also* $\mathfrak{o} + \mathfrak{o} = \mathfrak{o}$.

Für die zweite zu definierende Verknüpfung bietet sich unmittelbar dar:

**Definition.** *Unter dem* **Produkt** $s \cdot \mathfrak{v}$ *(meist* $s\mathfrak{v}$ *geschrieben)* **des Vektors** $\mathfrak{v}$ **mit der reellen Zahl** $s$ *versteht man den Vektor, dessen Betrag gleich* $|s| \cdot |\mathfrak{v}|$ *und dessen Richtung der von* $\mathfrak{v}$ *gleich oder entgegengesetzt ist, je nachdem* $s > 0$ *oder* $s < 0$ *ist. Das Produkt* $0 \cdot \mathfrak{v}$ *bedeutet den Nullvektor.*

Insbesondere ergibt sich für $s = -1$ der Vektor, der dieselbe Länge wie $\mathfrak{v}$, aber die entgegengesetzte Richtung hat. Man nennt ihn den zu $\mathfrak{v}$ **entgegengesetzten** Vektor und bezeichnet ihn mit $-\mathfrak{v}$. Die repräsentierenden Pfeile unterscheiden sich nur dadurch, daß Spitze und Ende vertauscht sind.

**Definition.** *Unter dem* **Winkel** $\langle \mathfrak{v}_1, \mathfrak{v}_2 \rangle$ *der beiden Vektoren* $\mathfrak{v}_1$ *und* $\mathfrak{v}_2$ *versteht man den Winkel, den die repräsentierenden Pfeile miteinander bilden (die man vom gleichen Punkt ausgehen lassen darf).*

Ohne auf eine physikalische oder geometrische Bedeutung einzugehen, geben wir schließlich für die dritte Verknüpfung die

**Definition.** *Unter dem* **inneren Produkt** $\mathfrak{v}_1 \cdot \mathfrak{v}_2$ *(meist* $\mathfrak{v}_1\mathfrak{v}_2$ *geschrieben) der beiden Vektoren* $\mathfrak{v}_1$ *und* $\mathfrak{v}_2$ *versteht man die reelle Zahl*

$$\mathfrak{v}_1 \cdot \mathfrak{v}_2 = |\mathfrak{v}_1| \cdot |\mathfrak{v}_2| \cdot \cos \langle \mathfrak{v}_1, \mathfrak{v}_2 \rangle, \tag{28}$$

*falls beide Vektoren von* $\mathfrak{o}$ *verschieden sind, sonst* $0$.

Auf die Rechengesetze für Vektoren gehen wir jetzt nicht ein. Sie ergeben sich von selbst, sobald wir nachgewiesen haben, daß ein Vektor des $\mathfrak{R}_n$ ($n = 1, 2, 3$) nichts anderes ist als eine Zahlenreihe aus $n$ reellen Zahlen und daß die Verknüpfungen für Vektoren mit denen für Zahlenreihen übereinstimmen.

**12. Koordinatensysteme.** Um diesen Nachweis zu erbringen, bedienen wir uns eines von R. Descartes[1] ersonnenen Hilfsmittels, das wir jetzt kennenlernen wollen.

Will man Geometrie im $\mathfrak{R}_1$, also in (oder auf) der Geraden treiben, so wählt man auf dieser Geraden zwei verschiedene Punkte $O$ und $E$, Nullpunkt (oder Ursprung) bzw. Einheitspunkt genannt (vgl. I, Nr. 3, Abb. 1). Durch diese Wahl kommen der Geraden zwei Eigenschaften zu:

1) Die Gerade ist *orientiert*, d. h. eine der beiden möglichen Durchlaufungsrichtungen ist als die positive Richtung herausgehoben.

2) Die Punkte der Geraden und die reellen Zahlen sind einander *eineindeutig zugeordnet*, d. h. jedem Punkt der Geraden entspricht genau eine reelle Zahl und umgekehrt jeder reellen Zahl genau ein Punkt der Geraden.

Bezeichnet man nämlich den von einem Punkt $A$ zu einem Punkt $B$ führenden Pfeil mit $\overrightarrow{AB}$ (gelesen: Pfeil $AB$), die Strecke, deren Endpunkte $A$ und $B$ sind, mit $AB$, ihre Länge mit $\overline{AB}$ (gelesen: Länge $AB$), so gilt stets die Richtung von $\overrightarrow{OE}$ als die positive, und der reellen Zahl $a$ entspricht eineindeutig der Punkt $A$, für den $\overline{OA} = |a| \cdot \overline{OE}$ und $\overrightarrow{OA}$ gleich- oder entgegengesetzt gerichtet ist zu $\overrightarrow{OE}$, je nachdem $a > 0$ oder $a < 0$ ist (vgl. I, Nr. 3). Ferner ist $\overline{OE} = 1$ als Längeneinheit, also $\overline{OA} = |a|$.

Eine Gerade mit den Eigenschaften 1) und 2) soll **eingeteilt** heißen, die einem Punkt $P$ eines eingeteilten $\mathfrak{R}_1$ entsprechende reelle Zahl $p$ die **Koordinate von** $P$ **im** $\mathfrak{R}_1$ in bezug auf $O, E$, geschrieben $P = (p)$.

---

[1] René Descartes (Renatus Cartesius), 1596—1650, Philosoph und Mathematiker.

Entsprechend wähle man für die Geometrie im $\mathfrak{R}_2$, also in der Ebene, drei verschiedene, nicht auf einer Geraden liegende Punkte $O$, $E_1$ und $E_2$, die man als Nullpunkt oder Ursprung und Einheitspunkte bezeichnet. Dann ziehe man die Geraden durch $O$, $E_1$ und durch $O$, $E_2$. Sie sind gemäß dem Obigen durch den gemeinsamen Ursprung und je einen der beiden Einheitspunkte eingeteilt. Sie heißen die **Koordinaten-achsen**, kurz **Achsen**, des $\mathfrak{R}_2$.

Ist $P$ ein beliebiger Punkt des $\mathfrak{R}_2$, so ziehe man durch ihn die Parallelen zu den beiden Achsen (Abb. 7). Auf jeder Achse entsteht dann ein Schnittpunkt; er heiße $P_1$ (auf der Achse durch $O$, $E_1$) bzw. $P_2$ (auf der Achse durch $O$, $E_2$). Als Punkt einer eingeteilten Geraden habe $P_1$ die Koordinate $p_1$, ebenso $P_2$ die Koordinate $p_2$. Dann nennt

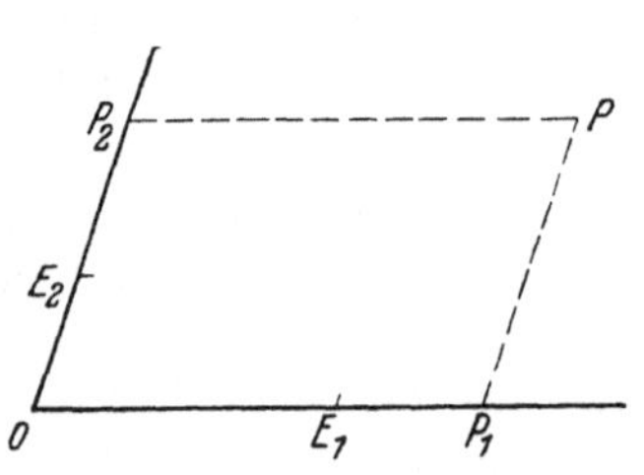

Abb. 7

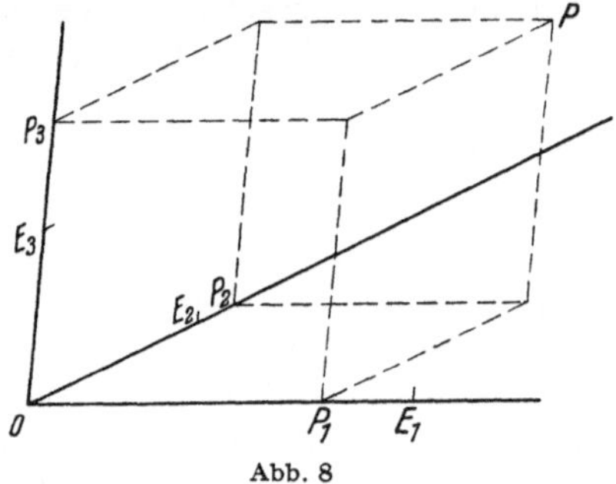

Abb. 8

man $p_1$ und $p_2$ die **Koordinaten von $P$ im $\mathfrak{R}_2$** in bezug auf $O$, $E_1$, $E_2$ und schreibt $P = (p_1, p_2)$. Insbesondere ist, falls $P_1$ und $P_2$ als Punkte des $\mathfrak{R}_2$ angesehen werden, $P_1 = (p_1, 0)$, $P_2 = (0, p_2)$.

Analog verfährt man im $\mathfrak{R}_3$. Durch Wahl von vier verschiedenen, nicht in einer Ebene liegenden Punkten $O$, $E_1$, $E_2$, $E_3$ (Ursprung und drei Einheitspunkten) entstehen drei eingeteilte Geraden durch $O$, $E_1$ bzw. $O$, $E_2$ bzw. $O$, $E_3$, die Koordinatenachsen, kurz Achsen, des $\mathfrak{R}_3$. Ferner ist durch die drei Punktetripel $O$, $E_1$, $E_2$ bzw. $O$, $E_2$, $E_3$ bzw. $O$, $E_3$, $E_1$ je eine Ebene bestimmt; sie heißen die **Koordinatenebenen** des $\mathfrak{R}_3$.

Ist $P$ ein beliebiger Punkt des $\mathfrak{R}_3$, so lege man durch $P$ die drei zu den Koordinatenebenen parallelen Ebenen (Abb. 8). Auf jeder Achse entsteht dann ein Schnittpunkt; er heiße $P_\nu$ auf der Achse durch $O$, $E_\nu$ ($\nu = 1, 2, 3$). Hat $P_\nu$ als Punkt der eingeteilten Geraden durch $O$, $E_\nu$ die Koordinate $p_\nu$, so nennt man $p_1$, $p_2$, $p_3$ die **Koordinaten von $P$ im** $\mathfrak{R}_3$ in bezug auf $O$, $E_1$, $E_2$, $E_3$ und schreibt $P = (p_1, p_2, p_3)$. Insbesondere ist, falls $P_1$, $P_2$, $P_3$ als Punkte des $\mathfrak{R}_3$ angesehen werden, $P_1 = (p_1, 0, 0)$, $P_2 = (0, p_2, 0)$ und $P_3 = (0, 0, p_3)$. Entsprechend hat ein Punkt $Q$ z. B. der Koordinatenebene durch $O$, $E_1$, $E_2$ die Koordinaten $(q_1, q_2, 0)$, falls $(q_1, q_2)$ die $\mathfrak{R}_2$-Koordinaten von $Q$ in bezug auf $O$, $E_1$, $E_2$ sind. Wir fassen zusammen:

**Satz 15.** *Es sei* $n = 1, 2$ *oder* $3$. *Nach Wahl von* $n + 1$ *verschiedenen, nicht in einem* $\Re_{n-1}$ *liegenden Punkten* $O, E_1, \ldots, E_n$ ($\Re_0$ *bedeutet einen Punkt*) *entspricht jedem Punkt* $P$ *des* $\Re_n$ *eineindeutig ein geordnetes* $n$-*tupel* $(p_1, p_2, \ldots, p_n)$ *von reellen Zahlen, die Koordinaten von* $P$ *im* $\Re_n$ *in bezug auf* $O, E_1, \ldots, E_n$.

**Definition.** *Der Ursprung und die* $n$ *Einheitspunkte oder die* $n$ *durch den Ursprung gehenden eingeteilten Achsen heißen ein* **Koordinatensystem** *des* $\Re_n$. *Dies System heißt für* $n \geq 2$ **rechtwinklig** *oder* **orthogonal**, *wenn die* $n$ *Achsen paarweise aufeinander senkrecht stehen;* **normiert**, *wenn* $\overline{OE_1} = \overline{OE_2} = \cdots = \overline{OE_n}$ *ist;* **kartesisch** *oder* **normal**, *wenn es normiert und orthogonal ist.*

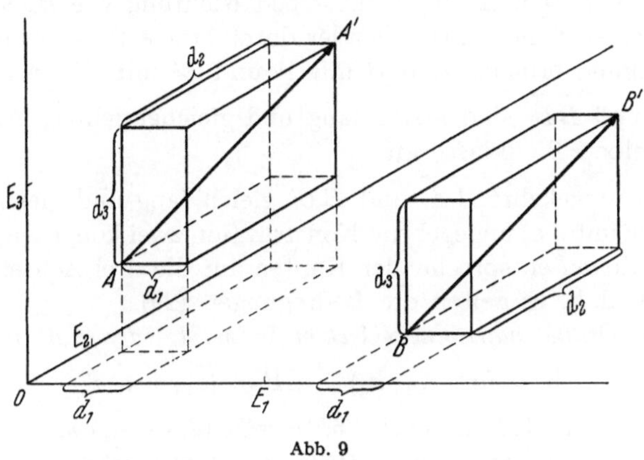


Abb. 9

Auf jeder eingeteilten Geraden (Einheitspunkt $E$) wird durch $\overrightarrow{OE}$ die Längeneinheit festgelegt. Die Eigenschaft des Normiertseins bedeutet also, daß diese Längeneinheit, der **Maßstab**, auf allen Achsen gleich ist.

**13. Vektoren und reelle Zahlenreihen** ($n = 1, 2, 3$). Wir denken uns jetzt im $\Re_n$ ein Koordinatensystem (in Abb. 9 orthogonal) fest gewählt und betrachten vier Punkte $A, A', B, B'$ mit den Koordinaten

$$A = (a_1, \ldots, a_n), \qquad B = (b_1, \ldots, b_n),$$
$$A' = (a_1', \ldots, a_n'), \qquad B' = (b_1', \ldots, b_n').$$

**Satz 16.** *Die Pfeile* $\overrightarrow{A\,A'}$ *und* $\overrightarrow{B\,B'}$ *gehören dann und nur dann derselben Pfeilklasse an, wenn die entsprechenden Koordinatendifferenzen übereinstimmen, wenn also*

$$a_v' - a_v = b_v' - b_v \tag{29}$$

*gilt für* $v = 1, 2, \ldots, n$.

*Beweis.* a) Die Bedingungen (29) seien erfüllt, es sei $a_v' - a_v = d_v$, also $a_v' = a_v + d_v$, $b_v' = b_v + d_v$ ($v = 1, 2, \ldots, n$). Legt man dann (Abb. 9, $n = 3$; für $n = 2$ bzw. 1 erhält man Rechtecke bzw. Strecken

statt Quader) durch Ende und Spitze beider Pfeile je die Parallel-
ebenen zu den drei Koordinatenebenen, so entstehen zwei Quader,
die je einen Pfeil als räumliche Diagonale haben. Die beiden von $A$
bzw. $B$ ausgehenden, nach Konstruktion zur Achse durch $O, E_\nu$ parallelen
Kanten (deren zweiter Eckpunkt $A_\nu$ bzw. $B_\nu$ heiße) haben nun nach
Voraussetzung die gleiche Länge:

$$\overline{AA_\nu} = \overline{BB_\nu} = |d_\nu|\, \overline{OE_\nu} \qquad\qquad (\nu = 1, 2, \ldots, n).$$

Ferner ist auf Grund der Parallelität zur Achse durch $O, E_\nu$

$$\overrightarrow{AA_\nu} = d_\nu \cdot \overrightarrow{OE_\nu}, \qquad \overrightarrow{BB_\nu} = d_\nu \cdot \overrightarrow{OE_\nu} \qquad (\nu = 1, 2, \ldots, n).$$

Es liegt also $A_\nu$ von $A$ aus in derselben Richtung wie $B_\nu$ von $B$ aus.
Daher lassen sich die beiden Quader durch starre Parallelverschiebung
so zur Deckung bringen, daß $B$ mit $A$ und $B'$ mit $A'$ zusammenfällt,
d. h. $\overrightarrow{AA'}$ und $\overrightarrow{BB'}$ sind gleich lang und gleichgerichtet, gehören also
beide derselben Pfeilklasse an.

     b) Sind umgekehrt $\overrightarrow{AA'}$ und $\overrightarrow{BB'}$ gleich lang und gleichgerichtet,
so liefert die unter a) angegebene Konstruktion zwei kongruente Quader.
Die Projektionen entsprechender Kanten auf die drei Achsen sind also
gleich lang, d. h. es gelten die Bedingungen (29).

     **Satz 17.** *Ordnet man einem Vektor* $\mathfrak{v}$ *im* $\mathfrak{R}_n$, *der* $\overrightarrow{AA'}$ *mit*

$$A = (a_1, \ldots, a_n), \qquad A' = (a_1', \ldots, a_n')$$

*als Repräsentanten hat, die reelle Zahlenreihe* $(d_1 \cdots d_n)$ *mit* $d_\nu = a_\nu' - a_\nu$
*zu* $(\nu = 1, \ldots, n)$, *dem Nullvektor* $\mathfrak{o}$ *die Zahlenreihe* $(0 \cdots 0)$, *so ist
diese Zuordnung eineindeutig und von der Wahl des Repräsentanten
unabhängig.*

     *Beweis.* Nach Nr. 10 entspricht jedem von $\mathfrak{o}$ verschiedenen Vektor
eineindeutig eine Pfeilklasse. Zu jedem Pfeil ein und derselben Pfeilklasse gehört aber nach Satz **16** dieselbe Zahlenreihe der Koordinatendifferenzen. Jeder Pfeilklasse entspricht also genau eine Zahlenreihe,
die daher unabhängig von der Wahl des Repräsentanten ist. Umgekehrt
entspricht nach Satz **16** jeder Zahlenreihe $(d_1 \cdots d_n)$ genau eine Pfeil-
klasse, nämlich die aller Pfeile $\overrightarrow{AA'}$ mit $a_\nu' - a_\nu = d_\nu$ $(\nu = 1, 2, \ldots, n)$.
Die Differenzen $d_\nu$ sind, da $A$ und $A'$ verschieden sind, nicht alle gleich $0$.
Dem Nullvektor $\mathfrak{o}$ und nur ihm entspricht daher die Nullreihe.

     **14. Gleichartigkeit der Verknüpfungen.** Nunmehr kann der am
Schluß von Nr. 11 geforderte Nachweis abgeschlossen werden. Denn
über Satz 17 hinaus gilt sogar

     **Satz 18.** *Bei der in Satz 17 beschriebenen eineindeutigen Zuordnung
zwischen Vektoren des* $\mathfrak{R}_n$ *und reellen n-Zahlenreihen* $(n = 1, 2, 3)$ *gehen,
falls das gewählte Koordinatensystem kartesisch ist, auch die Rechen-
verknüpfungen ineinander über, d. h.*

**a)** *der Summe zweier Vektoren entspricht die Summe der dem Summanden zugeordneten Zahlenreihen,*

**b)** *dem skalaren Produkt zweier Vektoren entspricht das skalare Produkt der den Faktoren zugeordneten Zahlenreihen,*

**c)** *dem Produkt eines Vektors mit einer reellen Zahl entspricht das Produkt der zugeordneten Zahlenreihe mit dieser Zahl.*

*Beweis.* **a)** Es seien $\mathfrak{v}_1$, $\mathfrak{v}_2$ zwei Vektoren, $(c_1 \cdots c_n)$ bzw. $(d_1 \cdots d_n)$ die zugeordneten Zahlenreihen. Nach Satz 17 kann man $\mathfrak{v}_1$ und $\mathfrak{v}_2$, wenn sie beide von $\mathfrak{o}$ verschieden sind, durch die Pfeile $\overrightarrow{A A'}$ und $\overrightarrow{B B'}$ mit $A' = (a_1 + c_1, \ldots, a_n + c_n)$, $B' = (b_1 + d_1, \ldots, b_n + d_n)$ bei beliebigen $A = (a_1, \ldots, a_n)$, $B = (b_1, \ldots, b_n)$ repräsentieren. Man wähle speziell $B = A'$. Dann wird nach dem Anlegeverfahren (Nr. 11) $\mathfrak{v}_1 + \mathfrak{v}_2$ durch den Pfeil $\overrightarrow{A B'}$ repräsentiert. Diesem entspricht aber, da nun $B' = (a_1 + c_1 + d_1, \ldots, a_n + c_n + d_n)$ ist, die Zahlenreihe

$$(c_1 + d_1 \cdots c_n + d_n) = (c_1 \cdots c_n) + (d_1 \cdots d_n).$$

Ist mindestens einer der Vektoren, etwa $\mathfrak{v}_2 = \mathfrak{o}$, so entspricht der Summe $\mathfrak{v}_1 + \mathfrak{o} = \mathfrak{v}_1$ die Zahlenreihe

$$(c_1 \cdots c_n) = (c_1 \cdots c_n) + (0 \cdots 0),$$

und dieser Schluß bleibt gültig, wenn auch noch $\mathfrak{v}_1 = \mathfrak{o}$ ist.

**b)** Wir zeigen zunächst, daß der Betrag eines Vektors $\mathfrak{v}$ gleich dem der zugeordneten Zahlenreihe $(d_1 \cdots d_n)$ ist. Dies ist für den Nullvektor evident. Für $\mathfrak{v} \neq \mathfrak{o}$ repräsentiere man $\mathfrak{v}$ (Abb. 10, $n = 3$) durch $\overrightarrow{OD}$ mit $O = (0, 0, 0)$, $D = (d_1, d_2, d_3)$. Die Ebenen

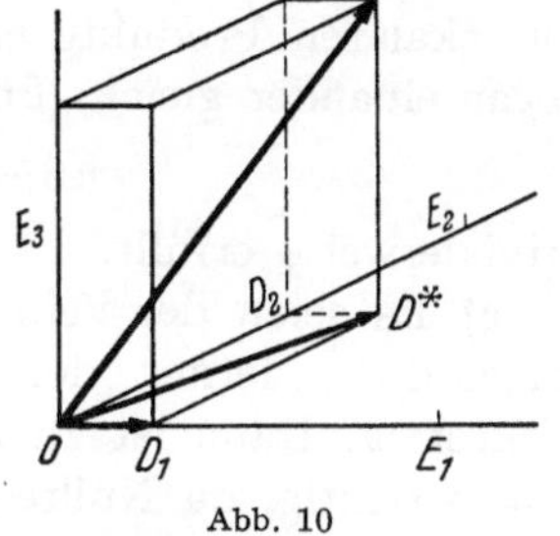

Abb. 10

durch $D$ parallel zu $O, E_2, E_3$ und $O, E_1, E_3$ liefern in der Ebene durch $O, E_1, E_2$ die Schnittpunkte $D_1 = (d_1, 0, 0)$, $D_2 = (0, d_2, 0)$ (mit den Achsen) und $D^* = (d_1, d_2, 0)$ (mit einander). Nun ist

$$\overline{OD_1} = |d_1|\,\overline{OE_1}, \quad \overline{OD_2} = |d_2|\,\overline{OE_2}, \tag{30}$$

also (da das Koordinatensystem normiert und orthogonal ist, was Abb. 10 aber nicht voll verdeutlicht)

$$\overline{OD^*} = \sqrt{d_1^2 + d_2^2}. \tag{31}$$

Ferner ist $\overline{D^*D} = |d_3|\,\overline{OE_3}$; daher folgt ebenso

$$|\mathfrak{v}| = \overline{OD} = \sqrt{\overline{OD^{*2}} + \overline{DD^{*2}}} = \sqrt{d_1^2 + d_2^2 + d_3^2} = |(d_1 \cdots d_n)| \tag{32}$$

nach (20b), denn $(d_1 \cdots d_n)$ ist eine *reelle* Zahlenreihe. Im Falle $n = 1$ oder $n = 2$ hat man die überflüssigen Koordinaten fortzulassen, repräsentiert den Vektor $\mathfrak{v}$ durch $\overrightarrow{OD_1}$ bzw. $\overrightarrow{OD^*}$ und erhält die Gleichheit der Beträge aus (30) bzw. (31). Nach (32) ist $|\mathfrak{v}| \neq 0$ für $\mathfrak{v} \neq \mathfrak{o}$.

Sind nun $\mathfrak{u}$ und $\mathfrak{v}$ von $\mathfrak{o}$ verschiedene Vektoren, denen die Zahlenreihen $(c_1 \cdots c_n)$ bzw. $(d_1 \cdots d_n)$ zugeordnet sind und die durch die Pfeile $\overrightarrow{OC}$ bzw. $\overrightarrow{OD}$ mit $C = (c_1, \ldots, c_n)$, $D = (d_1, \ldots, d_n)$ repräsentiert werden, so repräsentiert $\overrightarrow{CD}$ den Vektor mit der Zahlenreihe $(d_1 - c_1 \cdots d_n - c_n)$, und nach dem eben Bewiesenen gilt:

$$|\mathfrak{u}| = \overline{OC} = \sqrt{\sum_\nu c_\nu^2}, \quad |\mathfrak{v}| = \overline{OD} = \sqrt{\sum_\nu d_\nu^2}, \quad \overline{CD} = \sqrt{\sum_\nu (d_\nu - c_\nu)^2}.$$

Der Kosinussatz der ebenen Trigonometrie, angewandt auf das Dreieck $O\,C\,D$ mit $\sphericalangle\,C\,O\,D = \alpha$:

$$\overline{CD}^2 = \overline{OC}^2 + \overline{OD}^2 - 2\,\overline{OC} \cdot \overline{OD} \cdot \cos\alpha$$

liefert daher zusammen mit (32) und (28)

$$\sum_\nu (d_\nu - c_\nu)^2 = \sum_\nu c_\nu^2 + \sum_\nu d_\nu^2 - 2\,|\mathfrak{u}|\,|\mathfrak{v}|\,\cos\langle \mathfrak{u}, \mathfrak{v}\rangle.$$

Hieraus folgt aber durch leichte Rechnung

$$\mathfrak{u}\mathfrak{v} = |\mathfrak{u}|\,|\mathfrak{v}|\,\cos\langle \mathfrak{u}, \mathfrak{v}\rangle = \sum_{\nu=1}^{n} c_\nu d_\nu = (c_1 \cdots c_n)\,(d_1 \cdots d_n). \tag{33}$$

Die skalaren Produkte entsprechen sich also nicht nur, sondern sind sogar einander gleich. Für $\mathfrak{u} = \mathfrak{o}$, $\mathfrak{v}$ beliebig (oder umgekehrt) ist

$$\mathfrak{u}\mathfrak{v} = 0 = (0 \cdots 0)\,(d_1 \cdots d_n)$$

trivialerweise erfüllt.

**c)** Es seien der Vektor $\mathfrak{v}$ und die Zahlenreihe $(d_1 \cdots d_n)$ einander zugeordnet, ferner der Zahlenreihe $s\,(d_1 \cdots d_n) = (s\,d_1 \cdots s\,d_n)$ der Vektor $\mathfrak{w}$. Dann ist zu zeigen: $\mathfrak{w} = s\mathfrak{v}$. Dies ist im Fall $s = 0$ oder $\mathfrak{v} = \mathfrak{o}$ richtig, da Nullreihe und Nullvektor einander zugeordnet sind. Es sei also $s \neq 0$ und $\mathfrak{v} \neq \mathfrak{o}$, also $|\mathfrak{v}| \neq 0$. Nach b) und (21c) ist

$$|\mathfrak{w}| = |(s\,d_1 \cdots s\,d_n)| = |s|\,|(d_1 \cdots d_n)| = |s| \cdot |\mathfrak{v}| = |s\mathfrak{v}|, \tag{34}$$

also $\mathfrak{w}$ und $s\mathfrak{v}$ dem Betrage nach gleich. Ferner ist nach (33) und (32)

$$\mathfrak{v}\mathfrak{w} = \sum_\nu d_\nu \cdot s\,d_\nu = s \sum_\nu d_\nu^2 = s\,|\mathfrak{v}|^2$$

und daher mit (34)

$$s\,|\mathfrak{v}|^2 = \mathfrak{v}\mathfrak{w} = |\mathfrak{v}|\,|\mathfrak{w}|\,\cos\langle \mathfrak{v}, \mathfrak{w}\rangle = |\mathfrak{v}|\,|s\mathfrak{v}|\,\cos\langle \mathfrak{v}, \mathfrak{w}\rangle,$$

also wegen $|\mathfrak{v}| \neq 0$ und $s \neq 0$

$$s = |s|\,\cos\langle \mathfrak{v}, \mathfrak{w}\rangle, \quad \text{d. h.} \quad \cos\langle \mathfrak{v}, \mathfrak{w}\rangle = \pm 1,$$

je nachdem $s > 0$ oder $s < 0$ ist. Dies bedeutet aber, daß $\mathfrak{v}$ und $\mathfrak{w}$ gleich- oder entgegengesetzt gerichtet sind, je nachdem $s > 0$ oder $s < 0$ ist. Zusammen mit (34) liefert dies die Behauptung $\mathfrak{w} = s\mathfrak{v}$.

**Folgerung.** *Zwei reelle n-Zahlenreihen* $(n = 2, 3)$ *sind genau dann orthogonal* (Nr. 9), *wenn die Richtungen der zugeordneten Vektoren orthogonal, d. h. zueinander senkrecht sind.*

Wenn nämlich das Skalarprodukt zweier Vektoren mit von 0 verschiedenem Betrage verschwindet, muß nach (28) der Kosinus des eingeschlossenen Winkels gleich 0, der Winkel also ein Rechter sein.

**15. Freier und gebundener Vektor.** Mit den Sätzen 17 und 18 ist gezeigt, daß zwischen reellen Zahlenreihen und Vektoren für $n = 1, 2, 3$ hinsichtlich der für sie erklärten Verknüpfungen kein Unterschied besteht, falls das Koordinatensystem normal ist. Wir dürfen daher eine reelle Zahlenreihe für $n \leqq 3$ als Vektor ansehen und insbesondere (Nr. 10, Schluß) eine Pfeilklasse darunter verstehen.

Wie schon bemerkt, sind alle Pfeile einer Pfeilklasse zur Repräsentation ihrer Klasse gleichberechtigt. In besonderen Fällen der Anwendung kann es aber zweckmäßig oder notwendig sein, einen bestimmten Repräsentanten einer Pfeilklasse zu bevorzugen, indem man etwa die Lage seines Endpunktes vorschreibt (beispielsweise den Angriffspunkt einer Kraft). In einem solchen Fall ist bereits die Zuordnung von Vektor und Pfeil eineindeutig, und man bezeichnet daher auch den Pfeil als Vektor, genauer als **gebundenen Vektor.** Der Endpunkt des Pfeiles heißt dann *Bezugspunkt* des gebundenen Vektors und die Pfeilklasse ein **freier Vektor,** da hier der Bezugspunkt frei wählbar ist.

Ein Sonderfall liegt vor, wenn man alle Vektoren auf den gleichen Punkt bezieht, d. h. alle Vektoren an ein und denselben Bezugspunkt des $\mathfrak{R}_n$ bindet. Ist dies der Ursprung $O$ des $\mathfrak{R}_n$, so heißen die daran gebundenen Vektoren auch **Ursprungs-** oder **Radiusvektoren.** Sie seien kurz als $r$-Vektoren bezeichnet. Ein $r$-Vektor $(\mathfrak{p}_1 \cdots \mathfrak{p}_n)$ ist, da er vom Ursprung ausgeht, dadurch ausgezeichnet, daß seine Spitze im Punkte $P = (\mathfrak{p}_1, \ldots, \mathfrak{p}_n)$ liegt. Man kann also die Gesamtheit der Punkte des $\mathfrak{R}_n$ durch $r$-Vektoren, d. h. reelle Zahlenreihen, erfassen $(n \leqq 3)$.

Die $r$-Vektoren der Einheitspunkte $E_\nu$ des $\mathfrak{R}_n$ bezeichnet man mit $\mathfrak{e}_\nu$ und nennt $\mathfrak{e}_\nu$ den **Einheitsvektor** der Achse durch $O, E_\nu$. Die Zahlenreihe für $\mathfrak{e}_\nu$ hat an der $\nu$-ten Stelle eine 1, sonst Nullen. Ein beliebiger Punkt $P = (\mathfrak{p}_1, \ldots, \mathfrak{p}_n)$ des $\mathfrak{R}_n$ wird daher durch den $r$-Vektor

$$\mathfrak{p} = (\mathfrak{p}_1 \cdots \mathfrak{p}_n) = \sum_{\nu=1}^{n} \mathfrak{p}_\nu \, \mathfrak{e}_\nu \qquad (35)$$

gekennzeichnet, also durch eine Linearkombination der $\mathfrak{e}_\nu$ mit den Koordinaten des Punktes als Koeffizienten. Die Summanden $\mathfrak{p}_\nu \, \mathfrak{e}_\nu$ heißen die **Komponenten** des Vektors bezüglich $\mathfrak{e}_1, \ldots, \mathfrak{e}_n$.

Nach Nr. 5 bilden $\mathfrak{e}_1, \ldots, \mathfrak{e}_n$ eine Basis eines $n$-dimensionalen Raumes über dem Körper der reellen Zahlen. Dies erhält jetzt eine anschauliche Bedeutung dadurch, daß die durch (35) gekennzeichneten Punkte bei beliebig reellen $\mathfrak{p}_\nu$ einen $n$-dimensionalen Raum, nämlich $\mathfrak{R}_n$ $(n \leqq 3)$, füllen. Denn Gerade, Ebene und Raum haben ja im geometrischen Sinn die Dimension 1, 2 bzw. 3.

Dieser Zusammenhang gilt auch bei beliebigen Basisvektoren:

**Satz 19.** *Es sei $1 \leq k \leq n$ und $n = 1, 2, 3$. Sind $\mathfrak{a}_1, \ldots, \mathfrak{a}_k$ irgend $k$ linear unabhängige reelle $n$-Zahlenreihen, so beschreibt der $n$-dimensionale lineare Raum*

$$\mathfrak{p} = \sum_{\varkappa=1}^{k} p_\varkappa' \, \mathfrak{a}_\varkappa \quad (p_\varkappa' \text{ beliebige reelle Zahlen}), \tag{36}$$

*wenn man $\mathfrak{p}$ als $r$-Vektor deutet, einen $\mathfrak{R}_k$.*

*Beweis.* Für $k = 1$ füllen die durch $\mathfrak{p} = p_1' \mathfrak{a}_1$ gekennzeichneten Punkte die Gerade durch $O$ in der Richtung des Vektors $\mathfrak{a}_1$, also einen $\mathfrak{R}_1$. Für $k = 2$ füllen die durch $\mathfrak{p} = p_1' \mathfrak{a}_1 + p_2' \mathfrak{a}_2$ gekennzeichneten Punkte die Ebene durch $O$, die durch die Geraden $\mathfrak{p} = p_1' \mathfrak{a}_1$ und $\mathfrak{p} = p_2' \mathfrak{a}_2$ bestimmt wird. Diese Geraden fallen nicht zusammen, spannen also wirklich einen $\mathfrak{R}_2$ auf, da $p_1' \mathfrak{a}_1 = p_2' \mathfrak{a}_2$ mit $p_1', p_2' \neq 0, 0$ eine lineare Abhängigkeit der Zahlenreihen $\mathfrak{a}_1, \mathfrak{a}_2$ bedeuten würde. Im Falle $k = 3$ füllen die Punkte $\mathfrak{p} = p_1' \mathfrak{a}_1 + p_2' \mathfrak{a}_2 + p_3' \mathfrak{a}_3$ den ganzen $\mathfrak{R}_3$; denn die Gerade $\mathfrak{p} = p_3' \mathfrak{a}_3$ liegt (wieder wegen der linearen Unabhängigkeit der $\mathfrak{a}_1, \mathfrak{a}_2, \mathfrak{a}_3$) nicht in der Ebene $\mathfrak{p} = p_1' \mathfrak{a}_1 + p_2' \mathfrak{a}_2$.

Ist nun $\mathfrak{q}$ ein beliebiger Vektor und verschiebt man den durch (36) gegebenen $\mathfrak{R}_k$ starr parallel zu sich selbst um $|\mathfrak{q}|$ in der Richtung von $\mathfrak{q}$, so gehen die Punkte (36) einzeln über in

$$\mathfrak{p} = \mathfrak{q} + \sum_{\varkappa=1}^{k} p_\varkappa' \, \mathfrak{a}_\varkappa \quad (p_\varkappa' \text{ beliebig reell}), \tag{37}$$

wo der neue $r$-Vektor $\mathfrak{p}$ auf den alten Ursprung bezogen ist. Umgekehrt bedeutet der Übergang von (36) zu (37) eine *starre Parallelverschiebung des* $\mathfrak{R}_k$. Damit hat man den

**Zusatz.** *Die Aussage von Satz 19 bleibt erhalten, wenn man bei beliebiger Zahlenreihe $\mathfrak{q}$ die Gleichung (36) durch (37) ersetzt.*

Die beiden $\mathfrak{R}_k$, die durch (36) und (37) bestimmt sind, können als Gesamtheiten identisch, d. h. jeder Punkt des einen kann Punkt des anderen sein (wenn z. B. die Gerade oder die Ebene *in sich* verschoben werden). Dies ist offenbar genau dann der Fall, wenn $\mathfrak{q}$ von $\mathfrak{a}_1, \ldots, \mathfrak{a}_k$ linear abhängt, denn nach Regel 4 ist dann $\mathfrak{q} = \sum_\varkappa q_\varkappa' \mathfrak{a}_\varkappa$, und man braucht in (37) nur $q_\varkappa' + p_\varkappa'$ durch ein neues $p_\varkappa'$ zu ersetzen, um (36) zu erhalten. Nach Satz 4a ist $\mathfrak{q}$ sicher dann von $\mathfrak{a}_1, \ldots, \mathfrak{a}_k$ linear abhängig, wenn $k = n$ ist. Dann liefert (37) ein neues Koordinatensystem des $\mathfrak{R}_n$, in dem die durch $\mathfrak{q}$ bzw. $\mathfrak{q} + \mathfrak{a}_\nu$ gekennzeichneten Punkte neuer Ursprung bzw. neue Einheitspunkte und die $\mathfrak{a}_\nu$ die neuen Einheitsvektoren sind. In diesem System hat der durch $\mathfrak{p}$ gekennzeichnete Punkt die neuen Koordinaten $p_1', \ldots, p_n'$, doch braucht das neue System natürlich nicht wieder kartesisch zu sein. Hierfür ist vielmehr nach Satz 18 das Bestehen der Orthogonalitätsrelationen (26) für die $\mathfrak{a}_\nu$ erforderlich.

## § 3. Deutung von Zahlenreihen als Vektoren im allgemeinen Fall.

**16. Der $n$-dimensionale komplexe Punktraum.** Nach Satz 15 besteht für $n = 1, 2, 3$ zwischen den beiden Begriffen

$$n\text{-}tupel \ von \ reellen \ Zahlen \quad \text{und} \quad Punkt \ im \ \Re_n$$

eine eineindeutige Zuordnung und daher kein wesentlicher Unterschied. Im Falle $n > 3$ oder bei Zulassung von komplexen Zahlen existiert nun kein anschauliches Gegenstück zum $\Re_n$. Man möchte aber auf die mit einer Veranschaulichung verbundenen Vorteile nicht verzichten und verschafft sich daher auf dem Wege der Analogie auch für beliebige Zahlen-$n$-tupel eine geometrische Ausdrucksweise.

**Definition.** *Das geordnete $n$-tupel $(p_1, \ldots, p_n)$ aus $n$ komplexen Zahlen wird als* **Punkt** *$P$ gedeutet. Man schreibt $P = (p_1, \ldots, p_n)$ und nennt $p_1, \ldots, p_n$ die* **Koordinaten** *von $P$. Die Gesamtheit aller Punkte mit $n$ ausschließlich reellen Koordinaten heißt der* **$n$-dimensionale Punktraum** *$\Re_n$, die Gesamtheit aller Punkte mit $n$ nicht durchweg reellen Koordinaten der* **$n$-dimensionale komplexe Punktraum** *$\Re^{(n)}$. Die $n + 1$ Punkte $O = (0, \ldots, 0)$ und $E_\nu = (0, \ldots, 0, 1, 0, \ldots, 0)$, wo die 1 an $\nu$-ter Stelle steht $(\nu = 1, 2, \ldots, n)$, heißen* **Ursprung** *und* **Einheitspunkte** *des $\Re_n$ und $\Re^{(n)}$.*

Der $n$-dimensionale reelle (für $n \geq 4$) und der komplexe Punktraum sind damit künstlich erschaffen. Wir arbeiten in ihnen mit Begriffen, die denen des $\Re_3$ nachgebildet sind. Offenbar ist der $\Re_n$ im $\Re^{(n)}$ als Teilraum enthalten. Wenn nichts anderes gesagt wird, ist stets der $\Re^{(n)}$ gemeint. Die entsprechenden Aussagen für den $\Re_n$ folgen durch Spezialisierung auf reelle Zahlen von selbst.

Bei den Definitionen für den $\Re^{(n)}$ werden wir stets nachprüfen, ob sie im Sonderfall $n \leq 3$ mit den für den $\Re_n$ bereits getroffenen in Einklang stehen. Die aus den Definitionen für den $\Re^{(n)}$ abgeleiteten Sätze gelten dann automatisch auch für den $\Re_n$ mit $n \leq 3$. Daß insbesondere die in dieser Nummer definierten Begriffe nicht im Widerspruch zu denen des $\Re_3$ stehen, folgt aus Satz 15.

**17. Vektoren im $\Re^{(n)}$.** Wir beginnen mit der Übertragung des Vektorbegriffs. Zwei Punkte des $\Re^{(n)}$, auf deren Reihenfolge es ankommt, heißen ein **geordnetes Punktepaar.** Sie sind notwendig voneinander verschieden.

**Definition.** *Das durch das geordnete Punktepaar $A$, $A'$ im $\Re^{(n)}$ gegebene Gebilde heißt* **Pfeil** *$\overrightarrow{A A'}$. Zwei Pfeile $\overrightarrow{A A'}$ und $\overrightarrow{B B'}$ heißen* **gleich lang und gleichgerichtet**, *wenn für die Koordinaten $a_\nu$, $a'_\nu$ und $b_\nu$, $b'_\nu$ der Punkte $A$, $A'$ und $B$, $B'$ die Relationen*

$$a'_\nu - a_\nu = b'_\nu - b_\nu \quad \text{für} \quad \nu = 1, 2, \ldots, n \tag{38}$$

*erfüllt sind. Die Gesamtheit* **(Klasse)** *aller gleich langen und gleichgerichteten Pfeile heißt ein* **Vektor** *des $\Re^{(n)}$ und jeder Pfeil der Klasse ein* **Repräsentant** *des Vektors.*

Vektoren im $\Re^{(n)}$ bezeichnen wir ebenfalls mit kleinen deutschen Buchstaben. Nach Satz 16 und dem letzten Absatz in Nr. 10 steht obige Definition mit den Verhältnissen im $\Re_n$ ($n \leq 3$) im Einklang. Aus ihr folgt unmittelbar

**Satz 20.** *Jedem Vektor* $\mathfrak{v}$ *des* $\Re^{(n)}$ *entspricht eineindeutig eine n-Zahlenreihe* $(v_1 \cdots v_n) \neq (0 \cdots 0)$, *und jeder Pfeil* $\overrightarrow{A\,A'}$, *für dessen Koordinaten*

$$a'_\nu - a_\nu = v_\nu \qquad (\nu = 1, 2, \ldots, n) \tag{39}$$

*gilt, repräsentiert den Vektor* $\mathfrak{v}$.

Die Zahlenreihe $(0 \cdots 0)$ bleibt ausgenommen, da die Differenzen (39) wegen der Verschiedenheit von $A$ und $A'$ niemals sämtlich gleich 0 sind. Um diese Ausnahme zu beseitigen, führen wir zu den bereits definierten (eigentlichen) Vektoren noch einen weiteren (uneigentlichen) Vektor ein, den wir als **Nullvektor** $\mathfrak{o}$ bezeichnen und dem wir als Zahlenreihe die Nullreihe zuordnen.

Auf Grund von Satz 20 und der Vereinbarung über den Nullvektor können wir die Verknüpfungen für Vektoren des $\Re^{(n)}$ erklären. Dabei wird unter dem zu $\mathfrak{v}$ *konjugiert-komplexen Vektor* $\bar{\mathfrak{v}}$ derjenige Vektor verstanden, dem die zu $(v_1 \cdots v_n)$ konjugiert-komplexe Zahlenreihe $(\bar{v}_1 \cdots \bar{v}_n)$ zugeordnet ist.

**Definition.** *Unter der* **Summe** $\mathfrak{v} + \mathfrak{w}$ *zweier Vektoren* $\mathfrak{v}$ *und* $\mathfrak{w}$ *des* $\Re^{(n)}$ *versteht man den Vektor, dem die Summe der den Summanden zugeordneten Zahlenreihen entspricht. Unter dem* **Produkt** $s\mathfrak{v}$ **eines Vektors** $\mathfrak{v}$ *des* $\Re^{(n)}$ **mit einer komplexen Zahl** $s$ *versteht man den Vektor, dem das s-fache der dem Vektor* $\mathfrak{v}$ *zugeordneten Zahlenreihe entspricht. Doch ist im r e e l l e n* $\Re_n$ *das Produkt* $s\mathfrak{v}$ *nur für r e e l l e* $s$ *erklärt. Unter dem* **inneren** *oder* **skalaren Produkt** $\bar{\mathfrak{v}}\mathfrak{w}$ *zweier Vektoren* $\mathfrak{v}$ *und* $\mathfrak{w}$ *des* $\Re^{(n)}$ *versteht man das innere Produkt der den Faktoren zugeordneten Zahlenreihen. Insbesondere heißt* $\bar{\mathfrak{v}}\mathfrak{v} = \|\mathfrak{v}\| = |\mathfrak{v}|^2$ *die* **Norm,** $|\mathfrak{v}|$ *der* **Betrag** *des Vektors* $\mathfrak{v}$. *Ist* $|\mathfrak{v}| = 1$, *so heißt* $\mathfrak{v}$ **normiert,** *und zwei Vektoren* $\mathfrak{v}$ *und* $\mathfrak{w}$ *heißen* **orthogonal,** *wenn* $\bar{\mathfrak{v}}\mathfrak{w} = 0$ *ist.*

Alle diese Begriffe stehen nach Satz 18 und Folgerung mit den Gegebenheiten im $\Re_3$ in Einklang.

**18. Geometrische Deutung für Addition und Betrag.** Wir sind in Nr. 17 umgekehrt vorgegangen wie in § 2. Dort gingen wir nämlich von geometrischen Vorstellungen aus und wiesen nach, daß das Operieren mit Vektoren für $n \leq 3$ nichts anderes ist als das Rechnen mit Zahlenreihen. Hier indessen, wo die geometrischen Vorstellungen fehlen, können wir, wie wir es getan haben, diese Übereinstimmung per definitionem voraussetzen und jetzt umgekehrt untersuchen, was das Rechnen mit Zahlenreihen (die wir nun als Vektoren ansehen und mit ihnen gleichsetzen) für die Geometrie im $\Re^{(n)}$ bedeutet. Auf diese Weise werden wir einen Einblick in die Struktur des $\Re^{(n)}$ erhalten und zwangsläufig zur Verallgemeinerung von Begriffen des $\Re_n$ ($n \leq 3$) geführt werden.

Aus Gründen der Platzersparnis schreiben wir für Zahlen-$n$-tupel $(p_1, \ldots, p_n)$ kurz $(p_\nu)$, für $n$-Zahlenreihen $(v_1 \cdots v_n)$ kurz $(v_\nu)$. Ferner soll $\mathfrak{k}(P, Q)$ die durch $\overrightarrow{PQ}$ bestimmte Klasse, also $\mathfrak{v} = \mathfrak{k}(P, Q)$ bedeuten, daß $\mathfrak{v}$ durch $\overrightarrow{PQ}$ repräsentiert wird. Es ist genau dann $\mathfrak{k}(A, A') = \mathfrak{k}(B, B')$, wenn (38) gilt. Schließlich wollen wir auf Grund der in Nr. 17 festgesetzten Gleichartigkeit von Vektoren und Zahlenreihen kurz $\mathfrak{v} = (v_\nu)$ und $\mathfrak{k}(P, Q) = (v_\nu)$ schreiben, wenn $(v_\nu)$ die dem Vektor $\mathfrak{v}$ bzw. der Klasse $\mathfrak{k}(P, Q)$ zugeordnete Zahlenreihe ist.

Ganz einfach liegen die Verhältnisse bei der *Addition*. Sind nämlich $\mathfrak{v} = (v_\nu)$ und $\mathfrak{w} = (w_\nu)$ zwei Vektoren $\neq \mathfrak{o}$, so sei $\mathfrak{v} = \mathfrak{k}(A, A')$ und $\mathfrak{w} = \mathfrak{k}(B, B')$, wobei $A = (a_\nu,)$ und $B = (b_\nu,)$ beliebig, dagegen $A' = (a_\nu',)$ und $B' = (b_\nu',)$ durch

$$a_\nu' - a_\nu = v_\nu, \qquad b_\nu' - b_\nu = w_\nu \qquad (\nu = 1, 2, \ldots, n)$$

bestimmt sind. Wählt man insbesondere $B = A'$, so daß also das Ende des $\mathfrak{w}$ repräsentierenden Pfeils $\overrightarrow{BB'}$ mit der Spitze des $\mathfrak{v}$ repräsentierenden Pfeils $\overrightarrow{AA'}$ zusammenfällt, so ist

$$b_\nu = a_\nu + v_\nu, \qquad b_\nu' = a_\nu + v_\nu + w_\nu \qquad (\nu = 1, 2, \ldots, n)$$

und daher einerseits $\mathfrak{v} + \mathfrak{w} = \mathfrak{k}(A, B')$, andererseits

$$\mathfrak{k}(A, B') = (b_\nu' - a_\nu) = (v_\nu + w_\nu) = (v_\nu) + (w_\nu) = \mathfrak{k}(A, A') + \mathfrak{k}(B, B').$$

Dies besagt aber, daß auch im $\mathfrak{R}^{(n)}$ die Vektoraddition nach dem Anlegeverfahren geschehen kann.

Für jeden Vektor $\mathfrak{v}$ ist ferner $\mathfrak{v} + \mathfrak{o} = \mathfrak{o} + \mathfrak{v} = \mathfrak{v}$, da der Summe $(v_\nu) + (0) = (v_\nu)$ und $(0) + (v_\nu) = (v_\nu)$ der Vektor $\mathfrak{v}$ entspricht. Addition des Nullvektors läßt also jeden Vektor ungeändert.

Als nächstes untersuchen wir den *Betrag* eines Vektors $\mathfrak{v} = \mathfrak{k}(A, B)$ im $\mathfrak{R}^{(n)}$. Im $\mathfrak{R}_n$ $(n \leq 3)$ haben wir hierunter den Abstand der Punkte $A$ und $B$ verstanden. Im $\mathfrak{R}^{(n)}$ ist nun der Betrag schon definiert, und wir sagen daher umgekehrt:

**Definition.** *Unter dem **Abstand** $\overline{AB}$ **zweier Punkte** $A = (a_\nu,)$ und $B = (b_\nu,)$ des $\mathfrak{R}^{(n)}$ versteht man den Betrag des Vektors $\mathfrak{v} = \mathfrak{k}(A, B)$, also die nichtnegative, reelle Zahl*

$$\overline{AB} = \sqrt[+]{\mathfrak{v}\mathfrak{v}} = \sqrt{\sum_{\nu=1}^{n} |b_\nu - a_\nu|^2}.$$

**Satz 21.** *Für je drei verschiedene Punkte $A, B, C$ des $\mathfrak{R}^{(n)}$ gilt die Dreiecksungleichung*

$$\overline{AC} \leq \overline{AB} + \overline{BC}. \tag{40}$$

*Beweis.* Ist $\mathfrak{k}(A, B) = \mathfrak{v}$ und $\mathfrak{k}(B, C) = \mathfrak{w}$, so ist, da das Anlegeverfahren gilt, $\mathfrak{k}(A, C) = \mathfrak{v} + \mathfrak{w}$. Daher folgt (40) aus (25); denn die Beträge von Vektor und zugeordneter Zahlenreihe stimmen überein.

Ein Punktraum, in dem für je zwei Punkte $A$, $B$ eine nichtnegative, reelle Zahl als Abstand $\overline{AB}$ so definiert ist, daß $\overline{AA} = 0$, $\overline{AB} = \overline{BA}$ und vor allem (40) gilt, heißt ein **metrischer Raum**. Der $\mathfrak{R}^{(n)}$ ist also ebenso wie die $L$-Räume metrisch.

**19. Geometrische Deutung für Multiplikation und Richtung.** Um die Bedeutung des inneren Produkts beschreiben zu können, brauchen wir ein Analogon zum Kosinus eines Winkels zweier Vektoren.

**Definition.** *Sind* $\mathfrak{v}$ *und* $\mathfrak{w}$ *von* $\mathfrak{o}$ *verschiedene Vektoren des* $\mathfrak{R}^{(n)}$, *so heißt die komplexe Zahl*

$$c\,(\mathfrak{v},\,\mathfrak{w}) = \frac{\overline{\mathfrak{v}}\,\mathfrak{w}}{|\,\mathfrak{v}\,|\,|\,\mathfrak{w}\,|} \qquad (gelesen:\ c\ von\ \mathfrak{v}\ und\ \mathfrak{w}) \tag{41}$$

*die* **Drehgröße** *von* $\mathfrak{v}$ *und* $\mathfrak{w}$.

Hierbei kommt es auf die Reihenfolge der Vektoren an, denn nach (18) ist

$$c\,(\mathfrak{w},\,\mathfrak{v}) = \overline{c\,(\mathfrak{v},\,\mathfrak{w})}.$$

Ferner gilt nach (22)

$$\left|\,c\,(\mathfrak{v},\,\mathfrak{w})\,\right| = \frac{|\,\overline{\mathfrak{v}}\,\mathfrak{w}\,|}{|\,\mathfrak{v}\,|\,|\,\mathfrak{w}\,|} \leq 1. \tag{42}$$

Schließlich ist $c\,(\mathfrak{v},\,\mathfrak{w})$ im (reellen) $\mathfrak{R}_n$ stets reell. Daher kann man den durch die Beziehungen

$$\cos\alpha = c\,(\mathfrak{v},\,\mathfrak{w}), \quad 0° \leq \alpha \leq 180° \tag{43}$$

bestimmten Winkel $\alpha$ als den **Winkel zwischen den Vektoren** $\mathfrak{v}$ und $\mathfrak{w}$ des $\mathfrak{R}_n$ definieren. Damit hat man mit der aus (41) folgenden Darstellung

$$\overline{\mathfrak{v}}\,\mathfrak{w} = |\,\mathfrak{v}\,| \cdot |\,\mathfrak{w}\,| \cdot c\,(\mathfrak{v},\,\mathfrak{w})$$

des inneren Produkts wenigstens im $\mathfrak{R}_n$, wo $\overline{\mathfrak{v}}$ mit $\mathfrak{v}$ übereinstimmt, das genaue Analogon zu (28) für $n \leq 3$. Im (komplexen) $\mathfrak{R}^{(n)}$ führen wir keinen Winkel ein, doch wollen wir auch hier den Begriff der Dreh-größe zur Definition eines geometrischen Analogons benutzen, nämlich zur Definition der *Richtung eines Vektors* im $\mathfrak{R}^{(n)}$.

Im $\mathfrak{R}_n$ ($n \leq 3$) beschreibt man eine Richtung dadurch, daß man sie mit gewissen vorgegebenen Richtungen, etwa den positiven Durch-laufungsrichtungen der Koordinatenachsen, vergleicht. Dies geschieht in der Weise, daß man die Winkel angibt, die die betrachtete Richtung mit den vorgegebenen einschließt, oder besser die Kosinus dieser Winkel, die sog. *Richtungskosinus* oder *Richtungskoeffizienten*. Entsprechend werden wir im $\mathfrak{R}^{(n)}$ verfahren.

**Definition.** *Die durch die Pfeile* $\overrightarrow{O\,E_\nu}$ *im* $\mathfrak{R}^{(n)}$ *repräsentierten Vektoren*

$$\mathfrak{e}_\nu = \mathfrak{k}(O,\,E_\nu) = (0 \cdots 0\,1\,0 \cdots 0) \qquad (1\ an\ \nu\text{-}ter\ Stelle)$$

*heißen die* **Einheitsvektoren** *des* $\mathfrak{R}^{(n)}$.

Dies steht im Einklang mit Nr. 15, wo $\mathfrak{e}_\nu$ durch den $r$-Vektor von $E_\nu$, also ebenfalls durch $\overrightarrow{O\,E_\nu}$, als Repräsentanten definiert worden ist.

Die Richtungen der Einheitsvektoren sehen wir sinnvollerweise als unmittelbar gegeben an. Sie gelten als paarweise zueinander senkrecht (orthogonal). Denn die Einheitsvektoren des $\mathfrak{R}^{(n)}$ bilden ein orthogonales, sogar normales System, da ihre Zahlenreihen die Orthogonalitätsrelationen (26) erfüllen. Auch im $\mathfrak{R}_n$ ($n \leq 3$) haben wir (Nr. 14) ein normales System zugrunde gelegt.

**Definition.** *Unter dem $\mu$-ten* **Richtungskoeffizienten** $c_\mu(\mathfrak{v})$ *(gelesen: $c_\mu$ von $\mathfrak{v}$) eines von $\mathfrak{o}$ verschiedenen Vektors $\mathfrak{v}$ des $\mathfrak{R}^{(n)}$ versteht man die Drehgröße von $\mathfrak{e}_\mu$ und $\mathfrak{v}$, in Zeichen:*

$$c_\mu(\mathfrak{v}) = c(\mathfrak{e}_\mu, \mathfrak{v}) \qquad\qquad (u = 1, 2, \ldots, n).$$

*Die durch Angabe aller $n$ Richtungskoeffizienten charakterisierte Eigenschaft eines (eigentlichen) Vektors des $\mathfrak{R}^{(n)}$ heißt seine* **Richtung**. *Dem Nullvektor $\mathfrak{o}$ kommt keine Richtung zu.*

Nach (43) deckt sich dies mit den Vereinbarungen im $\mathfrak{R}_n$ ($n \leq 3$).

Die Richtungskoeffizienten eines Vektors sind nicht unabhängig voneinander. Ist nämlich $\mathfrak{v} = (v_\nu)$, so ist

$$\mathfrak{e}_\mu \mathfrak{v} = (0 \cdots 0\; 1\; 0 \cdots 0)\, (v_1 \cdots v_{\mu-1}\, v_\mu\, v_{\mu+1} \vdots \cdots v_n) = v_\mu,$$

also nach (41), da $|\mathfrak{e}_\mu| = 1$ ist,

$$c_\mu(\mathfrak{v}) = \frac{v_\mu}{|\mathfrak{v}|} \qquad (\mu = 1, 2, \ldots, n). \quad (44)$$

Daher folgt

$$\sum_{\mu=1}^{n} |c_\mu(\mathfrak{v})|^2 = \sum_{\mu=1}^{n} \frac{|v_\mu|^2}{|\mathfrak{v}|^2} = \frac{1}{|\mathfrak{v}|^2} \sum_{\mu=1}^{n} |v_\mu|^2 = \frac{1}{|\mathfrak{v}|^2} |\mathfrak{v}|^2 = 1.$$

Diese Relation gilt natürlich insbesondere im $\mathfrak{R}_n$ ($n \leq 3$). Im $\mathfrak{R}_2$ ist sie nichts anderes als die bekannte Beziehung $\cos^2 \alpha + \sin^2 \alpha = 1$ mit $\cos \alpha = \cos(\mathfrak{e}_1, \mathfrak{v})$.

Nunmehr zeigen wir umgekehrt:

**Satz 22.** *Durch Angabe von Betrag und Richtung ist ein (eigentlicher) Vektor des $\mathfrak{R}^{(n)}$ eindeutig bestimmt, d. h. zu vorgegebenen Zahlen $c_1, \ldots, c_n$ und $v$, für die*

$$\sum_{\nu=1}^{n} |c_\nu|^2 = 1 \quad und \quad v > 0 \qquad\qquad (45)$$

*(also reell) ist, gibt es genau einen Vektor $\mathfrak{v} \neq \mathfrak{o}$ mit*

$$|\mathfrak{v}| = v \quad und \quad c_\nu(\mathfrak{v}) = c_\nu \qquad (\nu = 1, 2, \ldots, n). \quad (46)$$

*Beweis.* Wenn es einen Vektor $\mathfrak{v} = (v_\nu)$ gibt, der (46) erfüllt, so ist nach (44) notwendig $v_\nu = v c_\nu$ ($\nu = 1, \ldots, n$). Dieser allein in Betracht kommende Vektor $\mathfrak{v} = (v c_\nu)$ h a t aber auch die Eigenschaften (46). Denn nach (4) und (21c) ist

$$|\mathfrak{v}| = |(v c_\nu)| = |v (c_\nu)| = |v| \cdot |(c_\nu)| = v,$$

da $v > 0$ und $|(c_\nu)| = \sqrt{\sum_\nu |c_\nu|^2} = 1$ ist nach (45). Hiermit folgt nach (44) weiter

$$c_\mu(\mathfrak{v}) = c_\mu((v c_\mu)) = \frac{v c_\mu}{|\mathfrak{v}|} = c_\mu \qquad (\mu = 1, 2, \ldots, n).$$

Mit Satz 22 ist die Analogie zur Definition des Vektorbegriffes im $\mathfrak{R}_n$ ($n \leq 3$) vollständig. Der Nullvektor ist beide Male einheitlich als Vektor vom Betrag 0 und unbestimmter Richtung definiert.

**20. Geometrische Deutung für die Multiplikation mit einer Zahl.** Auch hierfür ist die Drehgröße ein geeignetes Hilfsmittel. Für den Vektor $\mathfrak{v} = (v_\nu)$ und eine Zahl $s$ gilt nämlich nach (21c)

$$|s\mathfrak{v}| = |s(v_\nu)| = |s| \cdot |(v_\nu)| = |s| \cdot |\mathfrak{v}| \tag{47}$$

und daher, falls $s \neq 0$ ist, nach (19b) und (20b)

$$c(\mathfrak{v}, s\mathfrak{v}) = \frac{\bar{\mathfrak{v}} \cdot s\mathfrak{v}}{|\mathfrak{v}| \, |s\mathfrak{v}|} = \frac{s \bar{\mathfrak{v}} \mathfrak{v}}{|s| \, |\mathfrak{v}|^2} = \frac{s}{|s|} = \varepsilon, \tag{48}$$

wo $\varepsilon$ den Betrag 1 hat. Damit ergibt sich für die Drehgröße eines Vektors $\mathfrak{v}$ und des aus $\mathfrak{v}$ durch Multiplikation mit einer Zahl $s \neq 0$ entstehenden Vektors ein charakteristischer Wert.

**Definition.** *Zwei Vektoren* $\mathfrak{v}$ *und* $\mathfrak{w}$ *des* $\mathfrak{R}^{(n)}$ *heißen* **$\varepsilon$-parallel**, *wenn ihre Drehgröße*

$$c(\mathfrak{v}, \mathfrak{w}) = \varepsilon \quad und \quad |\varepsilon| = 1 \tag{49}$$

*ist. Ist insbesondere* $\varepsilon = +1$ *oder* $-1$, *so heißen* $\mathfrak{v}$ *und* $\mathfrak{w}$ **gleich- bzw. entgegengesetzt gerichtet.**

Im (reellen) $\mathfrak{R}_n$ ist $\varepsilon$ reell und daher nur $\varepsilon = \pm 1$ möglich. Nach (43) stimmt also obige Definition mit den anschaulichen Verhältnissen für $n \leq 3$ überein.

**Satz 23.** *Ein zu einem gegebenen Vektor* $\mathfrak{v} \neq \mathfrak{o}$ *des* $\mathfrak{R}^{(n)}$ *$\varepsilon$-paralleler Vektor* $\mathfrak{w}$ *ist bis auf seinen Betrag eindeutig bestimmt.*

*Beweis.* Nach Satz 10 und Regel 1 steht in der Ungleichung (42) genau dann das Gleichheitszeichen, wenn $\mathfrak{w} = s\mathfrak{v}$ gilt mit einer Zahl $s \neq 0$. Aus der Voraussetzung (49) zusammen mit (48) folgt daher

$$\frac{s}{|s|} = \varepsilon, \quad \text{also} \quad \mathfrak{w} = |s| \cdot \varepsilon \cdot \mathfrak{v}.$$

Wird nun $|\mathfrak{w}|$ beliebig vorgegeben, so ist aus der Gleichung

$$|\mathfrak{w}| = ||s| \, \varepsilon \mathfrak{v}| = |s| \, |\varepsilon| \, |\mathfrak{v}| = |s| \, |\mathfrak{v}|$$

wegen $|\mathfrak{v}| \neq 0$ die Zahl $|s|$ und damit auch $\mathfrak{w} = |s| \, \varepsilon \mathfrak{v}$ eindeutig bestimmt.

Auf Grund von (47), (48) und Satz 22 können wir nunmehr die Multiplikation eines Vektors $\mathfrak{v}$ des $\mathfrak{R}^{(n)}$ mit einer komplexen Zahl $s \neq 0$ in der Weise beschreiben, daß $s\mathfrak{v}$ *der zu* $\mathfrak{v}$ $\frac{s}{|s|}$*-parallele Vektor vom Betrage* $|s| \, |\mathfrak{v}|$ ist. Auch diese Deutung steht mit den Verhältnissen im $\mathfrak{R}_n$ ($n \leq 3$) in Einklang (vgl. Nr. 11).

**21. Veranschaulichung des $\mathfrak{R}^{(1)}$.** Den $\mathfrak{R}^{(1)}$, die sog. *komplexe Gerade*, können wir auf einer (reellen) Ebene, der GAUSSschen Zahlenebene, veranschaulichen, wie wir es in I, Nr. 9 bei der Einführung der komplexen Zahlen getan haben. Im Unterschied zu der dortigen Bezeichnung sollen in dieser Nr. 21 kleine lateinische Buchstaben komplexe, kleine griechische Buchstaben reelle Zahlen bedeuten, kleine deutsche Buchstaben wie bisher Zahlenreihen oder Vektoren. Die Zuordnung der komplexen Zahl $p = \alpha + i\beta$ zum Punkt $(\alpha, \beta)$ der Zahlenebene bedeutet im Rahmen unserer jetzigen Betrachtungen, daß jedem Punkt $P = (p) = (\alpha + i\beta)$ des $\mathfrak{R}^{(1)}$ eineindeutig ein Punkt $P^* = (\alpha, \beta)$ des $\mathfrak{R}_2$ entspricht. Sie liefert aber auch, daß jedem Vektor $\mathfrak{v} = (v) = (\sigma + i\tau)$ des $\mathfrak{R}^{(1)}$ eineindeutig der Vektor $\mathfrak{v}^* = (\sigma\ \tau)$ entspricht. Bildet man nun die Summe

$$\mathfrak{v}_1 + \mathfrak{v}_2 = (\sigma_1 + i\tau_1) + (\sigma_2 + i\tau_2) = (\sigma_1 + \sigma_2 + i(\tau_1 + \tau_2))$$

zweier Vektoren des $\mathfrak{R}^{(1)}$ und die Summe der zugeordneten Vektoren

$$\mathfrak{v}_1^* + \mathfrak{v}_2^* = (\sigma_1\ \tau_1) + (\sigma_2\ \tau_2) = (\sigma_1 + \sigma_2\ \ \tau_1 + \tau_2)$$

des $\mathfrak{R}_2$, so sieht man, daß auch die Summen einander entsprechen. Es scheint also zunächst, als ob zwischen dem $\mathfrak{R}^{(1)}$ und dem $\mathfrak{R}_2$ und damit zwischen dem $\mathfrak{R}^{(n)}$ und dem $\mathfrak{R}_{2n}$ kein wesentlicher Unterschied besteht, als ob also die Einführung komplexer Räume überflüssig sei. Dies trifft jedoch nicht zu, denn die zunächst beobachtete Gleichartigkeit des $\mathfrak{R}^{(1)}$ und $\mathfrak{R}_2$ hört auf, sobald die beiden anderen für Vektoren erklärten Verknüpfungen betrachtet werden. Es ist nämlich $s\mathfrak{v}$ zwar für Vektoren $\mathfrak{v}$ des $\mathfrak{R}^{(1)}$, nicht aber $s\mathfrak{v}^*$ bei komplexem $s$ für Vektoren $\mathfrak{v}^*$ des $\mathfrak{R}_2$ erklärt; ferner ist

$$\overline{\mathfrak{v}_1}\,\mathfrak{v}_2 = (\overline{\sigma_1 + i\tau_1})\,(\sigma_2 + i\tau_2) = \sigma_1\sigma_2 + \tau_1\tau_2 + i(\sigma_1\tau_2 - \sigma_2\tau_1),$$

aber

$$\overline{\mathfrak{v}_1^*}\,\mathfrak{v}_2^* = \mathfrak{v}_1^*\,\mathfrak{v}_2^* = (\sigma_1\ \tau_1)\,(\sigma_2\ \tau_2) = \sigma_1\sigma_2 + \tau_1\tau_2,$$

so daß sich die skalaren Produkte durchaus nicht entsprechen. Die Einführung komplexer Räume war also sinnvoll; der $\mathfrak{R}^{(1)}$ kann durch den $\mathfrak{R}_2$ zwar veranschaulicht, nicht aber ersetzt werden.

Wir wollen noch feststellen, welcher Vektor des $\mathfrak{R}_2$ dem Vektor $s\mathfrak{v}$ des $\mathfrak{R}^{(1)}$ bei komplexem $s$ entspricht. Ist wieder $\mathfrak{v} = (v) = (\sigma + i\tau)$, also $s\mathfrak{v} = s(v) = (sv)$, so ist $s\mathfrak{v}$, auf Grund der Multiplikation komplexer Zahlen, nach I, (52) der Vektor $(\varrho\cos\varphi\ \ \varrho\sin\varphi)$ des $\mathfrak{R}_2$ zugeordnet, wo

$$\varrho = |s|\,|\mathfrak{v}| = |s|\,|v| \quad \text{und} \quad \varphi = \operatorname{arc} s + \operatorname{arc} v$$

ist, der also den Betrag $\varrho$ hat und gegen den Vektor $\mathfrak{v}^* = (\sigma\ \tau)$ um den Winkel $\operatorname{arc} s$ gedreht ist. Für $\mathfrak{v}^*$ sei noch folgende Deutung angeschlossen:

Dem Einheitsvektor $\mathfrak{e} = (1)$ des $\mathfrak{R}^{(1)}$ entspricht der Einheitsvektor $\mathfrak{e}^* = (1\ 0)$ des $\mathfrak{R}_2$. Ein beliebiger Vektor $\mathfrak{v} = (v)$ des $\mathfrak{R}^{(1)}$ ist in der

Form $\mathfrak{v} = v \cdot (1) = v\,\mathfrak{e}$ darstellbar, also im Sinne von Nr. 20 zu $\mathfrak{e}$ $\frac{v}{|v|}$-parallel. Nach (44) ist sein (einziger) Richtungskoeffizient

$$c\,(\mathfrak{v}) = \frac{v}{|v|} = \frac{\sigma + i\tau}{\sqrt{\sigma^2 + \tau^2}}\,,$$

also vom Betrag 1. Der $\mathfrak{v}$ zugeordnete Vektor $\mathfrak{v}^* = (\sigma\ \tau)$ hat zwei reelle Richtungskoeffizienten, nämlich [ebenfalls nach (44)]

$$c_1\,(\mathfrak{v}^*) = \frac{\sigma}{|\mathfrak{v}^*|} = \frac{\sigma}{\sqrt{\sigma^2 + \tau^2}} \quad \text{und} \quad c_2\,(\mathfrak{v}^*) = \frac{\tau}{\sqrt{\sigma^2 + \tau^2}}\,,$$

den ersten gegen $\mathfrak{e}_1^* = \mathfrak{e}^* = (1\ 0)$, den zweiten gegen $\mathfrak{e}_2^* = (0\ 1)$. Der Winkel $\alpha$ zwischen $\mathfrak{v}^*$ und $\mathfrak{e}^*$ ist also durch $\cos\alpha = c_1\,(\mathfrak{v}^*)$ gegeben, und es ist daher im allgemeinen $\mathfrak{v}^*$, im Sinne der Parallelität im $\mathfrak{R}_2$, nicht zu $\mathfrak{e}^*$ parallel.

**22. Koordinatensystem im $\mathfrak{R}^{(n)}$.** Analog wie in Nr. 15 für den $\mathfrak{R}_n$ ($n \leqq 3$) kann man auch im $\mathfrak{R}^{(n)}$ gebundene Vektoren einführen. In diesem Sinne kennzeichnen wir jetzt den Punkt $P = (p_\nu)$ des $\mathfrak{R}^{(n)}$ durch den $r$-Vektor $(p_\nu)$, also durch den Pfeil $\overrightarrow{OP}$. Dieser $r$-Vektor läßt sich durch die Einheitsvektoren $\mathfrak{e}_\nu$, die wie die Einheitspunkte $E_\nu$ im $\mathfrak{R}^{(n)}$ dieselben sind wie im $\mathfrak{R}_n$ (Nr. 19), in der Form

$$\mathfrak{p} = (p_1 \cdots p_n) = \sum_{\nu=1}^{n} p_\nu\,\mathfrak{e}_\nu \tag{50}$$

darstellen. Der $\mathfrak{R}^{(n)}$ ist damit auf das durch $\mathfrak{e}_1, \ldots, \mathfrak{e}_n$ bestimmte Koordinatensystem bezogen, das, wie schon bemerkt (Nr. 19), normal ist. Die Summanden $p_\nu\,\mathfrak{e}_\nu$ heißen wieder die **Komponenten** von $\mathfrak{p}$ bezüglich $\mathfrak{e}_1, \ldots, \mathfrak{e}_n$. Der einzige Unterschied zum $\mathfrak{R}_n$ besteht also darin, daß die Koordinaten $p_\nu$ jetzt dem Körper der komplexen Zahlen entnommen sind.

Es seien nun $\mathfrak{a}_1, \ldots, \mathfrak{a}_k$ irgend $k \leqq n$ linear unabhängige $n$-Zahlenreihen (über dem Körper der komplexen Zahlen). Der lineare Raum

$$\mathfrak{p} = \sum_{\varkappa=1}^{k} p'_\varkappa\,\mathfrak{a}_\varkappa \quad (p'_\varkappa \text{ beliebig komplex})^1 \tag{51}$$

bestimmt, wenn die $\mathfrak{p}$ als an $O$ gebundene $r$-Vektoren gedeutet werden, eine Gesamtheit von Punkten $P$, und die damit gegebene Zuordnung der $P$ zu den $k$-tupeln $(p'_1, \ldots, p'_k)$ ist nach Satz 2 eineindeutig. Die $P$ füllen also nach Definition (Nr. 16) einen $\mathfrak{R}^{(k)}$.

Ist $\mathfrak{q}$ eine beliebige, aber feste $n$-Zahlenreihe, so wird auch durch

$$\mathfrak{p}' = \mathfrak{q} + \sum_{\varkappa=1}^{k} p'_\varkappa\,\mathfrak{a}_\varkappa \quad (p'_\varkappa \text{ beliebig komplex}) \tag{52}$$

---

[1] Bei etwaiger Spezialisierung auf den $\mathfrak{R}_n$ kommen hier und im folgenden natürlich nur reelle Koeffizienten in Betracht.

ein $\mathfrak{R}^{(k)}$ bestimmt. Sind nämlich $O'$ bzw. $P$ die durch die (an $O$ gebundenen) $r$-Vektoren $\mathfrak{q}$ bzw. $\mathfrak{p}'$ gekennzeichneten Punkte und ist $\mathfrak{p}$ der gebundene Vektor $\overrightarrow{O'P}$, so ist $\mathfrak{p}' = \mathfrak{q} + \mathfrak{p}$. Setzt man dies in (52) ein, so wird (52) auf (51) zurückgeführt, nur daß $\mathfrak{p}$ jetzt statt an $O$ an $O'$ gebunden ist. Wie aus (51) ergibt sich daher, daß jedem durch (52) gegebenen Punkt $P$ eineindeutig ein $k$-tupel $(p_1', \ldots, p_k')$ entspricht.

Der durch (52) bestimmte $\mathfrak{R}^{(k)}$ ist ein Teilraum des $\mathfrak{R}^{(n)}$. Ist insbesondere $k = n$, so ergeben die $r$-Vektoren (52) den ganzen $\mathfrak{R}^{(n)}$. Das jedem $P$ des $\mathfrak{R}^{(n)}$ durch (52) eineindeutig zugeordnete $n$-tupel $(p_\nu')$ fassen wir nun als die Koordinaten von $P$ in einem neuen Koordinatensystem auf. Dessen Ursprung $O'$ und Einheitspunkte $E_\nu'$ werden offenbar im alten System durch die $r$-Vektoren $\mathfrak{q}$ bzw. $\mathfrak{q} + \mathfrak{a}_\nu$ gekennzeichnet.

Die neuen Einheitsvektoren $\mathfrak{e}_\nu'$, im neuen System durch die Pfeile $\overrightarrow{O'E_\nu'}$ repräsentiert, sind daher dieselben Vektoren, die im alten System durch die Zahlenreihen $\mathfrak{a}_\nu$ gegeben waren. Folglich ist

$$\bar{\mathfrak{e}}_\mu' \, \mathfrak{e}_\nu' = \bar{\mathfrak{a}}_\mu \, \mathfrak{a}_\nu = g_{\mu\nu} \qquad (\mu, \nu = 1, 2, \ldots, n).$$

Die hierdurch eingeführten Zahlen $g_{\mu\nu}$ heißen die **metrischen Fundamentalgrößen** des neuen Koordinatensystems. Da nun nicht notwendig

$$g_{\mu\nu} = \begin{cases} 1 & \text{für} \quad \mu = \nu \\ 0 & \text{für} \quad \mu \neq \nu \end{cases} \qquad (\mu, \nu = 1, 2, \ldots, n) \qquad (53)$$

zu gelten braucht, ist das neue Koordinatensystem nicht notwendig normiert und nicht notwendig orthogonal. Wir nennen es ein *schiefwinkliges Koordinatensystem.*

Es sei nun $\mathfrak{v} = (v_\nu)$ ein Vektor des $\mathfrak{R}^{(n)}$, den wir also als $r$-Vektor des alten Systems gemäß (50) durch $\sum_\nu v_\nu \mathfrak{e}_\nu$ darstellen können. Wenn wir ihn durch einen an $O'$ gebundenen Vektor, also einen $r$-Vektor im neuen System repräsentieren, so folgt wegen $\mathfrak{a}_\nu = \mathfrak{e}_\nu'$ und der Überlegung im Anschluß an (52), daß $\mathfrak{v}$ in der Form

$$\mathfrak{v} = \sum_{\nu=1}^{n} v_\nu' \, \mathfrak{e}_\nu' \qquad (54)$$

darstellbar ist. Dem Vektor $\mathfrak{v}$ entspricht daher auch im neuen System eineindeutig eine $n$-Zahlenreihe $(v_\nu')$. Wir schreiben wieder $\mathfrak{v} = (v_\nu')$, wobei der Strich besagt, daß nun die auf die neuen Einheitsvektoren bezogene Zahlenreihe gemeint ist.

Der Übergang vom alten zum neuen System hat auf die additive Verknüpfung und die Multiplikation mit einer Zahl keinen Einfluß. Denn mit $\mathfrak{w} = (w_\nu')$ folgt sofort

$$\mathfrak{v} + \mathfrak{w} = (v_\nu') + (w_\nu') = (v_\nu' + w_\nu') \quad \text{und} \quad s\mathfrak{v} = (sv_\nu')$$

für jede komplexe Zahl $s$. Dem skalaren Produkt zweier Vektoren entspricht aber im allgemeinen nicht mehr das Skalarprodukt ihrer Zahlenreihen im neuen System. Nach (19b) ist nämlich

$$\bar{\mathfrak{v}}\,\mathfrak{w} = \overline{\sum_\mu v'_\mu \, e'_\mu} \sum_\nu w'_\nu \, e'_\nu = \sum_{\mu,\nu} \bar{v}'_\mu \, w'_\nu \, \bar{e}'_\mu \, e'_\nu = \sum_{\mu,\nu} g_{\mu\nu} \, \bar{v}'_\mu \, w'_\nu. \tag{55}$$

Hier kommt es also auf die metrischen Fundamentalgrößen des neuen Systems an.

**Satz 24.** *Die Vektoren* $e'_1, \ldots, e'_n$ *bilden dann und nur dann ein normales System des* $\mathfrak{R}^{(n)}$*, wenn für jeden Vektor* $\mathfrak{v}$ *des* $\mathfrak{R}^{(n)}$ *die Norm durch*

$$\| \mathfrak{v} \| = \sum_{\nu=1}^{n} | v'_\nu |^2 \tag{56}$$

*gegeben, also der Norm seiner Zahlenreihe in bezug auf* $e'_1, \ldots, e'_n$ *gleich ist.*

*Beweis.* Ist das System $e'_1, \ldots, e'_n$ normal, also (53) erfüllt, so ist nach (55)

$$\| \mathfrak{v} \| = \bar{\mathfrak{v}}\,\mathfrak{v} = \sum_{\mu,\nu} g_{\mu\nu} \, \bar{v}'_\mu \, v'_\nu = \sum_\nu \bar{v}'_\nu \, v'_\nu = \sum_\nu | v'_\nu |^2.$$

Gilt umgekehrt (56) für jeden Vektor des $\mathfrak{R}^{(n)}$, so insbesondere für $\mathfrak{v} = e'_\nu$, $\mathfrak{v} = e'_\mu + e'_\nu$ und $\mathfrak{v} = e'_\mu + i e'_\nu$ $(\mu \neq \nu)$. Im ersten Fall ist nur $v'_\nu \neq 0$, und zwar $= 1$; daher folgt aus (56)

$$\| e'_\nu \| = \bar{e}'_\nu \, e'_\nu = 1 \quad (\nu = 1, 2, \ldots, n). \tag{57}$$

Im zweiten und dritten Fall sind nur $v_\mu$ und $v_\nu$ von 0 verschieden, und zwar $v_\mu = 1$ und $v_\nu = 1$ bzw. $= i$; daher folgt aus (56) und (57) für $\mu \neq \nu$ durch leichte Rechnung

$$\bar{e}'_\mu \, e'_\nu + \bar{e}'_\nu \, e'_\mu = 0 \quad \text{bzw.} \quad \bar{e}'_\mu \, e'_\nu - \bar{e}'_\nu \, e'_\mu = 0$$

und aus beiden Gleichungen durch Addition

$$\bar{e}'_\mu \, e'_\nu = 0 \quad (\mu \neq \nu;\ \mu, \nu = 1, 2, \ldots, n).$$

Mithin ist (53) erfüllt.

Daher erhält man nur dann, wenn das neue System ebenfalls normal ist, aus (55)

$$\bar{\mathfrak{v}}\,\mathfrak{w} = \sum_\nu \bar{v}'_\nu \, w'_\nu = (\bar{v}'_\nu)\,(w'_\nu).$$

Das Skalarprodukt zweier Vektoren wird also dann und nur dann durch das Skalarprodukt der ihnen zugeordneten Zahlenreihen gegeben, wenn das zugrunde gelegte Koordinatensystem normal ist. Deshalb haben wir es früher auch als solches vorausgesetzt (Nr. 14, Nr. 19).

**Folgerung.** Die Norm und damit der Betrag eines Vektors des $\mathfrak{R}^{(n)}$ hat in allen normalen Koordinatensystemen denselben Wert, bleibt also beim Übergang von einem normalen System zu einem anderen normalen System ungeändert.

## Kapitel III.

# Determinanten.

### § 1. Determinanten 2. Ordnung.

**1. Entstehung und Definition.** Determinanten sind 1693 von G. W.
LEIBNIZ[1] als Hilfsmittel zur Auflösung von Systemen linearer Gleichungen eingeführt worden, blieben aber unbeachtet, bis sie G. CRAMER[2]
1750 wiederentdeckt hat. Der Name *Determinante* stammt von C. F.
GAUSS. Wir wollen zunächst sehen, wie man auf sie geführt wird.

Gegeben seien zwei lineare Gleichungen mit zwei Unbekannten $x_1$, $x_2$:

$$\left.\begin{aligned} a_{11}\,x_1 + a_{12}\,x_2 &= b_1, \\ a_{21}\,x_1 + a_{22}\,x_2 &= b_2. \end{aligned}\right\} \tag{1}$$

Die Koeffizienten $a_{11}$, $a_{12}$, $a_{21}$, $a_{22}$, $b_1$, $b_2$ sind Zahlen; die Schemata

$$\begin{matrix} a_{11} & a_{12} \\ a_{21} & a_{22} \end{matrix} \qquad (2\,\mathrm{a}) \qquad \text{bzw.} \qquad \begin{matrix} a_{11} & a_{12} & b_1 \\ a_{21} & a_{22} & b_2 \end{matrix} \qquad (2\,\mathrm{b})$$

bilden im Sinne von I, (67) Matrizen mit $m = n = 2$ bzw. $m = 2$,
$n = 3$. Wir verzichten jedoch jetzt darauf (vgl. II, Nr. 4), die doppelten
Indizes durch ein Komma zu trennen, sofern Mißverständnisse nicht
zu befürchten sind (aber $a_{11}$, $a_{12}$, ... werden wie bisher $a$ eins eins,
$a$ eins zwei, ... gelesen).

Die systematische Auflösung von (1), unter der Annahme, daß das
Gleichungensystem Lösungen besitzt, erfolgt durch geeignete Kom-
bination der Gleichungen. Man multipliziert die erste mit $a_{22}$, die
zweite mit $a_{12}$ und subtrahiert die zweite von der ersten (um $x_2$ zu
eliminieren):

$$(a_{11}\,a_{22} - a_{12}\,a_{21})\,x_1 = b_1\,a_{22} - b_2\,a_{12}.$$

Danach multipliziert man die erste mit $a_{21}$, die zweite mit $a_{11}$ und subtrahiert die erste von der zweiten (um $x_1$ zu eliminieren):

$$(a_{11}\,a_{22} - a_{12}\,a_{21})\,x_2 = -b_1\,a_{21} + b_2\,a_{11}.$$

Ist nun die Zahl

$$a_{11}\,a_{22} - a_{12}\,a_{21} \neq 0, \tag{3}$$

so folgt

$$x_1 = \frac{b_1\,a_{22} - b_2\,a_{12}}{a_{11}\,a_{22} - a_{12}\,a_{21}}, \qquad x_2 = \frac{-b_1\,a_{21} + b_2\,a_{11}}{a_{11}\,a_{22} - a_{12}\,a_{21}}. \tag{4}$$

---

[1] GOTTFRIED WILHELM LEIBNIZ, 1646—1716, Philosoph und Mathematiker, von 1676 an Hofhistoriograph und Universalberater des Fürsten von
Hannover.

[2] GABRIEL CRAMER, 1704—1752, von 1724 an Professor der Mathematik
und Philosophie an der Universität Genf.

**Definition.** *Unter der* **Determinante** *der Matrix* (2a) *oder des Gleichungssystems* (1) *versteht man die Zahl* $a_{11} a_{22} - a_{12} a_{21}$.

Die Matrix (2a) ist ein quadratisches Schema; die von links oben nach rechts unten führende, von den Elementen $a_{11}$, $a_{22}$ gebildete Diagonale heißt die *Hauptdiagonale*, die andere, von den Elementen $a_{21}$ und $a_{12}$ gebildete, die *Nebendiagonale*. Die zugehörige Determinante ist also das Produkt der Hauptdiagonalelemente vermindert um das Produkt der Nebendiagonalelemente.

**2. CRAMERsche Regel.** Für die Lösbarkeit des Gleichungensystems (1) kommt es nach (3) darauf an, ob die zugehörige Determinante von 0 verschieden ist. Trifft dies zu, so liefern die Quotienten (4) die Lösungen des Gleichungensystems. Setzt man nämlich die Werte (4) für $x_1$ und $x_2$ in (1) ein, so werden die Gleichungen erfüllt. Im Nenner dieser Quotienten steht beide Male die Determinante. Auch die Zähler lassen sich als Determinanten schreiben. Dazu bilde man aus der dritten und zweiten Spalte bzw. der ersten und dritten Spalte der Matrix (2b) die Matrizen

$$\begin{matrix} b_1 & a_{12} \\ b_2 & a_{22} \end{matrix} \qquad \text{bzw.} \qquad \begin{matrix} a_{11} & b_1 \\ a_{21} & b_2 \end{matrix}.$$

Dann sind die hierzu gehörenden Determinanten die Zähler der Quotienten (4).

Wir wollen von jetzt an Matrizen, um sie als ein Ganzes zu kennzeichnen, in Klammern setzen und mit *einem* (im allgemeinen großen lateinischen) Buchstaben benennen. Zur Bezeichnung der Determinante setzt man die Elemente der Matrix zwischen zwei senkrechte Striche:

$$A = \begin{pmatrix} a_{11} & a_{12} \\ a_{21} & a_{22} \end{pmatrix}, \qquad d(A) = \begin{vmatrix} a_{11} & a_{12} \\ a_{21} & a_{22} \end{vmatrix}. \tag{5}$$

Die Matrix $A$ ist ein Zahlenschema, die Determinante

$$d(A) = a_{11} a_{22} - a_{12} a_{21}$$

eine Zahl. Die Anzahl ihrer Zeilen oder Spalten heißt die *Ordnung* der Determinante. Zu einer 2,2-reihigen Matrix ($m = n = 2$) gehört also eine Determinante zweiter Ordnung. Für $m = n = 1$ hat die Matrix $A = (a_{11})$ die Determinante $d(A) = a_{11}$.

Die Auflösung des Gleichungensystems (1) erfolgt nun in der Weise, daß man prüft, ob die zugehörige Determinante von 0 verschieden ist, und, wenn dies zutrifft, die Lösung in der folgenden Form hinschreibt:

$$x_1 = \frac{\begin{vmatrix} b_1 & a_{12} \\ b_2 & a_{22} \end{vmatrix}}{\begin{vmatrix} a_{11} & a_{12} \\ a_{21} & a_{22} \end{vmatrix}}, \qquad x_2 = \frac{\begin{vmatrix} a_{11} & b_1 \\ a_{21} & b_2 \end{vmatrix}}{\begin{vmatrix} a_{11} & a_{12} \\ a_{21} & a_{22} \end{vmatrix}}. \tag{6}$$

Der ganze Rechenvorgang reduziert sich also auf die Berechnung von drei Determinanten 2. Ordnung. Im Nenner steht die Determinante des Gleichungensystems; aus ihr erhält man die Determinante im Zähler von $x_\nu$, indem man die $\nu$-te Spalte durch die rechten Seiten der Gleichungen ersetzt ($\nu = 1, 2$). Auf diese Weise erhält man z. B. in I, Nr. 7 die Lösungen (27).

Diese Methode der Auflösung des Gleichungensystems (1) geht auf G. CRAMER zurück. Sie heißt nach ihm die *Cramersche Regel* und ist der Ursprung der Determinantentheorie geworden.

*Beispiel.*
$$5 x_1 + 7 x_2 = 13$$
$$2 x_1 + 9 x_2 = 11, \qquad \begin{vmatrix} 5 & 7 \\ 2 & 9 \end{vmatrix} = 31 \neq 0.$$

$$\begin{vmatrix} 13 & 7 \\ 11 & 9 \end{vmatrix} = 40, \qquad \begin{vmatrix} 5 & 13 \\ 2 & 11 \end{vmatrix} = 29, \qquad x_1 = \frac{40}{31}, \qquad x_2 = \frac{29}{31}.$$

**3. Regeln zur Berechnung.** Die Begriffe *Reihe, Zeile, Spalte, Element* werden von den Matrizen (vgl. I, Nr. 17) auf ihre Determinanten übertragen. Zeilen wie Spalten sind Zahlenreihen. Auf sie sind daher die Ergebnisse von Kapitel II anwendbar. Im vorliegenden Fall ist $n = 2$. Wir bezeichnen die erste bzw. zweite Spalte der Matrix $A$ mit $\mathfrak{a}_1$ bzw. $\mathfrak{a}_2$ und dementsprechend die Determinante $d(A)$, wenn die Spalten hervorgehoben werden sollen, mit $d(\mathfrak{a}_1, \mathfrak{a}_2)$.

Für Determinanten zweiter Ordnung gelten einige Regeln, die die Berechnung einer Determinante vereinfachen.

**a)** *Der Wert einer Determinante bleibt ungeändert, wenn man die Zeilen mit den Spalten vertauscht.*

Denn es ist

$$\begin{vmatrix} a_{11} & a_{12} \\ a_{21} & a_{22} \end{vmatrix} = a_{11} a_{22} - a_{12} a_{21} = \begin{vmatrix} a_{11} & a_{21} \\ a_{12} & a_{22} \end{vmatrix}.$$

Die Zeilen der ersten Determinante sind die Spalten der zweiten und umgekehrt, der Wert ist (auf Grund des kommutativen Gesetzes der Multiplikation) beide Male der gleiche.

Es genügt daher, im folgenden nur die Zeilen oder nur die Spalten einer Determinante zu betrachten. Alles, was für die Zeilen bewiesen wird, gilt nach Regel a) auch für die Spalten und umgekehrt.

**b)** *Eine Determinante wechselt ihr Vorzeichen, wenn man die Spalten (Zeilen) miteinander vertauscht.*

Denn es ist

$$d(\mathfrak{a}_2, \mathfrak{a}_1) = \begin{vmatrix} a_{12} & a_{11} \\ a_{22} & a_{21} \end{vmatrix} = a_{12} a_{21} - a_{11} a_{22} = -d(\mathfrak{a}_1, \mathfrak{a}_2).$$

**c)** *Eine Determinante hat den Wert 0, wenn eine Zeile oder Spalte die Nullreihe ist:*

$$\begin{vmatrix} 0 & a_{12} \\ 0 & a_{22} \end{vmatrix} = 0, \qquad \begin{vmatrix} a_{11} & a_{12} \\ 0 & 0 \end{vmatrix} = 0.$$

**d)** *Eine Determinante hat den Wert* 0, *wenn die Spalten (Zeilen) übereinstimmen.*

Denn aus Regel b) folgt, wenn man die Spalten vertauscht:

$$d(\mathfrak{a}_1,\ \mathfrak{a}_1) = -d(\mathfrak{a}_1,\ \mathfrak{a}_1),\quad \text{also}\quad d(\mathfrak{a}_1,\ \mathfrak{a}_1) = 0.$$

**e)** *Eine Determinante wird mit einer Zahl t multipliziert, indem man eine Spalte (Zeile) mit t multipliziert.*

Denn es ist

$$\begin{aligned}
t \cdot d(\mathfrak{a}_1,\ \mathfrak{a}_2) &= t(a_{11}\,a_{22} - a_{12}\,a_{21}) \\
&= t a_{11} \cdot a_{22} - t a_{21} \cdot a_{12} = d(t\mathfrak{a}_1,\ \mathfrak{a}_2) \\
&= a_{11} \cdot t a_{22} - a_{21} \cdot t a_{12} = d(\mathfrak{a}_1,\ t\mathfrak{a}_2).
\end{aligned}$$

Liest man diese Formeln von rechts nach links, so erhält man Regel e) in anderer Fassung:

**e′)** *Ein gemeinsamer Faktor der Elemente einer Spalte (Zeile) darf vor die Determinante gesetzt werden.*

**f)** *Eine Determinante hat den Wert* 0, *wenn ihre Spalten (Zeilen) proportional sind.*

Ist nämlich $\mathfrak{a}_2 = c\,\mathfrak{a}_1$, so folgt aus den Regeln e′) und d):

$$d(\mathfrak{a}_1,\ \mathfrak{a}_2) = d(\mathfrak{a}_1,\ c\,\mathfrak{a}_1) = c \cdot d(\mathfrak{a}_1,\ \mathfrak{a}_1) = c \cdot 0 = 0.$$

*Beispiel.* Es ist $\begin{vmatrix} 1 & i \\ -i & 1 \end{vmatrix} = 0$, da $\mathfrak{a}_1 = -i\,\mathfrak{a}_2$ ist.

**g)** *Ist in einer Determinante eine Spalte (Zeile) die Summe zweier Zahlenreihen, so kann man die Determinante als Summe zweier Determinanten schreiben. Ist etwa* $\mathfrak{a}_1 = \mathfrak{a}_1^{(1)} + \mathfrak{a}_1^{(2)}$, *so ist*

$$d(\mathfrak{a}_1^{(1)} + \mathfrak{a}_1^{(2)},\ \mathfrak{a}_2) = d(\mathfrak{a}_1^{(1)},\ \mathfrak{a}_2) + d(\mathfrak{a}_1^{(2)},\ \mathfrak{a}_2).$$

Es ist nämlich

$$\begin{aligned}
\begin{vmatrix} a_{11}^{(1)} + a_{11}^{(2)} & a_{12} \\ a_{21}^{(1)} + a_{21}^{(2)} & a_{22} \end{vmatrix} &= (a_{11}^{(1)} + a_{11}^{(2)})\,a_{22} - (a_{21}^{(1)} + a_{21}^{(2)})\,a_{12} \\
&= a_{11}^{(1)}\,a_{22} - a_{21}^{(1)}\,a_{12} + a_{11}^{(2)}\,a_{22} - a_{21}^{(2)}\,a_{12} \\
&= \begin{vmatrix} a_{11}^{(1)} & a_{12} \\ a_{21}^{(1)} & a_{22} \end{vmatrix} + \begin{vmatrix} a_{11}^{(2)} & a_{12} \\ a_{21}^{(2)} & a_{22} \end{vmatrix}.
\end{aligned}$$

**g′)** *Sind in einer Determinante beide Spalten (Zeilen) Summen von zwei Zahlenreihen, also* $\mathfrak{a}_1 = \mathfrak{a}_1^{(1)} + \mathfrak{a}_1^{(2)}$, $\mathfrak{a}_2 = \mathfrak{a}_2^{(1)} + \mathfrak{a}_2^{(2)}$, *so kann man die Determinante in eine Summe von vier Determinanten zerlegen.*

Man erhält durch zweimalige Anwendung von Regel g):

$$\begin{aligned}
d(\mathfrak{a}_1^{(1)} + \mathfrak{a}_1^{(2)},\ \mathfrak{a}_2^{(1)} + \mathfrak{a}_2^{(2)}) &= d(\mathfrak{a}_1^{(1)},\ \mathfrak{a}_2^{(1)} + \mathfrak{a}_2^{(2)}) + d(\mathfrak{a}_1^{(2)},\ \mathfrak{a}_2^{(1)} + \mathfrak{a}_2^{(2)}) \\
&= d(\mathfrak{a}_1^{(1)},\ \mathfrak{a}_2^{(1)}) + d(\mathfrak{a}_1^{(1)},\ \mathfrak{a}_2^{(2)}) + d(\mathfrak{a}_1^{(2)},\ \mathfrak{a}_2^{(1)}) + d(\mathfrak{a}_1^{(2)},\ \mathfrak{a}_2^{(2)}).
\end{aligned}$$

Entsprechend beweist man die Verallgemeinerung:

g'') *Ist* $\mathfrak{a}_1 = \sum\limits_{\varkappa=1}^{k} \mathfrak{a}_1^{(\varkappa)}$, $\mathfrak{a}_2 = \sum\limits_{\lambda=1}^{l} \mathfrak{a}_2^{(\lambda)}$, *so ist*

$$d(\mathfrak{a}_1, \mathfrak{a}_2) = \sum_{\substack{\varkappa=1,\ldots,k \\ \lambda=1,\ldots,l}} d(\mathfrak{a}_1^{(\varkappa)}, \mathfrak{a}_2^{(\lambda)}).$$

h) *Der Wert einer Determinante ändert sich nicht, wenn man ein beliebiges Vielfaches einer Spalte (Zeile) zur anderen Spalte (Zeile) addiert.*

Denn für jede Zahl $c$ folgt aus den Regeln g) und f):

$$d(\mathfrak{a}_1 + c\,\mathfrak{a}_2, \mathfrak{a}_2) = d(\mathfrak{a}_1, \mathfrak{a}_2) + d(c\,\mathfrak{a}_2, \mathfrak{a}_2) = d(\mathfrak{a}_1, \mathfrak{a}_2).$$

Diese letzte Regel ist für die Berechnung von Determinanten besonders nützlich.

*Beispiele.* 1. Mit Benutzung von h) und e') folgt:

$$\begin{vmatrix} 999 & 99 \\ 1001 & 101 \end{vmatrix} = \begin{vmatrix} 999 & 99 \\ 2 & 2 \end{vmatrix} = 2 \cdot 9 \cdot \begin{vmatrix} 111 & 11 \\ 1 & 1 \end{vmatrix} = 2 \cdot 9 \cdot 100 = 1800.$$

2. Zweimalige Anwendung von h) ergibt:

$$\begin{vmatrix} 15 & 17 \\ 17 & 19 \end{vmatrix} = \begin{vmatrix} 15 & 2 \\ 17 & 2 \end{vmatrix} = \begin{vmatrix} 15 & 2 \\ 2 & 0 \end{vmatrix} = -4.$$

**4. Der Multiplikationssatz.** Wir schicken eine allgemeine Bemerkung über $m, n$-reihige Matrizen voraus.

**Definition.** *Ist $A$ eine $m, n$-reihige Matrix, so heißt die durch Vertauschen der Zeilen mit den Spalten aus $A$ hervorgehende Matrix die zu $A$* **transponierte Matrix.** *Sie wird mit $A'$ bezeichnet:*

$$A = \begin{pmatrix} a_{11} & a_{12} & \cdots & a_{1n} \\ a_{21} & a_{22} & \cdots & a_{2n} \\ \cdot & \cdot & \cdots & \cdot \\ a_{m1} & a_{m2} & \cdots & a_{mn} \end{pmatrix}, \qquad A' = \begin{pmatrix} a_{11} & a_{21} & \cdots & a_{m1} \\ a_{12} & a_{22} & \cdots & a_{m2} \\ \cdot & \cdot & \cdots & \cdot \\ a_{1n} & a_{2n} & \cdots & a_{mn} \end{pmatrix}. \tag{7}$$

Neben *transponieren* sind auch die Bezeichnungen *stürzen* oder *klappen* üblich. $A'$ ist eine $n, m$-reihige Matrix. Ist $m = n$, so entsteht $A'$ aus $A$ durch *Spiegelung an der Hauptdiagonale.* Eine Zeile mit $n$ Elementen ist eine $1, n$-reihige Matrix, eine Spalte mit $m$ Elementen eine $m, 1$-reihige Matrix. Beim Transponieren werden aus Zeilen Spalten und umgekehrt: Ist nämlich (als Matrix geschrieben)

$$\mathfrak{a} = (a_1\ a_2\ \cdots\ a_n), \qquad \mathfrak{b} = \begin{pmatrix} b_1 \\ b_2 \\ \vdots \\ b_m \end{pmatrix},$$

so ist

$$\mathfrak{a}' = \begin{pmatrix} a_1 \\ a_2 \\ \vdots \\ a_n \end{pmatrix}, \qquad \mathfrak{b}' = (b_1\ b_2\ \cdots\ b_m). \tag{8}$$

*Beispiel.* Regel a) für Determinanten 2. Ordnung läßt unter Benutzung der transponierten Matrix die Formulierung

$$d(A) = d(A')\qquad(9)$$

zu, d. h. eine Matrix und ihre Transponierte haben dieselbe Determinante.

**Satz 1 (Multiplikationssatz).** *Das Produkt zweier Determinanten 2. Ordnung ist als eine Determinante 2. Ordnung darstellbar. Die Elemente der Produktdeterminante sind die Produkte der Zeilen oder Spalten des ersten Faktors mit den Zeilen oder Spalten des zweiten Faktors, in Formeln:*

$$\begin{vmatrix} a_{11} & a_{12} \\ a_{21} & a_{22} \end{vmatrix} \cdot \begin{vmatrix} b_{11} & b_{12} \\ b_{21} & b_{22} \end{vmatrix} = \begin{vmatrix} a_{11}b_{11} + a_{12}b_{12} & a_{11}b_{21} + a_{12}b_{22} \\ a_{21}b_{11} + a_{22}b_{12} & a_{21}b_{21} + a_{22}b_{22} \end{vmatrix} \quad \text{(Zeilen mit Zeilen)}$$

$$= \begin{vmatrix} a_{11}b_{11} + a_{12}b_{21} & a_{11}b_{12} + a_{12}b_{22} \\ a_{21}b_{11} + a_{22}b_{21} & a_{21}b_{12} + a_{22}b_{22} \end{vmatrix} \quad \text{(Zeilen mit Spalten)}$$

$$= \begin{vmatrix} a_{11}b_{11} + a_{21}b_{12} & a_{11}b_{21} + a_{21}b_{22} \\ a_{12}b_{11} + a_{22}b_{12} & a_{12}b_{21} + a_{22}b_{22} \end{vmatrix} \quad \text{(Spalten mit Zeilen)}$$

$$= \begin{vmatrix} a_{11}b_{11} + a_{21}b_{21} & a_{11}b_{12} + a_{21}b_{22} \\ a_{12}b_{11} + a_{22}b_{21} & a_{12}b_{12} + a_{22}b_{22} \end{vmatrix} \quad \text{(Spalten mit Spalten).}$$

*Beweis.* Von den vier Formeln der Behauptung braucht nur eine bewiesen zu werden. Die anderen drei ergeben sich dann nach Regel a). Bezeichnet man nämlich die erste der vier rechts untereinander stehenden Determinanten mit $d(A, B)$, so sind offenbar die zweite, dritte, vierte der Reihe nach gleich $d(A, B')$, $d(A', B)$, $d(A', B')$. Aus der Richtigkeit der ersten Formel, d. h. aus

$$d(A)\, d(B) = d(A, B)\qquad(10)$$

folgt also unmittelbar

$$\left.\begin{aligned} d(A)\, d(B') &= d(A, B'), \\ d(A')\, d(B) &= d(A', B), \\ d(A')\, d(B') &= d(A', B'). \end{aligned}\right\}\qquad(11)$$

Da nun auf Grund von Regel a) in der Form (9) die linken Seiten von (10) und (11) untereinander gleich sind, gilt dies auch für die rechten Seiten. Es genügt also, (10) zu beweisen.

Hierzu geht man von der rechten Seite aus. Es ist

$$d(A, B) = \begin{vmatrix} \sum_{\mu=1}^{2} a_{1\mu}b_{1\mu} & \sum_{\nu=1}^{2} a_{1\nu}b_{2\nu} \\ \sum_{\mu=1}^{2} a_{2\mu}b_{1\mu} & \sum_{\nu=1}^{2} a_{2\nu}b_{2\nu} \end{vmatrix} = \sum_{\mu,\nu=1}^{2} \begin{vmatrix} a_{1\mu}b_{1\mu} & a_{1\nu}b_{2\nu} \\ a_{2\mu}b_{1\mu} & a_{2\nu}b_{2\nu} \end{vmatrix} \quad [\text{nach g}']$$

$$= \sum_{\mu,\nu=1}^{2} b_{1\mu}b_{2\nu} \begin{vmatrix} a_{1\mu} & a_{1\nu} \\ a_{2\mu} & a_{2\nu} \end{vmatrix} = \sum_{\mu,\nu=1}^{2} b_{1\mu}b_{2\nu}\, d(\mathfrak{a}_\mu, \mathfrak{a}_\nu).$$

Für $\mu = \nu$ ist $d(\mathfrak{a}_\mu, \mathfrak{a}_\nu) = 0$ [nach d)], also treten von den vier Gliedern der Summe nur die zwei auf, in denen $\mu = 1$, $\nu = 2$ bzw. $\mu = 2$, $\nu = 1$ ist. Daher folgt

$$
\begin{aligned}
d(A, B) &= b_{11} b_{22}\, d(\mathfrak{a}_1, \mathfrak{a}_2) + b_{12} b_{21}\, d(\mathfrak{a}_2, \mathfrak{a}_1) \\
&= (b_{11} b_{22} - b_{12} b_{21})\, d(\mathfrak{a}_1, \mathfrak{a}_2) \quad \text{[nach c)]} \\
&= d(B)\, d(A).
\end{aligned}
$$

*Beispiel.* Nach Satz 1 ist, wenn man erst Zeilen mit Zeilen, dann Zeilen mit Spalten kombiniert:

$$
\begin{vmatrix} 1 & 2 \\ 3 & 4 \end{vmatrix} \cdot \begin{vmatrix} 2 & -1 \\ 0 & 3 \end{vmatrix} = \begin{vmatrix} 0 & 6 \\ 2 & 12 \end{vmatrix} = \begin{vmatrix} 2 & 5 \\ 6 & 9 \end{vmatrix},
$$

was zutrifft, da $-2 \cdot 6 = 18 - 30 = -12$ ist.

**5. Lineare Abhängigkeit der Zeilen.** Nach Regel c), d) und f) von Nr. 3 hat eine Determinante 2. Ordnung den Wert 0, wenn mindestens eine Spalte 0 ist, beide Spalten gleich oder die Spalten proportional sind. Man kann diese drei Möglichkeiten zu der einen Aussage zusammenfassen, daß eine Determinante 2. Ordnung stets gleich 0 ist, wenn ihre beiden Spalten (oder Zeilen) linear abhängig sind. Denn nach II, Regel 1 folgt aus der linearen Abhängigkeit zweier Spalten $\mathfrak{a}_1$, $\mathfrak{a}_2$ ihre Proportionalität: $\mathfrak{a}_2 = c \cdot \mathfrak{a}_1$. Ist $c \neq 0$, so liegt eigentliche Proportionalität vor, insbesondere sind für $c = 1$ die Spalten gleich; für $c = 0$ ist mindestens eine von ihnen 0. In jedem dieser Fälle ist aber $d(\mathfrak{a}_1, \mathfrak{a}_2) = 0$. Wir wollen zeigen, daß die obige Aussage umkehrbar ist; wir behaupten also:

**Satz 2.** *Eine Determinante 2. Ordnung hat dann und nur dann den Wert 0, wenn ihre beiden Spalten (oder Zeilen) linear abhängig sind.*

*Beweis.* Daß aus der linearen Abhängigkeit der Spalten das Verschwinden der Determinante folgt, haben wir eben gesehen. Zum Beweis der Umkehrung setzen wir voraus:

$$
d(\mathfrak{a}_1, \mathfrak{a}_2) = a_{11} a_{22} - a_{12} a_{21} = 0, \quad \mathfrak{a}_1 = (a_{11}, a_{21}),\, \mathfrak{a}_2 = (a_{12}, a_{22}), \quad (12)
$$

und unterscheiden folgende Fälle:

a) Es seien alle Elemente $a_{\mu\nu} \neq 0$ ($\mu, \nu = 1, 2$). Dann folgt aus (12)

$$
\frac{a_{11}}{a_{12}} = \frac{a_{21}}{a_{22}}. \tag{13}
$$

Bezeichnet man den gemeinsamen Wert der Quotienten (13) mit $q$, so ist also

$$
a_{11} = q\, a_{12}, \quad a_{21} = q\, a_{22}, \quad \text{d. h.} \quad \mathfrak{a}_1 = q \cdot \mathfrak{a}_2;
$$

also sind $\mathfrak{a}_1$, $\mathfrak{a}_2$ linear abhängig.

b) Es seien nicht alle $a_{\mu\nu}$ von 0 verschieden, z. B.[1] $a_{11} = 0$. Dann folgt $a_{12} a_{21} = 0$, d. h. $a_{12} = 0$ oder $a_{21} = 0$ nach I, Satz 2.

---

[1] Ist $a_{11} \neq 0$ und ein anderes $a_{\mu\nu} = 0$, so schließt man mit diesem analog zu b), $\alpha$) und $\beta$).

$\alpha$) Ist $a_{21} = 0$, also $a_{11} = a_{21} = 0$, so ist $\mathfrak{a}_1 = 0$, also $\mathfrak{a}_1$, $\mathfrak{a}_2$ nach II, Regel 2 linear abhängig.

$\beta$) Ist $a_{12} = 0$, also $a_{11} = a_{12} = 0$, so gilt $\mathfrak{a}_1 = (0, a_{21})$, $\mathfrak{a}_2 = (0, a_{22})$. Sind $a_{21}$, $a_{22} \neq 0, 0$, so zeigt $a_{22}\, \mathfrak{a}_1 - a_{21}\, \mathfrak{a}_2 = 0$ die lineare Abhängigkeit von $\mathfrak{a}_1$, $\mathfrak{a}_2$. Ist aber $a_{21} = a_{22} = 0$, so sind $\mathfrak{a}_1 = \mathfrak{a}_2 = 0$, also ebenfalls linear abhängig.

Mit Satz 2 gleichbedeutend ist

**Satz 2′.** *Eine Determinante 2. Ordnung ist dann und nur dann von 0 verschieden, wenn ihre beiden Spalten (oder Zeilen) linear unabhängig sind.*

*Beweis.* 1) Es sei $d$ der Wert der Determinante. Ist dann $d \neq 0$, so sind die Spalten linear unabhängig, da sonst $d = 0$ wäre nach Satz 2.

2) Es seien die Spalten linear unabhängig. Dann ist $d \neq 0$, da sonst die Spalten linear abhängig wären nach Satz 2.

Da der Wert einer Determinante sich nicht ändert, wenn man die Zeilen mit den Spalten vertauscht [Nr. 3, Regel a)], so ergeben sich aus den Sätzen 2 und 2′ noch die folgenden:

**Satz 3.** *Wenn die Zeilen einer Determinante 2. Ordnung linear abhängig sind, sind es auch die Spalten und umgekehrt.*

**Satz 3′.** *Wenn die Zeilen einer Determinante 2. Ordnung linear unabhängig sind, sind es auch die Spalten und umgekehrt.*

*Beispiel.* Die Spalten $\mathfrak{a}_1$, $\mathfrak{a}_2$ seien ein normales System, also $\bar{\mathfrak{a}}_1 \mathfrak{a}_1 = \bar{\mathfrak{a}}_2 \mathfrak{a}_2 = 1$, $\bar{\mathfrak{a}}_1 \mathfrak{a}_2 = \bar{\mathfrak{a}}_2 \mathfrak{a}_1 = 0$. Dann ist nach Satz 1

$$\big| d(\mathfrak{a}_1, \mathfrak{a}_2) \big|^2 = \overline{d(\mathfrak{a}_1, \mathfrak{a}_2)} \cdot d(\mathfrak{a}_1, \mathfrak{a}_2) = \begin{vmatrix} \bar{a}_1 \mathfrak{a}_1 & \bar{a}_1 \mathfrak{a}_2 \\ \bar{a}_2 \mathfrak{a}_1 & \bar{a}_2 \mathfrak{a}_2 \end{vmatrix} = \begin{vmatrix} 1 & 0 \\ 0 & 1 \end{vmatrix} = 1,$$

also $d(\mathfrak{a}_1, \mathfrak{a}_2) \neq 0$ [vgl. I, (42a)]. Folglich sind $\mathfrak{a}_1$, $\mathfrak{a}_2$ nach Satz 2 linear unabhängig (vgl. II, Satz 13).

## § 2. Definition der Determinante 3. Ordnung.

**6. Der Fall $n = 3$.** Der Begriff der Determinante einer Matrix läßt sich für eine beliebige positive ganze Zahl $n$ auf $n$, $n$-reihige Matrizen übertragen. Zur Vorbereitung auf den allgemeinen Fall betrachten wir den Fall $n = 3$, der uns das Bildungsgesetz einer Determinante höherer Ordnung besser erkennen läßt als der bisher betrachtete Fall $n = 2$.

Wir gehen dazu von drei linearen Gleichungen mit drei Unbekannten $x_1$, $x_2$, $x_3$ aus:

$$\left. \begin{aligned} a_{11} x_1 + a_{12} x_2 + a_{13} x_3 &= b_1, \\ a_{21} x_1 + a_{22} x_2 + a_{23} x_3 &= b_2, \\ a_{31} x_1 + a_{32} x_2 + a_{33} x_3 &= b_3, \end{aligned} \right\} \tag{14}$$

und stellen uns die Aufgabe, für die Lösung $x_1$, $x_2$, $x_3$ (falls sie existiert) Quotienten zu erhalten, die den Formeln (4) im Fall $n = 2$ entsprechen.

Dann soll der im Nenner auftretende Ausdruck als Determinante der Matrix

$$A = \begin{pmatrix} a_{11} & a_{12} & a_{13} \\ a_{21} & a_{22} & a_{23} \\ a_{31} & a_{32} & a_{33} \end{pmatrix} \tag{15}$$

oder des Gleichungensystems (14) definiert werden.

**Definition.** *Streicht man in A die Elemente einer Zeile und einer Spalte, so heißt die aus den vier übrigbleibenden Elementen gebildete Determinante 2. Ordnung eine* **Unterdeterminante** *2. Ordnung von A.*

Werden die $\varkappa$-te Zeile und die $\lambda$-te Spalte gestrichen, so soll die entstehende Unterdeterminante die Bezeichnung $d_{\varkappa\lambda}(A)$ erhalten $(\varkappa, \lambda = 1, 2, 3)$, wofür wir auch nur $d_{\varkappa\lambda}$ schreiben, wenn es klar ist, welche Matrix $A$ dabei zugrunde liegt. Zum Beispiel ist

$$d_{12} = \begin{vmatrix} a_{21} & a_{23} \\ a_{31} & a_{33} \end{vmatrix}, \quad d_{31} = \begin{vmatrix} a_{12} & a_{13} \\ a_{22} & a_{23} \end{vmatrix}, \quad d_{33} = \begin{vmatrix} a_{11} & a_{12} \\ a_{21} & a_{22} \end{vmatrix}.$$

Zur Lösung der oben gestellten Aufgabe setzen wir voraus, daß $d_{33} \neq 0$ ist, bringen die beiden ersten Gl. (14) in die Form

$$\begin{aligned} a_{11}x_1 + a_{12}x_2 &= b_1 - a_{13}x_3 \\ a_{21}x_1 + a_{22}x_2 &= b_2 - a_{23}x_3 \end{aligned} \tag{16}$$

und lösen diese nach der CRAMERschen Regel (Nr. 2). Dann setzen wir die erhaltenen Werte für $x_1$, $x_2$ in die dritte Gl. (14) ein und entnehmen dem sich daraus ergebenden Werte von $x_3$ den gesuchten Ausdruck.

Nach (6) erhält man aus (16) für $x_1$, $x_2$ Quotienten, deren Nenner $d_{33}$ ist. Für die Zähler $z_1$, $z_2$ für $x_1$ bzw. $x_2$ erhält man mittels Nr. 3, g):

$$z_1 = \begin{vmatrix} b_1 - a_{13}x_3 & a_{12} \\ b_2 - a_{23}x_3 & a_{22} \end{vmatrix} = \begin{vmatrix} b_1 & a_{12} \\ b_2 & a_{22} \end{vmatrix} - x_3 \begin{vmatrix} a_{13} & a_{12} \\ a_{23} & a_{22} \end{vmatrix} = \begin{vmatrix} b_1 & a_{12} \\ b_2 & a_{22} \end{vmatrix} + d_{31}x_3,$$

$$z_2 = \begin{vmatrix} a_{11} & b_1 - a_{13}x_3 \\ a_{21} & b_2 - a_{23}x_3 \end{vmatrix} = \begin{vmatrix} a_{11} & b_1 \\ a_{21} & b_2 \end{vmatrix} - x_3 \begin{vmatrix} a_{11} & a_{13} \\ a_{21} & a_{23} \end{vmatrix} = \begin{vmatrix} a_{11} & b_1 \\ a_{21} & b_2 \end{vmatrix} - d_{32}x_3.$$

Setzt man nun $x_1 = \dfrac{z_1}{d_{33}}$, $x_2 = \dfrac{z_2}{d_{33}}$ in die dritte Gl. (14) ein und multipliziert die Gleichung mit $d_{33}$, so erhält man

$$(a_{31}d_{31} - a_{32}d_{32} + a_{33}d_{33})x_3 = b_3 d_{33} - a_{31}\begin{vmatrix} b_1 & a_{12} \\ b_2 & a_{22} \end{vmatrix} - a_{32}\begin{vmatrix} a_{11} & b_1 \\ a_{21} & b_2 \end{vmatrix}.$$

Hieraus ergibt sich $x_3$, falls sein Koeffizient nicht verschwindet, als Quotient der gewünschten Art. Daher wird man diesen Koeffizienten als Definition von $d(A)$ für die Matrix (15) ansetzen:

$$d(A) = a_{31}\begin{vmatrix} a_{12} & a_{13} \\ a_{22} & a_{23} \end{vmatrix} - a_{32}\begin{vmatrix} a_{11} & a_{13} \\ a_{21} & a_{23} \end{vmatrix} + a_{33}\begin{vmatrix} a_{11} & a_{12} \\ a_{21} & a_{22} \end{vmatrix}. \tag{17}$$

Rechnet man hier die Determinanten 2. Ordnung aus und setzt zur *Bezeichnung* der Determinante $d(A)$ die Elemente der Matrix wieder zwischen zwei senkrechte Striche, so erhält man also die folgende

**Definition.** *Unter einer* **Determinante 3. Ordnung** *versteht man die Zahl*

$$\begin{vmatrix} a_{11} & a_{12} & a_{13} \\ a_{21} & a_{22} & a_{23} \\ a_{31} & a_{32} & a_{33} \end{vmatrix} = \begin{aligned} &+ a_{11}a_{22}a_{33} - a_{11}a_{23}a_{32} + a_{12}a_{23}a_{31} \\ &- a_{12}a_{21}a_{33} + a_{13}a_{21}a_{32} - a_{13}a_{22}a_{31}. \end{aligned} \tag{18}$$

**7. Das Bildungsgesetz.** Wir wollen diesen Ausdruck für die Determinante 3. Ordnung noch näher untersuchen, um das allgemeine Bildungsgesetz herauszuarbeiten, das darin steckt. Jedes der sechs Glieder ist von der Form $a_{1\varkappa}\, a_{2\lambda}\, a_{3\mu}$, d. h. die ersten Indizes in jedem Glied sind stets $1, 2, 3$, während die zweiten Indizes $\varkappa, \lambda, \mu$ nacheinander die Wertetripel

$$1,2,3; \quad 1,3,2; \quad 2,3,1; \quad 2,1,3; \quad 3,1,2; \quad 3,2,1, \tag{19}$$

also die sechs möglichen Permutationen der Zahlen $1, 2, 3$ annehmen. Mithin kann man für (18) auch

$$d(A) = \sum_{P(1,2,3)} \pm\, a_{1\varkappa}\, a_{2\lambda}\, a_{3\mu} \tag{20}$$

schreiben, wobei die Summationsvorschrift $P(1,2,3)$ so zu verstehen ist, daß über alle Permutationen $\varkappa, \lambda, \mu$ von $1, 2, 3$ zu summieren ist. Jedes Glied der Summe ist noch mit einem Vorzeichen zu versehen. Ein Blick auf die Permutationen (19) zeigt, daß ein *Pluszeichen* steht, wenn in der betreffenden Permutation keinmal oder zweimal (d. h. eine *gerade* Anzahl von Malen) eine größere Zahl vor einer kleineren steht, dagegen ein *Minuszeichen*, wenn dies ein- oder dreimal (d. h. eine *ungerade* Anzahl von Malen) vorkommt.

Dieses Bildungsgesetz findet man an der Determinante 2. Ordnung ($n = 2$) bestätigt; denn es ist

$$\begin{vmatrix} a_{11} & a_{12} \\ a_{21} & a_{22} \end{vmatrix} = \sum_{P(1,2)} \pm\, a_{1\varkappa}\, a_{2\lambda} = a_{11}a_{22} - a_{12}a_{21}.$$

Die einfache Definition der Determinante 2. Ordnung als „Produkt der Hauptdiagonalelemente vermindert um das Produkt der Nebendiagonalelemente" läßt sich auf Determinanten höherer Ordnung nicht übertragen. Für Determinanten 3. Ordnung liefert einen Ersatz die

**Regel von Sarrus**[1]. *Man schreibe die ersten beiden Spalten der Matrix A hinter der dritten noch einmal hin, bilde die Produkte der Elemente in der Hauptdiagonale von A und den beiden Parallelen dazu, versehe diese drei Produkte mit dem Pluszeichen, bilde dann die Produkte der Elemente in der Nebendiagonale von A und den beiden Parallelen dazu und versehe*

---

[1] Pierre F. Sarrus, 1798—1861, von 18.. an Professor der Mathematik an der Universität Strasbourg.

*diese drei Produkte mit dem Minuszeichen. Die Summe der so erhaltenen*
*sechs Produkte ist die Determinante von A* (vgl. Abb. 11).

„Hauptdiagonalprodukte":

$$+ a_{11} a_{22} a_{33} + a_{12} a_{23} a_{31} + a_{13} a_{21} a_{32},$$

„Nebendiagonalprodukte":

$$- a_{13} a_{22} a_{31} - a_{11} a_{23} a_{32} - a_{12} a_{21} a_{33}.$$

Die Determinante 3. Ordnung kann auch nach der in Abb. 12 angegebenen Vorschrift gebildet werden, die die zu einem Glied zu
vereinigenden Elemente durch einen Streckenzug verbindet.

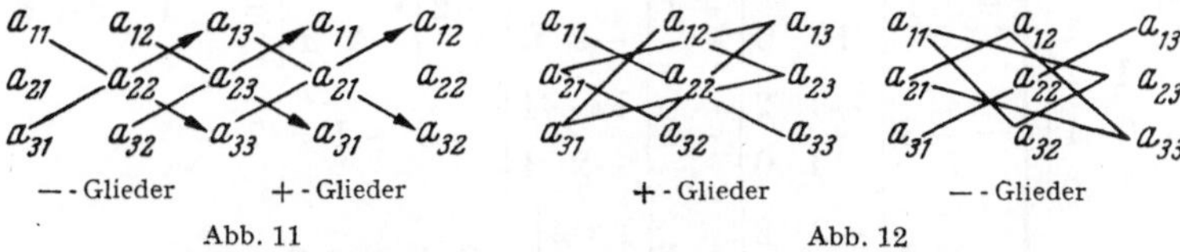



Abb. 11    Abb. 12

Die durch Abb. 11 und 12 veranschaulichten Möglichkeiten zur Bildung
der Determinante gelten jedoch *nur für Determinanten 3. Ordnung.*

**8. Entwicklungsregel.** Für Determinanten 3. Ordnung gelten
Regeln, die denen in Nr. 3 für Determinanten 2. Ordnung genau
entsprechen. Von deren Formulierung und Beweis sehen wir jedoch ab,
da beides im nächsten Paragraphen für Determinanten beliebiger Ordnung erbracht werden wird. Nur die neu hinzukommende Regel über
die Entwicklung einer Determinante nach den Elementen einer Zeile
sei für Determinanten 3. Ordnung noch angegeben. Dazu ordne
man in (18) die sechs Glieder der Determinante nach den Elementen der
1. bzw. 2. bzw. 3. Zeile. Man erhält als Koeffizienten der $\varkappa$-ten Zeile die
Unterdeterminanten $d_{\varkappa\lambda}$ ($\varkappa = 1, 2, 3$). Denn es ist

$$d(A) \begin{cases} = + a_{11} d_{11} - a_{12} d_{12} + a_{13} d_{13} & (\varkappa = 1), \\ = - a_{21} d_{21} + a_{22} d_{22} - a_{23} d_{23} & (\varkappa = 2), \\ = + a_{31} d_{31} - a_{32} d_{32} + a_{33} d_{33} & (\varkappa = 3). \end{cases} \tag{21}$$

Die letzte Darstellung zeigt $d(A)$ in der Form (17), die wir der Definition
von $d(A)$ zugrunde gelegt haben. Die hier auftretenden Vorzeichen faßt
man zweckmäßigerweise mit den Größen $d_{\varkappa\lambda}$ zusammen.

**Definition.** *Unter der* **adjungierten Größe** *oder* **Adjunkte** $\alpha_{\varkappa\lambda}$ *eines*
*Elementes* $a_{\varkappa\lambda}$ *von A versteht man die mit dem Vorzeichen* $(-1)^{\varkappa+\lambda}$ *ver-*
*sehene Unterdeterminante* $d_{\varkappa\lambda}$ *von A, in Zeichen:*

$$\alpha_{\varkappa\lambda} = (-1)^{\varkappa+\lambda} d_{\varkappa\lambda} \qquad (\varkappa, \lambda = 1, 2, 3).$$

Die Vorzeichen $(-1)^{\varkappa+\lambda}$ sind, wie man den Gl. (21) entnimmt,
*schachbrettartig*, d. h. wie die schwarzen und weißen Felder eines Schach-
bretts, verteilt. Man erhält jetzt aus (21) die Determinante als das

innere Produkt der Elemente einer Zeile mit den adjungierten Größen dieser Zeile und sagt, man habe $d(A)$ *nach den Elementen einer Zeile entwickelt:*

$$d(A)\begin{cases} = a_{11}\alpha_{11} + a_{12}\alpha_{12} + a_{13}\alpha_{13} & \text{(nach der 1. Zeile entwickelt),} \\ = a_{21}\alpha_{21} + a_{22}\alpha_{22} + a_{23}\alpha_{23} & \text{(nach der 2. Zeile entwickelt),} \\ = a_{31}\alpha_{31} + a_{32}\alpha_{32} + a_{33}\alpha_{33} & \text{(nach der 3. Zeile entwickelt).} \end{cases} \qquad (22)$$

Bei der praktischen Anwendung entwickelt man $d(A)$ nach einer Zeile, die möglichst viel Nullen enthält.

*Beispiele.*

a)

$$\begin{vmatrix} 1 & -1 & 2 \\ 3 & 0 & 1 \\ -2 & 1 & 0 \end{vmatrix}\begin{cases} = 1\begin{vmatrix} 0 & 1 \\ 1 & 0 \end{vmatrix} + 1\begin{vmatrix} 3 & 1 \\ -2 & 0 \end{vmatrix} + 2\begin{vmatrix} 3 & 0 \\ -2 & 1 \end{vmatrix} = -1 + 2 + 6 = 7 \\[2em] = -3\begin{vmatrix} -1 & 2 \\ 1 & 0 \end{vmatrix} - 1\begin{vmatrix} 1 & -1 \\ -2 & 1 \end{vmatrix} = 6 + 1 = 7 \\[2em] = -2\begin{vmatrix} -1 & 2 \\ 0 & 1 \end{vmatrix} - 1\begin{vmatrix} 1 & 2 \\ 3 & 1 \end{vmatrix} = 2 + 5 = 7. \end{cases}$$

b)

$$\begin{vmatrix} 2 & -1 & 0 \\ 0 & 0 & 1 \\ 3 & 1 & 2 \end{vmatrix} = -1 \cdot \begin{vmatrix} 2 & -1 \\ 3 & 1 \end{vmatrix} = -5.$$

## § 3. Das Vorzeichen einer Permutation.

**9. Definition und Anzahl der Permutationen.** Die Definition der Determinante 3. Ordnung (Nr. 7) zeigt, daß sich das Bildungsgesetz der Determinante mit Hilfe von Permutationen gut beschreiben läßt. Wir wollen diese Möglichkeit der Definition auf den Fall einer $n, n$-reihigen Matrix übertragen und zu diesem Zweck zuvor einiges über Permutationen ableiten.

**Definition.** *Sind n Dinge, die wir symbolisch durch die Zahlen 1, 2, ..., n darstellen wollen, in bestimmter Anordnung oder Reihenfolge gegeben, so nennt man jede Anordnung oder Reihenfolge, die aus der ursprünglichen durch Vertauschung von Symbolen hervorgeht, eine* **Permutation** *von oder in n Symbolen. Die ursprüngliche heißt die Grundanordnung oder natürliche Reihenfolge.*

Wir betrachten im folgenden nur Permutationen von $n$ *verschiedenen* Symbolen.

Geht bei der Vertauschung die Zahl $\nu$ in die Zahl $\alpha_\nu$ über ($\nu = 1, 2, ..., n$), so wird die dadurch bewirkte Permutation mit $\alpha_1, \alpha_2, ..., \alpha_n$ bezeichnet. Zwei Permutationen heißen *gleich*, wenn beidemal jedes $\nu$ in dasselbe Symbol übergeht ($\nu = 1, 2, ..., n$).

Es ist nicht notwendig, daß jedes Symbol in ein anderes Symbol übergeht. Es dürfen auch Symbole fest bleiben, d. h. in sich übergehen.

Selbst der Fall, daß keins der Symbole vertauscht wird, soll noch als Permutation gelten. Man nennt die Anordnung $1, 2, \ldots, n$ die *identische Permutation* in $n$ Symbolen.

**Satz 4.** *Es gibt $n!$ Permutationen in $n$ (verschiedenen) Symbolen.*

*Beweis.* Es sei $p_n$ die Anzahl der Permutationen von $n$ verschiedenen Symbolen und $\alpha_1, \alpha_2, \ldots, \alpha_n$ eine feste von ihnen. Dann kann man durch Hinzufügen eines weiteren Symbols $n + 1$ an irgendeiner der $n + 1$ Stellen vor oder hinter einem $\alpha_\nu$ ($\nu = 1, 2, \ldots, n$) jedesmal eine, insgesamt also $n + 1$ Permutationen von $n + 1$ Symbolen bilden. Führt man dies für alle Permutationen $\alpha_1, \alpha_2, \ldots, \alpha_n$ durch, so erhält man die Gesamtheit der Permutationen von $n + 1$ Symbolen. Ist nämlich $\beta_1, \beta_2, \ldots, \beta_{n+1}$ eine beliebige von diesen, so entsteht durch Weglassen von $n + 1$ jedesmal eine Permutation von $n$ Symbolen. Daher folgt:

$$p_{n+1} = (n + 1)p_n. \tag{23}$$

Für $n = 2$ gibt es $2! = 2$ Permutationen, nämlich $1, 2$ und $2, 1$; für $n = 3$ gibt es $3! = 6$ Permutationen [vgl. (19)]. Die Behauptung ist also für $n = 2$ und $n = 3$ richtig. Nimmt man sie für eine beliebige positive ganze Zahl $n$ als bewiesen an, so folgt mit $p_n = n!$ aus (23)

$$p_{n+1} = (n + 1)n! = (n + 1)!.$$

Damit ist Satz 4 durch den Schluß von $n$ auf $n + 1$ bewiesen.

**10. Der Induktionsbeweis.** Beim Beweise von Satz 4 haben wir eine Methode benutzt, die häufig verwendet wird, wenn sich die zu beweisende Aussage auf eine natürliche Zahl $n$ bezieht. Diese Beweismethode beruht auf folgendem Prinzip. Will man eine Aussage $A$ für alle natürlichen Zahlen beweisen, so genügt es, zweierlei zu zeigen:

1) $A$ ist richtig für 1.
2) Aus der Annahme der Richtigkeit von $A$ für eine beliebige natürliche Zahl $n$ folgt ihre Richtigkeit für $n + 1$.

Denn *nach Ausführung dieser beiden Nachweise* gilt, daß $A$ für alle natürlichen Zahlen richtig ist. Gäbe es nämlich natürliche Zahlen, für die $A$ nicht richtig ist, so sei $k > 1$ deren kleinste, also $A$ für $k - 1$ richtig. Dann gälte $A$ nach 2) auch für $k$, im Widerspruch zur Annahme. Man nennt dieses Beweisverfahren den **Schluß von $n$ auf $n + 1$** oder das **Induktionsverfahren** (vgl. IX, Nr. 3).

Eine Abwandlung dieses Verfahrens besteht darin, daß man den Nachweis der Richtigkeit von $A$ für die Zahl 1 ersetzt durch den Nachweis:

1') $A$ ist richtig für die natürliche Zahl $a$.

Dann gilt $A$, falls auch 2) wieder bewiesen ist, für alle natürlichen Zahlen $n \geqq a$. Bei Satz 4 ist z. B. $a = 2$ benutzt worden.

Weitere Beispiele für Induktionsbeweise sind die Beweise von I, Regel 4 und I, (56), ebenso von I, (66) und III, Nr. 3, Regel g''). Der

Leser führe die hierfür z. T. nur angedeuteten Beweise als Induktionsbeweise sauber durch.

Eine andere Fassung des Induktionsprinzips ersetzt 2) durch die folgende Formulierung:

2') Aus der Annahme der Richtigkeit von $A$ für alle natürlichen Zahlen $n' \leq n$ folgt ihre Richtigkeit für $n + 1$.

Diese zweite Fassung erlaubt, zum Nachweis der Richtigkeit von $A$ mehr an Voraussetzungen zu benutzen als die Fassung 2), und trägt deshalb zuweilen weiter bzw. ist auch in komplizierteren Fällen anwendbar (z. B. bei Rekursionsformeln mit mehreren Gliedern).

**11. Gerade und ungerade Permutationen.** Bei den Permutationen interessiert uns zunächst die Festlegung des Vorzeichens.

**Definition.** *Ist $\alpha_1, \alpha_2, \ldots, \alpha_n$ eine Permutation von n Symbolen, so bilden zwei Symbole $\alpha_\varkappa$ und $\alpha_\lambda$ eine* **Inversion**, *wenn sie in der zur natürlichen Reihenfolge entgegengesetzten Reihenfolge stehen, wenn also*

$$\alpha_\varkappa > \alpha_\lambda \quad \textit{für} \quad \varkappa < \lambda$$

*gilt.*

*Beispiele.* a) In der Permutation 1, 5, 2, 4, 3 bildet 5 mit 2, 4 und 3, ferner 4 mit 3 je eine Inversion. Es liegen also vier Inversionen vor.

b) Die Permutationen (19) in Nr. 7 von drei Elementen haben der Reihe nach 0, 1, 2, 1, 2, 3 Inversionen.

**Definition.** *Eine Permutation P heißt* **gerade** *oder* **ungerade**, *je nachdem die Anzahl $j$ ihrer Inversionen gerade oder ungerade ist. Das Vorzeichen $(-1)^j$ heißt das* **Vorzeichen** *oder der* **Charakter** *der Permutation, in Zeichen[1]:*

$$\operatorname{sgn}(\alpha_1, \alpha_2, \ldots, \alpha_n) = \zeta(\alpha_1, \alpha_2, \ldots, \alpha_n) = (-1) . \tag{24}$$

Das Vorzeichen ist also $+1$ oder $-1$, je nachdem die Permutation gerade oder ungerade ist.

*Beispiel.* Die Permutationen (19) sind abwechselnd gerade und ungerade.

**Satz 5.** *Vertauscht man in einer Permutation zwei benachbarte Symbole, so ändert sich die Anzahl der Inversionen um 1, das Vorzeichen also um $-1$.*

*Beweis.* Aus der Permutation

$$\alpha_1, \alpha_2, \ldots, \alpha_\varkappa, \quad \alpha_{\varkappa+1}, \ldots, \alpha_n \tag{25}$$

entsteht durch Vertauschen von $\alpha_\varkappa$ und $\alpha_{\varkappa+1}$ die Permutation

$$\alpha_1, \alpha_2, \ldots, \alpha_{\varkappa+1}, \alpha_\varkappa, \ldots, \alpha_n . \tag{26}$$

Es sei $j$ bzw. $j'$ die Anzahl der Inversionen in (25) bzw. (26). Die Inversionen, die $\alpha_1, \ldots, \alpha_{\varkappa-1}$ miteinander und mit allen folgenden Symbolen, sowie die Inversionen, die $\alpha_{\varkappa+2}, \ldots, \alpha_n$ miteinander bilden, bleiben beim Übergang von (25) zu (26) bestehen. Entscheidend ist die

---

[1] sgn steht auch hier als Abkürzung von signum. Vgl. I, (9).

Relation zwischen $\alpha_\varkappa$ und $\alpha_{\varkappa+1}$. Ist $\alpha_\varkappa < \alpha_{\varkappa+1}$, so hat (26) eine Inversion mehr als (25), d. h. es ist $j' = j + 1$. Ist aber $\alpha_\varkappa > \alpha_{\varkappa+1}$, so hat (26) eine Inversion weniger als (25), d. h. es ist $j' = j - 1$. In beiden Fällen ist $(-1)^{j'} = -(-1)^j$ und Satz 5 bewiesen.

**Satz 6.** *Die Vertauschung zweier beliebigen Symbole in einer Permutation läßt sich stets durch eine ungerade Anzahl von Vertauschungen benachbarter Symbole erreichen.*

*Beweis.* Es sei $P$ die Permutation

$$\alpha_1, \ldots, \alpha_{\varkappa-1}, \alpha_\varkappa, \alpha_{\varkappa+1}, \ldots, \alpha_{\lambda-1}, \alpha_\lambda, \alpha_{\lambda+1}, \ldots, \alpha_n. \tag{27}$$

Die Symbole $\alpha_\varkappa$ und $\alpha_\lambda$ sollen miteinander vertauscht werden. Dazu vertausche man nacheinander $\alpha_\varkappa$ erst mit $\alpha_{\varkappa+1}$, dann mit $\alpha_{\varkappa+2}, \ldots,$ mit $\alpha_{\lambda-1}$, mit $\alpha_\lambda$. Dabei hat man $\lambda - \varkappa$ Vertauschungen vorgenommen, und aus $P$ ist die Permutation

$$\alpha_1, \ldots, \alpha_{\varkappa-1}, \alpha_{\varkappa+1}, \ldots, \alpha_{\lambda-1}, \alpha_\lambda, \alpha_\varkappa, \alpha_{\lambda+1}, \ldots, \alpha_n$$

entstanden. Das Symbol $\alpha_{\varkappa+1}$ steht an der Stelle $\varkappa$, das Symbol $\alpha_\lambda$ an der Stelle $\lambda - 1$. Jetzt vertauscht man $\alpha_\lambda$ nacheinander mit $\alpha_{\lambda-1}$, mit $\alpha_{\lambda-2}, \ldots,$ mit $\alpha_{\varkappa+1}$. Hierbei nimmt man $\lambda - 1 - \varkappa$ Vertauschungen von benachbarten Symbolen vor und hat $P$ in die gewünschte Permutation $P'$:

$$\alpha_1, \ldots, \alpha_{\varkappa-1}, \alpha_\lambda, \alpha_{\varkappa+1}, \ldots, \alpha_{\lambda+1}, \alpha_\varkappa, \alpha_{\lambda+1}, \ldots, \alpha_n \tag{28}$$

übergeführt. Der Übergang von (27) zu (28) hat

$$\lambda - \varkappa + \lambda - 1 - \varkappa = 2(\lambda - \varkappa) - 1,$$

d. h. eine *ungerade* Anzahl von Vertauschungen benachbarter Symbole, erfordert.

**Satz 7.** *Geht man von einer Permutation $P$ durch Vertauschung zweier (beliebigen) Symbole zu einer Permutation $P'$ über, so ist auch in diesem Falle* sgn $P' = -$sgn $P$.

*Beweis.* Nach Satz 6 läßt sich der Übergang von $P$ zu $P'$ durch eine ungerade Anzahl $u$ von Vertauschungen benachbarter Symbole erreichen. Nach Satz 5 wechselt bei jeder Nachbarvertauschung die Permutation ihr Vorzeichen. Folglich ist

$$\text{sgn } P' = (-1)^u \text{ sgn } P = -\text{sgn } P.$$

Hieraus folgt zugleich, daß die Vertauschung zweier beliebigen Symbole *nur* durch eine ungerade Anzahl von Nachbarvertauschungen erreicht werden kann, da das Vorzeichen einer Permutation nach Definition eindeutig bestimmt ist.

**Satz 8.** *Die Anzahl der geraden ist gleich der Anzahl der ungeraden Permutationen von $n$ verschiedenen Symbolen $(n > 1)$; beide Anzahlen sind also gleich* $\dfrac{n!}{2}$.

*Beweis.* Es sei $g$ die Anzahl der geraden, $u$ die der ungeraden Permutationen. Vertauscht man in jeder der $n!$ möglichen Permutationen zwei bestimmte Symbole, etwa 1 und 2, so erhält man wieder $n!$ Permutationen, und zwar *alle*, da bei dem Vertauschen keine zwei gleich werden können. Sonst wären zwei solche schon vorher vorhanden gewesen. Nach Satz 7 geht durch die Vertauschung von 1 und 2 jede gerade Permutation in eine ungerade über und jede ungerade in eine gerade. Aus den $g$ geraden Permutationen werden also $g$ ungerade, aus den $u$ ungeraden werden $u$ gerade Permutationen. Da in beiden Fällen von jeder Art alle vorhanden sind, muß $g = u$ sein. Aus $g + u = n!$ folgt dann $g = u = \dfrac{n!}{2}$.

**Satz 9.** *Kann man durch $k$ Vertauschungen von Symbolen die Anordnung $\alpha_1, \alpha_2, \ldots, \alpha_n$ der Permutation $P$ in die natürliche Reihenfolge $1, 2, \ldots, n$ überführen oder aus dieser hervorbringen, so ist*

$$\operatorname{sgn} P = (-1)^k, \tag{29}$$

*und diese Bestimmung des Vorzeichens einer Permutation ist unabhängig davon, wie man die Vertauschungen vornimmt.*

*Beweis.* Wenn man durch $k$ Vertauschungen die Anordnung $\alpha_1, \alpha_2, \ldots, \alpha_n$ auf $1, 2, \ldots, n$ zurückführen kann, so kann man durch dieselben $k$ Vertauschungen, nur in umgekehrter Reihenfolge vorgenommen, auch $1, 2, \ldots, n$ in die Anordnung $\alpha_1, \alpha_2, \ldots, \alpha_n$ bringen. Es genügt also, etwa den ersten Vorgang zu betrachten. Ist dann $E$ die identische Permutation, so folgt aus Satz 7

$$\operatorname{sgn} E = (-1)^k \operatorname{sgn} P. \tag{30}$$

Da $E$ keine Inversionen aufweist, ist $\operatorname{sgn} E = +1$. Ferner ist

$$(-1)^k (-1)^k = (-1)^{2k} = +1.$$

Aus (30) folgt daher (29) durch Multiplikation mit $(-1)^k$.

Es kann nun eintreten, daß $P$ auf mehrere Arten durch Vertauschungen von Symbolen in die identische Permutation übergeführt werden kann. Sind bei einem anderen Übergang $k'$ solche Vertauschungen erforderlich, so erhält man statt (30)

$$\operatorname{sgn} E = (-1)^{k'} \operatorname{sgn} P.$$

In Verbindung mit (30) folgt hieraus aber $(-1)^{k'} = (-1)^k$, d. h. $k$ und $k'$ unterscheiden sich höchstens um eine gerade Zahl.

*Beispiele.*   $3\,1\,4\,2 \to 1\,3\,4\,2 \to 1\,3\,2\,4 \to 1\,2\,3\,4,$   $k = 3;$
$3\,1\,4\,2 \to 3\,1\,2\,4 \to 3\,2\,1\,4 \to 2\,3\,1\,4 \to 2\,1\,3\,4 \to 1\,2\,3\,4,$   $k = 5.$

## § 4. Definition und Eigenschaften der Determinante $n$-ter Ordnung.

**12. Definition.** Im Anschluß an die schon bekannten Fälle $n = 2$ und $n = 3$ soll jetzt allgemein für eine $n, n$-reihige Matrix $A$ die Determinante $d(A)$ definiert werden. Als Bezeichnung setzen wir fest:

$$A = \begin{pmatrix} a_{11} & a_{12} & \cdots & a_{1n} \\ a_{21} & a_{22} & \cdots & a_{2n} \\ \cdot & \cdot & \cdots & \cdot \\ a_{n1} & a_{n2} & \cdots & a_{nn} \end{pmatrix}, \quad d(A) = \begin{vmatrix} a_{11} & a_{12} & \cdots & a_{1n} \\ a_{21} & a_{22} & \cdots & a_{2n} \\ \cdot & \cdot & \cdots & \cdot \\ a_{n1} & a_{n2} & \cdots & a_{nn} \end{vmatrix}. \tag{31}$$

**Definition.** *Unter einer **Determinante $n$-ter Ordnung** oder der Determinante der $n$, $n$-reihigen Matrix $A$ versteht man die Zahl*

$$d(A) = \sum_{P(1,2,\ldots,n)} \operatorname{sgn}(\alpha_1, \alpha_2, \ldots, \alpha_n)\, a_{1\alpha_1} a_{2\alpha_2} \cdots a_{n\alpha_n} \quad (n > 1), \quad (32)$$

*wobei die Summationsvorschrift $P(1, 2, \ldots, n)$ so zu verstehen ist, daß die Anordnung $\alpha_1, \alpha_2, \ldots, \alpha_n$ der Summationsbuchstaben alle $n!$ Permutationen $1, 2, \ldots, n$ durchlaufen soll. Für $n = 1$ ist $d(A) = a_{11}$.*

$d(A)$ ist also eine Summe von $n!$ Summanden, deren jeder ein Produkt aus $n$ Elementen von $A$ ist. In jedem dieser Produkte sind die ersten Indizes der $n$ Faktoren die Zahlen $1, 2, \ldots, n$ (d. h. aus jeder *Zeile* von $A$ wird ein Element genommen), während die zweiten Indizes eine Permutation $\alpha_1, \alpha_2, \ldots, \alpha_n$ der Zahlen $1, 2, \ldots, n$ darstellen (also wird auch aus jeder *Spalte* von $A$ ein Element genommen). So gehört zu jedem Produkt eine bestimmte Permutation. Jedes Produkt wird mit dem Vorzeichen seiner Permutation versehen und dann die Summe der so signierten $n!$ Produkte gebildet.

*Beispiele.* Die Fälle $n = 2$ und $n = 3$ sind bereits in § 1 und § 2 angegeben. Das bei $n = 3$ gefundene Bildungsgesetz liegt der obigen Definition zugrunde. Es sei noch der Fall $n = 4$ ausgeschrieben. Die $4! = 24$ Permutationen von $1, 2, 3, 4$ mit ihren Vorzeichen sind:

| | | | |
|---|---|---|---|
| 1 2 3 4 $+$ | 2 1 3 4 $-$ | 3 1 2 4 $+$ | 4 1 2 3 $-$ |
| 1 2 4 3 $-$ | 2 1 4 3 $+$ | 3 1 4 2 $-$ | 4 1 3 2 $+$ |
| 1 3 2 4 $-$ | 2 3 1 4 $+$ | 3 2 1 4 $-$ | 4 2 1 3 $+$ |
| 1 3 4 2 $+$ | 2 3 4 1 $-$ | 3 2 4 1 $+$ | 4 2 3 1 $-$ |
| 1 4 2 3 $+$ | 2 4 1 3 $-$ | 3 4 1 2 $+$ | 4 3 1 2 $-$ |
| 1 4 3 2 $-$ | 2 4 3 1 $+$ | 3 4 2 1 $-$ | 4 3 2 1 $+$ |

Folglich ist

$$\begin{vmatrix} a_{11} & a_{12} & a_{13} & a_{14} \\ a_{21} & a_{22} & a_{23} & a_{24} \\ a_{31} & a_{32} & a_{33} & a_{34} \\ a_{41} & a_{42} & a_{43} & a_{44} \end{vmatrix}$$

$$= \left\{ \begin{aligned} &+a_{11}a_{22}a_{33}a_{44} - a_{12}a_{21}a_{33}a_{44} + a_{13}a_{21}a_{32}a_{44} - a_{14}a_{21}a_{32}a_{43} \\ &-a_{11}a_{22}a_{34}a_{43} + a_{12}a_{21}a_{34}a_{43} - a_{13}a_{21}a_{34}a_{42} + a_{14}a_{21}a_{33}a_{42} \\ &-a_{11}a_{23}a_{32}a_{44} + a_{12}a_{23}a_{31}a_{44} - a_{13}a_{22}a_{31}a_{44} + a_{14}a_{22}a_{31}a_{43} \\ &+a_{11}a_{23}a_{34}a_{42} - a_{12}a_{23}a_{34}a_{41} + a_{13}a_{22}a_{34}a_{41} - a_{14}a_{22}a_{33}a_{41} \\ &+a_{11}a_{24}a_{32}a_{43} - a_{12}a_{24}a_{31}a_{43} + a_{13}a_{24}a_{31}a_{42} - a_{14}a_{23}a_{31}a_{42} \\ &-a_{11}a_{24}a_{33}a_{42} + a_{12}a_{24}a_{33}a_{41} - a_{13}a_{24}a_{32}a_{41} + a_{14}a_{23}a_{32}a_{41}. \end{aligned} \right.$$

Die Anzahl $n!$ der Summanden einer Determinante $n$-ter Ordnung wächst sehr stark mit wachsendem $n$. Für die Berechnung einer Determinante sind daher Regeln erwünscht, die eine Ausrechnung auf Grund der Definition vermeiden lassen. Hierzu übertragen wir die für $n = 2$ bekannten Regeln auf den Fall einer beliebigen Ordnung $n$.

**13. Klappen um die Hauptdiagonale.** Wir beweisen zunächst

**Satz 10.** *Für die Bildung der Determinante sind die Zeilen und Spalten der Matrix $A$ gleichberechtigt, d. h. es gilt auch*

$$d(A) = \sum_{P(1,2,\ldots,n)} \operatorname{sgn}(\beta_1, \beta_2, \ldots, \beta_n)\, a_{\beta_1 1}\, a_{\beta_2 2} \cdots a_{\beta_n n}, \qquad (33)$$

*wo die zweiten (Spalten-) Indizes die natürliche Reihenfolge behalten und über die ersten (Zeilen-) Indizes summiert wird, also die Anordnung $\beta_1, \beta_2, \ldots, \beta_n$ alle Permutationen von $1, 2, \ldots, n$ durchläuft.*

*Beweis.* Auf Grund des kommutativen Gesetzes der Multiplikation darf die Reihenfolge der Faktoren in $a_{1\alpha_1} a_{2\alpha_2} \cdots a_{n\alpha_n}$ beliebig gewählt werden. Ordnet man die Faktoren so um, daß die zweiten Indizes in der Reihenfolge $1, 2, \ldots, n$ stehen, so sei $\beta_1, \beta_2, \ldots, \beta_n$ die Reihenfolge der ersten Indizes:

$$a_{1\alpha_1} a_{2\alpha_2} \cdots a_{n\alpha_n} = a_{\beta_1 1}\, a_{\beta_2 2} \cdots a_{\beta_n n}. \qquad (34)$$

Das allgemeine Glied von (33) stimmt also dem absoluten Werte nach mit dem von (32) überein. Beide Glieder haben aber auch dasselbe Vorzeichen. Um dies einzusehen, schreibe man sich die Reihe der ersten Indizes in (34) und die der zweiten Indizes untereinander:

$$\begin{array}{ll} 1 \quad 2 \cdots n & \beta_1\ \beta_2 \cdots \beta_n \\ \alpha_1\ \ \alpha_2 \cdots \alpha_n & 1\quad 2 \cdots n. \end{array}$$

Der Vorgang, der zu (34) führt, läßt sich an diesen beiden Systemen so beschreiben, daß durch die Umordnung der unteren Zeile des linken Systems in die untere Zeile des rechten die obere Zeile des linken in die obere Zeile des rechten Systems übergeht. Mit anderen Worten: Die Spalten des rechten Systems sind eine Permutation der Spalten des linken Systems. Diese Permutation ist $\beta_1, \beta_2, \ldots, \beta_n$. Da nun dieselben Nachbarvertauschungen (ihre Anzahl sei $k$), durch die die Permutation $\alpha_1, \alpha_2, \ldots, \alpha_n$ in $1, 2, \ldots, n$ übergeführt wird, auch die Permutation $\beta_1, \beta_2, \ldots, \beta_n$ aus $1, 2, \ldots, n$ hervorbringen, so ist nach Satz 9

$$\operatorname{sgn}(\alpha_1, \alpha_2, \ldots, \alpha_n) = (-1)^k = \operatorname{sgn}(\beta_1, \beta_2, \ldots, \beta_n). \qquad (35)$$

Aus (34) und (35) folgt die Gleichheit von (32) und (33); denn beidemal wird über alle $n!$ Permutationen von $1, 2, \ldots, n$ summiert.

**Regel 1.** *Ist $A'$ die transponierte Matrix zu $A$* (vgl. Nr. 4), *so ist*

$$d(A') = d(A). \qquad (36)$$

*Beweis.* Bezeichnet man die Elemente von $A'$ mit $a'_{ik}$, so ist

$$a'_{ik} = a_{ki} \qquad (i, k = 1, 2, \ldots, n),$$

wobei beidemal der erste Index die Zeilennummer, der zweite die Spaltennummer angibt. Daher erhält man, wenn man $d(A')$ nach (33) bestimmt:

$$d(A') = \sum_{P(1,2,\ldots,n)} \operatorname{sgn}(\beta_1, \beta_2, \ldots, \beta_n)\, a'_{\beta_1 1}\, a'_{\beta_2 2} \cdots a'_{\beta_n n}$$

$$= \sum_{P(1,2,\ldots,n)} \operatorname{sgn}(\beta_1, \beta_2, \ldots, \beta_n)\, a_{1\beta_1}\, a_{2\beta_2} \cdots a_{n\beta_n} = d(A),$$

da es auf die Bezeichnung der Summationsbuchstaben nicht ankommt.

**14. Vertauschen von Zeilen oder Spalten.** Nach Regel 1 genügt es, sich wie im Falle $n = 2$ (Nr. 3) bei der Untersuchung der Eigenschaften einer Determinante auf die Betrachtung der *Spalten* zu beschränken. Alles, was für $d(A)$ hinsichtlich der Spalten bewiesen ist, gilt nach (36) dann auch für die Zeilen und umgekehrt. Es seien $\mathfrak{a}_1, \mathfrak{a}_2, \ldots, \mathfrak{a}_n$ die Spalten der Matrix $A$; wenn diese hervorgehoben werden sollen, so schreiben wir auch

$$d(A) = d(\mathfrak{a}_1, \mathfrak{a}_2, \ldots, \mathfrak{a}_n).$$

**Regel 2.** *Vertauscht man in $A$ zwei Spalten (Zeilen) miteinander, etwa die $i$-te mit der $k$-ten Spalte, so ändert sich an der Determinante nur das Vorzeichen. Für $i \neq k$ ist*

$$d(\mathfrak{a}_1, \ldots, \mathfrak{a}_k, \ldots, \mathfrak{a}_i, \ldots, \mathfrak{a}_n) = -d(\mathfrak{a}_1, \ldots, \mathfrak{a}_i, \ldots, \mathfrak{a}_k, \ldots, \mathfrak{a}_n).$$

*Beweis.* Wir führen den Beweis für die Zeilen. Es sei $B$ die aus $A$ durch Vertauschung der $i$-ten und der $k$-ten Zeile hervorgehende Matrix, d. h.

$$\left.\begin{aligned} b_{\varrho\sigma} &= a_{\varrho\sigma} \quad \text{falls} \quad \varrho \neq i,\ \varrho \neq k, \\ b_{i\sigma} &= a_{k\sigma}, \quad b_{k\sigma} = a_{i\sigma} \end{aligned} \qquad (\varrho, \sigma = 1, 2, \ldots, n).\right\} \quad (37)$$

Dann ist zu zeigen: $d(B) = -d(A)$. Nach Definition ist

$$d(B) = \sum_{P(1,2,\ldots,n)} \operatorname{sgn}(\sigma_1, \sigma_2, \ldots, \sigma_n)\, b_{1\sigma_1}\, b_{2\sigma_2} \cdots b_{n\sigma_n}.$$

Für das allgemeine Glied dieser Summe folgt aus (37)

$$b_{1\sigma_1}\, b_{2\sigma_2} \cdots b_{n\sigma_n} = b_{1\sigma_1} \cdots b_{i\sigma_i} \cdots b_{k\sigma_k} \cdots b_{n\sigma_n}$$

$$= b_{1\sigma_1} \cdots b_{k\sigma_k} \cdots b_{i\sigma_i} \cdots b_{n\sigma_n}$$

$$= a_{1\sigma_1} \cdots a_{i\sigma_k} \cdots a_{k\sigma} \cdots a_{n\sigma_n}.$$

Dabei geht die die Summation anzeigende Permutation

$$\sigma_1 \cdots \sigma_i \cdots \sigma_k \cdots \sigma_n \tag{38}$$

bei gleichbleibender natürlicher Reihenfolge der ersten Indizes in

$$\sigma_1 \cdots \sigma_k \cdots \sigma_i \cdots \sigma_n \tag{39}$$

über. Nach Satz 7 haben aber (38) und (39) entgegengesetztes Vorzeichen. Daher folgt:

$$d(B) = -\sum_{P(1,2,\ldots,n)} \operatorname{sgn}(\sigma_1, \ldots, \sigma_k, \ldots, \sigma_i, \ldots, \sigma_n)\, a_{1\sigma_1} \cdots a_{i\sigma_k} \cdots a_{k\sigma_i} \cdots a_{n\sigma_n}$$

und hieraus, indem man neue Summationsbuchstaben einführt und die Permutation (39) in dieser Reihenfolge mit $\alpha_1, \alpha_2, \ldots, \alpha_n$ bezeichnet:

$$d(B) = - \sum_{P(1, 2, \ldots, n)} \operatorname{sgn}(\alpha_1, \alpha_2, \ldots, \alpha_n)\, a_{1\alpha_1} a_{2\alpha_2} \cdots a_{n\alpha_n} = -d(A).$$

**Regel 2′.** *Bringt man die Spalten (Zeilen) der Matrix $A$ in die Reihenfolge $\varkappa_1, \varkappa_2, \ldots, \varkappa_n$, so multipliziert sich die Determinante mit dem Vorzeichen dieser Permutation:*

$$d(\mathfrak{a}_{\varkappa_1}, \mathfrak{a}_{\varkappa_2}, \ldots, \mathfrak{a}_{\varkappa_n}) = \operatorname{sgn}(\varkappa_1, \varkappa_2, \ldots, \varkappa_n)\, d(\mathfrak{a}_1, \mathfrak{a}_2, \ldots, \mathfrak{a}_n).$$

*Beweis.* Es sei $k$ die Anzahl der Vertauschungen benachbarter Symbole, durch die man die Permutation $\varkappa_1, \varkappa_2, \ldots, \varkappa_n$ aus $1, 2, \ldots, n$ hervorbringen kann; dann ist nach Satz 9 $\operatorname{sgn}(\varkappa_1, \varkappa_2, \ldots, \varkappa_n) = (-1)^k$. Jeder Vertauschung zweier Symbole in $E$ entspricht die Vertauschung zweier Spalten in $A$; bei jeder solchen Vertauschung wechselt die Determinante nach Regel 2 ihr Vorzeichen. Also ist, wie behauptet,

$$d(\mathfrak{a}_{\varkappa_1}, \mathfrak{a}_{\varkappa_2}, \ldots, \mathfrak{a}_{\varkappa_n}) = (-1)^k \cdot d(\mathfrak{a}_1, \mathfrak{a}_2, \ldots, \mathfrak{a}_n).$$

**Regel 3.** *Stimmen in einer Determinante zwei Spalten (Zeilen) überein, so hat die Determinante den Wert 0.*

*Beweis.* Es sei etwa $\mathfrak{a}_i = \mathfrak{a}_k$ $(i \neq k)$. Dann müßte $d(A)$ bei Vertauschung von $\mathfrak{a}_i$ und $\mathfrak{a}_k$ nach Regel 2 ihr Vorzeichen wechseln; tatsächlich ändert sich aber nichts. Daher folgt $d(A) = -d(A)$, d. h. $d(A) = 0$.

**15. Unterdeterminante, adjungierte Größe.** Wir wollen die Entwicklungsregel von Nr. 8 auf Determinanten einer beliebigen Ordnung $n$ übertragen und verallgemeinern zunächst die für $n = 3$ benutzten Begriffe.

**Definition.** *Streicht man in einer $n$,$n$-reihigen Matrix $A$ die Elemente einer Zeile und einer Spalte, so heißt die aus den $(n-1)^2$ übrigbleibenden Elementen gebildete Determinante $(n-1)$-ter Ordnung eine* **Unterdeterminante $(n-1)$-ter Ordnung** *von $A$.*

Werden die $i$-te Zeile und die $k$-te Spalte gestrichen, so soll die entstehende Unterdeterminante mit $d_{ik}(A)$ bezeichnet werden $(i, k = 1, 2, \ldots, n)$. Hierfür schreiben wir nur $d_{ik}$, wenn hinsichtlich der Matrix kein Zweifel besteht. Es ist

$$d_{ik}(A) = \begin{vmatrix} a_{11} & \cdots & a_{1\,k-1} & a_{1\,k+1} & \cdots & a_{1\,n} \\ \cdot & \cdots & \cdot & \cdot & \cdots & \cdot \\ a_{i-1\,1} & \cdots & a_{i-1\,k-1} & a_{i-1\,k+1} & \cdots & a_{i-1\,n} \\ a_{i+1\,1} & \cdots & a_{i+1\,k-1} & a_{i+1\,k+1} & \cdots & a_{i+1\,n} \\ \cdot & \cdots & \cdot & \cdot & \cdots & \cdot \\ a_{n\,1} & \cdots & a_{n\,k-1} & a_{n\,k+1} & \cdots & a_{n\,n} \end{vmatrix}. \tag{40}$$

Die Anzahl der Unterdeterminanten $(n-1)$-ten Grades ist $n^2$, da $i$ und $k$ unabhängig voneinander die Werte $1, 2, \ldots, n$ annehmen können

**Definition.** *Unter der* **adjungierten Größe** *oder* **Adjunkte** $\alpha_{ik}$ *des Elementes $a_{ik}$ von $A$ versteht man die mit dem Vorzeichen $(-1)^{i+k}$ versehene Unterdeterminante $(n-1)$-ter Ordnung $d_{ik}(A)$:*

$$\alpha_{ik} = (-1)^{i+k}\, d_{ik}\,(A) \qquad (i,\, k = 1,\, 2,\, \ldots,\, n). \qquad (41)$$

Die Vorzeichen verteilen sich also wieder schachbrettartig (Nr. 8) auf die $n^2$ Plätze der Elemente $a_{ik}$, wobei auf den Platz eines Hauptdiagonalelements $(i = k)$ stets ein Pluszeichen kommt.

**16. Entwicklung nach den Elementen einer Spalte.** Man betrachte $d(\mathfrak{a}_1, \mathfrak{a}_2, \ldots, \mathfrak{a}_n)$ in Abhängigkeit von den Elementen der ersten Spalte $\mathfrak{a}_1$. Jeder der $n!$ Summanden in (32) enthält genau ein Element von $\mathfrak{a}_1$, und jedes der Elemente $a_{11}, a_{21}, \ldots, a_{n1}$ kommt in bestimmten $(n-1)!$ Summanden vor. Man kann daher die Determinante folgendermaßen ordnen:

$$d(\mathfrak{a}_1, \mathfrak{a}_2, \ldots, \mathfrak{a}_n) = a_{11}\,b_{11} + a_{21}\,b_{21} + \cdots + a_{n1}\,b_{n1},$$

wo die Koeffizienten $b_{11}, b_{21}, \ldots, b_{n1}$ von den Elementen der ersten Spalte nicht abhängen, sondern nur Elemente der übrigen Spalten enthalten.

Entsprechendes gilt für jede Spalte $\mathfrak{a}_k$ der Determinante $(k = 1, 2, \ldots, n)$. Ordnet man nach den Elementen $a_{1k}, a_{2k}, \ldots, a_{nk}$, so wird

$$d(\mathfrak{a}_1, \mathfrak{a}_2, \ldots, \mathfrak{a}_n) = a_{1k}\,b_{1k} + a_{2k}\,b_{2k} + \cdots + a_{nk}\,b_{nk}, \qquad (42)$$

und die Koeffizienten $b_{1k}, b_{2k}, \ldots, b_{nk}$ sind unabhängig von den Elementen der Spalte $\mathfrak{a}_k$. Das bedeutet, daß für eine beliebige Zahlenreihe $\mathfrak{x} = (x_1\, x_2 \cdots x_n)$ stets

$$d(\mathfrak{a}_1, \ldots, \mathfrak{a}_{k-1}, \mathfrak{x}, \mathfrak{a}_{k+1}, \ldots, \mathfrak{a}_n) = x_1\,b_{1k} + x_2\,b_{2k} + \cdots + x_n\,b_{nk} \qquad (43)$$

ist $(k = 1, 2, \ldots, n)$.

Zur Berechnung der Koeffizienten $b_{\mu k}$ $(\mu = 1, 2, \ldots, n)$ wähle man $\mathfrak{x} = \mathfrak{e}_\mu$, wo $\mathfrak{e}_\mu = (e_{1\mu}\, e_{2\mu} \cdots e_{n\mu})$ und

$$e_{\lambda\mu} = \begin{cases} 1 & \text{für} \quad \lambda = \mu \\ 0 & \text{für} \quad \lambda \neq \mu \end{cases}$$

ist $(\lambda = 1, 2, \ldots, n)$. Dann folgt aus (43) für $\mu = 1, 2, \ldots, n$:

$$b_{\mu k} = d(\mathfrak{a}_1, \ldots, \mathfrak{a}_{k-1}, \mathfrak{e}_\mu, \mathfrak{a}_{k+1}, \ldots, \mathfrak{a}_n)$$

$$= \sum_{P(1,2,\ldots,n)} \operatorname{sgn}(\beta_1, \beta_2, \ldots, \beta_n)\, a_{\beta_1 1} \cdots a_{\beta_{k-1}\,k-1}\, e_{\beta_k \mu}\, a_{\beta_{k+1}\,k+1} \cdots a_{\beta_n n}.$$

Nach Definition ist $e_{\beta_k \mu} = 0$ für $\beta_k \neq \mu$; $\beta_k = 1, 2, \ldots, n$. Daher treten in der Summe nur diejenigen Glieder auf, die $e_{\mu\mu} = 1$ enthalten, und von den Permutationen $\beta_1, \beta_2, \ldots, \beta_n$ sind nur die zu berücksichtigen, bei denen $\beta_k = \mu$ festgehalten wird. Es ist also

$$b_{\mu k} = \sum_{\substack{P(1,2,\ldots,n) \\ \beta_k = \mu}} \operatorname{sgn}(\beta_1, \beta_2 \ldots, \beta_n)\, a_{\beta_1 1} \cdots a_{\beta_{k-1}\,k-1}\, a_{\beta_{k+1}\,k+1} \cdots a_{\beta_n n}. \qquad (44)$$

Unter den Indizes des allgemeinen Gliedes fehlt der erste Index $\mu$ und der zweite Index $k$. Da nämlich $\beta_k = \mu$ ist, kommen für $\beta_1, \ldots, \beta_{k-1}$, $\beta_{k+1}, \ldots, \beta_n$ nur Werte $\neq \mu$ in Betracht. Wir wollen dementsprechend auch die Permutation

$$\beta_1, \ldots, \beta_{k-1}, \mu, \beta_{k+1}, \ldots, \beta_n$$

durch diejenige ersetzen, bei der $\mu$ fortgelassen wird. Wie ändert sich dann das Vorzeichen? Bringt man zunächst $\mu$ an die erste Stelle, so hat man $k-1$ Vertauschungen benachbarter Symbole vorzunehmen; es ist also

$$\operatorname{sgn}(\beta_1, \ldots, \beta_{k-1}, \mu, \beta_{k+1}, \ldots, \beta_n)$$
$$= (-1)^{k-1} \operatorname{sgn}(\mu, \beta_1, \ldots, \beta_{k-1}, \beta_{k+1}, \ldots, \beta_n).$$

An erster Stelle bildet $\mu$ mit allen Zahlen $1, 2, \ldots, \mu-1$ je eine Inversion, insgesamt also $\mu-1$ Inversionen. Die Gesamtanzahl der Inversionen rechts wird also um $\mu-1$ vermindert, wenn das Symbol $\mu$ fortgelassen wird. Daher ist

$$\operatorname{sgn}(\mu, \beta_1, \ldots, \beta_{k-1}, \beta_{k+1}, \ldots, \beta_n)$$
$$= (-1)^{\mu-1} \operatorname{sgn}(\beta_1, \ldots, \beta_{k-1}, \beta_{k+1}, \ldots, \beta_n),$$

und man erhält

$$\operatorname{sgn}(\beta_1, \ldots, \beta_{k-1}, \mu, \beta_{k+1}, \ldots, \beta_n)$$
$$= (-1)^{k+\mu-2} \operatorname{sgn}(\beta_1, \ldots, \beta_{k-1}, \beta_{k+1}, \ldots, \beta_n)$$
$$= (-1)^{k+\mu} \operatorname{sgn}(\beta_1, \ldots, \beta_{k-1}, \beta_{k+1}, \ldots, \beta_n).$$

Nunmehr folgt aus (44)

$$b_{\mu k} = (-1)^{k+\mu} \sum \operatorname{sgn}(\beta_1, \ldots, \beta_{k-1}, \beta_{k+1}, \ldots, \beta_n)$$
$$\times a_{\beta_1 1} \cdots a_{\beta_{k-1} k-1}\, a_{\beta_{k+1} k+1} \cdots a_{\beta_n n},$$

wo die Summe über alle Permutationen $\beta_1, \ldots, \beta_{k-1}, \beta_{k+1}, \ldots, \beta_n$ von $1, \ldots, \mu-1, \mu+1, \ldots, n$ zu erstrecken ist. Die Summe definiert also eine Determinante $(n-1)$-ter Ordnung, und zwar diejenige, deren Matrix aus der Matrix $A$ durch Streichung der $\mu$-ten Zeile und $k$-ten Spalte entsteht, d. h. die Unterdeterminante $d_{\mu k}(A)$. Folglich ist

$$b_{\mu k} = (-1)^{k+\mu} d_{\mu k}(A) = \alpha_{\mu k}. \tag{45}$$

Dies gilt für $\mu = 1, 2, \ldots, n$. Setzt man (45) in (42) ein, so erhält man

$$d(A) = a_{1k}\alpha_{1k} + a_{2k}\alpha_{2k} + \cdots + a_{nk}\alpha_{nk} = \sum_{\mu=1}^{n} a_{\mu k}\alpha_{\mu k}. \tag{46}$$

Man nennt diese Darstellung die *Entwicklung der Determinante nach den Elementen der k-ten Spalte*. Die Koeffizienten der Entwicklung sind die Adjunkten dieser Spalte. Hierbei ist $k$ eine beliebige der Zahlen $1, 2, \ldots, n$.

**17. Die Grundrelationen.** Man kann das Ergebnis (46) auch so formulieren: Eine Determinante ist stets gleich dem Produkt irgendeiner ihrer Spalten mit der aus den Adjunkten dieser Spalte gebildeten Zahlenreihe (II, Nr. 6). Was ergibt sich nun, wenn man entsprechend eine Spalte mit den Adjunkten einer anderen Spalte multipliziert?

Zur Beantwortung dieser Frage greifen wir auf die Darstellung (43) zurück, bei der wir die Werte (45) für die $b_{\mu k}$ benutzen:

$$d(\mathfrak{a}_1, \ldots, \mathfrak{a}_{k-1}, \mathfrak{x}, \mathfrak{a}_{k+1}, \ldots, \mathfrak{a}_n) = \sum_{\mu=1}^{n} x_\mu \, \alpha_{\mu k} \, .$$

Setzt man hier $\mathfrak{x} = \mathfrak{a}_i$ mit $i \neq k$, so folgt nach Regel 3

$$d(\mathfrak{a}_1, \ldots, \mathfrak{a}_{k-1}, \mathfrak{a}_i, \mathfrak{a}_{k+1}, \ldots, \mathfrak{a}_n) = 0, \quad \text{d. h.} \quad \sum_{\mu=1}^{n} a_{\mu i} \, \alpha_{\mu k} = 0 \, .$$

Dies gilt für jedes Paar $i$, $k$ mit $i \neq k$; $i$, $k = 1, 2, \ldots, n$. Das Produkt einer beliebigen Spalte von $A$ oder $d(A)$ mit der Zahlenreihe der Adjunkten irgendeiner anderen, davon verschiedenen, Spalte hat also den Wert 0.

Nach Regel 1 gilt das hier für die Spalten Bewiesene in entsprechender Weise auch für die Zeilen der Matrix oder Determinante. Wir fassen das Ergebnis in den folgenden sog. **Grundrelationen** für Determinanten zusammen:

**Satz 11.** *Sind $\alpha_{ik}$ die Adjunkten der Elemente $a_{ik}$ einer $n$, $n$-reihigen Matrix $A$ und $d$ der Wert ihrer Determinante $d(A)$, so ist für $i$, $k = 1$, $2, \ldots, n$*

$$\sum_{\mu=1}^{n} a_{i\mu} \, \alpha_{k\mu} = \begin{cases} d & \text{für} \quad i = k, \\ 0 & \text{für} \quad i \neq k, \end{cases} \tag{47}$$

$$\sum_{\mu=1}^{n} a_{\mu i} \, \alpha_{\mu k} = \begin{cases} d & \text{für} \quad i = k, \\ 0 & \text{für} \quad i \neq k. \end{cases} \tag{48}$$

**18. Multiplikation mit einer Zahl, proportionale Zeilen.** Wir ziehen einige Folgerungen aus dem Entwicklungssatz von Nr. 16; doch brauchen wir ihn hier nicht in der präzisen Form (46). Es würde bereits (42) mit unbekannten Koeffizienten $b_{\mu k}$ genügen.

**Regel 4.** *Eine Determinante hat den Wert* 0, *wenn eine Spalte (Zeile) die Nullreihe ist.*

*Beweis.* Ist $\mathfrak{a}_k = 0$, so entwickle man $d(A)$ nach den Elementen der $k$-ten Spalte. Dann folgt

$$d(A) = 0 \cdot \alpha_{1k} + 0 \cdot \alpha_{2k} + \cdots + 0 \cdot \alpha_{nk} = 0 \, .$$

**Regel 5.** *Eine Determinante wird mit einer Zahl multipliziert, indem eine Spalte (Zeile) mit dieser Zahl multipliziert wird:*

$$t \cdot d(\mathfrak{a}_1, \mathfrak{a}_2, \ldots, \mathfrak{a}_n) = d(t\mathfrak{a}_1, \mathfrak{a}_2, \ldots, \mathfrak{a}_n) = d(\mathfrak{a}_1, t\mathfrak{a}_2, \ldots, \mathfrak{a}_n) = \cdots$$
$$= d(\mathfrak{a}_1, \mathfrak{a}_2, \ldots, t\mathfrak{a}_n) \, .$$

*Beweis.* Durch Entwicklung nach den Elementen der $k$-ten Spalte folgt:

$$\begin{aligned}
d(\mathfrak{a}_1, \ldots, t\,\mathfrak{a}_k, \ldots, \mathfrak{a}_n) &= t\,a_{1k}\,\alpha_{1k} + t\,a_{2k}\,\alpha_{2k} + \cdots + t\,a_{nk}\,\alpha_{nk} \\
&= t\,(a_{1k}\,\alpha_{1k} + a_{2k}\,\alpha_{2k} + \cdots + a_{nk}\,\alpha_{nk}) \\
&= t \cdot d(\mathfrak{a}_1, \ldots, \mathfrak{a}_k, \ldots, \mathfrak{a}_n).
\end{aligned}$$

Der Beweis zeigt zugleich:

**Regel 5'.** *Enthalten die Elemente einer Spalte (Zeile) der Determinante einen gemeinsamen Faktor, so darf dieser vor die Determinante gesetzt werden.*

**Regel 6.** *Eine Determinante hat den Wert* 0, *wenn zwei Spalten (Zeilen) proportional sind.*

*Beweis.* Es sei $\mathfrak{a}_i = c\,\mathfrak{a}_k$ $(i < k)$. Dann ist nach den Regeln 5' und 3

$$\begin{aligned}
d(\mathfrak{a}_1, \ldots, \mathfrak{a}_i, \ldots, \mathfrak{a}_k, \ldots, \mathfrak{a}_n) &= d(\mathfrak{a}_1, \ldots, c\,\mathfrak{a}_k, \ldots, \mathfrak{a}_k, \ldots, \mathfrak{a}_n) \\
&= c \cdot d(\mathfrak{a}_1, \ldots, \mathfrak{a}_k, \ldots, \mathfrak{a}_k, \ldots, \mathfrak{a}_n) = 0.
\end{aligned}$$

**19. Zerlegung in Summanden.** Weiter folgt aus dem Entwicklungssatz bzw. schon aus (42):

**Regel 7.** *Eine Determinante, in der eine Spalte (Zeile) die Summe zweier Zahlenreihen ist, kann man als Summe zweier Determinanten schreiben, die sich nur in der betreffenden Spalte (Zeile) unterscheiden. Ist* $\mathfrak{a}_i = \mathfrak{a}_i^{(1)} + \mathfrak{a}_i^{(2)}$, *so ist*

$$d(\mathfrak{a}_1, \ldots, \mathfrak{a}_i, \ldots, \mathfrak{a}_n) = d(\mathfrak{a}_1, \ldots, \mathfrak{a}_i^{(1)}, \ldots, \mathfrak{a}_n) + d(\mathfrak{a}_1, \ldots, \mathfrak{a}_i^{(2)}, \ldots, \mathfrak{a}_n).$$

*Beweis.* Durch Entwicklung nach den Elementen der $i$-ten Spalte folgt:

$$\begin{vmatrix} a_{11} & \cdots & a_{1i} & \cdots & a_{1n} \\ a_{21} & \cdots & a_{2i} & \cdots & a_{2n} \\ \cdot & \cdots & \cdot & \cdots & \cdot \\ a_{n1} & \cdots & a_{ni} & \cdots & a_{nn} \end{vmatrix} = \begin{vmatrix} a_{11} & \cdots & a_{1i}^{(1)} + a_{1i}^{(2)} & \cdots & a_{1n} \\ a_{21} & \cdots & a_{2i}^{(1)} + a_{2i}^{(2)} & \cdots & a_{2n} \\ \cdot & \cdots & \cdot & \cdots & \cdot \\ a_{n1} & \cdots & a_{ni}^{(1)} + a_{ni}^{(2)} & \cdots & a_{nn} \end{vmatrix}$$

$$= \sum_{\mu=1}^{n} (a_{\mu i}^{(1)} + a_{\mu i}^{(2)})\,\alpha_{\mu i}$$

$$= \sum_{\mu} a_{\mu i}^{(1)}\,\alpha_{\mu i} + \sum_{\mu} a_{\mu i}^{(2)}\,\alpha_{\mu i}$$

$$= \begin{vmatrix} a_{11} & \cdots & a_{1i}^{(1)} & \cdots & a_{1n} \\ a_{21} & \cdots & a_{2i}^{(1)} & \cdots & a_{2n} \\ \cdot & \cdots & \cdot & \cdots & \cdot \\ a_{n1} & \cdots & a_{ni}^{(1)} & \cdots & a_{nn} \end{vmatrix} + \begin{vmatrix} a_{11} & \cdots & a_{1i}^{(2)} & \cdots & a_{1n} \\ a_{21} & \cdots & a_{2i}^{(2)} & \cdots & a_{2n} \\ \cdot & \cdots & \cdot & \cdots & \cdot \\ a_{n1} & \cdots & a_{ni}^{(2)} & \cdots & a_{nn} \end{vmatrix}.$$

**Regel 7'.** *Eine Determinante, in der eine Spalte (Zeile) die Summe von* $m$ *Zahlenreihen ist, kann man als Summe von* $m$ *Determinanten schreiben, die sich nur in der betreffenden Spalte (Zeile) unterscheiden. Ist*

$$\mathfrak{a}_i = \mathfrak{a}_i^{(1)} + \mathfrak{a}_i^{(2)} + \cdots + \mathfrak{a}_i^{(m)} = \sum_{\mu=1}^{m} a_i^{(\mu)},$$

*so gilt*

$$d(\mathfrak{a}_1, \ldots, \mathfrak{a}_i, \ldots, \mathfrak{a}_n) = \sum_{\mu=1}^{m} d(\mathfrak{a}_1, \ldots, \mathfrak{a}_i^{(\mu)}, \ldots, \mathfrak{a}_n).$$

Der Beweis hierfür ergibt sich durch mehrmalige Anwendung der Regel 7.

**Regel 7″.** *Ist schließlich in einer Determinante jede Spalte (Zeile) Summe von endlich vielen Zahlenreihen, etwa die $i$-te Spalte $\mathfrak{a}_i = \sum\limits_{\mu_i=1}^{m_i} \mathfrak{a}_i^{(\mu_i)}$ $(i = 1, 2, \ldots, n)$, so gilt entsprechend*

$$d\left(\sum_{\mu_1=1}^{m_1} \mathfrak{a}_1^{(\mu_1)}, \sum_{\mu_2=1}^{m_2} \mathfrak{a}_2^{(\mu_2)}, \ldots, \sum_{\mu_n=1}^{m_n} \mathfrak{a}_n^{(\mu_n)}\right) = \sum_{\substack{\mu_1=1,\ldots,m_1 \\ \mu_2=1,\ldots,m_2 \\ \cdots\cdots\cdots \\ \mu_n=1,\ldots,m_n}} d\left(\mathfrak{a}_1^{(\mu_1)}, \mathfrak{a}_2^{(\mu_2)}, \ldots, \mathfrak{a}_n^{(\mu_n)}\right).$$

Der Beweis dieser Regel ergibt sich durch mehrmalige Anwendung der Regel 7′. Die Regel 7″ umfaßt auch den Fall, daß nur ein Teil der Zeilen (Spalten) der Determinante Summen von Zahlenreihen sind. Für die übrigen Zeilen (Spalten) sind dann die Anzahlen $m_i = 1$. Die Summe rechts enthält $m_1 \cdot m_2 \cdots m_n$ Summanden.

**20. Vielfachsummenbildung.** Eine der wichtigsten Regeln zur Vereinfachung und Berechnung von Determinanten ist

**Regel 8.** *Der Wert einer Determinante bleibt ungeändert, wenn man zu einer Spalte (Zeile) beliebige Vielfache der übrigen Spalten (Zeilen) addiert, z. B.*

$$d(\mathfrak{a}_1 + t_2\mathfrak{a}_2 + t_3\mathfrak{a}_3 + \cdots + t_n\mathfrak{a}_n, \mathfrak{a}_2, \ldots, \mathfrak{a}_n) = d(\mathfrak{a}_1, \mathfrak{a}_2, \ldots, \mathfrak{a}_n),$$

*wo $t_2, t_3, \ldots, t_n$ beliebige Zahlen, einschließlich 0, sind.*

*Beweis.* Nach den Regeln 7′ und 6 ist

$$d\left(\mathfrak{a}_1 + \sum_{\nu=2}^{n} t_\nu\mathfrak{a}_\nu, \mathfrak{a}_2, \ldots, \mathfrak{a}_n\right) = d(\mathfrak{a}_1, \mathfrak{a}_2, \ldots, \mathfrak{a}_n) + \sum_{\nu=2}^{n} d(t_\nu \mathfrak{a}_\nu, \mathfrak{a}_2, \ldots, \mathfrak{a}_n)$$
$$= d(\mathfrak{a}_1, \mathfrak{a}_2, \ldots, \mathfrak{a}_n).$$

Die Berechnung einer Determinante auf Grund der Definition ist im allgemeinen sehr mühsam. Der Nutzen der hier abgeleiteten Regeln ist, daß man mit ihnen den Wert einer Determinante meist sehr viel einfacher ermitteln kann. Insbesondere wird man mit Regel 8 in einer Spalte (oder Zeile) möglichst viel Elemente zu 0 zu machen versuchen und dann die Determinante nach den Elementen dieser Spalte (bzw. Zeile) entwickeln. Hiermit ergibt sich das folgende

**Verfahren.** Soll die Determinante

$$d(\mathfrak{a}_1, \mathfrak{a}_2, \ldots, \mathfrak{a}_n) = \begin{vmatrix} a_{11} & a_{12} & \cdots & a_{1n} \\ a_{21} & a_{22} & \cdots & a_{2n} \\ \cdot & \cdot & \cdots & \cdot \\ a_{n1} & a_{n2} & \cdots & a_{nn} \end{vmatrix}$$

berechnet werden, so kann man annehmen, daß in keiner ihrer Spalten alle Elemente gleich 0 sind. Sonst wäre $d(A) = 0$ nach Regel 4 und eine

Berechnung nicht mehr erforderlich. Ist etwa $a_{11} \neq 0$, so bilde man die Zahlenreihen

$$\mathfrak{b}_2 = \mathfrak{a}_2 - \frac{a_{12}}{a_{11}}\,\mathfrak{a}_1, \quad \mathfrak{b}_3 = \mathfrak{a}_3 - \frac{a_{13}}{a_{11}}\,\mathfrak{a}_1, \ldots, \quad \mathfrak{b}_n = \mathfrak{a}_n - \frac{a_{1n}}{a_{11}}\,\mathfrak{a}_1.$$

Die Elemente von $\mathfrak{b}_\nu$ $(\nu = 2, 3, \ldots, n)$ sind

$$b_{1\nu} = 0, \quad b_{2\nu} = a_{2\nu} - \frac{a_{1\nu}}{a_{11}}\,a_{21}, \ldots, \quad b_{n\nu} = a_{n\nu} - \frac{a_{1\nu}}{a_{11}}\,a_{n1},$$

und nach Regel 8, diese mehrmals angewandt, ist

$$d(\mathfrak{a}_1, \mathfrak{a}_2, \ldots, \mathfrak{a}_n) = d(\mathfrak{a}_1, \mathfrak{b}_2, \ldots, \mathfrak{b}_n)$$

$$= \begin{vmatrix} a_{11} & 0 & \cdots & 0 \\ a_{21} & b_{22} & \cdots & b_{2n} \\ \cdot & \cdot & \cdots & \cdot \\ a_{n1} & b_{n2} & \cdots & b_{nn} \end{vmatrix} = a_{11} \cdot \begin{vmatrix} b_{22} & \cdots & b_{2n} \\ \cdot & \cdots & \cdot \\ \cdot & \cdots & \cdot \\ b_{n2} & \cdots & b_{nn} \end{vmatrix}.$$

Letzteres folgt durch Entwicklung nach den Elementen der ersten Zeile. Die Determinante der $b_{\mu\nu}$ ist von $(n-1)$-ter Ordnung. Sind in einer ihrer Spalten alle Elemente gleich 0, so ist die Determinante gleich 0, und man ist fertig. Ist etwa $b_{22} \neq 0$, so bildet man

$$\mathfrak{c}_3 = \mathfrak{b}_3 - \frac{b_{23}}{b_{22}}\,\mathfrak{b}_2, \quad \ldots, \quad \mathfrak{c}_n = \mathfrak{b}_n - \frac{b_{2n}}{b_{22}}\,\mathfrak{b}_2.$$

Dann wird $d(\mathfrak{a}_1, \mathfrak{b}_2, \ldots, \mathfrak{b}_n) = d(\mathfrak{a}_1, \mathfrak{b}_2, \mathfrak{c}_3, \ldots, \mathfrak{c}_n)$, also

$$d(\mathfrak{a}_1, \mathfrak{a}_2, \ldots, \mathfrak{a}_n) = a_{11} \begin{vmatrix} b_{22} & 0 & \cdots & 0 \\ b_{32} & c_{33} & \cdots & c_{3n} \\ \cdot & \cdot & \cdots & \cdot \\ b_{n2} & c_{n3} & \cdots & c_{nn} \end{vmatrix} = a_{11}\,b_{22} \cdot \begin{vmatrix} c_{33} & \cdots & c_{3n} \\ \cdot & \cdots & \cdot \\ \cdot & \cdots & \cdot \\ c_{n3} & \cdots & c_{nn} \end{vmatrix},$$

wo die Determinante der $c_{\mu\nu}$ von $(n-2)$-ter Ordnung ist. Dies Verfahren kann man fortsetzen, wobei man zwischendurch die auftretenden Determinanten, wenn möglich, nach Regel 5 vereinfacht. Wir geben in den nachfolgenden Nummern 21 und 22 einige Beispiele für die Anwendung des geschilderten Verfahrens.

**21. Die Vandermondesche Determinante**[1]. Hierunter versteht man, falls $a_1, a_2, \ldots, a_n$ beliebige Zahlen sind, für eine beliebige natürliche Zahl $n$ die Determinante

$$v_n = v_n(a_1, a_2, \ldots, a_n) = \begin{vmatrix} a_1^{n-1} & a_2^{n-1} & \cdots & a_n^{n-1} \\ a_1^{n-2} & a_2^{n-2} & \cdots & a_n^{n-2} \\ \cdot & \cdot & \cdots & \cdot \\ a_1 & a_2 & \cdots & a_n \\ 1 & 1 & \cdots & 1 \end{vmatrix}. \tag{49}$$

---

[1] Alexander Theophile Vandermonde, 1735—1796, von 1782 an Direktor des Conservatoire pour les arts-et-métiers in Paris.

Subtrahiert man hier die (d. h. addiert man die mit $-1$ multiplizierte)
$n$-te Spalte von allen übrigen Spalten, so wird

$$v_n = \begin{vmatrix} a_1^{n-1} - a_n^{n-1} & a_2^{n-1} - a_n^{n-1} & \cdots & a_{n-1}^{n-1} - a_n^{n-1} & a_n^{n-1} \\ a_1^{n-2} - a_n^{n-2} & a_2^{n-2} - a_n^{n-2} & \cdots & a_{n-1}^{n-2} - a_n^{n-2} & a_n^{n-2} \\ \cdot & \cdot & \cdots & \cdot & \cdot \\ \cdot & \cdot & \cdots & \cdot & \cdot \\ a_1 - a_n & a_2 - a_n & \cdots & a_{n-1} - a_n & a_n \\ 0 & 0 & \cdots & 0 & 1 \end{vmatrix},$$

also, wenn man nach den Elementen der letzten Zeile entwickelt und I,
Nr. 16, b) benutzt:

$$v_n = (a_1 - a_n)\,(a_2 - a_n) \cdots (a_{n-1} - a_n)\, v_n'$$

mit

$$v_n' = \begin{vmatrix} \sum_{v=0}^{n-2} a_1^{n-2-v}\, a_n^v & \sum_{v=0}^{n-2} a_2^{n-2-v}\, a_n^v & \cdots & \sum_{v=0}^{n-2} a_{n-1}^{n-2-v}\, a_n^v \\ \sum_{v=0}^{n-3} a_1^{n-3-v}\, a_n^v & \sum_{v=0}^{n-3} a_2^{n-3-v}\, a_n^v & \cdots & \sum_{v=0}^{n-3} a_{n-1}^{n-3-v}\, a_n^v \\ \cdot & \cdot & \cdots & \cdot \\ \cdot & \cdot & \cdots & \cdot \\ a_1 + a_n & a_2 + a_n & \cdots & a_{n-1} + a_n \\ 1 & 1 & \cdots & 1 \end{vmatrix}.$$

In dieser Determinante subtrahiert man die mit $a_n$ multiplizierte 2. Zeile
von der 1. Zeile, dann die mit $a_n$ multiplizierte 3. Zeile von der 2. Zeile, ...,
schließlich die mit $a_n$ multiplizierte letzte [$(n-1)$-te] Zeile von der
vorletzten. Dann wird

$$v_n = (a_1 - a_n) \cdots (a_{n-1} - a_n) \begin{vmatrix} a_1^{n-2} & a_2^{n-2} & \cdots & a_{n-1}^{n-2} \\ \cdot & \cdot & \cdots & \cdot \\ \cdot & \cdot & \cdots & \cdot \\ a_1 & a_2 & \cdots & a_{n-1} \\ 1 & 1 & \cdots & 1 \end{vmatrix},$$

also

$$v_n = (a_1 - a_n)\,(a_2 - a_n) \cdots (a_{n-1} - a_n)\, v_{n-1}. \tag{50}$$

Hiermit ist die Berechnung von $v_n$ auf $v_{n-1}$ zurückgeführt. Mit (50)
hat man eine sog. *Rekursionsformel* für $v_n$ erhalten, die für jedes $n \geqq 2$
gültig ist. Schreibt man nun Gl. (50) nacheinander für $n, n-1, \ldots, 2$
statt $n$ hin, so erhält man, da die Rekursion mit $v_2 = (a_1 - a_2)\, v_1 = a_1 - a_2$
schließt, durch Rückwärtseinsetzen schließlich das Ergebnis

$$v_n = \prod_{\substack{i,\,k=1 \\ i<k}}^{n} (a_i - a_k) \qquad (n \geqq 2). \tag{51}$$

Es ist also $v_n$ gleich dem Differenzenprodukt von $a_1, a_2, \ldots, a_n$
[I, Nr. 21, (76)].

**22. Determinanten von Dreiecksmatrizen.** Eine Matrix $A = (a_{ik})$ heißt eine *Dreiecksmatrix*, wenn alle Elemente oberhalb oder unterhalb der Hauptdiagonale Nullen sind:

$$a_{ik} = 0 \quad \text{für} \quad i < k \quad \text{bzw.} \quad a_{ik} = 0 \quad \text{für} \quad i > k \quad (i, k = 1, 2, \ldots, n).$$

Dann folgt durch Entwickeln nach Zeilen bzw. Spalten unmittelbar, daß der Wert der Determinante das Produkt der Hauptdiagonalelemente ist, z. B.

$$\begin{vmatrix} a_{11} & 0 & \cdots & 0 \\ a_{21} & a_{22} & \cdots & 0 \\ \cdot & \cdot & \cdots & \cdot \\ a_{n1} & a_{n2} & \cdots & a_{nn} \end{vmatrix} = a_{11}\, a_{22} \cdots a_{nn}, \qquad \begin{vmatrix} c_1 & c_2 & \cdots & c_n \\ 0 & 1 & \cdots & 0 \\ \cdot & \cdot & \cdots & \cdot \\ 0 & 0 & \cdots & 1 \end{vmatrix} = c_1.$$

Ein Sonderfall der Dreiecksmatrizen ist die *Diagonalmatrix*, die durch

$$a_{ik} = 0 \quad \text{für} \quad i \neq k \qquad (i, k = 1, 2, \ldots, n)$$

gekennzeichnet ist, d. h. alle Elemente außerhalb der Hauptdiagonale sind gleich 0. Auch hierfür ist die Determinante gleich dem Produkt der Hauptdiagonalelemente.

## § 5. Einige Sätze über Determinanten.

**23. Der Multiplikationssatz.** Wir haben bereits in Satz 1 Determinanten 2. Ordnung miteinander multipliziert und gesehen, daß das Produkt sich wieder als Determinante 2. Ordnung schreiben läßt. Entsprechendes gilt für Determinanten höherer Ordnung.

**Satz 12 (Multiplikationssatz).** *Bildet man aus den Zeilen*

$$\mathfrak{a}_1, \mathfrak{a}_2, \ldots, \mathfrak{a}_n \quad bzw. \quad \mathfrak{b}_1, \mathfrak{b}_2, \ldots, \mathfrak{b}_n$$

*zweier Determinanten n-ter Ordnung*

$$d(A) = \begin{vmatrix} a_{11} & a_{12} & \cdots & a_{1n} \\ a_{21} & a_{22} & \cdots & a_{2n} \\ \cdot & \cdot & \cdots & \cdot \\ \cdot & \cdot & \cdots & \cdot \\ a_{n1} & a_{n2} & \cdots & a_{nn} \end{vmatrix} \quad bzw. \quad d(B) = \begin{vmatrix} b_{11} & b_{12} & \cdots & b_{1n} \\ b_{21} & b_{22} & \cdots & b_{2n} \\ \cdot & \cdot & \cdots & \cdot \\ \cdot & \cdot & \cdots & \cdot \\ b_{n1} & b_{n2} & \cdots & b_{nn} \end{vmatrix}$$

*die $n^2$ Produkte* $\mathfrak{a}_i \mathfrak{b}_k = \sum\limits_{\nu=1}^{n} a_{i\nu}\, b_{k\nu}$ $(i, k = 1, 2, \ldots, n)$ *und mit diesen als Elementen die Determinante n-ter Ordnung*

$$d(A, B) = \begin{vmatrix} \mathfrak{a}_1 \mathfrak{b}_1 & \mathfrak{a}_1 \mathfrak{b}_2 & \cdots & \mathfrak{a}_1 \mathfrak{b}_n \\ \mathfrak{a}_2 \mathfrak{b}_1 & \mathfrak{a}_2 \mathfrak{b}_2 & \cdots & \mathfrak{a}_2 \mathfrak{b}_n \\ \cdot & \cdot & \cdots & \cdot \\ \cdot & \cdot & \cdots & \cdot \\ \mathfrak{a}_n \mathfrak{b}_1 & \mathfrak{a}_n \mathfrak{b}_2 & \cdots & \mathfrak{a}_n \mathfrak{b}_n \end{vmatrix},$$

*deren Matrix mit $(A, B)$ bezeichnet werden möge, so ist*

$$d(A, B) = d(A) \cdot d(B). \tag{52}$$

*Beweis.* Aus den Regeln 7'' und 5', auf die Zeilen angewandt, folgt

$$d(A, B) = \begin{vmatrix} \sum_{\nu_1=1}^{n} a_{1\nu_1} b_{1\nu_1} & \sum_{\nu_1=1}^{n} a_{1\nu_1} b_{2\nu_1} & \cdots & \sum_{\nu_1=1}^{n} a_{1\nu_1} b_{n\nu_1} \\ \sum_{\nu_2=1}^{n} a_{2\nu_2} b_{1\nu_2} & \sum_{\nu_2=1}^{n} a_{2\nu_2} b_{2\nu_2} & \cdots & \sum_{\nu_2=1}^{n} a_{2\nu_2} b_{n\nu_2} \\ \cdot & \cdot & \cdots & \cdot \\ \cdot & \cdot & \cdots & \cdot \\ \sum_{\nu_n=1}^{n} a_{n\nu_n} b_{1\nu_n} & \sum_{\nu_n=1}^{n} a_{n\nu_n} b_{2\nu_n} & \cdots & \sum_{\nu_n=1}^{n} a_{n\nu_n} b_{n\nu_n} \end{vmatrix}$$

$$= \sum_{\nu_1, \nu_2, \ldots, \nu_n=1}^{n} \begin{vmatrix} a_{1\nu_1} b_{1\nu_1} & a_{1\nu_1} b_{2\nu_1} & \cdots & a_{1\nu_1} b_{n\nu_1} \\ a_{2\nu_2} b_{1\nu_2} & a_{2\nu_2} b_{2\nu_2} & \cdots & a_{2\nu_2} b_{n\nu_2} \\ \cdot & \cdot & \cdots & \cdot \\ \cdot & \cdot & \cdots & \cdot \\ a_{n\nu_n} b_{1\nu_n} & a_{n\nu_n} b_{2\nu_n} & \cdots & a_{n\nu_n} b_{n\nu_n} \end{vmatrix}$$

$$= \sum_{\nu_1, \nu_2, \ldots, \nu_n=1}^{n} a_{1\nu_1} a_{2\nu_2} \cdots a_{n\nu_n} \begin{vmatrix} b_{1\nu_1} & b_{2\nu_1} & \cdots & b_{n\nu_1} \\ b_{1\nu_2} & b_{2\nu_2} & \cdots & b_{n\nu_2} \\ \cdot & \cdot & \cdots & \cdot \\ \cdot & \cdot & \cdots & \cdot \\ b_{1\nu_n} & b_{2\nu_n} & \cdots & b_{n\nu_n} \end{vmatrix} .$$

Bedeuten $c_1, c_2, \ldots, c_n$ die Spalten der Matrix $B$, so ist also

$$d(A, B) = \sum_{\nu_1, \nu_2, \ldots, \nu_n=1}^{n} a_{1\nu_1} a_{2\nu_2} \cdots a_{n\nu_n} \cdot d(c_{\nu_1}, c_{\nu_2}, \ldots, c_{\nu_n}). \tag{53}$$

Denn die zuletzt auftretende Determinante hat als Zeilen die *Spalten* $\nu_1, \nu_2, \ldots, \nu_n$ von $B$, läßt sich also nach Regel 1 wie angegeben schreiben.

Sind nun zwei der Indizes $\nu_1, \nu_2, \ldots, \nu_n$ einander gleich, so ist $d(c_{\nu_1}, c_{\nu_2}, \ldots, c_{\nu_n}) = 0$, da zwei Spalten übereinstimmen (Regel 3). Folglich treten in (53) nur solche Glieder auf, bei denen die Indizes $\nu_1, \nu_2, \ldots, \nu_n$ paarweise verschieden sind. Bei der Summation braucht man also nur die *Permutationen* $\nu_1, \nu_2, \ldots, \nu_n$ von $1, 2, \ldots, n$ zu berücksichtigen. Nach Regel 2' ist

$$d(c_{\nu_1}, c_{\nu_2}, \ldots, c_{\nu_n}) = \operatorname{sgn}(\nu_1, \nu_2, \ldots, \nu_n)\, d(c_1, c_2, \ldots, c_n).$$

Setzt man dies in (53) ein, so kann $d(c_1, c_2, \ldots, c_n)$ als allen Gliedern gemeinsamer Faktor vor das Summenzeichen gesetzt werden (I, Regel 16), und man erhält unter Benutzung von (32) und (36)

$$d(A, B) = d(c_1, c_2, \ldots, c_n) \sum_{P(\nu_1, \nu_2, \ldots, \nu_n)} \operatorname{sgn}(\nu_1, \nu_2, \ldots, \nu_n)\, a_{1\nu_1} a_{2\nu_2} \cdots a_{n\nu_n}$$

$$= d(B) \cdot d(A) = d(A)\, d(B).$$

Damit ist Satz 12 bewiesen.

Die Zusammensetzung der Determinanten $d(A)$ und $d(B)$ zur Determinante $d(A, B)$ erfolgt, wie man auch sagt, durch *Komposition* (formale Multiplikation; II, Nr. 6) der Zeilen von $A$ mit den Zeilen von $B$. Ist wieder $A'$ bzw. $B'$ die Transponierte von $A$ bzw. $B$, so folgt aus (36):

$$d(A) \cdot d(B) = d(A')\, d(B) = d(A)\, d(B') = d(A')\, d(B').$$

Dies zeigt, daß es gleichgültig ist, wie man die Reihen von $A$ mit denen von $B$ komponiert, ob Zeilen mit Zeilen, Spalten mit Zeilen, Zeilen mit Spalten oder Spalten mit Spalten; d. h. es ist nach (52)

$$d(A, B) = d(A', B) = d(A, B') = d(A', B').$$

**24. Determinante der adjungierten Matrix.** Bildet man aus den $n^2$ adjungierten Größen $\alpha_{ik}$ (Nr. 15) der Elemente $a_{ik}$ von $A$ eine Matrix, so erhält man die zu $A$ **adjungierte Matrix A**:

$$A = \begin{pmatrix} a_{11} & a_{12} & \cdots & a_{1n} \\ a_{21} & a_{22} & \cdots & a_{2n} \\ \cdot & \cdot & \cdots & \cdot \\ a_{n1} & a_{n2} & \cdots & a_{nn} \end{pmatrix}, \quad \mathsf{A} = \begin{pmatrix} \alpha_{11} & \alpha_{12} & \cdots & \alpha_{1n} \\ \alpha_{21} & \alpha_{22} & \cdots & \alpha_{2n} \\ \cdot & \cdot & \cdots & \cdot \\ \alpha_{n1} & \alpha_{n2} & \cdots & \alpha_{nn} \end{pmatrix}.$$

Ihre Determinante läßt sich mit Hilfe des Multiplikationssatzes leicht berechnen: *Ist $d(A) = a$, $d(\mathsf{A}) = \alpha$, so ist, falls $a \neq 0$ ist,*

$$\alpha = a^{n-1}. \tag{54}$$

Komponiert man nämlich die Determinanten von $A$ und $\mathsf{A}$ zeilenweise, so erhält man mittels der Grundrelationen (47)

$$d(A) \cdot d(\mathsf{A}) = \begin{vmatrix} a & 0 & \cdots & 0 \\ 0 & a & \cdots & 0 \\ \cdot & \cdot & \cdots & \cdot \\ 0 & 0 & \cdots & a \end{vmatrix} = a^n$$

nach Nr. 22. Folglich ist $a \cdot \alpha = a^n$, d. h. $\alpha = a^{n-1}$, wenn $a \neq 0$ ist.

**25. Lineare Transformation von Zahlenreihen.** Bildet man aus $n$ Zahlenreihen $\mathfrak{a}_1, \mathfrak{a}_2, \ldots, \mathfrak{a}_n$ von $n$ Elementen neue Zahlenreihen

$$\begin{aligned} \mathfrak{b}_1 &= c_{11}\,\mathfrak{a}_1 + c_{12}\,\mathfrak{a}_2 + \cdots + c_{1n}\,\mathfrak{a}_n \\ \mathfrak{b}_2 &= c_{21}\,\mathfrak{a}_1 + c_{22}\,\mathfrak{a}_2 + \cdots + c_{2n}\,\mathfrak{a}_n \\ &\cdots\cdots\cdots\cdots\cdots\cdots\cdots\cdots\cdots \\ \mathfrak{b}_n &= c_{n1}\,\mathfrak{a}_1 + c_{n2}\,\mathfrak{a}_2 + \cdots + c_{nn}\,\mathfrak{a}_n \end{aligned} \quad \text{mit} \quad \begin{pmatrix} c_{11} & c_{12} & \cdots & c_{1n} \\ c_{21} & c_{22} & \cdots & c_{2n} \\ \cdot & \cdot & \cdots & \cdot \\ \cdot & \cdot & \cdots & \cdot \\ c_{n1} & c_{n2} & \cdots & c_{nn} \end{pmatrix} = C, \tag{55}$$

so sagt man, die Zahlenreihen $\mathfrak{b}_1, \mathfrak{b}_2, \ldots, \mathfrak{b}_n$ seien durch *homogene lineare Transformation mit der Matrix $C$* aus $\mathfrak{a}_1, \mathfrak{a}_2, \ldots, \mathfrak{a}_n$ hervorgegangen. Zwischen den Determinanten aus den ursprünglichen und den transformierten Zahlenreihen besteht ein einfacher Zusammenhang.

**Satz 13.** *Sind* $\mathfrak{b}_1$, $\mathfrak{b}_2$, ..., $\mathfrak{b}_n$ *nach* (55) *aus* $\mathfrak{a}_1$, $\mathfrak{a}_2$, ..., $\mathfrak{a}_n$ *entstanden, so ist*

$$d(\mathfrak{b}_1, \mathfrak{b}_2, \ldots, \mathfrak{b}_n) = d(C) \cdot d(\mathfrak{a}_1, \mathfrak{a}_2, \ldots, \mathfrak{a}_n). \tag{56}$$

*Beweis.* Nach den Regeln von § 4 folgt wie beim Beweis des Multiplikationssatzes

$$d(\mathfrak{b}_1, \mathfrak{b}_2, \ldots, \mathfrak{b}_n) = d\left( \sum_{\nu_1=1}^{n} c_{1\nu_1}\, \mathfrak{a}_{\nu_1}, \sum_{\nu_2=1}^{n} c_{2\nu_2}\, \mathfrak{a}_{\nu_2}, \ldots, \sum_{\nu_n=1}^{n} c_{n\nu_n}\, \mathfrak{a}_{\nu_n} \right)$$

$$= \sum_{\nu_1, \nu_2, \ldots, \nu_n=1}^{n} d\left( c_{1\nu_1}\, \mathfrak{a}_{\nu_1},\, c_{2\nu_2}\, \mathfrak{a}_{\nu_2}, \ldots,\, c_{n\nu_n}\, \mathfrak{a}_{\nu_n} \right)$$

$$= \sum_{\nu_1, \nu_2, \ldots, \nu_n=1}^{n} c_{1\nu_1}\, c_{2\nu_2} \cdots c_{n\nu_n}\, d\left( \mathfrak{a}_{\nu_1}, \mathfrak{a}_{\nu_2}, \ldots, \mathfrak{a}_{\nu_n} \right)$$

$$= \sum_{\nu_1, \nu_2, \ldots, \nu_n=1}^{n} c_{1\nu_1}\, c_{2\nu_2} \cdots c_{n\nu_n}\, \operatorname{sgn}(\nu_1, \nu_2, \ldots, \nu_n)$$

$$\times\, d(\mathfrak{a}_1, \mathfrak{a}_2, \ldots, \mathfrak{a}_n)$$

$$= d(\mathfrak{a}_1, \mathfrak{a}_2, \ldots, \mathfrak{a}_n) \sum_{P(\nu_1, \nu_2, \ldots, \nu_n)} \operatorname{sgn}(\nu_1, \nu_2, \ldots, \nu_n)$$

$$\times\, c_{1\nu_1}\, c_{2\nu_2} \cdots c_{n\nu_n}$$

$$= d(\mathfrak{a}_1, \mathfrak{a}_2, \ldots, \mathfrak{a}_n) \cdot d(C).$$

**26. Reelle und nichtreelle Matrizen.** Bisher haben wir über die Elemente der in diesem Kapitel betrachteten Zahlenreihen, Matrizen und Determinanten nichts anderes vorausgesetzt, als daß es Zahlen seien. Eine nähere Unterscheidung, insbesondere, ob reell oder nichtreell, ist nicht erforderlich gewesen, so daß alle bisherigen Ergebnisse dieses Kapitels für beliebige Elemente des Körpers der komplexen Zahlen (vgl. I, Nr. 14) gelten. Im folgenden werden wir aber zuweilen zwischen reellen und nichtreellen Zahlenreihen zu unterscheiden haben.

**Definition.** *Wir nennen eine Matrix* **reell,** *wenn alle ihre Elemente reelle Zahlen sind, sonst* **nichtreell.** *Eine reelle Matrix hat also als Zeilen und Spalten reelle Zahlenreihen. Geht man in einer beliebigen Matrix* $A = (a_{ik})$ *bei jedem Element zum konjugiert-komplexen Wert* $\bar{a}_{ik}$ *über, so erhält man die zu* $A$ **konjugiert-komplexe Matrix** $\bar{A} = (\bar{a}_{ik})$.

Nach I, Satz 3 ist eine Matrix $A$ dann und nur dann reell, wenn $\bar{A} = A$ ist. Ferner folgt aus (32) unter Benutzung von I, (38a, b):

$$d(\bar{A}) = \overline{d(A)}, \tag{57}$$

d. h. die Determinante der konjugiert-komplexen Matrix $A$ ist der konjugiert-komplexe Wert der Determinante von $A$. Für den absoluten Betrag der komplexen Zahl $d(A)$ [vgl. I, (42a)] gilt also:

$$|d(A)|^2 = d(A)\,\overline{d(A)} = d(A)\, d(\bar{A}). \tag{58}$$

**27. Gramsche Determinante.** Unter der *Gramschen Determinante*[1] einer $n, n$-reihigen Matrix $A$ mit den Spalten $\mathfrak{a}_1, \mathfrak{a}_2, \ldots, \mathfrak{a}_n$ versteht man die Determinante, deren Elemente die $n^2$ inneren Produkte (II, Nr. 6) $\bar{\mathfrak{a}}_i \cdot \mathfrak{a}_k$ sind $(i, k = 1, 2, \ldots, n)$:

$$g(\mathfrak{a}_1, \mathfrak{a}_2, \ldots, \mathfrak{a}_n) = \begin{vmatrix} \bar{\mathfrak{a}}_1 \mathfrak{a}_1 & \bar{\mathfrak{a}}_1 \mathfrak{a}_2 & \cdots & \bar{\mathfrak{a}}_1 \mathfrak{a}_n \\ \bar{\mathfrak{a}}_2 \mathfrak{a}_1 & \bar{\mathfrak{a}}_2 \mathfrak{a}_2 & \cdots & \bar{\mathfrak{a}}_2 \mathfrak{a}_n \\ \cdot & \cdot & \cdots & \cdot \\ \bar{\mathfrak{a}}_n \mathfrak{a}_1 & \bar{\mathfrak{a}}_n \mathfrak{a}_2 & \cdots & \bar{\mathfrak{a}}_n \mathfrak{a}_n \end{vmatrix} \tag{59}$$

Nach dem Multiplikationssatz ist also

$$g(\mathfrak{a}_1, \mathfrak{a}_2, \ldots, \mathfrak{a}_n) = d(\bar{\mathfrak{a}}_1, \bar{\mathfrak{a}}_2, \ldots, \bar{\mathfrak{a}}_n)\, d(\mathfrak{a}_1, \mathfrak{a}_2, \ldots, \mathfrak{a}_n)$$

$$= \overline{d(\mathfrak{a}_1, \mathfrak{a}_2, \ldots, \mathfrak{a}_n)}\, d(\mathfrak{a}_1, \mathfrak{a}_2, \ldots, \mathfrak{a}_n),$$

letzteres nach (57). Daher erhält man aus (58)

$$g(\mathfrak{a}_1, \mathfrak{a}_2, \ldots, \mathfrak{a}_n) = \left| d(\mathfrak{a}_1, \mathfrak{a}_2, \ldots, \mathfrak{a}_n) \right|^2. \tag{60}$$

Bei einer *reellen* Matrix $A$ stehen in (59) die formalen Produkte $\mathfrak{a}_i \mathfrak{a}_k$, und es ist

$$g(\mathfrak{a}_1, \mathfrak{a}_2, \ldots, \mathfrak{a}_n) = \{ d(\mathfrak{a}_1, \mathfrak{a}_2, \ldots, \mathfrak{a}_n) \}^2.$$

**Satz 14.** *Gehen die Spalten* $\mathfrak{b}_1, \mathfrak{b}_2, \ldots, \mathfrak{b}_n$ *aus* $\mathfrak{a}_1, \mathfrak{a}_2, \ldots, \mathfrak{a}_n$ *nach* (55) *durch homogene lineare Transformation mit der Matrix C hervor, so gilt*

$$g(\mathfrak{b}_1, \mathfrak{b}_2, \ldots, \mathfrak{b}_n) = \left| d(C) \right|^2 \cdot g(\mathfrak{a}_1, \mathfrak{a}_2, \ldots, \mathfrak{a}_n). \tag{61}$$

*Beweis.* Nach (56) ist

$$d(\mathfrak{b}_1, \mathfrak{b}_2, \ldots, \mathfrak{b}_n) = d(C)\, d(\mathfrak{a}_1, \mathfrak{a}_2, \ldots, \mathfrak{a}_n).$$

Multipliziert man diese Gleichung mit der aus ihr durch Übergang zum Konjugiert-Komplexen entstehenden, so folgt

$$\left| d(\mathfrak{b}_1, \mathfrak{b}_2, \ldots, \mathfrak{b}_n) \right|^2 = \left| d(C) \right|^2 \left| d(\mathfrak{a}_1, \mathfrak{a}_2, \ldots, \mathfrak{a}_n) \right|^2$$

und hieraus nach (60) die Behauptung.

**28. Schmidtsches Orthogonalisierungsverfahren.** In II, Nr. 9 und 12 haben wir normierte Orthogonalsysteme definiert und benutzt, vor allem von Vektoren zur Festlegung eines kartesischen oder normalen Koordinatensystems. Wir haben uns jedoch bisher nicht damit befaßt, wie und unter welchen Voraussetzungen man ein normiertes Orthogonalsystem herstellen kann. Diese Frage wird durch das Orthogonalisierungsverfahren von E. Schmidt[2] gelöst.

**Satz 15.** *Irgend $n$ linear unabhängige Zahlenreihen* $\mathfrak{a}_1, \mathfrak{a}_2, \ldots, \mathfrak{a}_n$ *lassen sich durch homogene lineare Transformation in ein normiertes*

---

[1] Jørgen P. Gram, 1879—1916, von 1910 an Vorsitzender des dänischen Versicherungsrates in Kopenhagen.

[2] Erhard Schmidt, geb. 10. 1. 1875, seit 1917 Professor der Mathematik an der Universität Berlin.

*Orthogonalsystem* $\mathfrak{b}_1, \mathfrak{b}_2, \ldots, \mathfrak{b}_n$ *überführen. Diese Transformation kann man so bestimmen, daß die Transformationsmatrix Dreiecksgestalt und eine von 0 verschiedene Determinante hat. Es sind also Zahlen* $c_{ik}$ ($i \geq k$; $i, k = 1, 2, \ldots, n$) *so bestimmbar, daß*

$$
\begin{aligned}
\mathfrak{b}_1 &= c_{11}\,\mathfrak{a}_1, \\
\mathfrak{b}_2 &= c_{21}\,\mathfrak{a}_1 + c_{22}\,\mathfrak{a}_2, \\
&\cdots\cdots\cdots\cdots\cdots \\
\mathfrak{b}_n &= c_{n1}\,\mathfrak{a}_1 + c_{n2}\,\mathfrak{a}_2 + \cdots + c_{nn}\,\mathfrak{a}_n
\end{aligned}
\qquad \text{mit}\ \ C = \begin{pmatrix} c_{11} & 0 & \cdots & 0 \\ c_{21} & c_{22} & \cdots & 0 \\ \cdot & \cdot & \cdots & \cdot \\ \cdot & \cdot & \cdots & \cdot \\ c_{n1} & c_{n2} & \cdots & c_{nn} \end{pmatrix}
\qquad (62)
$$

*und* $d(C) \neq 0$ *ist.*

*Beweis.* Im folgenden bedeutet $|\mathfrak{a}| = \sqrt{\bar{\mathfrak{a}}\,\mathfrak{a}}$ wieder den Betrag der Zahlenreihe $\mathfrak{a}$. Für $n = 1$ ist nach Voraussetzung $\mathfrak{a}_1 \neq 0$, also

$$
\mathfrak{b}_1 = c_{11}\,\mathfrak{a}_1 \quad \text{mit} \quad c_{11} = \frac{1}{|\mathfrak{a}_1|} \neq 0 \qquad (63)
$$

eine normierte Zahlenreihe, d.h. $\bar{\mathfrak{b}}_1 \mathfrak{b}_1 = 1$. Ist $n = 2$, so ist $\mathfrak{a}_1 \neq 0$, $\mathfrak{a}_2 \neq 0$ (nach II, Regel 2), und man bestimme $\mathfrak{b}_1$ wieder nach (63) durch $\mathfrak{a}_1$. Sodann setze man $\mathfrak{c}_2 = \mathfrak{a}_2 - \lambda \mathfrak{b}_1$ mit unbekanntem Zahlenfaktor $\lambda$ an und berechne $\lambda$ so, daß $\mathfrak{c}_2$ zu $\mathfrak{b}_1$ orthogonal, d. h. $\bar{\mathfrak{c}}_2 \mathfrak{b}_1 = 0$ wird. Aus

$$
\bar{\mathfrak{c}}_2 \mathfrak{b}_1 = (\bar{\mathfrak{a}}_2 - \lambda \bar{\mathfrak{b}}_1)\,\mathfrak{b}_1 = \bar{\mathfrak{a}}_2 \mathfrak{b}_1 - \lambda \bar{\mathfrak{b}}_1 \mathfrak{b}_1 = \bar{\mathfrak{a}}_2 \mathfrak{b}_1 - \lambda = 0
$$

erhält man $\lambda = \bar{\mathfrak{a}}_2 \mathfrak{b}_1$, also $\mathfrak{c}_2 = \mathfrak{a}_2 - (\bar{\mathfrak{a}}_2 \mathfrak{b}_1)\,\mathfrak{b}_1$. Es ist $\mathfrak{c}_2 \neq 0$. Sonst wäre

$$
\mathfrak{a}_2 - (\bar{\mathfrak{a}}_2 \mathfrak{b}_1)\,\mathfrak{b}_1 = \mathfrak{a}_2 - c_{11}(\bar{\mathfrak{a}}_2 \mathfrak{b}_1)\,\mathfrak{a}_1 = 0,
$$

ohne daß alle Koeffizienten verschwinden, also wären $\mathfrak{a}_1$, $\mathfrak{a}_2$ linear abhängig im Widerspruch zur Voraussetzung. Man kann daher $\mathfrak{c}_2$ normieren (II, Satz 12), und es ist $|\mathfrak{c}_2| \neq 0$. Setzt man $\mathfrak{b}_2 = \dfrac{1}{|\mathfrak{c}_2|}\mathfrak{c}_2$, so bilden $\mathfrak{b}_1$, $\mathfrak{b}_2$ das gewünschte normierte Orthogonalsystem zu $\mathfrak{a}_1$, $\mathfrak{a}_2$. Denn es gilt (63), ferner ist

$$
\mathfrak{b}_2 = c_{21}\,\mathfrak{a}_1 + c_{22}\,\mathfrak{a}_2 \quad \text{mit} \quad c_{21} = -\frac{\bar{\mathfrak{a}}_2 \mathfrak{b}_1}{|\mathfrak{a}_1|\,|\mathfrak{c}_2|}, \quad c_{22} = \frac{1}{|\mathfrak{c}_2|} \neq 0, \qquad (64)
$$

und es ist $\bar{\mathfrak{b}}_1 \mathfrak{b}_1 = \bar{\mathfrak{b}}_2 \mathfrak{b}_2 = 1$ (da beide normiert) und $\bar{\mathfrak{b}}_1 \mathfrak{b}_2 = 0$, da mit $\bar{\mathfrak{c}}_2 \mathfrak{b}_1 = 0$ auch $\bar{\mathfrak{b}}_2 \mathfrak{b}_1 = 0$ ist. Schließlich ist $d(C) = c_{11} c_{22} = \dfrac{1}{|\mathfrak{a}_1|\,|\mathfrak{c}_2|} \neq 0$. Die Behauptung des Satzes 15 ist also für $n = 1$ und $n = 2$ richtig. Man nehme daher an, daß es bereits gelungen sei, $\mathfrak{a}_1, \mathfrak{a}_2, \ldots, \mathfrak{a}_{n-1}$ durch homogene lineare Transformation in ein normiertes Orthogonalsystem überzuführen, daß also

$$
\left.
\begin{aligned}
\mathfrak{b}_1 &= c_{11}\,\mathfrak{a}_1, \\
\mathfrak{b}_2 &= c_{21}\,\mathfrak{a}_1 + c_{22}\,\mathfrak{a}_2, \\
&\cdots\cdots\cdots\cdots\cdots \\
\mathfrak{b}_{n-1} &= c_{n-1,1}\,\mathfrak{a}_1 + c_{n-1,2}\,\mathfrak{a}_2 + \cdots + c_{n-1\ n-1}\,\mathfrak{a}_{n-1}
\end{aligned}
\right\}
\qquad (65)
$$

gefunden seien, wobei $c_{11} c_{22} \cdots c_{n-1\,n-1} \neq 0$ und

$$\bar{\mathfrak{b}}_\mu\, \mathfrak{b}_\nu = \begin{cases} 1 & \text{für} \quad \mu = \nu \\ 0 & \text{für} \quad \mu \neq \nu \end{cases} \tag{66}$$

ist ($\mu, \nu = 1, 2, \ldots, n - 1$). Dann handelt es sich jetzt darum,

$$\mathfrak{b}_n = c_{n1} \mathfrak{a}_1 + c_{n2} \mathfrak{a}_2 + \cdots + c_{nn} \mathfrak{a}_n$$

so zu bestimmen, daß

$$\bar{\mathfrak{b}}_1 \mathfrak{b}_n = \bar{\mathfrak{b}}_2 \mathfrak{b}_n = \cdots = \bar{\mathfrak{b}}_{n-1} \mathfrak{b}_n = 0, \quad \bar{\mathfrak{b}}_n \mathfrak{b}_n = 1, \quad c_{nn} \neq 0 \tag{67}$$

ist. Hierzu setze man

$$\mathfrak{c}_n = \mathfrak{a}_n - \lambda_1 \mathfrak{b}_1 - \lambda_2 \mathfrak{b}_2 - \cdots - \lambda_{n-1} \mathfrak{b}_{n-1}$$

mit unbekannten $\lambda_1, \lambda_2, \ldots, \lambda_{n-1}$ an. Zu deren Berechnung bildet man
die inneren Produkte von $\mathfrak{c}_n$ mit $\mathfrak{b}_1, \mathfrak{b}_2, \ldots, \mathfrak{b}_{n-1}$ und setzt sie gleich
Null. Das ergibt auf Grund von (66) die Gleichungen

$$\left.\begin{aligned}
\bar{\mathfrak{c}}_n \mathfrak{b}_1 &= \bar{\mathfrak{a}}_n \mathfrak{b}_1 \quad - \lambda_1 \quad = 0, &\qquad \lambda_1 &= \bar{\mathfrak{a}}_n \mathfrak{b}_1, \\
\bar{\mathfrak{c}}_n \mathfrak{b}_2 &= \bar{\mathfrak{a}}_n \mathfrak{b}_2 \quad - \lambda_2 \quad = 0, &\qquad \lambda_2 &= \bar{\mathfrak{a}}_n \mathfrak{b}_2, \\
&\quad\cdots\cdots\cdots\cdots &\quad \cdots\cdots \\
\bar{\mathfrak{c}}_n \mathfrak{b}_{n-1} &= \bar{\mathfrak{a}}_n \mathfrak{b}_{n-1} - \lambda_{n-1} = 0, &\qquad \lambda_{n-1} &= \bar{\mathfrak{a}}_n \mathfrak{b}_{n-1}.
\end{aligned}\right\} \tag{68}$$

Mit den so bestimmten Werten von $\lambda_1, \lambda_2, \ldots, \lambda_{n-1}$ wird

$$\mathfrak{c}_n = \mathfrak{a}_n - (\bar{\mathfrak{a}}_n \mathfrak{b}_1)\, \mathfrak{b}_1 - (\bar{\mathfrak{a}}_n \mathfrak{b}_2)\, \mathfrak{b}_2 - \cdots - (\bar{\mathfrak{a}}_n \mathfrak{b}_{n-1})\, \mathfrak{b}_{n-1}.$$

Ersetzt man hier die außerhalb der Klammern stehenden $\mathfrak{b}_1, \mathfrak{b}_2, \ldots, \mathfrak{b}_{n-1}$
nach (65) und ordnet nach $\mathfrak{a}_1, \mathfrak{a}_2, \ldots, \mathfrak{a}_n$, so erhält man $\mathfrak{c}_n$ in der Form

$$\mathfrak{c}_n = t_1 \mathfrak{a}_1 + t_2 \mathfrak{a}_2 + \cdots + t_{n-1} \mathfrak{a}_{n-1} + \mathfrak{a}_n. \tag{69}$$

Dies zeigt, daß $\mathfrak{c}_n \neq 0$ ist. Sonst hätte man die Relation

$$t_1 \mathfrak{a}_1 + t_2 \mathfrak{a}_2 + \cdots + t_{n-1} \mathfrak{a}_{n-1} + 1 \cdot \mathfrak{a}_n = 0,$$

in der nicht alle Koeffizienten gleich 0 sind, im Widerspruch zur Voraus-
setzung der linearen Unabhängigkeit von $\mathfrak{a}_1, \mathfrak{a}_2, \ldots, \mathfrak{a}_n$. Man kann
also wieder $\mathfrak{c}_n$ normieren (II, Satz 12), und es ist $|\mathfrak{c}_n| \neq 0$. Setzt
man $\mathfrak{b}_n = \dfrac{1}{|\mathfrak{c}_n|}\, \mathfrak{c}_n$, so ist

$$\left.\begin{aligned}
\mathfrak{b}_n &= c_{n1} \mathfrak{a}_1 + c_{n2} \mathfrak{a}_2 + \cdots + c_{nn} \mathfrak{a}_n, \\
c_{n\nu} &= \frac{t_\nu}{|\mathfrak{c}_n|} \quad (\nu = 1, 2, \ldots, n - 1), \qquad c_{nn} = \frac{1}{|\mathfrak{c}_n|} \neq 0,
\end{aligned}\right\} \tag{70}$$

und die Bedingungen (67) sind erfüllt, da mit $\bar{\mathfrak{c}}_n \mathfrak{b}_\nu = 0$ auch $\bar{\mathfrak{b}}_n \mathfrak{b}_\nu = 0$
ist. Damit ist $\mathfrak{b}_n$ in der gewünschten Form bestimmt. Ferner ist
$d(C) = c_{11} c_{22} \cdots c_{nn} \neq 0$.

Der Beweis gibt zugleich das Verfahren, nach dem man zu gegebenen
$\mathfrak{a}_1, \mathfrak{a}_2, \ldots, \mathfrak{a}_n$ nacheinander $\mathfrak{b}_1, \mathfrak{b}_2, \ldots, \mathfrak{b}_n$ berechnet. Für jedes $\mathfrak{b}_\nu$
($\nu > 1$) setzen sich die Elemente $c_{\nu 1}, c_{\nu 2}, \ldots, c_{\nu\nu}$ nur aus Größen zu-
sammen, die von $\mathfrak{a}_1, \mathfrak{a}_2, \ldots, \mathfrak{a}_\nu$ abhängen.

**29. Spezialisierung auf reelle Zahlenreihen.** Sind die Zahlenreihen, die orthogonalisiert werden sollen, reell, so verläuft der Orthogonalisierungsprozeß ebenfalls im Reellen, d. h. die Transformationsmatrix $C$ ist reell. Es gilt dann:

**Satz 16.** *$n$ reelle, linear unabhängige Zahlenreihen $\mathfrak{a}_1, \mathfrak{a}_2, \ldots, \mathfrak{a}_n$ lassen sich durch eine reelle homogene lineare Transformation in ein reelles normiertes Orthogonalsystem $\mathfrak{b}_1, \mathfrak{b}_2, \ldots, \mathfrak{b}_n$ überführen. Diese Transformation wird durch (62) gegeben, hat reelle Koeffizienten und eine von 0 verschiedene Determinante.*

Denn in (63) und (64) sind $c_{11}$, $c_{22}$ reell, da der Betrag stets eine reelle Zahl ist. Für reelle Zahlenreihen $\mathfrak{a}_1$, $\mathfrak{a}_2$ ist auch $c_{21}$ reell. Daher darf man bei der Induktionsvoraussetzung (65) annehmen, daß alle $c_{ik}$ mit $i \geqq k$ $(i, k = 1, 2, \ldots, n-1)$ reell und folglich $\mathfrak{b}_1, \mathfrak{b}_2, \ldots, \mathfrak{b}_{n-1}$ reell sind. Die Zahlen $t_1, t_2, \ldots, t_{n-1}$ in (69) setzen sich rational aus diesen $c_{ik}$ und den nach (68) jetzt ebenfalls reellen Zahlen $\lambda_1, \lambda_2, \ldots, \lambda_{n-1}$ zusammen, sind also reell; damit sind es auch die Koeffizienten in (70).

*Beispiel.* $n = 3$; $\mathfrak{a}_1 = (3\ 0\ 4)$; $\mathfrak{a}_2 = (1\ 0\ 3)$; $\mathfrak{a}_3 = (2\ -1\ 1)$. Diese Zahlenreihen sind linear unabhängig. Macht man nämlich den Ansatz

$$t_1 \mathfrak{a}_1 + t_2 \mathfrak{a}_2 + t_3 \mathfrak{a}_3 = 0,$$

so folgt, indem man beide Seiten dieser Relation in ihre Elemente zerlegt:

$$\left. \begin{aligned} 3t_1 + t_2 + 2t_3 &= 0 \\ -t_3 &= 0 \\ 4t_1 + 3t_2 + t_3 &= 0, \end{aligned} \right\}, \quad \text{d. h.} \quad \left\{ \begin{aligned} 3t_1 + t_2 &= 0 \\ 4t_1 + 3t_2 &= 0 \\ t_3 &= 0 \end{aligned} \right.$$

und (z. B. nach der CRAMERschen Regel) auch $t_1 = t_2 = 0$. Normierung von $\mathfrak{a}_1$ ergibt

$$\mathfrak{b}_1 = \frac{1}{|\mathfrak{a}_1|}\, \mathfrak{a}_1 = \left( \frac{3}{5}\ 0\ \frac{4}{5} \right).$$

Aus $\mathfrak{c}_2 = \mathfrak{a}_2 - \lambda \mathfrak{b}_1$ und $\mathfrak{c}_2 \mathfrak{b}_1 = 0$ folgt $\lambda = \mathfrak{a}_2 \mathfrak{b}_1 = 3$, also $\mathfrak{c}_2 = \mathfrak{a}_2 - 3\mathfrak{b}_1$,

$$\mathfrak{c}_2 = \left( -\tfrac{4}{5}\ 0\ \tfrac{3}{5} \right), \quad |\mathfrak{c}_2| = 1, \quad \mathfrak{b}_2 = \mathfrak{c}_2 = \left( -\tfrac{4}{5}\ 0\ \tfrac{3}{5} \right).$$

Schließlich liefert der Ansatz $\mathfrak{c}_3 = \mathfrak{a}_3 - \lambda_1 \mathfrak{b}_1 - \lambda_2 \mathfrak{b}_2$ und $\mathfrak{c}_3 \mathfrak{b}_1 = \mathfrak{c}_3 \mathfrak{b}_2 = 0$

$$\lambda_1 = \mathfrak{a}_3 \mathfrak{b}_1 = 2, \quad \lambda_2 = \mathfrak{a}_3 \mathfrak{b}_2 = -1.$$

Folglich ist $\mathfrak{c}_3 = \mathfrak{a}_3 - 2\,\mathfrak{b}_1 + \mathfrak{b}_2$ und

$$\mathfrak{c}_3 = (0\ -1\ 0), \quad |\mathfrak{c}_3| = 1, \quad \mathfrak{b}_3 = \mathfrak{c}_3 = (0\ -1\ 0).$$

Die homogene lineare Transformation, die $\mathfrak{a}_1, \mathfrak{a}_2, \mathfrak{a}_3$ in die berechneten $\mathfrak{b}_1, \mathfrak{b}_2, \mathfrak{b}_3$ überführt, ist

$$\begin{aligned} \mathfrak{b}_1 &= \tfrac{1}{5}\, \mathfrak{a}_1 \\ \mathfrak{b}_2 &= \mathfrak{c}_2 = \mathfrak{a}_2 - 3\,\mathfrak{b}_1 = -\tfrac{3}{5}\, \mathfrak{a}_1 + \mathfrak{a}_2 \\ \mathfrak{b}_3 &= \mathfrak{c}_3 = \mathfrak{a}_3 - 2\,\mathfrak{b}_1 + \mathfrak{b}_2 = -\mathfrak{a}_1 + \mathfrak{a}_2 + \mathfrak{a}_3 \end{aligned} \qquad \text{mit}\ C = \begin{pmatrix} \tfrac{1}{5} & 0 & 0 \\ -\tfrac{3}{5} & 1 & 0 \\ -1 & 1 & 1 \end{pmatrix}.$$

**30. Lineare Abhängigkeit der Zeilen einer Determinante.** Wir wissen aus Nr. 5, daß das Verschwinden einer Determinante 2. Ordnung mit der linearen Abhängigkeit ihrer Zeilen gleichbedeutend ist. Entsprechendes gilt auch für Determinanten beliebiger Ordnung $n$.

**Satz 17.** *Eine Determinante $n$-ter Ordnung hat dann und nur dann den Wert 0, wenn ihre $n$ Zeilen (Spalten) linear abhängig sind.*

*Beweis.* a) Es seien die Spalten $\mathfrak{a}_1, \mathfrak{a}_2, \ldots, \mathfrak{a}_n$ der Determinante linear abhängig. Dann gibt es eine Relation

$$c_1\,\mathfrak{a}_1 + c_2\,\mathfrak{a}_2 + \cdots + c_n\,\mathfrak{a}_n = 0 \quad \text{mit} \quad c_1, c_2, \ldots, c_n \neq 0, 0, \ldots, 0.$$

Man darf annehmen, daß $c_1 \neq 0$ ist. Ist $c_1 = 0$, aber $c_\nu \neq 0$, so bringe man die Spalten in die Reihenfolge $\mathfrak{a}_\nu, \mathfrak{a}_1, \ldots, \mathfrak{a}_{\nu-1}, \mathfrak{a}_{\nu+1}, \ldots, \mathfrak{a}_n$ und numeriere sie dann neu mit $1, 2, \ldots, n$. Das bedeutet für die Determinante $d(\mathfrak{a}_1, \mathfrak{a}_2, \ldots, \mathfrak{a}_n)$ höchstens einen Wechsel des Vorzeichens. Mit $\mathfrak{a}_1, \mathfrak{a}_2, \ldots, \mathfrak{a}_n$ nehme man die homogene lineare Transformation

$$
\begin{aligned}
\mathfrak{b}_1 &= c_1\,\mathfrak{a}_1 + c_2\,\mathfrak{a}_2 + \cdots + c_n\,\mathfrak{a}_n \\
\mathfrak{b}_2 &= \qquad\qquad \mathfrak{a}_2 \\
&\cdots\cdots\cdots\cdots\cdots\cdots\cdots\cdots \\
\mathfrak{b}_n &= \qquad\qquad\qquad\qquad \mathfrak{a}_n
\end{aligned}
\qquad \text{mit der Matrix} \quad
C_1 =
\begin{pmatrix}
c_1 & c_2 & \cdots & c_n \\
0 & 1 & \cdots & 0 \\
\cdot & \cdot & \cdots & \cdot \\
0 & 0 & \cdots & 1
\end{pmatrix}
$$

vor. Hier ist $\mathfrak{b}_\nu = \mathfrak{a}_\nu$ $(\nu = 2, \ldots, n)$, und $C_1$ hat im Schnittpunkt der $\nu$-ten Zeile und $\nu$-ten Spalte eine 1 $(\nu = 2, \ldots, n)$, sonst in der 2. bis $\nu$-ten Zeile nur Nullen. Nach Voraussetzung ist $\mathfrak{b}_1 = 0$ und $d(C_1) = c_1 \neq 0$. Folglich ist nach (56) und Regel 4

$$0 = d(0, \mathfrak{b}_2, \ldots, \mathfrak{b}_n) = c_1 \cdot d(\mathfrak{a}_1, \mathfrak{a}_2, \ldots, \mathfrak{a}_n), \tag{71}$$

d. h. $d(\mathfrak{a}_1, \mathfrak{a}_2, \ldots, \mathfrak{a}_n) = 0$, da $c_1 \neq 0$ ist. Aus der linearen Abhängigkeit der Spalten folgt also das Verschwinden der Determinante.

b) Es seien die Spalten $\mathfrak{a}_1, \mathfrak{a}_2, \ldots, \mathfrak{a}_n$ linear unabhängig. Dann kann man sie nach Nr. 28 durch eine homogene lineare Transformation mit nichtverschwindender Determinante in ein normiertes Orthogonalsystem $\mathfrak{b}_1, \mathfrak{b}_2, \ldots, \mathfrak{b}_n$ überführen. Für dieses gelten die Orthogonalitätsrelationen (66) und (67). Daher ist die GRAMsche Determinante

$$
g(\mathfrak{b}_1, \mathfrak{b}_2, \ldots, \mathfrak{b}_n) =
\begin{vmatrix}
1 & 0 & \cdots & 0 \\
0 & 1 & \cdots & 0 \\
\cdot & \cdot & \cdots & \cdot \\
0 & 0 & \cdots & 1
\end{vmatrix}
= 1, \tag{72}
$$

und aus (62) und (61) folgt

$$1 = g(\mathfrak{b}_1, \mathfrak{b}_2, \ldots, \mathfrak{b}_n) = |d(C)|^2 \cdot g(\mathfrak{a}_1, \mathfrak{a}_2, \ldots, \mathfrak{a}_n). \tag{73}$$

Nach Satz 15 ist $d(C) \neq 0$. Daher erhält man aus (60)

$$d(\mathfrak{a}_1, \mathfrak{a}_2, \ldots, \mathfrak{a}_n) = \pm \sqrt{g(\mathfrak{a}_1, \mathfrak{a}_2 \ldots, \mathfrak{a}_n)} = \pm \frac{1}{|d(C)|} \neq 0.$$

Aus der linearen Unabhängigkeit der Spalten folgt also das Nicht-verschwinden der zugehörigen Determinante.

c) Damit ist Satz 17 bewiesen, denn der Beweis der Umkehrung von Teil a) ergibt sich aus Teil b): Wenn $d(\mathfrak{a}_1, \mathfrak{a}_2, \ldots, \mathfrak{a}_n) = 0$ ist, so sind die Spalten $\mathfrak{a}_1, \mathfrak{a}_2, \ldots, \mathfrak{a}_n$ linear abhängig. Wären nämlich $\mathfrak{a}_1, \mathfrak{a}_2, \ldots, \mathfrak{a}_n$ linear unabhängig, so wäre $d(\mathfrak{a}_1, \mathfrak{a}_2, \ldots, \mathfrak{a}_n) \neq 0$ nach Teil b), im Widerspruch zur Voraussetzung.

**Satz 18.** *Die Zahlenreihen $\mathfrak{a}_1, \mathfrak{a}_2, \ldots, \mathfrak{a}_n$ sind dann und nur dann linear abhängig, wenn ihre Gramsche Determinante $g(\mathfrak{a}_1, \mathfrak{a}_2, \ldots, \mathfrak{a}_n) = 0$ ist.*

*Beweis.* Nach (60) ist $g(\mathfrak{a}_1, \mathfrak{a}_2, \ldots, \mathfrak{a}_n) = |d(\mathfrak{a}_1, \mathfrak{a}_2, \ldots, \mathfrak{a}_n)|^2$, und nach Satz 17 ist dann und nur dann $d(\mathfrak{a}_1, \mathfrak{a}_2, \ldots, \mathfrak{a}_n) = 0$, wenn $\mathfrak{a}_1, \mathfrak{a}_2, \ldots, \mathfrak{a}_n$ linear abhängig sind.

**31. Der HADAMARDsche Determinantensatz.** Ein Satz von J. HADA-MARD[1] gibt eine Abschätzung nach oben für den absoluten Betrag einer Determinante $n$-ter Ordnung.

**Satz 19.** *Der absolute Betrag einer Determinante ist höchstens gleich dem Produkt der Beträge ihrer Spalten (Zeilen):*

$$|d(\mathfrak{a}_1, \mathfrak{a}_2, \ldots, \mathfrak{a}_n)| \leqq |\mathfrak{a}_1| \cdot |\mathfrak{a}_2| \cdots |\mathfrak{a}_n|; \tag{74}$$

*und das Gleichheitszeichen steht dann und nur dann, wenn $\mathfrak{a}_1, \mathfrak{a}_2, \ldots, \mathfrak{a}_n$ paarweise orthogonal sind oder mindestens ein $\mathfrak{a}_\nu = 0$ ist.*

*Beweis.* Wenn $\mathfrak{a}_1, \mathfrak{a}_2, \ldots, \mathfrak{a}_n$ linear abhängig sind, so ist

$$|d(\mathfrak{a}_1, \mathfrak{a}_2, \ldots, \mathfrak{a}_n)| = d(\mathfrak{a}_1, \mathfrak{a}_2, \ldots, \mathfrak{a}_n) = 0,$$

also die Behauptung sicher richtig, da das Produkt der Beträge $|\mathfrak{a}_1| \cdot |\mathfrak{a}_2| \cdots |\mathfrak{a}_n| = 0$ oder $> 0$ ist, je nachdem eines oder keins der $\mathfrak{a}_\nu$ verschwindet. Man darf also $\mathfrak{a}_1, \mathfrak{a}_2, \ldots, \mathfrak{a}_n$ als linear unabhängig annehmen. Man transformiere sie nach Satz 15 mittels einer Matrix $C$ in ein normiertes Orthogonalsystem $\mathfrak{b}_1, \mathfrak{b}_2, \ldots, \mathfrak{b}_n$. Dann folgt wie beim Beweis von Satz 17 die Gl. (73) und hieraus, da $d(C) \neq 0$ ist:

$$g(\mathfrak{a}_1, \mathfrak{a}_2, \ldots, \mathfrak{a}_n) = \frac{1}{|d(C)|^2}$$

Das Orthogonalisierungsverfahren (Nr. 28) zeigt genauer, daß

$$d(C) = c_{11} c_{22} \cdots c_{nn} \quad \text{mit} \quad c_{11} = \frac{1}{|\mathfrak{a}_1|}, \quad c_{\nu\nu} = \frac{1}{|\mathfrak{c}_\nu|} \quad (\nu = 2, 3, \ldots, n)$$

und daher

$$g(\mathfrak{a}_1, \mathfrak{a}_2, \ldots, \mathfrak{a}_n) = |\mathfrak{a}_1|^2 \cdot |\mathfrak{c}_2|^2 \cdots |\mathfrak{c}_n|^2 \tag{75}$$

ist und daß ferner $\mathfrak{c}_\nu$ für $\nu = 2, 3, \ldots, n$ durch

$$\mathfrak{c}_\nu = \mathfrak{a}_\nu - (\bar{\mathfrak{a}}_\nu \, \mathfrak{b}_1) \, \mathfrak{b}_1 - (\bar{\mathfrak{a}}_\nu \, \mathfrak{b}_2) \, \mathfrak{b}_2 - \cdots - (\bar{\mathfrak{a}}_\nu \, \mathfrak{b}_{\nu-1}) \, \mathfrak{b}_{\nu-1}$$

---

[1] JACQUES HADAMARD, geb. 8. 12. 1865, seit 1909 Professor der Mathematik an der Ecole Polytechnique, seit 1912 am Collège de France in Paris.

gegeben wird. Hieraus erhält man nach I, (38a, b) und II, (18)

$$|\,c_\nu\,|^2 = \bar{c}_\nu\, c_\nu = \left(\bar{a}_\nu - \sum_{\varrho=1}^{\nu-1} (a_\nu\, \bar{b}_\varrho)\, \bar{b}_\varrho\right)\left(a_\nu - \sum_{\sigma=1}^{\nu-1} (\bar{a}_\nu\, b_\sigma)\, b_\sigma\right)$$

$$= |\,a_\nu\,|^2 - \bar{a}_\nu \cdot \sum_{\sigma=1}^{\nu-1} (\bar{a}_\nu\, b_\sigma)\, b_\sigma - a_\nu \sum_{\varrho=1}^{\nu-1} (a_\nu\, \bar{b}_\varrho)\, \bar{b}_\varrho$$

$$+ \sum_{\varrho=1}^{\nu-1} (a_\nu\, \bar{b}_\varrho)\, \bar{b}_\varrho \cdot \sum_{\sigma=1}^{\nu-1} (\bar{a}_\nu\, b_\sigma)\, b_\sigma$$

$$= |\,a_\nu\,|^2 - \sum_{\varrho=1}^{\nu-1} \bar{a}_\nu\, (\bar{a}_\nu\, b_\varrho)\, b_\varrho - \sum_{\varrho=1}^{\nu-1} a_\nu\, (a_\nu\, \bar{b}_\varrho)\, \bar{b}_\varrho$$

$$+ \sum_{\varrho,\sigma=1}^{\nu-1} (a_\nu\, \bar{b}_\varrho)\, \bar{b}_\varrho \cdot (\bar{a}_\nu\, b_\sigma)\, b_\sigma$$

$$= |\,a_\nu\,|^2 - 2 \sum_{\varrho=1}^{\nu-1} |\,\bar{a}_\nu\, b_\varrho\,|^2 + \sum_{\varrho,\sigma=1}^{\nu-1} (a_\nu\, \bar{b}_\varrho)\, (\bar{a}_\nu\, b_\sigma)\, (\bar{b}_\varrho\, b_\sigma).$$

Nun bilden $b_1, b_2, \ldots, b_n$ ein normiertes Orthogonalsystem; es ist

$$\bar{b}_\varrho\, b_\sigma = \begin{cases} 1, & \text{wenn} \quad \varrho = \sigma \\ 0, & \text{wenn} \quad \varrho \neq \sigma, \end{cases}$$

für $\varrho, \sigma = 1, 2, \ldots, n$, also auch für $\varrho, \sigma = 1, 2, \ldots, \nu - 1$. Daher folgt weiter

$$|\,c_\nu\,|^2 = |\,a_\nu\,|^2 - 2\sum_{\varrho=1}^{\nu-1}|\,\bar{a}_\nu\, b_\varrho\,|^2 + \sum_{\varrho=1}^{\nu-1}|\,\bar{a}_\nu\, b_\varrho\,|^2 = |\,a_\nu\,|^2 - \sum_{\varrho=1}^{\nu-1}|\,\bar{a}_\nu\, b_\varrho\,|^2 \leqq |\,a_\nu\,|^2, \quad (76)$$

da $\displaystyle\sum_{\varrho=1}^{\nu-1}|\,\bar{a}_\nu\, b_\varrho\,|^2 \geqq 0$ ist als Summe von Quadraten reeller Zahlen.

Aus (75) und (76) erhält man nun

$$g(a_1, a_2, \ldots, a_n) \leqq |\,a_1\,|^2 \cdot |\,a_2\,|^2 \cdots |\,a_n\,|^2 \tag{77}$$

und hieraus nach (60) die Behauptung (74).

Das Gleichheitszeichen gilt nach (76) dann und nur dann, wenn

$$\sum_{\varrho=1}^{\nu-1}|\,\bar{a}_\nu\, b_\varrho\,|^2 = 0 \tag{78}$$

ist für $\nu = 2, 3, \ldots, n$. Da es sich um eine Summe reeller Zahlen handelt, ist (78) dann und nur dann erfüllt, wenn bei festem $\nu$ jeder Summand verschwindet. Nun gilt $|\,a_\nu\, b_\varrho\,|^2 = 0$ dann und nur dann (vgl. I, Nr. 11), wenn $\bar{a}_\nu\, b_\varrho = 0$ ist; also sind die Bedingungen

$$\bar{a}_\nu\, b_1 = \bar{a}_\nu\, b_2 = \cdots = \bar{a}_\nu\, b_{\nu-1} = 0 \quad \text{für} \quad \nu = 2, 3, \ldots, n \tag{79}$$

notwendig und hinreichend dafür, daß in (74) das Gleichheitszeichen steht. Ersetzt man $b_1, b_2, \ldots, b_n$ durch (62), so folgt

$$c_{11}\, \bar{a}_\nu\, a_1 = 0, \quad c_{21}\, \bar{a}_\nu\, a_1 + c_{22}\, \bar{a}_\nu\, a_2 = 0, \quad \ldots, \quad \sum_{\varrho=1}^{\nu-1} c_{\nu-1,\varrho}\, \bar{a}_\nu\, a_\varrho = 0.$$

Da $c_{11} \neq 0$, $c_{22} \neq 0$, ..., $c_{\nu-1, \nu-1} \neq 0$ sind, erhält man hieraus nacheinander

$$\bar{a}_\nu\, a_1 = 0, \quad \bar{a}_\nu\, a_2 = 0, \quad ..., \quad a_\nu\, a_{\nu-1} = 0$$

für $\nu = 2, 3, ..., n$. Umgekehrt folgen aus diesen Gleichungen die Bedingungen (79). Damit ist auch die Aussage über das Gleichheitszeichen in Satz 19 bewiesen.

*Beispiele.* a) Für die Determinante

$$\begin{vmatrix} 1 & 0 & -1 & 0 \\ 0 & 1 & 1 & -1 \\ -1 & 1 & 0 & 1 \\ 0 & -1 & 1 & 0 \end{vmatrix} = \begin{vmatrix} 1 & 0 & -1 & 0 \\ 0 & 1 & 1 & -1 \\ 0 & 1 & -1 & 1 \\ 0 & -1 & 1 & 0 \end{vmatrix} = \begin{vmatrix} 1 & 1 & -1 \\ 1 & -1 & 1 \\ -1 & 1 & 0 \end{vmatrix}$$

$$= \begin{vmatrix} 1 & 1 & -1 \\ 2 & 0 & 0 \\ -1 & 1 & 0 \end{vmatrix} = -2 \begin{vmatrix} 1 & -1 \\ 1 & 0 \end{vmatrix} = -2$$

sind die Beträge der Zeilen $\sqrt{2}, \sqrt{3}, \sqrt{3}, \sqrt{2}$. Die Abschätzung (74) lautet

$$|-2| = 2 < \sqrt{2}\,\sqrt{3}\,\sqrt{3}\,\sqrt{2} = 6.$$

b) In der Determinante $n$-ter Ordnung

$$\begin{vmatrix} \alpha & 0 & \cdots & 0 \\ 0 & \alpha & \cdots & 0 \\ \cdot & \cdot & \cdots & \cdot \\ 0 & 0 & \cdots & \alpha \end{vmatrix} = \alpha^n \qquad (\alpha \text{ komplexe Zahl})$$

hat jede Zeile den Betrag $|\alpha|$, die Zeilen sind paarweise orthogonal, und die Abschätzung (74) lautet hier: $|\alpha^n| = |\alpha|^n$.

Kapitel IV.

# Polynome und rationale Funktionen.

## § 1. Polynome in einer Veränderlichen.

**1. Vorbemerkungen.** Wir benötigen einige Begriffe, die wir zunächst zusammenstellen.

**Definition.** *Unter einer* **Veränderlichen** *wird ein nicht näher bestimmtes Zeichen verstanden, das eine jeweils vorgeschriebene Gesamtheit von Zahlen,* **Bereich** *genannt, durchlaufen, d. h. alle Zahlen dieses Bereiches als Wert annehmen darf.*

Als Bereiche kommen z. B. die ganzen Zahlen oder die reellen oder die komplexen Zahlen oder Teile hiervon in Betracht. Zur Bezeichnung von Veränderlichen werden Buchstaben aus dem Schluß des Alphabets, wie $u, v, w, x, y, z$, bevorzugt. Mit ihnen rechnet man wie mit Zahlen und verknüpft sie mit Zahlen nach den formalen Regeln des Buchstabenrechnens.

**Definition.** *Ist $x$ eine Veränderliche, $n$ eine nichtnegative ganze Zahl und sind $a_0, a_1, \ldots, a_n$ beliebige Zahlen mit $a_0 \neq 0$, so heißt der Ausdruck*

$$a_0 x^n + a_1 x^{n-1} + \cdots + a_{n-1} x + a_n = \sum_{\nu=0}^{n} a_\nu x^{n-\nu} \tag{1}$$

*ein* **Polynom $n$-ten Grades** *in $x$. Die Zahlen $a_0, a_1, \ldots, a_n$ heißen die* **Koeffizienten,** *$n$ der* **Grad** *des Polynoms.*

**Definition.** *Unter einer* **Funktion** *der Veränderlichen $x$ versteht man eine Vorschrift, die jedem Wert von $x$ aus einem bestimmten Bereich eine Zahl $y$ zuordnet. Der Bereich, in dem $x$ veränderlich ist, heißt der* **Definitionsbereich** *der Funktion, $y$ ein* **Funktionswert,** *der Bereich der Funktionswerte der* **Wertebereich** *der Funktion. Mit $x$ ist auch $y$ veränderlich. Man nennt $x$ die* **unabhängige,** *$y$ die* **abhängige** *Veränderliche, ferner $y$ eine Funktion von $x$. Hierfür schreibt man etwa $y = f(x)$.*

Statt $f(\ )$ können auch andere Zeichen zweckmäßig sein, z. B. $\varphi(\ )$, $\Re(\ )$ Realteil, log, sgn, $|\ |$ (Betrag).

Beispiele von Funktionen sind $y = x!$ (Definitionsbereich die natürlichen Zahlen; Wertebereich gewisse natürliche Zahlen), $y = |x|$ (Definitionsbereich die reellen oder die komplexen Zahlen; Wertebereich in beiden Fällen die nichtnegativen reellen Zahlen). Ein weiteres Beispiel ist das Polynom (1), wo durch $y = \sum_{\nu=0}^{n} a_\nu x^{n-\nu}$ jedem $x$ durch endlichoftmalige Anwendung der Addition, Subtraktion und Multiplikation auf $x$ und $a_0, a_1, \ldots, a_n$ ein bestimmter Wert $y$ zugeordnet wird. Da hier nur die ganz-rationalen Rechenoperationen Verwendung finden, nicht auch die gebrochen-rationale der Division, heißt die durch (1) definierte Funktion auch eine **ganze rationale Funktion** von $x$.

Der kleinstmögliche Wert für den Grad $n$ eines Polynoms ist $n = 0$. Dann besteht das Polynom nur aus der Zahl $a_0 \neq 0$ und hat unabhängig von $x$ stets den Funktionswert $y = a_0$. Die von 0 verschiedenen Zahlen können also als Polynome nullten Grades aufgefaßt werden. Der Vollständigkeit halber rechnet man auch 0 zu den Polynomen, doch kommt dann *dem Polynom 0 kein bestimmter Grad zu*[1].

**Definition.** *Eine Funktion $f(x)$, die für jeden Wert $x$ des Definitionsbereichs denselben Wert, etwa $a$, hat, heißt eine (in diesem Bereich)* **konstante Funktion** *oder eine* **Konstante.** *Man schreibt dann*

$$f(x) \equiv a \text{ (gelesen: } f(x) \text{ identisch gleich } a).$$

---

[1] Man kann dem Polynom 0 formal den Grad $-\infty$ zuordnen. Dann bleiben die Regeln über den Grad beim Rechnen mit Polynomen erhalten.

*Ist insbesondere $a = 0$, so sagt man, $f(x)$ ist **identisch gleich** $0$ oder verschwindet identisch (im Definitionsbereich).*

**2. Lineare Polynome.** Für $n = 1$ heißt $l(x) = a_0 x + a_1$ $(a_0 \neq 0)$ ein *lineares* Polynom in $x$. Ein solches nimmt für verschiedene Werte von $x$ auch verschiedene Funktionswerte an. Wäre nämlich für $x_1 \neq x_2$

$$l(x_1) = a_0 x_1 + a_1 = a_0 x_2 + a_1 = l(x_2),$$

so wäre $a_0(x_1 - x_2) = 0$, also, da $a_0 \neq 0$ ist, $x_1 - x_2 = 0$, im Widerspruch zur Voraussetzung.

Ferner nimmt ein lineares Polynom *jeden* vorgeschriebenen Wert an. Ist nämlich $\alpha$ eine beliebige Zahl, so findet man ein $x_0$, für das $l(x_0) = \alpha$ ist, indem man $x_0$ aus $a_0 x_0 + a_1 = \alpha$ ausrechnet. Da $a_0 \neq 0$ ist, ergibt sich

$$x_0 = \frac{\alpha - a_1}{a_0}. \tag{2}$$

**Definition.** *Ist $f(x)$ ein beliebiges Polynom, so heißt jede Stelle $x_0$, für die $f(x_0) = \alpha$ ist, eine $\alpha$-**Stelle** des Polynoms, insbesondere eine **Nullstelle**, wenn $\alpha = 0$ ist.*

Das lineare Polynom $l(x) = a_0 x + a_1$ $(a_0 \neq 0)$ hat also für jeden Wert von $\alpha$ genau eine $\alpha$-Stelle, nämlich (2). Hierbei ist es ganz gleichgültig, welchem Bereich die Koeffizienten $a_0$, $a_1$ oder die Zahl $\alpha$ angehören. Wir wollen aber in dieser Hinsicht noch Genaueres feststellen und erinnern dazu an den Begriff des Zahlkörpers (vgl. I, Nr. 14).

**Definition.** *Ist $f(x)$ ein Polynom, dessen Koeffizienten einem bestimmten Zahlkörper $K$ angehören, so heißt $f(x)$ ein **Polynom über $K$** und $K$ der **Grundkörper** von $f(x)$.*

Für $K$ kommen im folgenden hauptsächlich der Körper **P** der rationalen, der Körper $R$ der reellen und der Körper **K** der komplexen Zahlen in Betracht. Nach (2) gehört die $\alpha$-Stelle $x_0$ eines linearen Polynoms ebenfalls dem Körper $K$ der Koeffizienten an, wenn $\alpha$ zu $K$ gehört. Insbesondere liegt die Nullstelle eines linearen Polynoms stets in dessen Grundkörper.

**3. Quadratische Polynome.** Anders ist der Sachverhalt schon beim nächsthöheren Grad $n = 2$. Wir beschränken uns auf die Untersuchung der Nullstellen. Damit beherrscht man auch die $\alpha$-Stellen; man braucht im folgenden nur $a_2$ durch $a_2 - \alpha$ zu ersetzen. Gegeben sei ein Polynom zweiten Grades, auch *quadratisches* Polynom genannt:

$$q(x) = a_0 x^2 + a_1 x + a_2 \qquad (a_0 \neq 0). \tag{3}$$

Der Grundkörper sei zunächst **K**. Durch Umformung ergibt sich

$$q(x) = a_0 \left[ \left( x + \frac{a_1}{2 a_0} \right)^2 - \frac{a_1^2 - 4 a_0 a_2}{4 a_0^2} \right]$$

$$= a_0 \left( x + \frac{a_1}{2 a_0} - \frac{1}{2 a_0} \sqrt{a_1^2 - 4 a_0 a_2} \right) \left( x + \frac{a_1}{2 a_0} + \frac{1}{2 a_0} \sqrt{a_1^2 - 4 a_0 a_2} \right). \tag{4}$$

Setzt man also $a_1^2 - 4a_0 a_2 = D$ und

$$x_1 = -\frac{a_1}{2a_0} + \frac{1}{2a_0}\sqrt{D}\,, \qquad x_2 = -\frac{a_1}{2a_0} - \frac{1}{2a_0}\sqrt{D}\,, \tag{5}$$

so ergibt sich für $q(x)$ die Zerlegung

$$q(x) = a_0(x - x_1)(x - x_2) \tag{6}$$

in das Produkt zweier linearen Polynome. Dies zeigt, daß $q(x)$, da $a_0 \neq 0$ ist, genau für $x = x_1$ und $x = x_2$ verschwindet, d. h. die Zahlen (5) als Nullstellen hat. Mit $\sqrt{D}$ ist dabei stets der Hauptwert gemeint (I, Nr. 13). Da die vier rationalen Rechenoperationen und das Radizieren aus dem Körper **K** nicht hinausführen (I, Nr. 14), so gehören die Nullstellen dem Grundkörper an. Ferner folgt aus (5)

$$a_0^2(x_1 - x_2)^2 = D \tag{7}$$

und daher mit I, Satz 2, daß $x_1$ und $x_2$ verschieden sind, wenn $D \neq 0$ ist, jedoch einander gleich für $D = 0$. In diesem Fall pflegt man sie doppelt zu zählen und spricht von einer *zweifachen* Nullstelle.

Ist nun der Grundkörper nicht **K**, sondern $R$, so sind $a_0$, $a_1$, $a_2$ und $D$ reell, und man hat die Fälle $D \geqq 0$ und $D < 0$ zu unterscheiden. Im ersten Fall ist $\sqrt{D}$ und damit auch $x_1$ und $x_2$ reell, d. h. die Nullstellen gehören dem Grundkörper an. Sie sind verschieden für $D > 0$, einander gleich für $D = 0$. Im zweiten Fall ist $\sqrt{D}$ komplex, genauer rein imaginär. Setzt man nämlich $D = -\Delta$, so ist $\Delta > 0$ und $\sqrt{D} = i\sqrt{\Delta}$, $\sqrt{\Delta}$ reell. Daher gehören für $D < 0$ die Nullstellen $x_1$ und $x_2$ nicht dem Grundkörper an, sondern dem umfassenderen Körper der komplexen Zahlen. In diesem sind $x_1$, $x_2$ zueinander konjugiert-komplex.

**Definition.** *Der Ausdruck* $D = a_1^2 - 4a_0 a_2$ *heißt die* **Diskriminante** *des quadratischen Polynoms* $a_0 x^2 + a_1 x + a_2$.

Wir fassen unsere Ergebnisse zusammen in die drei Sätze:

**Satz 1.** *Ein quadratisches Polynom über* **K** *hat stets zwei Nullstellen, und beide gehören dem Grundkörper an. Sie sind verschieden oder fallen zusammen, je nachdem die Diskriminante von 0 verschieden ist oder nicht.*

**Satz 2.** *Ein quadratisches Polynom über* $R$ *hat in* **K** *stets zwei Nullstellen. Diese sind reell und voneinander verschieden oder reell und einander gleich oder komplex und zueinander konjugiert-komplex, je nachdem die Diskriminante positiv, Null oder negativ ist.*

**Satz 3.** *Ein quadratisches Polynom über* $R$ *hat im Grundkörper zwei, eine (doppelt zählende) oder keine Nullstelle, je nachdem die Diskriminante positiv, Null oder negativ ist.*

Die letzte Aussage, daß $q(x)$ im Falle $D < 0$ für keinen reellen Wert verschwindet, kann man auch unmittelbar aus (4) ablesen. Denn danach ist für jedes reelle $x$

$$q(x) = a_0\left[\left(x + \frac{a_1}{2a_0}\right)^2 + \frac{\Delta}{4a_0^2}\right] \neq 0 \qquad (-D = \Delta > 0),$$

da der Ausdruck in der eckigen Klammer stets positiv und $a_0 \neq 0$ ist.

**4. Die quadratische Gleichung.** Setzt man ein Polynom $n$-ten Grades gleich 0, so erhält man eine Gleichung

$$\sum_{\nu=0}^{n} a_\nu \, x^{n-\nu} = 0, \tag{8}$$

die man als eine **algebraische Gleichung $n$-ten Grades** bezeichnet, und es entsteht die Aufgabe, diese Gleichung zu *lösen*, d. h. diejenigen Zahlen zu bestimmen, die, für $x$ eingesetzt, die Gleichung erfüllen. Man spricht daher hier nicht mehr von einer Veränderlichen, sondern von einer *Unbekannten $x$*. Die Lösungen von (8), die man auch die *Wurzeln* der Gleichung nennt, sind genau die Nullstellen des Polynoms. Beispielsweise hat die Gleichung zweiten Grades (auch *quadratische Gleichung* genannt)

$$a_0 \, x^2 + a_1 \, x + a_2 = 0$$

die Wurzeln (5). Mit Satz 2 ist also die in I, Nr. 10 angekündigte Eigenschaft nachgewiesen, daß jede quadratische Gleichung über $R$ mit Hilfe der komplexen Zahlen, d. h. in **K** lösbar wird.

*Beispiel.* Für die quadratische Gleichung

$$x^2 - (4 - i)\,x + 5\,(1 - i) = 0$$

erhält man nach (5) die Wurzeln

$$x_{1,2} = \frac{4-i}{2} \pm \frac{1}{2}\sqrt{-5 + 12\,i}\,. \tag{9}$$

Um die Quadratwurzel zu ziehen, setzt man $\sqrt{-5 + 12\,i} = u + iv$ mit unbekannten, reellen Zahlen $u$ und $v$ an, quadriert und erhält durch Gleichsetzen der Realteile und der Imaginärteile (vgl. I, Nr. 10):

$$u^2 - v^2 = -5, \quad 2uv = 12.$$

Hieraus folgt durch Quadrieren und Addieren

$$(u^2 + v^2)^2 = 169, \quad \text{also} \quad u^2 + v^2 = 13$$

(nur der positive Wert $+13$ ist möglich) und daher

$$2u^2 = 8, \quad u^2 = 4, \quad u = \pm 2,$$
$$2v^2 = 18, \quad v^2 = 9, \quad v = \pm 3.$$

Da $2uv = 12$ sein muß, kommen nur

$$u = 2, \quad v = 3 \quad \text{und} \quad u = -2, \quad v = -3$$

in Frage, d. h. es ist $\sqrt{-5 + 12\,i} = \pm(2 + 3i)$. Da wir in (9) schon beide Vorzeichen berücksichtigt haben, genügt uns der Hauptwert (I, Nr. 13) der Quadratwurzel. Die Wurzeln der gegebenen Gleichung sind also

$$x_{1,2} = \frac{4-i}{2} \pm \frac{2+3i}{2}, \quad \text{d. h.} \quad x_1 = 3 + i, \quad x_2 = 1 - 2i.$$

**5. Rechnen mit Polynomen.** Es seien

$$f(x) = \sum_{\nu=0}^{n} a_\nu x^{n-\nu}, \quad g(x) = \sum_{\mu=0}^{m} b_\mu x^{m-\mu} \tag{10}$$

Polynome vom Grade $n$ bzw. $m$ und etwa $n \geqq m$.

**Definition.** *Man nennt zwei Polynome einander* **gleich,** *wenn sie denselben Grad haben und in je zwei entsprechenden Koeffizienten übereinstimmen:*

$$f(x) = g(x), \quad \text{wenn} \quad m = n \quad \text{und} \quad a_\nu = b_\nu \quad \text{ist} \quad (\nu = 1, 2, \ldots, n). \tag{11}$$

Diese Gleichheit bedeutet, daß $f(x)$ und $g(x)$ für *jeden* Wert von $x$ gleiche Funktionswerte haben; sie sind also, wie man sagt, **identisch gleich,** ihre Differenz *verschwindet identisch.* Man schreibt daher zuweilen statt $f(x) = g(x)$ auch deutlicher $f(x) \equiv g(x)$ [gelesen: $f(x)$ identisch gleich $g(x)$].

Man hat überhaupt bei Beziehungen, die Veränderliche oder Unbekannte enthalten, zwischen *Gleichung* und *Identität* zu unterscheiden. Eine Identität liegt vor, wenn die Beziehung für *alle* Werte der Veränderlichen gültig ist. Zum Beispiel ist die Zerlegung (4) eine Identität in $x$. Eine Gleichung dagegen gilt nur für bestimmte Werte der Veränderlichen, beispielsweise ist die allgemeine quadratische Gleichung $q(x) = 0$ nur für die Werte (5) erfüllt.

**Definition.** *Unter der* **Summe** $f(x) + g(x)$ *bzw.* **Differenz** $f(x) - g(x)$ *versteht man das Polynom, dessen Koeffizienten durch Addition bzw. Subtraktion entsprechender Koeffizienten von $f(x)$ und $g(x)$ entstehen:*

$$f(x) \pm g(x) = \sum_{\nu=0}^{n} (a_\nu \pm b_\nu) x^{n-\nu}. \tag{12}$$

*Hierin ist $b_n = b_{n-1} = \cdots = b_{m+1} = 0$, falls $n > m$ ist.*

Der Grad von $f(x) \pm g(x)$ ist im allgemeinen gleich dem größeren der beiden Grade der Summanden, also gleich $n$ für $n > m$. Ist $n = m$, so kann sich der Grad erniedrigen, wenn sich nämlich das Glied mit $x^n$ in $f(x) \pm g(x)$ weghebt.

Ist $g(x) \equiv 0$, so ist

$$f(x) + g(x) = f(x) \quad \text{für jedes Polynom} \quad f(x); \tag{13}$$

gilt umgekehrt (13) für ein Polynom $g(x)$, so ist $g(x) = f(x) - f(x) \equiv 0$. Das identisch verschwindende Polynom spielt hier also die Rolle der 0.

**Definition.** *Unter dem* **Produkt** $f(x) g(x)$ *versteht man dasjenige Polynom, dessen Koeffizienten $c_\varkappa$ durch*

$$c_\varkappa = \sum_{\lambda=0}^{\varkappa} a_\lambda b_{\varkappa-\lambda} = \sum_{\lambda+\mu=\varkappa} a_\lambda b_\mu \quad (\varkappa = 0, 1, \ldots, m + n) \tag{14a}$$

*bestimmt werden; hierbei ist $a_\lambda = 0$ bzw. $b_\mu = 0$ zu setzen, falls $\lambda > n$
bzw. $\mu > m$ ist. In*

$$f(x)\, g(x) = \sum_{\varkappa=0}^{m+n} c_\varkappa\, x^{m+n-\varkappa} \tag{14b}$$

*ist $c_0 = a_0 b_0 \neq 0$, also $m + n$ der Grad von $f(x)\, g(x)$.*

Man erhält das Produkt $f(x)\, g(x)$, indem man die beiden Summen (10)
nach der Klammerregel (vgl. I, Nr. 17) ausmultipliziert und die entstehenden Glieder nach Potenzen von $x$ zusammenfaßt und ordnet.

Man überzeugt sich leicht, daß das durch (11), (12), (14a) und (14b)
definierte Rechnen mit Polynomen den Grundgesetzen A, B und C der
Arithmetik (vgl. I, Nr. 1) mit Ausnahme von C. 5 genügt. Ist ferner $K$
der Grundkörper von $f(x)$ und $g(x)$, so sind auch $f(x) \pm g(x)$ und
$f(x)\, g(x)$ Polynome über $K$. Die Polynome über $K$ bilden daher einen
Ring (I, Nr. 14). Die Gültigkeit der assoziativen Gesetze B. 3 und C. 3 hat
insbesondere zur Folge, daß man endlich viele Polynome zu einem eindeutig
bestimmten Summen- bzw. Produktpolynom zusammenfassen kann.

**6. Teilbarkeit.** Das Gesetz C. 5 gilt nicht, da bei gegebenen Polynomen $f(x)$ und $g(x)$ der Ansatz

$$g(x)\, h(x) = f(x) \tag{15}$$

im allgemeinen kein Polynom $h(x)$ als Lösung hat.

**Definition.** *Gibt es zu den Polynomen $f(x)$ und $g(x) \not\equiv 0$ [gelesen:
$g(x)$ nicht identisch Null] ein Polynom $h(x)$ derart, daß (15) identisch
in $x$ erfüllt ist, so heißt $f(x)$ durch $g(x)$* **teilbar.**

Da der Grad eines Produkts gleich der Summe der Grade der beiden
Faktoren ist, hat $h(x)$ den Grad $n - m$, falls $n$ der Grad von $f(x)$ und $m$
der Grad von $g(x)$ ist.

*Beispiel.* Es ist $x^3 - 1 = (x^2 + x + 1)\,(x - 1)$, also ist $x^3 - 1$
durch $x - 1$ und durch $x^2 + x + 1$ teilbar.

Ist $K$ der Grundkörper von $f(x)$ und $g(x)$, so ist auch $h(x)$ ein
Polynom über $K$. Denn zwischen den Koeffizienten $a_\varkappa$ von $f(x)$, $b_\lambda$ von
$g(x)$ und $c_\mu$ von $h(x)$ besteht, wenn man (14a) auf (15) anwendet, die
Beziehung

$$a_\varkappa = \sum_{\lambda=0}^{\varkappa} b_\lambda\, c_{\varkappa-\lambda} = \sum_{\lambda+\mu=\varkappa} b_\lambda\, c_\mu \quad (\varkappa = 0, 1, \ldots, n). \tag{16}$$

Hierin sind die $a_\varkappa$ und $b_\lambda$ bekannt, und $c_0, c_1, \ldots, c_{n-m}$ erhält man
nacheinander durch rationale Rechenoperationen. Nach (16) ist nämlich

$$a_0 = b_0\, c_0,$$

$$a_1 = b_0\, c_1 + b_1\, c_0,$$

$$\cdots\cdots\cdots\cdots$$

$$a_{n-m} = b_0\, c_{n-m} + b_1\, c_{n-m-1} + \cdots + b_{n-m}\, c_0,$$

und da $b_0 \neq 0$ ist, liefert die erste dieser Gleichungen $c_0$, dann die
zweite $c_1, \ldots$, schließlich die letzte $c_{n-m}$. Mit den so bestimmten $c_\mu$

sind die restlichen Gleichungen (16) für $a_{n-m+1}, \ldots, a_n$ im Falle der Teilbarkeit (und nur dann) von selbst erfüllt.

**Satz 4.** *Ist $f(x)$ ein Polynom und $x_0$ eine Wurzel der algebraischen Gleichung $f(x) = 0$, so ist $f(x)$ durch $x - x_0$ teilbar.*

*Beweis.* Es sei $f(x) = \sum\limits_{\nu=0}^{n} a_\nu x^{n-\nu}$. Dann folgt, da $f(x_0) = 0$ ist,

$$f(x) = f(x) - f(x_0) = \sum_{\nu=0}^{n} a_\nu x^{n-\nu} - \sum_{\nu=0}^{n} a_\nu x_0^{n-\nu} = \sum_{\nu=0}^{n-1} a_\nu (x^{n-\nu} - x_0^{n-\nu}).$$

Nach I, (64) ist nun für $\nu = 0, 1, \ldots, n - 1$

$$x^{n-\nu} - x_0^{n-\nu} = (x - x_0) \sum_{\varkappa=0}^{n-\nu-1} x^{n-\nu-1-\varkappa} x_0^{\varkappa}.$$

Setzt man dies ein, so folgt weiter:

$$f(x) = (x - x_0)\left\{ a_0 \sum_{\varkappa=0}^{n-1} x^{n-1-\varkappa} x_0^{\varkappa} + a_1 \sum_{\varkappa=0}^{n-2} x^{n-2-\varkappa} x_0^{\varkappa} + \cdots + a_{n-2}(x+x_0) + a_{n-1}\right\}$$

und, wenn man hier nach Potenzen von $x$ ordnet:

$$f(x) = (x - x_0)\left\{ a_0 x^{n-1} + (a_0 x_0 + a_1) x^{n-2} + \cdots + \sum_{\lambda=0}^{n-1} a_\lambda x^{n-1-\lambda}\right\}$$

$$= (x - x_0) \sum_{\mu=0}^{n-1} b_\mu x^{n-1-\mu} \quad \text{mit} \quad b_\mu = \sum_{\lambda=0}^{\mu} a_\lambda x_0^{\mu-\lambda}.$$

Die $b_\mu$ sind Zahlen, da $a_0, a_1, \ldots, a_n$ und $x_0$ Zahlen sind. Also ist

$$f(x) = (x - x_0) f_1(x), \quad \text{wo} \quad f_1(x) = \sum_{\mu=0}^{n-1} b_\mu x^{n-1-\mu} \quad \text{mit} \quad b_0 = a_0 \neq 0 \quad (17)$$

ein Polynom $(n - 1)$-ten Grades ist. Damit ist Satz 4 bewiesen.

Der Beweis zeigt zugleich: Liegt $x_0$ im Grundkörper $K$ von $f(x)$, so ist auch $f_1(x)$ ein Polynom über $K$. Gehört dagegen $x_0$ nicht zu $K$, so ist $f_1(x)$ ein Polynom über dem kleinsten Körper, der $K$ und $x_0$ enthält.

**7. Verschwinden von Polynomen.** Nunmehr können wir über die Anzahl der Nullstellen eines Polynoms und damit zugleich über die Anzahl der Wurzeln einer algebraischen Gleichung etwas aussagen.

**Satz 5.** *Ein Polynom $n$-ten Grades in einer Veränderlichen kann höchstens $n$ verschiedene Nullstellen haben, gleichgültig, welcher Zahlkörper für die Nullstellen zugelassen wird.*

*Beweis.* Wir können uns auf den Fall beschränken, daß die Nullstellen dem Körper der komplexen Zahlen angehören. Denn jeder andere Zahlkörper ist in diesem enthalten. Nun hat ein Polynom ersten Grades nach Nr. 2 genau eine Nullstelle, ein quadratisches Polynom nach Nr. 3 höchstens zwei verschiedene Nullstellen. Man nehme daher den Satz für alle Polynome mit einem Grad $\leq n - 1$ als bewiesen an und schließe induktiv von $n - 1$ auf $n$ (vgl. III, Nr. 10). Hätte dann $f(x)$ mehr als

$n$ voneinander verschiedene Nullstellen, etwa $x_0, x_1, \ldots, x_n$, so hätte in (17) der Faktor $f_1(x)$ noch die $n$ verschiedenen Nullstellen $x_1, \ldots, x_n$. Denn durch Einsetzen von $x_\nu$ folgt

$$0 = f(x_\nu) = (x_\nu - x_0)\, f_1(x_\nu),$$

also $f_1(x_\nu) = 0$ für $\nu = 1, 2, \ldots, n$, da $x_\nu - x_0 \neq 0$ ist. Nach (17) ist aber $f_1(x)$ ein Polynom $(n-1)$-ten Grades, das auf Grund der Induktionsvoraussetzung höchstens $n-1$ verschiedene Nullstellen haben kann.

**Satz 6.** *Ein Polynom in einer Veränderlichen ist dann und nur dann identisch gleich Null, wenn alle seine Koeffizienten verschwinden.*

*Beweis.* a) Wenn alle Koeffizienten eines Polynoms $f(x)$ gleich 0 sind, so ist $f(x) = 0$ für jedes $x$, d. h. $f(x) \equiv 0$.

b) Es sei $f(x) \equiv 0$. Wären dann nicht alle Koeffizienten gleich 0, so hätte $f(x)$ einen bestimmten Grad, etwa $n$, und könnte daher nach Satz 5 höchstens an $n$ Stellen verschwinden, im Widerspruch dazu, daß $f(x)$ für *jeden* Wert von $x$ verschwindet[1].

**Satz 7.** *Ein Produkt zweier Polynome in einer Veränderlichen ist dann und nur dann identisch gleich Null, wenn mindestens einer der Faktoren identisch verschwindet.*

*Beweis.* a) Wenn $f(x) \equiv 0$ oder $g(x) \equiv 0$ ist, so ist auch $f(x)g(x) \equiv 0$.

b) Es sei $f(x)g(x) \equiv 0$. Wäre dann weder $f(x) \equiv 0$ noch $g(x) \equiv 0$, so hätten beide Polynome einen bestimmten Grad. Es sei

$$f(x) = a_0 x^n + \cdots \; (a_0 \neq 0), \quad g(x) = b_0 x^m + \cdots \; (b_0 \neq 0).$$

Dann wäre aber

$$f(x)g(x) = a_0 b_0\, x^{m+n} + \cdots \quad \text{mit} \quad a_0 b_0 \neq 0,$$

und dieses Glied könnte, als einziges mit dem Exponenten $m + n$, sich nicht wegheben. Das Produkt $f(x)\,g(x)$ hätte also mindestens einen nicht verschwindenden Koeffizienten, was nach Satz 6 zur Voraussetzung $f(x)g(x) \equiv 0$ im Widerspruch steht.

## § 2. Teilbarkeitseigenschaften.

**8. Division von Polynomen.** Wir haben bereits erwähnt (Nr. 5), daß die Multiplikation von Polynomen im allgemeinen nicht umkehrbar ist. Der Quotient zweier Polynome braucht nicht wieder ein Polynom zu sein.

**Definition.** *Sind* $f(x) = \sum_{\nu=0}^{n} a_\nu\, x^{n-\nu}$ *und* $g(x) = \sum_{\mu=0}^{m} b_\mu\, x^{m-\mu}$ *zwei Polynome (ganze rationale Funktionen) und ist* $g(x) \neq 0$, *so heißt*

$$\frac{f(x)}{g(x)} = \frac{a_0 x^n + a_1 x^{n-1} + \cdots + a_{n-1} x + a_n}{b_0 x^m + b_1 x^{m-1} + \cdots + b_{m-1} x + b_m} \tag{18}$$

---

[1] Für diesen Schluß ist wesentlich, daß der Grundkörper nicht nur endlich viele Elemente enthält. Dies trifft für Zahlkörper stets zu.

*eine* **gebrochene rationale Funktion** *von* $x$, *und zwar* **echt gebrochen** *oder* **unecht gebrochen,** *je nachdem der Grad des Zählerpolynoms kleiner oder nicht kleiner ist als der Grad des Nennerpolynoms.*

**Satz 8.** *Zu je zwei Polynomen* $f(x)$ *und* $g(x)$ *mit Grad* $f(x) \geqq$ *Grad* $g(x)$ *und* $g(x) \not\equiv 0$ *lassen sich auf eine und nur eine Weise zwei Polynome* $q(x)$ *und* $r(x)$ *so bestimmen, daß (identisch in* $x$*)*

$$f(x) = q(x)\, g(x) + r(x) \tag{19}$$

*und Grad* $r(x) <$ *Grad* $g(x)$ *ist. Man sagt dann, man habe* $f(x)$ *durch* $g(x)$ **dividiert,** *und nennt* $q(x)$ *den* **Quotienten,** $r(x)$ *den* **Rest der Division** *von* $f(x)$ *durch* $g(x)$.

*Beweis.* a) Nach Voraussetzung ist

$$f(x) = a_0\, x^n + \cdots \text{ mit } a_0 \neq 0, \quad g(x) = b_0\, x^m + \cdots \text{ mit } b_0 \neq 0$$

und $n \geqq m$. Man bilde

$$f(x) - \frac{a_0}{b_0}\, x^{n-m}\, g(x) = \left(a_1 - \frac{a_0}{b_0}\, b_1\right) x^{n-1} + \cdots = f_1(x). \tag{20a}$$

Hierbei fällt mindestens das Glied mit $x^n$ weg. Da auch noch $a_1 - \frac{a_0}{b_0}\, b_1$ und weitere Koeffizienten von $f_1(x)$ verschwinden können, kann $f_1(x)$ einen Grad $< n - 1$ haben, sogar $f_1(x) \equiv 0$ sein. Wenn nun $f_1(x) \not\equiv 0$ ist, sei

$$f_1(x) = a_0^{(1)}\, x^{n_1} - \cdots \text{ mit } a_0^{(1)} \neq 0,\, n_1 \leqq n - 1.$$

Ist auch $n_1 \geqq m$, so verfahren wir mit $f_1(x)$ entsprechend wie in (20a) mit $f(x)$ und erhalten nacheinander:

$$\left. \begin{aligned}
f_1(x) - \frac{a_0^{(1)}}{b_0}\, x^{n_1-m}\, g(x) &= f_2(x) = a_0^{(2)}\, x^{n_2} + \cdots, \\[2mm]
f_2(x) - \frac{a_0^{(2)}}{b_0}\, x^{n_2-m}\, g(x) &= f_3(x) = a_0^{(3)}\, x^{n_3} + \cdots, \\[1mm]
\cdots\cdots\cdots\cdots\cdots\cdots\cdots\cdots& \\[1mm]
f_{p-1}(x) - \frac{a_0^{(p-1)}}{b_0}\, x^{n_{p-1}-m}\, g(x) &= f_p(x) = a_0^{(p)}\, x^{n_p} + \cdots.
\end{aligned} \right\} \tag{20b}$$

Dabei bedeutet $p$ die kleinste ganze Zahl, für die entweder $f_p(x) \equiv 0$ oder $n_p < m \leqq n_{p-1}$ ist. Letzteres muß dann wegen

$$n > n_1 > n_2 > \cdots > n_{p-1} > n_p$$

einmal eintreten, spätestens für $p = m + 1$. Setzt man nun $f_1(x)$ aus (20a) in die erste der Gl. (20b), $f_2(x)$ aus der ersten in die zweite, ..., $f_{p-1}(x)$ aus der vorletzten in die letzte der Gl. (20b) ein, so erhält man

$$f(x) - \left(\frac{a_0}{b_0}\, x^{n-m} + \frac{a_0^{(1)}}{b_0}\, x^{n_1-m} + \cdots + \frac{a_0^{(p-1)}}{b_0}\, x^{n_{p-1}-m}\right) g(x) = f_p(x),$$

also, wenn das Polynom in der Klammer mit $q(x)$ bezeichnet und $f_p(x) \equiv r(x)$ gesetzt wird, die Relation (19). Die letzte der Gl. (20b) zeigt, daß $r(x)$ höchstens den Grad $m - 1$ hat, also, wie behauptet,

Grad $r(x) <$ Grad $g(x)$ ist. Der Grad von $q(x)$ ist $n - m$, da $\frac{a_0}{b_0} \neq 0$ ist. Damit ist die Existenz der Polynome $q(x)$ und $r(x)$ nachgewiesen.

b) Es ist noch zu zeigen, daß $q(x)$ und $r(x)$ eindeutig bestimmt sind. Gilt neben (19) auch

$$f(x) = q'(x)\, g(x) + r'(x) \qquad (\text{Grad } r'(x) < \text{Grad } g(x)),$$

so folgt durch Subtraktion

$$(q(x) - q'(x))\, g(x) = r'(x) - r(x). \tag{21}$$

Nach Satz 7 ist wegen $g(x) \not\equiv 0$ dann und nur dann $q(x) - q'(x) \equiv 0$, wenn $r'(x) - r(x) \equiv 0$ ist. Wäre nun $r'(x) - r(x) \not\equiv 0$, so hätte das Polynom $r'(x) - r(x)$ einen bestimmten Grad, der jedoch höchstens gleich $m - 1$ ist. Die linke Seite hätte aber, da dann auch $q(x) - q'(x)$ nicht identisch verschwindet, mindestens den Grad $m$ (von $g(x)$). Dies widerspricht aber der Gleichheitsdefinition für Polynome. Es muß also $r'(x) - r(x) \equiv 0$, d. h. $r'(x) = r(x)$ sein. Damit liefert (21), wie bereits bemerkt, auch $q(x) - q'(x) \equiv 0$, d. h. $q'(x) = q(x)$.

**Zusatz.** *Ist $K$ der Grundkörper von $f(x)$ und $g(x)$, so sind auch $q(x)$ und $r(x)$ Polynome über $K$.*

Denn die Koeffizienten von $q(x)$ und $r(x)$ gehen, wie die Gl. (20) zeigen, nur durch rationale Rechenoperationen (I, Nr. 14) aus den Koeffizienten von $f(x)$ und $g(x)$ hervor.

*Beispiel.* Für die Polynome $f(x) = 5x^5 + 7x^4 - 2x^3 + 6x^2 + 10$ und $g(x) = 2x^3 - 7x + 5$ ist

$$q(x) = \frac{5}{2}x^2 + \frac{7}{2}x + \frac{31}{4} \quad \text{und} \quad r(x) = 18x^2 + \frac{147}{4}x - \frac{115}{4}.$$

Der Grundkörper ist für alle vier Polynome der Körper $\mathbf{P}$ der rationalen Zahlen.

Das im Beweis von Satz 8 gegebene Divisionsverfahren läßt sich in einem der Division von ganzen Zahlen entsprechenden Schema aufschreiben. Das sei (für das Beispiel) dem Leser überlassen.

**Folgerung.** *Eine unecht gebrochene rationale Funktion läßt sich stets als Summe eines Polynoms und einer echt gebrochenen rationalen Funktion schreiben.*

Aus (19) folgt nämlich für $g(x) \not\equiv 0$

$$\frac{f(x)}{g(x)} = q(x) + \frac{r(x)}{g(x)} \qquad (\text{Grad } r(x) < \text{Grad } g(x)). \tag{22}$$

**9. Teilbarkeitsregeln.** Es kann, wie schon bemerkt, vorkommen, daß das Divisionsverfahren von Satz 8 auf einen Rest $r(x)$ führt, dem gar kein Grad zukommt: wenn nämlich alle Koeffizienten von $r(x)$ verschwinden, also $r(x) \equiv 0$ ist. Dann geht die Division auf, und $f(x)$ ist durch $g(x)$ teilbar (vgl. Nr. 6). Man nennt dann $g(x)$ einen **Teiler** von $f(x)$ und $f(x)$ ein **Vielfaches** von $g(x)$ und schreibt:

$$g(x) \mid f(x) \qquad (\text{gelesen: } g(x) \text{ ist Teiler von } f(x)).$$

Diese Relation schließt stets ein, daß $g(x) \not\equiv 0$ ist, es sei denn $f(x) \equiv g(x) \equiv 0$.

**Regel 1.** *Jedes Polynom $f(x)$ ist durch sich selbst und durch jedes Polynom nullten Grades teilbar.*

Denn es ist $f(x) = 1 \cdot f(x)$, ferner, falls $c$ eine Konstante $\neq 0$ bedeutet:

$$f(x) = a_0\, x^n + a_1\, x^{n-1} + \cdots + a_n = \left( \frac{a_0}{c}\, x^n + \frac{a_1}{c}\, x^{n-1} + \cdots + \frac{a_n}{c} \right) \cdot c.$$

**Regel 2.** *Aus $g(x) \mid f(x)$ und $h(x) \mid g(x)$ folgt $h(x) \mid f(x)$ (Transitivitätsgesetz der Teilbarkeitsbeziehung).*

Denn aus den Beziehungen $f(x) = q(x)\, g(x)$ und $g(x) = q_1(x)\, h(x)$ folgt $f(x) = q(x)\, q_1(x) \cdot h(x)$.

**Regel 3.** *Aus $g(x) \mid f(x)$ und $f(x) \mid g(x)$ folgt $f(x) = c\, g(x)$, wo $c$ eine von Null verschiedene Konstante bedeutet.*

Ist nämlich $f(x) = q(x)\, g(x)$, $g(x) = k(x)\, f(x)$, so folgt

$$f(x) = q(x)\, k(x)\, f(x), \quad \text{d. h.} \quad f(x)\, (q(x)\, k(x) - 1) \equiv 0$$

und hieraus nach Satz 7, falls $f(x) \not\equiv 0$ ist, $q(x)\, k(x) \equiv 1$. Nach (11) ist daher

$$\operatorname{Grad} q(x) + \operatorname{Grad} k(x) = 0, \quad \operatorname{Grad} q(x) \geqq 0, \quad \operatorname{Grad} k(x) \geqq 0,$$

also (vgl. I, Regel 8) $\operatorname{Grad} q(x) = \operatorname{Grad} k(x) = 0$. Folglich ist $q(x) = c$ eine Konstante $\neq 0$ und $k(x) = \dfrac{1}{c}$. Für $f(x) \equiv g(x) \equiv 0$ ist die Behauptung evident.

**Regel 4.** *Ist $t(x) \mid f(x)$ und $t(x) \mid g(x)$, so ist für beliebige Polynome $u(x)$ und $v(x)$ auch*

$$t(x) \mid \big( f(x)\, u(x) + g(x)\, v(x) \big). \tag{23}$$

Denn aus

$$f(x) = p(x)\, t(x), \qquad g(x) = q(x)\, t(x)$$

folgt

$$u(x)\, f(x) + v(x)\, g(x) = \big( u(x)\, p(x) + v(x)\, q(x) \big) \cdot t(x).$$

**Definition.** *Ist $t(x)$ ein Polynom, das in jedem der beiden Polynome $f(x)$ und $g(x)$ aufgeht, so heißt $t(x)$ ein **gemeinsamer Teiler** von $f(x)$ und $g(x)$. Ein Ausdruck von der Form $u(x)\, f(x) + v(x)\, g(x)$ heißt eine **Vielfachsumme** von $f(x)$ und $g(x)$.*

**10. Der größte gemeinsame Teiler.** Wir behaupten:

**Satz 9.** *Zu je zwei Polynomen $f(x)$ und $g(x)$, die nicht beide identisch verschwinden, läßt sich ein Polynom $d(x)$ bestimmen mit den Eigenschaften:*

1) $d(x)$ *ist gemeinsamer Teiler von* $f(x)$ *und* $g(x)$.
2) $d(x)$ *ist durch jeden gemeinsamen Teiler von* $f(x)$ *und* $g(x)$ *teilbar.*
3) $d(x)$ *läßt sich als Vielfachsumme von* $f(x)$ *und* $g(x)$ *darstellen.*

*Beweis.* Ist $f(x) \equiv 0$, $g(x) \not\equiv 0$, so kann man $d(x) = g(x)$ setzen, da 0 durch jedes Polynom teilbar ist. Es sei also $f(x) \not\equiv 0$, $g(x) \not\equiv 0$ und Grad $f(x) \geqq$ Grad $g(x)$. Man dividiere $f(x)$ durch $g(x)$, dann $g(x)$ durch den Rest bei dieser Division und setze das Verfahren fort, bis es von selbst abbricht, d. h. ein Rest auftritt, der identisch verschwindet. Man erhält eine Folge von (identisch in $x$ erfüllten) Gleichungen:

$$\left.\begin{aligned}
f(x) &= q(x)\, g(x) &&+ r_1(x), && \text{Grad } r_1(x) < \text{Grad } g(x),\\
g(x) &= q_1(x)\, r_1(x) &&+ r_2(x), && \text{Grad } r_2(x) < \text{Grad } r_1(x),\\
r_1(x) &= q_2(x)\, r_2(x) &&+ r_3(x), && \text{Grad } r_3(x) < \text{Grad } r_2(x)\\
&\cdots\cdots\cdots\cdots\cdots\cdots\cdots\cdots\cdots\cdots\cdots\cdots\cdots\\
r_{k-2}(x) &= q_{k-1}(x)\, r_{k-1}(x) + r_k(x), && \text{Grad } r_k(x) < \text{Grad } r_{k-1}(x),\\
r_{k-1}(x) &= q_k(x)\, r_k(x), && r_{k+1}(x) \equiv 0.
\end{aligned}\right\} \quad (24)$$

Da die Grade der Reste $r_1(x)$, $r_2(x)$, $\ldots$ ganze Zahlen sind, die ständig abnehmen, so muß einmal — spätestens, wenn der Grad eines Restes gleich 0 geworden ist — eine Division aufgehen. Es sei dies die $(k+1)$-te Division. Dann hat $r_k(x)$ die drei Eigenschaften 1), 2) und 3).

1) Da $r_k(x)\,|\,r_k(x)$ und nach der letzten Gl. (24) auch $r_k(x)\,|\,r_{k-1}(x)$ ist, folgt nach Regel 4 aus der vorletzten Gleichung $r_k(x)\,|\,r_{k-2}(x)$, $\ldots$, und weiß man, daß $r_k(x)\,|\,r_3(x)$ und $r_k(x)\,|\,r_2(x)$ ist, so folgt — immer nach Regel 4 — aus der dritten Gl. (24) $r_k(x)\,|\,r_1(x)$, dann aus der zweiten $r_k(x)\,|\,g(x)$ und schließlich aus der ersten $r_k(x)\,|\,f(x)$. Es ist also $r_k(x)$ ein gemeinsamer Teiler von $f(x)$ und $g(x)$.

2) Ist $t(x)\,|\,f(x)$ und $t(x)\,|\,g(x)$, so folgt aus der ersten Gl. (24) in der Form

$$r_1(x) = f(x) - q(x)\, g(x)$$

nach Regel 4, daß $t(x)\,|\,r_1(x)$ ist. Analog folgt aus der zweiten Gleichung $t(x)\,|\,r_2(x)$, $\ldots$, aus der vorletzten Gleichung $t(x)\,|\,r_k(x)$. Es ist also $r_k(x)$ durch jeden gemeinsamen Teiler von $f(x)$ und $g(x)$ teilbar.

3) Die vorletzte Gl. (24) ergibt

$$r_k(x) = r_{k-2}(x) - q_{k-1}(x)\, r_{k-1}(x). \qquad (25)$$

Aus der drittletzten Gl. (24) entnimmt man nun

$$r_{k-1}(x) = r_{k-3}(x) - q_{k-2}(x)\, r_{k-2}(x),$$

setzt dies in (25) ein, so daß $r_k(x)$ eine Vielfachsumme von $r_{k-2}(x)$ und $r_{k-3}(x)$ wird, eliminiert entsprechend $r_{k-2}(x)$ mittels der vorangehenden Gl. (24) und fährt so fort, bis man schließlich durch Elimination von $r_1(x)$ aus der ersten Gl. (24) $r_k(x)$ als eine Vielfachsumme von $f(x)$ und $g(x)$ erhält.

*Beispiel.* Für $f(x) = x^3 + x^2 + 1$, $g(x) = x^2 - 1$ erhält man

$$x^3 + x^2 + 1 = (x + 1)(x^2 - 1) + (x + 2),$$
$$x^2 - 1 = (x - 2)(x + 2) + 3,$$
$$x + 2 = (\tfrac{1}{3}x + \tfrac{2}{3}) \cdot 3.$$

Also ist $k = 2$ und $r_2(x) = 3$. Die Vielfachsummendarstellung von 3 erhält man, indem man die Gleichungen in der umgekehrten Reihenfolge benutzt:

$$
\begin{aligned}
3 &= (x^2 - 1) - (x - 2)(x + 2) \\
&= (x^2 - 1) - (x - 2)[x^3 + x^2 + 1 - (x + 1)(x^2 - 1)] \\
&= (x^2 - 1)[1 + (x - 2)(x + 1)] - (x - 2)(x^3 + x^2 + 1) \\
&= (x^2 - x - 1)(x^2 - 1) - (x - 2)(x^3 + x^2 + 1).
\end{aligned}
$$

**Definition.** *Ein Polynom $f(x)$ heißt **normiert**, wenn der Koeffizient der höchsten vorkommenden Potenz von $x$ gleich 1 ist. Man normiert ein Polynom*

$$h(x) = c_0 x^k + c_1 x^{k-1} + \cdots + c_k \qquad (c_0 \neq 0),$$

*indem man $\dfrac{1}{c_0} h(x)$ bildet.*

Das Verfahren, das im Beweis von Satz 9 zur Bestimmung eines Polynoms mit den Eigenschaften 1), 2) und 3) führt, hat bereits EUKLID[1] bei ganzen Zahlen (statt Polynomen) benutzt. Es heißt nach ihm der **EUKLIDsche Algorithmus.** Ist nun $r(x)$ irgendein anderes Polynom mit den Eigenschaften 1) und 2), so folgt insbesondere aus 2):

$$r(x) \mid r_k(x) \quad \text{und} \quad r_k(x) \mid r(x).$$

Nach Regel 1 ist also $r(x) = c \cdot r_k(x)$, wo $c$ eine Konstante $\neq 0$ bedeutet. Daher ist das gesuchte Polynom bereits durch die Eigenschaften 1) und 2) bis auf einen konstanten Faktor bestimmt. Unter allen diesen Polynomen greift man das normierte heraus; es heiße $d(x)$. Dann ist dieses eindeutig bestimmt. Im obigen Beispiel ist hiernach $d(x) = 1$

**Definition.** *Das zu gegebenen Polynomen $f(x)$ und $g(x)$ eindeutig bestimmte normierte Polynom $d(x)$ mit den Eigenschaften 1), 2) und 3) von Satz 9 heißt der **größte gemeinsame Teiler** von $f(x)$ und $g(x)$, in Zeichen:*

$$d(x) = (f(x), g(x)). \tag{26}$$

Die Bezeichnung *größter* gemeinsamer Teiler rechtfertigt sich durch die Eigenschaften 1) und 2), nach denen $d(x)$ ein gemeinsamer Teiler von $f(x)$ und $g(x)$ ist, der durch jeden gemeinsamen Teiler von $f(x)$ und $g(x)$ teilbar ist.

**Zusatz.** *Ist $K$ der Grundkörper von $f(x)$ und $g(x)$, so ist auch ihr größter gemeinsamer Teiler $d(x)$ ein Polynom über $K$.*

---

[1] EUKLID von Alexandria, griechischer Mathematiker, der am Museum (der Hohen Schule) von Alexandria lehrte (etwa 365—300 v. Chr.).

Denn nach dem Zusatz zu Satz 8 ist $r_1(x)$, dann auch $r_2(x), \ldots,$ schließlich auch $r_k(x)$, also $d(x)$ ein Polynom über $K$.

**Definition.** *Ist* $(f(x), g(x)) = 1$, *so heißen die beiden Polynome* $f(x)$ *und* $g(x)$ ***teilerfremd.***

**11. Weitere Teilbarkeitsregeln.** Wir wollen jetzt einige Folgerungen über den größten gemeinsamen Teiler zweier Polynome ableiten.

**Regel 5.** *Ist* $d(x) = (f(x), g(x))$, *so ist*

$$\left( \frac{f(x)}{d(x)}, \ \frac{g(x)}{d(x)} \right) = 1 . \tag{27}$$

Bezeichnet $d_1(x)$ nämlich den größten gemeinsamen Teiler (27), so ist

$$d_1(x) \left| \frac{f(x)}{d(x)} , \quad d_1(x) \right| \frac{g(x)}{d(x)} , \quad \text{also} \quad \frac{f(x)}{d(x)} = q(x) d_1(x) , \quad \frac{g(x)}{d(x)} = p(x) d_1(x) .$$

Daher folgt, indem man mit $d(x)$ multipliziert, daß $d(x) \cdot d_1(x)$ ein gemeinsamer Teiler von $f(x)$ und $g(x)$ ist. Nach Eigenschaft 2) muß dann $d(x)$ durch $d(x) d_1(x)$ teilbar sein. Das ist nur möglich, wenn Grad $d_1(x) = 0$, d. h. $d_1(x)$ konstant und als normiertes Polynom $d_1(x) = 1$ ist.

**Regel 6.** *Ist* $h(x) | f(x) g(x)$ *und* $(h(x), f(x)) = 1$, *so ist* $h(x) | g(x)$.

Denn nach Eigenschaft 3) läßt sich 1 als Vielfachsumme von $h(x)$ und $f(x)$ darstellen:

$$1 = u(x) h(x) + v(x) f(x) ;$$

also gilt, indem man mit $g(x)$ multipliziert:

$$g(x) = u(x) g(x) \cdot h(x) + v(x) \cdot f(x) g(x) .$$

Hieraus folgt $h(x) | g(x)$ nach Regel 4, denn $h(x) | h(x)$ und $h(x) | f(x) g(x)$.

**Regel 7.** *Aus* $(f_1(x), g(x)) = (f_2(x), g(x)) = 1$ *folgt*

$$(f_1(x) f_2(x), \ g(x)) = 1 .$$

Ist nämlich $(f_1(x) f_2(x), g(x)) = d(x)$, so folgt $(d(x), f_1(x)) = 1$, da $d(x) | g(x)$ und $(f_1(x), g(x)) = 1$ ist. Nach Regel 6 gilt daher weiter $d(x) | f_2(x)$, da $d(x) | f_1(x) f_2(x)$ und $(d(x), f_1(x)) = 1$ ist. Nunmehr hat man $d(x) | g(x)$, $d(x) | f_2(x)$, ferner $(f_2(x), g(x)) = 1$; also ist $d(x) | 1$ nach Eigenschaft 2), d. h. $d(x) = 1$.

**Regel 8.** *Ist jedes der Polynome* $f_1(x), \ldots, f_k(x)$ *zu jedem der Polynome* $g_1(x), \ldots, g_l(x)$ *teilerfremd, so ist auch*

$$(f_1(x) f_2(x) \cdots f_k(x), \ g_1(x) g_2(x) \cdots g_l(x)) = 1 . \tag{28}$$

Dies ergibt sich durch mehrmalige Anwendung von Regel 7. Hiernach ist $(f_1(x) f_2(x), g_1(x)) = 1$, und hat man $(f_1(x) \cdots f_{k-1}(x), g_1(x)) = 1$ nachgewiesen, so folgt hieraus und aus $(f_k(x), g_1(x)) = 1$ nach Regel 7, daß $\left( \prod_{\varkappa=1}^{k} f_\varkappa(x), g_1(x) \right) = 1$ ist. Analog folgt mit $\prod_{\varkappa=1}^{k} f_\varkappa(x) = F(x)$

$$(F(x), g_2(x)) = \cdots = (F(x), g_l(x)) = 1 .$$

Daher ist, wieder nach Regel 7, $\big(F(x),\, g_1(x)\, g_2(x)\big) = 1$, und hat man $\big(F(x),\, g_1(x) \cdots g_{l-1}(x)\big) = 1$ nachgewiesen, so folgt hieraus und aus $\big(F(x),\, g_l(x)\big) = 1$ auch

$$\big(F(x),\, g_1(x) \cdots g_l(x)\big) = 1.$$

**Regel 8′.** *Ist $\big(f(x),\, g(x)\big) = 1$, so ist für beliebige natürliche Zahlen $k$ und $l$ auch*

$$\big(f^k(x),\, g^l(x)\big) = 1. \tag{29}$$

Dies erhält man, wenn man in (28) alle $f_\varkappa(x) = f(x)$ setzt ($\varkappa = 1$, $2, \ldots, k$) und alle $g_\lambda(x) = g(x)$ ($\lambda = 1, 2, \ldots, l$).

**12. Das kleinste gemeinsame Vielfache.** Die Begriffe Teiler und Vielfaches stehen zueinander in wechselseitiger Beziehung. Es bestehen daher Parallelen zwischen gemeinsamen Teilern und gemeinsamen Vielfachen.

**Definition.** *Ist $v(x)$ ein Polynom, das durch jedes der beiden Polynome $f(x)$ und $g(x)$ teilbar ist, so heißt $v(x)$ ein **gemeinsames Vielfaches** von $f(x)$ und $g(x)$.*

**Satz 10.** *Zu je zwei Polynomen $f(x)$ und $g(x)$, von denen keines identisch verschwindet, gibt es ein Polynom $m(x)$ mit den Eigenschaften*

*1) $m(x)$ ist ein gemeinsames Vielfaches von $f(x)$ und $g(x)$,*

*2) $m(x)$ ist in jedem gemeinsamen Vielfachen von $f(x)$ und $g(x)$ als Teiler enthalten.*

*Beweis.* Es sei $d(x) = \big(f(x),\, g(x)\big)$ und hiermit $f(x) = d(x) f_1(x)$, $g(x) = d(x) g_1(x)$, so daß $\big(f_1(x),\, g_1(x)\big) = 1$ ist nach Regel 5. Man setze $m_1(x) = g_1(x) d(x) f_1(x) = g_1(x) f(x)$. Dann ist

$$f(x) = d(x) f_1(x) \,\big|\, m_1(x), \quad g(x) = d(x) g_1(x) \,\big|\, m_1(x),$$

also 1) erfüllt. Ferner sei $v(x)$ ein beliebiges gemeinsames Vielfache von $f(x)$ und $g(x)$, also

$$g(x) = d(x) g_1(x) \,\big|\, v(x) \quad \text{und} \quad v(x) = q(x) f(x) = q(x) d(x) f_1(x).$$

Dann ist $g_1(x)\,\big|\,q(x) f_1(x)$ und sogar $g_1(x)\,\big|\,q(x)$ nach Regel 6, da $\big(f_1(x),\, g_1(x)\big) = 1$ ist. Daraus folgt

$$m_1(x) = g_1(x) f(x) \,\big|\, q(x) f(x) = v(x);$$

also ist auch 2) erfüllt.

Ist nun $m^*(x)$ irgendein anderes Polynom mit den Eigenschaften 1) und 2), so folgt insbesondere aus 2):

$$m_1(x)\,\big|\,m^*(x) \quad \text{und} \quad m^*(x)\,\big|\,m_1(x).$$

Nach Regel 1 ist also $m^*(x) = c \cdot m_1(x)$, wo $c$ eine Konstante $\neq 0$ bedeutet. Das gesuchte Polynom ist also durch 1) und 2) bis auf einen konstanten Faktor bestimmt. Ist daher $m(x)$ das aus $m_1(x)$ durch Normierung entstehende Polynom, so ist $m(x)$ eindeutig bestimmt. Der Normierungsfaktor läßt sich angeben. Ist nämlich $a_0$ bzw. $b_0$ der Koeffizient des höchsten Gliedes von $f(x)$ bzw. $g(x)$, also auch der von $f_1(x)$ bzw. $g_1(x)$, da $d(x)$ normiert ist, so ist $a_0 b_0$ der Koeffizient des höchsten Gliedes von $m_1(x)$. Folglich ist

$$m(x) = \frac{1}{a_0 b_0}\, m_1(x).$$

**Definition.** *Das durch die Eigenschaften* 1) *und* 2) *von Satz* 10 *gekennzeichnete, eindeutig bestimmte normierte Polynom* $m(x)$ *heißt das kleinste gemeinsame Vielfache von* $f(x)$ *und* $g(x)$, *in Zeichen:*

$$m(x) = \{f(x), g(x)\}. \tag{30}$$

**Regel 9.** *Für je zwei Polynome* $f(x) = a_0 x^n + \cdots + a_n \not\equiv 0$ *und* $g(x) = b_0 x^m + \cdots + b_m \not\equiv 0$ *gilt*

$$(f(x), g(x)) \cdot \{f(x), g(x)\} = \frac{1}{a_0 b_0} \cdot f(x) g(x). \tag{31}$$

Denn mit $d(x) = (f(x), g(x))$ ist $f(x) = d(x) f_1(x)$, $g(x) = d(x) g_1(x)$, folglich

$$f(x) g(x) = d(x) \cdot f_1(x) d(x) g_1(x) = d(x) \cdot m_1(x) = a_0 b_0 \cdot d(x) m(x).$$

Aus (31) kann man das kleinste gemeinsame Vielfache von $f(x)$ und $g(x)$ berechnen, wenn man ihren größten gemeinsamen Teiler kennt. Die Formel (31) zeigt außerdem, daß $m(x)$ denselben Grundkörper hat wie $f(x)$ und $g(x)$. Denn auch $d(x)$ ist nach dem Zusatz zu Satz 9 ein Polynom über diesem Grundkörper.

## § 3. Anwendungen.

**13. Partialbruchzerlegung.** Es soll eine rationale Funktion $R(x)$ als Summe von einfacheren rationalen Funktionen dargestellt werden.

**Satz 11.** *Es sei* $R(x) = \dfrac{f(x)}{g(x)}$, *ferner* $g(x) = g_1(x) g_2(x) \cdots g_k(x)$ *in paarweise teilerfremde Faktoren zerlegt, d. h. es sei*

$$(g_\varkappa(x), g_\lambda(x)) = 1 \quad \text{für} \quad \varkappa, \lambda = 1, 2, \ldots, k;\ \varkappa \neq \lambda. \tag{32}$$

*Dann läßt sich* $R(x)$ *auf eine und nur eine Weise in der Form*

$$R(x) = Q(x) + \frac{f_1(x)}{g_1(x)} + \frac{f_2(x)}{g_2(x)} + \cdots + \frac{f_k(x)}{g_k(x)} \tag{33}$$

*darstellen, wo* $Q(x)$ *ein Polynom und* $\dfrac{f_\varkappa(x)}{g_\varkappa(x)}$ *eine echt gebrochene rationale Funktion ist für* $\varkappa = 1, 2, \ldots, k$.

*Beweis.* a) Wir zeigen zunächst die Möglichkeit der Darstellung. Für $k = 1$ ist sie bereits mit (22) bewiesen. Für $k = 2$ verfährt man folgendermaßen: Es ist $g(x) = g_1(x) g_2(x)$ und $(g_1(x), g_2(x)) = 1$. Man stellt nach Satz 9

$$1 = u_1(x) g_1(x) + u_2(x) g_2(x)$$

als Vielfachsumme von $g_1(x)$ und $g_2(x)$ dar, multipliziert diese Darstellung mit $R(x)$, wodurch man

$$R(x) = \frac{f(x)}{g(x)} = \frac{f(x)\,u_1(x)}{g_2(x)} + \frac{f(x)\,u_2(x)}{g_1(x)} \tag{34}$$

erhält, und dividiert jeden der beiden Zähler rechts durch seinen Nenner. Ist

$$f(x)\,u_1(x) = q_2(x)\,g_2(x) + f_2(x), \qquad f(x)\,u_2(x) = q_1(x)\,g_1(x) + f_1(x),$$

wobei Grad $f_1(x) <$ Grad $g_1(x)$, Grad $f_2(x) <$ Grad $g_2(x)$ ist, und setzt man $q_1(x) + q_2(x) = q(x)$, so folgt aus (34)

$$R(x) = \frac{f(x)}{g(x)} = q(x) + \frac{f_1(x)}{g_1(x)} + \frac{f_2(x)}{g_2(x)}.$$

Hiermit ist für $k = 2$ die gewünschte Zerlegung von $R(x)$ hergestellt.

b) Man nehme daher als bewiesen an, daß jede rationale Funktion $\frac{F(x)}{G(x)}$, deren Nennerpolynom $G(x) = g_1(x) \cdots g_{k-1}(x)$ in $k-1$ paarweise teilerfremde Faktoren zerlegt ist, in der Form

$$\frac{F(x)}{G(x)} = P(x) + \frac{f_1(x)}{g_1(x)} + \cdots + \frac{f_{k-1}(x)}{g_{k-1}(x)} \tag{35}$$

mit einem Polynom $P(x)$ und echt gebrochenen rationalen Funktionen $\frac{f_\varkappa(x)}{g_\varkappa(x)}$ dargestellt werden kann. Man setze dann

$$g(x) = g_1(x) \cdots g_{k-1}(x)\,g_k(x) = G(x)\,g_k(x).$$

Nach (32) und Regel 8 ist nun $\big(G(x),\, g_k(x)\big) = 1$, so daß $g(x)$ in zwei teilerfremde Faktoren zerlegt ist. Nach Teil a) erhält man also

$$R(x) = \frac{f(x)}{g(x)} = \frac{f(x)}{G(x)\,g_k(x)} = q^*(x) + \frac{F(x)}{G(x)} + \frac{f_k(x)}{g_k(x)}, \tag{36}$$

wo $q^*(x)$ ein Polynom und die beiden anderen Summanden echt gebrochene rationale Funktionen sind. Auf $\frac{F(x)}{G(x)}$ darf man die Induktionsvoraussetzung anwenden. Setzt man (35) in (36) ein, so erhält man (33) mit $Q(x) = q^*(x) + P(x)$.

c) Es ist noch die Eindeutigkeit der Darstellung (33) zu zeigen. Angenommen, man hätte für dieselbe Zerlegung von $g(x)$ in Faktoren $g_\varkappa(x)$ neben (33) noch die Darstellung

$$R(x) = Q^*(x) + \frac{f_1^*(x)}{g_1(x)} + \frac{f_2^*(x)}{g_2(x)} + \cdots + \frac{f_k^*(x)}{g_k(x)} \tag{37}$$

erhalten, in der $Q^*(x)$ ein Polynom und Grad $f_\varkappa^*(x) <$ Grad $g_\varkappa(x)$ ist $(\varkappa = 1, 2, \ldots, k)$. Dann wäre, wie aus (33) und (37) nach Multiplikation mit $g(x)$ folgt:

$$(Q^*(x) - Q(x))\,g(x) = \sum_{\varkappa=1}^{k} g_1(x) \cdots g_{\varkappa-1}(x)\,(f_\varkappa(x) - f_\varkappa^*(x))\,g_{\varkappa+1}(x) \cdots g_k(x). \tag{38}$$

Setzt man nun für einen festen Wert $\lambda$ mit $1 \leq \lambda \leq k$

$$w_\lambda(x) = g_1(x) \cdots g_{\lambda-1}(x)\left(f_\lambda(x) - f_\lambda^*(x)\right) g_{\lambda+1}(x) \cdots g_k(x),$$

so folgt aus (38)

$$\left(Q^*(x) - Q(x)\right) g(x) - \sum_{\varkappa \neq \lambda} w_\varkappa(x) = w_\lambda(x)$$

und hieraus, da $g_\lambda(x)\,|\,g(x)$ und $g_\lambda(x)\,|\,w_\varkappa(x)$ ist für $\varkappa \neq \lambda$, nach Regel 4

$$g_\lambda(x)\,|\,w_\lambda(x), \quad \text{also} \quad g_\lambda(x)\,|\left(f_\lambda(x) - f_\lambda^*(x)\right) \quad (\lambda = 1, 2, \ldots, k);$$

denn nach (32) und Regel 8 ist $g_\lambda(x)$ teilerfremd zu $\prod\limits_{\varkappa \neq \lambda} g_\varkappa(x)$. Da aber Grad $\left(f_\lambda(x) - f_\lambda^*(x)\right) <$ Grad $g_\lambda(x)$ ist, kann $g_\lambda(x)$ in der Differenz nur aufgehen, wenn $f_\lambda(x) - f_\lambda^*(x) \equiv 0$ ist. Es ist also $f_\lambda(x) \equiv f_\lambda^*(x)$ für $\lambda = 1, 2, \ldots, k$. Damit folgt aus (38) weiter

$$\left(Q^*(x) - Q(x)\right) g(x) \equiv 0,$$

was nach Satz 7 wegen $g(x) \not\equiv 0$ nur für $Q^*(x) \equiv Q(x)$ möglich ist. Also sind die beiden Darstellungen (33) und (37) identisch.

**Definition.** *Die in der Darstellung (33) von $\dfrac{f(x)}{g(x)}$ auftretenden echt gebrochenen rationalen Funktionen $\dfrac{f_\varkappa(x)}{g_\varkappa(x)}$ $(\varkappa = 1, 2, \ldots, k)$ heißen die zur Zerlegung $g(x) = \prod\limits_{\varkappa=1}^{k} g_\varkappa(x)$ gehörenden **Teil-** oder **Partialbrüche** und die Darstellung (33) selbst die zugehörige **Partialbruchzerlegung** von $\dfrac{f(x)}{g(x)}$.*

**Zusatz.** *Das Polynom $Q(x)$ in der Partialbruchzerlegung (33) von $\dfrac{f(x)}{g(x)}$ ist der Quotient der Division von $f(x)$ durch $g(x)$. Ist also $R(x)$ eine echt gebrochene rationale Funktion, so ist $Q(x) \equiv 0$.*

Denn aus (33) folgt durch Multiplikation mit $g(x)$

$$f(x) = Q(x)\,g(x) + r(x) \text{ mit } r(x) = \sum_{\varkappa=1}^{k} g_1(x) \cdots g_{\varkappa-1}(x)\,f_\varkappa(x)\,g_{\varkappa+1}(x) \cdots g_k(x),$$

und es ist Grad $r(x) <$ Grad $g(x)$, da Grad $f_\varkappa(x) <$ Grad $g_\varkappa(x)$ ist. Hierdurch sind aber Quotient und Rest der Division nach Satz 8 eindeutig bestimmt.

**14. Unzerlegbare Polynome.** Die Partialbruchzerlegung einer rationalen Funktion hängt von der für den Nenner gewählten Zerlegung in Faktoren ab. Wir wollen jetzt unter allgemeineren Gesichtspunkten Faktorzerlegungen eines Polynoms betrachten. Dabei wird der Grundkörper des Polynoms von Bedeutung sein.

**Definition.** *Ein Polynom $f(x)$ über einem Körper $k$ heißt **in einem Körper K,** der $k$ umfaßt, **unzerlegbar (irreduzibel),** wenn $f(x)$ durch kein Polynom über $K$ von mindestens erstem Grade teilbar ist. Anderenfalls heißt $f(x)$ **zerlegbar (reduzibel) in K.***

*Beispiele.* Die Ergebnisse von Nr. 3 zeigen: Das quadratische Polynom $q(x) = a_0 x^2 + a_1 x + a_2$ $(a_0 \neq 0)$ mit reellen Koeffizienten $(k = R)$ ist nach Satz 3 im Körper $R$ unzerlegbar, wenn $a_1^2 - 4 a_0 a_2 < 0$ ist. Denn sonst wäre $q(x)$ das Produkt zweier Polynome ersten Grades über $R$, hätte also reelle Nullstellen, was nicht der Fall ist. Dagegen ist $q(x)$ nach (5) und (6) für $a_1^2 - 4 a_0 a_2 \geqq 0$ in $R$ zerlegbar. Ferner ist $q(x)$ nach Satz 2 als Polynom über $R$ stets in $\mathsf{K}$ zerlegbar. Ebenso ist $q(x)$ als Polynom über $\mathsf{K}$ stets in $\mathsf{K}$ zerlegbar (Satz 1). Ein lineares Polynom ist dagegen in jedem Körper unzerlegbar. Wir sehen also, daß ein Polynom, das in einem Körper $K$ unzerlegbar ist, in einem umfassenderen Körper zerlegbar sein kann. Dagegen ist es in jedem in $K$ enthaltenen Körper ebenfalls unzerlegbar.

**Regel 10.** *Zwei Polynome $p_1(x)$ und $p_2(x)$ über $k$, die in einem $k$ enthaltenden Körper $K$ unzerlegbar sind, sind entweder teilerfremd oder bis auf einen konstanten Faktor einander gleich.*

Sind nämlich $p_1(x)$ und $p_2(x)$ nicht teilerfremd, so hat ihr größter gemeinsamer Teiler $(p_1(x), p_2(x))$ mindestens den Grad 1. Nach dem Zusatz zu Satz 9 hat $(p_1(x), p_2(x))$ denselben Grundkörper $k$ wie $p_1(x)$ und $p_2(x)$. Ferner ist

$$(p_1(x), p_2(x)) \,|\, p_1(x), \qquad (p_1(x), p_2(x)) \,|\, p_2(x). \tag{39}$$

Da aber $p_1(x)$ und $p_2(x)$ in $K$, also erst recht in $k$ unzerlegbar sind, kann (39) nur gelten, wenn

$$(p_1(x), p_2(x)) = \frac{1}{a_0} p_1(x) = \frac{1}{b_0} p_2(x)$$

ist, wo $a_0$ bzw. $b_0$ der Koeffizient des höchsten Gliedes von $p_1(x)$ bzw. $p_2(x)$ bedeutet.

**Satz 12.** *Jedes Polynom läßt sich in jedem seinen Grundkörper enthaltenden Körper $K$ auf eine und nur eine Weise in ein Produkt von in $K$ unzerlegbaren Polynomen über $K$ zerlegen, wenn man von deren Reihenfolge und von Abänderung um konstante Faktoren absieht.*

*Beweis.* a) Wir zeigen zunächst die Möglichkeit der Zerlegung. Ist das Polynom $f(x)$ in $K$ unzerlegbar, so ist man fertig. Daher sei $f(x) = f_1(x) f_2(x)$, wo $f_1(x)$ und $f_2(x)$ Polynome über $K$ und Grad $f_1(x) \geqq 1$, Grad $f_2(x) \geqq 1$, also Grad $f_1(x) <$ Grad $f(x)$, Grad $f_2(x) <$ Grad $f(x)$ ist. Sind $f_1(x)$ und $f_2(x)$ in $K$ unzerlegbar, so ist man fertig. Anderenfalls sei $f_1(x) = g_1(x) g_2(x)$, wo $g_1(x)$ und $g_2(x)$ Polynome über $K$ sind, die beide einen kleineren Grad als $f_1(x)$ haben. Durch Fortsetzung dieses Verfahrens kommt man, da bei jeder Zerlegung die Grade der Faktoren kleiner werden und mindestens die linearen Polynome unzerlegbar sind, in jedem Körper $K$ schließlich auf eine Zerlegung

$$f(x) = p_1(x) p_2(x) \cdots p_r(x), \tag{40}$$

in der jeder Faktor $p_\varrho(x)$ ein in $K$ unzerlegbares Polynom über $K$ ist $(\varrho = 1, 2, \ldots, r)$.

b) Diese Zerlegung ist im angegebenen Sinne eindeutig. Ist nämlich

$$f(x) = q_1(x)\, q_2(x) \cdots q_s(x)$$

auch eine Zerlegung von $f(x)$ in Polynome $q_\sigma(x)$ über $K$, die in $K$ irreduzibel sind $(\sigma = 1, 2, \ldots, s)$, so wäre

$$p_1(x)\, p_2(x) \cdots p_r(x) = q_1(x)\, q_2(x) \cdots q_s(x). \tag{41}$$

Es sei etwa $s \geqq r$. Wäre dann $p_1(x)$ von allen $q_\sigma(x)$ wesentlich[1] verschieden $(\sigma = 1, 2, \ldots, s)$, so wäre $p_1(x)$ nach Regel 10 und Regel 8 zu $\prod\limits_{\sigma=1}^{s} q_\sigma(x)$ teilerfremd im Widerspruch zur Relation (41), nach der $p_1(x)$ in $\prod\limits_{\sigma=1}^{s} q_\sigma(x)$ aufgeht. Es muß also $p_1(x)$ mit einem der $q_\sigma(x)$, etwa $q_1(x)$, übereinstimmen (evtl. bis auf einen konstanten Faktor). Man streiche in (41) $p_1(x)$ gegen $q_1(x)$. Aus der übrigbleibenden Relation folgt in analoger Weise $p_2(x) = q_2(x), \ldots, p_r(x) = q_r(x)$. Wäre nun $s > r$, so würden nach Streichung der $p_\varrho(x)$ gegen die $q_\varrho(x)$ $(\varrho = 1, 2, \ldots, r)$ in (41) rechts ein Polynom mit einem von 0 verschiedenen Grad übrigbleiben, links dagegen eine Konstante. Daher muß $s = r$ sein, und die beiden Zerlegungen in irreduzible Faktoren stimmen überein.

**15. Der Fall $K = \mathsf{K}$.** Wir wollen die Betrachtungen von Nr. 13 und 14 an zwei Spezialfällen beleuchten, nämlich für die Fälle, daß $K$ der Körper $\mathsf{K}$ der komplexen bzw. der Körper $R$ der reellen Zahlen ist. Hierzu müssen wir allerdings den Fundamentalsatz der Algebra benutzen, aber auf seinen Beweis im Rahmen dieses Buches leider verzichten.

**Fundamentalsatz der Algebra.** *Jedes Polynom $f(x)$ über dem Körper $\mathsf{K}$ hat in $\mathsf{K}$ mindestens eine Nullstelle.*

Hieraus folgern wir ohne große Mühe, daß ein Polynom $n$-ten Grades genau $n$ Nullstellen in $\mathsf{K}$ hat, wenn man die Nullstellen richtig zählt (vgl. Nr. 3).

**Definition.** *Eine Nullstelle $x_0$ eines Polynoms $f(x)$ heißt eine **$m$-fache Nullstelle** und $m$ ihre **Vielfachheit**, wenn $f(x)$ durch $(x - x_0)^m$, aber nicht mehr durch $(x - x_0)^{m+1}$ teilbar ist.*

**Satz 13.** *Ist $f(x) = a_0 x^n + \cdots + a_n \ (a_0 \neq 0)$ ein beliebiges Polynom, so besitzt $f(x)$ im Körper $\mathsf{K}$ die Zerlegung*

$$f(x) = a_0 (x - x_1)^{m_1} (x - x_2)^{m_2} \cdots (x - x_p)^{m_p}, \tag{42}$$

*wo $x_1, x_2, \ldots, x_p$ die voneinander verschiedenen Nullstellen von $f(x)$ in $\mathsf{K}$ und $m_1, m_2, \ldots, m_p$ ihre Vielfachheiten sind.*

*Beweis.* Der Satz ist richtig im Fall $n = 2$, wie die Formel (6) von Nr. 3 zeigt. Jedes Polynom kann ja als Polynom über $\mathsf{K}$ aufgefaßt werden, da $\mathsf{K}$ der umfassendste Zahlkörper ist. Man nehme daher Satz 13

---

[1] d. h. nicht nur um einen konstanten, nichtverschwindenden Faktor.

für alle Polynome $(n-1)$-ten Grades als bewiesen an. Ist dann $f(x)$ ein Polynom $n$-ten Grades und $x_0$ eine (nach dem Fundamentalsatz vorhandene) Nullstelle von $f(x)$ in $\mathsf{K}$, so ist nach Satz 4

$$f(x) = (x - x_0)\, f_1(x).$$

Für $f_1(x)$ als Polynom $(n-1)$-ten Grades existiert eine Zerlegung der Art (42). Ist nun $x_0$ gleich einer der Nullstellen von $f_1(x)$, so wird $x - x_0$ mit dem Faktor $(x - x_0)^m$ von $f_1(x)$ vereinigt, und die Vielfachheit von $x_0$ erhöht sich um 1. Anderenfalls tritt $x - x_0$ als neuer Faktor zu der Zerlegung von $f_1(x)$ hinzu.

*Beispiel.* $f(x) = x^3 - 4x^2 + 5x - 2$. Da $f(1) = 0$ ist, ist $f(x)$ durch $x - 1$ teilbar. Man findet

$$x^3 - 4x^2 + 5x - 2 = (x - 1)\,(x^2 - 3x + 2).$$

Hier hat $f_1(x) = x^2 - 3x + 2$ ebenfalls die Nullstelle 1, also ist auch $f_1(x)$ durch $x - 1$ teilbar. Es ist

$$x^2 - 3x + 2 = (x - 1)\,(x - 2), \quad \text{also} \quad f(x) = (x - 1)^2\,(x - 2).$$

Das Polynom $x^3 - 4x^2 + 5x - 2$ hat also die zweifache Nullstelle 1 und die einfache Nullstelle 2.

**Folgerung.** *Ist $f(x)$ vom Grade $n$, so muß in (42) auch das Polynom auf der rechten Seite den Grad $n$ haben, d. h. es ist*

$$m_1 + m_2 + \cdots + m_p = n.$$

Da hiernach die Summe der Vielfachheiten der Nullstellen gleich dem Grad des Polynoms ist, hat jedes Polynom im Körper $\mathsf{K}$ ebenso viele Nullstellen, wie sein Grad angibt, falls mehrfache Nullstellen entsprechend ihrer Vielfachheit gezählt werden.

*Die Zerlegung* (42) *ist die Zerlegung von $f(x)$ in in $\mathsf{K}$ irreduzible Polynome.* Denn in $\mathsf{K}$ sind allein die linearen Polynome irreduzibel, da man nach dem Fundamentalsatz der Algebra und Satz 4 von jedem Polynom einen Linearfaktor abspalten kann.

*Anwendung.* Ist $R(x) = \dfrac{f(x)}{g(x)}$ eine echt gebrochene rationale Funktion, so denke man sich $g(x)$ normiert und gemäß (42) in $\mathsf{K}$ zerlegt. Es seien $c_1, c_2, \ldots, c_t$ die verschiedenen Nullstellen von $g(x)$ in $\mathsf{K}$ und $n_1, n_2, \ldots, n_t$ die Vielfachheiten. Dann ist

$$g(x) = (x - c_1)^{n_1}\,(x - c_2)^{n_2} \cdots (x - c_t)^{n_t}, \tag{43}$$

und in dieser Zerlegung ist wegen $c_\sigma \neq c_\tau$ nach Regel 10

$$((x - c_\sigma)^{n_\sigma},\ (x - c_\tau)^{n_\tau}) = 1 \qquad (\sigma, \tau = 1, 2, \ldots, t;\ \sigma \neq \tau).$$

Zu (43) gehört daher eine Partialbruchzerlegung von der Form

$$\frac{f(x)}{g(x)} = \frac{f_1(x)}{(x - c_1)^{n_1}} + \frac{f_2(x)}{(x - c_2)^{n_2}} + \cdots + \frac{f_t(x)}{(x - c_t)^{n_t}}, \tag{44}$$

in der Grad $f_\tau(x) < n_\tau$ ist $(\tau = 1, 2, \ldots, t)$.

**16. Der Fall $K = R$.** Es sei $g(x)$ ein Polynom über $R$. Wir wollen $g(x)$ als Produkt von in $R$ unzerlegbaren Polynomen darstellen. Welche Polynome sind nun in $R$ unzerlegbar? Wir wissen nach Nr. 14, daß jedenfalls die linearen Polynome über $R$ und diejenigen quadratischen Polynome über $R$ dazu gehören, die eine negative Diskriminante haben. Hiermit sind aber die in $R$ irreduziblen Polynome bereits erschöpft. Dies folgt aus

**Satz 14.** *Ist $c$ eine Nullstelle eines Polynoms $g(x)$ mit reellen Koeffizienten, so ist auch die konjugiert-komplexe Zahl $\bar{c}$ eine Nullstelle von $g(x)$.*

*Beweis.* Es sei $g(x) = \sum_{\mu=0}^{m} b_\mu x^{m-\mu}$. Dann ist nach Voraussetzung

$$g(c) = \sum_{\mu=0}^{m} b_\mu c^{m-\mu} = 0, \text{ also auch } \overline{g(c)} = \overline{\sum_{\mu=0}^{m} b_\mu c^{m-\mu}} = 0. \text{ Nach I, (38)}$$

und I, Satz 3 folgt, da $b_\mu$ reell ist $(\mu = 0, 1, \ldots, m)$, weiter:

$$\overline{g(c)} = \sum_{\mu=0}^{m} \bar{b}_\mu \bar{c}^{m-\mu} = \sum_{\mu=0}^{m} b_\mu \bar{c}^{m-\mu} = g(\bar{c});$$

also gilt mit $g(c) = 0$ auch $g(\bar{c}) = 0$.

Dieser Satz zeigt, daß die Nullstellen eines Polynoms über $R$ entweder $(c = \bar{c})$ reelle Zahlen sind oder, falls sie komplex sind $(c \neq \bar{c})$, zu Paaren konjugiert-komplexer Zahlen zusammengefaßt werden können.

Das Polynom $g(x)$ über $R$ denken wir uns wieder normiert und nach Satz 13 in $K$ zerlegt. Es sei (43) diese Zerlegung, und von den $t$ Nullstellen $c_1, c_2, \ldots, c_t$ seien $r$ reell, die übrigen paarweise konjugiert-komplex. Ist $s$ die Anzahl dieser Paare, so ist also $r + 2s = t$ die Anzahl der verschiedenen Nullstellen von $g(x)$ in $K$. Nun fasse man in (43) je zwei lineare Faktoren $x - c_\sigma$ und $x - \bar{c}_\sigma$ zu einem quadratischen Faktor

$$(x - c_\sigma)(x - \bar{c}_\sigma) = x^2 - (c_\sigma + \bar{c}_\sigma) x + c_\sigma \bar{c}_\sigma \tag{45}$$

zusammen, dessen Koeffizienten nach I, (39a, c) reell sind und dessen Diskriminante

$$(c_\sigma + \bar{c}_\sigma)^2 - 4 c_\sigma \bar{c}_\sigma = (c_\sigma - \bar{c}_\sigma)^2 < 0$$

ist, da $c_\sigma - \bar{c}_\sigma$ nach I, (39b) rein imaginär ist. Auf diese Weise ergibt sich aus (45)

$$g(x) = l_1^{h_1}(x)\, l_2^{h_2}(x) \cdots l_r^{h_r}(x)\, q_1^{k_1}(x)\, q_2^{k_2}(x) \cdots q_s^{k_s}(x), \tag{46}$$

wobei $l_\varrho(x)$ $(\varrho = 1, 2, \ldots, r)$ einen Linearfaktor von (43) mit reellem $c_\varrho$ und $h_\varrho$ seine Vielfachheit, $q_\sigma(x)$ $(\sigma = 1, 2, \ldots, s)$ einen nach (45) entstandenen quadratischen Faktor und $k_\sigma$ die Vielfachheit des zugehörigen $c_\sigma$ bedeutet. Da Satz 14 nichts darüber aussagt, ob auch die Vielfachheiten von $c$ und $\bar{c}$ übereinstimmen, bedarf (46) hinsichtlich der Vielfachheiten $h_\varrho$ und $k_\sigma$ noch eines Beweises. Er ergibt sich induktiv: Offenbar ist (46) für Grad $g(x) = r = 2$ richtig. Man nehme daher (46) für Grade $r' < r$ als bewiesen an. Ist dann $g(c) = 0$, so ist

$$g(x) = (x - c)\, g_1(x) \quad \text{bzw.} \quad g(x) = (x - c)(x - \bar{c})\, g_2(x),$$

je nachdem $c$ reell oder komplex ist, ferner $\operatorname{Grad} g_1(x) = r - 1 < r$, $\operatorname{Grad} g_2(x) = r - 2 < r$. Daher gilt (46) für $g_1(x)$ und $g_2(x)$, mithin auch für $g(x)$.

Nach (46) läßt sich also jedes (normierte) Polynom $g(x)$ über $R$ als Produkt von in $R$ unzerlegbaren Polynomen über $R$, nämlich linearen und quadratischen mit negativer Diskriminante, darstellen. Daher sind nur diese Polynome in $R$ irreduzibel, und man hat in (46) die Zerlegung von $g(x)$ in in $R$ unzerlegbare Polynome erhalten.

*Anwendung.* Ist $R(x) = \dfrac{f(x)}{g(x)}$ wieder eine echt gebrochene rationale Funktion, in der $f(x)$ und $g(x)$ Polynome über $R$ sind, $g(x)$ normiert und gemäß (46) zerlegt ist, so lautet die zugehörige Partialbruchzerlegung

$$\frac{f(x)}{g(x)} = \sum_{\varrho=1}^{r} \frac{f_{\varrho}^{(1)}(x)}{l_{\varrho}^{h_{\varrho}}(x)} + \sum_{\sigma=1}^{s} \frac{f_{\sigma}^{(2)}(x)}{q_{\sigma}^{k_{\sigma}}(x)}, \tag{47}$$

in der $\operatorname{Grad} f_{\varrho}^{(1)}(x) < h_{\varrho}$ ist für $\varrho = 1, 2, \ldots, r$ und $\operatorname{Grad} f_{\sigma}^{(2)}(x) < 2\,k_{\sigma}$ ist für $\sigma = 1, 2, \ldots, s$.

## § 4. Polynome in mehreren Veränderlichen.

**17. Lineare Polynome.** Wir haben bisher nur Funktionen *einer* Veränderlichen betrachtet. Nunmehr soll, unter Beschränkung auf ganze rationale Funktionen, auch die Abhängigkeit von mehreren Veränderlichen betrachtet werden.

**Definition.** *Sind* $x_1, x_2, \ldots, x_n$ *Veränderliche,* $a_1, a_2, \ldots, a_n$ *und* $b$ *Zahlen aus einem Körper* $K$, *so heißt*[1]

$$l(x_1, x_2, \ldots, x_n) = a_1 x_1 + a_2 x_2 + \cdots + a_n x_n - b \quad (a_1, \ldots, a_n \neq 0, \ldots, 0) \tag{48}$$

*ein* **lineares Polynom** *über* $K$ *in* $x_1, x_2, \ldots, x_n$. *Die Zahlen* $a_1, a_2, \ldots, a_n, -b$ *heißen die* **Koeffizienten** *des Polynoms* (48).

Bildet man nach II, § 1

$$\mathfrak{a} = (a_1 a_2 \cdots a_n), \quad \mathfrak{x} = (x_1 x_2 \cdots x_n) \tag{49}$$

und rechnet mit der Veränderlichenreihe $\mathfrak{x}$ wie mit einer Zahlenreihe, so kann man das lineare Polynom (48) auch durch

$$l(\mathfrak{x}) = \mathfrak{a}\,\mathfrak{x} - b, \quad \mathfrak{a} \neq 0$$

kennzeichnen.

**Definition.** *Durch Nullsetzen eines linearen Polynoms in* $n$ *Veränderlichen erhält man eine* **lineare Gleichung mit** $n$ **Unbekannten:**

$$a_1 x_1 + a_2 x_2 + \cdots + a_n x_n - b = 0. \tag{50}$$

---

[1] Der Leser lasse sich nicht dadurch befremden, daß in (48) das von den $x_\nu$ freie Glied mit dem Minuszeichen versehen ist. Da mit $b$ auch $-b$ zu $K$ gehört, ist die Wahl des Vorzeichens unwesentlich. Das Minuszeichen hat den formalen Vorteil, daß Gl. (50) sich in der Form $\sum_{\nu} a_\nu x_\nu = b$ schreiben läßt, die rechte Seite dann also vom Minuszeichen frei ist.

*Ist* $c = (c_1 c_2 \cdots c_n)$ *eine Zahlenreihe, für die* $l(c) = 0$ *ist, so heißt* $\mathfrak{x} = c$,
*d. h.* $x_1 = c_1$, $x_2 = c_2$, ..., $x_n = c_n$, *eine* **Lösung** *der linearen Gl.* (50).

**Definition.** *Ein lineares Polynom* $l(\mathfrak{x})$ *heißt* **identisch Null**, *wenn*
$l(\mathfrak{x}) = 0$ *ist für alle möglichen Veränderlichenreihen* $\mathfrak{x}$.

**Kriterium.** *Ein lineares Polynom ist dann und nur dann identisch
Null, wenn alle seine Koeffizienten verschwinden.*

*Beweis.* a) Ist $a_1 = a_2 = \cdots = a_n = b = 0$, so ist

$$l(\mathfrak{x}) = 0 \cdot x_1 + 0 \cdot x_2 + \cdots + 0 \cdot x_n - 0 = 0$$

für alle möglichen Veränderlichenreihen $\mathfrak{x}$, d. h. es ist $l(\mathfrak{x}) \equiv 0$.

b) Ist $l(\mathfrak{x}) \equiv 0$, so ist insbesondere

$$l(0) = l(\mathfrak{e}_1) = l(\mathfrak{e}_2) = \cdots = l(\mathfrak{e}_n) = 0, \tag{51}$$

wo $\mathfrak{e}_\mu$ für $\mu = 1, 2, \ldots, n$ die Zahlenreihe $e_{\mu 1}, e_{\mu 2}, \ldots, e_{\mu n}$ mit

$$e_{\mu \nu} = \begin{cases} 1 & \text{für } \nu = \mu \\ 0 & \text{für } \nu \neq \mu \end{cases}$$

bedeutet. Aus (51) folgt

$$0 = l(0) = a_1 \cdot 0 + a_2 \cdot 0 + \cdots + a_n \cdot 0 - b, \quad \text{d. h.} \quad b = 0,$$
$$0 = l(\mathfrak{e}_1) = a_1 \cdot 1 + a_2 \cdot 0 + \cdots + a_n \cdot 0 - 0, \quad \text{d. h.} \quad a_1 = 0,$$
$$0 = l(\mathfrak{e}_2) = a_1 \cdot 0 + a_2 \cdot 1 + \cdots + a_n \cdot 0 - 0, \quad \text{d. h.} \quad a_2 = 0,$$
$$\cdots\cdots\cdots\cdots\cdots\cdots\cdots\cdots\cdots\cdots\cdots\cdots\cdots\cdots\cdots$$
$$0 = l(\mathfrak{e}_n) = a_1 \cdot 0 + a_2 \cdot 0 + \cdots + a_n \cdot 1 - 0, \quad \text{d. h.} \quad a_n = 0.$$

Mithin sind alle Koeffizienten von $l(\mathfrak{x})$ gleich 0.

**Satz 15.** *Sind* $l_1(\mathfrak{x})$, $l_2(\mathfrak{x})$, ..., $l_m(\mathfrak{x})$ *lineare Polynome derselben Veränderlichenreihe* $\mathfrak{x}$ *und* $t_1, t_2, \ldots, t_m$ *Zahlen, so ist*

$$l(\mathfrak{x}) = t_1 l_1(\mathfrak{x}) + t_2 l_2(\mathfrak{x}) + \cdots + t_m l_m(\mathfrak{x}) \tag{52}$$

*ebenfalls ein lineares Polynom in* $\mathfrak{x}$.

*Beweis.* Es sei für $\mu = 1, 2, \ldots, m$

$$l_\mu(\mathfrak{x}) = a_{\mu 1} x_1 + a_{\mu 2} x_2 + \cdots + a_{\mu n} x_n - b_\mu. \tag{53}$$

Dann folgt nach den Rechenregeln für Zahlenreihen (II, § 1)

$$\sum_{\mu=1}^{m} t_\mu l_\mu(\mathfrak{x}) = \sum_{\mu=1}^{m} t_\mu \left( \sum_{\nu=1}^{n} a_{\mu \nu} x_\nu - b_\mu \right) = \sum_{\mu=1}^{m} \sum_{\nu=1}^{n} t_\mu a_{\mu \nu} x_\nu - \sum_{\mu=1}^{m} t_\mu b_\mu$$

$$= \sum_{\nu=1}^{n} \left( \sum_{\mu=1}^{m} t_\mu a_{\mu \nu} \right) x_\nu - \sum_{\mu=1}^{m} t_\mu b_\mu.$$

Setzt man nun

$$\sum_{\mu=1}^{m} t_\mu a_{\mu \nu} = A_\nu, \qquad \sum_{\mu=1}^{m} t_\mu b_\mu = B, \tag{54}$$

so ergibt sich weiter

$$l(\mathfrak{x}) = \sum_{\mu=1}^{m} t_\mu l_\mu(\mathfrak{x}) = \sum_{\nu=1}^{m} A_\nu x_\nu - B = A_1 x_1 + A_2 x_2 + \cdots + A_n x_n - B,$$

also ein lineares Polynom $l(\mathfrak{x})$ mit den Koeffizienten (54).

**18. Lineare Abhängigkeit.** Betrachtet man statt der linearen Polynome $l_\mu(\mathfrak{x})$ und $l(\mathfrak{x})$ die Zahlenreihen ihrer Koeffizienten:

$$\left.\begin{aligned}
\mathfrak{k}_1 &= (a_{11}\ a_{12}\ \cdots\ a_{1n}\ -b_1) \\
\mathfrak{k}_2 &= (a_{21}\ a_{22}\ \cdots\ a_{2n}\ -b_2) \\
&\cdots\cdots\cdots\cdots\cdots\cdots\cdots \\
\mathfrak{k}_m &= (a_{m1}\ a_{m2}\ \cdots\ a_{mn}\ -b_m)
\end{aligned}\right\} \quad \text{und} \quad \mathfrak{k} = (A_1\ A_2\ \cdots\ A_n\ -B), \quad (55)$$

so besteht zwischen diesen nach (54) der Zusammenhang

$$t_1\mathfrak{k}_1 + t_2\mathfrak{k}_2 + \cdots + t_m\mathfrak{k}_m = \mathfrak{k}. \tag{56}$$

Der Vergleich von (52) und (56) zeigt, daß es gleichgültig ist, ob man mit den linearen Polynomen oder mit ihren Koeffizienten rechnet. Die Rechenregeln für Zahlenreihen übertragen sich daher ohne weiteres auf lineare Polynome. Das gilt ebenso für den Begriff der linearen Abhängigkeit.

**Definition.** *Die linearen Polynome* $l_1(\mathfrak{x}), l_2(\mathfrak{x}), \ldots, l_m(\mathfrak{x})$ $(m > 1)$ *derselben Veränderlichenreihe* $\mathfrak{x}$ *heißen* **linear abhängig** *über einem Zahlkörper* $K$, *wenn sich in* $K$ *Zahlen* $t_1, t_2, \ldots, t_m \neq 0, 0, \ldots, 0$ *so bestimmen lassen, daß für jedes* $\mathfrak{x}$

$$t_1 l_1(\mathfrak{x}) + t_2 l_2(\mathfrak{x}) + \cdots + t_m l_m(\mathfrak{x}) \equiv 0$$

*ist. Läßt ein solcher Ansatz in* $K$ *nur die Lösung* $t_1 = t_2 = \cdots = t_m = 0$ *zu, so heißen* $l_1(\mathfrak{x}), l_2(\mathfrak{x}), \ldots, l_m(\mathfrak{x})$ **linear unabhängig** *über* $K$.

**Satz 16.** *Die linearen Polynome* $l_1(\mathfrak{x}), l_2(\mathfrak{x}), \ldots, l_m(\mathfrak{x})$ *sind dann und nur dann linear abhängig, wenn ihre Koeffizientenreihen es sind.*

*Beweis.* a) Sind $l_1(\mathfrak{x}), \ldots, l_m(\mathfrak{x})$ linear abhängig, so gibt es Zahlen $t_1, t_2, \ldots, t_m \neq 0, 0, \ldots, 0$ derart, daß $l(\mathfrak{x}) = \sum\limits_{\mu=1}^{m} t_\mu l_\mu(\mathfrak{x}) \equiv 0$ ist. Dies bedeutet, daß alle Koeffizienten von $l(\mathfrak{x})$ gleich 0 sind. Diese Koeffizienten bilden die Zahlenreihe $\mathfrak{k}$ in (55). Aus $\mathfrak{k} = 0$ folgt aber nach (56)

$$t_1\mathfrak{k}_1 + t_2\mathfrak{k}_2 + \cdots + t_m\mathfrak{k}_m = 0. \tag{57}$$

Da $t_1, t_2, \ldots, t_m \neq 0, 0, \ldots, 0$ sind, sind also $\mathfrak{k}_1, \mathfrak{k}_2, \ldots, \mathfrak{k}_m$, d. h. die Koeffizientenreihen von $l_1(\mathfrak{x}), \ldots, l_m(\mathfrak{x})$, linear abhängig.

b) Es seien $\mathfrak{k}_1, \mathfrak{k}_2, \ldots, \mathfrak{k}_m$ linear abhängig, d. h. (57) sei erfüllt. Da die linke Seite von (57) die Koeffizientenreihe $\mathfrak{k}$ von $l(\mathfrak{x}) = \sum\limits_{\mu=1}^{m} t_\mu l_\mu(\mathfrak{x})$ darstellt und $\mathfrak{k} = 0$ bedeutet, daß $l(\mathfrak{x}) \equiv 0$ ist, folgt

$$t_1 l_1(\mathfrak{x}) + t_2 l_2(\mathfrak{x}) + \cdots + t_m l_m(\mathfrak{x}) \equiv 0,$$

ohne daß $t_1, t_2, \ldots, t_m$ alle gleich 0 sind. Denn unter dieser Voraussetzung gilt (57). Folglich sind $l_1(\mathfrak{x}), \ldots, l_m(\mathfrak{x})$ linear abhängig. Die lineare Abhängigkeit besteht, wenn überhaupt, in beiden Fällen über demselben Körper.

*Beispiel.* Die linearen Polynome

$$l_1(\mathfrak{x}) = x_1 + 2x_2 + 3x_3 - 1, \quad l_2(\mathfrak{x}) = 7x_1 + 5x_2 + 8x_3 - 10,$$

$$l_3(\mathfrak{x}) = 8x_1 + 7x_2 + 11x_3 - 11$$

sind linear abhängig, denn es ist $l_1(\mathfrak{x}) + l_2(\mathfrak{x}) - l_3(\mathfrak{x}) \equiv 0$.

**19. Polynome höheren Grades.** Wir betrachten zunächst Polynome in zwei Veränderlichen $x$ und $y$. Ein solches wird durch einen Ausdruck der Gestalt

$$f(x,\, y) = \sum_{\substack{\varkappa=0,\,\ldots,\,m \\ \lambda=0,\,\ldots,\,n}} a_{\varkappa\lambda}\, x^\varkappa\, y^\lambda \tag{58}$$

gegeben, wo die Koeffizienten $a_{\varkappa\lambda}$ Zahlen eines Körpers $K$ sind. Löst man die Doppelsumme in zwei einfache Summen auf, so erscheint $f(x,\, y)$ als Polynom in einer der beiden Veränderlichen mit Koeffizienten, die Polynome in der anderen Veränderlichen sind. Es wird nämlich

$$f(x,\, y) = \sum_{\varkappa=0}^{m} \sum_{\lambda=0}^{n} a_{\varkappa\lambda}\, x^\varkappa\, y^\lambda = \sum_{\varkappa=0}^{m} x^\varkappa \left( \sum_{\lambda=0}^{n} a_{\varkappa\lambda}\, y^\lambda \right)$$

$$= \sum_{\varkappa=0}^{m} g_\varkappa(y)\, x^\varkappa \quad \text{mit} \quad g_\varkappa(y) = \sum_{\lambda=0}^{n} a_{\varkappa\lambda}\, y^\lambda.$$

Hierin ist $g_\varkappa(y)$ ein Polynom in $y$ mit den Koeffizienten $a_{\varkappa 0}, a_{\varkappa 1}, \ldots, a_{\varkappa n}$. Oder man schreibt

$$f(x,\, y) = \sum_{\lambda=0}^{n} \sum_{\varkappa=0}^{m} a_{\varkappa\lambda}\, x^\varkappa\, y^\lambda = \sum_{\lambda=0}^{n} y^\lambda \left( \sum_{\varkappa=0}^{m} a_{\varkappa\lambda}\, x^\varkappa \right)$$

$$= \sum_{\lambda=0}^{n} h_\lambda(x)\, y^\lambda \quad \text{mit} \quad h_\lambda(x) = \sum_{\varkappa=0}^{m} a_{\varkappa\lambda}\, x^\varkappa.$$

Hierin ist $h_\lambda(x)$ ein Polynom in $x$ mit den Koeffizienten $a_{0\lambda}, a_{1\lambda}, \ldots, a_{m\lambda}$.

Was hat man nun als *Grad* des Polynoms $f(x,\, y)$ anzusehen? Man unterscheidet hier drei verschiedene Grade: Erstens den *Grad in bezug auf* $x$, d. h. den Exponenten der höchsten vorkommenden[1] Potenz von $x$; zweitens den *Grad in bezug auf* $y$, d. h. den Exponenten der höchsten vorkommenden Potenz von $y$. Zu diesen beiden *Einzelgraden* kommt drittens der als *Gesamtgrad* bezeichnete *Grad in bezug auf* $x$ *und* $y$, d. h. die höchste vorkommende Exponentensumme. Man nennt die Exponentensumme $\varkappa + \lambda$ des Gliedes $a_{\varkappa\lambda}\, x^\varkappa\, y^\lambda$ die *Dimension* dieses Gliedes, so daß der Gesamtgrad des Polynoms $f(x,\, y)$ durch die höchste vorkommende Dimension gegeben wird.

*Beispiel.* In $f(x,\, y) = 5x^2 y^3 + 6x^2 y^2 + 2x^3 + 3x y^2 + 2x^2 + y + 1$ ist 3 der Grad in bezug auf $x$, ebenso 3 der Grad in bezug auf $y$, ferner $2 + 3 = 5$ der Grad in bezug auf $x$ und $y$. Die Dimensionen der einzelnen

---

[1] *Vorkommend* bedeutet hier: *mit von 0 verschiedenem Koeffizienten versehen.*

Glieder sind der Reihe nach 5, 4, 3, 3, 2, 1, 0. Die Darstellung von $f(x, y)$ als Polynom in $y$ bzw. in $x$ lautet hier:

$$f(x, y) = 5\,x^2 y^3 + (6\,x^2 + 3\,x)\,y^2 + y + (2\,x^3 + 2\,x^2 + 1)$$
$$= 2\,x^3 + (5\,y^3 + 6\,y^2 + 2)\,x^2 + 3\,y^2 \cdot x + (y + 1).$$

Entsprechendes gilt für Polynome in mehr als zwei Veränderlichen.

**Definition.** *Unter einem **Polynom in n Veränderlichen** $x_1, x_2, \ldots, x_n$ über einem Körper $K$ versteht man einen Ausdruck der Gestalt*

$$f(x_1, x_2, \ldots, x_n) = \sum_{\substack{\varkappa_1=0,\,\ldots,\,k_1 \\ \varkappa_2=0,\,\ldots,\,k_2 \\ \cdots\cdots\cdots\cdots \\ \varkappa_n=0,\,\ldots,\,k_n}} a_{\varkappa_1 \varkappa_2 \ldots \varkappa_n}\, x_1^{\varkappa_1} x_2^{\varkappa_2} \cdots x_n^{\varkappa_n}, \tag{59}$$

*wo die Koeffizienten $a_{\varkappa_1 \varkappa_2 \ldots \varkappa_n}$ Zahlen aus $K$ sind. Jedes Produkt $x_1^{\varkappa_1} x_2^{\varkappa_2} \cdots x_n^{\varkappa_n}$ heißt ein **Potenzprodukt** von $x_1, x_2, \ldots, x_n$, die Exponentensumme $\varkappa_1 + \varkappa_2 + \cdots + \varkappa_n$ die **Dimension** des Potenzprodukts, die höchste vorkommende Dimension der **Gesamtgrad** des Polynoms; der **Einzelgrad in bezug auf $x_\nu$** ist der Exponent der höchsten vorkommenden Potenz von $x_\nu$ $(\nu = 1, 2, \ldots, n)$.*

Indem man in der $n$-fachen Summe in (59) *eine* Summation auflöst, etwa die Summation über $\varkappa_\nu$, wird das Polynom $f(x_1, x_2, \ldots, x_n)$ *nach Potenzen von $x_\nu$ geordnet*, d. h. als Polynom in $x_\nu$ dargestellt, dessen Koeffizienten Polynome in den $n - 1$ übrigen Veränderlichen sind.

*Beispiel.* Das lineare Polynom in Nr. 17 hat den Gesamtgrad 1, da $a_1, a_2, \ldots, a_n \neq 0, 0, \ldots, 0$ ist. Für jedes $\nu$, für das $a_\nu \neq 0$ ist, ist auch der Einzelgrad in bezug auf $x_\nu$ gleich 1.

**20. Homogene Polynome.** Für Kapitel VI ist eine spezielle Art von Polynomen von Bedeutung.

**Definition.** *Ein Polynom in $n$ Veränderlichen heißt **homogen vom Grade k** oder von der Dimension $k$, wenn jedes seiner Potenzprodukte die Dimension $k$ hat. Man nennt ein solches Polynom auch eine **Form k-ten Grades**.*

Um das Polynom (59) als homogen vom Grade $k$ zu kennzeichnen, hat man der Summationsvorschrift noch die Bedingung $\varkappa_1 + \varkappa_2 + \cdots + \varkappa_n = k$ hinzuzufügen.

**Kriterium.** *Das Polynom (59) ist dann und nur dann homogen vom Grade $k$, wenn für eine Veränderliche $t$ die Bedingung*

$$f(t\,x_1, t\,x_2, \ldots, t\,x_n) = t^k f(x_1, x_2, \ldots, x_n) \tag{60}$$

*identisch in $x_1, \ldots, x_n$ erfüllt ist.*

*Beweis.* a) Wenn $f(x_1, \ldots, x_n)$ homogen vom Grade $k$ ist, so hat jedes seiner Potenzprodukte die Dimension $k$; also ist

$$f(t\,x_1, \ldots, t\,x_n) = \sum_{\varkappa_1 + \cdots + \varkappa_n = k} a_{\varkappa_1 \ldots \varkappa_n}\, (t\,x_1)^{\varkappa_1} \cdots (t\,x_n)^{\varkappa_n}$$
$$= \sum_{\varkappa_1 + \cdots + \varkappa_n = k} a_{\varkappa_1 \ldots \varkappa_n}\, t^{\varkappa_1 + \cdots + \varkappa_n}\, x_1^{\varkappa_1} \cdots x_n^{\varkappa_n}$$
$$= t^k \sum_{\varkappa_1 + \cdots + \varkappa_n = k} a_{\varkappa_1 \ldots \varkappa_n}\, x_1^{\varkappa_1} \cdots x_n^{\varkappa_n} = t^k f(x_1, \ldots, x_n).$$

b) Wenn $f(x_1, \ldots, x_n)$ nicht homogen ist, so gilt (60) nicht[1]. Enthält nämlich $f(x_1, \ldots, x_n)$ wenigstens zwei Glieder verschiedener Dimension, etwa der Dimensionen $k_1$, $k_2$ mit $k_1 < k_2$, so kann man bei $f(tx_1, \ldots, tx_n)$ höchstens den Faktor $t^{k_1}$ herausziehen und das Glied der Dimension $k_2$ behält mindestens den Faktor $t^{k_2-k_1} \neq 1$. Nach Absonderung der größtmöglichen Potenz von $t$ bleibt also nicht $f(x_1, \ldots, x_n)$ als Faktor übrig.

*Beispiele.* Im Fall $k = 1$ erhält man eine Form 1. Grades oder *Linearform* in $x_1, x_2, \ldots, x_n$; sie hat die Gestalt

$$L(x_1, x_2, \ldots, x_n) = a_1 x_1 + a_2 x_2 + \cdots + a_n x_n \quad (a_1, \ldots, a_n \neq 0, \ldots, 0). \quad (61)$$

Unter Benutzung der Zahlenreihe $\mathfrak{a}$ bzw. Veränderlichenreihe $\mathfrak{x}$ von (49) hat man für (61) die kürzere Schreibweise

$$L(\mathfrak{x}) = \mathfrak{a}\,\mathfrak{x} \qquad\qquad (\mathfrak{a} \neq 0), \quad (62)$$

in der $\mathfrak{a}\,\mathfrak{x}$ das formale Produkt für Zahlenreihen ist (II, Nr. 6).

Im Falle $k = 2$ erhält man eine Form 2. Grades oder *quadratische Form* in $x_1, x_2, \ldots, x_n$:

$$Q(x_1, \ldots, x_n) = \sum_{\varkappa, \lambda = 1}^{n} a_{\varkappa\lambda}\, x_\varkappa\, x_\lambda, \quad A = (a_{\varkappa\lambda}) = A' \neq 0. \quad (63)$$

Diese Schreibweise der Form 2. Grades, bei der die Koeffizienten eine $n,n$-reihige Matrix $A = (a_{\varkappa\lambda})$ bilden [vgl. I, (67)], bedarf noch einer Erklärung. Da nämlich die Form 2. Grades wegen $x_\varkappa x_\lambda = x_\lambda x_\varkappa$ nur die Glieder $x_\varkappa x_\lambda$ mit $\varkappa \leqq \lambda$ enthält, genügt es, die Summation in (63) nur für $\varkappa \leqq \lambda$ auszuführen. Dann bilden aber die Koeffizienten kein rechteckiges Schema mehr, und man kann sie nicht als Matrix schreiben. Diese Möglichkeit ist aber für die Theorie der quadratischen Formen von großem Nutzen. Daher läßt man bei der Summationsvorschrift in (63) den Zusatz $\varkappa \leqq \lambda$ fort und setzt statt dessen fest, daß für $\varkappa, \lambda = 1, 2, \ldots, n$

$$a_{\varkappa\lambda} = a_{\lambda\varkappa}, \quad \text{d. h.} \quad A = A' \quad\qquad (64)$$

sein soll [III, (7)]. Hierdurch wird erreicht, daß $x_\varkappa x_\lambda$ und $x_\lambda x_\varkappa$ denselben Koeffizienten $a_{\varkappa\lambda}$ haben; in der quadratischen Form (63) tritt dann das

---

[1] Wie beim Beweis von III, Satz 17 zeigen wir die Gültigkeit der Umkehrung nicht direkt, sondern indirekt. Für den logischen Aufbau des Beweises eines Dann-und-nur-dann-Satzes hat man vier Möglichkeiten. Zu beweisen sei: *Die Aussage A gilt dann und nur dann, wenn die Bedingung B erfüllt ist.* Erste Möglichkeit der Beweisanordnung: a) Wenn $B$ gilt, gilt $A$. b) Wenn $A$ gilt, gilt $B$ (Beispiel: I, Satz 1, Satz 2). Zweite Möglichkeit: Erst b), dann a) (Beispiel: I, Satz 3). Dritte Möglichkeit: a) Wenn $B$ gilt, gilt $A$. b) Wenn $B$ nicht gilt, gilt $A$ nicht (Beispiel: III, Satz 17). Vierte Möglichkeit: a) Wenn $A$ gilt, gilt $B$. b) Wenn $A$ nicht gilt, gilt $B$ nicht (Beispiel: Obiges Kriterium). Alle vier Beweisanordnungen sind miteinander gleichbedeutend. Das ist für die ersten beiden Möglichkeiten evident, und bei der dritten bzw. vierten Möglichkeit wird Teil b) durch einen indirekten Schluß sofort in Teil b) der ersten bzw. zweiten Möglichkeit übergeführt [vgl. Beweisteil c) bei III, Satz 17].

Glied $x_\varkappa x_\lambda$ $(\varkappa \leqq \lambda)$ mit dem Koeffizienten $2a_{\varkappa\lambda}$ auf. Die Matrix einer quadratischen Form ist daher stets eine sog. *symmetrische* Matrix (vgl. VII, Nr. 20). Für $n = 2$ ist z. B.

$$Q(x_1,\, x_2) = a_{11}\, x_1^2 + 2a_{12}\, x_1\, x_2 + a_{22}\, x_2^2, \quad A = \begin{pmatrix} a_{11} & a_{12} \\ a_{12} & a_{22} \end{pmatrix}.$$

Die Forderung $A \neq 0$ in (63) und ebenso im folgenden bedeutet, daß nicht alle Elemente von $A$ verschwinden.

Unter Benutzung der Matrix $A$ und der Veränderlichenreihe $\mathfrak{x}$ setzt man abkürzend

$$Q(x_1,\, \ldots,\, x_n) = A(\mathfrak{x},\, \mathfrak{x}). \tag{65}$$

Wir werden später sehen (VII, Nr. 20), daß man, in Analogie zu (62), statt $A(\mathfrak{x},\, \mathfrak{x})$ auch ein (noch zu definierendes) Produkt von Faktoren $\mathfrak{x}$ und $A$ schreiben kann.

**21. Bilineare Formen.** Durch Ausdehnung auf zwei Veränderlichenreihen

$$\mathfrak{x} = (x_1\, x_2 \cdots x_n), \quad \mathfrak{y} = (y_1\, y_2 \cdots y_n)$$

kommt man zu einer Verallgemeinerung des Begriffs der quadratischen Form.

**Definition.** *Unter einer **Bilinearform** der Veränderlichenreihen $\mathfrak{x}$ und $\mathfrak{y}$ versteht man das Polynom (in $2n$ Veränderlichen)*

$$A(\mathfrak{x},\, \mathfrak{y}) = \sum_{\varkappa,\,\lambda=1}^{n} a_{\varkappa\lambda}\, x_\varkappa\, y_\lambda, \quad A = (a_{\varkappa\lambda}) \neq 0. \tag{66}$$

*Beispiel.* Das Produkt $\mathfrak{x}\mathfrak{y} = \sum_{\varkappa=1}^{n} x_\varkappa y_\varkappa$ ist eine Bilinearform von $\mathfrak{x}$ und $\mathfrak{y}$ mit der $n, n$-reihigen Matrix

$$E = \begin{pmatrix} 1 & 0 & \cdots & 0 \\ 0 & 1 & \cdots & 0 \\ \cdot & \cdot & \cdots & \cdot \\ 0 & 0 & \cdots & 1 \end{pmatrix}. \tag{67}$$

Für $\mathfrak{y} = \mathfrak{x}$ und $A = A'$ geht die Bilinearform $A(\mathfrak{x},\, \mathfrak{y})$ in die quadratische Form $A(\mathfrak{x},\, \mathfrak{x})$ über. Die Bezeichnung *Bilinearform* rührt daher, daß $A(\mathfrak{x},\, \mathfrak{y})$ sich in bezug auf jede der beiden Veränderlichenreihen $\mathfrak{x}$ und $\mathfrak{y}$ *einzeln* als Linearform auffassen läßt. Denn es ist

$$A(\mathfrak{x},\, \mathfrak{y}) = \sum_{\varkappa=1}^{n} \sum_{\lambda=1}^{n} a_{\varkappa\lambda}\, x_\varkappa\, y_\lambda = \sum_{\varkappa=1}^{n} x_\varkappa \left(\sum_{\lambda=1}^{n} a_{\varkappa\lambda}\, y_\lambda\right) \tag{66a}$$

$$= \sum_{\varkappa=1}^{n} b_\varkappa(y)\, x_\varkappa \quad \text{mit} \quad b_\varkappa(y) = \sum_{\lambda=1}^{n} a_{\varkappa\lambda}\, y_\lambda.$$

Hier erscheint also $A(\mathfrak{x},\, \mathfrak{y})$ als Linearform in $x_1,\, \ldots,\, x_n$ mit Koeffizienten, die Linearformen in $y_1,\, \ldots,\, y_n$ sind. Schreibt man $A(\mathfrak{x},\, \mathfrak{y})$

als Linearform in $y_1, \ldots, y_n$, so sind die Koeffizienten Linearformen in $x_1, \ldots, x_n$.

**Regel 11.** *Dem Vertauschen der beiden Veränderlichenreihen einer Bilinearform entspricht bei der Matrix der Übergang zur Transponierten; es ist*

$$A(\mathfrak{y}, \mathfrak{x}) = A'(\mathfrak{x}, \mathfrak{y}). \tag{68}$$

Denn aus (66) erhält man

$$A(\mathfrak{y}, \mathfrak{x}) = \sum_{\varkappa, \lambda=1}^{n} a_{\varkappa\lambda}\, y_\varkappa\, x_\lambda = \sum_{\lambda, \varkappa=1}^{n} a_{\lambda\varkappa}\, y_\lambda\, x_\varkappa$$

$$= \sum_{\varkappa, \lambda=1}^{n} a_{\lambda\varkappa}\, x_\varkappa\, y_\lambda = A'(\mathfrak{x}, \mathfrak{y}).$$

Ist $A$ symmetrisch, d. h. $A' = A$, so ändert sich die Bilinearform nicht, wenn man die Veränderlichenreihen vertauscht. Dies trifft also insbesondere für eine quadratische Form zu.

In den Anwendungen sind $x_1, x_2, \ldots, x_n$ und $y_1, y_2, \ldots, y_n$ häufig komplexe Veränderliche. In diesem Fall braucht man noch folgende Modifikation der Bilinearform:

**Definition.** *Unter einer **hermiteschen Bilinearform**[1] der komplexen Veränderlichenreihen $\mathfrak{x}$ und $\mathfrak{y}$ versteht man eine Bilinearform von $\bar{\mathfrak{x}}$ und $\mathfrak{y}$:*

$$A(\bar{\mathfrak{x}}, \mathfrak{y}) = \sum_{\varkappa, \lambda=1}^{n} a_{\varkappa\lambda}\, \bar{x}_\varkappa\, y_\lambda, \qquad A = (a_{\varkappa\lambda}) \neq 0. \tag{69}$$

*Ist speziell $\mathfrak{y} = \mathfrak{x}$ und $A = A'$, so heißt $A$ eine **hermitesche Matrix** und*

$$A(\bar{\mathfrak{x}}, \mathfrak{x}) = \sum_{\varkappa, \lambda=1}^{n} a_{\varkappa\lambda}\, \bar{x}_\varkappa\, x_\lambda, \qquad \bar{A} = A' \neq 0, \tag{70}$$

*eine **hermitesche Form** von $\mathfrak{x}$.*

*Beispiel.* Das innere Produkt $\bar{\mathfrak{x}}\mathfrak{y} = \sum_{\varkappa=1}^{n} \bar{x}_\varkappa\, y_\varkappa$ ist eine hermitesche Bilinearform von $\mathfrak{x}$ und $\mathfrak{y}$ mit der Matrix (67).

**Regel 12.** *Dem Vertauschen der beiden Veränderlichenreihen einer hermiteschen Bilinearform bei gleichzeitigem Übergang zum konjugiert-komplexen Wert entspricht bei der Matrix der Übergang zur konjugiert-komplexen Transponierten:*

$$\overline{A(\bar{\mathfrak{y}}, \mathfrak{x})} = \bar{A}'(\bar{\mathfrak{x}}, \mathfrak{y}). \tag{71}$$

Denn nach (69) und I, (38) ist

$$\overline{A(\bar{\mathfrak{y}}, \mathfrak{x})} = \sum_{\varkappa, \lambda=1}^{n} \overline{a_{\varkappa\lambda}\, \bar{y}_\varkappa\, x_\lambda} = \sum_{\varkappa, \lambda=1}^{n} \bar{a}_{\varkappa\lambda}\, y_\varkappa\, \bar{x}_\lambda$$

$$= \sum_{\varkappa, \lambda=1}^{n} \bar{a}_{\lambda\varkappa}\, \bar{x}_\varkappa\, y_\lambda = \bar{A}'(\bar{\mathfrak{x}}, \mathfrak{y}).$$

---

[1] CHARLES HERMITE, 1822—1901, von 1869 an Professor der Mathematik an der Ecole Polytechnique und der Faculté de Sciences in Paris.

Wendet man dies insbesondere auf (70) an, so ergibt sich

**Regel 12'.** *Eine hermitesche Form hat nur reelle Funktionswerte.*
Denn aus (71) folgt für $\mathfrak{y} = \mathfrak{x}$ und $\bar{A} = A'$

$$\overline{A(\bar{\mathfrak{x}},\, \mathfrak{x})} = \bar{A}'(\bar{\mathfrak{x}},\, \mathfrak{x}) = A(\bar{\mathfrak{x}},\, \mathfrak{x})$$

und hieraus nach I, Satz 3 die Behauptung.

**22. Die Determinante als Multilinearform.** In ähnlicher Weise wie
zu quadratischen Formen die Bilinearformen kann man zu Formen
höheren Grades Multilinearformen, d. h. mehrfach lineare Formen,
bilden. Wir wollen hierzu aber nur ein Beispiel betrachten, und zwar
die uns schon bekannte Determinante $d(A)$ einer $n, n$-reihigen Matrix

$$A = \begin{pmatrix} a_{11} & a_{12} & \cdots & a_{1n} \\ a_{21} & a_{22} & \cdots & a_{2n} \\ \cdot & \cdot & \cdots & \cdot \\ a_{n1} & a_{n2} & \cdots & a_{nn} \end{pmatrix}. \tag{72}$$

Faßt man die Elemente der Matrix als Veränderliche auf, ihre Spalten
$\mathfrak{a}_1, \mathfrak{a}_2, \ldots, \mathfrak{a}_n$ demgemäß als Veränderlichenreihen, so ist

$$d(A) = d(\mathfrak{a}_1, \mathfrak{a}_2, \ldots, \mathfrak{a}_n) = \sum_{P(1,2,\ldots,n)} \mathrm{sgn}(\alpha_1, \alpha_2, \ldots, \alpha_n)\, a_{1\alpha_1} a_{2\alpha_2} \cdots a_{n\alpha_n}$$

ein homogenes Polynom vom Grade $n$ in den $n^2$ Veränderlichen
$a_{11}, \ldots, a_{nn}$ [die Koeffizienten sind $\mathrm{sgn}(\alpha_1, \ldots, \alpha_n) = \pm 1$], das linear
ist in bezug auf die Veränderlichen jeder Spalte $\mathfrak{a}_\nu$ ($\nu = 1, 2, \ldots, n$),
ebenso auch linear in bezug auf die Veränderlichen jeder Zeile. Dieses
Polynom ist nicht nur homogen schlechthin, sondern, was mehr ist,
auch homogen in bezug auf die Veränderlichen einer jeden Spalte
(Zeile). Die Determinante ist also eine $n$-fach lineare Form der Ver-
änderlichenreihen $\mathfrak{a}_1, \mathfrak{a}_2, \ldots, \mathfrak{a}_n$. Entwickelt man sie nach den Elementen der $i$-ten Zeile, so erscheint $d(A)$ als Linearform in $a_{i1}, a_{i2}, \ldots, a_{in}$,
deren Koeffizienten $(n-1)$-fach lineare Formen der übrigen $n-1$
Zeilen (nämlich die Adjunkten $\alpha_{i1}, \ldots, \alpha_{in}$) sind.

**Satz 17.** *Es sei $f(\mathfrak{a}_1, \ldots, \mathfrak{a}_n)$ ein Polynom in den $n^2$ Veränderlichen*
*$a_{11}, \ldots, a_{nn}$, die zum Schema (72) der Matrix $A$ angeordnet sind, mit*
*folgenden Eigenschaften:*

*1) $f(\mathfrak{a}_1, \ldots, \mathfrak{a}_n)$ ist linear und homogen in bezug auf die Elemente*
*jeder Veränderlichenreihe (Spalte oder Zeile von $A$),*

*2) $f(\mathfrak{a}_1, \ldots, \mathfrak{a}_n)$ ändert sich nur im Vorzeichen, wenn man zwei Ver-*
*änderlichenreihen vertauscht,*

*3) $f(\mathfrak{a}_1, \ldots, \mathfrak{a}_n)$ hat den Wert 1, wenn man für die Veränderlichen-*
*reihen die Spalten bzw. Zeilen der Matrix $E$ von (67) einsetzt.*

*Dann ist $f(\mathfrak{a}_1, \ldots, \mathfrak{a}_n)$ nichts anderes als die Determinante*
*$d(\mathfrak{a}_1, \ldots, \mathfrak{a}_n)$.*

*Beweis.* Auf Grund der ersten Eigenschaft ist (nach Zeilen geordnet)

$$f(\mathfrak{a}_1, \ldots, \mathfrak{a}_n) = \sum_{\alpha_1, \cdots, \alpha_n = 1}^{n} c_{\alpha_1 \alpha_2 \cdots \alpha_n} a_{1 \alpha_1} a_{2 \alpha_2} \cdots a_{n \alpha_n} \tag{73}$$

mit noch unbekannten Koeffizienten $c_{\alpha_1 \alpha_2 \cdots \alpha_n}$.

Diese werden im wesentlichen mittels der 2. Eigenschaft berechnet. Man betrachte ein festes Glied

$$c_{\alpha_1 \alpha_2 \cdots \alpha_n} a_{1 \alpha_1} a_{2 \alpha_2} \cdots a_{n \alpha_n} \tag{74}$$

von (73); es enthält aus jeder Zeile von $A$ genau ein Element. Man spezialisiere nun die Veränderlichen $a_{\varkappa \lambda}$ so, daß die in (74) vorkommenden $a_{\varkappa \lambda}$ gleich 1, die übrigen Elemente von $A$ gleich 0 gesetzt werden. Die Zeilen von $A$ mögen für diese spezielle Wahl der $a_{\varkappa \lambda}$ mit $\mathfrak{a}_1^{(0)}$, $\mathfrak{a}_2^{(0)}, \ldots, \mathfrak{a}_n^{(0)}$ bezeichnet werden. Dann wird für $1 \leq i < k \leq n$

$$f(\mathfrak{a}_1^{(0)}, \ldots, \mathfrak{a}_i^{(0)}, \ldots, \mathfrak{a}_k^{(0)}, \ldots, \mathfrak{a}_n^{(0)}) = c_{\alpha_1 \cdots \alpha_i \cdots \alpha_k \cdots \alpha_n}. \tag{75}$$

Vertauscht man nun in $A$ die $i$-te Zeile mit der $k$-ten, so folgt einerseits aus (75)

$$f(\mathfrak{a}_1^{(0)}, \ldots, \mathfrak{a}_k^{(0)}, \ldots, \mathfrak{a}_i^{(0)}, \ldots, \mathfrak{a}_n^{(0)}) = c_{\alpha_1 \cdots \alpha_k \cdots \alpha_i \cdots \alpha_n}, \tag{76}$$

andererseits aus der 2. Eigenschaft, daß die linken Seiten von (75) und (76) sich nur durch das Vorzeichen unterscheiden. Daher ist

$$c_{\alpha_1 \cdots \alpha_i \cdots \alpha_k \cdots \alpha_n} = - c_{\alpha_1 \cdots \alpha_k \cdots \alpha_i \cdots \alpha_n}. \tag{77}$$

Ist nun $\alpha_i = \alpha_k$ für irgendein Paar $i$, $k$ mit $1 \leq i < k \leq n$, so ist (77) nur möglich, wenn $c_{\alpha_1 \alpha_2 \cdots \alpha_n} = 0$ ist; d. h. in (73) verschwinden höchstens diejenigen Koeffizienten nicht, deren Indizes paarweise verschieden sind, für die also $\alpha_1, \alpha_2, \ldots, \alpha_n$ eine Permutation von $1, 2, \ldots, n$ ist. Ist aber $\alpha_i \neq \alpha_k$ für jedes Paar $i$, $k$ $(i \neq k)$, so denke man sich die Permutation $\alpha_1, \alpha_2, \ldots, \alpha_n$ durch Vertauschungen von je zwei Elementen auf die Grundanordnung $1, 2, \ldots, n$ zurückgeführt (vgl. III, Satz 10). Dann folgt aus (77)

$$c_{\alpha_1 \alpha_2 \cdots \alpha_n} = \mathrm{sgn}\,(\alpha_1, \alpha_2, \ldots, \alpha_n)\, c_{12 \ldots n}. \tag{78}$$

Schließlich erhält man aus der 3. Eigenschaft, indem man in (73) beiderseits die Zeilen von (67), d. h.

$$a_{ii} = 1 \quad (i = 1, 2, \ldots, n), \qquad a_{ik} = 0 \quad (i, k = 1, 2, \ldots, n;\ i \neq k)$$

einsetzt, die Beziehung

$$1 = c_{12 \ldots n}. \tag{79}$$

Mit (78) und (79) sind die Koeffizienten $c_{\alpha_1 \alpha_2 \cdots \alpha_n}$ bestimmt, und aus (73) folgt

$$f(\mathfrak{a}_1, \ldots, \mathfrak{a}_n) = \sum_{P(1, 2, \cdots, n)} \mathrm{sgn}\,(\alpha_1, \alpha_2, \ldots, \alpha_n)\, a_{1 \alpha_1} a_{2 \alpha_2} \cdots a_{n \alpha_n}.$$

Dieser Satz zeigt, daß die Eigenschaften 1), 2), 3) für eine Determinante charakteristisch sind. Man kann, wie es K. WEIERSTRASS[1] getan hat, die Determinante als Polynom mit diesen drei Eigenschaften *definieren* und dann daraus alle weiteren Eigenschaften einer Determinante (vgl. III, § 4) ableiten.

**23. Unbestimmte.** Es sei zum Abschluß dieses Kapitels noch hervorgehoben, daß für ein tieferes Eindringen in die Algebra eine andere Auffassung der Polynome und rationalen Funktionen erforderlich ist. Wir haben sie hier als Funktionen im Sinne der Definition von Nr. 1 betrachtet, die eine Funktion als *Zuordnung* von *Veränderlichen* erklärt. Bei dieser Definition ist es von untergeordneter Bedeutung, wenn diese Zuordnung — wie es bei den ganzen rationalen und den rationalen Funktionen der Fall ist — durch eine Rechenvorschrift gegeben wird. In der Algebra dagegen ist an diesen Funktionen gerade die *Rechenvorschrift* das Wesentliche, während die Tatsache der Zuordnung keine große Rolle spielt. Daher definiert man, wenn man der begrifflichen und allgemeineren Auffassung der Algebra den Vorzug gibt, ein Polynom statt durch (1) nur durch seine Koeffizientenfolge, unter Weglassung des Zeichens $x$, also als Zahlenreihe oder Vektor $(a_0\, a_1\, a_2 \cdots a_n)$ über $K$. Da man bei einem Polynom im Sinne von Nr. 1 Glieder mit dem Koeffizienten 0 nach Belieben weglassen oder hinzufügen darf, ohne dadurch das Polynom zu ändern, kann man der neuen Definition auch die Zahlenreihe $(a_0\, a_1 \cdots a_n\, 0 \cdots 0)$ zugrunde legen, und es ist hier sogar zweckmäßig, Zahlenreihen mit formal unendlich vielen Elementen, von denen jedoch nur endlich viele von 0 verschieden sind, zu verwenden. Man versteht also unter einem *Polynom* über $K$ eine Zahlenreihe dieser Art mit Elementen aus $K$ und erklärt das Rechnen mit Polynomen

$$f = (a_0\ a_1\ a_2\ \ldots), \qquad g = (b_0\ b_1\ b_2\ \ldots)$$

durch die Festsetzungen (vgl. Nr. 5):

$$f = g, \quad \text{wenn} \quad a_\nu = b_\nu \quad \text{ist für} \quad \nu = 0, 1, 2, \ldots; \qquad (80)$$

$$f + g = (a_0 + b_0 \quad a_1 + b_1 \quad a_2 + b_2 \ \ldots); \qquad (81)$$

$$f \cdot g = (c_0\ c_1\ c_2 \cdots) \quad \text{mit} \quad c_\nu = \sum_{\lambda+\mu=\nu} a_\lambda b_\mu \quad (\nu = 0, 1, 2, \ldots). \qquad (82)$$

Schließlich weist man nach (was der Leser durchführen möge), daß für diese Verknüpfungen die Grundgesetze A, B, C (I, Nr. 1) mit Ausnahme von C. 5 gelten.

Damit hat man gezeigt, daß die Polynome über $K$ einen Ring bilden, und hat sie algebraisch hinreichend charakterisiert. In diesem Ring kann man nun das Polynom $f = (a_0\, a_1 \ldots a_n\, 0\, 0 \ldots)$ in gewissem Sinne durch

---

[1] KARL WEIERSTRASS, 1815—1897, von 1856 an Professor der Mathematik an der Universität Berlin.

einen Ausdruck der Form (1) darstellen. Dazu wähle man das spezielle Polynom[1]

$$x = (0\ 1\ 0\ 0\ \ldots). \tag{83}$$

Dann wird mittels (82)

$$x^2 = x \cdot x = (0\ 0\ 1\ 0\quad \ldots);$$

$$x^3 = x^2 \cdot x = (0\ 0\ 0\ 1\ 0\ \ldots),$$

$$\ldots\ldots\ldots\ldots\ldots\ldots\ldots\ldots\ldots$$

$$x^n = x^{n-1} \cdot x = (0\ 0\ 0\ \ldots\ 1\ 0\ \ldots),$$

und mit $x^0 = (1\ 0\ 0\ 0\ \ldots)$ erhält man nach (81) und (82):

$$f = (a_0\ 0\ 0\ \ldots)\,x^0 + (a_1\ 0\ 0\ \ldots)\,x + (a_2\ 0\ 0\ \ldots)\,x^2 + \cdots + (a_n\ 0\ 0\ \ldots)\,x^n. \tag{84}$$

Die Polynome der Form $(a\ 0\ 0\ \ldots)$ haben nun die Eigenschaft, daß man mit ihnen wie mit Zahlen rechnen kann; nach (81) und (82) ist nämlich

$$(a\ 0\ 0\ \ldots) + (b\ 0\ 0\ \ldots) = (a+b\ 0\ 0\ \ldots),$$

$$(a\ 0\ 0\ \ldots) \cdot (b\ 0\ 0\ \ldots) = (a \cdot b\ 0\ 0\ \ldots).$$

Verabredet man also, die Zahlenreihe $(a\ 0\ 0\ \cdots)$ abkürzend mit $a$ zu bezeichnen, so erscheint $f$ nach (84) in der Form (1).

Der Leser wird bemerken, daß wir eine analoge Betrachtung bereits bei der Einführung der komplexen Zahlen als Zahlenpaare (I, Nr. 9, 10) durchgeführt haben. Das Element $(0, 1)$, das (83) entspricht, hat dort die abkürzende Bezeichnung $i$ erhalten. Wie $i$ nicht dem reellen Zahlkörper, so gehört $x$ nicht dem Grundkörper $K$ an. Doch besteht ein wesentlicher Unterschied: $i$ genügt einer algebraischen Gleichung über $K$, nämlich $1 + i^2 = 0$, das Element $x$ dagegen nicht. Denn bezeichnet man in Übereinstimmung mit der Gleichheitsdefinition (80) als Nullpolynom dasjenige, dessen Koeffizienten sämtlich verschwinden, so hat nach (80) und (84) eine algebraische Gleichung für $x$ die triviale Form $0 = 0x^0 + 0x + 0x^2 + \cdots + 0x^n$ mit passendem $n$. Das Element $x$ liegt also nicht nur außerhalb des Grundkörpers, sondern bleibt auch bezüglich $K$ *algebraisch unbestimmt*. Man spricht daher in der modernen Auffassung der Algebra nicht mehr von einer *Veränderlichen*, sondern von einer *Unbestimmten* $x$, und demgemäß bedeutet (1) nicht mehr eine ganz-rationale Funktion in einer Veränderlichen, sondern ein Polynom in einer Unbestimmten. Der Unterschied der Darstellung in diesem Kapitel gegenüber der modernen Auffassung liegt, um es noch einmal zu sagen, darin, daß der Ausdruck (1) im ersten Fall zufällig mittels der im Grundkörper definierten Verknüpfungen aufgebaut ist, wobei das Zeichen $x$ Werte höchstens aus dem Körper der komplexen Zahlen annehmen darf, im zweiten Fall aber einen Sinn erst dadurch erhält, daß

---

[1] Bei den im folgenden auftretenden Zahlenreihen sind die Punkte $\cdots$ stets durch Nullen ersetzt zu denken. Die 1 bedeutet das Einselement von $K$, nicht notwendig die natürliche Zahl 1.

ein Rechenbereich (der Ring der Polynome über $K$) mit passenden Verknüpfungen so konstruierbar ist, daß Koeffizienten $a_\nu$ und Zeichen $x$ abkürzende Bezeichnungen für Elemente dieses Rechenbereiches sind.

Wir fassen das Vorangehende kurz zusammen:

**Definition.** *Unter einer* **Unbestimmten** *versteht man ein Symbol für eine nicht näher bestimmte Größe, von dem man jedoch weiß, wie man mit ihm, allein und in Verbindung mit Zahlen, rechnen darf.*

Eine Unbestimmte ist hiernach lediglich ein *Rechensymbol*. Sie ist insbesondere nicht an einen bestimmten Bereich gebunden. Es läßt sich zwar stets ein Bereich konstruieren, der sowohl Koeffizienten wie Unbestimmte umfaßt; im übrigen bleibt es aber jeweils dem konkreten Anwendungsfall vorbehalten, ob man für die Unbestimmte Zahlen eines bestimmten Bereichs oder andere Größen einsetzen will, für die ein Rechnen nach allen oder einem Teil der Grundgesetze A, B und C (vgl. I, Nr. 1) definiert ist.

Entsprechende Betrachtungen gelten für Polynome in mehreren Unbestimmten sowie für rationale Funktionen in einer oder mehreren Unbestimmten. Wir müssen uns hier mit diesem kurzen Hinweis begnügen.

Kapitel V.

# Systeme von linearen Gleichungen.

## § 1. Allgemeine Sätze über die Lösungen eines Systems linearer Gleichungen.

**1. Homogene und inhomogene Systeme.** Durch Nullsetzen von $m$ linearen Polynomen in $x_1, x_2, \ldots, x_n$ erhält man ein **System von $m$ linearen Gleichungen mit $n$ Unbekannten**:

$$l_1(\mathfrak{x}) = 0, \quad l_2(\mathfrak{x}) = 0, \quad \ldots, \quad l_m(\mathfrak{x}) = 0. \tag{1}$$

Eine Zahlenreihe $\mathfrak{c}$, die allen $m$ Gleichungen gleichzeitig genügt, heißt eine **Lösung** des Gleichungensystems. Sind die $l_\mu(\mathfrak{x})$ insbesondere Linearformen, so heißt das System (1) ein **homogenes**, anderenfalls ein **inhomogenes** lineares Gleichungensystem. Ist $K$ der gemeinsame Grundkörper der Polynome $l_\mu(\mathfrak{x})$, so heißt $K$ der **Grundkörper des Gleichungensystems**.

Aus IV, (53) erhält man, wenn man je das *absolute*, d. h. das von $x_1, x_2, \ldots, x_n$ freie, Glied auf die rechte Seite bringt, das Gleichungensystem in folgender Gestalt:

$$\left.\begin{aligned}
a_{11}\,x_1 + a_{12}\,x_2 + \cdots + a_{1n}\,x_n &= b_1, \\
a_{21}\,x_1 + a_{22}\,x_2 + \cdots + a_{2n}\,x_n &= b_2, \\
\cdots\cdots\cdots\cdots\cdots\cdots\cdots\cdots\cdots\cdots\cdots & \\
a_{m1}\,x_1 + a_{m2}\,x_2 + \cdots + a_{mn}\,x_n &= b_m.
\end{aligned}\right\} \tag{2}$$

Ist $b_1, b_2, \ldots, b_m \neq 0, 0, \ldots, 0$, so hat man ein *inhomogenes* System. Für $b_1 = b_2 = \cdots = b_m = 0$ ergibt sich das *zugehörige homogene* System.

Mit Hilfe des Summenzeichens schreibt man kürzer

$$\sum_{\nu=1}^{n} a_{\mu\nu}\, x_\nu = b_\mu \qquad (\mu = 1, 2, \ldots, m), \qquad (3)$$

und wenn $\mathfrak{a}_1, \mathfrak{a}_2, \ldots, \mathfrak{a}_m$ jetzt die Zeilen der *Koeffizientenmatrix*

$$A = \begin{pmatrix} a_{11} & a_{12} & \cdots & a_{1n} \\ a_{21} & a_{22} & \cdots & a_{2n} \\ \cdot & \cdot & \cdots & \cdot \\ a_{m1} & a_{m2} & \cdots & a_{mn} \end{pmatrix} \qquad (4)$$

bedeuten, so ist (3) und damit auch (2) gleichbedeutend mit

$$\mathfrak{a}_\mu\, \mathfrak{x} = b_\mu \qquad (\mu = 1, 2, \ldots, m). \qquad (5)$$

Die Elemente von $A$ und die absoluten Glieder $b_\mu$ gehören dem Grundkörper $K$ an.

Wir wollen unter der Annahme, daß das Gleichungensystem (2) Lösungen besitzt, den Zusammenhang untersuchen, der zwischen den Lösungen des inhomogenen und denen des zugehörigen homogenen Systems besteht. Gegeben seien also die Gleichungensysteme

$$\text{(I)} \quad \begin{cases} \sum_{\nu=1}^{n} a_{\mu\nu}\, x_\nu = b_\mu, \\ \text{d. h. } \mathfrak{a}_\mu\, \mathfrak{x} = b_\mu \end{cases} \quad \text{und} \quad \text{(II)} \quad \begin{cases} \sum_{\nu=1}^{n} a_{\mu\nu}\, y_\nu = 0, \\ \text{d. h. } \mathfrak{a}_\mu\, \mathfrak{y} = 0 \end{cases}$$

$$(\mu = 1, 2, \ldots, m).$$

**Satz 1.** *Das homogene System hat stets die Lösung* $\mathfrak{y} = 0$.

*Beweis.* Für jede Zahlenreihe $\mathfrak{a}_\mu$ ist $\mathfrak{a}_\mu \cdot 0 = 0$ $(\mu = 1, 2, \ldots, m)$.

**Satz 2.** *Die Differenz je zweier Lösungen des inhomogenen Systems ist eine Lösung des zugehörigen homogenen Systems.*

*Beweis.* Sind $\mathfrak{x}_1, \mathfrak{x}_2$ irgend zwei Lösungen von (I), also $\mathfrak{a}_\mu \mathfrak{x}_1 = b_\mu$, $\mathfrak{a}_\mu \mathfrak{x}_2 = b_\mu$ $(\mu = 1, 2, \ldots, m)$, so ist

$$\mathfrak{a}_\mu\, \mathfrak{x}_1 - \mathfrak{a}_\mu\, \mathfrak{x}_2 = \mathfrak{a}_\mu(\mathfrak{x}_1 - \mathfrak{x}_2) = 0 \qquad (\mu = 1, 2, \ldots, m).$$

Folglich ist $\mathfrak{x}_1 - \mathfrak{x}_2$ eine Lösung von (II).

**Satz 3.** *Hat das homogene System nur die Lösung* $\mathfrak{y} = 0$, *so hat das inhomogene System höchstens ei n e Lösung.*

*Beweis.* Für zwei Lösungen $\mathfrak{x}_1, \mathfrak{x}_2$ von (I) folgt aus Satz 2 und der Voraussetzung, daß $\mathfrak{y} = 0$ die einzige Lösung von (II) ist:

$$\mathfrak{y} = \mathfrak{x}_1 - \mathfrak{x}_2 = 0, \quad \text{also} \quad \mathfrak{x}_1 = \mathfrak{x}_2.$$

Wenn (I) also überhaupt Lösungen besitzt, so sind sie alle einander gleich, d. h. es kann höchstens eine Lösung geben.

**Satz 4.** *Mit jeder Lösung* $\mathfrak{y}$ *des homogenen Systems ist auch* $t\mathfrak{y}$ *eine Lösung, wo* $t$ *eine beliebige Zahl bedeutet.*

*Beweis.* Ist $\mathfrak{a}_\mu \mathfrak{y} = 0$ $(\mu = 1, 2, \ldots, m)$, so ist nach II, (15e) auch

$$\mathfrak{a}_\mu (t\mathfrak{y}) = t(\mathfrak{a}_\mu \mathfrak{y}) = t \cdot 0 = 0 \qquad (\mu = 1, 2, \ldots, m).$$

**Satz 5.** *Die Summe zweier Lösungen des homogenen Systems ist wieder eine Lösung des homogenen Systems.*

*Beweis.* Sind $\mathfrak{y}_1$, $\mathfrak{y}_2$ irgend zwei Lösungen von (II), also $\mathfrak{a}_\mu \mathfrak{y}_1 = 0$, $\mathfrak{a}_\mu \mathfrak{y}_2 = 0$ $(\mu = 1, 2, \ldots, m)$, so ist nach II, (15c) auch

$$\mathfrak{a}_\mu (\mathfrak{y}_1 + \mathfrak{y}_2) = \mathfrak{a}_\mu \mathfrak{y}_1 + \mathfrak{a}_\mu \mathfrak{y}_2 = 0 \qquad (\mu = 1, 2, \ldots, m).$$

**Satz 6.** *Jede lineare homogene Verbindung von Lösungen des homogenen Systems ist wieder eine Lösung des homogenen Systems.*

*Beweis.* Es seien $\mathfrak{y}_1$, $\mathfrak{y}_2$, $\ldots$, $\mathfrak{y}_l$ Lösungen von (II). Dann sind nach Satz 4 auch $t_1 \mathfrak{y}_1$, $t_2 \mathfrak{y}_2$, $\ldots$, $t_l \mathfrak{y}_l$ Lösungen von (II). Durch mehrfache Anwendung von Satz 5 folgt, daß $t_1 \mathfrak{y}_1 + t_2 \mathfrak{y}_2 = \mathfrak{z}_1$, $\mathfrak{z}_1 + t_3 \mathfrak{y}_3 = \mathfrak{z}_2$, $\ldots$, schließlich

$$(t_1 \mathfrak{y}_1 + \cdots + t_{l-1} \mathfrak{y}_{l-1}) + t_l \mathfrak{y}_l = t_1 \mathfrak{y}_1 + t_2 \mathfrak{y}_2 + \cdots + t_l \mathfrak{y}_l$$

Lösungen von (II) sind, womit Satz 6 bewiesen ist.

Auf Grund von Satz 4 und Satz 5 bildet die Gesamtheit der Lösungen des homogenen Systems einen linearen Raum (II, Nr. 5) über dem Körper der komplexen Zahlen.

**2. Allgemeine Lösungen.** Satz 4 zeigt insbesondere, daß das homogene System, wenn es auch nur *eine* von der Nullösung verschiedene Lösung besitzt, unendlich viele Lösungen hat. Um in diese Mannigfaltigkeit von Lösungen Ordnung zu bringen, untersucht man ihre lineare Abhängigkeit. Wir werden später sehen, daß es in der Gesamtheit der Lösungen des homogenen Systems nur *endlich viele linear unabhängige* gibt. Nehmen wir diese Tatsache als bewiesen an, so folgt

**Satz 7.** *Wenn das homogene System genau[1] $p$ linear unabhängige Lösungen besitzt und $\mathfrak{y}_1$, $\mathfrak{y}_2$, $\ldots$, $\mathfrak{y}_p$ ein Vertretersystem dafür ist, so ist jede Lösung des homogenen Systems eine lineare homogene Verbindung von ihnen:*

$$\mathfrak{y} = s_1 \mathfrak{y}_1 + s_2 \mathfrak{y}_2 + \cdots + s_p \mathfrak{y}_p. \tag{6}$$

*Beweis.* Nach Voraussetzung sind je $p + 1$ Lösungen von (II) linear abhängig über $K$. Daher folgt die Behauptung aus II, Regel 4, wenn man diese mit $k = p + 1$ auf $\mathfrak{y}_1$, $\mathfrak{y}_2$, $\ldots$, $\mathfrak{y}_p$, $\mathfrak{y}$ anwendet.

Der Ausdruck (6) heißt die **allgemeine Lösung** des homogenen Systems (II), da man einerseits für jede Wahl der Koeffizienten $s_1$, $s_2$, $\ldots$, $s_p$ in $K$ eine Lösung von (II) erhält, andererseits jede Lösung von (II) durch passende Wahl von $s_1$, $s_2$, $\ldots$, $s_p$ in der Form (6) darstellen kann. Die spezielle Lösung $\mathfrak{y}_\varkappa$ $(\varkappa = 1, 2, \ldots, p)$ erhält man aus (6) für $s_\varkappa = 1$, $s_\mu = 0$ $(\mu \neq \varkappa)$. In der Ausdrucksweise von II, Nr. 5

---

[1] *Genau* $p$ soll bedeuten: $p$, aber nicht mehr als $p$.

stellt die allgemeine Lösung einen $p$-dimensionalen linearen Raum über dem Körper der komplexen Zahlen dar.

**Satz 8.** *Die allgemeine Lösung $\mathfrak{x}$ eines inhomogenen Systems erhält man, indem man zu einer speziellen Lösung $\mathfrak{x}_1$ des inhomogenen Systems die allgemeine Lösung des zugehörigen homogenen Systems hinzufügt:*

$$\mathfrak{x} = \mathfrak{x}_1 + s_1\,\mathfrak{y}_1 + s_2\,\mathfrak{y}_2 + \cdots + s_p\,\mathfrak{y}_p. \tag{7}$$

*Beweis.* a) Ist $\mathfrak{x}$ mit beliebig gewählten Zahlen $s_1, s_2, \ldots, s_p$ gemäß (7) bestimmt, so ist für $\mu = 1, 2, \ldots, m$

$$\begin{aligned}
\mathfrak{a}_\mu\,\mathfrak{x} &= \mathfrak{a}_\mu(\mathfrak{x}_1 + s_1\,\mathfrak{y}_1 + \cdots + s_p\,\mathfrak{y}_p) \\
&= \mathfrak{a}_\mu\,\mathfrak{x}_1 + s_1(\mathfrak{a}_\mu\,\mathfrak{y}_1) + \cdots + s_p(\mathfrak{a}_\mu\,\mathfrak{y}_p) \\
&= b_\mu + s_1 \cdot 0 + \cdots + s_p \cdot 0 = b_\mu,
\end{aligned}$$

da $\mathfrak{x}_1$ Lösung von (I), $\mathfrak{y}_1, \ldots, \mathfrak{y}_p$ Lösungen von (II) sind. Folglich ist jedes nach (7) bestimmte $\mathfrak{x}$ eine Lösung des inhomogenen Systems (I).

b) Ist umgekehrt $\mathfrak{x}_1$ eine feste, $\mathfrak{x}$ irgendeine Lösung von (I), so ist die Differenz $\mathfrak{x} - \mathfrak{x}_1$ nach Satz 2 eine Lösung von (II), läßt sich also nach Satz 7 in der Form (6) darstellen und daher $\mathfrak{x}$ in der Form (7).

**Definition.** *Unter einem **Parameter** versteht man eine in einem Zahlenbereich frei veränderliche Größe, die zur Unterscheidung gleichartiger Dinge aus einer endlichen oder unendlichen Gesamtheit dient.*

Die am häufigsten vorkommende Art von Parametern sind die Indizes; sie durchlaufen meist einen Teilbereich oder den ganzen Bereich der nichtnegativen ganzen Zahlen. Ein anderes Beispiel sind die im Bereich aller Zahlen veränderlichen Koeffizienten $s_1, s_2, \ldots, s_p$ in (6) und (7). Hier ist es die Gesamtheit der Lösungen eines homogenen oder inhomogenen Gleichungensystems, die von diesen $p$ Parametern abhängt; d. h. man erhält jede spezielle Lösung aus der Gesamtheit durch Wahl der Parameter als komplexe Zahlen. Ebenso sind die $p_\nu$, $p'_\varkappa$ in II, (35) bis (37) bzw. in II, (50) bis (52) Parameter über dem Körper der reellen bzw. dem der komplexen Zahlen.

**Definition.** *Sind $t_1, t_2, \ldots, t_r$ Parameter, deren jeder in einem Zahlenbereich $\mathfrak{B}$ frei veränderlich ist, so heißt die von $t_1, t_2, \ldots, t_r$ abhängende Gesamtheit eine **r-parametrige Schar** über $\mathfrak{B}$.*

Die allgemeine Lösung (6) bzw. (7) ist also eine $p$-parametrige Schar von Lösungen über dem Bereich der komplexen Zahlen oder, was dasselbe — nur in geometrischer Weise ausgedrückt — ist, ein $p$-dimensionaler linearer Raum. Die durch (6) bzw. (7) bestimmten Räume gehen im $\mathfrak{R}^{(n)}$ durch starre Parallelverschiebung auseinander hervor (II, Nr. 15).

Die in Nr. 1 und 2 bewiesenen Sätze sind unter der Voraussetzung gewonnen worden, daß die Gleichungensysteme (I) bzw. (II) Lösungen besitzen, insbesondere (II) genau $p$ linear unabhängige Lösungen. In den folgenden Paragraphen wird die Frage nach der Existenz der Lösungen untersucht werden.

## § 2. Der Hauptfall $m = n$ eines linearen Gleichungensystems.

**3. Das homogene System.** Wir wollen zuerst den Fall betrachten, daß in dem linearen Gleichungensystem (2) die Anzahl $m$ der Gleichungen mit der Anzahl $n$ der Unbekannten übereinstimmt. Die Gl. (I) und (II) lauten dann:

$$(\text{I}') \quad \begin{aligned} a_{11}\,x_1 + a_{12}\,x_2 + \cdots + a_{1n}\,x_n &= b_1, \\ a_{21}\,x_1 + a_{22}\,x_2 + \cdots + a_{2n}\,x_n &= b_2, \\ &\cdots\cdots\cdots\cdots\cdots\cdots\cdots \\ a_{n1}\,x_1 + a_{n2}\,x_2 + \cdots + a_{nn}\,x_n &= b_n, \end{aligned}$$

$$(\text{II}') \quad \begin{aligned} a_{11}\,y_1 + a_{12}\,y_2 + \cdots + a_{1n}\,y_n &= 0, \\ a_{21}\,y_1 + a_{22}\,y_2 + \cdots + a_{2n}\,y_n &= 0, \\ &\cdots\cdots\cdots\cdots\cdots\cdots\cdots \\ a_{n1}\,y_1 + a_{n2}\,y_2 + \cdots + a_{nn}\,y_n &= 0. \end{aligned}$$

Die Koeffizientenmatrix $A$ ist für beide Systeme die gleiche. Da $m = n$ ist, existiert ihre Determinante $d(A)$, **die Determinante des Gleichungensystems** (I') bzw. (II'). Wir behandeln zunächst (II'). Aus Satz 1 wissen wir, daß ein homogenes System in jedem Falle (auch für $m \neq n$) die Lösung $\mathfrak{y} = 0$ besitzt. Von dieser sog. **trivialen Lösung** pflegt man meist abzusehen. Die Frage nach der Existenz von Lösungen eines homogenen Systems bezieht sich auf nichttriviale Lösungen.

**Satz 9.** *Ein System von $n$ homogenen linearen Gleichungen mit $n$ Unbekannten besitzt dann und nur dann Lösungen, die von der Nullösung verschieden sind, wenn die Determinante des Gleichungensystems gleich 0 ist.*

*Beweis.* Bedeuten $\mathfrak{b}_1, \mathfrak{b}_2, \ldots, \mathfrak{b}_n$ die Spalten der Matrix $A$, so läßt sich das System (II') als *eine* Gleichung zwischen Zahlenreihen schreiben, nämlich:

$$\mathfrak{b}_1\,y_1 + \mathfrak{b}_2\,y_2 + \cdots + \mathfrak{b}_n\,y_n = 0. \tag{8}$$

Hier bezeichnet 0 die Nullreihe, die man sich ebenso wie die Spalten $\mathfrak{b}_1, \ldots, \mathfrak{b}_n$ nicht waagerecht, sondern senkrecht hingeschrieben zu denken hat.

a) Wenn das System (II') eine nichttriviale Lösung $y_1, y_2, \ldots, y_n$ besitzt, so ist (8) mit $y_1, \ldots, y_n \neq 0, \ldots, 0$ erfüllt, d. h. die Spalten von $A$ und damit auch von $d(A)$ sind linear abhängig. Nach III, Satz 17 ist daher $d(A) = 0$.

b) Ist $d(A) = 0$, so hat (II') nichttriviale Lösungen. Angenommen, (II') hätte nur die Nullösung. Dann gilt (8) nur mit $y_1 = y_2 = \cdots = y_n = 0$, d. h. die Spalten von $A$ und damit auch von $d(A)$ sind linear unabhängig. Nach III, Satz 17 wäre also $d(A) \neq 0$, im Widerspruch zur Voraussetzung.

**4. Das inhomogene System.** Die Frage nach dem Vorhandensein von Lösungen des homogenen Systems (II') ist durch Satz 9 vollständig geklärt. Wir wollen jetzt die entsprechende Frage für das System (I'), wenigstens teilweise, beantworten, indem wir die *Cramersche Regel* ableiten, die uns im Fall $n = 2$ (vgl. III, Nr. 2) schon bekannt ist.

**Hilfssatz.** *Bildet man aus den linearen Polynomen*

$$l_\mu(\mathfrak{x}) = a_{\mu 1} x_1 + \cdots + a_{\mu n} x_n - b_\mu \quad (\mu = 1, 2, \ldots, n) \qquad (9)$$

*und den adjungierten Größen* $\alpha_{\mu\nu}$ $(\mu, \nu = 1, 2, \ldots, n)$ *der Matrix* $A = (a_{\mu\nu})$ *die Polynome*

$$L_1(\mathfrak{x}) = \sum_{\mu=1}^{n} \alpha_{\mu 1} l_\mu(\mathfrak{x}), \ L_2(\mathfrak{x}) = \sum_{\mu=1}^{n} \alpha_{\mu 2} l_\mu(\mathfrak{x}), \ \ldots, \ L_n(\mathfrak{x}) = \sum_{\mu=1}^{n} \alpha_{\mu n} l_\mu(\mathfrak{x}), \qquad (10)$$

*so haben, falls* $d(A) \neq 0$ *ist, die beiden Gleichungensysteme*

$$l_\mu(\mathfrak{x}) = 0 \quad (11a) \qquad und \qquad L_\mu(\mathfrak{x}) = 0 \quad (\mu = 1, 2, \ldots, n) \qquad (11b)$$

*dieselben Lösungen.*

*Beweis.* Nach IV, Satz 15 sind die Polynome (10) wieder lineare Polynome. Ist nun $\mathfrak{x} = \mathfrak{c}$ eine Lösung von (11a), d. h. $l_1(\mathfrak{c}) = \cdots = l_n(\mathfrak{c}) = 0$, so ist nach (10) auch jedes $L_\mu(\mathfrak{c}) = 0$, also $\mathfrak{c}$ auch Lösung von (11b). Ist umgekehrt $\mathfrak{x} = \mathfrak{c}$ eine Lösung von (11b), d. h.

$$\begin{aligned}
\alpha_{11} l_1(\mathfrak{c}) + \alpha_{21} l_2(\mathfrak{c}) + \cdots + \alpha_{n1} l_n(\mathfrak{c}) &= 0, \\
\alpha_{12} l_1(\mathfrak{c}) + \alpha_{22} l_2(\mathfrak{c}) + \cdots + \alpha_{n2} l_n(\mathfrak{c}) &= 0, \\
&\cdots\cdots\cdots\cdots\cdots\cdots\cdots\cdots\cdots \\
\alpha_{1n} l_1(\mathfrak{c}) + \alpha_{2n} l_2(\mathfrak{c}) + \cdots + \alpha_{nn} l_n(\mathfrak{c}) &= 0,
\end{aligned} \qquad (12)$$

so hat man in (12) ein homogenes lineares Gleichungensystem in $l_1(\mathfrak{c})$, $l_2(\mathfrak{c})$, $\ldots$, $l_n(\mathfrak{c})$, dessen Matrix die transponierte $\mathbf{A}'$ der zu $A$ adjungierten Matrix $\mathbf{A}$ ist. Nach III, (36) und (54) ist

$$d(\mathbf{A}') = d(\mathbf{A}) = \big(d(A)\big)^{n-1} \neq 0,$$

da $d(A) \neq 0$ ist. Folglich hat (12) nach Satz 9 nur die Lösung

$$l_1(\mathfrak{c}) = l_2(\mathfrak{c}) = \cdots = l_n(\mathfrak{c}) = 0,$$

d. h. $\mathfrak{c}$ ist eine Lösung von (11a).

**Satz 10 (Cramersche Regel).** *Ein System von $n$ inhomogenen linearen Gleichungen mit $n$ Unbekannten und der Koeffizientenmatrix $A$ besitzt für $d(A) \neq 0$ eine und nur eine Lösung. In diesem Fall ergibt sich jede Unbekannte $x_\nu$ als Quotient zweier Determinanten $n$-ter Ordnung. Im Nenner steht stets $d(A)$; den Zähler von $x_\nu$ erhält man, indem man die $\nu$-te Spalte von $d(A)$ durch die Spalte der rechten Seiten der Gleichungen ersetzt.*

*Beweis.* Das Gleichungensystem sei durch (9) und (11a) gegeben. Nach dem Hilfssatz kann man statt (11a) das Gleichungensystem (11b) betrachten. Setzt man (9) in (10) ein, so folgt nach III, (48)

$$L_\nu(\mathfrak{x}) = d(A) \cdot x_\nu - (b_1 \alpha_{1\nu} + b_2 \alpha_{2\nu} + \cdots + b_n \alpha_{n\nu}) \quad (\nu = 1, 2, \ldots, n). \qquad (13)$$

Durch Nullsetzen dieser Polynome ergibt sich aber, da $d(A) \neq 0$ ist, unmittelbar

$$x_\nu = \frac{b_1 \alpha_{1\nu} + b_2 \alpha_{2\nu} + \cdots + b_n \alpha_{n\nu}}{d(A)}$$

$$= \frac{\begin{vmatrix} a_{11} & \cdots & a_{1\,\nu-1} & b_1 & a_{1\,\nu+1} & \cdots & a_{1n} \\ a_{21} & \cdots & a_{2\,\nu-1} & b_2 & a_{2\,\nu+1} & \cdots & a_{2n} \\ \cdot & \cdots & \cdot & & \cdot & \cdots & \cdot \\ a_{n1} & \cdots & a_{n\,\nu-1} & b_n & a_{n\,\nu+1} & \cdots & a_{nn} \end{vmatrix}}{\begin{vmatrix} a_{11} & a_{12} & \cdots & a_{1n} \\ a_{21} & a_{22} & \cdots & a_{2n} \\ \cdot & \cdot & \cdots & \cdot \\ a_{n1} & a_{n2} & \cdots & a_{nn} \end{vmatrix}} \qquad (\nu = 1, 2, \cdots, n). \quad (14)$$

Daß die zweite Darstellung gilt, erkennt man durch Entwicklung der Zählerdeterminante nach den Elementen der $\nu$-ten Spalte.

In der Form (13) ist $L_\nu(\mathfrak{x})$ ein lineares Polynom in $x_\nu$, hat also nach IV, Nr. 2 genau die eine Nullstelle (14). Damit ist gezeigt: Als Lösung des Systems (I') im Falle $d(A) \neq 0$ kommt höchstens *ein* Wertsystem $x_1, x_2, \ldots, x_n$ in Frage, nämlich (14). Daß dieses Wertsystem tatsächlich eine Lösung von (I') darstellt, folgt durch Einsetzen der Werte (14) in die Gl. (I'). Für $\mu = 1, 2, \ldots, n$ ist nämlich

$$\sum_{\nu=1}^{n} a_{\mu\nu}\, x_\nu = \sum_{\nu=1}^{n} a_{\mu\nu} \cdot \frac{1}{d(A)} \sum_{\varkappa=1}^{n} b_\varkappa \alpha_{\varkappa\nu} = \frac{1}{d(A)} \sum_{\varkappa,\,\nu=1}^{n} a_{\mu\nu} \alpha_{\varkappa\nu}\, b_\varkappa$$

$$= \frac{1}{d(A)} \sum_{\varkappa=1}^{n} \left( \sum_{\nu=1}^{n} a_{\mu\nu} \alpha_{\varkappa\nu} \right) b_\varkappa = \frac{1}{d(A)} \cdot d(A)\, b_\mu = b_\mu \, .$$

Denn nach III, (48) ist die innere der beiden Summen im allgemeinen gleich 0; nur für $\varkappa = \mu$ hat sie den Wert $d(A)$, so daß von der Summation über $\varkappa$ nur der eine Summand mit $\varkappa = \mu$ vorkommt. Damit ist Satz 10 bewiesen. Die Formel (14) gibt die Verallgemeinerung der CRAMERschen Regel von III, Nr. 2, d. h. eine Methode zur Berechnung der Lösung des inhomogenen Systems (I').

**Bemerkung.** Durch Satz 10 ist für das inhomogene System noch nicht — wie durch Satz 9 für das homogene System — die Frage nach der Existenz von Lösungen vollständig geklärt. Satz 10 gibt lediglich eine hinreichende Bedingung [nämlich $d(A) \neq 0$] dafür an, daß das inhomogene System *genau eine Lösung* besitzt. Eine *notwendige und hinreichende* Bedingung für die Existenz von Lösungen im inhomogenen Fall werden wir später (Nr. 14) kennenlernen. Es können auch bei $d(A) = 0$ Lösungen vorhanden sein.

**5. Beispiele. a)** Homogenes System, $n = 2$. Die Gleichungen

$$\begin{aligned} x_1 - x_2 &= 0 \\ 2x_1 + x_2 &= 0 \end{aligned} \quad \text{mit} \quad A = \begin{pmatrix} 1 & -1 \\ 2 & 1 \end{pmatrix}, \quad d(A) = \begin{vmatrix} 1 & -1 \\ 2 & 1 \end{vmatrix} = 3 \neq 0$$

haben nur die Lösung $x_1 = x_2 = 0$ (Satz 9).

**b)** Homogenes System, $n = 3$ (Gleichung einer Geraden). Die Gleichung einer Geraden in der Ebene hat die Gestalt

$$a x + b y + c = 0 \qquad (a, b, c \neq 0, 0, 0). \quad (15)$$

Sollen drei Punkte $P_1$, $P_2$, $P_3$ mit den Koordinaten $x_1, y_1$; $x_2, y_2$; $x_3, y_3$ auf der Geraden liegen, so müssen die Koordinaten eines jeden die Gl. (15) erfüllen:

$$\left. \begin{aligned} a x_1 + b y_1 + c &= 0 \\ a x_2 + b y_2 + c &= 0 \\ a x_3 + b y_3 + c &= 0. \end{aligned} \right\} \quad (16)$$

Die Gl. (16) sind ein homogenes System von drei linearen Gleichungen für die drei Unbekannten $a$, $b$, $c$. Von dem System (16) weiß man, daß es eine Lösung mit $a, b, c \neq 0, 0, 0$ zuläßt. Folglich muß nach Satz 9 die Determinante

$$\begin{vmatrix} x_1 & y_1 & 1 \\ x_2 & y_2 & 1 \\ x_3 & y_3 & 1 \end{vmatrix} = 0 \quad (17)$$

sein. Mit (17) hat man eine notwendige und hinreichende Bedingung dafür, daß $P_1$, $P_2$, $P_3$ auf der Geraden (15) liegen. Läßt man also einen der Punkte, etwa $P_3$, auf der Geraden veränderlich sein — er heiße dann $P$ und habe die Koordinaten $x$, $y$ —, so erhält man in

$$\begin{vmatrix} x_1 & y_1 & 1 \\ x_2 & y_2 & 1 \\ x & y & 1 \end{vmatrix} = 0$$

die Gleichung der Geraden durch die Punkte $P_1$, $P_2$. Subtrahiert man hier die zweite Zeile von der ersten, dann die dritte von der zweiten, so folgt

$$\begin{vmatrix} x_1 & y_1 & 1 \\ x_2 & y_2 & 1 \\ x & y & 1 \end{vmatrix} = \begin{vmatrix} x_1 - x_2 & y_1 - y_2 & 0 \\ x_2 - x & y_2 - y & 0 \\ x & y & 1 \end{vmatrix}$$

$$= (x_1 - x_2)(y_2 - y) - (x_2 - x)(y_1 - y_2)$$

und hieraus, wenn dieser Ausdruck gleich Null gesetzt wird, die bekannte „Zweipunkteform" der Geradengleichung

$$\frac{y - y_2}{x - x_2} = \frac{y_1 - y_2}{x_1 - x_2}.$$

**c)** Inhomogenes System, $n = 3$. Das Gleichungensystem

$$\begin{aligned} x_1 - x_2 + 2 x_3 &= 0 \\ 3 x_1 \phantom{{}+ x_2} + x_3 &= 1 \\ -2 x_1 + x_2 \phantom{{}+ x_3} &= 2, \end{aligned} \qquad \begin{vmatrix} 1 & -1 & 2 \\ 3 & 0 & 1 \\ -2 & 1 & 0 \end{vmatrix} = 7, \quad (18)$$

hat [vgl. III, Nr. 8, Beispiel a)] die Determinante $7 \neq 0$. Man kann also die CRAMERsche Regel anwenden. Nach Berechnung der drei Zählerdeterminanten

$$\begin{vmatrix} 0 & -1 & 2 \\ 1 & 0 & 1 \\ 2 & 1 & 0 \end{vmatrix} = 0, \qquad \begin{vmatrix} 1 & 0 & 2 \\ 3 & 1 & 1 \\ -2 & 2 & 0 \end{vmatrix} = 14, \qquad \begin{vmatrix} 1 & -1 & 0 \\ 3 & 0 & 1 \\ -2 & 1 & 2 \end{vmatrix} = 7$$

ergibt sich die einzige Lösung des Systems (18) zu

$$x_1 = 0, \quad x_2 = 2, \quad x_3 = 1.$$

## § 3. Der Rang einer Matrix.

**6. Unterdeterminanten beliebiger Ordnung.** Wir wollen den Fall eines homogenen Gleichungensystems noch etwas eingehender betrachten. Es sei wieder das System (II′) mit der Matrix $A$ vorgelegt und $d(A) = 0$. Man kann dann sehr leicht Lösungen angeben. Sind nämlich $\alpha_{ik}$ $(i, k = 1, 2, \ldots, n)$ die adjungierten Größen der Elemente $a_{ik}$ von $A$, so ist zunächst das Wertsystem

$$y_1 = \alpha_{11}, \quad y_2 = \alpha_{12}, \quad \ldots, \quad y_n = \alpha_{1n} \tag{19}$$

eine Lösung von (II′). Denn aus III, (47) und $d(A) = 0$ folgt

$$\sum_{\nu=1}^{n} a_{i\nu}\, \alpha_{k\nu} = 0 \quad \text{für} \quad i, k = 1, 2, \ldots, n. \tag{20}$$

Setzt man hier $k = 1$ und läßt $i$ nacheinander die Werte $1, 2, \ldots, n$ annehmen, so zeigt (20), daß (19) für festes $i$ die $i$-te der Gl. (II′) erfüllt. Analog folgt aus (20), daß

$$y_1 = \alpha_{k1}, \quad y_2 = \alpha_{k2}, \quad \ldots, \quad y_n = \alpha_{kn} \tag{21}$$

für jeden der Werte $k = 2, 3, \ldots, n$ eine Lösung von (II′) darstellt.

Man hat auf diese Weise $n$ formal verschiedene Lösungen des homogenen Gleichungensystems (II′) erhalten. Wendet man aber dieses Verfahren z. B. auf das spezielle System $(n = 4)$

$$\begin{aligned} y_1 - \phantom{2}y_2 + 2y_3 \phantom{+ y_4} &= 0 \\ 2y_1 + \phantom{2}y_2 \phantom{+ 2y_3} + y_4 &= 0 \\ 3y_1 \phantom{+ y_2} + 2y_3 + y_4 &= 0 \\ y_1 + 2y_2 - 2y_3 + y_4 &= 0 \end{aligned} \qquad \text{mit der Matrix } A = \begin{pmatrix} 1 & -1 & 2 & 0 \\ 2 & 1 & 0 & 1 \\ 3 & 0 & 2 & 1 \\ 1 & 2 & -2 & 1 \end{pmatrix} \tag{22}$$

an, so muß man feststellen, daß man nur scheinbar etwas gewonnen hat. Denn bei dieser Matrix ist nicht nur $d(A) = 0$ (was notwendig ist), sondern es sind auch alle $\alpha_{ik} = 0$ $(i, k = 1, 2, 3, 4)$. Denn zwischen den vier Zeilen $\mathfrak{a}_1, \mathfrak{a}_2, \mathfrak{a}_3, \mathfrak{a}_4$ von $A$ bestehen die linearen Abhängigkeiten

$$\mathfrak{a}_1 + \mathfrak{a}_2 - \mathfrak{a}_3 = 0, \quad \mathfrak{a}_1 - \mathfrak{a}_2 + \mathfrak{a}_4 = 0, \quad 2\mathfrak{a}_1 - \mathfrak{a}_3 + \mathfrak{a}_4 = 0, \quad 2\mathfrak{a}_2 - \mathfrak{a}_3 - \mathfrak{a}_4 = 0.$$

Nach III, Satz 17 sind daher alle Unterdeterminanten dritten Grades von $A$ gleich 0, also auch die adjungierten Größen. Die in diesem Fall nach (19) und (21) gebildeten Lösungen stimmen also alle mit der trivialen Lösung überein.

Um den hier vorliegenden Zusammenhang zu erkennen und beschreiben zu können, müssen wir zunächst den Begriff der Unterdeterminante erweitern.

**Definition.** *Gegeben sei eine* $m$, *$n$-reihige Matrix*

$$B = \begin{pmatrix} b_{11} & b_{12} & \cdots & b_{1n} \\ b_{21} & b_{22} & \cdots & b_{2n} \\ \cdot & \cdot & \cdots & \cdot \\ b_{m1} & b_{m2} & \cdots & b_{mn} \end{pmatrix} \tag{23}$$

*und eine positive ganze Zahl $h$, die höchstens gleich der kleineren der beiden Zahlen $m$ und $n$ ist. Greift man dann $h$ Zeilen und $h$ Spalten von $B$ heraus und bildet aus den in den Schnittpunkten dieser Zeilen und Spalten stehenden $h^2$ Elementen die Determinante, so heißt jede solche Determinante eine* **Unterdeterminante $h$-ter Ordnung** *von $B$. Bei einer Determinante $n$-ter Ordnung sind die Unterdeterminanten $h$-ter Ordnung diejenigen der zugehörigen $n$, $n$-reihigen Matrix.*

Hat man in $B$ die Zeilen mit den Nummern $\lambda_1$, $\lambda_2$, ..., $\lambda_h$ und die Spalten mit den Nummern $\mu_1$, $\mu_2$, ..., $\mu_h$ herausgegriffen, so soll die dadurch bestimmte Unterdeterminante $h$-ter Ordnung mit

$$d_{\mu_1 \mu_2 \cdots \mu_h}^{\lambda_1 \lambda_2 \cdots \lambda_h} (B) = \begin{vmatrix} b_{\lambda_1 \mu_1} & b_{\lambda_1 \mu_2} & \cdots & b_{\lambda_1 \mu_h} \\ b_{\lambda_2 \mu_1} & b_{\lambda_2 \mu_2} & \cdots & b_{\lambda_2 \mu_h} \\ \cdot & \cdot & \cdots & \cdot \\ b_{\lambda_h \mu_1} & b_{\lambda_h \mu_2} & \cdots & b_{\lambda_h \mu_h} \end{vmatrix} \tag{24}$$

bezeichnet werden. Hierbei soll die Anordnung der Zeilen- und Spaltennummern erhalten bleiben. Es ist also

$$\lambda_1 < \lambda_2 < \cdots < \lambda_h \quad \text{und} \quad \mu_1 < \mu_2 < \cdots < \mu_h . \tag{25}$$

Zwei Spezialfälle sind von besonderem Interesse:

**Definition.** *Ist $\lambda_\varrho = \mu_\varrho$ für $\varrho = 1, 2, \ldots, h$, so heißt (24) eine* **Hauptunterdeterminante $h$-ter Ordnung**. *Ist überdies $\lambda_\varrho = \mu_\varrho = \varrho$ für $\varrho = 1, 2, \ldots, h$, so wird (24) als* **$h$-te Abschnittsdeterminante** *bezeichnet.*

Die Unterdeterminanten $(n-1)$-ter Ordnung einer $n$, $n$-reihigen Matrix $A$ (vgl. III, Nr. 15) sind mittels (24) durch

$$d_{ik}(A) = d_{1 \cdots k-1 \; k+1 \cdots n}^{1 \cdots i-1 \; i+1 \cdots n} (A)$$

zu charakterisieren. Die linke Seite zeigt an, daß die $i$-te Zeile und die $k$-te Spalte gestrichen werden, die rechte Seite, daß von allen Zeilen außer der $i$-ten die Elemente, die im Durchschnitt mit allen Spalten außer der $k$-ten stehen, genommen werden.

**7. Definition des Ranges.** Für gegebene Werte $m$, $n$ und $h$ kann man $\binom{m}{h}$ bzw. $\binom{n}{h}$ Kombinationen (25) der Zeilen bzw. Spalten zu je $h$ wählen. Jede Zeilenkombination gepaart mit einer Spaltenkombination liefert eine Unterdeterminante $h$-ter Ordnung von $B$. Daher kann man aus den Elementen von $B$ insgesamt $\binom{m}{h} \cdot \binom{n}{h}$ Unterdeterminanten $h$-ter Ordnung bilden. Wird mit $\mathrm{Min}\,(m, n)$ (gelesen: Minimum von $m$ und $n$) die kleinere der beiden Zahlen $m$ und $n$ bezeichnet (im Falle $m = n$ ihr gemeinsamer Wert), so darf $h$ jede ganze Zahl mit $1 \leqq h \leqq \mathrm{Min}\,(m, n)$ bedeuten. Für $h = 1$ erhält man die Elemente, für $h = n$, falls $m = n$ ist, die Determinante der Matrix.

**Satz 11.** *Sind für einen festen Wert von $h$ alle Unterdeterminanten $h$-ter Ordnung einer Matrix gleich $0$, so verschwinden auch alle Unterdeterminanten $(h + 1)$-ter Ordnung dieser Matrix.*

*Beweis.* Man greife eine beliebige Unterdeterminante $(h + 1)$-ter Ordnung heraus und entwickle sie nach den Elementen einer beliebigen ihrer Zeilen. In dieser Entwicklung treten als Koeffizienten der Elemente bestimmte Unterdeterminanten $h$-ter Ordnung auf. Da alle diese verschwinden, ist auch jede solche Entwicklung, d. h. jede Unterdeterminante $(h + 1)$-ter Ordnung, gleich $0$.

In der Matrix $A$ des Systems (22) sind alle Unterdeterminanten 3. Ordnung gleich $0$, also auch die Unterdeterminanten 4. Ordnung; in diesem Fall bedeutet dies $d(A) = 0$. Von den Unterdeterminanten 2. Ordnung verschwinden aber nicht alle, z. B. ist

$$d\,{\textstyle\frac{1\,2}{1\,2}} = \begin{vmatrix} 1 & -1 \\ 2 & 1 \end{vmatrix} = 3, \quad d\,{\textstyle\frac{1\,3}{2\,4}} = \begin{vmatrix} -1 & 0 \\ 0 & 1 \end{vmatrix} = -1, \quad d\,{\textstyle\frac{2\,4}{1\,4}} = \begin{vmatrix} 2 & 1 \\ 1 & 1 \end{vmatrix} = 1.$$

**Definition.** *Ist für eine Matrix (oder Determinante) die positive ganze Zahl $r$ dadurch charakterisiert, daß mindestens eine Unterdeterminante $r$-ter Ordnung der Matrix von $0$ verschieden ist, aber alle Unterdeterminanten $(r + 1)$-ter Ordnung verschwinden, so heißt $r$ der **Rang** der Matrix (bzw. der Determinante).*

Da nach Satz 11 aus dem Verschwinden aller Unterdeterminanten $(r + 1)$-ter Ordnung das Verschwinden aller Unterdeterminanten $(r + 2)$-ter Ordnung und durch Wiederholung dieses Schlusses das Verschwinden aller Unterdeterminanten von höherer als $r$-ter Ordnung folgt, so kann man den Rang einer Matrix auch als die größte ganze Zahl $r$ kennzeichnen, für die es nichtverschwindende Unterdeterminanten $r$-ter Ordnung der Matrix gibt.

Der Rang einer Matrix $B$ wird mit $r(B)$ und, wenn $\mathfrak{b}_1, \mathfrak{b}_2, \ldots, \mathfrak{b}_m$ die Zeilen oder Spalten von $B$ bedeuten und hervorgehoben werden sollen, auch mit $r(\mathfrak{b}_1, \mathfrak{b}_2, \ldots, \mathfrak{b}_m)$ bezeichnet. Auf Grund der Definition kann $r(B) = r$ jede ganze Zahl mit $1 \leqq r \leqq \mathrm{Min}\,(m, n)$ sein. $r(B) = 1$ bedeutet, daß alle Unterdeterminanten 2. Ordnung, aber nicht alle

Elemente von $B$ gleich 0 sind. Im Falle $m = n$ ist $r(B) = n$ gleichbedeutend mit $d(B) \neq 0$. Es ist zweckmäßig, für den Rang einer Matrix auch den Wert 0 zuzulassen. Dies geschieht durch folgende

**Festsetzung.** *Eine Matrix $B$ heißt* **vom Range 0**, *wenn alle ihre Elemente gleich 0 sind; es ist also $r(B) = 0$ gleichbedeutend mit $B = 0$.*

*Beispiele.* Für die Matrix $A$ in (22) ist $r(A) = 2$. Von den Matrizen

$$B_1 = \begin{pmatrix} 1 & 3 & 0 & 0 \\ 2 & 6 & 0 & 0 \\ 0 & 0 & 0 & 0 \\ 3 & 9 & 0 & 0 \end{pmatrix}, \qquad B_2 = \begin{pmatrix} 1 & 2 & 0 & 0 & 0 \\ 2 & 1 & 0 & 0 & 0 \\ 3 & 3 & 0 & 1 & 0 \\ 6 & 6 & 2 & 5 & 7 \end{pmatrix}$$

hat $B_1$ den Rang 1, $B_2$ den Rang 4. Denn in $B_1$ sind nicht alle Elemente, aber alle Unterdeterminanten 2. Ordnung gleich 0, und in $B_2$ ist z. B.

$$d_{1\,2\,4\,5}^{1\,2\,3\,4} = \begin{vmatrix} 1 & 2 & 0 & 0 \\ 2 & 1 & 0 & 0 \\ 3 & 3 & 1 & 0 \\ 6 & 6 & 5 & 7 \end{vmatrix} = \begin{vmatrix} -3 & 0 & 0 & 0 \\ 2 & 1 & 0 & 0 \\ 3 & 3 & 1 & 0 \\ 6 & 6 & 5 & 7 \end{vmatrix} = -21 \neq 0.$$

**8. Invarianz des Ranges.** Im allgemeinen wird sich der Rang einer Matrix bei Abänderung der Matrix ebenfalls ändern. Gegenüber gewissen Abänderungen der Matrix ist er aber *invariant.* Es gilt nämlich

**Satz 12.** *Der Rang einer Matrix bleibt bei einer jeden der folgenden Operationen ungeändert:*

**a)** *Transponieren der Matrix. Ist $B'$ die transponierte Matrix zu $B$, so ist*

$$r(B') = r(B). \tag{26}$$

**b)** *Permutieren der Zeilen (oder Spalten). Ist $\varkappa_1, \varkappa_2, \ldots, \varkappa_m$ eine Permutation von $1, 2, \ldots, m$, so ist*

$$r(\mathfrak{b}_{\varkappa_1}, \mathfrak{b}_{\varkappa_2}, \ldots, \mathfrak{b}_{\varkappa_m}) = r(\mathfrak{b}_1, \mathfrak{b}_2, \ldots, \mathfrak{b}_m). \tag{27}$$

**c)** *Multiplikation einer Zeile (oder Spalte) mit einer von 0 verschiedenen Zahl. Ist $t \neq 0$ und $1 \leq i \leq m$, so ist*

$$r(\mathfrak{b}_1, \ldots, t\mathfrak{b}_i, \ldots, \mathfrak{b}_m) = r(\mathfrak{b}_1, \ldots, \mathfrak{b}_i, \ldots, \mathfrak{b}_m). \tag{28}$$

**d)** *Addition eines beliebigen Vielfachen einer Zeile bzw. Spalte zu einer anderen Zeile bzw. Spalte. Ist $t$ beliebig und $1 \leq i \leq m$, $1 \leq k \leq m$, $i \leq k$, so ist*

$$r(\mathfrak{b}_1, \ldots, \mathfrak{b}_i + t\mathfrak{b}_k, \ldots, \mathfrak{b}_k, \ldots, \mathfrak{b}_m) = r(\mathfrak{b}_1, \ldots, \mathfrak{b}_i, \ldots, \mathfrak{b}_k, \ldots, \mathfrak{b}_m). \tag{29}$$

**e)** *Fortlassen oder Hinzufügen einer Nullzeile (Nullspalte). Ist $\mathfrak{b}_i = 0$ $(1 \leq i \leq m)$, so ist*

$$r(\mathfrak{b}_1, \ldots, \mathfrak{b}_{i-1}, \mathfrak{b}_{i+1}, \ldots, \mathfrak{b}_m) = r(\mathfrak{b}_1, \ldots, \mathfrak{b}_{i-1}, \mathfrak{k}_i, \mathfrak{b}_{i+1}, \ldots, \mathfrak{b}_m). \tag{30}$$

**f)** *Fortlassen oder Hinzufügen einer Zeile (bzw. Spalte), die eine lineare homogene Verbindung der übrigen Zeilen (bzw. Spalten) ist.* Für $1 \leq i \leq m$ ist

$$r\left(\mathfrak{b}_1, \ldots, \mathfrak{b}_{i-1}, \sum_{\substack{\mu=1 \\ \mu \neq i}}^{m} t_\mu \, \mathfrak{b}_\mu, \mathfrak{b}_{i+1}, \ldots, \mathfrak{b}_m\right) = r\left(\mathfrak{b}_1, \ldots, \mathfrak{b}_{i-1}, \mathfrak{b}_{i+1}, \ldots, \mathfrak{b}_m\right). \quad (31)$$

*Beweis.* **a)** Beim Transponieren von $B$ gehen die Zeilen in die Spalten und die Spalten in die Zeilen über. Daher wird die Zeilenkombination $\lambda_1 < \lambda_2 < \cdots < \lambda_h$ von $B$ zur (gleichnumerierten) Spaltenkombination von $B'$ und die Spaltenkombination $\mu_1 < \mu_2 < \cdots < \mu_h$ von $B$ zur Zeilenkombination von $B'$. Die zugehörige Unterdeterminante $h$-ter Ordnung wird überdies beim Übergang von $B$ zu $B'$ an ihrer Hauptdiagonale gespiegelt; das ändert aber ihren Wert nicht (III, Regel 1). In der Bezeichnungsweise (24) ist also

$$d_{\lambda_1 \lambda_2 \cdots \lambda_h}^{\mu_1 \mu_2 \cdots \mu_h} (B') = d_{\mu_1 \mu_2 \cdots \mu_h}^{\lambda_1 \lambda_2 \cdots \lambda_h} (B).$$

Dies gilt für $h = 1, 2, \ldots, \mathrm{Min}\,(m, n)$. Die Bestimmung des Ranges führt also bei $B$ und $B'$ zum gleichen Ergebnis.

**b)** Für $h = 1, 2, \ldots, \mathrm{Min}\,(m, n)$ unterscheiden sich je zwei Unterdeterminanten $h$-ter Ordnung von $B$ und der aus $B$ durch Permutation der Zeilen entstandenen Matrix höchstens um das Vorzeichen (III, Regel 2'). Dadurch wird aber der Wert des Ranges nicht beeinflußt.

**c)** Gewisse der Unterdeterminanten von $B$ multiplizieren sich mit dem Faktor $t$ (III, Regel 5). Da $t \neq 0$ ist, wird dadurch das Verschwinden oder Nichtverschwinden der Unterdeterminanten und daher auch der Rang von $B$ nicht beeinflußt.

**d)** Es sei $\mathfrak{b}_i + t\mathfrak{b}_k = \mathfrak{b}_i^*$ gesetzt und $B^*$ die Matrix mit den Zeilen $\mathfrak{b}_1, \ldots, \mathfrak{b}_{i-1}, \mathfrak{b}_i^*, \mathfrak{b}_{i+1}, \ldots, \mathfrak{b}_m$. Für $t = 0$ ist $B^* = B$ und nichts zu beweisen. Für $t \neq 0$ unterscheiden sich $B$ und $B^*$ nur in der $i$-ten Zeile. Daher stimmen entsprechende Unterdeterminanten von $B$ und $B^*$ überein, wenn zu ihrer Bildung entweder die $i$-te Zeile überhaupt nicht oder mit der $i$-ten Zeile auch immer die $k$-te Zeile verwendet wird (III, Regel 8). Es sei nun $r$ der Rang von $B$ und $d_{\mu_1 \mu_2 \cdots \mu_r}^{\lambda_1 \lambda_2 \cdots \lambda_r} (B^*)$ eine Unterdeterminante $r$-ter Ordnung von $B^*$, bei der Elemente der $i$-ten, aber nicht der $k$-ten Zeile vorkommen. Nach b) bedeutet es keine Einschränkung, wenn man $\lambda_1 = i$ annimmt. Die Zahlen $\lambda_2, \ldots, \lambda_r$ sind sämtlich von $k$ verschieden. Nach III, Regel 7 folgt

$$d_{\mu_1 \mu_2 \cdots \mu_r}^{i \lambda_2 \cdots \lambda_r} (B^*) = d_{\mu_1 \mu_2 \cdots \mu_r}^{i \lambda_2 \cdots \lambda_r} (B) + t \cdot d_{\mu_1 \mu_2 \cdots \mu_r}^{k \lambda_2 \cdots \lambda_r} (B).$$

Entweder sind nun alle $d_{\mu_1 \mu_2 \cdots \mu_r}^{k \lambda_2 \cdots \lambda_r} (B)$ gleich 0; dann stimmen auch die Unterdeterminanten $r$-ter Ordnung von $B$ und $B^*$ überein, die Elemente der $i$-ten Zeile enthalten. Oder es ist mindestens ein $d_{\mu_1 \mu_2 \cdots \mu_r}^{k \lambda_2 \cdots \lambda_r} (B)$ von 0 verschieden; dann gibt es, da alle $d_{\mu_1 \mu_2 \cdots \mu_r}^{k \lambda_2 \cdots \lambda_r} (B)$ auch unter den Unterdeterminanten von $B^*$ vorkommen, mindestens eine von 0 verschiedene Unterdeterminante $r$-ter Ordnung von $B^*$. Daher ist der Rang von $B^*$ nicht kleiner als der von $B$, also

$$r(\mathfrak{b}_1, \ldots, \mathfrak{b}_i^*, \ldots, \mathfrak{b}_k, \ldots, \mathfrak{b}_m) \geqq r(\mathfrak{b}_1, \ldots, \mathfrak{b}_i, \ldots, \mathfrak{b}_k, \ldots, \mathfrak{b}_m). \quad (32)$$

Wendet man dieses Ergebnis auf die Matrix $B^{**}$ an, die aus $B^*$ hervorgeht, indem man die Zeile $\mathfrak{b}_i^*$ durch $\mathfrak{b}_i^{**} = \mathfrak{b}_i^* - t\mathfrak{b}_k$ ersetzt, so folgt, da $\mathfrak{b}_i^{**} = \mathfrak{b}_i$, $B^{**} = B$ ist,

$$r(\mathfrak{b}_1, \ldots, \mathfrak{b}_i, \ldots, \mathfrak{b}_k, \ldots, \mathfrak{b}_m) = r(\mathfrak{b}_1, \ldots, \mathfrak{b}_i^{**}, \ldots, \mathfrak{b}_k, \ldots, \mathfrak{b}_m) \quad (33)$$
$$\geqq r(\mathfrak{b}_1, \ldots, \mathfrak{b}_i^*, \ldots, \mathfrak{b}_k, \ldots, \mathfrak{b}_m).$$

Aus (32) und (33) ergibt sich aber die Behauptung (29).

**e)** Wird in $B$ eine Zeile, die ganz aus Nullen besteht, fortgelassen, so werden von der Gesamtheit der Unterdeterminanten von $B$ nur solche ausgeschlossen, die den Wert 0 haben. Und durch das Hinzufügen einer Nullzeile zu $B$ wird diese Gesamtheit nur um Unterdeterminanten vom Werte 0 vermehrt. Beides ist aber für den Wert des Ranges belanglos.

**f)** Ist $\mathfrak{b}_i = \sum_{\substack{\mu=1 \\ \mu \neq i}}^{m} t_\mu \mathfrak{b}_\mu$, so subtrahiere man in $B$ von der Zeile $\mathfrak{b}_i$ das $t_\mu$-fache der Zeile $\mathfrak{b}_\mu$ $(\mu = 1, 2, \ldots, m; \mu \neq i)$. Dadurch geht $B$ nach d) in eine Matrix $B^*$ von gleichem Range wie $B$ über. Die $i$-te Zeile von $B^*$ ist aber die Nullzeile, so daß man nach e) diese Zeile fortlassen darf, ohne den Rang zu ändern. Daher gilt (31).

**9. Bedeutung der Invarianz.** Der damit bewiesene Satz 12 ist in mehrfacher Hinsicht von Bedeutung. Die Invarianz des Ranges einer Matrix gegenüber der Operation a) hat zur Folge, daß alle Aussagen über den Rang, die hinsichtlich der Zeilen gelten, auch für die Spalten erfüllt sind, und umgekehrt. Aus diesem Grunde darf man sich, wie es geschehen ist, beim Beweis der Behauptungen b) bis f) auf die Zeilen beschränken. Die Invarianz gegenüber der Operation b) bedeutet, daß man bei einer Matrix vom Range $r$ durch geeignete Umordnung der Zeilen und der Spalten erreichen kann, daß die Unterdeterminante aus den $r$ ersten Zeilen und $r$ ersten Spalten, d. h. die $r$-te Abschnittsdeterminante, von 0 verschieden ist. Die Invarianz gegenüber den Operationen c), d), e) und f) vereinfacht die praktische Berechnung des Ranges einer Matrix. Auch wird die Folgerung f) aus d) und e) uns wesentlich helfen, die inneren Zusammenhänge bei Systemen von linearen Gleichungen aufzudecken.

Als Beispiel für die Anwendung von d), e) und f) seien die Ränge der Matrizen $B_1$, $B_2$ am Schluß von Nr. 7 bestimmt. Statt für $B_1$ die $\binom{4}{2}\binom{4}{2} = 36$ Unterdeterminanten 2. Ordnung und für $B_2$ die $\binom{4}{4}\binom{5}{4} = 5$ Unterdeterminanten 4. Ordnung sämtlich zu berechnen, rechnet man so: Es seien $\mathfrak{b}_1$, $\mathfrak{b}_2$, $\mathfrak{b}_3$, $\mathfrak{b}_4$ die Spalten von $B_1$ und $\mathfrak{c}_1$, $\mathfrak{c}_2$, $\mathfrak{c}_3$, $\mathfrak{c}_4$, $\mathfrak{c}_5$ die Spalten von $B_2$. Dann ist

$$\alpha)\ \ r(B_1) = r(\mathfrak{b}_1, \mathfrak{b}_2, \mathfrak{b}_3, \mathfrak{b}_4) = r(\mathfrak{b}_1, \mathfrak{b}_2), \quad \text{da}\ \ \mathfrak{b}_3 = \mathfrak{b}_4 = 0,$$
$$= r(\mathfrak{b}_1, 0), \quad \text{da}\ \ \mathfrak{b}_2 - 3\mathfrak{b}_1 = 0,$$
$$= r(\mathfrak{b}_1) = 1;$$

$$\beta)\ \ r(B_2) = r(\mathfrak{c}_1, \mathfrak{c}_2, \mathfrak{c}_3, \mathfrak{c}_4, \mathfrak{c}_5)$$
$$= r(\mathfrak{c}_1, \mathfrak{c}_2, 0, \mathfrak{c}_4, \mathfrak{c}_5), \quad \text{da}\ \ \mathfrak{c}_3 - \tfrac{2}{7}\mathfrak{c}_5 = 0,$$
$$= r(\mathfrak{c}_1, \mathfrak{c}_2, \mathfrak{c}_4, \mathfrak{c}_5), \quad\quad \text{nach}\ \ e),$$
$$= r(\mathfrak{c}_1, \mathfrak{c}_2 - 2\mathfrak{c}_1, \mathfrak{c}_4, \mathfrak{c}_5) = 4,$$

da die aus diesen vier Spalten bestehende Determinante von 0 verschieden ist. Sie ist das Produkt der Hauptdiagonalelemente, da alle Elemente oberhalb der Hauptdiagonale verschwinden.

**10. Bedeutung des Ranges.** Der Rang einer Matrix kennzeichnet die Anzahl ihrer linear unabhängigen Zeilen oder Spalten. Nach (26) genügt es, dies für die Zeilen nachzuweisen.

**Satz 13.** *Eine Matrix vom Range $r$ enthält genau $r$ linear unabhängige Zeilen, d. h. unter ihren Zeilen gibt es $r$ linear unabhängige und je $r + 1$ ihrer Zeilen sind linear abhängig.*

*Beweis.* Die $m, n$-reihige Matrix $B$ sei wieder durch (23) gegeben; ihr Rang ist $r$ nach Voraussetzung. Nach Satz 12, b) darf man annehmen, daß die $r$-te Abschnittsdeterminante

$$d_r(B) = d_{12\ldots r}^{12\ldots r}(B) = \begin{vmatrix} b_{11} & b_{12} & \cdots & b_{1r} \\ b_{21} & b_{22} & \cdots & b_{2r} \\ \cdot & \cdot & \cdots & \cdot \\ b_{r1} & b_{r2} & \cdots & b_{rr} \end{vmatrix} \neq 0$$

ist. Die Zeilen von $B$ seien $\mathfrak{b}_1$, $\mathfrak{b}_2$, ..., $\mathfrak{b}_m$. Der Beweis des Satzes 13 erfolgt nun in drei Schritten.

1. *Die Zeilen $\mathfrak{b}_1$, $\mathfrak{b}_2$, ..., $\mathfrak{b}_r$ sind linear unabhängig.* Wären sie nämlich linear abhängig, so wären nach II, Regel 5 auch die verkürzten Zeilen $\mathfrak{b}_1'$, $\mathfrak{b}_2'$, ..., $\mathfrak{b}_r'$ linear abhängig, die je nur die ersten $r$ Elemente enthalten. Dies sind aber die Zeilen von $d_r(B)$, die wegen $d_r(B) \neq 0$ linear unabhängig sind (III, Satz 17).

2. *Jede der Zeilen $\mathfrak{b}_1$, $\mathfrak{b}_2$, ..., $\mathfrak{b}_m$ ist von $\mathfrak{b}_1$, $\mathfrak{b}_2$, ..., $\mathfrak{b}_r$ linear abhängig.* Dies ist für $\mathfrak{b}_1$, $\mathfrak{b}_2$, ..., $\mathfrak{b}_r$ trivial. Denn es ist

$$\mathfrak{b}_1 = 1 \cdot \mathfrak{b}_1 + 0 \cdot \mathfrak{b}_2 + \cdots + 0 \cdot \mathfrak{b}_r,$$
$$\mathfrak{b}_2 = 0 \cdot \mathfrak{b}_1 + 1 \cdot \mathfrak{b}_2 + \cdots + 0 \cdot \mathfrak{b}_r,$$
$$\cdots\cdots\cdots\cdots\cdots\cdots\cdots\cdots\cdots\cdots\cdots\cdots$$
$$\mathfrak{b}_r = 0 \cdot \mathfrak{b}_1 + 0 \cdot \mathfrak{b}_2 + \cdots + 1 \cdot \mathfrak{b}_r.$$

Es sei nun $\mathfrak{b}_k$ eine Zeile mit $r + 1 \leq k \leq m$. Da jede Unterdeterminante $(r + 1)$-ter Ordnung von $B$ verschwindet, ist insbesondere

$$d_{1\cdots rk}^{1\cdots rl}(B) = \begin{vmatrix} b_{11} & b_{12} & \cdots & b_{1r} & b_{1l} \\ \cdot & \cdot & \cdots & \cdot & \cdot \\ b_{r1} & b_{r2} & \cdots & b_{rr} & b_{rl} \\ b_{k1} & b_{k2} & \cdots & b_{kr} & b_{kl} \end{vmatrix} = 0 \quad \text{für} \quad l = r + 1, \ldots, n.$$

Bildet man hier die Adjunkten der letzten, $(r + 1)$-ten, Spalte:

$$\beta_{1\,r+1}^{(k)} = t_1, \quad \ldots, \quad \beta_{r\,r+1}^{(k)} = t_r, \quad \beta_{r+1\,r+1} = t_{r+1}, \tag{34}$$

so geht in die ersten $r$ von ihnen die Zeile $k$ ein (was durch das oben angefügte $k$ angedeutet ist), aber keine von ihnen hängt von $l$ ab. Die Zahlenreihe $t_1, \ldots, t_r, t_{r+1}$ ist also bei festgehaltenem $k$ stets dieselbe, gleichgültig, welche der letzten $n - r$ Spalten von $B$ zur Bildung von $d_{1\cdots rk}^{1\cdots rl}(B)$ benutzt wird.

Nach den Grundrelationen III, (48) ist nun

$$t_1 b_{11} + t_2 b_{21} + \cdots + t_r b_{r1} + t_{r+1} b_{k1} = 0,$$
$$t_1 b_{12} + t_2 b_{22} + \cdots + t_r b_{r2} + t_{r+1} b_{k2} = 0,$$
$$\cdots\cdots\cdots\cdots\cdots\cdots\cdots\cdots\cdots\cdots\cdots\cdots\cdots\cdots$$
$$t_1 b_{1r} + t_2 b_{2r} + \cdots + t_r b_{rr} + t_{r+1} b_{kr} = 0,$$
$$t_1 b_{1l} + t_2 b_{2l} + \cdots + t_r b_{rl} + t_{r+1} b_{kl} = 0,$$

wobei das Bestehen der letzten Gleichung aus dem Verschwinden der entwickelten Determinante folgt. Da diese Gleichung für $l = r+1, \ldots, n$ gilt, hat man

$$t_1 b_{1\nu} + t_2 b_{2\nu} + \cdots + t_r b_{r\nu} + t_{r+1} b_{k\nu} = 0, \tag{35}$$

für $\nu = 1, 2, \ldots, n$, d. h. die lineare Abhängigkeit von $\mathfrak{b}_1, \mathfrak{b}_2, \ldots, \mathfrak{b}_r$ und $\mathfrak{b}_k$. Da die ersten $r$ Zeilen linear unabhängig sind, ist $\mathfrak{b}_k$ nach II, Regel 4 von $\mathfrak{b}_1, \mathfrak{b}_2, \ldots, \mathfrak{b}_r$ linear abhängig[1]. Dies gilt für jedes $k$ mit $r + 1 \leq k \leq m$, wobei jedoch zu beachten ist, daß die Koeffizienten $t_1, t_2, \ldots, t_r$ in (35) natürlich für jede Zeile $\mathfrak{b}_k$ andere sind, da sie nach (34) von $k$ abhängen. Wir setzen für $\mu = 1, 2, \ldots, m$

$$\mathfrak{b}_\mu = u_{\mu 1} \mathfrak{b}_1 + u_{\mu 2} \mathfrak{b}_2 + \cdots + u_{\mu r} \mathfrak{b}_r. \tag{36}$$

3. *Je $r + 1$ der Zeilen $\mathfrak{b}_1, \mathfrak{b}_2, \ldots, \mathfrak{b}_m$ sind linear abhängig.* Sind $\mathfrak{b}_{\varkappa_1}, \mathfrak{b}_{\varkappa_2}, \ldots, \mathfrak{b}_{\varkappa_r}, \mathfrak{b}_{\varkappa_{r+1}}$ irgend $r + 1$ dieser $m$ Zeilen und die ersten $r$ bereits linear abhängig, so sind nach II, Regel 3 auch die $r + 1$ Zeilen linear abhängig. Wir dürfen daher annehmen, daß $\mathfrak{b}_{\varkappa_1}, \mathfrak{b}_{\varkappa_2}, \ldots, \mathfrak{b}_{\varkappa_r}$

---

[1] Man kann dies auch aus (35) entnehmen, da $t_{r+1} = \beta_{r+1\,r+1} = d_r(B) \neq 0$ ist.

linear unabhängig sind. Dann hat man zu zeigen, daß es Zahlen $v_1$, $v_2, \ldots, v_r$ so gibt, daß

$$\mathfrak{b}_{\varkappa_{r+1}} = v_1\,\mathfrak{b}_{\varkappa_1} + v_2\,\mathfrak{b}_{\varkappa_2} + \cdots + v_r\,\mathfrak{b}_{\varkappa_r} \tag{37}$$

ist. Hierbei ist nach (36)

$$\left.\begin{aligned}
\mathfrak{b}_{\varkappa_1} &= u_{\varkappa_1 1}\,\mathfrak{b}_1 + u_{\varkappa_1 2}\,\mathfrak{b}_2 + \cdots + u_{\varkappa_1 r}\,\mathfrak{b}_r, \\
\mathfrak{b}_{\varkappa_2} &= u_{\varkappa_2 1}\,\mathfrak{b}_1 + u_{\varkappa_2 2}\,\mathfrak{b}_2 + \cdots + u_{\varkappa_2 r}\,\mathfrak{b}_r, \\
&\cdots\cdots\cdots\cdots\cdots\cdots\cdots\cdots\cdots\cdots\cdots\cdots \\
\mathfrak{b}_{\varkappa_r} &= u_{\varkappa_r 1}\,\mathfrak{b}_1 + u_{\varkappa_r 2}\,\mathfrak{b}_2 + \cdots + u_{\varkappa_r r}\,\mathfrak{b}_r
\end{aligned}\right\} \tag{38a}$$

und

$$\mathfrak{b}_{\varkappa_{r+1}} = u_{\varkappa_{r+1} 1}\,\mathfrak{b}_1 + u_{\varkappa_{r+1} 2}\,\mathfrak{b}_2 + \cdots + u_{\varkappa_{r+1} r}\,\mathfrak{b}_r. \tag{38b}$$

Setzt man jetzt (38a) in (37) ein, ordnet nach $\mathfrak{b}_1, \mathfrak{b}_2, \ldots, \mathfrak{b}_r$ und subtrahiert (38b), so erhält man eine lineare Relation zwischen $\mathfrak{b}_1$, $\mathfrak{b}_2, \ldots, \mathfrak{b}_r$. In dieser müssen die Koeffizienten wegen der linearen Unabhängigkeit der $\mathfrak{b}_\varrho$ ($\varrho = 1, 2, \ldots, r$) verschwinden. Das liefert für $v_1, v_2, \ldots, v_r$ die linearen Gleichungen

$$\begin{aligned}
u_{\varkappa_1 1}\,v_1 + u_{\varkappa_2 1}\,v_2 + \cdots + u_{\varkappa_r 1}\,v_r &= u_{\varkappa_{r+1} 1}, \\
u_{\varkappa_1 2}\,v_1 + u_{\varkappa_2 2}\,v_2 + \cdots + u_{\varkappa_r 2}\,v_r &= u_{\varkappa_{r+1} 2}, \\
&\cdots\cdots\cdots\cdots\cdots\cdots\cdots\cdots\cdots \\
u_{\varkappa_1 r}\,v_1 + u_{\varkappa_2 r}\,v_2 + \cdots + u_{\varkappa_r r}\,v_r &= u_{\varkappa_{r+1} r}.
\end{aligned} \tag{39}$$

Die Koeffizientenmatrix $U$ dieses inhomogenen Systems hat eine von 0 verschiedene Determinante. Wäre nämlich $d(U) = 0$, so gäbe es nach III, Satz 17 zwischen den Spalten $\mathfrak{u}_{\varkappa_1}, \mathfrak{u}_{\varkappa_2}, \ldots, \mathfrak{u}_{\varkappa_r}$ von $U$ eine lineare Relation

$$c_1\,\mathfrak{u}_{\varkappa_1} + c_2\,\mathfrak{u}_{\varkappa_2} + \cdots + c_r\,\mathfrak{u}_{\varkappa_r} = 0 \tag{40}$$

mit $c_1, c_2, \ldots, c_r \neq 0, 0, \ldots, 0$. In (38a) tritt die transponierte Matrix $U'$ auf mit den Zeilen $\mathfrak{u}_{\varkappa_1}, \mathfrak{u}_{\varkappa_2}, \ldots, \mathfrak{u}_{\varkappa_r}$. Multipliziert man daher die $\varrho$-te Gl. in (38a) mit $c_\varrho$ und addiert über $\varrho = 1, 2, \ldots, r$, so erhält man, wenn man rechts nach $\mathfrak{b}_1, \mathfrak{b}_2, \ldots, \mathfrak{b}_r$ ordnet, als Koeffizienten der $\mathfrak{b}_\varrho$ auf Grund von (40) nur Nullen. Es wäre also $\sum\limits_{\varrho=1}^{r} c_\varrho\,\mathfrak{b}_{\varkappa_\varrho} = 0$ im Widerspruch zur linearen Unabhängigkeit von $\mathfrak{b}_{\varkappa_1}, \mathfrak{b}_{\varkappa_2}, \ldots, \mathfrak{b}_{\varkappa_r}$. Daher muß $d(U) \neq 0$ sein, und das Gleichungensystem (39) liefert nach der CRAMERschen Regel die für (37) gesuchten Größen $v_1, v_2, \ldots, v_r$.

Damit ist Satz 13 vollständig bewiesen.

**Folgerung.** *Ist $m > n$, so sind $m$ Zahlenreihen von je $n$ Elementen stets linear abhängig.*

*Beweis.* Der Rang $r$ der aus den $m$ Zahlenreihen gebildeten $m, n$-reihigen Matrix ist höchstens gleich der kleineren der beiden Zahlen $m$ und $n$. Wegen $m > n$ ist also $r \leqq n < m$. Nach Satz 13 sind $r + 1$ der Zahlenreihen linear abhängig. Da $r + 1 \leqq m$ ist, sind nach II, Regel 3 alle Zahlenreihen linear abhängig.

## § 4. Der allgemeine Fall eines homogenen Gleichungensystems.

**11. Anzahl der Lösungen.** Gegeben sei ein homogenes System von $m$ linearen Gleichungen mit $n$ Unbekannten [das System (II) von § 1]:

$$\sum_{k=1}^{n} a_{ik}\, y_k = 0 \quad \text{mit der Matrix}\quad A = \begin{pmatrix} a_{11} & a_{12} & \cdots & a_{1n} \\ a_{21} & a_{22} & \cdots & a_{2n} \\ \cdot & \cdot & \cdots & \cdot \\ a_{m1} & a_{m2} & \cdots & a_{mn} \end{pmatrix}. \tag{41}$$
$$(i = 1, 2, \ldots, m)$$

Wir fragen: Wieviel nichttriviale Lösungen hat dieses System und wie erhält man sie?

**Satz 14.** *Ist $r$ der Rang der Koeffizientenmatrix, $n$ die Anzahl der Unbekannten, so hat (41) genau $n - r$ linear unabhängige Lösungen.*

*Bemerkung.* Die Anzahl $m$ der Gleichungen ist hier also ohne Bedeutung. Ferner ist stets $n - r \geqq 0$; denn aus $r \leqq \mathrm{Min}\,(m, n)$ folgt für $m > n$, daß $r \leqq n$ ist, und für $m \leqq n$, daß $r \leqq m \leqq n$ ist.

*Beweis.* Nach Satz 12, b) dürfen wir annehmen, daß die $r$-te Abschnittsdeterminante

$$d_r(A) = \begin{vmatrix} a_{11} & a_{12} & \cdots & a_{1r} \\ a_{21} & a_{22} & \cdots & a_{2r} \\ \cdot & \cdot & \cdots & \cdot \\ a_{r1} & a_{r2} & \cdots & a_{rr} \end{vmatrix} \neq 0$$

ist. Jede Unterdeterminante $(r + 1)$-ter Ordnung von $A$ hat den Wert 0, insbesondere ist

$$\begin{vmatrix} a_{11} & \cdots & a_{1r} & a_{1k} \\ \cdot & \cdots & \cdot & \cdot \\ a_{r1} & \cdots & a_{rr} & a_{rk} \\ a_{i1} & \cdots & a_{ir} & a_{ik} \end{vmatrix} = 0 \quad \text{für}\quad i = r+1, \ldots, m;\ k = r+1, \ldots, n.$$

Diese Relation gilt auch für $i = 1, 2, \ldots, r$, da dann zwei Zeilen der Determinante übereinstimmen. Entwickelt man nach den Elementen der letzten, d. h. $(r + 1)$-ten Zeile, so folgt für $i = 1, 2, \ldots, m$ und $r + 1 \leqq k \leqq n$

$$a_{i1}\, \alpha^{(k)}_{r+1\,1} + a_{i2}\, \alpha^{(k)}_{r+1\,2} + \cdots + a_{ir}\, \alpha^{(k)}_{r+1\,r} + a_{ik}\, \alpha_{r+1\,r+1} = 0, \tag{42}$$

wo bei den Adjunkten $\alpha^{(k)}_{r+1\,\varrho}$ $(\varrho = 1, 2, \ldots, r)$ der obere Index $k$ wieder die Abhängigkeit von der $k$-ten Spalte angibt. Nach Voraussetzung ist $\alpha_{r+1\,r+1} = d_r(A) \neq 0$. Gl. (42) zeigt, daß

$$\left. \begin{aligned} &y_1 = \alpha^{(k)}_{r+1\,1}, \quad y_2 = \alpha^{(k)}_{r+1\,2}, \ldots, \quad y_r = \alpha^{(k)}_{r+1\,r}, \\ &y_\varkappa = \begin{cases} \alpha_{r+1\,r+1} & \text{für}\quad \varkappa = k \\ 0 & \text{für}\quad \varkappa = r+1, \ldots, n;\ \varkappa \neq k \end{cases} \end{aligned} \right\} \tag{43}$$

für festes $k$ eine Lösung von (41) ist. Da nun für $k$ die Einschränkung $r + 1 \leqq k \leqq n$ gilt, ergeben sich $n - r$ Lösungen, die sämtlich von der trivialen Lösung verschieden sind. Denn in jeder dieser Lösungen ist mindestens eine Zahl, nämlich $y_k = \alpha_{r+1\ r+1} \neq 0$. Die Lösungen (43) seien mit $\mathfrak{y}_1, \mathfrak{y}_2, \ldots, \mathfrak{y}_{n-r}$ bezeichnet. Sie lauten ausführlich, wenn man für $k$ die Werte $r + 1, \ldots, n$ einsetzt:

$$\left.\begin{aligned}
\mathfrak{y}_1 &= (\alpha^{(r+1)}_{r+1\,1} \quad \alpha^{(r+1)}_{r+1\,2} \ \cdots \ \alpha^{(r+1)}_{r+1\,r} \quad \alpha_{r+1\ r+1} \quad 0 \quad \cdots \quad 0), \\
\mathfrak{y}_2 &= (\alpha^{(r+2)}_{r+1\,1} \quad \alpha^{(r+2)}_{r+1\,2} \ \cdots \ \alpha^{(r+2)}_{r+1\,r} \quad 0 \quad \alpha_{r+1\ r+1} \quad \cdots \quad 0), \\
&\quad\cdots\cdots\cdots\cdots\cdots\cdots\cdots\cdots\cdots\cdots\cdots\cdots\cdots\cdots\cdots\cdots \\
\mathfrak{y}_{n-r} &= (\alpha^{(n)}_{r+1\,1} \quad \alpha^{(n)}_{r+1\,2} \ \cdots \ \alpha^{(n)}_{r+1\,r} \quad 0 \quad 0 \quad \cdots \quad \alpha_{r+1\ r+1}).
\end{aligned}\right\} \quad (44)$$

Zur Vervollständigung des Beweises von Satz 14 zeigen wir nun, daß 1. die Lösungen $\mathfrak{y}_1, \mathfrak{y}_2, \ldots, \mathfrak{y}_{n-r}$ linear unabhängig sind und 2. jede Lösung von (41) sich als lineare homogene Verbindung von $\mathfrak{y}_1, \mathfrak{y}_2, \ldots, \mathfrak{y}_{n-r}$ darstellen läßt. Hieraus folgt dann wie im Beweis von Satz 13, Teil 3, daß je $n - r + 1$ Lösungen linear abhängig sind.

1. Die Zahlenreihen $\mathfrak{y}_1, \mathfrak{y}_2, \ldots, \mathfrak{y}_{n-r}$ bilden eine Matrix von $n - r$ Zeilen und $n$ Spalten. Da $n - r \leq n$ ist, kann ihr Rang höchstens gleich $n - r$ sein. Die Unterdeterminante $(n - r)$-ter Ordnung aus allen Zeilen und den letzten $n - r$ Spalten hat (vgl. III, Nr. 24) den Wert $\alpha^{n-r}_{r+1\ r+1} \neq 0$. Folglich ist der Rang genau gleich $n - r$, und nach Satz 13 sind alle Zeilen, d. h. $\mathfrak{y}_1, \mathfrak{y}_2, \ldots, \mathfrak{y}_{n-r}$, linear unabhängig.

2. Es sei $\mathfrak{y} = (y_1\ y_2 \cdots y_n)$ eine beliebige Lösung von (41). Setzt man dann

$$t_1 = \frac{y_{r+1}}{\alpha_{r+1\ r+1}}, \quad t_2 = \frac{y_{r+2}}{\alpha_{r+1\ r+1}}, \quad \ldots, \quad t_{n-r} = \frac{y_n}{\alpha_{r+1\ r+1}}, \quad (45)$$

so läßt sich $\mathfrak{y}$, wie wir zeigen wollen, in der Form

$$\mathfrak{y} = t_1\,\mathfrak{y}_1 + t_2\,\mathfrak{y}_2 + \cdots + t_{n-r}\,\mathfrak{y}_{n-r} \qquad (46)$$

darstellen. Bildet man nämlich die Zahlenreihe

$$\mathfrak{Y} = \mathfrak{y} - t_1\mathfrak{y}_1 - t_2\mathfrak{y}_2 - \cdots - t_{n-r}\,\mathfrak{y}_{n-r} = (Y_1\ Y_2\ \cdots\ Y_n),$$

so ist nach (44) und (45)

$$Y_{r+1} = y_{r+1} - t_1\,\alpha_{r+1\ r+1} = 0, \quad \ldots, \quad Y_n = y_n - t_{n-r}\,\alpha_{r+1\ r+1} = 0, \quad (47)$$

folglich, da $\mathfrak{Y}$ nach Satz 6 selbst eine Lösung von (41) ist und daher insbesondere den ersten $r$ Gleichungen (41) genügt,

$$a_{11}Y_1 + a_{12}Y_2 + \cdots + a_{1r}Y_r = 0,$$
$$\cdots\cdots\cdots\cdots\cdots\cdots\cdots\cdots\cdots\cdots\cdots$$
$$a_{r1}Y_1 + a_{r2}Y_2 + \cdots + a_{rr}Y_r = 0.$$

Dieses homogene System von $r$ Gleichungen mit $r$ Unbekannten und der Determinante $\alpha_{r+1\ r+1} \neq 0$ hat nach Satz 9 nur die Lösung

$$Y_1 = Y_2 = \cdots = Y_r = 0.$$

Zusammen mit (47) gibt dies $\mathfrak{Y} = 0$, und damit ist (46) bewiesen.

**12. Berechnung der Lösungen.** Mit Satz 14 haben wir jetzt die Grundlage erarbeitet, die für die Gültigkeit der Sätze 7 und 8 wesentlich ist (Nr. 2): Existenz und Anzahl von linear unabhängigen Lösungen. Die Anzahl $p$ von Satz 7 hat nach Satz 14 den Wert $p = n - r$. Daher stellt (46) mit beliebigen Zahlen $t_1, t_2, \ldots, t_{n-r}$ die allgemeine Lösung des homogenen Systems (II) dar, wobei die Grundlösungen $\mathfrak{y}_1, \mathfrak{y}_2, \ldots, \mathfrak{y}_{n-r}$ durch (44) gegeben werden. Die zu Beginn von Nr. 11 gestellten Fragen lassen sich also wie folgt beantworten:

1. Die Gesamtheit der Lösungen eines homogenen linearen Gleichungensystems vom Range $r$ in $n$ Unbekannten ist (vgl. Nr. 2) eine $(n - r)$-*parametrige Schar*; in der allgemeinen Lösung (46) dürfen die $n - r$ Parameter $t_1, t_2, \ldots, t_{n-r}$ unabhängig voneinander die Gesamtheit aller Zahlen durchlaufen. Die triviale Lösung ist für das Wertsystem $t_1 = t_2 = \cdots = t_{n-r} = 0$ darin enthalten.

2. Zur *Bestimmung* der Grundlösungen $\mathfrak{y}_1, \ldots, \mathfrak{y}_{n-r}$ schreibt man, wenn nötig, das Gleichungensystem durch geeignete Umordnung der Gleichungen und Numerierung der Unbekannten so um, daß in der dann entstehenden Koeffizientenmatrix $A$ die $r$-te Abschnittsdeterminante von 0 verschieden ist. Die Grundlösung

$$\mathfrak{y}_l = (y_1^{(l)} \ y_2^{(l)} \ \ldots \ y_n^{(l)}) \quad (l = 1, 2, \ldots, n - r)$$

erhält man dann durch

$$y_i^{(l)} = \begin{cases} \alpha_{r+1\ \ i}^{(r+l)} = (-1)^{r+1+i}\, d^{1\,2\,\cdots\,r}_{\mu_1 \mu_2 \cdots \mu_r}(A) & \text{für } i = 1, 2, \ldots, r, \\ \alpha_{r+1\ r+1} = \qquad d^{1\,2\,\cdots\,r}_{1\,2\,\cdots\,r}(A) & \text{für } i = r + l, \\ 0 & \text{für } i = r+1, \ldots, n;\ i \neq r+l. \end{cases}$$

Hierbei ist $\mu_1, \mu_2, \ldots, \mu_r$ die Spaltenkombination $1, \ldots, i - 1,\ i + 1, \ldots, r, r + l$.

**Zusatz.** *Die allgemeine Lösung (46) gehört dem Grundkörper $K$ des Gleichungensystems an, wenn die Werte der Parameter $t_1, t_2, \ldots, t_{n-r}$ zu $K$ gehören.*

Denn zur Berechnung von (46) sind nur rationale Rechenoperationen erforderlich.

**Folgerung 1.** *Ein homogenes lineares Gleichungensystem vom Range $r$ in $n$ Unbekannten hat dann und nur dann nichttriviale Lösungen, wenn $r < n$ ist.*

*Beweis.* a) Ist $r < n$, also $n - r \geq 1$, so ist nach Satz 14 mindestens eine Grundlösung vorhanden.

b) Ist mindestens eine Grundlösung vorhanden, so ist, da $n - r$ die Anzahl der Grundlösungen ist, $n - r \geq 1$, also $r \leq n - 1 < n$.

Diese Folgerung verallgemeinert den für $m = n$ bewiesenen Satz 9 auf den allgemeinen Fall $m \neq n$. Zugleich ergibt sich als Anwendung die

**Folgerung 2.** *Im k-dimensionalen Raum sind je $k + 1$ Vektoren linear abhängig.*

*Beweis.* Sind $\mathfrak{a}_1, \mathfrak{a}_2, \ldots, \mathfrak{a}_{k+1}$ Vektoren in bezug auf das Koordinatensystem $\mathfrak{e}_1, \mathfrak{e}_2, \ldots, \mathfrak{e}_k$ (vgl. II, Nr. 15 und 22), so führt der Ansatz

$$t_1 \mathfrak{a}_1 + t_2 \mathfrak{a}_2 + \cdots + t_{k+1} \mathfrak{a}_{k+1} = 0, \tag{48}$$

wenn man hierin

$$\mathfrak{a}_\varkappa = a_{\varkappa 1} \mathfrak{e}_1 + a_{\varkappa_2} \mathfrak{e}_2 + \cdots + a_{\varkappa k} \mathfrak{e}_k \quad (\varkappa = 1, 2, \ldots, k)$$

einsetzt, auf Grund der linearen Unabhängigkeit von $\mathfrak{e}_1, \mathfrak{e}_2, \ldots, \mathfrak{e}_k$ zu dem Gleichungensystem

$$t_1 a_{11} + t_2 a_{21} + \cdots + t_{k+1} a_{k+11} = 0,$$
$$t_1 a_{12} + t_2 a_{22} + \cdots + t_{k+1} a_{k+12} = 0,$$
$$\cdots\cdots\cdots\cdots\cdots\cdots\cdots\cdots\cdots\cdots\cdots\cdots$$
$$t_1 a_{1k} + t_2 a_{2k} + \cdots + t_{k+1} a_{k+1k} = 0.$$

Dieses System hat einen Rang $r \leqq k < k + 1$, also nach Folgerung 1 mindestens eine nichttriviale Lösung. Der Ansatz (48) ist daher durch Zahlen $t_1, t_2, \ldots, t_{k+1} \neq 0, 0, \ldots, 0$ erfüllbar, d. h. $\mathfrak{a}_1, \mathfrak{a}_2, \ldots, \mathfrak{a}_{k+1}$ sind linear abhängig.

Hiermit ist insbesondere auch der noch ausstehende Beweis für II, Satz 4b erbracht (vgl. II, Nr. 5).

**13. Beispiele.** 1. Gegeben seien die Gleichungen

$$\begin{aligned} 3y_2 + 7y_3 &= 0 \\ -3y_1 - 5y_3 &= 0 \quad \text{mit der Matrix} \quad A = \begin{pmatrix} 0 & 3 & 7 \\ -3 & 0 & -5 \\ -7 & 5 & 0 \end{pmatrix}. \\ -7y_1 + 5y_2 &= 0 \end{aligned}$$

Hier ist $d(A) = 0$ und $d_2(A) = 9 \neq 0$, also $r(A) = 2$. Wegen $n = 3$ gibt es $3 - 2 = 1$ Grundlösung $\mathfrak{y}_1$. Diese ist:

$$y_1 = \begin{vmatrix} 3 & 7 \\ 0 & -5 \end{vmatrix} = -15, \quad y_2 = -\begin{vmatrix} 0 & 7 \\ -3 & -5 \end{vmatrix} = -21, \quad y_3 = \begin{vmatrix} 0 & 3 \\ -3 & 0 \end{vmatrix} = 9.$$

Die allgemeine Lösung ist $t\mathfrak{y}_1 = (-15t \ -21t \ 9t)$, wo $t$ jede Zahl bedeuten darf. Man mache die Probe durch Einsetzen in die Gleichungen!

2. Gegeben seien die Gleichungen

$$\begin{aligned} 3y_1 + 2y_2 + \phantom{0}4y_3 + \phantom{0}5y_4 &= 0 & & & 3z_1 + \phantom{0}4z_2 + 2z_3 + \phantom{0}5z_4 &= 0 \\ -3y_1 - 2y_2 + \phantom{0}3y_3 + \phantom{0}6y_4 &= 0 \quad \text{bzw.} & & -3z_1 + \phantom{0}3z_2 - 2z_3 + \phantom{0}6z_4 &= 0 \\ -3y_1 - 2y_2 + 10y_3 + 17y_4 &= 0 & & & -3z_1 + 10z_2 - 2z_3 + 17z_4 &= 0. \end{aligned}$$

Der Rang jeder der beiden Matrizen

$$\begin{pmatrix} 3 & 2 & 4 & 5 \\ -3 & -2 & 3 & 6 \\ -3 & -2 & 10 & 17 \end{pmatrix} \quad \text{und} \quad \begin{pmatrix} 3 & 4 & 2 & 5 \\ -3 & 3 & -2 & 6 \\ -3 & 10 & -2 & 17 \end{pmatrix} = A$$

ist 2, da für die Zeilen die Relation $\mathfrak{a}_3 = \mathfrak{a}_1 + 2\mathfrak{a}_2$ besteht, aber z. B.
$\begin{vmatrix} 3 & 4 \\ -3 & 3 \end{vmatrix} = 21 \neq 0$ ist. Da in der ersten Matrix die zweite Abschnittsdeterminante verschwindet, werden die Unbekannten durch $z_1 = y_1$,
$z_2 = y_3$, $z_3 = y_2$, $z_4 = y_4$ umnumeriert. Dadurch erhält man die
Gleichungen in $z_1$, $z_2$, $z_3$, $z_4$ mit der Matrix $A$. Weil $n = 4$ ist, gibt
es $4 - 2 = 2$ Grundlösungen $\mathfrak{z}_1$, $\mathfrak{z}_2$. Diese sind:

$$y_1^{(1)} = z_1^{(1)} = \begin{vmatrix} 4 & 2 \\ 3 & -2 \end{vmatrix} = -14, \qquad y_3^{(1)} = z_2^{(1)} = -\begin{vmatrix} 3 & 2 \\ -3 & -2 \end{vmatrix} = 0,$$

$$y_2^{(1)} = z_3^{(1)} = \begin{vmatrix} 3 & 4 \\ -3 & 3 \end{vmatrix} = 21, \qquad y_4^{(1)} = z_4^{(1)} = \hspace{3.5cm} 0,$$

$$y_1^{(2)} = z_1^{(2)} = \begin{vmatrix} 4 & 5 \\ 3 & 6 \end{vmatrix} = 9, \qquad y_3^{(2)} = z_2^{(2)} = -\begin{vmatrix} 3 & 5 \\ -3 & 6 \end{vmatrix} = -33,$$

$$y_2^{(2)} = z_3^{(2)} = \hspace{3.5cm} 0, \qquad y_4^{(2)} = z_4^{(2)} = \begin{vmatrix} 3 & 4 \\ -3 & 3 \end{vmatrix} = 21.$$

Die allgemeine Lösung ist $t_1\mathfrak{z}_1 + t_2\mathfrak{z}_2$, also, ausgedrückt in $\mathfrak{y}_1$ und $\mathfrak{y}_2$:
$$t_1\mathfrak{y}_1 + t_2\mathfrak{y}_2 = (-14t_1 + 9t_2 \quad 21t_1 \quad -33t_2 \quad 21t_2),$$
wo $t_1$, $t_2$ unabhängig voneinander alle Zahlen durchlaufen dürfen.
Man mache die Probe durch Einsetzen in die Gleichungen!

## § 5. Der allgemeine Fall eines inhomogenen Gleichungensystems.

**14. Vorbemerkung.** Gegeben seien $m$ inhomogene lineare Gleichungen mit $n$ Unbekannten [das System (I) von § 1]:
$$\sum_{k=1}^{n} a_{ik} x_k = b_i \qquad (i = 1, 2, \ldots, m). \tag{49}$$
Für den Spezialfall $m = n$ wissen wir nach Satz 10, daß immer dann
eine Lösung vorhanden ist, wenn die Determinante des Gleichungensystems von 0 verschieden ist. Es braucht aber weder für $m \neq n$ noch
für $m = n$ Lösungen zu geben. Das zeigen die Beispiele:

$$\begin{aligned} x_1 + x_2 + x_3 &= 1 \\ 2x_1 + 2x_2 + 2x_3 &= 3, \end{aligned} \qquad \begin{aligned} 3x_1 + 4x_2 + 2x_3 &= 5 \\ 4x_1 + 3x_2 + 5x_3 &= 2 \\ x_1 + x_2 + x_3 &= 2, \end{aligned}$$

von denen das zweite uns bereits aus II, Nr. 3 bekannt ist. Die Ursache
der Unlösbarkeit ist, daß zwischen den Koeffizienten der Unbekannten,
aufgefaßt als Zahlenreihen, eine lineare Abhängigkeit besteht, die von
den rechten Seiten der Gleichungen nicht erfüllt wird. Bezeichnet man
mit $\mathfrak{a}_1$, $\mathfrak{a}_2$ bzw. $\mathfrak{b}_1$, $\mathfrak{b}_2$, $\mathfrak{b}_3$ die Koeffizientenreihen der *linken* Seiten,
so ist im ersten Beispiel $2\mathfrak{a}_1 - \mathfrak{a}_2 = 0$, aber $2 \cdot 1 - 3 \neq 0$ und im
zweiten Beispiel $\mathfrak{b}_1 + \mathfrak{b}_2 - 7\mathfrak{b}_3 = 0$, aber $5 + 2 - 7 \cdot 2 \neq 0$.

Man ordnet nun dem inhomogenen Gleichungensystem *zwei* Matrizen zu:

$$A = \begin{pmatrix} a_{11} & a_{12} & \cdots & a_{1n} \\ a_{21} & a_{22} & \cdots & a_{2n} \\ \cdot & \cdot & \cdots & \cdot \\ a_{m1} & a_{m2} & \cdots & a_{mn} \end{pmatrix} \quad \text{und} \quad M = \begin{pmatrix} a_{11} & a_{12} & \cdots & a_{1n} & b_1 \\ a_{21} & a_{22} & \cdots & a_{2n} & b_2 \\ \cdot & \cdot & \cdots & \cdot & \cdot \\ a_{m1} & a_{m2} & \cdots & a_{mn} & b_m \end{pmatrix},$$

von denen $A$, wie bisher, als *Koeffizientenmatrix*, $M$ als *erweiterte Koeffizientenmatrix* bezeichnet wird. Beide Matrizen gehören dem Grundkörper $K$ des Gleichungensystems an (Nr. 1). Für ihre Ränge gilt:

$$r(A) \leqq \text{Min}(m, n), \quad r(M) \leqq \text{Min}(m, n+1).$$

**Satz 15.** *Für die ursprüngliche und die erweiterte Koeffizientenmatrix $A$ bzw. $M$ gilt entweder*

$$r(M) = r(A) \quad oder \quad r(M) = r(A) + 1.$$

*Beweis.* Offenbar ist $r(M) \geqq r(A)$. Andererseits ist stets $r(M) \leqq r(A) + 1$. Wäre nämlich $\varrho = r(M) > r(A) + 1$, so gäbe es in $M$ eine Unterdeterminante $d \neq 0$ der Ordnung $\varrho$. Diese enthielte, da auch $\varrho > r(A)$ ist, (genau) eine Spalte, die nur aus Elementen der hinzugefügten Spalte besteht. Entwicklung von $d$ nach dieser Spalte zeigt, daß wegen $d \neq 0$ nicht alle Unterdeterminanten der Ordnung $\varrho - 1$ von $d$ verschwinden können. Da diese Unterdeterminanten sämtlich auch solche von $A$ sind, so wäre eine Unterdeterminante von $A$ der Ordnung $\varrho - 1 > r(A)$ von 0 verschieden, was nicht möglich ist.

Wie man leicht nachprüft, trifft für jedes der obigen Beispiele die zweite Möglichkeit zu: Bei Hinzunahme der rechten Seiten erhöht sich der Rang um 1. Wenn dagegen die rechten Seiten im ersten Beispiel 1, 2, im zweiten Beispiel 5, 2, 1 lauten, so erfüllen die rechten Seiten die lineare Abhängigkeit der linken Seiten, der Rang der Koeffizientenmatrix bleibt bei Hinzunahme der rechten Seiten ungeändert, und beide Gleichungensysteme sind lösbar.

**15. Existenz von Lösungen.** Wir behaupten, es gilt allgemein:

**Satz 16.** *Ein inhomogenes System von $m$ linearen Gleichungen mit $n$ Unbekannten hat dann und nur dann Lösungen, wenn der Rang der Koeffizientenmatrix mit dem Rang der erweiterten Koeffizientenmatrix übereinstimmt.*

*Beweis.* Es seien $\mathfrak{b}_1, \mathfrak{b}_2, \ldots, \mathfrak{b}_n, \mathfrak{b}_{n+1}$ die Spalten der Matrix $M$; insbesondere hat $\mathfrak{b}_{n+1}$ die rechten Seiten $b_1, b_2, \ldots, b_m$ des Gleichungensystems zu Elementen. Dann läßt sich (49) als Linearkombination

$$\mathfrak{b}_1 x_1 + \mathfrak{b}_2 x_2 + \cdots + \mathfrak{b}_n x_n = \mathfrak{b}_{n+1} \qquad (50)$$

schreiben. Man hat wieder zwei Teile zu beweisen.

a) Es seien Lösungen des Systems (49) vorhanden. Setzt man eine von ihnen für $x_1$, $x_2$, ..., $x_n$ in (50) ein, so ist $\mathfrak{b}_{n+1}$ eine Linearkombination von $\mathfrak{b}_1$, $\mathfrak{b}_2$, ..., $\mathfrak{b}_n$, also nach (31)

$$r(\mathfrak{b}_1, \mathfrak{b}_2, \ldots, \mathfrak{b}_n) = r(\mathfrak{b}_1, \mathfrak{b}_2, \ldots, \mathfrak{b}_n, \mathfrak{b}_{n+1}),$$

d. h. $r(A) = r(M)$, da $\mathfrak{b}_1$, $\mathfrak{b}_2$, ..., $\mathfrak{b}_n$ die Spalten von $A$ sind und es nach (26) gleichgültig ist, ob man die Zeilen oder die Spalten einer Matrix zur Bestimmung des Ranges benutzt.

b) Es sei $r(A) = r(M) = r$. Dann gibt es nach Satz 13 in $A$ genau $r$ linear unabhängige Spalten. Nach (27) darf man annehmen, daß $\mathfrak{b}_1$, $\mathfrak{b}_2$, ..., $\mathfrak{b}_r$ linear unabhängig sind. Wegen $r(M) = r$ hat auch $M$ genau $r$ linear unabhängige Spalten. Da $\mathfrak{b}_1$, $\mathfrak{b}_2$, ..., $\mathfrak{b}_r$ Spalten von $M$ und linear unabhängig sind, muß insbesondere $\mathfrak{b}_{n+1}$ von $\mathfrak{b}_1$, $\mathfrak{b}_2$, ..., $\mathfrak{b}_r$ linear abhängen. Man kann also Zahlen $x_1^{(0)}$, ..., $x_r^{(0)}$ so bestimmen, daß

$$\mathfrak{b}_{n+1} = \mathfrak{b}_1\, x_1^{(0)} + \mathfrak{b}_2\, x_2^{(0)} + \cdots + \mathfrak{b}_r\, x_r^{(0)}$$

ist. Setzt man $x_{r+1}^{(0)} = x_{r+2}^{(0)} = \cdots = x_n^{(0)} = 0$, so erfüllt $\mathfrak{x}_0 = (x_1^{(0)}\, x_2^{(0)} \cdots x_n^{(0)})$ die Gl. (50), ist also eine Lösung des Gleichungensystems (49).

Damit ist gezeigt, daß die Bedingung $r(A) = r(M)$ notwendig und hinreichend für die Lösbarkeit des inhomogenen Systems (49) ist. Im Spezialfall $m = n$, $r(A) = n$, d. h. $d(A) \neq 0$, ist die Bedingung erfüllt. Denn aus $r(M) \leq \mathrm{Min}\,(n, n+1)$ folgt $r(M) \leq n$, und da $d(A)$ eine von 0 verschiedene Unterdeterminante $n$-ter Ordnung von $M$ ist, muß $r(M) = n$ sein. Auch jedes homogene Gleichungensystem erfüllt die Bedingung $r(A) = r(M)$, da dann $\mathfrak{b}_{r+1} = 0$, nach Satz 12, e) also $r(\mathfrak{b}_1, \ldots, \mathfrak{b}_n, 0) = r(\mathfrak{b}_1, \ldots, \mathfrak{b}_n)$ ist. Ein homogenes System ist daher stets lösbar: Ist $r(A) = n$, so gibt es nur die triviale Lösung; ist $r(A) < n$, so gibt es auch nichttriviale Lösungen (vgl. Nr. 12, Folgerung 1).

**16. Berechnung der Lösungen.** Es ist nun noch zu zeigen, wie man, wenn die Bedingung $r(A) = r(M)$ erfüllt ist, die Auflösung eines inhomogenen Systems von $m$ linearen Gleichungen mit $n$ Unbekannten vollzieht. Für $m = n$ leistet das die CRAMERsche Regel (Satz 10). Für $m \neq n$ hat man zwei Möglichkeiten.

a) Man macht das Gleichungensystem (49) homogen, indem man

$$x_1 = \frac{y_1}{y_{n+1}}, \quad x_2 = \frac{y_2}{y_{n+1}}, \quad \ldots, \quad x_n = \frac{y_n}{y_{n+1}} \tag{51}$$

setzt, diese Verhältnisse in (49) einführt und so das homogene System

$$\sum_{k=1}^{n} a_{ik}\, y_k - b_i\, y_{n+1} = 0 \quad (i = 1, 2, \ldots, m) \tag{52}$$

in $n+1$ Unbekannten $y_1$, $y_2$, ..., $y_{n+1}$ erhält, das man nach der Methode von Nr. 12 auflöst. Die Koeffizientenmatrix $M^*$ des Systems (52) unterscheidet sich von $M$ nur durch das Vorzeichen der letzten Spalte.

Nach (28) ist $r(M^*) = r(M)$, und wegen $r = r(M) = r(A) \leqq n$ ist $n + 1 - r \geqq 1$. Daher gibt es nach Folgerung 1 von Nr. 12 nichttriviale Lösungen. Von diesen hat jedenfalls die Grundlösung $\mathfrak{y}^{(n+1-r)}$ ein Element $y_{n+1}^{(n+1-r)} \neq 0$. Aus einer solchen Lösung erhält man dann durch (51) eine Lösung des vorgelegten inhomogenen Systems. ·

b) Man ordnet die Gleichungen und numeriert die Unbekannten, wenn nötig, so um, daß mit $r(A) = r$ in der neuen Reihenfolge der Zeilen und Spalten die $r$-te Abschnittsdeterminante von 0 verschieden ist. Wir wollen annehmen, daß $A$ diese Eigenschaft bereits hat. Dann nimmt man die ersten $r$ Gleichungen, schafft die Glieder mit den letzten $n - r$ Unbekannten auf die rechte Seite:

$$\left.\begin{aligned}a_{11}\, x_1 + \cdots + a_{1\,r}\, x_r &= b_1 - a_{1\,r+1}\, x_{r+1} - \cdots - a_{1\,n}\, x_n \\ &\cdots\cdots\cdots\cdots\cdots\cdots\cdots\cdots\cdots\cdots\cdots\cdots\cdots \\ a_{r\,1}\, x_1 + \cdots + a_{r\,r}\, x_r &= b_r - a_{r\,r+1}\, x_{r+1} - \cdots - a_{r\,n}\, x_n\end{aligned}\right\} \quad (53)$$

und setzt für $x_{r+1}, \ldots, x_n$ beliebige Zahlen $x_{r+1}^{(1)}, \ldots, x_n^{(1)}$ ein. Entsteht dabei für jede der $r$ Gl. (53) rechts 0, so hat man mit

$$x_1 = x_2 = \cdots = x_r = 0, \qquad x_{r+1} = x_{r+1}^{(1)}, \ldots, x_n = x_n^{(1)}$$

eine Lösung $\mathfrak{x}_1$ der Gl. (49) erhalten, die auch den übrigen $m - r$ Gleichungen genügt, da die $(r + 1)$-te bis $m$-te Gleichung von den ersten $r$ Gleichungen linear abhängen. Anderenfalls ist (53) ein inhomogenes System von $r$ Gleichungen mit den $r$ Unbekannten $x_1, x_2, \ldots, x_r$ und der Determinante $d_r(A) \neq 0$, das man nach der CRAMERschen Regel auflöst. Die hierbei gefundene Lösung $x_1^{(1)}, x_2^{(1)}, \ldots, x_r^{(1)}$ ergibt zusammen mit $x_{r+1}^{(1)}, \ldots, x_n^{(1)}$ ebenfalls eine Lösung $\mathfrak{x}_1$, die alle $m$ Gleichungen erfüllt. Für die allgemeine Lösung von (49) genügt es nach Satz 8, eine spezielle Lösung $\mathfrak{x}_1$ des inhomogenen Systems zu kennen. Man hat dann noch das zugehörige homogene System, z. B. nach der Methode von § 4, zu lösen, um die allgemeine Lösung des inhomogenen Systems zu erhalten. Da beide Systeme den Rang $r$ haben, enthält die allgemeine Lösung des inhomogenen Systems ebenfalls $n - r$ Parameter. Dies geht aus der völlig freien Wahl von Werten für die $n - r$ Unbekannten $x_{r+1}, \ldots, x_n$ in (53) hervor.

Man kann übrigens die zweite Methode mit der Bestimmung der allgemeinen Lösung des zugehörigen homogenen Systems verbinden. Man wählt dazu für $x_{r+1}, \ldots, x_n$ speziell die Wertesysteme

$$\begin{aligned}x_{r+1}^{(1)} &= 1, & x_{r+2}^{(1)} &= 0, & \ldots, && x_n^{(1)} &= 0; \\ x_{r+1}^{(2)} &= 0, & x_{r+2}^{(2)} &= 1, & \ldots, && x_n^{(2)} &= 0; \\ &\cdots\cdots\cdots\cdots\cdots\cdots\cdots\cdots\cdots\cdots\cdots \\ x_{r+1}^{(n-r)} &= 0, & x_{r+2}^{(n-r)} &= 0, & \ldots, && x_n^{(n-r)} &= 1.\end{aligned}$$

Dann bilden diese zusammen mit den zugehörigen, aus (53) zu errechnenden Werten von $x_1, x_2, \ldots, x_r$ insgesamt $n - r$ Lösungen $\mathfrak{x}_1, \mathfrak{x}_2, \ldots, \mathfrak{x}_{n-r}$ des inhomogenen Systems (49). Diese Lösungen sind linear unabhängig, da die Unterdeterminante aus allen Zeilen und den letzten $n - r$ Spalten den Wert 1 hat. Ist ferner $\mathfrak{x}_0$ die Lösung von (53), die sich für

$$x_{r+1}^{(0)} = 0, \quad x_{r+2}^{(0)} = 0, \quad \ldots, \quad x_n^{(0)} = 0$$

ergibt, so sind

$$\mathfrak{y}_1 = \mathfrak{x}_1 - \mathfrak{x}_0, \quad \mathfrak{y}_2 = \mathfrak{x}_2 - \mathfrak{x}_0, \quad \ldots, \quad \mathfrak{y}_{n-r} = \mathfrak{x}_{n-r} - \mathfrak{x}_0$$

$n - r$ Lösungen des zu (49) gehörenden homogenen Systems, die ebenfalls linear unabhängig sind, weil die $n - r$ letzten Spalten von $\mathfrak{y}_1, \ldots, \mathfrak{y}_{n-r}$ mit denen von $\mathfrak{x}_1, \ldots, \mathfrak{x}_{n-r}$ übereinstimmen. Da $n - r$ die Anzahl der Grundlösungen des homogenen Systems ist, erhält man in

$$\mathfrak{y} = t_1 \mathfrak{y}_1 + t_2 \mathfrak{y}_2 + \cdots + t_{n-r} \mathfrak{y}_{n-r} \quad \text{bzw.} \quad \mathfrak{x} = \mathfrak{x}_0 + t_1 \mathfrak{y}_1 + \cdots + t_{n-r} \mathfrak{y}_{n-r} \quad (54)$$

die allgemeine Lösung des homogenen bzw. des inhomogenen Systems. Hierin ist für die Parameterwerte

$$t_\mu = \begin{cases} 1 & \text{für} \quad \mu = v \\ 0 & \text{für} \quad \mu = 1, 2, \ldots, n - r; \ \mu \neq v \end{cases}$$

die spezielle Lösung $\mathfrak{x}_v$ des inhomogenen Systems enthalten ($v = 1, 2, \ldots, n - r$).

**Zusatz.** *Die allgemeine Lösung (54) gehört dem Grundkörper $K$ des Gleichungensystems an, falls die Werte der Parameter $t_1, t_2, \ldots, t_{n-r}$ zu $K$ gehören.*

Denn zur Berechnung von (54) sind nur rationale Rechenoperationen erforderlich.

**17. Beispiele.** 1. Gegeben seien die Gleichungen

$$\begin{aligned}
3x_1 + 2x_2 + \phantom{0}4x_3 &= -5 \\
3x_1 + 2x_2 - \phantom{0}3x_3 &= \phantom{-}6 \quad \text{mit} \quad M = \begin{pmatrix} 3 & 2 & 4 & -5 \\ 3 & 2 & -3 & 6 \\ 3 & 2 & -10 & 17 \end{pmatrix}. \quad (55) \\
3x_1 + 2x_2 - 10x_3 &= \phantom{-}17
\end{aligned}$$

Die Zeilen $\mathfrak{m}_1, \mathfrak{m}_2, \mathfrak{m}_3$ von $M$ erfüllen die Relation $\mathfrak{m}_1 - 2\mathfrak{m}_2 + \mathfrak{m}_3 = 0$, also ist der Rang $r(A) = r(M) = 2$, da $\begin{vmatrix} 3 & 4 \\ 3 & -3 \end{vmatrix} = -21 \neq 0$ ist. Das Homogenmachen führt auf die Gleichungen des Beispiels 2 von Nr. 13. Die dort gefundene Lösung $\mathfrak{y}_2 = (9\ 0\ {-}33\ 21)$ liefert für (55) die spezielle Lösung $\mathfrak{x}_1 = (\tfrac{3}{7}\ 0\ -\tfrac{11}{7})$ (Probe!). Das homogene System zu (55) ist

$$\begin{aligned}
3x_1 + 2x_2 + \phantom{0}4x_3 &= 0 \\
3x_1 + 2x_2 - \phantom{0}3x_3 &= 0 \quad\quad\quad\quad (56) \\
3x_1 + 2x_2 - 10x_3 &= 0.
\end{aligned}$$

Es ist auch vom Range 2, hat also $3 - 2 = 1$ Grundlösung. Hierfür können wir $\mathfrak{y}_1 = (-14\ 21\ 0)$ nehmen; denn für die erste Grundlösung des Beispiels 2 von Nr. 13 ist $y_4^{(1)} = 0$, so daß $y_1^{(1)}, y_2^{(1)}, y_3^{(1)}$ die Gl. (56) erfüllen. Damit hat man $\mathfrak{x} = \mathfrak{x}_1 + t\mathfrak{y}_1$ als allgemeine Lösung, d. h. es ist, wenn man noch $t = \tau/7$ setzt,

$$\mathfrak{x} = (\tfrac{3}{7}\ -2\tau\ 3\tau\ -\tfrac{11}{7}),$$

wo $\tau$ jede Zahl bedeuten darf, die allgemeine Lösung von (55). Man mache die Probe!

2. Gegeben seien die Gleichungen

$$2x_1+3x_2+11x_3+\ 8x_4+2x_5=\ 9$$
$$x_1+2x_2+11x_3+\ 4x_4\qquad\ =\ 7 \quad \text{mit}\quad M=\begin{pmatrix} 2 & 3 & 11 & 8 & 2 & 9 \\ 1 & 2 & 11 & 4 & 0 & 7 \\ 3 & 5 & 22 & 12 & 2 & 16 \end{pmatrix}. \quad (57)$$
$$3x_1+5x_2+22x_3+12x_4+2x_5=16$$

Da die dritte Zeile von $M$ die Summe der beiden ersten Zeilen ist, sind alle Unterdeterminanten 3. Ordnung gleich 0. Es ist aber $\begin{vmatrix} 2 & 3 \\ 1 & 2 \end{vmatrix} = 1 \neq 0$, also ist $r(A) = r(M) = 2$. Das Gleichungensystem ist lösbar, die allgemeine Lösung enthält $5 - 2 = 3$ Parameter. Aus

$$2x_1 + 3x_2 = 9 - 11x_3 - 8x_4 - 2x_5$$
$$x_1 + 2x_2 = 7 - 11x_3 - 4x_4$$

erhält man nach der zweiten Methode die Lösungen

$$\mathfrak{x}_1: \ x_1^{(1)}=\begin{vmatrix} -2 & 3 \\ -4 & 2 \end{vmatrix} = 8, \quad x_2^{(1)}=\begin{vmatrix} 2 & -2 \\ 1 & -4 \end{vmatrix}=-6, \quad x_3^{(1)}=1, \quad x_4^{(1)}=0, \quad x_5^{(1)}=0;$$

$$\mathfrak{x}_2: \ x_1^{(2)}=\begin{vmatrix} 1 & 3 \\ 3 & 2 \end{vmatrix} =-7, \quad x_2^{(2)}=\begin{vmatrix} 2 & 1 \\ 1 & 3 \end{vmatrix}= 5, \quad x_3^{(2)}=0, \quad x_4^{(2)}=1, \quad x_5^{(2)}=0;$$

$$\mathfrak{x}_3: \ x_1^{(3)}=\begin{vmatrix} 7 & 3 \\ 7 & 2 \end{vmatrix} =-7, \quad x_2^{(3)}=\begin{vmatrix} 2 & 7 \\ 1 & 7 \end{vmatrix}= 7, \quad x_3^{(3)}=0, \quad x_4^{(3)}=0, \quad x_5^{(3)}=1;$$

$$\mathfrak{x}_0: \ x_1^{(0)}=\begin{vmatrix} 9 & 3 \\ 7 & 2 \end{vmatrix} =-3, \quad x_2^{(0)}=\begin{vmatrix} 2 & 9 \\ 1 & 7 \end{vmatrix}= 5, \quad x_3^{(0)}=0, \quad x_4^{(0)}=0, \quad x_5^{(0)}=0.$$

Hieraus ergibt sich

$$\mathfrak{y}_1 = \mathfrak{x}_1 - \mathfrak{x}_0 = (\ \ 11 \ \ -11 \ \ 1 \ \ 0 \ \ 0)$$
$$\mathfrak{y}_2 = \mathfrak{x}_2 - \mathfrak{x}_0 = (-\ 4 \qquad 0 \ \ 0 \ \ 1 \ \ 0)$$
$$\mathfrak{y}_3 = \mathfrak{x}_3 - \mathfrak{x}_0 = (-\ 4 \qquad 2 \ \ 0 \ \ 0 \ \ 1)$$

als ein System linear unabhängiger Lösungen des zu (57) gehörenden homogenen Gleichungensystems (Probe!). Die allgemeine Lösung $\mathfrak{x} = (x_1\ x_2\ x_3\ x_4\ x_5)$ von (57) bekommt man jetzt aus

$$\mathfrak{x} = \mathfrak{x}_0 + t_1\,\mathfrak{y}_1 + t_2\,\mathfrak{y}_2 + t_3\,\mathfrak{y}_3,$$

und zwar ergibt sich:

$$x_1 = -3 + 11t_1 - 4t_2 - 4t_3$$
$$x_2 = \ \ \ 5 - 11t_1 \qquad\quad + 2t_3$$
$$x_3 = \qquad\quad t_1$$
$$x_4 = \qquad\qquad\qquad t_2$$
$$x_5 = \qquad\qquad\qquad\qquad t_3.$$

Dies gibt z. B. $\mathfrak{x}_0$ für $t_1 = t_2 = t_3 = 0$, $\mathfrak{x}_1$ für $t_1 = 1$, $t_2 = t_3 = 0$, $\mathfrak{x}_2$ für $t_1 = t_3 = 0$, $t_2 = 1$, $\mathfrak{x}_3$ für $t_1 = t_2 = 0$, $t_3 = 1$.

Kapitel VI.

# Der Gruppenbegriff.

## § 1. Das Rechnen mit Permutationen.

**1. Multiplikation von Permutationen.** Wir haben bereits in III, § 3 Permutationen von $n$ verschiedenen Symbolen behandelt. Wir wollen sie jetzt eingehender betrachten und mit ihrer Hilfe zu einem der wichtigsten Begriffe der Mathematik vordringen, dem Begriff der *Gruppe*.

Die Permutation $\alpha_1, \alpha_2, \ldots, \alpha_n$ der Symbole $1, 2, \ldots, n$ wird im folgenden vorwiegend durch die zweizeilige Bezeichnung

$$A = \begin{pmatrix} 1 & 2 & \cdots & n \\ \alpha_1 & \alpha_2 & \cdots & \alpha_n \end{pmatrix} = \begin{pmatrix} \nu \\ \alpha_\nu \end{pmatrix} \tag{1}$$

wiedergegeben, wobei zu der rechts stehenden abgekürzten Schreibweise stets $\nu = 1, 2, \ldots, n$ hinzuzudenken ist. Der Unterschied in der Bezeichnung ist nicht nur ein äußerlicher. Während die Bezeichnung $\alpha_1, \alpha_2, \ldots, \alpha_n$ das *Resultat*, die permutierte Anordnung, festhält, die Permutation also als etwas *Gewordenes* kennzeichnet, bringt die Bezeichnung (1) die *Operation*, den Vorgang des Permutierens, zum Ausdruck, faßt also die Permutation als etwas *Werdendes* auf. Diese Auffassung steht jetzt für uns im Vordergrund. Wir sagen dementsprechend, daß die Anordnung $\alpha_1, \alpha_2, \ldots, \alpha_n$ durch *Anwendung der Permutation A* aus der Grundanordnung $1, 2, \ldots, n$ hervorgeht.

Die *Gleichheit* zweier Permutationen ist (vgl. III, Nr. 9) dadurch festgelegt, daß beide Male $\nu$ in dasselbe $\alpha_\nu$ übergeht. Bei der Bezeichnung (1) ist also das Wesentliche die *Zuordnung* von $\nu$ zu $\alpha_\nu$, und ihre Bedeutung bleibt ungeändert, wenn man die Spalten irgendwie vertauscht. Ist neben $A$ eine zweite Permutation derselben $n$ Symbole

$$B = \begin{pmatrix} 1 & 2 & \cdots & n \\ \beta_1 & \beta_2 & \cdots & \beta_n \end{pmatrix} = \begin{pmatrix} \nu \\ \beta_\nu \end{pmatrix}$$

gegeben, und will man $B$ auf $\alpha_1, \alpha_2, \ldots, \alpha_n$ anwenden, so ordne man die Spalten von $B$ um, indem man in beiden Zeilen die Anordnung $1, 2, \ldots, n$ durch $\alpha_1, \alpha_2, \ldots, \alpha_n$ ersetzt:

$$B = \begin{pmatrix} \alpha_1 & \alpha_2 & \cdots & \alpha_n \\ \beta_{\alpha_1} & \beta_{\alpha_2} & \cdots & \beta_{\alpha_n} \end{pmatrix} = \begin{pmatrix} \alpha_\nu \\ \beta_{\alpha_\nu} \end{pmatrix}. \tag{2}$$

Das Ergebnis dieser beiden *nacheinander* ausgeführten Schritte, des ersten von $1, 2, \ldots, n$ mittels $A$ zu $\alpha_1, \alpha_2, \ldots, \alpha_n$ und des zweiten von $\alpha_1, \alpha_2, \ldots, \alpha_n$ mittels $B$ zu $\beta_{\alpha_1}, \beta_{\alpha_2}, \ldots, \beta_{\alpha_n}$, kann auch durch

einen einzigen Übergang erreicht werden, nämlich durch die aus (1)
und (2) *zusammengesetzte* Permutation

$$AB = \begin{pmatrix} 1 & 2 & \cdots & n \\ \beta_{\alpha_1} & \beta_{\alpha_2} & \cdots & \beta_{\alpha_n} \end{pmatrix} = \begin{pmatrix} \nu \\ \beta_{\alpha_\nu} \end{pmatrix}, \tag{3}$$

die direkt $\nu$ in $\beta_{\alpha_\nu}$ überführt.

**Definition.** *Das Nacheinanderausführen zweier Permutationen der-
selben Symbole heißt* **Multiplikation** *der Permutationen. Unter dem*
**Produkt** $AB$ *der Permutationen* $A$ *und* $B$ *versteht man die durch
Zusammensetzen von* $A$ *und* $B$ *entstehende Permutation* (3).

  *Beispiel.* Das Produkt der beiden Permutationen

$$A = \begin{pmatrix} 1 & 2 & 3 & 4 \\ 4 & 1 & 2 & 3 \end{pmatrix} \text{ und } B = \begin{pmatrix} 1 & 2 & 3 & 4 \\ 3 & 1 & 4 & 2 \end{pmatrix} = \begin{pmatrix} 4 & 1 & 2 & 3 \\ 2 & 3 & 1 & 4 \end{pmatrix} \text{ ist } AB = \begin{pmatrix} 1 & 2 & 3 & 4 \\ 2 & 3 & 1 & 4 \end{pmatrix}.$$

Bei der Ausführung solcher Multiplikationen pflegt man die Vertauschung der Spalten nicht ausdrücklich hinzuschreiben, sondern
rechnet so:

Bei $A$ geht 1 in 4 über, bei $B$ geht 4 in 2 über, also 1 in 2 bei $AB$.
Bei $A$ geht 2 in 1 über, bei $B$ geht 1 in 3 über, also 2 in 3 bei $AB$.
Bei $A$ geht 3 in 2 über, bei $B$ geht 2 in 1 über, also 3 in 1 bei $AB$.
Bei $A$ geht 4 in 3 über, bei $B$ geht 3 in 4 über, also 4 in 4 bei $AB$.

  **2. Rechenregeln.** Wenn man, wie in II, § 1 für Zahlenreihen und
hier für Permutationen, eine Verknüpfung definiert hat (Addition,
Multiplikation o. ä.), so muß man als erstes feststellen, welchen Gesetzen diese Verknüpfung genügt. Woher soll man sonst wissen, wie
man mit den neuen Größen rechnen darf? Wie weit gelten für sie
insbesondere die vom Rechnen mit Zahlen her (vgl. I, Nr. 1) bekannten
Gesetze?

  Im folgenden handelt es sich, wenn nichts anderes gesagt ist, um
Permutationen der $n$ Symbole $1, 2, \ldots, n$. Wir werden daher die
Angabe der Symbole der Kürze wegen meist fortlassen.

  **Regel 1.** *Die Gleichheitsrelation der Permutationen genügt den Gesetzen der Reflexivität, der Symmetrie und der Transitivität.*

  Denn es gilt: a) Für jede Permutation $A$ ist $A = A$.

  b) Für je zwei Permutationen $A$, $B$ mit $A = B$ gilt auch $B = A$.

  c) Für je drei Permutationen $A$, $B$, $C$ folgt aus $A = B$ und $B = C$
auch $A = C$. Ist nämlich $A$ die Permutation, die $\nu$ in $\alpha_\nu$ überführt
($\nu = 1, 2, \ldots, n$), so tut dies auch $B$ und mit $B$ auch $C$.

  **Regel 2.** *Aus* $A = B$ *folgt* $AC = BC$ *für irgendeine Permutation* $C$.

  Geht nämlich $\nu$ bei $A$ (also auch bei $B$) in $\alpha_\nu$ über und $\alpha_\nu$ bei $C$
in $\gamma_{\alpha_\nu}$, so wird $\nu$ nach (3) bei $AC$ und bei $BC$ in $\gamma_{\alpha_\nu}$ übergeführt.

  **Regel 3.** *Für die Multiplikation der Permutationen gilt nicht das
kommutative Gesetz.*

Denn für die beiden Permutationen des Beispiels in Nr. 1 ist

$$AB = \begin{pmatrix} 1 & 2 & 3 & 4 \\ 2 & 3 & 1 & 4 \end{pmatrix}, \quad BA = \begin{pmatrix} 1 & 2 & 3 & 4 \\ 2 & 4 & 3 & 1 \end{pmatrix},$$

in diesem Falle also $AB \neq BA$.

**Definition.** *Wenn für zwei bestimmte Permutationen $A$ und $B$ die Relation $AB = BA$ gilt, so heißen $A$ und $B$ miteinander* **vertauschbar**.

**Regel 4.** *Für die Multiplikation der Permutationen gilt stets das assoziative Gesetz.*

Sind nämlich $A$, $B$, $C$ drei Permutationen und geht bei $A$ das Element $\varkappa$ in $\lambda$ über, bei $B$ dann $\lambda$ in $\mu$ und bei $C$ schließlich $\mu$ in $\nu$, so geht bei $AB$ das $\varkappa$ in $\mu$, bei $(AB)C$ also $\varkappa$ in $\nu$ über. Andererseits führt $BC$ das $\lambda$ in $\nu$, also $A(BC)$ ebenfalls $\varkappa$ in $\nu$ über. Da diese Betrachtung für jedes $\varkappa$ von $A$ gilt, ist also $(AB)C = A(BC)$, d. h. das assoziative Gesetz ist erfüllt. Das Produkt von drei Permutationen ist unabhängig von der Art der Zusammenfassung der Faktoren und darf daher ohne Klammern in der Form $ABC$ geschrieben werden.

Ein distributives Gesetz ist hier gegenstandslos, da eine Addition für Permutationen nicht definiert ist. Wir wollen aber noch feststellen, wie sich der *Charakter* der Permutationen (vgl. III, Nr. 11) bei der Multiplikation verhält.

**Regel 5.** *Ist $\zeta(P)$ der Charakter einer Permutation $P$, so ist*

$$\zeta(AB) = \zeta(A)\,\zeta(B). \tag{4}$$

*Beweis.* Es seien $k$ bzw. $l$ Vertauschungen je zweier Nachbarelemente notwendig, um $\alpha_1, \alpha_2, \ldots, \alpha_n$ bzw. $\beta_1, \beta_2, \ldots, \beta_n$ in die natürliche Reihenfolge zu bringen. Dann sind nach III, Satz 9 die Vorzeichen

$$\zeta(A) = (-1)^k, \quad \zeta(B) = (-1)^l \tag{5}$$

eindeutig bestimmt. Führt man nun $\beta_{\alpha_1}, \beta_{\alpha_2}, \ldots, \beta_{\alpha_n}$ durch die bei $A$ benutzten $k$ Nachbarvertauschungen in $\beta_1, \beta_2, \ldots, \beta_n$ und diese durch die bei $B$ benutzten $l$ Nachbarvertauschungen in $1, 2, \ldots, n$ über, so folgt mittels (5) und III, Satz 9

$$\zeta(AB) = (-1)^{k+l} = (-1)^k\,(-1)^l = \zeta(A)\,\zeta(B).$$

**3. Einselement und inverses Element.** Es bleibt nun noch die Gültigkeit des Grundgesetzes C. 5, die Umkehrbarkeit der Multiplikation, zu untersuchen. Wir schicken hierzu zwei Sätze voraus. Da die Multiplikation der Permutationen im allgemeinen nicht kommutativ ist, tritt die Eigentümlichkeit auf, daß man in dem Produkt $AB$ zweier Permutationen zwischen $A$ als dem *linksseitigen* und $B$ als dem *rechtsseitigen* Faktor zu unterscheiden hat. Dies wirkt sich natürlich auch auf eine etwaige Umkehrbarkeit aus.

**Satz 1.** *Es gibt eine und nur eine Permutation E derart, daß für jede Permutation A*

$$AE = A \qquad (6\,\mathrm{a}) \qquad und \qquad EA = A \qquad (6\,\mathrm{b})$$

*ist.*

*Beweis.* a) Es sei (vgl. III, Nr. 9) $E$ die identische Permutation, also

$$E = \begin{pmatrix} 1 & 2 & \cdots & n \\ 1 & 2 & \cdots & n \end{pmatrix} = \begin{pmatrix} \nu \\ \nu \end{pmatrix}, \qquad A = \begin{pmatrix} 1 & 2 & \cdots & n \\ \alpha_1 & \alpha_2 & \cdots & \alpha_n \end{pmatrix} = \begin{pmatrix} \nu \\ \alpha_\nu \end{pmatrix}.$$

Dann ist für jedes $A$

$$EA = \begin{pmatrix} \nu \\ \nu \end{pmatrix} \begin{pmatrix} \nu \\ \alpha_\nu \end{pmatrix} = \begin{pmatrix} \nu \\ \alpha_\nu \end{pmatrix} = A, \qquad AE = \begin{pmatrix} \nu \\ \alpha_\nu \end{pmatrix} \begin{pmatrix} \alpha_\nu \\ \alpha_\nu \end{pmatrix} = \begin{pmatrix} \nu \\ \alpha_\nu \end{pmatrix} = A.$$

Folglich hat $E$ die verlangten Eigenschaften.

b) Ist $F$ eine Permutation mit der Eigenschaft, daß $AF = A$ ist für jede Permutation $A$, so ist insbesondere $EF = E$. Andererseits ist $EF = F$ nach (6b), folglich $F = E$. Und ist $F'$ eine Permutation mit der Eigenschaft, daß $F'A = A$ ist für jede Permutation $A$, so ist insbesondere $F'E = E$, andererseits $F'E = F'$ nach (6a), also auch $F' = E$. Folglich ist $E$ eindeutig bestimmt.

Nach Satz 1 spielt die identische Permutation bei der Multiplikation von Permutationen die gleiche Rolle wie die 1 bei der Multiplikation von Zahlen und wird daher auch als **Einselement** beim Rechnen mit Permutationen bezeichnet. Sie ist mit jeder Permutation vertauschbar.

**Satz 2.** *Zu jeder Permutation A gibt es eine und nur eine Permutation X derart, daß*

$$AX = E \qquad (7\,\mathrm{a}) \qquad und \qquad XA = E \qquad (7\,\mathrm{b})$$

*ist.*

*Beweis.* a) Es sei (vgl. III, Nr. 13)

$$A = \begin{pmatrix} 1 & 2 & \cdots & n \\ \alpha_1 & \alpha_2 & \cdots & \alpha_n \end{pmatrix} = \begin{pmatrix} \nu \\ \alpha_\nu \end{pmatrix}, \qquad X = \begin{pmatrix} \alpha_1 & \alpha_2 & \cdots & \alpha_n \\ 1 & 2 & \cdots & n \end{pmatrix} = \begin{pmatrix} \alpha_\nu \\ \nu \end{pmatrix}.$$

Dann ist für dieses $A$ und dieses $X$

$$AX = \begin{pmatrix} \nu \\ \alpha_\nu \end{pmatrix} \begin{pmatrix} \alpha_\nu \\ \nu \end{pmatrix} = \begin{pmatrix} \nu \\ \nu \end{pmatrix} = E, \qquad XA = \begin{pmatrix} \alpha_\nu \\ \nu \end{pmatrix} \begin{pmatrix} \nu \\ \alpha_\nu \end{pmatrix} = \begin{pmatrix} \alpha_\nu \\ \alpha_\nu \end{pmatrix} = E.$$

Es gibt also ein $X$ der gewünschten Art. Dies $X$ halte man fest.

b) Ist $Y$ eine Permutation mit der Eigenschaft, daß $AY = E$ ist für das betrachtete $A$, so multipliziere man mit unserem $X$ von links. Dann folgt nach Regel 4 auf Grund von (6a), (7b) und (6b)

$$X(AY) = XE = X, \quad X(AY) = (XA)Y = EY = Y, \quad \text{also} \quad X = Y.$$

Und ist $Y'$ eine Permutation mit der Eigenschaft, daß $Y'A = E$ ist für das betrachtete $A$, so folgt durch Multiplikation mit $X$ von rechts nach Regel 4 auf Grund von (6b), (7a) und (6a)

$$(Y'A)X = EX = X, \quad (Y'A)X = Y'(AX) = Y'E = Y', \quad \text{also} \quad X = Y'$$

Folglich gibt es nur eine Permutation $X$ der verlangten Art.

**Definition.** *Die durch* (7a) *und* (7b) *zu $A$ eindeutig bestimmte Permutation $X$ heißt die zu $A$ **inverse Permutation**; sie wird mit $A^{-1}$ bezeichnet. Es ist also*

$$A^{-1} = \begin{pmatrix} \alpha_1 & \alpha_2 & \cdots & \alpha_n \\ 1 & 2 & \cdots & n \end{pmatrix}, \quad A^{-1}A = AA^{-1} = E. \tag{8}$$

Es gibt Permutationen, die zu sich selbst invers sind, z. B. die identische Permutation $E$. Nach (8) ist jede Permutation mit ihrer inversen vertauschbar. Ferner ist

$$A^{-1} = B^{-1}, \quad \text{wenn} \quad A = B \tag{9}$$

ist. Denn aus $A = B$ folgt $AB^{-1} = BB^{-1} = E$, d. h. $B^{-1}$ ist eine Lösung von (7a). Da diese eindeutig bestimmt ist, muß $B^{-1} = A^{-1}$ sein.

**Regel 6.** *Für je zwei Permutationen $A$, $B$ ist*

$$(AB)^{-1} = B^{-1}A^{-1}. \tag{10}$$

Denn die inverse Permutation zu $AB$ ist aus $(AB)X = E$ eindeutig bestimmt, und es ist nach Regel 4 und (8)

$$(AB)\,(B^{-1}A^{-1}) = A\,(BB^{-1})A^{-1} = AEA^{-1} = AA^{-1} = E.$$

**4. Umkehrbarkeit der Multiplikation.** Wir behaupten (vgl. I, Nr. 1, Grundgesetz C. 5):

**Satz 3.** *Zu je drei Permutationen $A$, $B$, $C$ gibt es eine und nur eine Permutation $X$ derart, daß*

$$AXB = C \tag{11}$$

*ist.*

*Beweis.* a) Man setze $X = A^{-1}CB^{-1}$. Dann ist nach Regel 4 auf Grund von (8) und (6a), (6b)

$$AXB = A\,(A^{-1}CB^{-1})B = (AA^{-1})C\,(BB^{-1}) = ECE = C,$$

also hat (11) die Lösung $X = A^{-1}CB^{-1}$.

b) Hat auch die Permutation $Y$ die Eigenschaft, daß $AYB = C$ ist, so folgt

$$AXB = AYB, \quad A^{-1}(AXB)B^{-1} = A^{-1}(AYB)B^{-1},$$

$$\cdot \quad (A^{-1}A)X\,(BB^{-1}) = (A^{-1}A)Y(BB^{-1}), \quad X = Y.$$

Folglich hat (11) nur die angegebene Lösung.

**Folgerung.** *Sind die Permutationen $A$ und $C$ gegeben, so ist jede der beiden Divisionsaufgaben*

$$AX = C \quad (12\text{a}) \qquad \text{bzw.} \qquad XA = C \quad (12\text{b})$$

*eindeutig lösbar.*

*Beweis.* Man setze in (11) erst $B = E$. Dann erhält man $X = A^{-1}C$ als Lösung von (12a). Setzt man in (11) aber $A = E$, dann $B = A$, so folgt $X = CA^{-1}$ als Lösung von (12b).

Die beiden Permutationen $A^{-1}C$ und $CA^{-1}$ sind ein Ersatz für die Quotienten von $A$ und $C$, von denen man zwei zu bilden hat, da die Division wie die Multiplikation rechtsseitig und linksseitig erfolgen kann. $A^{-1}C$ ist der **rechtsseitige Quotient,** $CA^{-1}$ der **linksseitige,** da

$$A(A^{-1}C) = C \quad \text{und} \quad (CA^{-1})A = C$$

ist. Sind $A$ und $C$ vertauschbar, so stimmen beide Quotienten überein. Denn dann löst das aus (12a) bestimmte $A^{-1}C$ auch (12b):

$$(A^{-1}C)A = A^{-1}(CA) = A^{-1}(AC) = (A^{-1}A)C = EC = C.$$

*Beispiele.* 1. Es sei

$$A = \begin{pmatrix} 1 & 2 & 3 & 4 \\ 3 & 1 & 4 & 2 \end{pmatrix}, \qquad C = \begin{pmatrix} 1 & 2 & 3 & 4 \\ 4 & 1 & 2 & 3 \end{pmatrix}.$$

Dann ist

$$A^{-1} = \begin{pmatrix} 3 & 1 & 4 & 2 \\ 1 & 2 & 3 & 4 \end{pmatrix} = \begin{pmatrix} 1 & 2 & 3 & 4 \\ 2 & 4 & 1 & 3 \end{pmatrix},$$

$$A^{-1}C = \begin{pmatrix} 1 & 2 & 3 & 4 \\ 1 & 3 & 4 & 2 \end{pmatrix}, \qquad CA^{-1} = \begin{pmatrix} 1 & 2 & 3 & 4 \\ 3 & 2 & 4 & 1 \end{pmatrix},$$

$$A(A^{-1}C) = \begin{pmatrix} 1 & 2 & 3 & 4 \\ 4 & 1 & 2 & 3 \end{pmatrix} = C, \qquad (CA^{-1})A = \begin{pmatrix} 1 & 2 & 3 & 4 \\ 4 & 1 & 2 & 3 \end{pmatrix} = C.$$

2. Die Gleichung

$$\begin{pmatrix} 1 & 2 & 3 & 4 \\ 3 & 1 & 2 & 4 \end{pmatrix} X \begin{pmatrix} 1 & 2 & 3 & 4 \\ 2 & 4 & 3 & 1 \end{pmatrix} = \begin{pmatrix} 1 & 2 & 3 & 4 \\ 4 & 3 & 2 & 1 \end{pmatrix}$$

hat die Lösung (man mache die Probe!)

$$X = \begin{pmatrix} 3 & 1 & 2 & 4 \\ 1 & 2 & 3 & 4 \end{pmatrix} \begin{pmatrix} 1 & 2 & 3 & 4 \\ 4 & 3 & 2 & 1 \end{pmatrix} \begin{pmatrix} 2 & 4 & 3 & 1 \\ 1 & 2 & 3 & 4 \end{pmatrix} = \begin{pmatrix} 1 & 2 & 3 & 4 \\ 3 & 1 & 2 & 4 \end{pmatrix}.$$

**5. Potenzieren.** Da die Multiplikation von Permutationen assoziativ ist, führt jedes Produkt aus mehreren Permutationen auf eine eindeutig bestimmte neue Permutation. Von besonderem Interesse ist der Fall, daß alle Faktoren einander gleich sind.

**Definition.** *Ist $A$ eine Permutation, $m \geq 1$ eine ganze Zahl, so versteht man unter der **Potenz** $A^{m+1}$ die durch die Vorschrift*

$$A^1 = A, \quad A^{m+1} = A^m A \tag{13}$$

*berechenbare Permutation.*

Hieraus erhält man für $m = 1, 2, \ldots$

$$A^2 = A^1 A = AA, \quad A^3 = A^2 A, \ldots$$

**Satz 4.** *Sind $m$ und $n$ ganze Zahlen $\geqq 1$, so gilt für jede Permutation $A$*

$$A^m A^n = A^{m+n}. \tag{14}$$

*Beweis.* Nach (13) ist die Formel richtig für $n = 1$. Man nehme sie daher bei beliebigem zulässigen $m$ für festes $n$ als bewiesen an und vervollständige den Beweis durch Induktion nach $n$ wie folgt: Es ist

$$A^m A^{n+1} = A^m (A^n A) \quad \text{[nach (13)]}$$
$$= (A^m A^n) A = A^{m+n} A \quad \text{(nach Induktionsvoraussetzung)}$$
$$= A^{(m+n)+1} \quad \text{[nach (13)]}$$
$$= A^{m+(n+1)}$$

Damit ist (14) durch Schluß von $n$ auf $n + 1$ (vgl. III, Nr. 10) bewiesen.

**Folgerung.** *Die Permutationen $A^m$ und $A^n$ ($m \geqq 1$, $n \geqq 1$) sind miteinander vertauschbar.* Denn es ist

$$A^m A^n = A^{m+n} = A^{n+m} = A^n A^m. \tag{15}$$

**Definition.** *Ist $A$ eine Permutation, $n \geqq 1$ eine ganze Zahl, so versteht man unter der* **Potenz $A^{-(n+1)}$** *die durch*

$$A^{-(n+1)} = A^{-n} A^{-1} \tag{16}$$

*berechenbare Permutation.*

Hieraus erhält man für $n = 1, 2, \ldots$

$$A^{-2} = A^{-1} A^{-1} = (A^{-1})^2, \quad A^{-3} = A^{-2} A^{-1} = (A^{-1})^2 A^{-1} = (A^{-1})^3, \ldots$$

und allgemein

$$A^{-n} = (A^{-1})^n. \tag{17}$$

Denn nimmt man diese Beziehung, die für $n = 2$ richtig ist, für ein festes $n$ als bewiesen an, so folgt aus (16) und (17)

$$A^{-(n+1)} = A^{-n} A^{-1} = (A^{-1})^n A^{-1} = (A^{-1})^{n+1},$$

d. h. die Richtigkeit für $n + 1$.

**Satz 5.** *Ist $n$ eine positive ganze Zahl, so ist, in Verallgemeinerung von (8), für jede Permutation $A$*

$$A^{-n} A^n = A^n A^{-n} = E. \tag{18}$$

*Beweis.* Nach (8) gilt dies für $n = 1$. Man nehme daher (18) für festes $n$ als bewiesen an und folgere daraus die Richtigkeit für $n + 1$. Auf Grund der Definitionen (16) und (13) ist

$$A^{-(n+1)} A^{n+1} = (A^{-n} A^{-1}) (A^n A) = (A^{-n} A^{-1}) (A A^n) \quad \text{[nach (15)]}$$
$$= A^{-n} (A^{-1} A) A^n = A^{-n} E A^n$$
$$= A^{-n} A^n = E \quad \text{(nach Induktionsvoraussetzung)}.$$

Damit ist die Relation $A^{-n}A^n = E$, d. h. der erste Teil der Behauptung bewiesen. Hieraus folgt:

$$(A^{-n}) = (A^n)^{-1} \tag{19}$$

d. h. $A^{-n}$ und $A^n$ sind zueinander invers. Da nun nach (8) jede Permutation mit ihrer inversen vertauschbar ist, erhält man ohne Rechnung auch $A^n A^{-n} = E$, d. h. den zweiten Teil der Behauptung (18).

**Folgerung.** *Nach* (17) *und* (19) *ist für ganzzahliges* $n \geq 1$

$$(A^{-1})^n = (A^n)^{-1}. \tag{20}$$

**Festsetzung.** *Für jede Permutation* $A$ *setzen wir* $A^0 = E$.

**Satz 6.** *Sind* $p$ *und* $q$ *beliebige ganze Zahlen, so gilt für jede Permutation* $A$ *die Regel*

$$A^p A^q = A^{p+q}. \tag{21}$$

*Beweis.* Es seien $m$ und $n$ positive ganze Zahlen. Wir unterscheiden dann mehrere Fälle:

1) $p = m$, $q = n$. Hierfür ist (21) nach (14) erfüllt.

2) $p \gtrless 0$, $q = 0$ oder $p = 0$, $q \gtrless 0$. Dann gilt (21) ebenfalls; denn es ist

$$A^p A^0 = A^p E = A^p = A^{p+0}, \quad A^0 A^q = E A^q = A^q = A^{0+q}.$$

3) $p = -m$, $q = -n$. Dann folgt (21) aus (15) durch Übergang zu den Inversen. Nach (10), (9) und (19) ist nämlich

$$A^{-m}A^{-n} = (A^n A^m)^{-1} = (A^{m+n})^{-1} = A^{-m-n}.$$

4) $p = m$, $q = -n$. Ist hier $m = n$, so ist $A^n A^{-n} = E = A^0 = A^{n-n}$. Für $m > n$ ist $m - n > 0$, also nach (14)

$$A^m = A^{m-n}A^n, \quad A^m A^{-n} = A^{m-n}(A^n A^{-n}) = A^{m-n}E = A^{m-n}.$$

Für $m < n$ ist $n - m > 0$, also $A^n = A^{n-m}A^m$ nach (14). Hieraus folgt unter Benutzung von (19) und (10)

$$A^{-n} = (A^n)^{-1} = (A^m)^{-1}(A^{n-m})^{-1} = A^{-m}A^{m-n}, \quad A^m A^{-n} = A^{m-n}.$$

5) $p = -m$, $q = n$. Für $m = n$ ist $A^{-n}A^n = E = A^0 = A^{-n+n}$. Für $m < n$, also $n - m > 0$, ist nach (14)

$$A^n = A^m A^{n-m}, \quad A^{-m}A^n = (A^{-m}A^m)A^{n-m} = A^{n-m} = A^{-m+n}.$$

Für $m > n$, also $m - n > 0$, ist $A^m = A^n A^{m-n}$ nach (14) und daher

$$A^{-m} = (A^m)^{-1} = (A^{m-n})^{-1}(A^n)^{-1} = A^{-m+n}A^{-n}, \quad A^{-m}A^n = A^{-m+n}.$$

**Folgerung.** *Sind* $p$ *und* $q$ *beliebige ganze Zahlen, so sind die Permutationen* $A^p$ *und* $A^q$ *miteinander vertauschbar.* Denn es ist

$$A^p A^q = A^{p+q} = A^{q+p} = A^q A^p. \tag{22}$$

Die für Zahlen $a$, $b$ gültige Regel $a^n b^n = (ab)^n$ läßt sich nicht auf Permutationen übertragen. Es ist im allgemeinen

$$A^n B^n \neq (AB)^n,$$

da $A$ und $B$ nicht immer vertauschbar sind.

## § 2. Definition der Gruppe.

**6. Die Gruppenforderungen.** Die Eigenschaften der Permutationen von $n$ Symbolen, die sich im Anschluß an die als Multiplikation bezeichnete Verknüpfung von Permutationen ergeben haben, kommen außer den Permutationen auch anderen Dingen zu, zwischen denen eine Verknüpfung besteht oder sich definieren läßt. Wir werden später Beispiele dafür kennenlernen. Indem man nun von der *Art* der Dinge abstrahiert und sich nur auf die Verknüpfung zwischen den Dingen und die für sie geltenden Rechenregeln beschränkt, kommt man zu dem für große Teile der Mathematik grundlegend gewordenen Begriff der Gruppe.

**Definition.** *Eine Gesamtheit $\mathfrak{G}$ von Dingen, die als Elemente von $\mathfrak{G}$ bezeichnet werden, heißt eine* **Gruppe,** *wenn die vier folgenden Forderungen erfüllt sind:*

1. *Für die Elemente von $\mathfrak{G}$ ist eine* **Verknüpfung** *definiert (im allgemeinen Multiplikation genannt), die jedem geordneten Paar $A$, $B$ von Elementen von $\mathfrak{G}$ eindeutig ein Element von $\mathfrak{G}$, das* **Produkt** $AB$ *der beiden Elemente, zuordnet.*

2. *Für diese Verknüpfung gilt das* **assoziative Gesetz** *der Multiplikation; für je drei Elemente $A$, $B$, $C$ von $\mathfrak{G}$ ist also*

$$A(BC) = (AB)C. \tag{23}$$

3. *In $\mathfrak{G}$ gibt es ein* **Einselement** $E$, *das durch die Bedingung*

$$AE = A \quad \text{für alle } A \text{ von } \mathfrak{G} \tag{24}$$

*charakterisiert ist.*

4. *In $\mathfrak{G}$ gibt es zu jedem Element $A$ ein* **inverses Element** $A^{-1}$, *das als Lösung der Gleichung*

$$AX = E \tag{25}$$

*charakterisiert ist.*

*Beispiel.* Nach Regel 4, Satz 1 und Satz 2 bildet die Gesamtheit der Permutationen von $n$ verschiedenen Symbolen hinsichtlich der durch (3) definierten Multiplikation eine Gruppe. Die Sätze 1 und 2 sagen sogar mehr aus, als in den obigen Forderungen 3. und 4. verlangt wird. Es genügt aber, (24) bzw. (25) zu fordern. Aus diesen Eigenschaften kann man die zweite in Satz 1 bzw. 2 angegebene folgern. Denn es gilt

**Satz 7.** *Ist $\mathfrak{G}$ eine Gruppe, so gibt es in $\mathfrak{G}$ ein und nur ein Element $E$, nämlich das Einselement, derart, daß*

$$AE = EA = A \quad \text{für jedes Element } A \text{ von } \mathfrak{G}, \tag{26}$$

*und zu jedem Element $A$ von $\mathfrak{G}$ ein und nur ein Element $X$, nämlich das inverse $A^{-1}$ von $A$, derart, daß*

$$AX = XA = E \quad \text{für dieses } A \text{ von } \mathfrak{G} \tag{27}$$

*erfüllt ist.*

*Beweis.* a) Wir zeigen zunächst: Ist $E$ nach (24) bestimmt, so gilt auch

$$EA = A \quad \text{für alle } A \text{ von } \mathfrak{G}. \tag{28}$$

Ist nämlich $A$ ein beliebiges Element von $\mathfrak{G}$, so gibt es hierzu ein $X$, das (25) erfüllt, und zu diesem $X$, ebenfalls nach (25), ein $X'$ mit $XX' = E$. Nun folgt mittels (23) und (24):

$$A = AE = A\,(X\,X') = (A\,X)\,X' = E\,X' = (E\,E)\,X' = E\,(E\,X') = E\,A, \tag{29}$$

wobei $EX' = A$ den vorangehenden Gliedern dieser Relation entnommen ist.

b) Ferner zeigen wir: Ein nach (25) bestimmtes $X$ löst auch

$$XA = E \quad \text{für dieses } A \text{ von } \mathfrak{G}. \tag{30}$$

Denn für das eben benutzte $X'$ gilt $EX' = X'$ nach (28), ferner $X' = EX' = A$ nach (29) und $XX' = E$ nach Definition. Setzt man hier $X' = A$ ein, so hat man (30).

Damit ist gezeigt, daß mit den Eigenschaften (6a) und (7a) von Satz 1 und Satz 2 auch stets (6b) und (7b) erfüllt sind, und aus diesen Relationen, d. h. aus (26) und (27), folgert man wie in den Teilen b) der Beweise von Nr. 3 die Einzigkeit der Elemente $E$ und $A^{-1}$. Denn in diesen Teilen wird von der Tatsache, daß es sich um Permutationen handelt, keinerlei Gebrauch gemacht; neben dem assoziativen Gesetz werden nur die Regeln (6a), (6b), (7a) und (7b) benutzt.

**Bemerkung.** Das Entsprechende trifft für die Beweise der Regel 6 und der Sätze 3, 4, 5 und 6 zu. Die Aussagen und Definitionen (9), (10), (11), (12a) und (12b), (13), (14), (15), (16), (17), (18), (19), (20) und (21) gelten daher nicht nur für Permutationen, sondern für die Elemente *jeder* Gruppe.

**Definition.** *Eine Gruppe, die aus endlich vielen Elementen besteht, heißt eine* **endliche Gruppe.** *Die Anzahl ihrer Elemente heißt ihre* **Ordnung.** *Eine Gruppe, die nicht endlich ist, wird als* **unendliche Gruppe** *bezeichnet.*

**Definition.** *Ist in einer Gruppe $\mathfrak{G}$ auch das kommutative Gesetz der Multiplikation erfüllt, so heißt $\mathfrak{G}$ eine* **kommutative** *oder* **abelsche Gruppe**[1].

**7. Beispiele.** Das *Einselement* bildet für sich allein eine endliche, abelsche Gruppe der Ordnung 1.

---

[1] Niels Henrik Abel, 1802—1829, ab 1827 Dozent der Mathematik an der Universität Christiania (jetzt Oslo).

Die Gesamtheit der *Permutationen* von $n$ Symbolen bildet eine nicht-abelsche endliche Gruppe der Ordnung $n!$ (nach III, Nr. 9). Sie wird mit $\mathfrak{S}_n$ bezeichnet und die *symmetrische Gruppe* in $n$ Symbolen genannt.

Die Gesamtheit der *ganzen Zahlen* bildet hinsichtlich der Zahlenaddition als Verknüpfung eine unendliche abelsche Gruppe. Das Einselement ist die 0, das inverse Element zu $a$ ist $-a$.

Die Gesamtheit der positiven ganzen Zahlen bildet weder hinsichtlich der Addition noch der Multiplikation eine Gruppe. Im ersten Fall sind die Gruppenforderungen 3. und 4., im zweiten Fall die Forderung 4. nicht erfüllt.

Die Gesamtheit der *positiven rationalen Zahlen* (Brüche) bildet hinsichtlich der Multiplikation eine unendliche abelsche Gruppe. Das Einselement ist die 1, das inverse Element zu $p/q$ ($p$, $q$ ganze Zahlen) ist $q/p$.

Die Gesamtheit der *reellen Zahlen* oder der *komplexen Zahlen* bildet hinsichtlich der Addition eine unendliche abelsche Gruppe, aber keine Gruppe hinsichtlich der Multiplikation, da zum Element 0 kein inverses Element existiert.

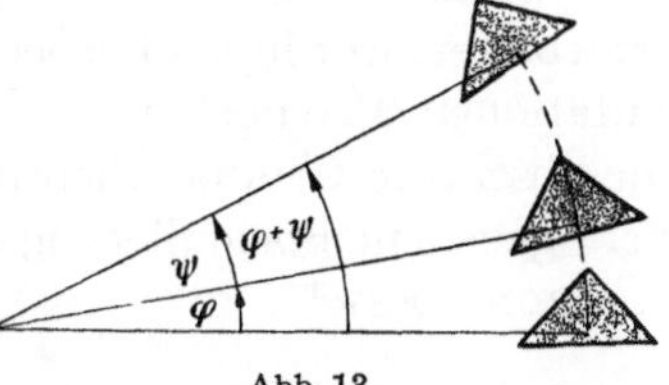

Abb. 13

Die Gesamtheit der *Drehungen einer ebenen Figur* (z. B. Dreieck) in einer Ebene um einen festen Punkt bildet eine unendliche abelsche Gruppe. Die Verknüpfung der Elemente ist das Nacheinanderausführen zweier Drehungen. Dreht man erst um den Winkel $\varphi$, dann um den Winkel $\psi$, so ist das Produkt der beiden Drehungen die Drehung um den Winkel $\varphi + \psi$ (Abb. 13). Die Verknüpfung ist assoziativ und kommutativ, weil die Addition der Drehwinkel diese Eigenschaften hat. Das Einselement ist die Drehung um $\varphi = 0$, das inverse Element die Drehung um $-\varphi$.

Die Gesamtheit der *Vektoren* des $n$-dimensionalen reellen oder komplexen Raumes bildet hinsichtlich der Vektoraddition eine unendliche abelsche Gruppe. Das Einselement ist der Nullvektor, das inverse Element zu $\mathfrak{a}$ ist $-\mathfrak{a}$.

Diese Beispiele geben uns zunächst Einblick in das wechselseitige Verhältnis von Ring, Körper und Gruppe. Während in Ring und Körper stets *zwei* Verknüpfungen definiert sind, weist eine Gruppe nur *eine* Verknüpfung auf. Das assoziative Gesetz gilt in jeder der drei Arten von Gesamtheiten. Ein Ring und ebenso ein Körper ist stets eine Gruppe hinsichtlich der Addition als Verknüpfung. Enthält nämlich der Ring nur das Nullelement, so bildet dieses eine Gruppe der Ordnung 1. Ist noch ein Element $a \neq 0$ vorhanden, so auch stets $0 - a = -a$ als das zu $a$ inverse Element. Das Einselement ist die 0. Ein Körper bildet hinsichtlich der Multiplikation niemals eine Gruppe, da dann zur 0 kein inverses Element existiert. Nimmt man aber aus einem Körper die 0 heraus, so erhält man eine Gruppe hinsichtlich der Multiplikation.

Bei den Beispielen fällt ferner auf, daß sie vorwiegend Gruppen liefern, die unendlich und abelsch sind. Die Gruppe $\mathfrak{S}_n$ der Permutationen ist als einzige unter den aufgeführten Beispielen eine endliche und für $n > 2$ ($\mathfrak{S}_1$ z. B. ergibt das erste unserer Beispiele) nichtkommutative Gruppe. Diese Besonderheit hat alsbald nach ihrer Entdeckung das Interesse der Mathematiker zu weiteren Untersuchungen geweckt und damit den Anstoß zur Entwicklung der Gruppentheorie gegeben. Der Begriff der Gruppe geht auf E. GALOIS[1] zurück. Seine Abhandlungen geben der Gruppentheorie eine zentrale Bedeutung für die Theorie der algebraischen Gleichungen, sind aber erst etwa 40 Jahre nach GALOIS' Tod durch C. JORDAN[2] in ihrer Bedeutung erkannt und verarbeitet worden. Hierbei handelt es sich um Gruppen von Permutationen, also noch um Gruppen mit sozusagen konkreten Elementen. Die abstrakte Gruppentheorie ist erst später entwickelt worden. Die in Nr. 1 gegebene Formulierung der vier Gruppenforderungen stammt von L. KRONECKER[3].

## § 3. Einige Eigenschaften einer Gruppe.

**8. Begriff der Untergruppe.** Wir wollen uns etwas näher mit der inneren Struktur einer Gruppe vertraut machen und betrachten zunächst bestimmte Teile der ganzen Gruppe. Dabei wird die Tatsache, daß $A$ einer Gesamtheit $\mathfrak{M}$ von Dingen als Element angehört, durch die Bezeichnung $A \in \mathfrak{M}$ (gelesen: $A$ Element von $\mathfrak{M}$), daß $\mathfrak{T}$ ein Teil von $\mathfrak{M}$ ($\mathfrak{T} \neq \mathfrak{M}$) ist, durch $\mathfrak{T} \subset \mathfrak{M}$ (gelesen: $\mathfrak{T}$ echt enthalten in $\mathfrak{M}$) wiedergegeben. Ist auch $\mathfrak{M}$ selbst als Teil zugelassen, so schreibt man $\mathfrak{T} \subseteq \mathfrak{M}$ (gelesen: $\mathfrak{T}$ enthalten in $\mathfrak{M}$); und $A \notin \mathfrak{M}$ (gelesen: $A$ nicht Element von $\mathfrak{M}$) bedeutet, daß $A$ nicht zu $\mathfrak{M}$ gehört.

**Definition.** *Bildet ein Teil $\mathfrak{U}$ der Elemente einer Gruppe $\mathfrak{G}$ hinsichtlich der in $\mathfrak{G}$ geltenden Verknüpfung für sich allein eine Gruppe, so heißt $\mathfrak{U}$ eine* **Untergruppe** *von $\mathfrak{G}$.*

*Beispiele.* Nimmt man die Zahlenaddition als Verknüpfung, so ist die Gruppe der ganzen Zahlen eine Untergruppe der Gruppe der rationalen Zahlen; beide zusammen sind Untergruppen der Gruppe der reellen Zahlen und alle drei Untergruppen der Gruppe der komplexen Zahlen. Ein weiteres Beispiel liefert

---

[1] EVARISTE GALOIS, 1811—1832, in einem Duell bei Paris gefallen; hat bereits als Schüler und Student mathematische Abhandlungen veröffentlicht.

[2] CAMILLE JORDAN, 1838—1922, ab 1883 Professor der Mathematik am Collège de France in Paris.

[3] LEOPOLD KRONECKER, 1823—1891, von 1863 an Professor der Mathematik an der Universität Berlin.

**Satz 8.** *Die Gesamtheit $\mathfrak{A}_n$ der geraden Permutationen in $n$ Symbolen bildet eine Untergruppe der symmetrischen Gruppe $\mathfrak{S}_n$.*

*Beweis.* Ist $A \in \mathfrak{A}_n$, $B \in \mathfrak{A}_n$, so ist $\zeta(A) = \zeta(B) = +1$, also nach (4) auch $\zeta(AB) = \zeta(A)\,\zeta(B) = +1$, d. h. $AB \in \mathfrak{A}_n$. Folglich ist für $\mathfrak{A}_n$ die Gruppenforderung 1 erfüllt. Forderung 2 trifft zu, da es sich um die Verknüpfung von Permutationen handelt. Ferner ist $\zeta(E) = +1$, und aus $\zeta(A)\,\zeta(A^{-1}) = \zeta(E) = +1$ und $\zeta(A) = +1$ folgt $\zeta(A^{-1}) = +1$, so daß auch die Forderungen 3 und 4 für $\mathfrak{A}_n$ gelten.

Die Untergruppe $\mathfrak{A}_n$ von $\mathfrak{S}_n$ heißt die *alternierende Gruppe* in $n$ Symbolen. Ihre Ordnung ist $n!/2$ nach III, Satz 8.

*Beispiel.* In III, Nr. 12 findet man für $n = 4$ die 24 Elemente der symmetrischen Gruppe $\mathfrak{S}_4$. Die 12 Permutationen mit dem Vorzeichen $+$ sind die Elemente der alternierenden Gruppe $\mathfrak{A}_4$. Man prüfe nach, daß das inverse Element jeder geraden Permutation wieder gerade ist!

**9. Das Rechnen mit Komplexen.** Formloser, aber dafür vielseitiger verwendbar als der Begriff der Untergruppe ist der des Komplexes, der insbesondere eine anschauliche Schreibweise für den inneren Aufbau einer Gruppe ermöglicht.

**Definition.** *Unter einem **Komplex** $\mathfrak{K}$ versteht man eine beliebige Gesamtheit von Elementen einer Gruppe.*

Für das Rechnen mit Komplexen gelten folgende Festsetzungen:

**Definition.** *Zwei Komplexe heißen einander **gleich,** wenn sie dieselben Elemente enthalten. Hierbei werden mehrfach auftretende Elemente je nur einmal gezählt.*

Eine Gleichheit $\mathfrak{K} = \mathfrak{L}$ zweier Komplexe bedeutet also: Jedes Element von $\mathfrak{K}$ ist auch in $\mathfrak{L}$ enthalten und jedes Element von $\mathfrak{L}$ auch in $\mathfrak{K}$. Hieraus folgt, daß die Gleichheitsrelation für Komplexe den drei Grundgesetzen A der Arithmetik (vgl. I, Nr. 1) genügt.

**Definition.** *Unter der **Summe** $\mathfrak{K}_1 + \mathfrak{K}_2$ zweier Komplexe $\mathfrak{K}_1$ und $\mathfrak{K}_2$ versteht man den Komplex der Elemente, die entweder zu $\mathfrak{K}_1$ oder zu $\mathfrak{K}_2$ gehören.*

Diese Summenbildung ist, wie man sich leicht überlegt, monoton, kommutativ und assoziativ. Insbesondere kann man mit diesem Summenbegriff einen Komplex $\mathfrak{K}$, der aus den Elementen $A, B, C, \ldots$ besteht, in der Form

$$\mathfrak{K} = A + B + C + \cdots \tag{31}$$

schreiben, da jedes einzelne Element selbst einen Komplex darstellt. Im Sinne unserer Definition hat aber das Pluszeichen hier nur zusammenfassende, keine eigentlich rechnerische Bedeutung[1]. Dies muß

---

[1] Man verwendet daher häufig ein abgewandeltes Pluszeichen, etwa $\dotplus$ statt $+$; vgl. VIII, Nr. 2. Die Schreibweise (31) hat GALOIS eingeführt.

insbesondere bei unendlichen Gruppen beachtet werden. Eine solche kann abzählbar-unendlich, d. h. so beschaffen sein, daß ihre Elemente sich eindeutig und umkehrbar eindeutig (VIII, Nr. 5) den natürlichen Zahlen zuordnen lassen [z. B. Gruppe der ganzen und Gruppe der rationalen Zahlen (VIII, Nr. 7, 8)] oder nicht abzählbar-unendlich (z. B. Gruppe der reellen Zahlen, Gruppe der Drehungen). Im ersten Fall hat die Schreibweise (31) noch ihre Berechtigung, im zweiten Fall ist aber eine solche Aufzählung der Elemente nicht mehr möglich. Dann hat (31) nur symbolische Bedeutung; im folgenden werden wir uns vorwiegend auf endliche Gruppen beschränken. Die Summendefinition selbst gilt natürlich in beliebigen Gruppen.

**Definition.** *Unter dem **Produkt** $\mathfrak{K}_1 \mathfrak{K}_2$ zweier Komplexe wird derjenige Komplex verstanden, der (alle voneinander verschiedenen) Produkte $K_1 K_2$ mit $K_1 \in \mathfrak{K}_1$, $K_2 \in \mathfrak{K}_2$ enthält.*

Die Bildung der Produkte $K_1 K_2$ erfolgt mittels der für die Gruppe definierten Verknüpfung. Daher ist die Multiplikation der Komplexe monoton und assoziativ, aber im allgemeinen nicht kommutativ. Ist im Spezialfall $\mathfrak{K}_1 \mathfrak{K}_2 = \mathfrak{K}_2 \mathfrak{K}_1$, so heißen $\mathfrak{K}_1$ und $\mathfrak{K}_2$ miteinander *vertauschbar.* Auf Grund des assoziativen Gesetzes ist ein Produkt $\mathfrak{K}_1 \mathfrak{K}_2 \cdots \mathfrak{K}_m$ mehrerer Komplexe eindeutig bestimmt. Sind diese alle einander gleich, etwa gleich $\mathfrak{K}$, so ergibt sich die Potenz $\mathfrak{K}^m$ $(m \geq 1)$ eines Komplexes $\mathfrak{K}$. Ist in dem Produkt $\mathfrak{K}_1 \mathfrak{K}_2$ der eine Faktor der Komplex (31), der andere ein einzelnes Element $G$ der Gruppe $\mathfrak{G}$, so erhält man die Komplexe

$$\mathfrak{K}G = AG + BG + CG + \cdots \quad \text{bzw.} \quad G\mathfrak{K} = GA + GB + GC + \cdots.$$

Mit $\mathfrak{K}^{-1}$ bezeichnet man den Komplex; der die zu den Elementen von $\mathfrak{K}$ inversen Elemente enthält; der Schreibweise (31) entsprechend ist also

$$\mathfrak{K}^{-1} = A^{-1} + B^{-1} + C^{-1} + \cdots.$$

**Satz 9.** *Ein Komplex $\mathfrak{K} \subset \mathfrak{G}$ ist dann und nur dann eine Untergruppe von $\mathfrak{G}$, wenn*

$$\mathfrak{K}^2 \subseteq \mathfrak{K} \qquad (32\,\mathrm{a}) \qquad und \qquad \mathfrak{K}^{-1} \subseteq \mathfrak{K}. \qquad (32\,\mathrm{b})$$

*Beweis.* a) Wenn $\mathfrak{K}$ eine Untergruppe ist, so sind das Produkt je zweier Elemente und das Inverse jedes Elements von $\mathfrak{K}$ wieder Elemente von $\mathfrak{K}$; also sind (32a) und (32b) erfüllt.

b) Wenn $\mathfrak{K}$ den Bedingungen (32a) und (32b) genügt, so gehört das Produkt je zweier Elemente von $\mathfrak{K}$ und das Inverse jedes Elements von $\mathfrak{K}$ wieder zu $\mathfrak{K}$. Damit sind die Gruppenforderungen 1 und 4 erfüllt. Aus $K \in \mathfrak{K}$, $K^{-1} \in \mathfrak{K}$ und (32a) folgt $K K^{-1} = E \in \mathfrak{K}$, d. h. Forderung 3; und Forderung 2 ist von selbst erfüllt, da das assoziative Gesetz für je drei Elemente von $\mathfrak{G}$, also auch für die von $\mathfrak{K}$ gilt.

*Bemerkung.* Satz 9 gilt auch, wie gleich gezeigt werden wird, wenn (32a) und (32b) ersetzt werden durch

$$\mathfrak{K}^2 = \mathfrak{K} \quad \text{und} \quad \mathfrak{K}^{-1} = \mathfrak{K}. \tag{32c}$$

Diese Bedingung ist für Teil b) des vorstehenden Beweises in (32a) bzw. (32b) enthalten. In diesem Fall bedeutet also der Ersatz von (32a) und (32b) durch (32c) eine Einschränkung der Voraussetzung, d. h. eine Abschwächung des Satzinhalts. Für Teil a) dagegen ergibt sich eine Verschärfung der Behauptung und damit auch des Satzes. Nur dieser Teil bedarf also eines Beweises. Da nun oben unter a) gezeigt ist, daß (32a) und (32b) für eine Untergruppe $\mathfrak{K}$ erfüllt sind, fehlt für die Gültigkeit von (32c) nur noch der Nachweis: *Wenn $\mathfrak{K}$ Untergruppe von $\mathfrak{G}$ ist, so gilt auch $\mathfrak{K}^2 \supseteq \mathfrak{K}$ und $\mathfrak{K}^{-1} \supseteq \mathfrak{K}$.* Dies trifft aber zu. Denn für jedes $K \in \mathfrak{K}$ ist $K = KE \in \mathfrak{K}^2$, folglich auch $\mathfrak{K} \subseteq \mathfrak{K}^2$; und aus $K^{-1} \in \mathfrak{K}$ folgt $K = (K^{-1})^{-1} \in \mathfrak{K}^{-1}$ für jedes $K$, also $\mathfrak{K} \subseteq \mathfrak{K}^{-1}$.

**10. Zerlegung in Restklassen.** Wir behaupten:

**Satz 10.** *Ist $\mathfrak{G}$ eine endliche oder abzählbar-unendliche Gruppe, $\mathfrak{U}$ eine Untergruppe von $\mathfrak{G}$, so läßt sich $\mathfrak{G}$ in eine Summe von Komplexen*

$$\mathfrak{G} = \mathfrak{U} + \mathfrak{U}G_1 + \mathfrak{U}G_2 + \cdots + \mathfrak{U}G_\nu + \cdots \tag{33}$$

*zerlegen, von denen keine zwei ein Element gemeinsam haben.*

*Beweis.* Ist $\mathfrak{G} = \mathfrak{U}$, so ist diese Darstellung die gesuchte Zerlegung. Es sei also $\mathfrak{U} \subset \mathfrak{G}$ und $G_1$ ein Element von $\mathfrak{G}$, das nicht zu $\mathfrak{U}$ gehört. Dann haben die Komplexe $\mathfrak{U}$ und $\mathfrak{U}G_1$ kein Element gemeinsam. Die Elemente von $\mathfrak{U}G_1$ sind nämlich von der Form $UG_1$, wo $U \in \mathfrak{U}$ ist. Gäbe es also ein $UG_1$ in $\mathfrak{U}$, so wäre $UG_1 = U' \in \mathfrak{U}$, d. h. $G_1 = U^{-1}U' \in \mathfrak{U}$ im Widerspruch zur Wahl von $G_1$. Es kann sein, daß die Summe $\mathfrak{U} + \mathfrak{U}G_1$ die Elemente von $\mathfrak{G}$ erschöpft; dann hat man in $\mathfrak{G} = \mathfrak{U} + \mathfrak{U}G_1$ die gesuchte Zerlegung. Sonst gibt es ein Element $G_2$ in $\mathfrak{G}$, das nicht zu $\mathfrak{U} + \mathfrak{U}G_1$ gehört. Dann hat der Komplex $\mathfrak{U}G_2$ kein Element mit $\mathfrak{U} + \mathfrak{U}G_1$ gemeinsam. Für $\mathfrak{U}G_2$ und $\mathfrak{U}$ folgt dies in derselben Weise wie bei $\mathfrak{U}G_1$ und $\mathfrak{U}$. Und wäre ein Element $UG_2$ in $\mathfrak{U}G_1$ enthalten, also $UG_2 = U'G_1$ mit $U' \in \mathfrak{U}$, so wäre $G_2 = U^{-1}U'G_1 \in \mathfrak{U}G_1$ entgegen der Wahl von $G_2$. Entweder ist nun $\mathfrak{G} = \mathfrak{U} + \mathfrak{U}G_1 + \mathfrak{U}G_2$ oder es gibt ein $G_3$ in $\mathfrak{G}$, das nicht zu $\mathfrak{U} + \mathfrak{U}G_1 + \mathfrak{U}G_2$ gehört. Mit $G_3$ schließt man in analoger Weise wie mit $G_2$. Durch Fortsetzung dieser (u. U. nicht abbrechenden) Schlußweise ergibt sich schließlich (33), wobei $G_\nu$ für $\nu = 0, 1, 2, \ldots$ ein Element von $\mathfrak{G}$ ist, das nicht in $\mathfrak{U} + \mathfrak{U}G_1 + \cdots + \mathfrak{U}G_{\nu-1}$ enthalten ist ($G_0 = E$).

Jeder der Komplexe $\mathfrak{U}G_\nu$ ist durch $\mathfrak{U}$ eindeutig bestimmt. Ist nämlich $G'$ ein beliebiges Element von $\mathfrak{U}G_\nu$, also $G' = UG_\nu$ mit $U \in \mathfrak{U}$, so ist, da nach Gruppenforderung 1 (Nr. 6) $\mathfrak{U}U = \mathfrak{U}$ ist,

$$\mathfrak{U}G' = \mathfrak{U} \cdot UG_\nu = \mathfrak{U}U \cdot G_\nu = \mathfrak{U}G_\nu.$$

Jedes der Elemente von $\mathfrak{U}G_\nu$ liefert also nur diesen einen Komplex. Greift man daher bei dem Verfahren, das zu (33) führt, statt $G_1$, $G_2, \ldots, G_\nu, \ldots$ andere Elemente (aber je mit derselben Eigenschaft) heraus, so ändert sich höchstens die Reihenfolge der Komplexe in (33). Jedes Element $G$ aus $\mathfrak{G}$ gehört also genau einem der Komplexe $\mathfrak{U}G_\nu$ an.

**Definition.** *Die in der Zerlegung* (33) *auftretenden Komplexe heißen die* **Restklassen** *oder* **Nebengruppen von** $\mathfrak{G}$ **nach** $\mathfrak{U}$, *die Elemente* $E, G_1, G_2, \ldots$, *die die Restklassen bestimmen, ein* **Vertretersystem** *für die Restklassenzerlegung* (33) *von* $\mathfrak{G}$ *nach* $\mathfrak{U}$.

Bei dieser Zerlegung ist die rechtsseitige Multiplikation von $\mathfrak{U}$ mit den Elementen $G_\nu$ von $\mathfrak{G}$ bevorzugt worden. Multipliziert man statt dessen $\mathfrak{U}$ von links, so erhält man neben der *rechtsseitigen* Zerlegung (33) eine *linksseitige* Zerlegung von $G$ in Restklassen nach $\mathfrak{U}$:

$$\mathfrak{G} = \mathfrak{U} + H_1\mathfrak{U} + H_2\mathfrak{U} + \cdots + H_\nu\mathfrak{U} + \cdots, \qquad (34)$$

in der $H_\nu$ für $\nu = 0, 1, 2, \ldots$ ein Element von $\mathfrak{G}$ ist, das nicht zu $\mathfrak{U} + H_1\mathfrak{U} + \cdots + H_{\nu-1}\mathfrak{U}$ gehört ($H_0 = E$). Auch hier sind die Restklassen $H_\nu\mathfrak{U}$ durch $\mathfrak{U}$ eindeutig bestimmt.

**11. Folgerungen und Beispiele.** Ist $\mathfrak{G}$ eine abzählbar-unendliche Gruppe und $\mathfrak{U}$ eine Untergruppe von endlicher Ordnung, so enthält auch jede Restklasse nach $\mathfrak{U}$ nur endlich viele Elemente von $\mathfrak{G}$, und die Zerlegung (33) bricht nicht ab. Ist dagegen $\mathfrak{U}$ eine unendliche Untergruppe von $\mathfrak{G}$, so kann die Anzahl der Restklassen nach $\mathfrak{U}$ endlich sein.

**Definition.** *Ist* $\mathfrak{U}$ *Untergruppe von* $\mathfrak{G}$ *und die Anzahl der Restklassen von* $\mathfrak{G}$ *nach* $\mathfrak{U}$ *endlich, so heißt diese Anzahl der* **Index** *von* $\mathfrak{U}$ *in* $\mathfrak{G}$.

*Beispiel.* Es sei $\mathfrak{G}$ die Gruppe der ganzen Zahlen mit der Zahlenaddition als Verknüpfung, $a \geqq 2$ eine feste ganze Zahl und $\mathfrak{U}$ die Untergruppe der (positiven und nichtpositiven) ganzzahligen Vielfachen $na$ von $a$. Dann bilden die Zahlen $0, 1, 2, \ldots, a - 1$ ein Vertretersystem von $\mathfrak{G}$ nach $\mathfrak{U}$, das, da $\mathfrak{G}$ eine abelsche Gruppe ist, sowohl rechts- wie linksseitig verwendet werden kann. Die Restklasse $\mathfrak{U}_\nu$ besteht aus allen ganzen Zahlen, die bei der Division durch $a$ den Rest $\nu$ lassen ($\nu = 0, 1, \ldots, a - 1$). Der Index von $\mathfrak{U}$ in $\mathfrak{G}$ ist hier also gleich $a$.

Ist $\mathfrak{G}$ und daher auch $\mathfrak{U}$ eine endliche Gruppe, so bricht die Zerlegung (33) ab, sobald die Elemente von $\mathfrak{G}$ erschöpft sind. Es seien $g$ bzw. $u$ die Ordnungen von $\mathfrak{G}$ bzw. $\mathfrak{U}$. Dann zeigt die Zerlegung (33), daß sich die Elemente von $\mathfrak{G}$ zu je $u$ vollständig auf die Restklassen verteilen. Es muß daher $g$ ein ganzzahliges Vielfaches von $u$ sein; die ganze Zahl $j = g/u$ gibt die Anzahl der Restklassen von $\mathfrak{G}$ nach $\mathfrak{U}$ an. Da die Untergruppe $\mathfrak{U}$ in $\mathfrak{G}$ beliebig gewählt werden kann, ergibt sich also

**Satz 11.** *Für eine endliche Gruppe $\mathfrak{G}$ ist die Ordnung jeder Untergruppe ein Teiler der Ordnung der ganzen Gruppe. Der Quotient beider Ordnungen ist der Index der Untergruppe in $\mathfrak{G}$.*

*Beispiel.* Die alternierende Gruppe $\mathfrak{A}_n$ ist nach Satz 8 eine Untergruppe vom Index 2 in $\mathfrak{S}_n$. Denn für ihre Ordnungen gilt $n! = 2 \cdot \dfrac{n!}{2}$. Die Zerlegung von $\mathfrak{S}_n$ in Restklassen nach $\mathfrak{A}_n$ ist

$$\mathfrak{S}_n = \mathfrak{A}_n + \mathfrak{A}_n P,$$

wo $P$ irgendeine der ungeraden Permutationen bezeichnet. Die Restklasse $\mathfrak{A}_n$ enthält alle geraden, $\mathfrak{A}_n P$ alle ungeraden Permutationen.

**12. Normalteiler und Faktorgruppe.** Für eine besondere Art von Untergruppen gibt es Restklassenzerlegungen einer Gruppe, bei denen die Restklassen selbst als Elemente einer Gruppe aufgefaßt werden können. Wir beweisen hierfür zunächst

**Satz 12.** *Ist $\mathfrak{U}$ eine Untergruppe, $T$ ein Element einer Gruppe $\mathfrak{G}$, so ist der Komplex[1] $\mathfrak{U}^T = T^{-1}\mathfrak{U}T$ auch eine Untergruppe von $\mathfrak{G}$.*

*Beweis.* Wir benutzen Satz 9 und zeigen, daß $\mathfrak{U}^T$ den Bedingungen (32a) und (32b) genügt. Da $\mathfrak{U}$ eine Untergruppe, also $\mathfrak{U}^2 \subseteq \mathfrak{U}$ ist, folgt nach den Rechenregeln für Komplexe ($T$ wird auch als Komplex angesehen):

$$(\mathfrak{U}^T)^2 = T^{-1}\mathfrak{U}T \cdot T^{-1}\mathfrak{U}T = T^{-1}\mathfrak{U}^2 T \subseteq T^{-1}\mathfrak{U}T = \mathfrak{U}^T,$$

d. h. $\mathfrak{U}^T$ erfüllt (32a). Ferner gilt $\mathfrak{U}^{-1} \subseteq \mathfrak{U}$, also auf Grund der Definition des inversen Komplexes und unter Benutzung von (10) (vgl. Bemerkung in Nr. 6):

$$(\mathfrak{U}^T)^{-1} = (T^{-1}\mathfrak{U}T)^{-1} = T^{-1}\mathfrak{U}^{-1}T \subseteq T^{-1}\mathfrak{U}T = \mathfrak{U}^T,$$

so daß auch (32b) für $\mathfrak{U}^T$ erfüllt ist.

**Definition.** *Die Untergruppen $\mathfrak{U}^T$ von $\mathfrak{G}$ mit $T \in \mathfrak{G}$ heißen die zu $\mathfrak{U}$ in $\mathfrak{G}$ **konjugierten Untergruppen.** Stimmen alle diese mit $\mathfrak{U}$ überein, so heißt $\mathfrak{U}$ eine **invariante Untergruppe** oder ein **Normalteiler** von $\mathfrak{G}$.*

*Beispiel.* $\mathfrak{A}_n$ ist eine invariante Untergruppe von $\mathfrak{S}_n$. Denn für jedes $T$ aus $\mathfrak{S}_n$ besteht $T^{-1}\mathfrak{A}_n T$ aus den Permutationen $T^{-1}AT$ mit $A \in \mathfrak{A}_n$, und mittels (4) folgt

$$\zeta(T^{-1}AT) = \zeta(T^{-1})\,\zeta(A)\,\zeta(T) = \zeta(T^{-1})\,\zeta(T)\zeta(A)$$

$$= \zeta(E)\,\zeta(A) = \zeta(A) = +1.$$

Daher ist $T^{-1}AT \in \mathfrak{A}_n$ für jedes $A$ aus $\mathfrak{A}_n$ und jedes $T$ aus $\mathfrak{S}_n$, d. h. es ist $T^{-1}\mathfrak{A}_n T = \mathfrak{A}_n$ für jedes $T$ aus $\mathfrak{S}_n$.

**Satz 13.** *Ist $\mathfrak{U}$ eine invariante Untergruppe der endlichen oder abzählbar-unendlichen Gruppe $\mathfrak{G}$, so bilden die rechtsseitigen Restklassen von $\mathfrak{G}$ nach $\mathfrak{U}$ hinsichtlich der für Komplexe definierten Multiplikation eine Gruppe.*

---

[1] Das Zeichen $\mathfrak{U}^T$ wird gelesen: $\mathfrak{U}$ oben $T$.

*Beweis.* Es seien $\mathfrak{U}G_\varrho$ und $\mathfrak{U}G_\sigma$ zwei beliebige Restklassen der Zerlegung (33) von $\mathfrak{G}$ nach $\mathfrak{U}$. Dann ist, da $\mathfrak{U}$ invariant ist, stets $G_\varrho^{-1}\mathfrak{U}G_\varrho = \mathfrak{U}$, also $\mathfrak{U}G_\varrho = G_\varrho\mathfrak{U}$ und daher nach (32c)

$$(\mathfrak{U}G_\varrho)\,(\mathfrak{U}G_\sigma) = \mathfrak{U}\,(G_\varrho\,\mathfrak{U})\,G_\sigma = \mathfrak{U}\,(\mathfrak{U}G_\varrho)\,G_\sigma = \mathfrak{U}^2 G_\varrho G_\sigma = \mathfrak{U}G_\varrho G_\sigma. \qquad (35)$$

Da $\mathfrak{G}$ eine Gruppe ist, ist das Produkt $G_\varrho G_\sigma$ ein eindeutig bestimmtes Element $G_\tau$ von $\mathfrak{G}$. Mit $G_\varrho G_\sigma = G_\tau$ folgt dann aus (35)

$$(\mathfrak{U}G_\varrho)\,(\mathfrak{U}G_\sigma) = \mathfrak{U}G_\tau.$$

Das Produkt zweier rechtsseitigen Restklassen nach $\mathfrak{U}$ ist also in eindeutig bestimmter Form wieder eine Restklasse nach $\mathfrak{U}$. Ferner ist die Restklassenmultiplikation assoziativ, da für die Multiplikation der Restklassenvertreter als Elemente von $\mathfrak{G}$ das assoziative Gesetz gilt. Das Einselement ist die Restklasse $\mathfrak{U}E = \mathfrak{U}$; denn es gilt für jede Restklasse $\mathfrak{U}G_\varrho$ da $\mathfrak{U}$ Normalteiler ist,

$$\mathfrak{U}G_\varrho \cdot \mathfrak{U} = \mathfrak{U} \cdot G_\varrho\mathfrak{U} = \mathfrak{U} \cdot \mathfrak{U}G_\varrho = \mathfrak{U}^2 \cdot G_\varrho = \mathfrak{U}G_\varrho.$$

Und die Restklasse $\mathfrak{U}G_\varrho^{-1}$ ist zu $\mathfrak{U}G_\varrho$ invers, da

$$\mathfrak{U}G_\varrho \cdot \mathfrak{U}G_\varrho^{-1} = \mathfrak{U} \cdot G_\varrho\mathfrak{U} \cdot G_\varrho^{-1} = \mathfrak{U}^2 \cdot G_\varrho G_\varrho^{-1} = \mathfrak{U}E = \mathfrak{U}$$

ist. Damit sind alle vier Gruppenforderungen als erfüllt nachgewiesen.

**Definition.** *Die (im Falle einer invarianten Untergruppe $\mathfrak{U}$ von $\mathfrak{G}$ existierende) Gruppe der Restklassen von $\mathfrak{G}$ nach $\mathfrak{U}$ heißt die* **Faktorgruppe** *von $\mathfrak{G}$ nach $\mathfrak{U}$, in Zeichen:* $\mathfrak{G}/\mathfrak{U}$ *(gelesen: $\mathfrak{G}$ nach $\mathfrak{U}$).*

Ist die Faktorgruppe eine endliche Gruppe, so ist ihre Ordnung gleich dem Index von $\mathfrak{U}$ in $\mathfrak{G}$.

*Beispiel.* Die Faktorgruppe $\mathfrak{S}_n/\mathfrak{A}_n$ hat die Ordnung 2 und besteht aus den beiden Restklassen $\mathfrak{A}_n$ und $\mathfrak{A}_n P$, wo $\zeta(P) = -1$ ist. Es ist $\mathfrak{A}_n \cdot \mathfrak{A}_n = \mathfrak{A}_n$, $\mathfrak{A}_n P \cdot \mathfrak{A}_n = \mathfrak{A}_n \cdot \mathfrak{A}_n P = \mathfrak{A}_n P$ und $\mathfrak{A}_n P \cdot \mathfrak{A}_n P = \mathfrak{A}_n P^2 = \mathfrak{A}_n$; denn $P^2$ gehört, da $\zeta(P^2) = \big(\zeta(P)\big)^2 = 1$ ist, zu $\mathfrak{A}_n$.

**13. Gruppentafel.** Man ordne die vier Produkte, die man aus den zwei Elementen der Gruppe $\mathfrak{S}_n/\mathfrak{A}_n$ bilden kann, in einer Tabelle an, indem man in den Schnittpunkt je einer Zeile und Spalte das Produkt der beiden Elemente schreibt, die am Eingang der betreffenden Zeile bzw. Spalte stehen:

|            | $\mathfrak{A}_n$ | $\mathfrak{A}_n P$ |
|------------|------------------|--------------------|
| $\mathfrak{A}_n$   | $\mathfrak{A}_n$   | $\mathfrak{A}_n P$ |
| $\mathfrak{A}_n P$ | $\mathfrak{A}_n P$ | $\mathfrak{A}_n$   |

In entsprechender Form läßt sich für jede endliche Gruppe eine Tabelle herstellen, die sog. *Gruppentabelle* oder *Gruppentafel*. Hat $\mathfrak{G}$ die Ordnung $g$ und sind $E, A_1, A_2, \ldots, A_{g-1}$ ihre Elemente, so ordne man die Produkte $A_\varkappa A_\lambda$ $(\varkappa, \lambda = 0, 1, \ldots, g-1; A_0 = E)$ in einer quadratischen Tabelle mit $g^2$ Feldern an. Für $\varkappa = 0, 1, \ldots, g-1$ enthält die $(\varkappa + 1)$-te Zeile die Produkte $A_\varkappa A_\lambda$ ($\varkappa$ fest; $\lambda = 0, 1, \ldots, g-1$). Sie heiße die *Zeile* $A_\varkappa$. In der *Spalte* $A_\lambda$ stehen dann die Produkte $A_\varkappa A_\lambda$ ($\lambda$ fest; $\varkappa = 0, 1, \ldots, g-1$).

Die praktische Durchführung ist natürlich auf Gruppen niedriger Ordnung beschränkt. Doch ist die Gruppe durch Angabe ihrer Gruppentafel vollständig bestimmt. Die Gruppenforderungen wirken sich in der Gruppentafel in der Weise aus, daß in jeder Zeile und Spalte jedes Gruppenelement genau einmal vorkommt. Denn die Elemente der Zeile $A_\varkappa$ bzw. Spalte $A_\lambda$ sind von der Form $A_\varkappa X$ bzw. $X A_\lambda$, wo $X$ alle Elemente der Gruppe durchläuft. Ist nun $A$ ein beliebiges Element von $\mathfrak{G}$, so sind die Gleichungen

$$A_\varkappa X = A \quad \text{bzw.} \quad X A_\lambda = A$$

stets eindeutig lösbar, nämlich durch $X = A_\varkappa^{-1} A$ bzw. $X = A A_\lambda^{-1}$. Dies zeigt, daß in der Zeile $A_\varkappa$ bzw. Spalte $A_\lambda$ jedes der $g$ Elemente von $\mathfrak{G}$ vorkommt. Da aber jede Zeile und jede Spalte nur $g$ Plätze hat, kann kein Element mehrfach auftreten.

Der Gruppentafel kann man leicht zu jedem Element das Inverse entnehmen ($A_\varkappa$ und $A_\lambda$ sind zueinander invers, wenn im Schnittpunkt der Zeile $A_\varkappa$ und Spalte $A_\lambda$ das Einselement $E$ steht), ferner etwaige Untergruppen (deren Elemente bilden eine Gruppentafel für sich innerhalb der ganzen Tafel). Ist $\mathfrak{G}$ speziell eine abelsche Gruppe, so ist $A_\varkappa A_\lambda = A_\lambda A_\varkappa$ für jedes Paar $\varkappa, \lambda$ und daher die Gruppentafel symmetrisch zur Hauptdiagonale.

**Beispiel.** Die *Vierergruppe* $\mathfrak{V}$. Diese besteht aus den vier Permutationen in vier Symbolen

$$E = \begin{pmatrix} 1 & 2 & 3 & 4 \\ 1 & 2 & 3 & 4 \end{pmatrix}, \quad A_1 = \begin{pmatrix} 1 & 2 & 3 & 4 \\ 2 & 1 & 4 & 3 \end{pmatrix},$$

$$A_2 = \begin{pmatrix} 1 & 2 & 3 & 4 \\ 3 & 4 & 1 & 2 \end{pmatrix}, \quad A_3 = \begin{pmatrix} 1 & 2 & 3 & 4 \\ 4 & 3 & 2 & 1 \end{pmatrix}.$$

Als Gruppentafel erhält man:

|       | $E$   | $A_1$ | $A_2$ | $A_3$ |
|-------|-------|-------|-------|-------|
| $E$   | $E$   | $A_1$ | $A_2$ | $A_3$ |
| $A_1$ | $A_1$ | $E$   | $A_3$ | $A_2$ |
| $A_2$ | $A_2$ | $A_3$ | $E$   | $A_1$ |
| $A_3$ | $A_3$ | $A_2$ | $A_1$ | $E$   |

Die Existenz dieser Tabelle ist zugleich der Beweis dafür, daß $\mathfrak{V}$ wirklich eine Gruppe bildet. Da die vier Permutationen sämtlich gerade sind, ist $\mathfrak{V}$ eine Untergruppe (vom Index 3) von $\mathfrak{A}_4$. Wie man der Tabelle entnimmt, ist $\mathfrak{V}$ eine abelsche Gruppe und hat neben $E$ noch die drei Untergruppen $E, A_1; E, A_2; E, A_3$.

Es muß noch bemerkt werden, daß die Gruppentafel von der gewählten Reihenfolge der Gruppenelemente abhängt. Eine Änderung dieser Reihenfolge bewirkt eine Vertauschung der Zeilen und der entsprechenden Spalten der Tafel. Selbstverständlich werden Gruppentafeln, die sich nur durch die Anordnung der Zeilen und Spalten unterscheiden, nicht als verschieden angesehen.

**14. Iso- und Homomorphismus.** Nach Konstruktion enthält die Gruppentafel einer endlichen Gruppe in jeder Zeile und jeder Spalte jedes Gruppenelement genau einmal. In jeder Zeile und Spalte der Gruppentafel steht also eine Permutation der Gruppenelemente $E, A_1, A_2, \ldots, A_{g-1}$. Diese Tatsache ist von großer Bedeutung für die Theorie der endlichen Gruppen. Es gilt nämlich[1]

**Satz 14.** *Jede endliche Gruppe $\mathfrak{G}$ läßt sich eineindeutig auf eine Gruppe von Permutationen abbilden, die die gleiche Gruppentafel besitzt wie $\mathfrak{G}$.*

*Beweis.* Man ordne jedem Element $A_\lambda$ von $\mathfrak{G}$ die Permutation

$$P(A_\lambda) = \begin{pmatrix} E & A_1 & A_2 & \cdots & A_{g-1} \\ A_\lambda & A_1 A_\lambda & A_2 A_\lambda & \cdots & A_{g-1} A_\lambda \end{pmatrix}$$

zu, die in der Spalte $A_\lambda$ der Gruppentafel steht und umgekehrt. Dann gelten für je zwei Elemente $A_\lambda, A_\mu$ von $\mathfrak{G}$ die Zuordnungen

$$A_\lambda \longleftrightarrow P(A_\lambda), \quad A_\mu \longleftrightarrow P(A_\mu), \quad A_\lambda A_\mu \longleftrightarrow P(A_\lambda A_\mu) \tag{36}$$

[gelesen: $A_\lambda$ entspricht $P(A_\lambda)$ und umgekehrt]. Nun ist aber, wie man sofort nachrechnet,

$$P(A_\lambda A_\mu) = P(A_\lambda)\, P(A_\mu).$$

Dies zeigt erstens, daß die Gesamtheit der Permutationen $P(A_\lambda)$ eine Gruppe $\mathfrak{G}'$ der Ordnung $g$ bildet, mit dem Einselement $P(E)$ und dem inversen $P(A_\lambda^{-1})$ zu $P(A_\lambda)$, und zweitens, daß die Zuordnung (36) eine Abbildung von $\mathfrak{G}$ auf $\mathfrak{G}'$ darstellt, bei der $A_\lambda A_\mu$ in $P(A_\lambda)\, P(A_\mu)$ übergeht. Die Zuordnung (36) hat also die Eigenschaft:

$$\text{Aus } A_\lambda \longleftrightarrow P(A_\lambda),\ A_\mu \longleftrightarrow P(A_\mu) \text{ folgt } A_\lambda A_\mu \longleftrightarrow P(A_\lambda)\, P(A_\mu) \tag{37}$$

für $\lambda, \mu = 0, 1, 2, \ldots, g-1$. Dies bedeutet aber, daß die Gruppentafel, abgesehen von der Bezeichnung der Elemente, für beide Gruppen dieselbe ist.

Die Zuordnung (36) mit der Eigenschaft (37) gibt Anlaß zu der folgenden allgemeineren

---

[1] Zum Begriff der eineindeutigen Abbildung siehe VIII, Nr. 5.

**Definition.** *Zwei Gruppen $\mathfrak{G}$ und $\mathfrak{G}'$ heißen **isomorph**, in Zeichen:*

$$\mathfrak{G} \simeq \mathfrak{G}' \ (gelesen:\ \mathfrak{G}\ isomorph\ \mathfrak{G}'),$$

*wenn es eine eineindeutige Zuordnung der Elemente von $\mathfrak{G}$ und $\mathfrak{G}'$ zueinander gibt, bei der dem Produkt zweier Elemente das Produkt der zugeordneten Elemente entspricht. Die Zuordnung selbst heißt ein **Isomorphismus**.*

Insbesondere sind endliche Gruppen, die die gleiche Gruppentafel haben, isomorph, wofür Satz 14 ein Beispiel liefert. Ein Beispiel für isomorphe unendliche Gruppen erhält man, wenn man für $\mathfrak{G}$ die Gruppe der reellen Zahlen (mit der Addition als Verknüpfung), für $\mathfrak{G}'$ die Gruppe der ebenen Drehungen um einen festen Punkt nimmt. Sind $\varrho, \sigma$ reelle Zahlen und $\varphi, \psi$ Drehwinkel, etwa in Graden gemessen, so hat die Zuordnung

$$\varrho \longleftrightarrow \varphi, \quad \sigma \longleftrightarrow \psi$$

die verlangte Eigenschaft: $\varrho + \sigma \longleftrightarrow \varphi + \psi$.

Man pflegt isomorphe Gruppen nicht als verschieden anzusehen. Sie gelten als verschiedene Exemplare derselben Art, die sich lediglich durch die Natur ihrer Elemente unterscheiden.

Die Beziehung des Isomorphseins genügt den drei Grundgesetzen A einer Gleichheitsbeziehung (vgl. I, Nr. 1):

1. Jede Gruppe ist zu sich selbst isomorph.
2. Ist $\mathfrak{G} \simeq \mathfrak{G}'$, so auch $\mathfrak{G}' \simeq \mathfrak{G}$.
3. Ist $\mathfrak{G} \simeq \mathfrak{G}'$ und $\mathfrak{G}' \simeq \mathfrak{G}''$, so auch $\mathfrak{G} \simeq \mathfrak{G}''$.

Die Gültigkeit der beiden ersten Gesetze folgt unmittelbar aus der Definition. Auch das dritte ergibt sich sofort. Sind nämlich $G, H \in \mathfrak{G}$, $G', H' \in \mathfrak{G}'$ und $G'', H'' \in \mathfrak{G}''$ Paare entsprechender Elemente, so folgt aus

$$G \longleftrightarrow G', \quad H \longleftrightarrow H' \quad \text{mit} \quad GH \longleftrightarrow G'H'$$

und

$$G' \longleftrightarrow G'', \quad H' \longleftrightarrow H'' \quad \text{mit} \quad G'H' \longleftrightarrow G''H''$$

stets auch die Zuordnung

$$G \longleftrightarrow G'', \quad H \longleftrightarrow H'' \quad \text{mit} \quad GH \longleftrightarrow G''H''.$$

Ist die Zuordnung nicht umkehrbar eindeutig, entspricht also zwar jedem Element von $\mathfrak{G}$ genau ein Element von $\mathfrak{G}'$, aber jedem Element von $\mathfrak{G}'$ mindestens ein Element von $\mathfrak{G}$, so heißen, falls wieder dem Produkt zweier Elemente von $\mathfrak{G}$ das Produkt der zugeordneten Elemente in $\mathfrak{G}'$ entspricht, $\mathfrak{G}$ und $\mathfrak{G}'$ **homomorph**, in Zeichen: $\mathfrak{G} \sim \mathfrak{G}'$ (gelesen: $\mathfrak{G}$ homomorph $\mathfrak{G}'$).

**Satz 15.** *Ist $\mathfrak{G} \sim \mathfrak{G}'$ und $\mathfrak{N} \subseteq \mathfrak{G}$ die Gesamtheit der Elemente von $\mathfrak{G}$, die dem Einselement von $\mathfrak{G}'$ entsprechen, so ist $\mathfrak{N}$ Normalteiler und die Faktorgruppe $\mathfrak{G}/\mathfrak{N} \simeq \mathfrak{G}'$.*

*Beweis.* Für jedes $G \in \mathfrak{G}$ sei $G'$ das zugeordnete Element in $\mathfrak{G}$, in Zeichen $G \to G'$ (gelesen: $G$ entspricht $G'$). Dann gilt, da jedem Element von $\mathfrak{G}$ genau ein Element in $\mathfrak{G}'$ entspricht,

$$G = GE = EG \to G' = G'E' = E'G',$$

d. h. $E'$ ist das Einselement von $\mathfrak{G}'$. Aus $A \to E'$, $B \to E'$ folgt nun $AB \to E'E' = E'$, d. h. $\mathfrak{N}^2 \subseteq \mathfrak{N}$. Ferner ergibt sich aus $A \to E'$ und $E = AA^{-1} \to E'(A^{-1})' = E'$, daß $(A^{-1})' = E'$ ist; also gilt auch $A^{-1} \to E'$, d. h. $\mathfrak{N}^{-1} \subseteq \mathfrak{N}$. Nach Satz 9 ist daher $\mathfrak{N}$ Untergruppe von $\mathfrak{G}$. Schließlich gilt für jedes $G \in \mathfrak{G}$ und jedes $A \in \mathfrak{N}$

$$G^{-1}AG \to (G^{-1})'E'G' = (G^{-1})'G' = (G^{-1}G)' = E'.$$

Mithin ist $\mathfrak{N}$ sogar Normalteiler. Es sei nun [vgl. (33)]

$$\mathfrak{G} = \mathfrak{N} + \mathfrak{N}G_1 + \mathfrak{N}G_2 + \cdots.$$

Dann stellt die eineindeutige Zuordnung $\mathfrak{N} \leftrightarrow E'$, $\mathfrak{N}G_i \leftrightarrow G_i'$ $(i = 1, 2, \ldots)$ einen Isomorphismus von $\mathfrak{G}/\mathfrak{N}$ und $\mathfrak{G}'$ dar. Denn mittels (35) folgt:

$$\mathfrak{N}G_i \cdot \mathfrak{N}G_j = \mathfrak{N}G_iG_j \leftrightarrow (G_iG_j)' = G_i' \cdot G_j'.$$

**15. Zyklische Gruppen.** Die Gruppen mit der einfachsten Struktur sind die zyklischen Gruppen, auf die wir noch kurz eingehen wollen. Wir knüpfen an das Potenzieren von Permutationen in Nr. 5 und die Bemerkung in Nr. 6 an, daß die in Nr. 5 abgeleiteten Eigenschaften nicht nur für Permutationen, sondern für die Elemente einer beliebigen Gruppe $\mathfrak{G}$ gelten.

**Definition.** *Ein Element $A$ einer Gruppe $\mathfrak{G}$ heißt **von endlicher Ordnung,** wenn es eine Potenz von $A$ gibt, die gleich dem Einselement wird. Die kleinste positive ganze Zahl $a$ mit $A^a = E$ heißt dann die **Ordnung von $A$** in $\mathfrak{G}$.*

**Satz 16.** *In einer endlichen Gruppe $\mathfrak{G}$ ist jedes Element von endlicher Ordnung.*

*Beweis.* Ist $A = E$, so ist die Ordnung von $A$ gleich 1. Für $A \neq E$ bilde man die Potenzen

$$A, A^2, A^3, \ldots, A^p, \ldots \tag{38}$$

Alle diese Potenzen sind Elemente von $\mathfrak{G}$. Da aber $\mathfrak{G}$ nur endlich viele Elemente enthält, können die Potenzen (38) nicht alle verschieden ausfallen. Es sei $A^{p+1}$ die niedrigste Potenz von $A$, die einer früheren Potenz der Folge (38) gleich ist, etwa $A^{p+1} = A^q$. Dann muß $q = 1$ sein. Wäre $q > 1$, so wäre $A^p = A^{q-1}$, wo $A^{q-1}$ noch der Folge (38) angehört, und es wäre bereits $A^p$ einer früheren der Potenzen (38) gleich, im Widerspruch zur Definition von $A^{p+1}$. Es ist also $A^{p+1} = A$, d. h. $A^p = E$. Dies $p$ gibt zugleich die Ordnung von $A$. Denn aus $A^{p'} = E$ mit $p' < p$ folgt $A^{p'+1} = A$, was nicht zutrifft.

*Beispiele.* Wie man der Gruppentafel der Vierergruppe $\mathfrak{V}$ entnimmt, hat $E$ (wie in jeder Gruppe) die Ordnung 1, dagegen haben $A_1, A_2, A_3$

je die Ordnung 2. In einer unendlichen Gruppe braucht nicht jedes Element eine Ordnung zu haben. In der Gruppe aller reellen Zahlen außer 0 mit der Multiplikation als Verknüpfung haben nur $+1$ und $-1$ eine Ordnung (1 bzw. 2). In der Gruppe der ebenen Drehungen um einen festen Punkt (vgl. Nr. 6) haben nur die Drehungen mit einem Drehwinkel $\varphi$ eine Ordnung, der ein rationales Vielfaches von $2\pi$ ist. Im Falle $\varphi = \dfrac{m}{n}\,2\pi$ mit teilerfremden $m$ und $n$ ist die Ordnung gleich $n$.

**Satz 17.** *Ist $A$ ein Element der Ordnung $a$ einer Gruppe $\mathfrak{G}$, so bilden die Potenzen $E,\,A,\,A^2,\,\ldots,\,A^{a-1}$ eine Untergruppe von $\mathfrak{G}$.*

*Beweis.* Aus $A^a = E$ folgt $A^{a+\alpha} = A^\alpha$ für jede ganze Zahl $\alpha \geqq 0$. In der Folge (38) wiederholen sich also die Elemente $A,\,A^2,\,\ldots,\,A^a = E$ periodisch, und alle Potenzen von $A$, deren Exponenten sich um ein (ganzes) Vielfaches von $a$ unterscheiden, sind einander gleich. Daher ist $A^\alpha A^\beta = A^{\alpha+\beta}$ stets wieder eine der Potenzen $E,\,A,\,\ldots,\,A^{a-1}$. Ferner gehört $E$ dazu und das inverse Element zu $A^\alpha$. Denn dieses ist $A^{a-\alpha}$, da $A^{a-\alpha}A^\alpha = E$ ist.

**Definition.** *Lassen sich alle Elemente einer Gruppe als Potenzen eines einzigen von ihnen ausdrücken, so heißt die Gruppe eine* **zyklische Gruppe** *und das betreffende Element ein die Gruppe* **erzeugendes Element.**

Eine zyklische Gruppe ist stets abelsch, da [vgl. (22)] je zwei Potenzen des erzeugenden Elements miteinander vertauschbar sind.

Nach Satz 17 erzeugt jedes Element der Ordnung $a$ einer Gruppe $\mathfrak{G}$ eine zyklische Untergruppe der Ordnung $a$ von $\mathfrak{G}$. Nach Satz 11 ist daher die Ordnung jedes Elements einer endlichen Gruppe ein Teiler der Ordnung der Gruppe.

**Beispiel.** Eine Permutation heiße *zyklisch*, wenn bei ihrer Anwendung jedes der Symbole $1,\,2,\,\ldots,\,n$ (die man sich auf einem Kreise angeordnet denke) um dieselbe Anzahl $\alpha$ nach rechts verschoben wird, in Zeichen:

$$A_\alpha = \begin{pmatrix} 1 & 2 & \cdots & n \\ \alpha+1 & \alpha+2 & \cdots & \alpha+n \end{pmatrix} = \begin{pmatrix} \nu \\ \alpha+\nu \end{pmatrix},$$

wobei, sobald $\alpha + \nu > n$, etwa $\alpha + \nu = n + \mu$ ist, $\alpha + \nu = \mu$ gesetzt wird. Die $n$ zyklischen Permutationen, die sich für $\alpha = 1,\,2,\,\ldots,\,n$ ergeben, bilden eine Gruppe, also eine Untergruppe von $\mathfrak{S}_n$. Es ist nämlich

$$A_\alpha A_\beta = \begin{pmatrix} \nu \\ \alpha+\nu \end{pmatrix}\begin{pmatrix} \nu \\ \beta+\nu \end{pmatrix} = \begin{pmatrix} \nu \\ \alpha+\nu \end{pmatrix}\begin{pmatrix} \alpha+\nu \\ \beta+\alpha+\nu \end{pmatrix} = \begin{pmatrix} \nu \\ \alpha+\beta+\nu \end{pmatrix} = A_{\alpha+\beta}. \quad (39)$$

Ferner ist $A_n = E$ und $A_\alpha^{-1} = A_{n-\alpha}$, da

$$\begin{pmatrix} \nu \\ \alpha+\nu \end{pmatrix}\begin{pmatrix} \nu \\ n-\alpha+\nu \end{pmatrix} = \begin{pmatrix} \nu \\ \alpha+\nu \end{pmatrix}\begin{pmatrix} \alpha+\nu \\ n-\alpha+(\alpha+\nu) \end{pmatrix} = \begin{pmatrix} \nu \\ n+\nu \end{pmatrix} = \begin{pmatrix} \nu \\ \nu \end{pmatrix} = E$$

ist. Diese Untergruppe der Ordnung $n$ von $\mathfrak{S}_n$ ist eine zyklische Gruppe. Sie wird durch die Permutation

$$A_1 = \begin{pmatrix} 1 & 2 & \cdots & n-1 & n \\ 2 & 3 & \cdots & n & 1 \end{pmatrix} = \begin{pmatrix} \nu \\ 1+\nu \end{pmatrix}$$

erzeugt. Denn es ist

$$A_1^2 = \begin{pmatrix} \nu \\ 1+\nu \end{pmatrix}\begin{pmatrix} 1+\nu \\ 1+(1+\nu) \end{pmatrix} = \begin{pmatrix} \nu \\ 2+\nu \end{pmatrix} = A_2$$

und allgemein, falls $A_1^{\alpha-1} = A_{\alpha-1}$ bereits nachgewiesen ist,

$$A_1^\alpha = A_1 A_1^{\alpha-1} = \begin{pmatrix} \nu \\ 1+\nu \end{pmatrix}\begin{pmatrix} \nu \\ \alpha-1+\nu \end{pmatrix}$$

$$= \begin{pmatrix} \nu \\ 1+\nu \end{pmatrix}\begin{pmatrix} 1+\nu \\ \alpha-1+(1+\nu) \end{pmatrix} = \begin{pmatrix} \nu \\ \alpha+\nu \end{pmatrix} = A_\alpha.$$

Speziell ist $A_1^n = A_n = E$ und $n$ die Ordnung von $A_1$. Ist $d$ ein Teiler von $n$, so hat $A_d$ die Ordnung $n/d$. Denn es ist erst

$$(A_d)^{\frac{n}{d}} = (A_1^d)^{\frac{n}{d}} = A_1^n = E.$$

Die Gl. (39) zeigt noch, daß

$$A_\alpha A_\beta = A_{\alpha+\beta} = A_{\beta+\alpha} = A_\beta A_\alpha,$$

also die zyklische Gruppe, wie es sein muß, abelsch ist.

## Kapitel VII.

# Matrizen und lineare Substitutionen.

### § 1. Quadratische Matrizen.

**1. Gleichheit und Addition.** Der Begriff der Matrix ist uns von den Kapiteln über Determinanten und lineare Gleichungen her vertraut. Matrizen haben sich jedoch auch in anderen Gebieten der Mathematik sowie in der theoretischen Physik als notwendiges Hilfsmittel erwiesen; sogar Wirtschaftswissenschaften und Genetik haben sich die Vorteile der Matrizenrechnung zunutze gemacht. Aber schon um ihrer selbst willen lohnt es sich, sich eingehender mit Matrizen zu beschäftigen.

Wir betrachten zunächst *quadratische Matrizen* $n$-ten Grades, d. h. $n$, $n$-reihige Matrizen

$$A = \begin{pmatrix} a_{11} & a_{12} & \cdots & a_{1n} \\ a_{21} & a_{22} & \cdots & a_{2n} \\ \cdot & \cdot & \cdots & \cdot \\ a_{n1} & a_{n2} & \cdots & a_{nn} \end{pmatrix} = (a_{ik}),$$

wobei die Indizes $i, k$ je die Werte $1, 2, \ldots, n$ durchlaufen. Die Elemente $a_{ik}$ sollen Zahlen eines Körpers $K$ sein, der als *Grundkörper* der Matrix $A$ bezeichnet wird.

Für die Determinante von $A$ benutzen wir im folgenden die Bezeichnung

$$d(A) = |A| = |a_{ik}| \tag{1}$$

(gelesen: Determinante von $A$ bzw. Determinante der $a_{ik}$). Die senkrechten Striche leiten sich aus der Bezeichnung III, (31) her und haben mit denen eines Absolutbetrages nichts zu tun.

Ist $A$ eine Matrix über $K$, so ist $|A|$ eine Zahl aus $K$, da die Determinante (vgl. IV, Nr. 22) eine ganze rationale Funktion ihrer Elemente ist.

**Definition.** *Zwei $n, n$-reihige Matrizen $A = (a_{ik})$, $B = (b_{ik})$ heißen einander* **gleich,** *wenn entsprechende Elemente übereinstimmen:*

$$A = B, \quad wenn \quad a_{ik} = b_{ik} \quad (i, k = 1, 2, \ldots, n). \tag{2}$$

Aus der Definition folgt unmittelbar, daß diese Gleichheitsbeziehung die drei Grundgesetze A (vgl. I, Nr. 1) erfüllt.

**Definition.** *Unter der* **Summe** *zweier $n, n$-reihigen Matrizen versteht man diejenige Matrix, deren Elemente die Summe je zwei entsprechender Elemente der Summanden sind:*

$$A = (a_{ik}), \quad B = (b_{ik}), \quad A + B = (a_{ik} + b_{ik}) \quad (i, k = 1, 2, \ldots, n). \tag{3}$$

**2. Rechenregeln für die Addition.** Wir prüfen auch hier die Gültigkeit der Grundgesetze (I, Nr. 1).

**Satz 1.** *Die Addition quadratischer Matrizen genügt den Grundgesetzen B der Arithmetik.*

*Beweis.* Für die Addition von Zahlen sind die Grundgesetze B erfüllt. Daher folgt:

**a)** Es gilt das Monotoniegesetz: Mit $(a_{ik}) = (b_{ik})$ und beliebigen $(c_{ik})$ ist

$$A + C = (a_{ik} + c_{ik}) = (b_{ik} + c_{ik}) = B + C. \tag{4}$$

**b)** Es gilt das kommutative Gesetz:

$$A + B = (a_{ik} + b_{ik}) = (b_{ik} + a_{ik}) = B + A. \tag{5}$$

**c)** Es gilt das assoziative Gesetz:

$$A + [B + C] = (a_{ik} + [b_{ik} + c_{ik}]) = ([a_{ik} + b_{ik}] + c_{ik}) = [A + B] + C. \tag{6}$$

Damit sind B. 1, B. 2 und B. 3 für die Addition von Matrizen als gültig nachgewiesen. Dem Nachweis der Gültigkeit von B. 4 schicken wir folgende Betrachtung voraus: Die Gleichung zwischen Matrizen

$$A + X = A, \tag{7}$$

in der $A = (a_{ik})$ gegeben, $X = (x_{ik})$ gesucht ist, bedeutet nach (2)

$$a_{ik} + x_{ik} = a_{ik} \quad (i, k = 1, 2, \ldots, n).$$

Jede dieser Gleichungen zwischen Zahlen hat nur die Lösung $x_{ik} = 0$. Folglich hat auch die Gl. (7) eine und nur eine Lösung; die gesuchte Matrix $X$ ist die aus lauter Nullen bestehende $n, n$-reihige Matrix.

**Definition.** *Jede Matrix, deren Elemente sämtlich gleich $0$ sind (gleichgültig, wieviel Zeilen und Spalten sie besitzt), heißt eine **Null-matrix** und wird ebenfalls mit $0$ bezeichnet.*

Die Lösung der Gl. (7) ist also die $n, n$-reihige Nullmatrix $X = 0$. Folglich gilt nach (5) und (7) für jede $n, n$-reihige Matrix $A$

$$A + 0 = 0 + A = A. \tag{8}$$

Mit der unbekannten Matrix $Y = (y_{ik})$ betrachte man nun die Matrizengleichung bzw. das Gleichungensystem

$$A + Y = 0, \quad \text{d. h.} \quad a_{ik} + y_{ik} = 0 \quad (i, k = 1, 2, \ldots, n). \tag{9}$$

Lösung des Systems ist $y_{ik} = -a_{ik}$ $(i, k = 1, 2, \ldots, n)$, so daß man für (9) auch eine eindeutig bestimmte Matrizenlösung $Y = (-a_{ik})$ erhält, die aus $A$ hervorgeht, indem jedes Element mit $-1$ multipliziert wird. Die so erhaltene Matrix wird mit $-A$ bezeichnet. Nach (9) und (5) gilt also

$$A + (-A) = -A + A = 0. \tag{10}$$

**d)** Die Addition der quadratischen Matrizen ist eindeutig umkehr-bar. Hätte nämlich für zwei $n, n$-reihige Matrizen $A, B$ die Gleichung

$$A + X = B \tag{11}$$

zwei Lösungen $X_1, X_2$, so wäre $A + X_1 = A + X_2$, d. h. $X_1 = X_2$, wenn man beiderseits $-A$ hinzufügt und (10) und (6) benutzt. Anderer-seits ist nach (5), (6) und (10)

$$A + [B + (-A)] = A + [-A + B] = A + (-A) + B = B.$$

Also ist $X = B + (-A)$ eine Lösung von (11). Damit ist auch die Gültigkeit von B. 4 nachgewiesen und der Beweis von Satz 1 voll-ständig.

Nach der Definition (3) der Summe ist

$$B + (-A) = (b_{ik} - a_{ik}) \quad (i, k = 1, 2, \ldots, n).$$

Daher setzt man $B + (-A) = B - A$ und nennt $B - A$ die **Diffe-renz** der quadratischen Matrizen $B$ und $A$. Der Fall $B - A = 0$ ist, da man beiderseits $A$ hinzufügen kann, nach (6), (10) und (8) gleich-bedeutend mit $B = A$.

*Beispiel.* Für $n = 2$ und

$$A = \begin{pmatrix} 2 & -1 \\ 3 & 0 \end{pmatrix}, \quad B = \begin{pmatrix} 1 & 2 \\ 4 & -1 \end{pmatrix}$$

erhält man

$$A + B = \begin{pmatrix} 3 & 1 \\ 7 & -1 \end{pmatrix}, \quad -A = \begin{pmatrix} -2 & 1 \\ -3 & 0 \end{pmatrix}, \quad B - A = \begin{pmatrix} -1 & 3 \\ 1 & -1 \end{pmatrix}.$$

**3. Multiplikation.** Wir definieren wie beim Rechnen mit Zahlenreihen (II, Nr. 2 und Nr. 6) zwei Arten von Multiplikationen: Produkte zwischen einer Zahl und einer Matrix und Produkte von Matrizen.

**Definition.** *Ist $t$ eine Zahl, $A$ eine $n, n$-reihige Matrix, so versteht man unter dem **Vielfachen** $tA$ oder $At$ die Matrix, die sich ergibt, wenn jedes Element von $A$ mit $t$ multipliziert wird:*

$$A = (a_{ik}), \quad At = tA = (t\,a_{ik}) \quad (i, k = 1, 2, \ldots, n). \tag{12}$$

*Beispiele.* $t = -1, \ -1 \cdot A = -A; \ t = 0, \ 0 \cdot A = 0.$

Für diese Multiplikation gelten, wie aus der Definition und den entsprechenden Gesetzen für Zahlen unmittelbar folgt, das kommutative Gesetz $tA = At$, das assoziative Gesetz

$$s(tA) = (st)A = (sA)t \tag{13}$$

und unter Benutzung von (3) auch die distributiven Gesetze

$$(s + t)A = sA + tA, \quad t(A + B) = tA + tB, \tag{14}$$

wo $s, t$ Zahlen und $A, B$ Matrizen bedeuten.

**Definition.** *Unter dem **Produkt** zweier quadratischen Matrizen $A$ und $B$ versteht man diejenige Matrix, deren Elemente die Produkte der Zeilen von $A$ mit den Spalten von $B$ sind:*

$$A = (a_{ik}), \ B = (b_{ik}), \ AB = \left( \sum_{j=1}^{n} a_{ij}\, b_{jk} \right) \ (i, k = 1, 2, \ldots, n). \tag{15}$$

Diese Art der Verknüpfung haben wir schon in III, Nr. 23 bei der Multiplikation von Determinanten $n$-ter Ordnung kennengelernt. Während aber dort *vier* Möglichkeiten für die Bildung der (formalen) Produkte (II, Nr. 6) zugelassen sind (Zeilen oder Spalten des ersten Faktors mit Zeilen oder Spalten des zweiten Faktors), ist für die Bildung des Matrizenprodukts $AB$ nur *eine* ganz bestimmte der vier Möglichkeiten festgelegt: *Das Element in der $i$-ten Zeile und $k$-ten Spalte von $AB$ ist das (formale) Produkt der $i$-ten Zeile von $A$ mit der $k$-ten Spalte von $B$.*

*Beispiel.* Für die Matrizen $A, B$ des Beispiels von Nr. 2 ist

$$AB = \begin{pmatrix} -2 & 5 \\ 3 & 6 \end{pmatrix}, \quad BA = \begin{pmatrix} 8 & -1 \\ 5 & -4 \end{pmatrix}. \tag{16}$$

**4. Rechenregeln für die Multiplikation.** Es fragt sich nun, wieweit die Grundgesetze C der Arithmetik (I, Nr. 1) für die Multiplikation von quadratischen Matrizen Gültigkeit behalten.

**Regel 1.** *Die Multiplikation von Matrizen gleichen Grades erfüllt das schwache Monotoniegesetz der Multiplikation:*

$$Aus \quad A = B \quad folgt \quad AC = BC. \tag{17}$$

Dies ergibt sich sofort aus (2) und (15).

**Regel 2.** *Die Multiplikation von Matrizen erfüllt nicht das kommutative Gesetz.*

Dies zeigt bereits das Beispiel (16).

**Regel 3.** *Die Multiplikation von quadratischen Matrizen genügt dem assoziativen Gesetz. Für je drei Matrizen gleichen Grades $A$, $B$, $C$ ist*

$$A(BC) = (AB)C. \tag{18}$$

Für $A = (a_{ik})$, $B = (b_{ik})$, $C = (c_{ik})$ ist nämlich

$$AB = \left( \sum_{j=1}^{n} a_{ij}\, b_{jk} \right) \quad (i, k = 1, 2, \ldots, n)$$

$$BC = \left( \sum_{l=1}^{n} b_{jl}\, c_{lk} \right) \quad (j, k = 1, 2, \ldots, n).$$

Folglich erhält man für das Element an der Stelle $i$, $k$ von $(AB)C$ und $A(BC)$:

$$\sum_{l=1}^{n} \left( \sum_{j=1}^{n} a_{ij}\, b_{jl} \right) c_{lk} = \sum_{j,\,l=1}^{n} a_{ij}\, b_{jl}\, c_{lk} = \sum_{j=1}^{n} a_{ij} \left( \sum_{l=1}^{n} b_{jl}\, c_{lk} \right),$$

in beiden Fällen also denselben Wert. Dies gilt für $i$, $k = 1, 2, \ldots, n$, d. h. für je zwei entsprechende Elemente von $(AB)C$ und $A(BC)$.

**Regel 4.** *Addition und Multiplikation quadratischer Matrizen genügen den beiden Distributivgesetzen*

$$A(B + C) = AB + AC, \quad (A + B)C = AC + BC \tag{19}$$

*für je drei Matrizen gleichen Grades $A$, $B$, $C$.*

Denn mit den Bezeichnungen von Regel 3 ist

$$A(B + C) = \left( \sum_{j=1}^{n} a_{ij}\,(b_{jk} + c_{jk}) \right)$$

$$= \left( \sum_{j=1}^{n} a_{ij}\, b_{jk} \right) + \left( \sum_{j=1}^{n} a_{ij}\, c_{jk} \right) = AB + AC,$$

$$(A + B)C = \left( \sum_{j=1}^{n} (a_{ij} + b_{ij})\, c_{jk} \right)$$

$$= \left( \sum_{j=1}^{n} a_{ij}\, c_{jk} \right) + \left( \sum_{j=1}^{n} b_{ij}\, c_{jk} \right) = AC + BC.$$

**Regel 5.** *Die Determinante des Produkts zweier quadratischen Matrizen ist gleich dem Produkt der Determinanten der Faktoren:*

$$|AB| = |A| \cdot |B|. \tag{20}$$

Denn nach dem Multiplikationssatz (III, Nr. 23) ist in der dort benutzten Bezeichnungsweise ($B'$ bedeutet die Transponierte zu $B$)

$$d(A, B) = d(A, B') \quad \text{und} \quad d(A, B') = d(A)\, d(B') = d(A)\, d(B).$$

Hieraus folgt (20) nach (1) unmittelbar.

**5. Die Einheitsmatrix.** Es ist nun noch die Frage nach der Umkehrbarkeit der Multiplikation offen. Wir behandeln zunächst die Gleichung

$$AX = A \tag{21}$$

und suchen Matrizen $X = (x_{ik})$, die für *jede* $n, n$-reihige Matrix $A = (a_{ik})$ die Gleichung erfüllen. Das bedeutet, daß die Zahlengleichungen

$$\sum_{j=1}^{n} a_{ij}\, x_{jk} = a_{ik} \quad (i, k = 1, 2, \ldots, n) \tag{22}$$

für jede $n, n$-reihige Matrix $A$ gelten müssen, also insbesondere für $A = E$, wo

$$E = \begin{pmatrix} 1 & 0 & \cdots & 0 \\ 0 & 1 & \cdots & 0 \\ \cdot & \cdot & \cdots & \cdot \\ 0 & 0 & \cdots & 1 \end{pmatrix} = (e_{ik}) \tag{23}$$

die Matrix $n$-ten Grades mit den Elementen

$$e_{ik} = \begin{cases} 1 & \text{für} \quad i = k \\ 0 & \text{für} \quad i \neq k \end{cases} \quad (i, k = 1, 2, \ldots, n) \tag{24}$$

ist. Für $a_{ik} = e_{ik}$ gehen nach (24) die Gl. (22) in

$$x_{ik} = e_{ik} \quad (i, k = 1, 2, \ldots, n)$$

über. Damit ist gezeigt: Wenn es eine Lösung $X$ gibt, die die Gl. (21) für jede $n, n$-reihige Matrix $A$ erfüllt, so kann es nur $X = E$ sein. Da nun nach (24)

$$\sum_{j=1}^{n} a_{ij}\, e_{jk} = a_{ik} \quad \text{für} \quad i, k = 1, 2, \ldots, n$$

gilt, ist $X = E$ tatsächlich eine (und folglich die einzige) Lösung von (21). Ferner ist nach (24)

$$\sum_{j=1}^{n} e_{ij}\, a_{jk} = a_{ik} \quad \text{für} \quad i, k = 1, 2, \ldots, n.$$

Neben $AE = A$ gilt also auch $EA = A$.

**Definition.** *Die Matrix $E = (e_{ik})$ mit den Elementen (24) heißt die* **Einheitsmatrix $n$-ten Grades.** *Sie ist dadurch gekennzeichnet, daß*

$$AE = EA = A \tag{25}$$

*für jede $n, n$-reihige Matrix $A$ gilt.*

**Folgerung.** Mittels der Einheitsmatrix $E$ läßt sich das Produkt einer Matrix mit einer Zahl auch als Produkt zweier Matrizen schreiben. Mit

$$tE = \begin{pmatrix} t & 0 & \cdots & 0 \\ 0 & t & \cdots & 0 \\ \cdot & \cdot & \cdots & \cdot \\ 0 & 0 & \cdots & t \end{pmatrix} \tag{26}$$

ist nämlich, wie man mittels (15) leicht bestätigt:

$$tA = tE \cdot A = A \cdot tE = At. \tag{27}$$

Hiermit kann man die Gesetze (13) und (14) aus (18) bzw. (19) noch einmal ableiten. Insbesondere erhält man so das zweite assoziative Gesetz für die Multiplikation einer Matrix mit einer Zahl:

$$t(AB) = (tA)B = A(tB). \tag{28}$$

Denn aus (18) und (27) folgt

$$(tA)B = (tE \cdot A)B = tE(AB) = t(AB)$$
$$= (A \cdot tE)B = A(tE \cdot B) = A(tB).$$

**6. Die inverse Matrix.** Wir untersuchen als nächstes die Gleichungen

$$AX = E \quad \text{und} \quad XA = E, \tag{29}$$

in denen $A = (a_{ik})$ eine feste quadratische, $E$ die Einheitsmatrix $n$-ten Grades bedeutet.

**Satz 2.** *Jede der Gl. (29) hat dann und nur dann eine Lösung, wenn die Determinante von $A$ von $0$ verschieden ist.*

*Beweis.* a) Wenn es eine Lösung $X$ für eine der Gl. (29) gibt, so folgt mittels (20) aus (29)

$$|AX| = |A| \cdot |X| = |X| \cdot |A| = |XA| = |E| = 1 \neq 0.$$

Daher kann in $|A| \cdot |X|$ kein Faktor verschwinden; insbesondere muß $|A| \neq 0$ sein.

b) Wenn $|A| \neq 0$ ist, kann man eine Lösung von (29) direkt angeben. Es sei $\mathsf{A} = (\alpha_{ik})$ die Adjungierte zu $A$ (vgl. III, Nr. 24), $\mathsf{A}'$ die Transponierte zu $\mathsf{A}$ (vgl. III, Nr. 4). Dann ist

$$X = \frac{1}{|A|}\, \mathsf{A}' \tag{30}$$

eine Lösung beider Gl. (29). Es ist nämlich nach (28), (15) und III, (47)

$$A \cdot \frac{1}{|A|}\, \mathsf{A}' = \frac{1}{|A|}\, A\, \mathsf{A}' = \frac{1}{|A|}\left(\sum_{j=1}^{n} a_{ij}\,\alpha_{kj}\right) = \frac{1}{|A|} \cdot |A|\, E = E.$$

Die Lösung (30) von $AX = E$ wird mit $A^{-1}$ bezeichnet. Es ist also

$$A^{-1} = \frac{1}{|A|}\begin{pmatrix} \alpha_{11} & \alpha_{21} & \cdots & \alpha_{n1} \\ \alpha_{12} & \alpha_{22} & \cdots & \alpha_{n2} \\ \cdot & \cdot & \cdots & \cdot \\ \alpha_{1n} & \alpha_{2n} & \cdots & \alpha_{nn} \end{pmatrix} \quad \text{und} \quad A A^{-1} = E. \tag{31}$$

Dieses $A^{-1}$ löst aber zugleich auch $XA = E$. Denn es ist

$$A^{-1}A = \frac{1}{|A|}\, \mathsf{A}'\, A = \frac{1}{|A|}\left(\sum_{j=1}^{n} \alpha_{ji}\, a_{jk}\right) = \frac{1}{|A|} \cdot |A|\, E = E, \tag{32}$$

wobei insbesondere III, (48) benutzt wird.

**Satz 3.** *Jede der Gl. (29) hat für $|A| \neq 0$ eine und nur eine Lösung.*

*Beweis.* Nach Satz 2 ist bei $|A| \neq 0$ mindestens eine Lösung vorhanden. Angenommen, es wäre

$$A X_1 = E \quad \text{und} \quad A X_2 = E \quad \text{bzw.} \quad Y_1 A = E \quad \text{und} \quad Y_2 A = E.$$

Dann erhielte man durch Subtraktion der Gleichungen nach (19)

$$A X_1 - A X_2 = A (X_1 - X_2) = 0 \quad \text{bzw.} \quad Y_1 A - Y_2 A = (Y_1 - Y_2) A = 0$$

und hieraus durch links- bzw. rechtsseitige Multiplikation mit $A^{-1}$ nach (18), (32) bzw. (31) und (25)

$$A^{-1} A (X_1 - X_2) = X_1 - X_2 = 0, \quad \text{d. h.} \quad X_1 = X_2,$$

bzw.

$$(Y_1 - Y_2) A A^{-1} = Y_1 - Y_2 = 0, \quad \text{d. h.} \quad Y_1 = Y_2.$$

**Definition.** *Ist $A$ eine quadratische Matrix und $|A| \neq 0$, so heißt die durch (31) gegebene Matrix $A^{-1}$ die* **inverse Matrix zu $A$.** *Sie ist gekennzeichnet durch*

$$A^{-1} A = A A^{-1} = E. \qquad (33)$$

*Beispiele.* Für $n = 2$ und die Matrizen

$$A = \begin{pmatrix} 2 & 3 \\ -1 & 1 \end{pmatrix}, \quad B = \begin{pmatrix} 2 & 3 \\ 4 & 6 \end{pmatrix}, \quad C = \begin{pmatrix} 1 & 0 \\ 0 & -1 \end{pmatrix}$$

ist $|A| = 5, |B| = 0, |C| = -1$. Daher gibt es zu $A$ und $C$ je eine inverse Matrix, zu $B$ dagegen nicht. Man bilde

$$\mathsf{A} = \begin{pmatrix} 1 & 1 \\ -3 & 2 \end{pmatrix}, \quad \mathsf{\Gamma} = \begin{pmatrix} -1 & 0 \\ 0 & 1 \end{pmatrix}.$$

Dann ist

$$A^{-1} = \frac{1}{5} \begin{pmatrix} 1 & -3 \\ 1 & 2 \end{pmatrix} = \begin{pmatrix} \frac{1}{5} & -\frac{3}{5} \\ \frac{1}{5} & \frac{2}{5} \end{pmatrix}, \quad C^{-1} = - \begin{pmatrix} -1 & 0 \\ 0 & 1 \end{pmatrix} = \begin{pmatrix} 1 & 0 \\ 0 & -1 \end{pmatrix}.$$

Die Probe mittels (15) zeigt:

$$A A^{-1} = \begin{pmatrix} 2 & 3 \\ -1 & 1 \end{pmatrix} \begin{pmatrix} \frac{1}{5} & -\frac{3}{5} \\ \frac{1}{5} & \frac{2}{5} \end{pmatrix} = \begin{pmatrix} 1 & 0 \\ 0 & 1 \end{pmatrix} = E.$$

Man prüfe selbst, daß auch $A^{-1} A = E$ ist. Wie man sieht, ist in unserem Beispiel $C = C^{-1}$, also $C^2 = E$ und daher ohne Rechnung klar, daß $C C^{-1} = C^{-1} C = E$ ist.

**7. Nullteiler.** Beim Rechnen mit Zahlen ist einer der ersten und wichtigsten Sätze, daß ein Produkt nur verschwindet, wenn mindestens einer der Faktoren die 0 ist (vgl. I, Sätze 1 und 2). Dies trifft für Matrizen nicht mehr zu.

**Definition.** *Zwei Matrizen gleichen Grades $A$ und $B$ heißen miteinander* **vertauschbar,** *wenn $A B = B A$ ist.*

Nach (25) bzw. (33) ist die Einheitsmatrix $n$-ten Grades mit jeder $n, n$-reihigen Matrix und eine solche Matrix stets mit ihrer inversen (falls diese existiert) vertauschbar.

Ein weiteres Beispiel sind die Matrizen

$$A = \begin{pmatrix} 1 & 1 \\ 0 & 0 \end{pmatrix}, \quad B = \begin{pmatrix} 0 & -1 \\ 0 & 1 \end{pmatrix}.$$

Für diese ist $AB = BA = 0$. Dieses Beispiel zeigt außerdem, daß *ein Produkt zweier Matrizen verschwinden kann, ohne daß einer der Faktoren die Nullmatrix ist.* Wir müssen also beim Rechnen mit Matrizen nicht nur auf das kommutative Gesetz verzichten, sondern auch auf den schon genannten Satz 2 von Kapitel I.

**Definition.** *Eine Matrix $A \neq 0$ heißt **Nullteiler**, wenn es eine Matrix $B \neq 0$ so gibt, daß $AB = 0$ ist.*

Man kann lediglich mit einer einschränkenden Voraussetzung die Aussage von I, Satz 2 auch für Matrizen aufrechterhalten.

**Satz 4.** *Das Produkt zweier quadratischen Matrizen, in dem die Determinante des einen Faktors von 0 verschieden ist, ist dann und nur dann gleich 0, wenn der andere Faktor 0 ist.*

*Beweis.* Ist $AB = 0$ und $|A| \neq 0$, so folgt durch Multiplikation mit $A^{-1}$ von links $B = 0$ nach (18) und (33). Umgekehrt ist stets $A \cdot 0 = 0$.

**8. Umkehrung der Multiplikation.** Da das kommutative Gesetz der Multiplikation nicht erfüllt ist, hat man bei der Multiplikation von Matrizen, wie wir es ähnlich bei den Permutationen (VI, Nr. 4) festgestellt haben, zwei Arten, eine *linksseitige* und eine *rechtsseitige Multiplikation* zu unterscheiden. Dementsprechend formulieren wir

**Satz 5.** *Sind $A, B, C$ Matrizen $n$-ten Grades und ist $|A| \neq 0$, $|C| \neq 0$, so hat die Gleichung*

$$AXC = B \tag{34}$$

*stets eine und nur eine Lösung $X$.*

*Beweis.* Nach Voraussetzung existieren $A^{-1}$ und $C^{-1}$. Wenn also die Gl. (34) eine Lösung $X$ hat, so folgt durch Multiplikation mit $A^{-1}$ von links und $C^{-1}$ von rechts notwendig

$$X = A^{-1}BC^{-1}. \tag{35}$$

Und dies $X$ ist tatsächlich eine Lösung von (34). Denn es ist

$$A(A^{-1}BC^{-1})C = (AA^{-1})B(CC^{-1}) = EBE = B.$$

**Regel 6.** *Beide Arten der Multiplikation quadratischer Matrizen, die linksseitige wie die rechtsseitige, sind, wenn überhaupt, dann ein-*

*deutig umkehrbar. Sind A und B quadratische Matrizen und ist* $|A| \neq 0$, *so hat jede der Gleichungen*

$$AX = B \tag{36a}$$

*und*

$$YA = B \tag{36b}$$

*eine und nur eine Lösung.*

Setzt man nämlich $C = E$ in (34), so gibt (35) die eindeutig bestimmte Lösung

$$X = A^{-1}B. \tag{37a}$$

Setzt man in (34) jedoch $A = E$, $X = Y$ und $C = A$, so folgt als eindeutig bestimmte Lösung aus (35)

$$Y = BA^{-1}. \tag{37b}$$

Die beiden Lösungen (37a) und (37b) sind, wie man ohne Mühe beweist, dann und nur dann einander gleich, wenn $A$ und $B$ vertauschbar sind.

Damit ist geklärt, wieweit das Grundgesetz C. 5 für die Matrizenmultiplikation Gültigkeit behält. Die Divisionsaufgaben (36a) und (36b) sind für $|A| \neq 0$ beide eindeutig lösbar. Man erhält einen *rechtsseitigen* und einen *linksseitigen* „Quotienten" (37a) bzw. (37b). Wegen dieser Zweiseitigkeit ist die Schreibweise als Bruch $B/A$ nicht anwendbar.

*Beispiel.* Für die Matrizen des Beispiels in Nr. 6 führen die Divisionsaufgaben $AX = B$ bzw. $YA = B$ auf die Quotienten

$$X = A^{-1}B = \begin{pmatrix} \dfrac{1}{5} & -\dfrac{3}{5} \\[2mm] \dfrac{1}{5} & \dfrac{2}{5} \end{pmatrix} \begin{pmatrix} 2 & 3 \\ 4 & 6 \end{pmatrix} = \begin{pmatrix} -2 & -3 \\ 2 & 3 \end{pmatrix}$$

bzw.

$$Y = BA^{-1} = \begin{pmatrix} 2 & 3 \\ 4 & 6 \end{pmatrix} \begin{pmatrix} \dfrac{1}{5} & -\dfrac{3}{5} \\[2mm] \dfrac{1}{5} & \dfrac{2}{5} \end{pmatrix} = \begin{pmatrix} 1 & 0 \\ 2 & 0 \end{pmatrix}.$$

Die Gleichung $AXC = B$ hat die Lösung

$$X = A^{-1}BC^{-1} = \begin{pmatrix} \dfrac{1}{5} & -\dfrac{3}{5} \\[2mm] \dfrac{1}{5} & \dfrac{2}{5} \end{pmatrix} \begin{pmatrix} 2 & 3 \\ 4 & 6 \end{pmatrix} \begin{pmatrix} 1 & 0 \\ 0 & -1 \end{pmatrix} = \begin{pmatrix} -2 & 3 \\ 2 & -3 \end{pmatrix}.$$

Man prüfe die Ergebnisse durch Einsetzen!

**Satz 6.** *Sind A und B Matrizen gleichen Grades über einem Grundkörper K und ist t eine Zahl aus K, so sind* $A + B$, $A - B$, $tA$, $AB$ *und, falls* $|A| \neq 0$ *ist, auch* $A^{-1}B$ *und* $BA^{-1}$ *Matrizen über K.*

*Beweis.* Nach den Definitionen (3), (12), (15), (31) werden auf die Elemente von $A$ und $B$ nur rationale Rechenoperationen angewandt.

**9. Weitere Regeln.** Von den Regeln für Determinanten, die Anlaß zu einer Regel für Matrizen geben, haben wir den Multiplikationssatz, der auf die Regel 5 führt, bereits herangezogen. Eine weitere Folgerung ist

**Regel 7.** *Ist $A$ eine quadratische Matrix und $|A| \neq 0$, so ist*

$$|A^{-1}| = \frac{1}{|A|}. \tag{38}$$

Da nämlich $AA^{-1} = E$ ist, so folgt aus (20)

$$|A| \cdot |A^{-1}| = |AA^{-1}| = |E| = 1$$

und hieraus (38), indem man durch $|A| \neq 0$ dividiert.

**Folgerung.** *Mit $|A| \neq 0$ ist auch $|A^{-1}| \neq 0$.*

**Regel 8.** *Ist $A$ eine quadratische Matrix vom Grade $n$ und $t$ eine Zahl, so ist*

$$|tA| = t^n |A|. \tag{39}$$

Denn nach (12) und III, Regel 5' kann man aus jeder Zeile der Determinante $|tA|$ den Faktor $t$ herausziehen, aus $n$ Zeilen also den Faktor $t^n$.

*Beispiel.* Es ist $|-A| = (-1)^n |A|$.

Aus (1) und III, (36) folgt

**Regel 9.** *Ist $A$ eine quadratische Matrix, $A'$ ihre Transponierte, so ist*

$$|A| = |A'|. \tag{40}$$

**Regel 10.** *Ist $A$ eine quadratische Matrix und $|A| \neq 0$, so ist*

$$(A')^{-1} = (A^{-1})'. \tag{41}$$

Denn nach (31) ist

$$A^{-1} = \frac{1}{|A|}\, \mathbf{A}', \quad \text{also} \quad (A^{-1})' = \frac{1}{|A|}\, \mathbf{A}.$$

Daher folgt, indem man (31) für $A'$ benutzt:

$$(A')^{-1} = \frac{1}{|A'|}\, (\mathbf{A}')' = \frac{1}{|A|}\, \mathbf{A} = (A^{-1})'.$$

**Regel 11.** *Sind $A$, $B$ quadratische Matrizen und $|A| \neq 0$, $|B| \neq 0$, so ist*

$$(AB)^{-1} = B^{-1}A^{-1}. \tag{42}$$

Denn nach (33) braucht man nur zu zeigen, daß

$$(AB)\, B^{-1}A^{-1} = A(BB^{-1})A^{-1} = AEA^{-1} = AA^{-1} = E$$

ist, was hiermit geschehen ist.

**10. Charakteristische Matrix. Eigenwerte.** Es sei $A = (a_{ik})$ eine quadratische, $E$ die Einheitsmatrix $n$-ten Grades und $x$ eine Veränderliche. Man bilde nach (26) und (3) die Matrix

$$xE - A = \begin{pmatrix} x - a_{11} & -a_{12} & \cdots & -a_{1n} \\ -a_{21} & x - a_{22} & \cdots & -a_{2n} \\ \vdots & \vdots & \cdots & \vdots \\ -a_{n1} & -a_{n2} & \cdots & x - a_{nn} \end{pmatrix}. \tag{43}$$

**Satz 7.** *Die Determinante der Matrix* $xE - A$ *ist ein normiertes Polynom in* $x$ *vom Grade* $n$:

$$|xE - A| = x^n - c_1 x^{n-1} + c_2 x^{n-2} - + \cdots + (-1)^n c_n. \qquad (44)$$

*Hierin ist der Koeffizient* $c_\nu$ *(abgesehen vom Vorzeichen) gleich der Summe der Hauptunterdeterminanten $\nu$-ter Ordnung von* $A$.

*Beweis.* Ist $\mathfrak{a}_i$ die $i$-te Spalte von $A$ und $\mathfrak{x}_i$ die $i$-te Spalte von $-xE$, so wird, wenn man noch (39) beachtet,

$$D = |xE - A| = (-1)^n |-xE + A| = (-1)^n d(\mathfrak{x}_1 + \mathfrak{a}_1, \ldots, \mathfrak{x}_n + \mathfrak{a}_n).$$

Nach III, Regel 7″, folgt weiter

$$D = (-1)^n \sum d(\mathfrak{b}_1, \ldots, \mathfrak{b}_n) \quad \text{mit} \quad \mathfrak{b}_i = \mathfrak{x}_i \quad \text{oder} \quad \mathfrak{b}_i = \mathfrak{a}_i,$$

wo die Summe aus $2^n$ Summanden besteht, die sich ergeben, wenn man für $\mathfrak{b}_i$ jede der beiden Möglichkeiten $\mathfrak{x}_i$ oder $\mathfrak{a}_i$ einsetzt ($i = 1, 2, \ldots, n$). Durch geeignetes Ordnen der Summanden erhält man

$$D = (-1)^n \sum_{i=1}^{n} \sum_{1 \le \mu_1 < \cdots < \mu_i \le n} D_{\mu_1 \ldots \mu_i} + (-1)^n d(\mathfrak{a}_1, \ldots, \mathfrak{a}_n).$$

Hierbei bedeutet $D_{\mu_1 \ldots \mu_i}$ denjenigen Summanden $d(\mathfrak{b}_1, \ldots, \mathfrak{b}_n)$, bei dem $\mathfrak{b}_k = \mathfrak{x}_k$ ist für $k = \mu_1, \ldots, \mu_i$, und $\mathfrak{b}_k = \mathfrak{a}_k$ für $k \neq \mu_1, \ldots, \mu_i$ ($k = 1, 2, \ldots, n$); die innere Summe erstreckt sich bei festem $i$ über alle Kombinationen $\mu_1, \ldots, \mu_i$ mit $1 \le \mu_1 < \mu_2 \cdots < \mu_i \le n$. Für $i = n$ ist

$$D_{\mu_1 \mu_2 \ldots \mu_n} = D_{12 \ldots n} = d(\mathfrak{x}_1, \mathfrak{x}_2, \ldots, \mathfrak{x}_n) = (-1)^n x^n.$$

Für $i < n$ entwickelt man $D_{\mu_1 \ldots \mu_i}$ nacheinander nach den Spalten mit den Nummern $\mu_1, \ldots, \mu_i$. Dann folgt

$$D_{\mu_1 \ldots \mu_i} = (-x)^i d_{\mu_1 \ldots \mu_i}(A),$$

wo rechts die durch *Streichung* der $\mu_1$-ten, $\ldots$, $\mu_i$-ten Zeile und Spalte hervorgehende Hauptunterdeterminante von $A$ steht (V, Nr. 6). Damit hat man schließlich

$$D = (-1)^{2n} x^n + \sum_{i=1}^{n-1} (-1)^{n+i} x^i \sum_{\mu_1 \ldots \mu_i} d_{\mu_1 \ldots \mu_i}(A) + (-1)^n d(\mathfrak{a}_1, \ldots, \mathfrak{a}_n)$$

$$= \sum_{i=0}^{n} (-1)^{n+i} x^i c_{n-i} = \sum_{\nu=0}^{n} (-1)^\nu c_\nu x^{n-\nu}$$

mit $c_0 = 1$, $c_n = d(\mathfrak{a}_1, \ldots, \mathfrak{a}_n)$ und $c_{n-i} = \sum_{\mu_1 \ldots \mu_i} d_{\mu_1 \ldots \mu_i}(A)$ für $i = 1, 2, \ldots, n-1$. Es ist also, wenn $\varkappa_1, \ldots, \varkappa_\nu$ die von $\mu_1, \ldots, \mu_{n-\nu}$ verschiedenen der Zahlen $1, 2, \ldots, n$ bedeuten:

$$c_\nu = \sum_{\varkappa_1 < \cdots < \varkappa_\nu} \begin{vmatrix} a_{\varkappa_1 \varkappa_1} & \cdots & a_{\varkappa_1 \varkappa_\nu} \\ \cdot & \cdots & \cdot \\ a_{\varkappa_\nu \varkappa_1} & \cdots & a_{\varkappa_\nu \varkappa_\nu} \end{vmatrix},$$

wo über alle Kombinationen zu je $\nu$ der Zeilen $\varkappa_1 < \varkappa_2 < \cdots < \varkappa_\nu$ und der Spalten mit denselben Nummern zu summieren ist. Der Leser mache sich den Beweis etwa an dem Spezialfall $n = 3$ klar.

Insbesondere ist

$$c_n = |A| = |a_{\varkappa\lambda}|. \tag{45}$$

Dies Resultat folgt auch direkt aus (44). Setzt man nämlich dort $x = 0$, so erhält man

$$|-A| = (-1)^n c_n,$$

woraus sich (45) auf Grund von (39) ergibt.

**Definition.** *Die Matrix* $xE - A$ *heißt die* **charakteristische Matrix** *zu* $A$, *das Polynom* $\varphi(x) = |xE - A|$ *das* **charakteristische Polynom** *oder die* **charakteristische Funktion** *von* $A$. *Von den Koeffizienten heißt*

$$c_1 = \sum_{\nu=1}^{n} a_{\nu\nu}, \text{ die } \textbf{Spur,} \; c_n = |a_{\varkappa\lambda}| \text{ die } \textbf{Norm der Matrix } A. \text{ Die Gleichung}$$

$\varphi(x) = 0$ *nennt man die* **charakteristische Gleichung,** *ihre Wurzeln die* **charakteristischen Wurzeln** *oder* **Eigenwerte** *von* $A$.

*Beispiele.* 1. Es sei $n = 3$ und

$$A = \begin{pmatrix} 1 & \frac{1}{2} & \frac{3}{2} \\ 0 & 1 & 1 \\ 2 & -1 & 1 \end{pmatrix}. \tag{46}$$

Dann ist

$$xE - A = \begin{pmatrix} x-1 & -\frac{1}{2} & -\frac{3}{2} \\ 0 & x-1 & -1 \\ -2 & 1 & x-1 \end{pmatrix},$$

$$c_1 = 1+1+1 = 3, \quad c_2 = \begin{vmatrix} 1 & \frac{1}{2} \\ 0 & 1 \end{vmatrix} + \begin{vmatrix} 1 & \frac{3}{2} \\ 2 & 1 \end{vmatrix} + \begin{vmatrix} 1 & 1 \\ -1 & 1 \end{vmatrix} = 1; \quad c_3 = |A| = 0,$$

$$\varphi(x) = |xE - A| = x^3 - 3x^2 + x.$$

Die charakteristische Gleichung

$$x^3 - 3x^2 + x = x(x^2 - 3x + 1) = 0$$

hat die Wurzeln

$$x_1 = 0, \quad x_2 = \frac{3}{2} + \frac{1}{2}\sqrt{5}, \quad x_3 = \frac{3}{2} - \frac{1}{2}\sqrt{5}.$$

Diese Zahlen sind die Eigenwerte der Matrix (46).

2. Es sei $n$ beliebig und $A$ eine Dreiecksmatrix (vgl. III, Nr. 22):

$$A = \begin{pmatrix} a_{11} & 0 & \cdots & 0 \\ a_{21} & a_{22} & \cdots & 0 \\ \cdot & \cdot & \cdots & \cdot \\ a_{n1} & a_{n2} & \cdots & a_{nn} \end{pmatrix},$$

also

$$xE - A = \begin{pmatrix} x - a_{11} & 0 & \cdots & 0 \\ -a_{21} & x - a_{22} & \cdots & 0 \\ \cdot & \cdot & \cdots & \cdot \\ -a_{n1} & -a_{n2} & \cdots & x - a_{nn} \end{pmatrix}$$

$$\varphi(x) = |xE - A| = (x - a_{11})(x - a_{22}) \cdots (x - a_{nn}).$$

In diesem Fall sind die Elemente der Hauptdiagonale die charakteristischen Wurzeln der Matrix.

**11. Ähnlichkeit.** Für das Arbeiten mit Matrizen ist neben der Relation der Gleichheit noch eine weitere, diese enthaltende Relation, die Ähnlichkeit zweier Matrizen, von Bedeutung.

**Definition.** *Zwei quadratische Matrizen gleichen Grades A und B heißen einander **ähnlich**, wenn es eine quadratische Matrix P mit $|P| \neq 0$ so gibt, daß*

$$B = P^{-1}AP \tag{47}$$

*ist. Man sagt auch, B geht durch **Ähnlichkeitstransformation** aus A hervor.*

Nach (47) ist, genauer formuliert, *B ähnlich zu A*. Daß trotzdem die Definition der Ähnlichkeit als einer *wechselseitigen* Beziehung zu Recht besteht, ist dadurch gewährleistet, daß die Ähnlichkeitsrelation den drei Grundgesetzen A der Arithmetik (vgl. I, Nr. 1) genügt.

a) Jede (quadratische) Matrix ist zu sich selbst ähnlich, da $A = E^{-1}AE$ ist.

b) Ist $B$ zu $A$ ähnlich, so ist auch $A$ zu $B$ ähnlich. Denn aus $B = P^{-1}AP$ folgt

$$A = PBP^{-1} = Q^{-1}BQ \quad \text{mit} \quad Q = P^{-1}.$$

c) Ist $B$ zu $A$ und $C$ zu $B$ ähnlich, so ist auch $C$ zu $A$ ähnlich. Ist nämlich $B = P^{-1}AP$, $C = Q^{-1}BQ$, so folgt mit Benutzung von (42)

$$C = Q^{-1}(P^{-1}AP)Q = (PQ)^{-1}A(PQ).$$

**Satz 8.** *Ähnliche Matrizen haben dieselbe charakteristische Funktion, also auch dieselbe charakteristische Gleichung und dieselben Eigenwerte.*

*Beweis.* Ist $B = P^{-1}AP$, so ist nach (19)

$$xE - B = xE - P^{-1}AP = xP^{-1}EP - P^{-1}AP = P^{-1}(xE - A)P$$

und daher nach (20) und (38)

$$|xE - B| = |P^{-1}| \cdot |xE - A| \cdot |P| = |xE - A|.$$

**12. Gruppeneigenschaft der Matrizen.** Dem Leser wird es nicht entgangen sein, daß die Multiplikation der quadratischen Matrizen mit der uns von Kapitel VI her bekannten Multiplikation der Permutationen vieles gemeinsam hat. Wir werden den Zusammenhang noch genau klären und wollen zunächst nur beweisen, daß auch die Matrizen eine Gruppe bilden.

**Satz 9.** *Die Gesamtheit der quadratischen Matrizen $n$-ten Grades mit von 0 verschiedener Determinante über einem Zahlkörper $K$ bildet hinsichtlich der Multiplikation eine nichtabelsche unendliche Gruppe.*

*Beweis.* Die Gruppenforderungen 1 und 2 sind erfüllt, da das Produkt zweier quadratischen Matrizen über $K$ nach Satz 6 wieder eine solche Matrix ist, ferner nach (20) die Determinante des Produkts von 0 verschieden und nach (18) die Matrizenmultiplikation assoziativ ist. Die Einheitsmatrix $n$-ten Grades (23) hat die Determinante 1 (nach III, Nr. 22), und nach (38) und Satz 6 ist auch jede der inversen Matrizen eine Matrix über $K$ mit von 0 verschiedener Determinante. Sie gehören daher ebenfalls der betrachteten Gesamtheit an, und mit (25) und (33) sind auch die Gruppenforderungen 3 und 4 erfüllt.

Die Gruppe der Matrizen $n$-ten Grades $A$ mit $|A| \neq 0$ über $K$ heiße $\mathfrak{M}_n(K)$. So erhält man für jede ganze Zahl $n \geq 1$ und jede Wahl des Grundkörpers $K$ mit $\mathfrak{M}_n(K)$ eine Gruppe. Diese ist für jedes $n > 1$ nichtabelsch, weil das kommutative Gesetz für die Matrizenmultiplikation nicht gilt, und ist eine unendliche Gruppe, weil sie z. B. sämtliche Matrizen $tE$ enthält, wo $t$ alle Zahlen $\neq 0$ aus $K$ durchläuft. Im Spezialfall $n = 1$ ist $\mathfrak{M}_1(K)$ isomorph (VI, Nr. 14) zur Gruppe aller Zahlen $\neq 0$ von $K$ mit der Zahlenmultiplikation als Verknüpfung.

Bezeichnet wieder **P**, $R$ bzw. **K** den Körper der rationalen, reellen bzw. komplexen Zahlen, so ist für jedes ganze $n \geq 1$

$$\mathfrak{M}_n(\mathsf{P}) \subset \mathfrak{M}_n(R) \subset \mathfrak{M}_n(\mathsf{K}),$$

hierin also jeder Teil echte Untergruppe jeder umfassenderen Gruppe.

Nimmt man statt eines Zahlkörpers $K$ einen Zahlring $\mathfrak{R}$, so bildet $\mathfrak{M}_n(\mathfrak{R})$ im allgemeinen keine Gruppe, da die Elemente der inversen Matrizen nicht immer wieder zu $\mathfrak{R}$ gehören. Ist z. B. $\mathfrak{R}$ der Ring der ganzen rationalen Zahlen, so bildet $\mathfrak{M}_n(\mathfrak{R})$ keine Gruppe, wohl aber einen (nichtkommutativen) Ring mit der Matrizenaddition (3) und der Matrizenmultiplikation (15) als Verknüpfungen. Betrachtet man aber in diesem Ring nur die Gesamtheit $\mathfrak{U}_n$ der Matrizen mit einer Determinante $\pm 1$, so bildet $\mathfrak{U}_n$ eine Gruppe, da jetzt auch die inversen Matrizen nach (31) ganzzahlige Elemente und nach (38) eine Determinante $\pm 1$ haben. $\mathfrak{U}_n$ ist eine Untergruppe von $\mathfrak{M}_n(\mathsf{P})$ und heißt die **unimodulare Gruppe** $n$-ten Grades. Sie besitzt, als Untergruppe die Gruppe der ganzzahligen Matrizen mit der Determinante $+1$, die **eigentlich-unimodulare** Gruppe $n$-ten Grades. Im Falle $n = 2$ heißt diese auch die **Modulgruppe.**

Mit den Matrizen eröffnet sich also gleich ein weites Feld für gruppentheoretische Untersuchungen. Wir müssen uns hier jedoch mit diesen wenigen Andeutungen begnügen. Wir bemerken nur noch als Folgerung aus der Gruppeneigenschaft (vgl. VI, Nr. 15), daß das Potenzieren von Matrizen mit nichtverschwindender Determinante denselben Regeln genügt, die wir für das Potenzieren von Permutationen kennen (VI, Nr. 5). Für Potenzen mit *positiven* Exponenten kann auf die Voraussetzung, daß die Determinante $\neq 0$ sein soll, verzichtet werden, da diese Bedingung nur dazu gebraucht wird, die Existenz von $A^{-1}$ und damit der negativen Potenzen zu sichern.

## § 2. Rechteckige Matrizen.

**13. Gleichheit und Addition.** Die quadratischen Matrizen $n$-ten Grades gehen aus dem allgemeinen Fall der $m, n$-reihigen Matrizen durch die Spezialisierung $m = n$ hervor. Für $m \neq n$ hat man *rechteckige* Matrizen

$$A = \begin{pmatrix} a_{11} & a_{12} & \cdots & a_{1n} \\ a_{21} & a_{22} & \cdots & a_{2n} \\ \cdot & \cdot & \cdots & \cdot \\ a_{m1} & a_{m2} & \cdots & a_{mn} \end{pmatrix} = (a_{ik})$$

mit $i = 1, 2, \ldots, m; k = 1, 2, \ldots, n$. Man verwendet auch die Schreibweise $A = (a_{ik})_{m,n}$, um kenntlich zu machen, daß es sich um eine $m, n$-reihige Matrix mit den Elementen $a_{ik}$ handelt. Die Elemente $a_{ik}$ sollen wieder einem Grundkörper $K$ angehören. Eine Determinante existiert für $m \neq n$ nicht. An deren Stelle tritt der Begriff des Ranges $r(A)$ (vgl. V, Nr. 7).

**Definition.** *Unter dem **Typus** $\tau(A)$ der Matrix $A$ versteht man das geordnete Paar $(m, n)$, in dem $m$ die Anzahl der Zeilen, $n$ die der Spalten von $A$ bedeutet, in Zeichen:*

$$\tau(A) = (m, n).$$

Im Falle quadratischer Matrizen $(m = n)$ tritt an Stelle des Typus $(n, n)$ der Grad $n$. Die zu $A$ transponierte Matrix

$$A' = (a_{ki}) \qquad (i = 1, 2, \ldots, n; k = 1, 2, \ldots, m)$$

ist $n, m$-reihig, hat also den Typus $\tau(A') = (n, m)$. Bei $A$ und $A'$ bedeutet $i$ den Zeilen-, $k$ den Spaltenindex.

**Definition.** *Zwei Matrizen $A$ und $B$ heißen einander **gleich**, wenn ihre Typen und je zwei entsprechende Elemente übereinstimmen:*

$$A = B, \quad wenn \quad \tau(A) = \tau(B) \quad und \quad a_{ik} = b_{ik} \tag{48}$$

*ist für $i = 1, 2, \ldots, m; k = 1, 2, \ldots, n$.*

**Definition.** *Unter der **Summe** $A + B$ zweier Matrizen $A = (a_{ik})$, $B = (b_{ik})$ von gleichem Typus versteht man die Matrix*

$$A + B = (a_{ik} + b_{ik}) \qquad (i = 1, 2, \ldots, m; k = 1, 2, \ldots, n) \tag{49}$$

Die Definitionen (48) und (49) zeigen, verglichen mit (2) und (3), daß sich die Begriffe Gleichheit und Summe von quadratischen Matrizen gleichen Grades ohne weiteres auf rechteckige Matrizen von gleichem Typus übertragen. Wir begnügen uns daher, hinsichtlich ihrer Eigenschaften, mit dem Hinweis, daß die Gleichheit (48) den drei Grundgesetzen $A$ und die Addition (49) den vier Grundgesetzen $B$ der Arithmetik (vgl. I, Nr. 1) genügen.

Die Lösung der Gleichung

$$A + X = A, \quad \tau(A) = (m, n),$$

ist die *Nullmatrix* vom Typus $\tau(A)$, die Lösung der Gleichung

$$A + Y = 0, \quad \tau(A) = (m, n),$$

die Matrix $Y = -A = (-a_{ik})$. Auch für jede rechteckige Matrix $A$ gilt also

$$A + 0 = A, \quad A + (-A) = -A + A = 0. \tag{50}$$

Die Lösung der Gleichung

$$A + X = B, \quad \tau(A) = \tau(B),$$

bei gegebenen Matrizen $A$, $B$ ist die **Differenz**

$$X = B - A = (b_{ik} - a_{ik}). \tag{51}$$

Für diese ist also $A + (B - A) = B$; ferner ist $B - A = 0$ gleichbedeutend mit $B = A$.

*Beispiele.* Für $m = 2$, $n = 3$ und

$$A = \begin{pmatrix} 2 & -1 & 3 \\ 3 & 0 & 1 \end{pmatrix}, \qquad B = \begin{pmatrix} 1 & 2 & 0 \\ 4 & -1 & 1 \end{pmatrix}$$

erhält man

$$A + B = \begin{pmatrix} 3 & 1 & 3 \\ 7 & -1 & 2 \end{pmatrix}, \quad -A = \begin{pmatrix} -2 & 1 & -3 \\ -3 & 0 & -1 \end{pmatrix},$$

$$B - A = \begin{pmatrix} -1 & 3 & -3 \\ 1 & -1 & 0 \end{pmatrix},$$

$$A' = \begin{pmatrix} 2 & 3 \\ -1 & 0 \\ 3 & 1 \end{pmatrix}, \quad B' = \begin{pmatrix} 1 & 4 \\ 2 & -1 \\ 0 & 1 \end{pmatrix}, \quad A' + B' = \begin{pmatrix} 3 & 7 \\ 1 & -1 \\ 3 & 2 \end{pmatrix}.$$

Eine Addition von $A'$ und $B$ oder $A$ und $B'$ ist nicht ausführbar, da die Typen nicht übereinstimmen.

Wenn im folgenden die Summe zweier Matrizen hingeschrieben wird, so geschieht dies nur, wenn die Summenbildung möglich ist, d. h. beide Summanden vom gleichen Typus sind.

**Regel 12.** *Die Transponierte einer Summe ist gleich der Summe der Transponierten:*

$$(A + B)' = A' + B'. \tag{52}$$

Denn für passende Werte von $i$ und $k$ ist

$$(a_{ik} + b_{ik})' = (a_{ki} + b_{ki}) = (a_{ki}) + (b_{ki}) = (a_{ik})' + (b_{ik})'.$$

**14. Multiplikation.** Die Multiplikation quadratischer Matrizen ist nicht ohne weiteres auf rechteckige Matrizen übertragbar. Wir werden dies im einzelnen untersuchen. Zunächst gilt wieder:

**Definition.** *Ist $t$ eine Zahl, $A$ eine Matrix, so versteht man unter dem **Vielfachen** $tA$ oder $At$ die Matrix, deren Elemente das $t$-fache der Elemente von $A$ sind:*

$$A = (a_{ij}), \quad At = tA = (t a_{ik}) \quad (i = 1, 2, \ldots, m;\ k = 1, 2, \ldots, n). \tag{53}$$

Für $t = 0$ bzw. $-1$ z. B. erhält man die Matrizen $0$ bzw. $-A$. Für diese Multiplikation ist $\tau(tA) = \tau(A)$; ferner gelten das kommutative und das assoziative Gesetz ($s$ und $t$ Zahlen):

$$tA = At, \quad s(tA) = (st)A = (sA)t. \tag{54}$$

**Definition.** *Sind $A$ und $B$ rechteckige Matrizen, so heißen ihre Typen $\tau(A) = (m, n)$, $\tau(B) = (q, p)$ — und auch $A$ und $B$ selbst — miteinander **verkettet**, wenn $n = q$ ist.*

Die Verkettung der Typen bedeutet, daß die Anzahl der Spalten von $A$ mit der Anzahl der Zeilen von $B$ übereinstimmt. Zum Beispiel sind für jede Matrix $A$ die Typen von $A$ und $A'$ miteinander verkettet; denn für $\tau(A) = (m, n)$ ist $\tau(A') = (n, m)$.

**Definition.** *Sind $A$ und $B$ rechteckige Matrizen mit verketteten Typen, so versteht man unter dem **Produkt** von $A$ und $B$ diejenige Matrix, deren Elemente die Produkte der Zeilen von $A$ mit den Spalten von $B$ sind. Ist*

$$A = (a_{ij}), \quad B = (b_{jk}), \quad \tau(A) = (m, n), \quad \tau(B) = (n, p),$$

*so ist*

$$AB = \left( \sum_{j=1}^{n} a_{ij} b_{jk} \right) \quad (i = 1, 2, \ldots, m;\ k = 1, 2, \ldots, p). \tag{55}$$

Der Typus der Produktmatrix ist also $\tau(AB) = (m, p)$.

Es ist unmittelbar klar, daß die Verkettung der Typen auch eine notwendige Voraussetzung für die Produktbildung (55) ist. Anderenfalls kann man die Zeilen von $A$ nicht mit den Spalten von $B$ multiplizieren (II, Nr. 6). Für quadratische Matrizen gleichen Grades ist die Voraussetzung der Typenverkettung stets erfüllt und daher die Multiplikation immer möglich.

*Beispiel.* Für die Matrizen des Beispiels in Nr. 13 ist

$$A A' = \begin{pmatrix} 14 & 9 \\ 9 & 10 \end{pmatrix}, \quad B' B = \begin{pmatrix} 17 & -2 & 4 \\ -2 & 5 & -1 \\ 4 & -1 & 1 \end{pmatrix}.$$

**15. Regeln für die Multiplikation.** Wenn im folgenden Produkte von Matrizen hingeschrieben werden, geschieht es nur, wenn sie sinnvoll, d. h. die Typen verkettet sind, auch wenn diese Voraussetzung nicht besonders angegeben ist.

**Regel 13.** *Für die Multiplikation rechteckiger Matrizen gilt das schwache Monotoniegesetz.*

Ist nämlich $A = B$ und $C$ beliebig, ferner $\tau(A)$ mit $\tau(C)$ und daher auch $\tau(B)$ mit $\tau(C)$ verkettet, so folgt aus den Definitionen (48) und (55) unmittelbar $AC = BC$.

**Regel 14.** *Für die Multiplikation rechteckiger Matrizen gilt nicht das kommutative Gesetz.*

Damit nämlich $AB$ und $BA$ gebildet werden können, muß $\tau(A)$ mit $\tau(B)$ und $\tau(B)$ mit $\tau(A)$ verkettet sein. Ist etwa $\tau(A) = (m, n)$, so ist daher notwendig $\tau(B) = (n, m)$, mithin

$$\tau(AB) = (m, m), \quad \tau(BA) = (n, n).$$

Für $m \neq n$ ist also $\tau(AB) \neq \tau(BA)$ und daher *stets* $AB \neq BA$. Zwei Matrizen können also höchstens dann vertauschbar sein, wenn sie gleichen Grad haben.

**Regel 15.** *Für die Multiplikation rechteckiger Matrizen gilt das assoziative Gesetz*

$$A(BC) = (AB)C, \tag{56}$$

*sofern diese Produkte sinnvoll sind.*

Der Beweis ergibt sich wie der von Regel 3 (Nr. 4). Man hat nur die Grenzen der Summationen abzuändern. Statt einheitlich von 1 bis $n$ laufen jetzt $j$ bzw. $l$ von 1 bis $n$ bzw. $p$, ferner $i$ bzw. $k$ von 1 bis $m$ bzw. $q$, falls $\tau(A) = (m, n), \tau(B) = (n, p), \tau(C) = (p, q)$ ist. Ferner ist $\tau((AB)C) = \tau(A(BC)) = (m, q)$.

**Regel 16.** *Addition und Multiplikation rechteckiger Matrizen erfüllen die Distributivgesetze*

$$A(B + C) = AB + AC, \quad (A + B)C = AC + BC. \tag{57}$$

Der Beweis erfolgt durch dieselbe Rechnung, die zum Beweis von Regel 4 (Nr. 4) führt. Die Typen sind hier

$$\tau(A) = (m, n), \qquad \tau(B) = \tau(C) = (n, p)$$

bzw.

$$\tau(A) = \tau(B) = (m, n), \quad \tau(C) = (n, p).$$

In den Formeln (57) sind je beide Seiten vom Typus $(m, p)$.

**Regel 17.** *Die Transponierte eines Produktes ist gleich dem Produkt der Transponierten in umgekehrter Reihenfolge:*

$$(AB)' = B'A'. \tag{58}$$

Ist nämlich $\tau(A) = (m, n), \tau(B) = (n, p)$, so ist $\tau(B') = (p, n)$, $\tau(A') = (n, m)$, also auch die rechte Seite bildbar; man erhält $\tau((AB)') = \tau(B'A') = (p, m)$. Ist nun $A = (a_{ik})$, $B = (b_{ik})$, so ist einerseits (es bedeutet überall $i$ einen Zeilen-, $k$ einen Spaltenindex, und die Wertebereiche für $i$ und $k$ sind jeweils aus den angegebenen Typen zu entnehmen):

$$AB = \left( \sum_{j=1}^{n} a_{ij}\, b_{jk} \right), \quad (AB)' = \left( \sum_{j=1}^{n} a_{kj}\, b_{ji} \right);$$

andererseits folgt aus $A' = (a_{ki})$, $B' = (b_{ki})$:

$$B'A' = \left( \sum_{l=1}^{n} b_{li}\, a_{kl} \right) = (AB)'.$$

**Regel 18.** *Die konjugiert-komplexe Matrix eines Produkts ist gleich dem Produkt der konjugiert-komplexen Matrizen der Faktoren:*

$$\overline{AB} = \overline{A} \cdot \overline{B}, \tag{59a}$$

*insbesondere, falls $A$ und $B$ quadratisch und $|A| \neq 0$ ist, für $B = A^{-1}$:*

$$E = \overline{A} \cdot \overline{A^{-1}}, \quad \text{d. h.} \quad \overline{A^{-1}} = \overline{A}^{-1}. \tag{59b}$$

Denn nach Definition (III, Nr. 26) und I, (38a, b) ist

$$\overline{AB} = \overline{\left( \sum_{j=1}^{n} a_{ij}\, b_{jk} \right)} = \left( \sum_{j=1}^{n} \bar{a}_{ij}\, \bar{b}_{jk} \right) = \overline{A}\,\overline{B}.$$

Auf Grund des assoziativen Gesetzes (Regel 15) gelten die Regeln 17 und 18 auch für eine beliebige endliche Anzahl von Faktoren.

Aus den Definitionen (49), (51), (53) und (55) entnimmt man schließlich unmittelbar

**Satz 10.** *Ist $K$ der Grundkörper der rechteckigen Matrizen $A$ und $B$, ferner $t$ eine Zahl aus $K$, so sind auch $A + B$, $A - B$, $tA$ und $AB$, sofern sie existieren, Matrizen über $K$.*

**16. Nichtumkehrbarkeit der Multiplikation.** Der weiteren Übertragung multiplikativer Eigenschaften quadratischer Matrizen auf rechteckige sind natürliche Grenzen gesetzt. Sind $A = (a_{ik})$ und $B = (b_{ik})$ Matrizen vom gleichen Typus $(m, n)$, und ist $X = (x_{ik})$ eine Matrix vom Grad $n$, so kann die Gleichung

$$AX = B \tag{60}$$

durchaus Lösungen $X$ besitzen. Denkt man sich nämlich $AX$ ausmultipliziert, so sieht man, daß (60) mit einem inhomogenen System von $mn$ linearen Gleichungen in den $n^2$ Unbekannten $x_{ik}$ gleichbedeutend ist, und ein solches System kann lösbar sein (vgl. V, § 5).

Die allgemeine Behandlung der Gl. (60), d. h. der Frage nach der Umkehrbarkeit der Multiplikation rechteckiger Matrizen, scheitert aber daran, daß (vgl. Satz 11) für $m \neq n$ keine Einheitsmatrix und daher auch keine inverse Matrix existiert.

Wir beschränken uns deshalb auf den Spezialfall $A = B$ in (60) und identisches Erfülltsein für alle $A$ (vgl. Nr. 5). Dabei wird die

Einheitsmatrix $n$-ten Grades $E$, wenn es auf die Hervorhebung des Grades ankommt, auch mit $E_n$ bezeichnet werden.

**Satz 11.** *Wenn Matrizen $X$ bzw. $Y$ die Gleichungen*

$$A X = A \qquad (61\,\text{a})$$

*bzw.*

$$YA = A \qquad (61\,\text{b})$$

*für alle Matrizen $A$ vom Typus $(m, n)$ erfüllen, so gibt es je eine und nur eine Lösung, nämlich $X = E_n$ bzw. $Y = E_m$. Die Lösungen stimmen also nur für $m = n$ miteinander überein.*

*Beweis.* 1) Damit $AX$ bildbar ist, muß $\tau(X) = (n, p)$ sein. Dann ist $\tau(AX) = (m, p)$. Auf Grund von (61 a) muß $\tau(AX) = \tau(A)$, d. h. $n = p$ sein. Folglich ist $\tau(X) = (n, n)$, d. h. $X$ vom Grade $n$.

2) Man setze $X = (x_{ik})$; $i, k = 1, 2, \ldots, n$. Da der Fall $m = n$ schon erledigt ist (vgl. Nr. 5), sei $m \neq n$ und zunächst $m < n$. Man dividiere $n$ durch $m$, setze also $n = qm + r$, wo $qm$ das größte Vielfache von $m$ unterhalb $n$, also $r < m$ ist. Soll nun (61 a) für jedes $A$ vom Typus $(m, n)$ gelten, so muß es insbesondere für die Matrizen

$$A_\mu = \begin{pmatrix} 0 & \cdots & 0 & 1 & 0 & \cdots & 0 & 0 & \cdots & 0 \\ 0 & \cdots & 0 & 0 & 1 & \cdots & 0 & 0 & \cdots & 0 \\ \cdot & \cdots & \cdot & \cdot & \cdot & \cdots & \cdot & \cdot & \cdots & \cdot \\ 0 & \cdots & 0 & 0 & 0 & \cdots & 1 & 0 & \cdots & 0 \end{pmatrix} \quad (\mu = 0, 1, 2, \ldots, q - 1)$$

erfüllt sein, die in den Spalten $\mu m + 1, \mu m + 2, \ldots, (\mu + 1) m$ die Elemente von $E_m$, in den übrigen $n - m$ Spalten nur Nullen enthalten. Es ist aber für $\mu = 0, 1, 2, \ldots, q - 1$

$$A_\mu X = \begin{pmatrix} x_{\mu m+1,\, 1} & x_{\mu m+1,\, 2} & \cdots & x_{\mu m+1,\, n} \\ x_{\mu m+2,\, 1} & x_{\mu m+2,\, 2} & \cdots & x_{\mu m+2,\, n} \\ \cdot & \cdot & \cdots & \cdot \\ x_{(\mu+1)m,\, 1} & x_{(\mu+1)m,\, 2} & \cdots & x_{(\mu+1)m,\, n} \end{pmatrix}.$$

Aus $A_\mu X = A_\mu$ folgt daher

$$x_{\mu m+1\ \mu m+1} = x_{\mu m+2\ \mu m+2} = \cdots = x_{(\mu+1)m\ (\mu+1)m} = 1,$$

$$x_{ik} = 0 \ \text{für} \ i \neq k;$$

$$i = \mu m + 1, \mu m + 2, \ldots, (\mu + 1)m; \ k = 1, 2, \ldots, n.$$

Dies gilt für

$$\mu = 0, 1, 2, \ldots, q - 1.$$

Also ist

$$\left. \begin{aligned} x_{11} &= x_{22} = \cdots = x_{qm\ qm} = 1, \\ x_{ik} &= 0 \ \text{für} \ i \neq k, \ i = 1, 2, \ldots, qm; \ k = 1, 2, \ldots, n. \end{aligned} \right\} \quad (62)$$

Es fehlen noch die Werte für die Elemente $x_{ik}$ der letzten $r$ Zeilen von $X$. Hierzu bilde man

$$A_q = \begin{pmatrix} 0 & \cdots & 0 & 1 & 0 & \cdots & 0 \\ \cdot & \cdots & \cdot & \cdot & \cdot & \cdots & \cdot \\ 0 & \cdots & 0 & 0 & 0 & \cdots & 1 \\ \cdot & \cdots & \cdot & \cdot & \cdot & \cdots & \cdot \\ 0 & \cdots & 0 & 0 & 0 & \cdots & 0 \end{pmatrix}$$

und

$$A_q X = \begin{pmatrix} x_{qm+1,1} & x_{qm+1,2} & \cdots & x_{qm+1,n} \\ \cdot & \cdot & \cdots & \cdot \\ x_{n1} & x_{n2} & \cdots & x_{nn} \\ 0 & 0 & \cdots & 0 \\ \cdot & \cdot & \cdots & \cdot \\ 0 & 0 & \cdots & 0 \end{pmatrix}$$

Dabei hat $A_q$ im Durchschnitt der ersten $r$ Zeilen und letzten $r$ Spalten die Elemente von $E_r$, sonst überall Nullen. Auch für $A_q$ muß (61a) erfüllt sein. Aus $A_q X = A_q$ folgt aber

$$x_{qm+1\ qm+1} = \cdots = x_{nn} = 1,$$

$$x_{ik} = 0 \quad \text{für} \quad i \neq k, \quad i = qm+1, \ldots, n; \quad k = 1, 2, \ldots, n.$$

Dies gibt zusammen mit (62) die Lösung $X = E_n$.

Ist $m > n$, so dividiert man $m$ durch $n$ und schließt in entsprechender Weise.

3) Damit ist gezeigt, daß (61a), wenn es eine Lösung besitzt, nur die Lösung $X = E_n$ hat. Daß $E_n$ tatsächlich eine Lösung ist, erkennt man durch Einsetzen in (61a).

4) Untersucht man in Analogie zu den Schritten 1), 2), 3) die Gl. (61b) auf ihre Lösungen hin, so findet man, daß $Y = E_m$ als einzige Lösung in Frage kommt und auch wirklich der Gl. (61b) genügt.

Nach Satz 11 ist also die Relation (25), eine der Grundeigenschaften einer Gruppe, nur für quadratische, nicht mehr für rechteckige Matrizen erfüllt. Es gibt zwar, durch (61a) bzw. (61b) definiert, für die Matrizen vom Typus $(m, n)$ ein rechtsseitiges und ein linksseitiges Einheitselement $E_n$ bzw. $E_m$, doch sind sie für $m \neq n$ nicht gleich. Es kann zu $A$ auch Rechtsinverse und Linksinverse geben, falls nämlich $AX = E_m$ bzw. $YA = E_n$ lösbar sind. Zur Bestimmung von $X$ bzw. $Y$ hat man dann je ein inhomogenes System von $m^2$ bzw. $n^2$ linearen Gleichungen mit $mn$ Unbekannten zu lösen. Jedes hat entweder gar keine oder unendlich viele Lösungen, da eindeutig bestimmte Lösungen $X, Y$ nur für $m^2 = mn$ und $n^2 = mn$, also für $m^2 = n^2$, d. h. $m = n$ (nur die positive Wurzel kommt in Betracht) möglich sind. Es hat daher für $m \neq n$ keinen Sinn, von *einem* Rechtsinversen oder Linksinversen zu sprechen, geschweige denn von einem Inversen schlechthin.

**17. Zeilen und Spalten.** Auf zwei Spezialfälle der rechteckigen Matrizen gehen wir noch besonders ein.

**Definition.** *Eine Matrix vom Typus* $(1, n)$ *heißt eine* **Zeile** (*von* $n$ *Elementen*), *eine Matrix vom Typus* $(m, 1)$ *eine* **Spalte** (*von* $m$ *Elementen*).

Diese Spezialfälle zeigen, daß die rechteckigen Matrizen den Begriff der Zahlenreihe (vgl. II, § 1) verallgemeinern. Wir bezeichnen daher wie früher Zeilen und Spalten mit kleinen deutschen Buchstaben, z. B.

$$\mathfrak{a} = (a_1 \ a_2 \ \cdots \ a_n), \qquad \mathfrak{x} = \begin{pmatrix} x_1 \\ x_2 \\ \vdots \\ x_m \end{pmatrix},$$

und haben eine einheitliche Bezeichnung für beide Fälle.

Da Zahlenreihen jetzt auch als Matrizen aufgefaßt werden dürfen, kann man Matrizen und Zahlenreihen miteinander nach (49) und (55) verknüpfen. Hierfür ergeben sich einige besondere Regeln.

**Regel 19.** *Die Transponierte einer Zeile bzw. Spalte ist eine Spalte bzw. Zeile:*

$$\mathfrak{x}' = (x_1 \ x_2 \ \cdots \ x_m), \qquad \mathfrak{a}' = \begin{pmatrix} a_1 \\ a_2 \\ \vdots \\ a_n \end{pmatrix}.$$

**Regel 20.** *Das Produkt einer Zeile und einer Spalte mit gleichviel Elementen ist ein einzelnes Element.*

Denn für zwei Matrizen vom Typus $(1, n)$ und $(n, 1)$ hat das Produkt den Typus $(1, 1)$.

**Regel 21.** *Für Zahlenreihen mit gleichviel Elementen läßt sich das formale Produkt als Matrizenprodukt schreiben.*

Gegeben seien die Zahlenreihen

$$\mathfrak{a} = (a_1 \ a_2 \ \cdots \ a_n), \quad \mathfrak{b} = (b_1 \ b_2 \ \cdots \ b_n), \quad \mathfrak{x} = (x_1 \ x_2 \ \cdots \ x_n).$$

Dann ist das Produkt eine Zahl, falls beide Faktoren konstant sind:

$$\mathfrak{a}\,\mathfrak{b}' = \mathfrak{b}\,\mathfrak{a}' = a_1 b_1 + a_2 b_2 + \cdots + a_n b_n,$$

dagegen eine Linearform (vgl. IV, Nr. 20), falls ein Faktor veränderlich ist:

$$\mathfrak{a}\,\mathfrak{x}' = \mathfrak{x}\,\mathfrak{a}' = a_1 x_1 + a_2 x_2 + \cdots + a_n x_n.$$

Werden dagegen, was häufig vorkommt, die Zahlenreihen als Spalten geschrieben:

$$\mathfrak{a} = \begin{pmatrix} a_1 \\ a_2 \\ \vdots \\ a_n \end{pmatrix}, \qquad \mathfrak{b} = \begin{pmatrix} b_1 \\ b_2 \\ \vdots \\ b_n \end{pmatrix}, \qquad \mathfrak{x} = \begin{pmatrix} x_1 \\ x_2 \\ \vdots \\ x_n \end{pmatrix},$$

so werden die formalen Produkte durch $\mathfrak{a}'\mathfrak{b}$ bzw. $\mathfrak{a}'\mathfrak{x}$ als Matrizenprodukte wiedergegeben, und es ist

$$\mathfrak{a}'\mathfrak{b} = \mathfrak{b}'\mathfrak{a}, \qquad \mathfrak{a}'\mathfrak{x} = \mathfrak{x}'\mathfrak{a}.$$

**Regel 22.** *Das Produkt einer Spalte (von m Elementen) und einer Zeile (von n Elementen) ist eine Matrix vom Typus (m, n).*

Denn die Typen $(m, 1)$ und $(1, n)$ ergeben den Produkttypus $(m, n)$. Für

$$\mathfrak{a} = (a_1\ a_2\ \cdots\ a_m), \qquad \mathfrak{b} = (b_1\ b_2\ \cdots\ b_n)$$

ist nach (55) und (58)

$$\mathfrak{a}'\mathfrak{b} = \begin{pmatrix} a_1\,b_1 & a_1\,b_2 & \cdots & a_1\,b_n \\ a_2\,b_1 & a_2\,b_2 & \cdots & a_2\,b_n \\ \cdot & \cdot & \cdots & \cdot \\ a_m\,b_1 & a_m\,b_2 & \cdots & a_m\,b_n \end{pmatrix} = (\mathfrak{b}'\mathfrak{a})'. \tag{63}$$

**Regel 23.** *Das Produkt einer Matrix mit einer Spalte ist wieder eine Spalte.*

Denn die Typen $(m, n)$ und $(n, 1)$ ergeben den Produkttypus $(m, 1)$. Für $A = (a_{ik})$, $\mathfrak{x} = (x_i)$ ist

$$A\mathfrak{x} = \begin{pmatrix} a_{11} & a_{12} & \cdots & a_{1n} \\ a_{21} & a_{22} & \cdots & a_{2n} \\ \cdot & \cdot & \cdots & \cdot \\ a_{m1} & a_{m2} & \cdots & a_{mn} \end{pmatrix} \begin{pmatrix} x_1 \\ x_2 \\ \vdots \\ x_n \end{pmatrix} = \begin{pmatrix} a_{11}x_1 + a_{12}x_2 + \cdots + a_{1n}x_n \\ a_{21}x_1 + a_{22}x_2 + \cdots + a_{2n}x_n \\ \cdot \quad \cdot \quad \cdots \quad \cdot \\ a_{m1}x_1 + a_{m2}x_2 + \cdots + a_{mn}x_n \end{pmatrix}. \tag{64}$$

Die Elemente der Produktspalte sind die Linearformen in $x_1, x_2, \cdots, x_n$, deren Koeffizienten die Elemente der Zeilen von $A$ sind.

Entsprechend ergibt eine Zeile mit einer passenden Matrix multipliziert wieder eine Zeile, da die Typen $(1, m)$ und $(m, n)$ auf den Produkttypus $(1, n)$ führen.

*Beispiel.* Sind $\mathfrak{x} = (x_i)$, $\mathfrak{b} = (b_i)$ Spalten mit je $n$ Elementen und $A = (a_{ik})$ eine $m, n$-reihige Matrix, so stellt

$$A\mathfrak{x} = \mathfrak{b} \tag{65}$$

die Matrizenschreibweise für ein System von $m$ linearen Gleichungen mit $n$ Unbekannten dar. Das System ist ein homogenes oder inhomogenes, je nachdem $\mathfrak{b} = 0$ ist oder nicht.

**Regel 24.** *Sind $\mathfrak{x}$, $\mathfrak{y}$, $A$, $B$ Matrizen von den Typen $(1, m)$, $(n, 1)$, $(m, n)$, $(m, n)$ und gilt*

$$\mathfrak{x}A\mathfrak{y} = \mathfrak{x}B\mathfrak{y} \tag{66}$$

*für beliebige $\mathfrak{x}$, $\mathfrak{y}$, so ist $A = B$.*

Es sei nämlich $\mathfrak{e}_k$ diejenige Spalte, die an der $k$-ten Stelle eine 1, sonst nur Nullen (in passender Anzahl $m - 1$ bzw $n - 1$) enthält. Man setze $\mathfrak{x} = \mathfrak{e}_i'$, $\mathfrak{y}' = \mathfrak{e}_k$; dann ist nach (66)

$$a_{ik} = \mathfrak{e}_i'\,A\mathfrak{e}_k = \mathfrak{e}_i'\,B\mathfrak{e}_k = b_{ik}.$$

Hieraus folgt $A = B$ nach (48).

## § 3. Lineare Substitutionen.

**18. Definition und Zusammensetzung.** Lineare Substitutionen sind uns schon gelegentlich begegnet (vgl. III, Nr 25). Wir wollen ihre Eigenschaften jetzt näher kennenlernen.

**Definition.** *Es sei* $A = (a_{ik})$ $(i, k = 1, 2, \ldots, n)$ *eine Matrix n-ten Grades über dem Grundkörper K, ferner seien* $\mathfrak{x} = (x_1\, x_2 \cdots x_n)$ *und* $\mathfrak{y} = (y_1\, y_2 \cdots y_n)$ *zwei Veränderlichenreihen zu je n Elementen. Dann heißt das System der n Linearformen*

$$\left. \begin{array}{l} y_1 = a_{11}\, x_1 + a_{12}\, x_2 + \cdots + a_{1n}\, x_n \\ y_2 = a_{21}\, x_1 + a_{22}\, x_2 + \cdots + a_{2n}\, x_n \\ \cdots\cdots\cdots\cdots\cdots\cdots\cdots\cdots\cdots\cdots\cdots\cdots\cdots \\ y_n = a_{n1}\, x_1 + a_{n2}\, x_2 + \cdots + a_{nn}\, x_n \end{array} \right\} \tag{67}$$

*eine* **homogene lineare Substitution** *der Veränderlichen* $x_1, x_2, \ldots, x_n$ *über K, ferner A die* **Matrix,** $|A|$ *die* **Determinante** *der linearen Substitution.*

Faßt man $x_1, x_2, \ldots, x_n$ und $y_1, y_2, \ldots, y_n$ für $K = R$ bzw. $K = \mathsf{K}$ als Koordinaten der Punkte oder Vektoren $\mathfrak{x}$ und $\mathfrak{y}$ des $n$-dimensionalen Raumes $\mathfrak{R}_n$ bzw. $\mathfrak{R}^{(n)}$ auf (vgl. II, Nr. 17), so kann man (67) entweder als lineare Abbildung des $\mathfrak{R}_n$ bzw. $\mathfrak{R}^{(n)}$ auf sich deuten, bei der dem Punkt (Vektor) $\mathfrak{x}$ der Punkt (Vektor) $\mathfrak{y}$ zugeordnet wird, oder als Übergang zu einem neuen Koordinatensystem, so daß die $x_i$ bzw. $y_i$ $(i = 1, 2, \ldots, n)$ die Koordinaten desselben Punktes oder Vektors $\mathfrak{x}$ im alten bzw. im neuen Koordinatensystem sind. Im ersten Fall spricht man von einer linearen *Transformation*, im zweiten von einer linearen *Substitution*. Analytisch, d. h. in der Gestalt (67), ist eine Unterscheidung nicht möglich. Es werden daher für (67) die Bezeichnungen *Substitution* und *Transformation* nebeneinander gebraucht. Wir werden (67) vorwiegend als lineare Substitution bezeichnen.

Für (67) schreiben wir abkürzend (Summenschreibweise)

$$y_i = \sum_{k=1}^{n} a_{ik}\, x_k \qquad (i = 1, 2, \ldots, n)$$

oder [Matrizenschreibweise; vgl. (64)]

$$\mathfrak{y} = A\,\mathfrak{x}, \tag{68}$$

falls die Veränderlichenreihen $\mathfrak{x}$ und $\mathfrak{y}$ als Spalten geschrieben werden.

Hat man mit $x_1, x_2, \ldots, x_n$ die lineare Substitution (67) vorgenommen, so kann man auf $y_1, y_2, \ldots, y_n$ wieder eine lineare Substitution ausüben. Es gilt nun

**Satz 12.** *Führt man die linearen Substitutionen*

$$y_i = \sum_{k=1}^{n} a_{ik}\, x_k, \qquad z_h = \sum_{i=1}^{n} b_{hi}\, y_i \tag{69}$$

$$(i = 1, 2, \ldots, n) \qquad (h = 1, 2, \ldots, n)$$

*mit den Matrizen $A = (a_{ik})$ bzw. $B = (b_{hi})$ nacheinander aus, so läßt sich der Übergang von $x_1, x_2, \ldots, x_n$ zu $z_1, z_2, \ldots, z_n$ wieder als lineare Substitution*

$$z_h = \sum_{k=1}^{n} c_{hk}\, x_k \quad (h = 1, 2, \ldots, n) \quad (70)$$

*schreiben, und deren Matrix $C = (c_{hk})$ ist das Produkt der Matrizen $B$ und $A$:*

$$C = BA. \quad (71)$$

*Beweis.* Aus (69) folgt durch Einsetzen

$$z_h = \sum_{i=1}^{n} b_{hi} \sum_{k=1}^{n} a_{ik}\, x_k = \sum_{i,k=1}^{n} b_{hi}\, a_{ik}\, x_k = \sum_{k=1}^{n} \left( \sum_{i=1}^{n} b_{hi}\, a_{ik} \right) x_k. \quad (72)$$

Setzt man also

$$c_{hk} = \sum_{i=1}^{n} b_{hi}\, a_{ik} \quad (h, k = 1, 2, \ldots, n), \quad (73)$$

so ist (70) bewiesen und zugleich folgt (71) aus der Definition (15).

Ursprünglich ist dieser Satz die Quelle für die Produktdefinition (15) und damit auch für (55). Weil das Einsetzen (72) zu dem Ergebnis (73) führt, wird für das Produkt von $B$ mit $A$ die Multiplikation der *Zeilen* von $B$ mit den *Spalten* von $A$ zugrunde gelegt. Um diesen Sachverhalt aufzeigen zu können, haben wir beim Beweis von Satz 12 die Summenschreibweise (69) benutzt. Mittels der Matrizenschreibweise ergibt sich Satz 12 unmittelbar. Denn aus $\mathfrak{y} = A\mathfrak{x}$, $\mathfrak{z} = B\mathfrak{y}$ folgt nach (56)

$$\mathfrak{z} = B\mathfrak{y} = B(A\mathfrak{x}) = BA\mathfrak{x}.$$

Das Nacheinanderausführen von linearen Substitutionen wird als **Zusammensetzung von Substitutionen** bezeichnet. Man beachte, daß die zusammengesetzte Substitution, falls erst $A$, dann $B$ ausgeführt wird, die Matrix $BA$ hat.

**19. Einige Eigenschaften.** Aus den Rechenregeln für quadratische Matrizen (Nr. 4 bis 6) folgt unmittelbar:

1. *Die Zusammensetzung linearer Substitutionen ist nicht kommutativ.* Denn für die Substitutionspaare

$$\mathfrak{y} = A\mathfrak{x}, \ \mathfrak{z} = B\mathfrak{y} \quad \text{bzw.} \quad \mathfrak{y} = B\mathfrak{x}, \ \mathfrak{z} = A\mathfrak{y}$$

erhält man als zusammengesetzte Substitution

$$\mathfrak{z} = BA\mathfrak{x} \quad \text{bzw.} \quad \mathfrak{z} = AB\mathfrak{x}.$$

Es ist aber im allgemeinen $AB \neq BA$.

2. *Die Zusammensetzung linearer Substitutionen ist assoziativ.* Denn für die Substitutionen

$$\mathfrak{y} = A_1\mathfrak{x}, \quad \mathfrak{z} = A_2\mathfrak{y}, \quad \mathfrak{w} = A_3\mathfrak{z}$$

ist die Art der Zusammenfassung gleichgültig, da

$$\mathfrak{w} = A_3(A_2 A_1)\, \mathfrak{x} = (A_3 A_2)\, A_1\mathfrak{x}$$

ist. Man darf also $\mathfrak{w} = A_3 A_2 A_1 \mathfrak{x}$ schreiben und erhält auch bei der Zusammensetzung beliebig (endlich) vieler linearer Substitutionen stets eine eindeutig bestimmte Substitution als Ergebnis.

3. *Für die Determinante der zusammengesetzten Substitution folgt aus* (71) *und* (20)

$$|C| = |BA| = |B|\,|A| = |A|\,|B|.$$

4. *Mit je zwei linearen Substitutionen über $K$ ist auch die zusammengesetzte eine Substitution über $K$* (Satz 6).

5. *Die* **identische Substitution** *ist*

$$
\begin{aligned}
y_1 &= x_1 \\
y_2 &= \quad x_2 \\
&\cdots\cdots\cdots\cdots\cdots\cdots\cdots\cdots \\
y_n &= \qquad\qquad\qquad x_n.
\end{aligned}
$$

Für sie gilt also mit Benutzung von (24) oder (23) die Schreibweise

$$y_i = \sum_{k=1}^{n} e_{ik}\, x_k \;\; (i = 1, 2, \ldots, n) \quad \text{oder} \quad \mathfrak{y} = E\,\mathfrak{x} = \mathfrak{x}.$$

Sie hat die Eigenschaft, jede lineare Substitution unbeeinflußt zu lassen: Aus

$$\mathfrak{y} = E\,\mathfrak{x}, \; \mathfrak{z} = A\,\mathfrak{y} \quad \text{bzw.} \quad \mathfrak{y} = A\,\mathfrak{x}, \; \mathfrak{z} = E\,\mathfrak{y}$$

folgt nämlich nach (25)

$$\mathfrak{z} = AE\,\mathfrak{x} = A\,\mathfrak{x} \quad \text{bzw.} \quad \mathfrak{z} = EA\,\mathfrak{x} = A\,\mathfrak{x}.$$

Anwendung von $\mathfrak{y} = E\,\mathfrak{x}$ bzw. $\mathfrak{z} = E\,\mathfrak{y}$ bewirkt also nur eine Änderung in der Bezeichnung der Veränderlichen.

6. *Die* **inverse Substitution** *zu* $\mathfrak{y} = A\,\mathfrak{x}$ *ist diejenige, die diese Substitution wieder rückgängig macht, d. h. mit ihr zusammengesetzt die identische Substitution ergibt.*

Soll $\mathfrak{z} = X\,\mathfrak{y}$ diese Eigenschaft haben, so muß

$$\mathfrak{z} = XA\,\mathfrak{x} = E\,\mathfrak{x} = \mathfrak{x}$$

sein. Nach Satz 2 hat $XA = E$ dann und nur dann eine Lösung, wenn $|A| \neq 0$ ist. Nach Satz 3 ist die Lösung $X = A^{-1}$ dann auch eindeutig bestimmt. Daher gehört zu (68), falls $|A| \neq 0$ ist, eine und nur eine inverse Substitution, nämlich

$$\mathfrak{x} = A^{-1}\,\mathfrak{y},$$

die man durch linksseitige Multiplikation von (68) mit $A^{-1}$ erhält. Nach Satz 6 ist mit jeder linearen Substitution auch die inverse eine Substitution über $K$.

7. *Die Gesamtheit der linearen Substitutionen in $n$ Veränderlichen über $K$ mit nichtverschwindender Determinante bildet eine Gruppe hinsichtlich der Zusammensetzung von Substitutionen als Verknüpfung. Diese Gruppe heißt die* **lineare Gruppe** $\mathfrak{L}_n(K)$.

Denn diese Gesamtheit ist isomorph zur Gruppe $\mathfrak{M}_n(K)$ der Matrizen $n$-ten Grades, wenn man jeder Substitution von $\mathfrak{L}_n(K)$ ihre Matrix zuordnet.

8. *Die Einführung neuer Veränderlichen bewirkt eine Ähnlichkeitstransformation.*

Damit ist gemeint: Es sei eine lineare Abbildung

$$\mathfrak{x}_1 = A\,\mathfrak{x} \tag{74}$$

des reellen $\mathfrak{R}_n$ oder komplexen $\mathfrak{R}^{(n)}$ auf sich gegeben. Man führe durch

$$\mathfrak{x} = P\mathfrak{y}, \qquad |P| \neq 0, \tag{75}$$

neue Veränderliche $\mathfrak{y}$ ein. Dann wird, da

$$\mathfrak{x}_1 = P\mathfrak{y}_1, \qquad \mathfrak{y}_1 = P^{-1}\mathfrak{x}_1$$

ist, die Abbildung (74) in den neuen Koordinaten durch die Substitution

$$\mathfrak{y}_1 = P^{-1}\mathfrak{x}_1 = P^{-1}A\,\mathfrak{x} = P^{-1}AP\mathfrak{y}$$

wiedergegeben. Bei Einführung neuer Veränderlicher mittels $\mathfrak{x} = P\mathfrak{y}$ geht also die Matrix $A$ der linearen Abbildung des Raumes auf sich in die zu $A$ ähnliche Matrix $P^{-1}AP$ über.

**Definition.** *Sind $f_1, \ldots, f_m$ ganze rationale Funktionen von $x_1$, $x_2, \ldots, x_n$ über $K$, so heißt eine ganze rationale Funktion $I$ der Koeffizienten der $f_\mu$ eine* **Invariante** *[in bezug auf eine Gruppe $\mathfrak{G}(K)$ von linearen Substitutionen], wenn sich $I$ bei Anwendung irgendeiner der Substitutionen von $\mathfrak{G}(K)$ auf $x_1, x_2, \ldots, x_n$ nur mit einem Zahlenfaktor multipliziert. Ist dieser Faktor gleich 1, so heißt $I$ eine* **absolute,** *anderenfalls eine* **relative Invariante.**

*Beispiel.* Es seien $A$ und $P$ in (74) und (75) Matrizen über $K$. Bei Anwendung der Substitution $\mathfrak{x} = P\mathfrak{y}$ auf die $n$ Linearformen $\mathfrak{x}_1 = A\,\mathfrak{x}$, die ganze rationale Funktionen von $x_1, \ldots, x_n$ über $K$ sind, gehen diese in

$$\mathfrak{y}_1 = B\mathfrak{y} \quad \text{mit} \quad B = P^{-1}A\,P$$

über. Dabei ist nach (20) und (38)

$$|B| = |P^{-1}AP| = |P^{-1}|\,|A|\,|P| = |A|.$$

Es ist also die ganze rationale Funktion der Koeffizienten $I = |A|$ eine (absolute) Invariante in bezug auf die Gruppe $\mathfrak{L}_n(K)$.

**20. Bilineare und quadratische Formen.** Wir knüpfen an die Definition der Formen in IV, Nr. 20 und 21 an. Zu jeder Bilinearform in zwei Veränderlichenreihen

$$\mathfrak{x} = (x_i), \qquad \mathfrak{y} = (y_i) \qquad (i = 1, 2, \ldots, n)$$

gehört eine quadratische Matrix $n$-ten Grades $A = (a_{ik})$, die im Falle einer quadratischen Form $(\mathfrak{x} = \mathfrak{y})$ symmetrisch ist. Wir wollen die bilinearen und quadratischen Formen jetzt mit den Mitteln der Matrizenlehre behandeln.

Faßt man die Veränderlichenreihen $\mathfrak{x}$ und $\mathfrak{y}$ als Spalten von $n$ Elementen auf, so wird die *Bilinearform* (IV, Nr. 21)

$$A(\mathfrak{x}, \mathfrak{y}) = \sum_{i,\,k=1}^{n} a_{ik}\, x_i\, y_k = \mathfrak{x}' A \mathfrak{y} \qquad (A \neq 0), \qquad (76)$$

also gleich dem *Produkt* der drei Matrizen $\mathfrak{x}'$, $A$ und $\mathfrak{y}$. Die Typen dieser Matrizen sind $(1, n)$, $(n, n)$ bzw. $(n, 1)$; ihr Produkt hat den Typus $(1, 1)$, d. h. ist ein einziges Element, nämlich die Summe in (76).

**Definition.** *Bei der Bilinearform* $\mathfrak{x}' A \mathfrak{y}$ *heißt* $A$ *die* **Matrix,** $|A|$ *die* **Determinante der Bilinearform.**

Setzt man $A \mathfrak{y} = B$, so ist $B$ nach (64) eine Spalte mit den Linearformen $l_i(\mathfrak{y}) = \sum_{k=1}^{n} a_{ik}\, y_k$ als Elementen, also $\mathfrak{x}' A \mathfrak{y} = \mathfrak{x}' B$ entsprechend zu (64) eine Linearform in $x_1, x_2, \ldots, x_n$ mit den $l_i(\mathfrak{y})$ als Koeffizienten [vgl. IV, (66a)]. Dies zeigt zugleich, daß sich die Bilinearform $\mathfrak{x}' A \mathfrak{y}$ als formales Produkt $\mathfrak{x}' B$ auffassen läßt (vgl. Regel 21).

Da jede Bilinearform als Matrix aus einem Element mit ihrer Transponierten übereinstimmt, ist nach (58)

$$\mathfrak{y}' A \mathfrak{x} = (\mathfrak{y}' A \mathfrak{x})' = (\mathfrak{y}'(A \mathfrak{x}))' = (A \mathfrak{x})'(\mathfrak{y}')' = \mathfrak{x}' A' \mathfrak{y}, \qquad (77a)$$

insbesondere im Fall einer symmetrischen Matrix $A = A'$:

$$\mathfrak{y}' A \mathfrak{x} = \mathfrak{x}' A' \mathfrak{y} = \mathfrak{x}' A \mathfrak{y}. \qquad (77b)$$

Hiermit ist IV, Regel 11 auf neue Art bewiesen.

Für $\mathfrak{x} = \mathfrak{y}$ und $A = A'$ erhält man aus (76) die *quadratische Form*

$$A(\mathfrak{x}, \mathfrak{x}) = \sum_{i,\,k=1}^{n} a_{ik}\, x_i\, x_k = \mathfrak{x}' A \mathfrak{x} \qquad (A' = A \neq 0). \qquad (78)$$

Dies ist die am Schluß von IV, Nr. 20 angekündigte Produktschreibweise einer quadratischen Form. Ist umgekehrt

$$Q(x_1, \ldots, x_n) = \sum_{\substack{i,\,k=1 \\ i \leq k}}^{n} b_{ik}\, x_i\, x_k$$

als homogenes Polynom 2. Grades in $x_1, \ldots, x_n$ geschrieben, so erhält man die zugehörige symmetrische Matrix $A$ und damit die Matrizenschreibweise (78), indem man

$$a_{ii} = b_{ii}, \qquad a_{ik} = a_{ki} = \tfrac{1}{2} b_{ik} \qquad (i < k)$$

setzt. Für $n = 2$ z. B. hat die quadratische Form

$$\alpha x^2 + \beta x y + \gamma y^2 \quad \text{die Matrix} \quad \begin{pmatrix} \alpha & \tfrac{1}{2}\beta \\ \tfrac{1}{2}\beta & \gamma \end{pmatrix}.$$

Im Fall der *hermiteschen Formen* (IV, Nr. 21) erhält man aus (76) und (78) die Matrizenschreibweise

$$A(\bar{\mathfrak{x}}, \mathfrak{y}) = \bar{\mathfrak{x}}' A \mathfrak{y} \qquad\qquad (A \neq 0) \qquad (79)$$

für die hermitesche Bilinearform IV, (69) bzw.

$$A(\bar{\mathfrak{x}}, \mathfrak{x}) = \bar{\mathfrak{x}}'A\mathfrak{x} \qquad (\overline{A'} = A \neq 0) \quad (80)$$

für die hermitesche Form IV, (70). Setzt man $\bar{\mathfrak{x}}'A = \bar{\mathfrak{b}}$, so ist $\bar{\mathfrak{b}}$ eine Zeile und

$$\bar{\mathfrak{x}}'A\mathfrak{y} = \bar{\mathfrak{b}}\mathfrak{y},$$

d. h. die hermitesche Bilinearform läßt sich als ein inneres Produkt auffassen.

Bei Vertauschung der Veränderlichenreihen und Übergang zum konjugiert-komplexen Wert geht (79) in eine hermitesche Bilinearform mit der Matrix $A'$ über. Denn nach (77a) und (59a) ist

$$\overline{\mathfrak{y}'A\mathfrak{x}} = \overline{\mathfrak{x}'A'\bar{\mathfrak{y}}} = \bar{\mathfrak{x}}'\overline{A'}\mathfrak{y} \qquad (81)$$

und insbesondere für eine hermitesche Form

$$\bar{\mathfrak{x}}'A\mathfrak{x} = \bar{\mathfrak{x}}'\overline{A'}\mathfrak{x} = \bar{\mathfrak{x}}'A\mathfrak{x}, \qquad (82)$$

womit IV, Regel 12 und 12' noch einmal bewiesen sind. Eine *hermitesche Matrix* kann statt durch $\overline{A} = A'$ (wie in IV, Nr. 21) natürlich auch durch $\overline{A'} = A$ charakterisiert werden.

**Regel 25.** *Nimmt man in der Bilinearform $\mathfrak{x}'A\mathfrak{y}$ mit den Veränderlichenreihen $\mathfrak{x}$ und $\mathfrak{y}$ die linearen Substitutionen $\mathfrak{x} = B\mathfrak{u}$ und $\mathfrak{y} = C\mathfrak{v}$ vor, so erhält man eine Bilinearform in den Veränderlichenreihen $\mathfrak{u}$ und $\mathfrak{v}$ mit der Matrix $B'AC$.*

Setzt man nämlich $\mathfrak{x} = B\mathfrak{u}$ und $\mathfrak{y} = C\mathfrak{v}$ in $\mathfrak{x}'A\mathfrak{y}$ ein, so wird nach (58) und (56)

$$\mathfrak{x}'A\mathfrak{y} = (\mathfrak{u}'B')A(C\mathfrak{v}) = \mathfrak{u}'(B'AC)\mathfrak{v}. \qquad (83)$$

**Regel 26.** *Nimmt man in der quadratischen Form $\mathfrak{x}'A\mathfrak{x}$ die lineare Substitution $\mathfrak{x} = B\mathfrak{u}$ vor, so erhält man eine quadratische Form in $\mathfrak{u}$ mit der Matrix $B'AB$.*

Denn wie (83) ergibt sich

$$\mathfrak{x}'A\mathfrak{x} = (\mathfrak{u}'B')A(B\mathfrak{u}) = \mathfrak{u}'(B'AB)\mathfrak{u},$$

und da $A = A'$ ist, gilt nach (58) auch $(B'AB)' = B'A'B = B'AB$.

**Folgerung.** *Für die Determinante der quadratischen Form gilt nach (20)*

$$|B'AB| = |B'|\,|A|\,|B| = |B|^2\,|A|.$$

Sie multipliziert sich also mit dem Zahlenfaktor $|B|^2$ und ist daher *eine relative Invariante in bezug auf die Gruppe* $\mathfrak{L}_n(K)$.

**Regel 27.** *Nimmt man in der hermiteschen Form $\bar{\mathfrak{x}}'A\mathfrak{x}$ die lineare Substitution $\mathfrak{x} = B\mathfrak{u}$ vor, so erhält man eine hermitesche Form in $\mathfrak{u}$ mit der Matrix $\overline{B}'AB$.*

Dies erhält man mit $\mathfrak{y} = \mathfrak{x} = B\mathfrak{u}$ nach (59a) wie (83):

$$\bar{\mathfrak{x}}'A\mathfrak{x} = (\overline{\mathfrak{u}}'\overline{B}')A(B\mathfrak{u}) = \overline{\mathfrak{u}}'(\overline{B}'AB)\mathfrak{u}.$$

Außerdem ist $\overline{B}'AB$ hermetisch, wie man leicht nachprüft.

**21. Kogrediente und kontragrediente Substitutionen.** Die Bilinearform, deren Matrix die Einheitsmatrix $n$-ten Grades ist, heißt die *bilineare Einheitsform* in $2n$ Veränderlichen. Sind wieder $\mathfrak{x}$ und $\mathfrak{y}$ die beiden Veränderlichenreihen mit je $n$ Elementen, so folgt aus

$$\mathfrak{x}'E\,\mathfrak{y} = \mathfrak{x}'\mathfrak{y}, \tag{84}$$

daß die bilineare Einheitsform mit dem Produkt der beiden Veränderlichenreihen identisch ist (Regel 21).

**Definition.** *Zwei lineare Substitutionen* $\mathfrak{x} = B\mathfrak{u}$, $\mathfrak{y} = C\mathfrak{v}$ *sowie ihre Matrizen heißen zueinander* **kontragredient,** *wenn sie die bilineare Einheitsform ungeändert lassen, wenn also*

$$\mathfrak{x}'\mathfrak{y} = \mathfrak{u}'\mathfrak{v}$$

*ist für beliebige Veränderlichenreihen* $\mathfrak{u}$, $\mathfrak{v}$.

**Satz 13.** *Zu einer quadratischen Matrix* $B$ *gibt es dann und nur dann eine kontragrediente Matrix* $C$, *wenn* $|B| \neq 0$ *ist. In diesem Fall ist eindeutig*

$$C = (B')^{-1}.$$

*Beweis.* Nach Regel 25 geht $\mathfrak{x}'E\,\mathfrak{y}$ bei Ausführung der Substitutionen $\mathfrak{x} = B\mathfrak{u}$ und $\mathfrak{y} = C\mathfrak{v}$ in $\mathfrak{u}'B'EC\mathfrak{v}$ über. Wenn es also zu $B$ eine kontragrediente Matrix $C$ gibt, muß für beliebige $\mathfrak{u}$, $\mathfrak{v}$

$$\mathfrak{x}'\mathfrak{y} = \mathfrak{x}'E\,\mathfrak{y} = \mathfrak{u}'B'EC\,\mathfrak{v} = \mathfrak{u}'B'C\,\mathfrak{v} = \mathfrak{u}'E\mathfrak{v} = \mathfrak{u}'\mathfrak{v}, \tag{85}$$

d. h. $B'C = E$ sein (Regel 24). Hieraus folgt $|B'| \cdot |C| = 1$, nach (20), also $|B| = |B'| \neq 0$ und $C = (B')^{-1}$ als einzige Möglichkeit. Ist umgekehrt $|B| \neq 0$, so ist für $C = (B')^{-1}$ jedenfalls $B'C = E$, also (85) für beliebige $\mathfrak{u}$, $\mathfrak{v}$ erfüllt.

Es sei nun $B = (b_{ik})$ $(i, k = 1, 2, \ldots, n)$. Man setze

$$(B')^{-1} = B^*. \tag{86}$$

Dann ist nach (41)

$$B^* = (B')^{-1} = (B^{-1})' = \frac{1}{|B|}\,\mathbf{B} = \frac{1}{|B|}\,(\beta_{ik}),$$

wo $\beta_{ik}$ die adjungierte Größe zu $b_{ik}$ bedeutet. Ferner ist nach (38)

$$|B^*| = \frac{1}{|B|}.$$

Als *kontragrediente Substitutionen* erhält man also

$$\mathfrak{x} = B\mathfrak{u}, \qquad \mathfrak{y} = B^*\mathfrak{v},$$

wofür man nach (86) auch

$$\mathfrak{x} = B\mathfrak{u}, \qquad \mathfrak{v} = B'\mathfrak{y}$$

schreiben kann. Demgegenüber bezeichnet man

$$\mathfrak{x} = B\mathfrak{u}, \qquad \mathfrak{y} = B\mathfrak{v}$$

als **kogrediente** Substitutionen.

**22. Unitäre und orthogonale Substitutionen.** Aus der bilinearen Einheitsform (84) entsteht durch Gleichsetzen der Veränderlichenreihen bzw. durch Gleichsetzen und Spezialisieren auf das innere Produkt die *quadratische* bzw. die *hermitesche Einheitsform*:

$$\mathfrak{x}' E \mathfrak{x} = \mathfrak{x}' \mathfrak{x} \quad \text{bzw.} \quad \bar{\mathfrak{x}}' E \mathfrak{x} = \bar{\mathfrak{x}}' \mathfrak{x}. \tag{87}$$

Wir wollen, obgleich es nicht erforderlich ist, für die Anwendungen auch die quadratische Einheitsform auf reelle Veränderliche spezialisieren. Dann wird die quadratische ein Spezialfall der hermiteschen Einheitsform, so daß wir zunächst mit dieser arbeiten und dann die gewonnenen Ergebnisse durch Spezialisierung auch für den Grundkörper $R$ der reellen Zahlen formulieren können.

**Definition.** *Eine lineare Substitution* $\mathfrak{x} = B\mathfrak{u}$ *über* $\mathsf{K}$ *sowie ihre komplexe Matrix* $B$ *heißen* **unitär**, *wenn sie die hermitesche Einheitsform ungeändert lassen, wenn also*

$$\bar{\mathfrak{x}}' \mathfrak{x} = \bar{\mathfrak{u}}' \mathfrak{u}$$

*ist für beliebige komplexe Veränderlichenreihen* $\mathfrak{u}$.

*Ist der Grundkörper für Substitution, Matrix und Veränderliche speziell der Körper* $R$, *bleibt also die reelle quadratische Einheitsform invariant, so heißen Substitution und Matrix* **orthogonal.**

Dieser Begriff hat eine einfache geometrische Bedeutung. Ist nämlich $\mathfrak{x}$ ein beliebiger Vektor im normalen $\mathfrak{R}^{(n)}$, bezogen auf ein normales Koordinatensystem, so wird nach II, Satz 24 das Quadrat seines Betrages durch

$$|\mathfrak{x}|^2 = |x_1|^2 + |x_2|^2 + \cdots + |x_n|^2 = \bar{\mathfrak{x}}' \mathfrak{x} \tag{88}$$

gegeben. Wenn nun bei der Substitution $\mathfrak{x} = B\mathfrak{u}$ die Quadratsumme

$$\bar{\mathfrak{x}}' \mathfrak{x} = |x_1|^2 + \cdots + |x_n|^2 = |u_1|^2 + \cdots + |u_n|^2 = \bar{\mathfrak{u}}' \mathfrak{u}$$

ungeändert bleibt, so besagt dies, daß das neue Koordinatensystem, in dem der Vektor $\mathfrak{x}$ die Koordinaten $u_1, u_2, \ldots, u_n$ hat, nach II, Satz 24 wieder normal ist. Speziell führt also eine *orthogonale* Substitution — und rechtfertigt damit ihren Namen — ein normiertrechtwinkliges Koordinatensystem wieder in ein solches über. Da ferner (88) für $r$-Vektoren $\mathfrak{x}$ (II, Nr. 15) das Quadrat ihres Abstandes vom Nullpunkt angibt, zeigt die Auffassung von $\mathfrak{x} = B\mathfrak{u}$ als Transformation (Nr. 18), daß eine orthogonale Transformation eine *Drehung* oder *Spiegelung* des $\mathfrak{R}_n$ in bezug auf den Nullpunkt darstellt.

**Satz 14.** *Eine lineare Substitution mit der Matrix* $B$ *ist dann und nur dann unitär, wenn*

$$\bar{B}' B = E \tag{89}$$

*gilt.*

*Beweis.* a) Ist $\bar{B}' B = E$, $\mathfrak{x} = B\mathfrak{u}$, so folgt nach Regel 27

$$\bar{\mathfrak{x}}' \mathfrak{x} = \bar{\mathfrak{x}}' E \mathfrak{x} = \bar{\mathfrak{u}}' \bar{B}' E B \mathfrak{u} = \bar{\mathfrak{u}}' \bar{B}' B \mathfrak{u} = \bar{\mathfrak{u}}' E \mathfrak{u} = \bar{\mathfrak{u}}' \mathfrak{u} \tag{90}$$

für beliebige $\mathfrak{u}$, also sind die Substitution $\mathfrak{x} = B\mathfrak{u}$ und die Matrix $B$ unitär.

b) Ist umgekehrt $B$ unitär, d. h. (90) für beliebige $\mathfrak{u}$ erfüllt, so muß $\bar{\mathfrak{u}}' \bar{B}' B \mathfrak{u} = \bar{\mathfrak{u}}' E \mathfrak{u}$, d. h. $\bar{B}' B = E$ sein nach Regel 24.

**23. Gruppeneigenschaft der unitären Substitutionen.** Wir ziehen zunächst einige Folgerungen aus Satz 14, die die Eigenschaft des Unitärseins noch anderweitig charakterisieren.

1. *Mit $\bar{B}' B = E$ gilt auch*

$$B \bar{B}' = E. \tag{91}$$

Multipliziert man nämlich (89) von links mit $B$, von rechts mit $B^{-1}$, so erhält man

$$E = B E B^{-1} = B(\bar{B}' B)\, B^{-1} = B \bar{B}' \cdot B B^{-1} = B \bar{B}'.$$

2. *Eine Matrix ist dann und nur dann unitär, wenn die Zeilen oder die Spalten ein normiertes Orthogonalsystem bilden.*

Da nämlich $\bar{B}'$ die transponierte Matrix zu $\bar{B}$ ist, entsteht das Produkt $\bar{B}' B$ durch Multiplikation der Spalten von $\bar{B}$ mit den Spalten von $B$, ebenso $B \bar{B}'$ durch Multiplikation der Zeilen von $B$ mit denen von $\bar{B}$. Daher bedeutet (89) bzw. (91) nach (2), daß die inneren Produkte jeder Spalte (Zeile) von $B$ mit sich selbst gleich 1, mit einer anderen Spalte (Zeile) gleich 0 sind (vgl. II, Nr. 6).

Damit ist zugleich gezeigt:

2'. *Sind die Zeilen von $B$ ein normiertes Orthogonalsystem, so sind es auch die Spalten, und umgekehrt.*

3. *Für jede unitäre Matrix $B$ ist* (und daher hat sie ihren Namen) *der Betrag der Determinante*[1] *gleich 1:*

$$\mathrm{abs}\,|B| = 1. \tag{92}$$

Denn durch Übergang zu den Determinanten folgt aus (89) nach (20), (40) und III, (58)

$$|\bar{B}' B| = |\bar{B}'|\,|B| = \overline{|B'|}\,|B| = |E|, \quad \text{d. h.} \quad (\mathrm{abs}\,|B|)^2 = 1.$$

4. *Eine Matrix ist nur dann unitär, wenn jedes Element dem Betrage nach mit seiner adjungierten Größe übereinstimmt.*

Denn durch Multiplikation mit $B^{-1}$ von rechts folgt, daß (89) mit

$$\bar{B}' = B^{-1} \tag{93}$$

gleichbedeutend ist. Für $B = (b_{ik})$ ist $\bar{B}' = (\bar{b}_{ki})$, $B^{-1} = \left(\dfrac{\beta_{ki}}{|B|}\right)$. Also erhält man aus (93) nach (2) und (92)

$$\beta_{ki} = |B|\,\bar{b}_{ki}, \quad \text{d. h.} \quad \mathrm{abs}\,\beta_{ki} = \mathrm{abs}\,b_{ki} \quad (i, k = 1, 2, \ldots, n). \tag{94}$$

---

[1] Da in diesem Kapitel die beiden senkrechten Striche eine *Determinante* bedeuten, wird der *absolute Betrag* vorübergehend durch die (etwa als Funktionszeichen anzusehende) Abkürzung abs bezeichnet (gelesen: absoluter Betrag von).

5. Die Eigenschaft (93) bedeutet in ausführlicher Schreibweise:
*Wenn*

$$\left.\begin{aligned}
x_1 &= b_{11}\,u_1 + b_{12}\,u_2 + \cdots + b_{1n}\,u_n \\
x_2 &= b_{21}\,u_1 + b_{22}\,u_2 + \cdots + b_{2n}\,u_n \\
&\cdots\cdots\cdots\cdots\cdots\cdots\cdots\cdots\cdots\cdots \\
x_n &= b_{n1}\,u_1 + b_{n2}\,u_2 + \cdots + b_{nn}\,u_n
\end{aligned}\right\} \tag{95a}$$

*eine unitäre Substitution ist, so lautet die inverse:*

$$\left.\begin{aligned}
u_1 &= \bar{b}_{11}\,x_1 + \bar{b}_{21}\,x_2 + \cdots + \bar{b}_{n1}\,x_n \\
u_2 &= \bar{b}_{12}\,x_1 + \bar{b}_{22}\,x_2 + \cdots + \bar{b}_{n2}\,x_n \\
&\cdots\cdots\cdots\cdots\cdots\cdots\cdots\cdots\cdots\cdots \\
u_n &= \bar{b}_{1n}\,x_1 + \bar{b}_{2n}\,x_2 + \cdots + \bar{b}_{nn}\,x_n.
\end{aligned}\right\} \tag{95b}$$

**Satz 15.** *Die Gesamtheit der unitären Substitutionen bildet hinsichtlich der Zusammensetzung von Substitutionen als Verknüpfung eine Gruppe.*

*Beweis.* Sind $A$, $B$ unitär, d. h. ist $\bar{A}'A = \bar{B}'B = E$, so ist nach (58), (59a) und (89)

$$(\overline{AB})'\,(AB) = \bar{B}'\bar{A}'AB = \bar{B}'EB = \bar{B}'B = E,$$

also auch das Produkt wieder unitär. Die Verknüpfung ist nach Nr. 19, 2 assoziativ. Ferner ist $E$ unitär, da $\bar{E}'E = EE = E$ ist, und mit $B$ ist auch $B^{-1}$ unitär; denn nach (93) und (91) ist

$$\overline{(B^{-1})}' \cdot B^{-1} = \overline{(\bar{B}')}'\,\bar{B}' = B\bar{B}' = E.$$

**24. Spezialisierung auf $R$ als Grundkörper.** Die Eigenschaft des Unitärseins geht auf Grund der Definition (Nr. 22) in die der Orthogonalität über, wenn wir Veränderliche und Elemente auf reelle Zahlen spezialisieren. Aus dem Vorangehenden erhalten wir daher:

1. *Eine reelle lineare Substitution mit der Matrix $B$ ist dann und nur dann orthogonal, wenn*

$$B'B = E \quad oder \quad BB' = E \tag{96}$$

*ist.*

2. *Eine Matrix ist dann und nur dann orthogonal, wenn die Zeilen oder die Spalten ein normiertes Orthogonalsystem bilden. Trifft dies für die Zeilen zu, so auch für die Spalten, und umgekehrt.*

3. *Für jede orthogonale Matrix $B$ hat die Determinante den Wert $\pm 1$:*

$$|B| = \pm 1. \tag{97}$$

*Man nennt $B$ **eigentlich** oder **uneigentlich orthogonal**, je nachdem $|B| = 1$ oder $|B| = -1$ ist.*

4. *Eine Matrix ist nur dann orthogonal, wenn jedes Element bis auf das — für alle Elemente gleiche — Vorzeichen mit seiner adjungierten Größe übereinstimmt. Dieses Vorzeichen wird nach (94) durch den Wert der Determinante gegeben.*

5. *Die Inverse zu einer orthogonalen Substitution oder Matrix $B$ wird durch die Transponierte geliefert:*

$$B^{-1} = B'. \tag{98}$$

*Man erhält also durch* (95 b), *wenn man die Querstriche fortläßt, die Inverse zur orthogonalen Substitution* (95 a).

6. *Die Gesamtheit der orthogonalen Substitutionen bildet hinsichtlich der Zusammensetzung von Substitutionen eine Gruppe.*

Diese Gruppe heißt, wenn $n$ die Anzahl der Veränderlichen ist, die **$n$-dimensionale orthogonale Gruppe** $\mathfrak{D}_n$. Hierfür beweisen wir noch

7. *Die orthogonalen Substitutionen mit der Determinante* $+1$ *bilden eine Untergruppe von* $\mathfrak{D}_n$.

Denn mit $|A| = |B| = +1$ ist nach (20) und (38) auch

$$|AB| = |A| \cdot |B| = +1 \quad \text{und} \quad |A^{-1}| = \frac{1}{|A|} = +1.$$

Diese Untergruppe heißt die ($n$-dimensionale) *eigentlich-orthogonale Gruppe* oder *Drehgruppe* $\mathfrak{D}_n$. Wir betrachten im folgenden die Fälle $n = 2$ und $n = 3$ als Beispiele.

**25. Die Gruppe $\mathfrak{D}_2$.** Es sei $n = 2$ und die reelle Matrix

$$B = \begin{pmatrix} b_{11} & b_{12} \\ b_{21} & b_{22} \end{pmatrix}$$

orthogonal. Dann gilt nach Nr. 24, 2

$$b_{11}^2 + b_{21}^2 = b_{12}^2 + b_{22}^2 = 1 \tag{99}$$

und

$$b_{11} b_{12} + b_{21} b_{22} = 0. \tag{100}$$

Setzt man also, falls $\varphi$ und $\psi$ Winkel zwischen 0 und $360°$ bedeuten,

$$b_{11} = \sin\varphi, \quad b_{12} = \sin\psi,$$
$$b_{21} = \cos\varphi, \quad b_{22} = \cos\psi,$$

so ist (99) erfüllt, und (100) geht über in

$$\cos(\varphi - \psi) = \sin\varphi \sin\psi + \cos\varphi \cos\psi = 0.$$

Hieraus ergeben sich zwei Möglichkeiten:

$$\text{a)} \quad \varphi - \psi = \phantom{0}90°, \quad \varphi = \phantom{0}90° + \psi;$$
$$\text{b)} \quad \varphi - \psi = 270°, \quad \varphi = 270° + \psi.$$

Dann ist $\sin\varphi = \cos\psi$, $\cos\varphi = -\sin\psi$ im Fall a) und $\sin\varphi = -\cos\psi$, $\cos\varphi = \sin\psi$ im Fall b). Dementsprechend wird

$$\text{a)} \quad B = \begin{pmatrix} \cos\psi & \sin\psi \\ -\sin\psi & \cos\psi \end{pmatrix}, \quad |B| = +1;$$

$$\text{b)} \quad B = \begin{pmatrix} -\cos\psi & \sin\psi \\ \sin\psi & \cos\psi \end{pmatrix}, \quad |B| = -1.$$

Durchläuft $\psi$ das Intervall $0° \leqq \psi < 360°$, so ergeben sich die verschiedenen Gruppenelemente. Daher ist $\psi$ ein Parameter und die Gruppe eine einparametrige Schar von Matrizen (vgl. V, Nr. 2). Man spricht jedoch im Fall einer Gruppe, wenn wie hier der Parameter ein Intervall, also ein Kontinuum (vgl. VIII, Nr. 10), durchläuft, von einer *kontinuierlichen Gruppe*. Die Gesamtheit der Matrizen zu a) und b) bildet die orthogonale Gruppe $\mathfrak{O}_2$, die zu a) allein die Untergruppe $\mathfrak{D}_2$. Ist im Falle a)

$$A = \begin{pmatrix} \cos\varphi & \sin\varphi \\ -\sin\varphi & \cos\varphi \end{pmatrix}, \quad |A| = +1$$

ein zweites Element, so ist, wie man unter Benutzung der Additionstheoreme von Sinus und Kosinus leicht feststellt,

$$AB = \begin{pmatrix} \cos(\varphi + \psi) & \sin(\varphi + \psi) \\ -\sin(\varphi + \psi) & \cos(\varphi + \psi) \end{pmatrix}, \quad |AB| = +1.$$

Dies bestätigt einerseits die Gruppeneigenschaft von $\mathfrak{D}_2$, zeigt aber andererseits auch, daß die Gruppe $\mathfrak{D}_2$ isomorph ist zur Gruppe der Drehungen um einen festen Punkt in der Ebene (vgl. VI, Nr. 7). Entsprechendes gilt für $n > 2$. Deshalb trägt $\mathfrak{D}_n$ auch den Namen Drehgruppe.

**26. Die Gruppe $\mathfrak{D}_3$.** Es sei $n = 3$ und die reelle Matrix

$$B = \begin{pmatrix} b_{11} & b_{12} & b_{13} \\ b_{21} & b_{22} & b_{23} \\ b_{31} & b_{32} & b_{33} \end{pmatrix}, \quad |B| = +1$$

eigentlich-orthogonal. Die Orthogonalitätsrelationen lauten hier:

$$\left.\begin{aligned} b_{11}^2 + b_{21}^2 + b_{31}^2 &= 1, \\ b_{12}^2 + b_{22}^2 + b_{32}^2 &= 1, \\ b_{13}^2 + b_{23}^2 + b_{33}^2 &= 1, \end{aligned}\right\} \text{(101a)} \qquad \left.\begin{aligned} b_{11}b_{12} + b_{21}b_{22} + b_{31}b_{32} &= 0, \\ b_{11}b_{13} + b_{21}b_{23} + b_{31}b_{33} &= 0, \\ b_{12}b_{13} + b_{22}b_{23} + b_{32}b_{33} &= 0. \end{aligned}\right\} \text{(101b)}$$

Es ist auch in diesem Fall möglich, die $b_{ik}$ durch die Funktionen Sinus und Kosinus von gewissen Winkeln darzustellen. Es seien $\varphi_1$, $\varphi_2$, $\varphi_3$ drei im Intervall $0 \leqq \varphi < 360°$ veränderliche Winkel. Man setze zunächst

$$b_{11} = \cos\varphi_2 \cos\varphi_3, \quad b_{21} = -\sin\varphi_2 \cos\varphi_3, \quad b_{31} = \sin\varphi_3. \quad \text{(102)}$$

Dann ist

$$b_{11}^2 + b_{21}^2 + b_{31}^2 = (\cos^2\varphi_2 + \sin^2\varphi_2)\cos^2\varphi_3 + \sin^2\varphi_3 = 1, \quad \text{(103)}$$

also die erste der Gl. (101a) erfüllt. Da aus der Orthogonalität der Spalten die der Zeilen folgt (vgl. 24, 2), kann man einen entsprechenden Ansatz für eine der Zeilen von $B$ machen. Es sei etwa

$$b_{31} = \sin\varphi_3, \quad b_{32} = -\sin\varphi_1 \cos\varphi_3, \quad b_{33} = \cos\varphi_1 \cos\varphi_3.$$

Nun sind noch die vier Größen $b_{12}$, $b_{13}$, $b_{22}$, $b_{23}$ durch Sinus und Kosinus darzustellen. Für $b_{12}$, $b_{22}$ bzw. $b_{13}$, $b_{23}$ benutzt man die erste bzw. zweite der Gl. (101 b) und die aus (94) und $|B| = +1$ folgende Gleichung $\beta_{33} = b_{33}$ bzw. $\beta_{32} = b_{32}$. Man hat also zunächst

$$b_{11} b_{12} + b_{21} b_{22} = -b_{31} b_{32}, \qquad -b_{21} b_{12} + b_{11} b_{22} = b_{33}$$

nach $b_{12}$ und $b_{22}$ aufzulösen. Dies ergibt

$$\left.\begin{aligned} b_{12}(b_{11}^2 + b_{21}^2) &= -b_{31} b_{32} b_{11} - b_{33} b_{21}, \\ b_{22}(b_{11}^2 + b_{21}^2) &= -b_{31} b_{32} b_{21} + b_{33} b_{11}. \end{aligned}\right\} \tag{104}$$

Nach (103) und (102) ist

$$b_{11}^2 + b_{21}^2 = 1 - \sin^2 \varphi_3 = \cos^2 \varphi_3.$$

Ist $\cos \varphi_3 \neq 0$, so folgt aus (104)

$$b_{12} = \cos \varphi_1 \sin \varphi_2 + \sin \varphi_1 \cos \varphi_2 \sin \varphi_3$$
$$b_{22} = \cos \varphi_1 \cos \varphi_2 - \sin \varphi_1 \sin \varphi_2 \sin \varphi_3.$$

Sodann hat man die Gleichungen

$$b_{11} b_{13} + b_{21} b_{23} = -b_{31} b_{33},$$
$$b_{21} b_{13} - b_{11} b_{23} = b_{32}$$

nach $b_{13}$, $b_{23}$ aufzulösen. Man erhält, falls $\cos \varphi_3 \neq 0$ ist, in entsprechender Weise

$$b_{13} = \sin \varphi_1 \sin \varphi_2 - \cos \varphi_1 \cos \varphi_2 \sin \varphi_3$$
$$b_{23} = \sin \varphi_1 \cos \varphi_2 + \cos \varphi_1 \sin \varphi_2 \sin \varphi_3.$$

Mit den so gefundenen Werten $b_{ik}$ ist, falls $\cos \varphi_3 \neq 0$ ist: $\tag{105}$

$$B = \begin{pmatrix} \cos \varphi_2 \cos \varphi_3 & \cos \varphi_1 \sin \varphi_2 + \sin \varphi_1 \cos \varphi_2 \sin \varphi_3 & \sin \varphi_1 \sin \varphi_2 - \cos \varphi_1 \cos \varphi_2 \sin \varphi_3 \\ -\sin \varphi_2 \cos \varphi_3 & \cos \varphi_1 \cos \varphi_2 - \sin \varphi_1 \sin \varphi_2 \sin \varphi_3 & \sin \varphi_1 \cos \varphi_2 + \cos \varphi_1 \sin \varphi_2 \sin \varphi_3 \\ \sin \varphi_3 & -\sin \varphi_1 \cos \varphi_3 & \cos \varphi_1 \cos \varphi_3 \end{pmatrix}.$$

Es bleibe dem Leser überlassen, nachzuweisen, daß diese Werte der $b_{ik}$ auch die bei der Berechnung nicht benutzten der Gl. (101 a) und (101 b) erfüllen.

Welche Lösungen ergeben sich nun in dem eben ausgeschlossenen Fall $\cos \varphi_3 = 0$? In diesem Fall ist

$$b_{11} = b_{21} = 0, \qquad b_{31} = \pm 1, \qquad b_{32} = b_{33} = 0,$$

so daß $B$ die Gestalt

$$B = \begin{pmatrix} 0 & b_{12} & b_{13} \\ 0 & b_{22} & b_{23} \\ \pm 1 & 0 & 0 \end{pmatrix}, \qquad |B| = \begin{vmatrix} b_{12} & b_{13} \\ b_{22} & b_{23} \end{vmatrix} = \pm 1$$

annimmt und die Orthogonalitätsrelationen (101 a) und (101 b) sich auf

$$b_{12}^2 + b_{22}^2 = b_{13}^2 + b_{23}^2 = 1, \qquad b_{12} b_{13} + b_{22} b_{23} = 0$$

reduzieren. Die noch zu bestimmenden Elemente $b_{12}$, $b_{13}$, $b_{22}$, $b_{23}$ bilden also eine orthogonale Matrix zweiten Grades, deren Gestalt nach Nr. 25, Fall a) bzw. Fall b) bekannt ist. Man erhält, da $|B| = +1$ sein soll,

$$B = \begin{pmatrix} 0 & \cos\psi & \sin\psi \\ 0 & -\sin\psi & \cos\psi \\ 1 & 0 & 0 \end{pmatrix} \quad (106a) \quad \text{bzw.} \quad \begin{pmatrix} 0 & -\cos\psi & \sin\psi \\ 0 & \sin\psi & \cos\psi \\ -1 & 0 & 0 \end{pmatrix}. \quad (106b)$$

Beide Arten sind aber in der allgemeinen Gestalt (105) als Spezialfälle enthalten. Die erste für $\varphi_3 = 90°$ und $\varphi_1 + \varphi_2 = 90° + \psi$, die zweite für $\varphi_3 = 270°$ und $\varphi_1 - \varphi_2 = 90° - \psi$.

Die zunächst nur für den Fall $\cos\varphi_3 \neq 0$ abgeleitete Gestalt (105) von $B$ gilt also auch im Fall $\cos\varphi_3 = 0$, d. h. allgemein. Die Gruppe $\mathfrak{D}_3$ ist also eine dreiparametrige kontinuierliche Gruppe mit dem allgemeinen Element (105); die drei Parameter $\varphi_1$, $\varphi_2$, $\varphi_3$ dürfen unabhängig voneinander im Intervall $0° \leqq \varphi < 360°$ variieren. Die Winkel $\varphi_1$, $\varphi_2$, $\varphi_3$ heißen die *Eulerschen Winkel*[1].

Ferner folgt aus den Formeln (106), daß die Gruppe $\mathfrak{D}_3$ die Gruppe der Matrizen (106a) und (106b) sowie die Gruppe nur der Matrizen (106a) als Untergruppen hat. Die erste dieser Untergruppen ist der Gruppe $\mathfrak{D}_2$, die zweite der Gruppe $\mathfrak{D}_2$ isomorph.

**27. Permutationsmatrizen.** Mit Hilfe der linearen Substitutionen lassen sich Permutationen auch durch Matrizen darstellen. Ist

$$P = \begin{pmatrix} 1 & 2 & \cdots & n \\ \alpha_1 & \alpha_2 & \cdots & \alpha_n \end{pmatrix} \tag{107}$$

eine Permutation in $n$ Symbolen, so setze man

$$\left. \begin{aligned} y_1 &= x_{\alpha_1} \\ y_2 &= x_{\alpha_2} \\ &\cdots\cdots \\ y_n &= x_{\alpha_n}. \end{aligned} \right\} \tag{108}$$

Dann hat man eine lineare Substitution, durch die die Veränderlichen $x_1, x_2, \ldots, x_n$ nach der Vorschrift von $P$ permutiert werden. Die Matrix der Substitution (108) hat in jeder Zeile und jeder Spalte genau eine 1, sonst lauter Nullen, und zwar steht die 1 in der $i$-ten Zeile an der Stelle $\alpha_i$ ($i = 1, 2, \ldots, n$). Eine Matrix dieser Art heißt eine *Permutationsmatrix*.

Die Matrix der Substitution (108) sei $A_P$. Ist dann

$$Q = \begin{pmatrix} 1 & 2 & \cdots & n \\ \beta_1 & \beta_2 & \cdots & \beta_n \end{pmatrix}$$

---

[1] LEONHARD EULER, 1707—1783, Mathematiker; 1730—1741 Mitglied der Petersburger Akademie, 1741—1766 Mitglied der Berliner Akademie der Wissenschaften, von 1766 an wieder in Petersburg (jetzt Leningrad).

eine zweite Permutation in denselben $n$ Symbolen und

$$z_i = y_{\beta_i} \qquad (i = 1, 2, \ldots, n) \qquad (109)$$

die zugehörige Substitution mit der Matrix $A_Q$, so ist

$$z_i = y_{\beta_i} = x\alpha_{\beta_i} \qquad (i = 1, 2, \ldots, n)$$

die aus (108) und (109) zusammengesetzte Substitution. Deren Matrix ist $A_{QP}$, da (vgl. VI, Nr. 1)

$$Q P = \begin{pmatrix} 1 & 2 & \cdots & n \\ \alpha_{\beta_1} & \alpha_{\beta_2} & \cdots & \alpha_{\beta_n} \end{pmatrix}$$

ist. Daher ist nach (71)

$$A_{QP} = A_Q A_P, \qquad (110)$$

woraus insbesondere folgt, daß die Substitutionen (108) eine Gruppe bilden, wenn $P$ die Elemente einer Permutationsgruppe durchläuft.

**28. Bedeutung der Substitutionsgruppen.** Damit ist die in Nr. 12 zugesagte Klärung des Zusammenhanges zwischen Permutationen und Matrizen erbracht. Man kann jeder Permutation $P$ eine Permutationsmatrix $A_P$ so zuordnen, daß nach (110) dem Produkt der Permutationen das Produkt der Matrizen entspricht. Dies ist der Grund für die in § 1 beobachtete Übereinstimmung der Multiplikationseigenschaften bei Permutationen und Matrizen.

Umgekehrt entspricht jeder Substitution (108), d. h. jeder Permutationsmatrix $n$-ten Grades $A_P$, eine Permutation $P$ in $n$ Symbolen. Auf Grund dieser eineindeutigen Zuordnung $P \longleftrightarrow A_P$ mit der Eigenschaft (110) gilt

**Satz 16.** *Jede Gruppe von Permutationen in $n$ Symbolen ist einer Gruppe linearer Substitutionen in $n$ Veränderlichen isomorph.*

*Beispiel.* Für $n = 3$ besteht die symmetrische Gruppe $\mathfrak{S}_3$ aus den $3! = 6$ Permutationen

$$P_0 = E = \begin{pmatrix} 1 & 2 & 3 \\ 1 & 2 & 3 \end{pmatrix}, \quad P_1 = \begin{pmatrix} 1 & 2 & 3 \\ 1 & 3 & 2 \end{pmatrix}, \quad P_2 = \begin{pmatrix} 1 & 2 & 3 \\ 2 & 1 & 3 \end{pmatrix},$$

$$P_3 = \begin{pmatrix} 1 & 2 & 3 \\ 2 & 3 & 1 \end{pmatrix}, \quad P_4 = \begin{pmatrix} 1 & 2 & 3 \\ 3 & 1 & 2 \end{pmatrix}, \quad P_5 = \begin{pmatrix} 1 & 2 & 3 \\ 3 & 2 & 1 \end{pmatrix}.$$

Die zugehörigen Substitutionen sind

$$
\begin{aligned}
y_1 &= x_1 & y_1 &= x_1 & y_1 &= x_2 \\
y_2 &= x_2 & y_2 &= x_3 & y_2 &= x_1 \\
y_3 &= x_3, & y_3 &= x_2, & y_3 &= x_3, \\[2mm]
y_1 &= x_2 & y_1 &= x_3 & y_1 &= x_3 \\
y_2 &= x_3 & y_2 &= x_1 & y_2 &= x_2 \\
y_3 &= x_1, & y_3 &= x_2, & y_3 &= x_1.
\end{aligned}
$$

Daher erhält man die Permutationsmatrizen

$$A_{P_0} = \begin{pmatrix} 1 & 0 & 0 \\ 0 & 1 & 0 \\ 0 & 0 & 1 \end{pmatrix}, \quad A_{P_1} = \begin{pmatrix} 1 & 0 & 0 \\ 0 & 0 & 1 \\ 0 & 1 & 0 \end{pmatrix}, \quad A_{P_2} = \begin{pmatrix} 0 & 1 & 0 \\ 1 & 0 & 0 \\ 0 & 0 & 1 \end{pmatrix},$$

$$A_{P_3} = \begin{pmatrix} 0 & 1 & 0 \\ 0 & 0 & 1 \\ 1 & 0 & 0 \end{pmatrix}, \quad A_{P_4} = \begin{pmatrix} 0 & 0 & 1 \\ 1 & 0 & 0 \\ 0 & 1 & 0 \end{pmatrix}, \quad A_{P_5} = \begin{pmatrix} 0 & 0 & 1 \\ 0 & 1 & 0 \\ 1 & 0 & 0 \end{pmatrix}.$$

Diese sechs Matrizen bilden eine zu $\mathfrak{S}_3$ isomorphe Gruppe, die — wie man unmittelbar sieht — eine Untergruppe der orthogonalen Gruppe in drei Veränderlichen ist.

Auch für $n > 3$ ist jede Permutationsmatrix orthogonal. Ist nämlich $e_i$ die Zahlenreihe, die an der $i$-ten Stelle eine 1, sonst lauter Nullen hat, so ist für $i, k = 1, 2, \ldots, n$ das innere Produkt

$$e_i\, e_k = \begin{cases} 1, & \text{falls } i = k \\ 0, & \text{falls } i \neq k \end{cases} \tag{111}$$

ist. Durch Anwendung der Permutation (107) auf die Zahlenreihen $e_1, e_2, \ldots, e_n$ gehen diese aber in die Zeilen $e_{\alpha_1}, e_{\alpha_2}, \ldots, e_{\alpha_n}$ von $A_P$ über; dabei bleibt (111) erhalten. Mit anderen Worten: $A_P$ geht aus $E$ durch Anwendung der Permutation $P$ auf die Zeilen von $E$ hervor.

**Satz 17.** *Jede endliche Gruppe der Ordnung $g$ ist einer Gruppe von orthogonalen Substitutionen in $g$ Veränderlichen isomorph.*

*Beweis.* Nach VI, Satz 14 ist jede endliche Gruppe der Ordnung $g$ einer Gruppe von Permutationen in $g$ Symbolen isomorph. Diese Permutationsgruppe ist nach Satz 16 einer Gruppe von linearen Substitutionen in $g$ Veränderlichen isomorph, die auf Grund der Bemerkung zu (111) eine Untergruppe der orthogonalen Gruppe in $g$ Veränderlichen ist. Wegen der Transitivität des Isomorphseins (vgl. VI, Nr. 14) ist damit Satz 17 bewiesen.

Man erkennt hieraus die Bedeutung der Substitutionsgruppen, insbesondere der Orthogonalgruppen. Sie begreifen bereits alle möglichen Strukturen von endlichen Gruppen in sich.

**29. Eigenvektoren.** Gegeben sei eine quadratische Matrix $n$-ten Grades und eine Zahl $\alpha$. Wir suchen Spalten $\mathfrak{x}$ mit $n$ Elementen, für die

$$A\mathfrak{x} = \alpha\mathfrak{x} \tag{112}$$

ist. Eine Lösung ist immer $\mathfrak{x} = 0$. Wir behaupten (vgl. Nr. 10):

**Satz 18.** *Die Gl. (112) hat dann und nur dann eine Lösung $\mathfrak{x} \neq 0$, wenn $\alpha$ ein Eigenwert der Matrix $A$ ist.*

*Beweis.* Nach dem distributiven Gesetz (57) ist (112) gleichbedeutend mit

$$(A - \alpha E)\, \mathfrak{x} = 0. \tag{113}$$

Dies ist, falls $\mathfrak{x}$ die Elemente $x_i$ hat $(i = 1, 2, \ldots, n)$, ein homogenes lineares Gleichungensystem in $x_1, x_2, \ldots, x_n$ mit der Matrix $A - \alpha E$. Nach V, Satz 9 hat (113) und damit auch (112) dann und nur dann eine Lösung $\mathfrak{x} \neq 0$, wenn $|A - \alpha E| = 0$ ist, also auf Grund von $|A - \alpha E| = (-1)^n |\alpha E - A|$, wenn $\alpha$ ein Eigenwert von $A$ ist.

**Definition.** *Bei gegebenen $A$ und $\alpha$ heißt jede Lösung $\mathfrak{x} \neq 0$ von* (112) *ein **zum Eigenwert $\alpha$ gehörender Eigenvektor** von $A$.*

**Satz 19.** *Die Eigenwerte einer hermiteschen Matrix sind sämtlich reell.*

*Beweis.* Es sei $A = \bar{A}'$ eine hermitesche Matrix (IV, Nr. 21), ferner $\alpha$ ein Eigenwert von $A$ und $\mathfrak{x}$ ein Eigenvektor zu $\alpha$. Wir multiplizieren (112) von links mit $\bar{\mathfrak{x}}'$. Dann folgt

$$\bar{\mathfrak{x}}' A \mathfrak{x} = \alpha \bar{\mathfrak{x}}' \mathfrak{x} \tag{114}$$

und hieraus durch Überstreichen nach (82)

$$\bar{\mathfrak{x}}' A \mathfrak{x} = \bar{\alpha} \mathfrak{x}' \bar{\mathfrak{x}}. \tag{115}$$

Da aber $\mathfrak{x}' \bar{\mathfrak{x}} = \bar{\mathfrak{x}}' \mathfrak{x}$ und $\mathfrak{x} \neq 0$ ist, ergeben (114) und (115), daß $\bar{\alpha} = \alpha$, d. h. $\alpha$ reell ist.

**Folgerung.** *Die Eigenwerte einer reellen symmetrischen Matrix sind sämtlich reell.*

Ist nämlich $A = A'$ und $A = \bar{A}$, so ist auch $A = \bar{A}'$ erfüllt.

**Satz 20.** *Sind $\alpha$ und $\beta$ verschiedene Eigenwerte einer hermiteschen Matrix, so sind je zwei zu $\alpha$ und $\beta$ gehörende Eigenvektoren orthogonal.*

*Beweis.* Es sei $A = \bar{A}'$ eine hermitesche Matrix und $\mathfrak{x}$ bzw. $\mathfrak{y}$ ein zu $\alpha$ bzw. $\beta$ gehörender Eigenvektor von $A$. Dann sind $\alpha$ und $\beta$ nach Satz 19 reell, und nach (112) ist

$$A\mathfrak{x} = \alpha\mathfrak{x} \quad \text{und} \quad A\mathfrak{y} = \beta\mathfrak{y}.$$

Multipliziert man von links mit $\bar{\mathfrak{y}}'$ bzw. $\bar{\mathfrak{x}}'$, so folgt

$$\bar{\mathfrak{y}}' A \mathfrak{x} = \alpha \bar{\mathfrak{y}}' \mathfrak{x}, \quad \bar{\mathfrak{x}}' A \mathfrak{y} = \beta \bar{\mathfrak{x}}' \mathfrak{y}. \tag{116}$$

Mittels (81) und $A = \bar{A}'$ erhält man also aus (116)

$$\beta \bar{\mathfrak{x}}' \mathfrak{y} = \bar{\mathfrak{x}}' A \mathfrak{y} = \overline{\bar{\mathfrak{y}}' \bar{A}' \mathfrak{x}} = \overline{\bar{\mathfrak{y}}' A \mathfrak{x}} = \overline{\alpha \bar{\mathfrak{y}}' \mathfrak{x}} = \alpha \bar{\mathfrak{x}}' \mathfrak{y},$$

weil $\alpha$ reell ist. Daher folgt weiter

$$(\alpha - \beta) \bar{\mathfrak{x}}' \mathfrak{y} = 0, \quad \text{d. h.} \quad \bar{\mathfrak{x}}' \mathfrak{y} = 0,$$

da $\alpha \neq \beta$ ist.

**Folgerung.** *Insbesondere sind je zwei zu verschiedenen Eigenwerten einer reellen symmetrischen Matrix gehörende Eigenvektoren orthogonal.*

Denn mit $A = A'$ und $A = \bar{A}$ gilt auch $A = \bar{A}'$.

**Satz 21.** *Die Eigenwerte einer unitären Matrix haben sämtlich den absoluten Betrag 1.*

*Beweis.* Es sei $A$ unitär, also $\bar{A}'A = E$ nach (89), ferner $\alpha$ ein Eigenwert von $A$. Dann gibt es einen Vektor $\mathfrak{x} \neq 0$, so daß

$$A\mathfrak{x} = \alpha\mathfrak{x}, \quad \text{also auch} \quad \bar{A}\bar{\mathfrak{x}} = \bar{\alpha}\bar{\mathfrak{x}}$$

ist. Transponiert man jede Seite der zweiten Gleichung und multipliziert dann die Gleichungen, so folgt

$$\bar{\mathfrak{x}}'\bar{A}'A\mathfrak{x} = \bar{\alpha}\bar{\mathfrak{x}}'\alpha\mathfrak{x} = |\alpha|^2\,\bar{\mathfrak{x}}'\mathfrak{x}.$$

Wegen $\bar{A}'A = E$ ergibt dies

$$(1 - |\alpha|^2)\,\bar{\mathfrak{x}}'\mathfrak{x} = 0, \quad \text{d. h.} \quad |\alpha|^2 = 1,$$

da $\mathfrak{x} \neq 0$, also auch $\bar{\mathfrak{x}}'\mathfrak{x} \neq 0$ ist. Mit $|\alpha|^2 = 1$ ist aber auch $|\alpha| = 1$.

**Folgerung.** *Die reellen Eigenwerte einer orthogonalen Matrix können nur $\pm 1$ sein.*

Kapitel VIII.

# Grundbegriffe der Mengenlehre.

## § 1. Verknüpfung und Abbildung von Mengen.

**1. Definition der Menge.** In den vorangehenden Kapiteln haben wir es nicht nur mit einzelnen Dingen, wie Zahlen, Zahlenreihen, Punkten, Permutationen, Matrizen usw., zu tun gehabt, sondern meist auch mit bestimmten Gesamtheiten dieser Dinge, nämlich Ringen, Zahlkörpern, Bereichen, Räumen, Gruppen oder Komplexen. Wir haben auch schon festgestellt, daß diese Begriffe sich teilweise überschneiden und Eigenschaften gemeinsam haben. Es liegt daher nahe, diese Gesamtheiten einmal losgelöst von ihrer speziellen Charakterisierung zu betrachten und ihre allgemeine mathematische Struktur zu untersuchen. Wir geben einer solchen Gesamtheit dann den neutralen Namen *Menge*.

**Definition.** *Unter einer **Menge** versteht man die bestimmte Zusammenfassung wohlunterschiedener Elemente zu einem Ganzen. Die Elemente sind beliebige Objekte des Denkens oder der Anschauung, vorwiegend mathematische Objekte.*

Für die Mengen werden wir große deutsche, für die Elemente kleine lateinische Buchstaben bevorzugen. Die aus den Elementen $a, b, c, \ldots$ bestehende Menge wird mit $\{a, b, c, \ldots\}$ bezeichnet[1]. Dabei spielt die Reihenfolge, in der die Elemente aufgeführt werden, keine Rolle. Die Elemente sind aber nach Definition wohl unterschieden, d. h. sämtlich voneinander verschieden. Zwar kann es vorkommen, daß bei der

---

[1] Diese Bezeichnung soll lediglich die Zusammenfassung der Elemente zu einem Ganzen andeuten; es ist damit nicht gesagt, daß sich die Elemente in der angegebenen Weise aneinanderreihen lassen. Vgl. § 2.

Konstruktion einer Menge dasselbe Element mehrmals erhalten wird; doch wird es trotzdem nur einmal berücksichtigt (vgl. aber Nr. 14). Beispielsweise wird die Folge der Zahlen 0, 1, 0, 2, 1, 0, 2 erst nach Streichung der mehrfach vorkommenden Elemente eine Menge, und zwar die Menge $\{0, 1, 2\}$. Entsprechend der Schreibweise bei Untergruppen (vgl. VI, Nr. 8) bedeutet $a \in \mathfrak{A}$ bzw. $a \notin \mathfrak{A}$, daß $a$ Element von $\mathfrak{A}$ bzw. nicht Element von $\mathfrak{A}$ ist.

**Definition.** *Eine Menge $\mathfrak{T}$ heißt* **Untermenge** *oder* **Teilmenge** *oder auch nur* **Teil** *einer Menge $\mathfrak{A}$, in Zeichen: $\mathfrak{T} \subseteq \mathfrak{A}$ (gelesen: $\mathfrak{T}$ Teil von $\mathfrak{A}$), wenn jedes Element von $\mathfrak{T}$ auch Element von $\mathfrak{A}$ ist. Ist $\mathfrak{T} \subseteq \mathfrak{A}$ und mindestens ein Element von $\mathfrak{A}$ nicht Element von $\mathfrak{T}$, so heißt $\mathfrak{T}$* **echte Teilmenge** *von $\mathfrak{A}$, in Zeichen: $\mathfrak{T} \subset \mathfrak{A}$ (gelesen: $\mathfrak{T}$ echter Teil von $\mathfrak{A}$).*

Gleichbedeutend mit $\mathfrak{T} \subseteq \mathfrak{A}$ bzw. $\mathfrak{T} \subset \mathfrak{A}$ ist die Aussage: $\mathfrak{A}$ *umfaßt $\mathfrak{T}$ (als Teil bzw. echten Teil) oder $\mathfrak{A}$ ist* **Obermenge** *bzw.* **echte Obermenge** *zu $\mathfrak{T}$, in Zeichen: $\mathfrak{A} \supseteq \mathfrak{T}$ bzw. $\mathfrak{A} \supset \mathfrak{T}$ (gelesen: $\mathfrak{A}$ Obermenge bzw. echte Obermenge von $\mathfrak{T}$).*

Beispiele von Teilmengen sind Untergruppen und Komplexe von Gruppen, Teilkörper von Zahlkörpern oder Teilräume von linearen Räumen.

**2. Gleichheit und Vereinigung.** Wir betrachten jetzt Verknüpfungen von Mengen miteinander und brauchen dazu als erstes einen Gleichheitsbegriff.

**Definition.** *Zwei Mengen $\mathfrak{A}$ und $\mathfrak{B}$ heißen einander* **gleich,** *in Zeichen $\mathfrak{A} = \mathfrak{B}$, wenn beide Mengen dieselben Elemente enthalten, d. h. jedes Element von $\mathfrak{A}$ auch zu $\mathfrak{B}$ und jedes Element von $\mathfrak{B}$ auch zu $\mathfrak{A}$ gehört. Anderenfalls heißen $\mathfrak{A}$ und $\mathfrak{B}$* **ungleich** *oder* **verschieden,** *in Zeichen: $\mathfrak{A} \neq \mathfrak{B}$.*

Beispielsweise ist $\{0, 1, 2\} = \{1, 0, 2\}$. Dieser Gleichheitsbegriff erfüllt, wie man sofort sieht, die drei Grundgesetze A der Arithmetik (vgl. I, Nr. 1):

1) Jede Menge ist sich selbst gleich. 2) Mit $\mathfrak{A} = \mathfrak{B}$ gilt auch $\mathfrak{B} = \mathfrak{A}$. 3) Aus $\mathfrak{A} = \mathfrak{B}$ und $\mathfrak{B} = \mathfrak{C}$ folgt $\mathfrak{A} = \mathfrak{C}$.

Für die Zeichen $\supset$, $\supseteq$, $=$, $\subset$, $\subseteq$ gilt nach Definition offenbar:

a) Ist $\mathfrak{T} \subseteq \mathfrak{A}$, so ist entweder $\mathfrak{T} \subset \mathfrak{A}$ oder $\mathfrak{T} = \mathfrak{A}$.

Ist $\mathfrak{A} \supseteq \mathfrak{T}$, so ist entweder $\mathfrak{A} \supset \mathfrak{T}$ oder $\mathfrak{T} = \mathfrak{A}$.

b) Ist $\mathfrak{A} \subseteq \mathfrak{B}$ und $\mathfrak{A} \supseteq \mathfrak{B}$, so ist $\mathfrak{A} = \mathfrak{B}$.

**Definition.** *Unter der* **Vereinigungsmenge** *zweier Mengen $\mathfrak{A}$ und $\mathfrak{B}$, in Zeichen $\mathfrak{A} \dotplus \mathfrak{B}$ oder $\mathfrak{A} \cup \mathfrak{B}$ (gelesen: $\mathfrak{A}$ plus Punkt $\mathfrak{B}$ bzw. $\mathfrak{A}$ vereinigt mit $\mathfrak{B}$), versteht man die Menge derjenigen Elemente, die entweder in $\mathfrak{A}$ oder in $\mathfrak{B}$ enthalten sind. Das Bilden der Vereinigungsmenge heißt* **vereinigen.**

*Beispiele.* a) Die Summe zweier Komplexe $\mathfrak{K}_1$ und $\mathfrak{K}_2$ (vgl. VI, Nr. 9) ist die Vereinigungsmenge von $\mathfrak{K}_1$ und $\mathfrak{K}_2$.

b) Es sei (vgl. Abb. 14) $\mathfrak{A}$ die Menge der Punkte im Innern eines Kreises, $\mathfrak{B}$ die Menge der Punkte im Innern eines Winkels, dessen Schenkel vom Mittelpunkt des Kreises ausgehen. Dann ist $\mathfrak{A} \dotplus \mathfrak{B}$ die Menge der Punkte im Innern der *stark* ausgezogenen Teile der Kreisperipherie und der Schenkel.

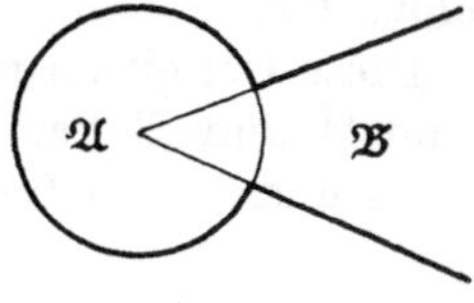

Abb. 14

c) Es sei $\mathfrak{A}$ bzw. $\mathfrak{B}$ die Menge der durch 2 bzw. 3 teilbaren natürlichen Zahlen:

$$\mathfrak{A} = \{2, 4, 6, 8, 10, \ldots\}, \quad \mathfrak{B} = \{3, 6, 9, 12, 15, \ldots\}. \tag{1}$$

Dann gehören zu $\mathfrak{A} \dotplus \mathfrak{B}$ alle natürlichen Zahlen, die entweder durch 2 oder 3 teilbar sind:

$$\mathfrak{A} \dotplus \mathfrak{B} = \{2, 3, 4, 6, 8, 9, 10, 12, 14, 15, \ldots\}.$$

Für diese einer Addition vergleichbare Vereinigung von Mengen gelten die Grundgesetze B. 1, B. 2 und B. 3 der Arithmetik (vgl. I, Nr. 1). Die beiden ersten folgen unmittelbar aus den Definitionen:

**Regel 1.** *Sind $\mathfrak{A}$, $\mathfrak{B}$, $\mathfrak{C}$ Mengen und ist $\mathfrak{A} = \mathfrak{B}$, so ist auch*

$$\mathfrak{A} \dotplus \mathfrak{C} = \mathfrak{B} \dotplus \mathfrak{C}.$$

**Regel 2.** *Das Vereinigen ist kommutativ; es ist*

$$\mathfrak{A} \dotplus \mathfrak{B} = \mathfrak{B} \dotplus \mathfrak{A}.$$

**Regel 3.** *Das Vereinigen ist assoziativ; es ist*

$$\mathfrak{A} \dotplus (\mathfrak{B} \dotplus \mathfrak{C}) = (\mathfrak{A} \dotplus \mathfrak{B}) \dotplus \mathfrak{C}.$$

Denn ein Element von $\mathfrak{A} \dotplus (\mathfrak{B} \dotplus \mathfrak{C})$ gehört entweder zu $\mathfrak{A}$ oder zu $\mathfrak{B} \dotplus \mathfrak{C}$ und im zweiten Falle entweder zu $\mathfrak{B}$ oder zu $\mathfrak{C}$. Ein Element von $(\mathfrak{A} \dotplus \mathfrak{B}) \dotplus \mathfrak{C}$ gehört entweder zu $\mathfrak{A} \dotplus \mathfrak{B}$ oder zu $\mathfrak{C}$ und im ersten Falle entweder zu $\mathfrak{A}$ oder zu $\mathfrak{B}$; beide Male also entweder zu $\mathfrak{A}$ oder zu $\mathfrak{B}$ oder zu $\mathfrak{C}$, d. h. $\mathfrak{A} \dotplus \mathfrak{B} \dotplus \mathfrak{C}$ ist auch ohne Setzen von Klammern eindeutig bestimmt.

**Definition.** *Unter der **leeren Menge** oder **Nullmenge** 0 versteht man die Menge, die kein Element enthält.*

Hiermit wird die Nullmenge, die eigentlich keine Menge darstellt, als uneigentliche Menge eingeführt; diese Einführung ist sinnvoll, denn für jede Menge $\mathfrak{A}$ folgt unmittelbar

$$\mathfrak{A} \dotplus 0 = 0 \dotplus \mathfrak{A} = \mathfrak{A}. \tag{2}$$

**Festsetzung.** *Die leere Menge gilt als Teilmenge jeder Menge, insbesondere auch von sich selbst.*

**3. Durchschnitt von Mengen.** Neben dem Vereinigen von Mengen betrachtet man als zweite Verknüpfung das Bilden des *Durchschnitts*.

**Definition.** *Unter dem **Durchschnitt** zweier Mengen $\mathfrak{A}$ und $\mathfrak{B}$, in Zeichen $\mathfrak{A}\mathfrak{B}$ oder $\mathfrak{A} \frown \mathfrak{B}$ (gelesen: Durchschnitt von $\mathfrak{A}$ und $\mathfrak{B}$ bzw. $\mathfrak{A}$*

geschnitten mit $\mathfrak{B}$), versteht man die Menge derjenigen Elemente, die sowohl zu $\mathfrak{A}$ als auch zu $\mathfrak{B}$ gehören. Das Bilden des Durchschnitts heißt **schneiden.**

Diese Definition ist, da es die Nullmenge gibt, auch dann sinnvoll, wenn $\mathfrak{A}$ und $\mathfrak{B}$ kein Element gemeinsam haben. In diesem Fall ist auf Grund der Definition der leeren Menge

$$\mathfrak{A}\,\mathfrak{B} = 0. \tag{3}$$

**Definition.** *Zwei Mengen ohne gemeinsames Element, deren Durchschnitt also leer ist [vgl. (3)], heißen* **elementefremd** *oder* **fremd zueinander.**

*Beispiele.* a) Der Durchschnitt der Mengen $\mathfrak{A}$ und $\mathfrak{B}$ in Abb. 14 ist die Menge der Punkte im Innern des durch *schwach* gezeichnete Linien berandeten Kreissektors.

b) Für die beiden Mengen (1) ist $\mathfrak{A}\,\mathfrak{B}$ die Menge der durch 2 und 3, d. h. durch 6 teilbaren Zahlen, also

$$\mathfrak{A}\,\mathfrak{B} = \{6,\,12,\,18,\,24,\,\ldots\}.$$

c) In der Restklassenzerlegung einer Gruppe nach einer ihrer Untergruppen (vgl. VI, Nr. 10) sind die Restklassen elementefremde Mengen. Ferner ist jede der Mengen von Beispiel a) fremd zu jeder in Beispiel b) genannten Menge.

Das Schneiden von Mengen ist einer Multiplikation vergleichbar und genügt in diesem Sinne (zusammen mit dem Vereinigen als Addition) den ersten vier Grundgesetzen C der Arithmetik (vgl. I, Nr. 1):

**Regel 4.** *Sind* $\mathfrak{A}$, $\mathfrak{B}$, $\mathfrak{C}$ *Mengen und ist* $\mathfrak{A} = \mathfrak{B}$, *so ist auch*

$$\mathfrak{A}\,\mathfrak{C} = \mathfrak{B}\,\mathfrak{C}.$$

**Regel 5.** *Das Schneiden ist kommutativ; es ist*

$$\mathfrak{A}\,\mathfrak{B} = \mathfrak{B}\,\mathfrak{A}.$$

**Regel 6.** *Das Schneiden ist assoziativ; es ist*

$$\mathfrak{A}\,(\mathfrak{B}\,\mathfrak{C}) = (\mathfrak{A}\,\mathfrak{B})\,\mathfrak{C} = \mathfrak{A}\,\mathfrak{B}\,\mathfrak{C}.$$

**Regel 7.** *Vereinigen und Schneiden genügen dem distributiven Gesetz; es ist*

$$(\mathfrak{A} \dotplus \mathfrak{B})\,\mathfrak{C} = \mathfrak{A}\,\mathfrak{C} \dotplus \mathfrak{B}\,\mathfrak{C}. \tag{4}$$

Ist nämlich $x \in (\mathfrak{A} \dotplus \mathfrak{B})\,\mathfrak{C}$, so ist $x \in \mathfrak{A} \dotplus \mathfrak{B}$ und $x \in \mathfrak{C}$, also $x \in \mathfrak{A}$ und $x \in \mathfrak{C}$ oder $x \in \mathfrak{B}$ und $x \in \mathfrak{C}$, d. h. $x \in \mathfrak{A}\,\mathfrak{C} \dotplus \mathfrak{B}\,\mathfrak{C}$. Ist umgekehrt $x \in \mathfrak{A}\,\mathfrak{C} \dotplus \mathfrak{B}\,\mathfrak{C}$, so ist $x \in \mathfrak{A}\,\mathfrak{C}$ oder $x \in \mathfrak{B}\,\mathfrak{C}$, also $x \in \mathfrak{A}$ und $x \in \mathfrak{C}$ oder $x \in \mathfrak{B}$ und $x \in \mathfrak{C}$, d. h. $x \in \mathfrak{A}$ oder $\mathfrak{B}$ und $x \in \mathfrak{C}$, also $x \in (\mathfrak{A} \dotplus \mathfrak{B})\,\mathfrak{C}$. Damit ist (4) bewiesen.

**4. Nichtumkehrbarkeit der Verknüpfungen.** Das Vereinigen und das Schneiden von Mengen weist, wie im Vorangehenden gezeigt, weitgehende Analogien zur Addition und Multiplikation von Zahlen auf.

Um so wesentlicher ist die Frage, ob und wo Abweichungen von dieser Gleichartigkeit festzustellen sind. Sie liegen in zwei Richtungen.

Eine erste abweichende Eigenschaft der beiden Verknüpfungen ist, daß mehrfaches Anwenden auf dieselbe Menge zu nichts Neuem führt. Es gilt allgemeiner

**Regel 8.** *Ist $\mathfrak{T}$ echter oder unechter Teil von $\mathfrak{A}$, so ist stets*

$$\mathfrak{T}\mathfrak{A} = \mathfrak{T}, \quad \mathfrak{T} \dotplus \mathfrak{A} = \mathfrak{A}.$$

Dies folgt wieder unmittelbar aus den Definitionen und zeigt insbesondere für $\mathfrak{T} = \mathfrak{A}$, daß $\mathfrak{A}\mathfrak{A} = \mathfrak{A}$ und $\mathfrak{A} \dotplus \mathfrak{A} = \mathfrak{A}$ ist. Ein Bilden von Potenzen oder Vielfachen ist also nicht möglich.

Weiter ist weder das Vereinigen noch das Schneiden von Mengen umkehrbar:

a) In der Vereinigungsmenge $\mathfrak{A} \dotplus \mathfrak{B}$ sind $\mathfrak{A}$ und $\mathfrak{B}$ als Teilmengen enthalten:

$$\mathfrak{A} \subseteqq \mathfrak{A} \dotplus \mathfrak{B}, \quad \mathfrak{B} \subseteqq \mathfrak{A} \dotplus \mathfrak{B}. \tag{5}$$

Daher hat bei gegebenen $\mathfrak{A}$ und $\mathfrak{B}$ die Gleichung

$$\mathfrak{A} \dotplus \mathfrak{X} = \mathfrak{B} \tag{6}$$

mit unbekannter Menge $\mathfrak{X}$ nur einen Sinn, wenn $\mathfrak{A}$ Teil von $\mathfrak{B}$ ist. Dann gibt es eine Lösung $\mathfrak{X}$, die genau aus den Elementen besteht, die zu $\mathfrak{B}$ und nicht zu $\mathfrak{A}$ gehören. Für diese spezielle Lösung schreibt man $\mathfrak{X} = \mathfrak{B} \dotdiv \mathfrak{A}$ (gelesen: $\mathfrak{B}$ minus punkt $\mathfrak{A}$) und nennt $\mathfrak{B} \dotdiv \mathfrak{A}$ die **Restmenge** oder **Komplementärmenge zu $\mathfrak{A}$ in bezug auf $\mathfrak{B}$**. Es ist aber, falls $\mathfrak{X}$ Lösung von (6) und $\mathfrak{Y} \subseteqq \mathfrak{A}$ ist, stets auch $\mathfrak{X} \dotplus \mathfrak{Y}$ Lösung von (6), da nach Regel 2, 3 und 8

$$\mathfrak{A} \dotplus (\mathfrak{X} \dotplus \mathfrak{Y}) = \mathfrak{A} \dotplus (\mathfrak{Y} \dotplus \mathfrak{X}) = (\mathfrak{A} \dotplus \mathfrak{Y}) \dotplus \mathfrak{X} = \mathfrak{A} \dotplus \mathfrak{X} = \mathfrak{B}$$

ist. Es gilt also:

*Das Vereinigen von Mengen ist nur umkehrbar, wenn die Frage nach der Umkehrbarkeit sinnvoll, d. h. in (6) die Menge $\mathfrak{A}$ in $\mathfrak{B}$ enthalten ist, aber auch dann für $\mathfrak{A} \neq 0$ nicht eindeutig umkehrbar.*

Nicht sinnvoll ist z. B. die Frage nach der Lösung von (6) für $\mathfrak{B} = 0$ und $\mathfrak{A} \neq 0$. Denn die leere Menge enthält kein Element und nur sich selbst als Teilmenge. Für $\mathfrak{A} = \mathfrak{B} = 0$ ist $\mathfrak{X} = 0$ nach (2) die Lösung.

b) Auf Grund der Festsetzung über die Nullmenge ist der Durchschnitt zweier Mengen $\mathfrak{A}$ und $\mathfrak{B}$ stets in $\mathfrak{A}$ und in $\mathfrak{B}$ als Teil enthalten:

$$\mathfrak{A}\mathfrak{B} \subseteqq \mathfrak{A}, \quad \mathfrak{A}\mathfrak{B} \subseteqq \mathfrak{B}. \tag{7}$$

Daher hat bei gegebenen $\mathfrak{A}$ und $\mathfrak{B}$ die Gleichung

$$\mathfrak{A}\mathfrak{X} = \mathfrak{B} \tag{8}$$

nur Sinn, wenn $\mathfrak{B}$ in $\mathfrak{A}$ enthalten ist. Ist aber $\mathfrak{X}$ Lösung von (8) und $\mathfrak{Y}$ eine beliebige zu $\mathfrak{A}$ fremde Menge, so ist jede Menge $\mathfrak{X} \dot{+} \mathfrak{Y}$ wegen

$$\mathfrak{A}(\mathfrak{X} \dot{+} \mathfrak{Y}) = \mathfrak{A}\mathfrak{X} \dot{+} \mathfrak{A}\mathfrak{Y} = \mathfrak{A}\mathfrak{X} \dot{+} 0 = \mathfrak{A}\mathfrak{X} = \mathfrak{B}$$

ebenfalls Lösung von (8). Man kann also auch von einer Umkehrung der Durchschnittsbildung nicht reden.

**5. Eindeutige und eineindeutige Abbildungen.** Aufgabe der Mengenlehre ist es, Einblick in die verschiedenen Stufen des Unendlichen zu vermitteln. Wer in naiver Weise z. B. die Menge der ganzen, die Menge der rationalen und die der reellen Zahlen nebeneinander betrachtet, wird zweifellos meinen, daß zwar jede der drei Mengen unendlich viel Elemente enthält, daß es aber doch mehr reelle Zahlen gibt als rationale und mehr rationale als ganze Zahlen. Das erste trifft zu, das zweite aber nicht; es gibt mengentheoretisch gesehen ebenso viele rationale wie ganze Zahlen. Das Mittel nun, um diese Unterschiede im Unendlichen zu erfassen und präzise Vergleichsmaßstäbe für das „mehr" und „ebensoviel" zu schaffen, ist das Abbilden von Mengen auf-

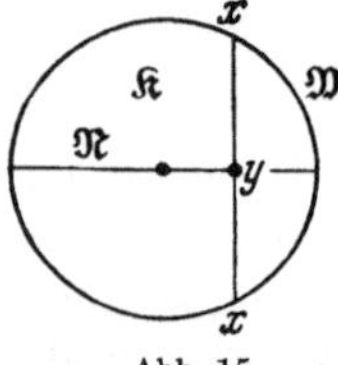
Abb. 15

einander. Die hierauf gegründete Mengenlehre stellt im wesentlichen das Werk von G. Cantor[1] dar.

**Definition.** *Eine Menge $\mathfrak{M}$ heißt* **eindeutig abgebildet** *auf eine Menge $\mathfrak{N}$, wenn es eine Zuordnung ihrer Elemente zueinander gibt derart, daß jedem Element von $\mathfrak{M}$ genau ein Element von $\mathfrak{N}$ und jedem Element von $\mathfrak{N}$ mindestens ein Element von $\mathfrak{M}$ entspricht. Die Menge $\mathfrak{M}$ heißt das* **Original,** *ihre Elemente die* **Originalelemente,** *$\mathfrak{N}$ das* **Bild,** *ihre Elemente die* **Bildelemente.**

Ein Beispiel gibt Abb. 15, in der $\mathfrak{M}$ aus den Punkten der Kreisperipherie, $\mathfrak{N}$ aus denen des horizontalen Durchmessers besteht. Jedem Punkt $x$ von $\mathfrak{M}$ wird der durch senkrechte Projektion auf $\mathfrak{N}$ bestimmte Punkt $y$ von $\mathfrak{N}$ zugeordnet. Jedem $x$ entspricht dann genau ein $y$, jedem $y$ aber entsprechen im allgemeinen zwei Punkte $x$ und $x'$. Ausnahmen sind die Endpunkte des Durchmessers, die den Durchschnitt von $\mathfrak{M}$ und $\mathfrak{N}$ darstellen. Ihnen entspricht je genau ein Punkt von $\mathfrak{M}$.

Nimmt man als Original nicht die Kreisperipherie, sondern die Kreisscheibe $\mathfrak{K}$ und betrachtet wieder die senkrechte Projektion auf $\mathfrak{N}$, so hat man eine eindeutige Abbildung von $\mathfrak{K}$ auf $\mathfrak{N}$, bei der allen Punkten der durch $y$ gehenden senkrechten Sehne genau der eine Punkt $y$ von $\mathfrak{N}$ entspricht, jedem $y$ aber alle Punkte von $\mathfrak{K}$ auf dieser Sehne entsprechen.

Eine Abbildung von $\mathfrak{M}$ auf $\mathfrak{N}$ drückt man in Zeichen durch

$$\mathfrak{N} = f(\mathfrak{M}) \quad \text{oder} \quad y = f(x) \qquad (9)$$

---

[1] Georg Cantor, 1845—1918, von 1869 an Professor der Mathematik in Halle.

aus, wobei $x \in \mathfrak{M}$ und $y \in \mathfrak{N}$ ist. Es ist also $y$ eine auf der Menge $\mathfrak{M}$ definierte Funktion von $x$ (vgl. IV, Nr. 1). Statt $f$ kann auch ein anderes passendes Zeichen gewählt werden. Es repräsentiert lediglich die Zuordnungsvorschrift, durch die die Abbildung von $\mathfrak{M}$ auf $\mathfrak{N}$ definiert ist.

Wichtig für das Folgende ist ein Spezialfall der eindeutigen Abbildungen.

**Definition.** *Eine Menge $\mathfrak{M}$ heißt **eineindeutig abgebildet** auf eine Menge $\mathfrak{N}$, wenn die Zuordnung so beschaffen ist, daß nicht nur jedem Element von $\mathfrak{M}$ genau ein Element von $\mathfrak{N}$, sondern auch jedem Element von $\mathfrak{N}$ genau ein Element von $\mathfrak{M}$ entspricht.*

Ein Beispiel für eine eineindeutige Abbildung erhält man, wenn man in Abb. 15 als Original die Peripherie nur des oberen Halbkreises nimmt. Weitere Beispiele sind die in I, Nr. 3 betrachtete Abbildung der Menge $\mathfrak{M}$ der reellen Zahlen auf die Menge $\mathfrak{N}$ der Punkte der Zahlengeraden, ebenso die Abbildung der komplexen Zahlen auf die Zahlenebene (I, Nr. 9) und der Isomorphismus von Gruppen (VI, Nr. 14).

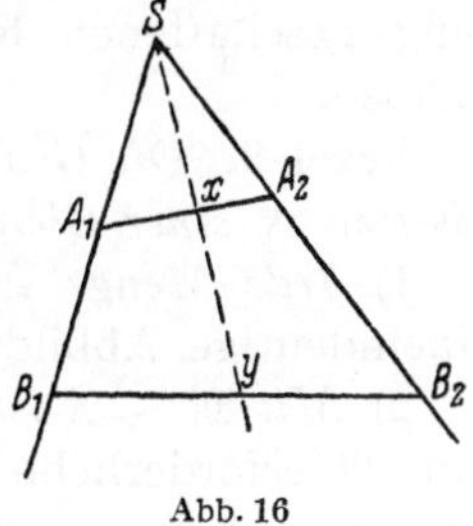

Abb. 16

Bei einer eineindeutigen Abbildung von $\mathfrak{M}$ auf $\mathfrak{N}$ liegt neben der eindeutigen Abbildung von $\mathfrak{M}$ auf $\mathfrak{N}$ auch eine eindeutige Abbildung von $\mathfrak{N}$ auf $\mathfrak{M}$ vor. Man nennt diese eindeutige Abbildung von $\mathfrak{N}$ auf $\mathfrak{M}$ die Umkehrung der ursprünglichen Abbildung oder die zu ihr *reziproke* oder *inverse* Abbildung und daher eine eineindeutige Abbildung von $\mathfrak{M}$ auf $\mathfrak{N}$ auch *eindeutig und eindeutig umkehrbar.*

Wird die Umkehrung von $\mathfrak{N} = f(\mathfrak{M})$ durch $\mathfrak{M} = g(\mathfrak{N})$ bezeichnet, so ist

$$\mathfrak{N} = f(g(\mathfrak{N})) \quad \text{und} \quad \mathfrak{M} = g(f(\mathfrak{M})) \tag{10}$$

die **identische Abbildung** oder *Identität*, bei der jedes Element einer Menge sich selbst entspricht. Für die Umkehrung von $\mathfrak{N} = f(\mathfrak{M})$ wird oft auch $\mathfrak{M} = f^{-1}(\mathfrak{N})$ geschrieben.

Wir betrachten noch das durch Abb. 16 gegebene Beispiel einer eineindeutigen Abbildung. Man wähle in einer Ebene vier verschiedene Punkte $A_1, A_2, B_1, B_2$ so, daß die Geraden durch $A_1 B_1$ und $A_2 B_2$ einen Schnittpunkt $S$ haben. Dann liegt eine **Zentralprojektion** (aus dem Projektionszentrum $S$) der Strecke $A_1 A_2$ auf die Strecke $B_1 B_2$ vor, die jedem Punkt $X$ von $A_1 A_2$ eineindeutig den Punkt $Y$ von $B_1 B_2$ als Bild zuordnet, der mit $X$ auf einer Geraden durch $S$ liegt.

Sind $A_1 B_1$ und $A_2 B_2$ parallel, so hat man eine **Parallelprojektion,** bei der man zu jedem $X$ auf $A_1 A_2$ den Bildpunkt $Y$ auf $B_1 B_2$ erhält, indem man eine Parallele durch $X$ zu $A_1 B_1$ zieht.

**6. Gleichmächtigkeit.** Die eineindeutige Abbildung ist nun das in Nr. 5 genannte Mittel für den Vergleich von Mengen.

**Definition.** *Zwei Mengen $\mathfrak{M}$ und $\mathfrak{N}$ heißen* **gleichmächtig (von gleicher Mächtigkeit)** *oder* **äquivalent,** *in Zeichen $\mathfrak{M} \sim \mathfrak{N}$ (gelesen: $\mathfrak{M}$ gleichmächtig mit $\mathfrak{N}$), wenn sie sich eineindeutig aufeinander abbilden lassen.*

Hierdurch wird die für unendliche Mengen nichts besagende Ausdrucksweise, daß zwei Mengen gleichviel Elemente haben, in einer für endliche wie für unendliche Mengen geltenden Form präzise gefaßt. Für die leere Menge setzen wir fest, daß sie nur zu sich selbst äquivalent ist.

Die auf S. 243 genannten Beispiele liefern Paare von gleichmächtigen Mengen. Bei Gruppen ist das Isomorphsein (VI, Nr. 14) eine spezielle Art der Gleichmächtigkeit, nämlich eine eineindeutige Abbildung zweier Gruppen aufeinander, bei der die durch die Gruppenverknüpfung geschaffenen Relationen zwischen Gruppenelementen erhalten bleiben.

**Regel 9.** *Die Gleichmächtigkeit von Mengen genügt den drei Grundgesetzen A einer Gleichheitsbeziehung (I, Nr. 1):*

1) *Jede Menge ist mit sich selbst gleichmächtig.* Die erforderliche eineindeutige Abbildung ist die Identität.

2) *Mit $\mathfrak{M} \sim \mathfrak{N}$ ist auch $\mathfrak{N} \sim \mathfrak{M}$.* Denn die für die Abbildung von $\mathfrak{N}$ auf $\mathfrak{M}$ erforderliche eineindeutige Abbildung ist die inverse zu der von $\mathfrak{M}$ auf $\mathfrak{N}$.

3) *Aus $\mathfrak{M} \sim \mathfrak{N}$ und $\mathfrak{N} \sim \mathfrak{P}$ folgt $\mathfrak{M} \sim \mathfrak{P}$.* Hier setzt sich die erforderliche eineindeutige Abbildung von $\mathfrak{M}$ auf $\mathfrak{P}$ aus denen von $\mathfrak{M}$ auf $\mathfrak{N}$ und von $\mathfrak{N}$ auf $\mathfrak{P}$ zusammen.

Zu welchen überraschenden Folgerungen dieser Äquivalenzbegriff führt, sei durch einige Beispiele gezeigt.

a) Es sei $\mathfrak{M} = \{2, 4, 6, 8, \ldots, 2n, \ldots\}$ die Menge der geraden positiven Zahlen, $\mathfrak{N} = \{1, 2, 3, \ldots, n, \ldots\}$ die Menge der ganzen positiven Zahlen. Dann sind $\mathfrak{M}$ und $\mathfrak{N}$ gleichmächtig, da die Zuordnung von $n$ zu $2n$ eine eineindeutige Abbildung von $\mathfrak{N}$ auf $\mathfrak{M}$ darstellt. Statt $\mathfrak{M}$ kann man auch die Menge der positiven Vielfachen $na$ einer beliebigen ganzen Zahl $a$ nehmen und dann $na$ und $n$ einander zuordnen.

b) Das Beispiel der Zentralprojektion (Abb. 16) zeigt, daß je zwei Strecken, gleichgültig wie lang sie im geometrischen Sinne sind, mengentheoretisch stets äquivalent sind. Grenzt man z. B. auf einer Strecke eine Teilstrecke ab, so ist die ganze Strecke mit diesem Teilstück von sich gleichmächtig.

Bei dieser anschaulichen Zuordnung durch Projektion hat man an beiden Strecken entsprechende Endpunkte mitzurechnen oder fortzulassen. Man kann aber auch, wie das nächste Beispiel zeigt, eine eineindeutige Zuordnung angeben, wenn bei der einen Strecke einer oder beide Endpunkte hinzugenommen werden, bei der anderen nicht.

c) Man denke sich beide Strecken durch Zentralprojektion auf die Strecke $OE$ der Zahlengeraden eineindeutig abgebildet. Bei der ersten Strecke soll nur der rechte Endpunkt, bei der zweiten keiner der Endpunkte mitgerechnet werden. Dann entspricht der ersten Strecke die Menge der Punkte $0 < x \leqq 1$, der zweiten die Menge der Punkte $0 < y < 1$ der Zahlengeraden. Man halbiere nun beide Strecken (der Mittelpunkt sei $M$) und ordne den Punkten $x$ der rechten Hälfte die Punkte $y$ der rechten Hälfte in umgekehrter Reihenfolge zu: Jedem $x$ mit $\frac{1}{2} < x \leqq 1$ entspreche $y = \frac{3}{2} - x$, insgesamt also die $y$ mit $1 > y \geqq \frac{1}{2}$. Mit der Strecke $OM$ verfahre man wie mit $OE$: Jedem $x$ mit $\frac{1}{4} < x \leqq \frac{1}{2}$ entspreche $y = \frac{3}{4} - x$, insgesamt also die $y$ mit $\frac{1}{2} > y \geqq \frac{1}{4}$. Allgemein lasse man jedem $x$ mit $\frac{1}{2^n} < x \leqq \frac{1}{2^{n-1}}$ den Punkt $y = \frac{3}{2^n} - x$ entsprechen. Diese erfüllen die Strecke $\frac{1}{2^n} > y \geqq \frac{1}{2^{n-1}}$ ($n = 1, 2, 3, \ldots$). Auf diese Weise ist offenbar jedem Punkt $x$ eindeutig ein $y$ und jedem $y$ eindeutig ein $x$ zugeordnet.

Werden beide Endpunkte hinzugenommen, so bilde man erst $0 \leqq x \leqq 1$ dadurch auf $0 < y \leqq 1$ ab, daß man $x = 1$ und $y = 1$ einander zuordnet und $0 \leqq x < 1$, $0 < y < 1$ analog wie eben (indem man mit der linken statt mit der rechten Hälfte der Strecke arbeitet) aufeinander bezieht, und danach $0 < y \leqq 1$ auf $0 < z < 1$ durch dasselbe Verfahren wie eben.

Diese Beispiele zeigen, daß eine unendliche Menge und ein echter Teil von ihr gleiche Mächtigkeit haben können. Noch drastischer zeigt dies das Beispiel:

d) Die Menge der Punkte einer Strecke (mit Ausschluß der Endpunkte) ist von der gleichen Mächtigkeit wie die Menge der Punkte einer Geraden.

Es sei nämlich $g$ die (unbegrenzte) Gerade. Die gegebene Strecke werde in ihrem Mittelpunkt geknickt und mit dem Knickpunkt

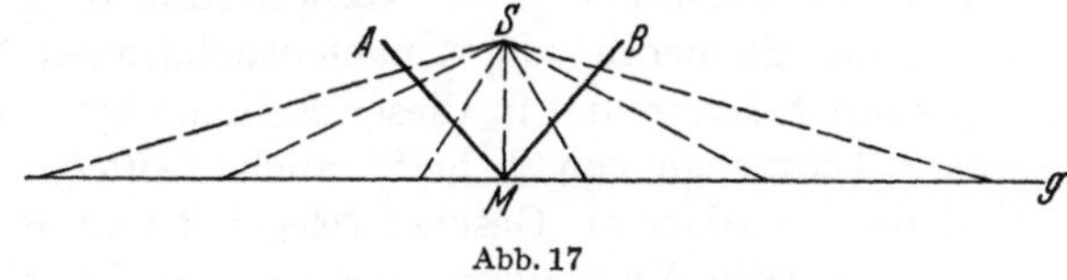

Abb. 17

(vgl. Abb. 17) in einem beliebigen Punkt $M$ der Geraden $g$ unter gleichen Winkeln aufgesetzt, so daß die neue Verbindungsstrecke $AB$ parallel zu $g$ verläuft. Vom Mittelpunkt $S$ dieser Verbindungsstrecke aus projiziere man die Hälften $AM$ und $BM$ der geknickten Strecke auf die durch $M$ bestimmte linke bzw. rechte Hälfte von $g$. Dann wird durch diese beiden Zentralprojektionen eine eineindeutige Abbildung der Strecke $AB$ (ohne ihre Endpunkte) auf die Gerade $g$ gegeben.

## § 2. Abzählbare und nichtabzählbare Mengen.

**7. Abzählbarkeit.** Es sei jetzt $\mathfrak{N}$ die Menge der natürlichen, d. h. der positiven ganzen Zahlen $1, 2, 3, \ldots, n, \ldots$ Diese sollen hier und für alle folgenden Betrachtungen als unmittelbar gegeben vorausgesetzt werden.

**Definition.** *Eine Menge, die mit der Menge $\mathfrak{N}$ der natürlichen Zahlen gleichmächtig ist, heißt eine **abzählbare Menge** oder eine **Folge**; anderenfalls heißt sie **nicht abzählbar**. Man sagt von ihr im ersten Falle, sie enthalte **abzählbar viele**, im zweiten Falle, sie enthalte **nicht abzählbar viele** Elemente.*

Ist $\mathfrak{A}$ eine abzählbare Menge, so sei $a_n$ das Element von $\mathfrak{A}$, das bei der Abbildung $\mathfrak{A} \sim \mathfrak{N}$ der Zahl $n$ entspricht. Dann kann man $\mathfrak{A}$ in der Form

$$\mathfrak{A} = \{a_1, a_2, a_3, \ldots, a_n, \ldots\}$$

schreiben. Die Abzählbarkeit einer Menge besagt also nichts anderes, als daß sich ihre Elemente als erstes, zweites, drittes, ... numerieren lassen und daß bei dieser Numerierung jedes Element der Menge auch wirklich eine Nummer bekommt.

**Definition.** *Eine Menge heißt **höchstens abzählbar**, wenn sie mit einem Teil von $\mathfrak{N}$ gleichmächtig ist, insbesondere **endlich**, wenn dieser Teil so beschaffen ist, daß von einem bestimmten $n \in \mathfrak{N}$ an alle Elemente von $\mathfrak{N}$ fehlen. Man sagt von ihr, sie enthalte **höchstens abzählbar viele** bzw. **endlich viele** Elemente. Eine nicht endliche Menge heißt eine **unendliche** Menge; sie enthält **unendlich viele** Elemente. Die Nullmenge gilt als endliche Menge.*

Ist z. B. $\mathfrak{T}$ echter Teil einer abzählbaren Menge $\mathfrak{A}$, also höchstens abzählbar, so geht $\mathfrak{T}$ aus $\mathfrak{A}$ durch Fortlassen von Elementen hervor. Dabei kann es eintreten, daß von einem Index an *alle* Elemente von $\mathfrak{A}$ gestrichen werden — dann ist $\mathfrak{T}$ endlich. Oder aber es bleiben nach *jedem* gestrichenen Element von $\mathfrak{A}$ immer noch Elemente von $\mathfrak{A}$ stehen — dann ist $\mathfrak{T}$ selbst abzählbar. Eine Numerierung in $\mathfrak{T}$ erhält man, indem man sich die Elemente von $\mathfrak{T}$ nach wachsenden Nummern in bezug auf $\mathfrak{A}$ geordnet denkt und in dieser Reihenfolge neu numeriert. Eine abzählbare Teilmenge von $\mathfrak{A}$ heißt auch *Teilfolge* von $\mathfrak{A}$.

Auf Grund der assoziativen Gesetze (Regel 3 und Regel 6) übertragen sich die Begriffe Vereinigungsmenge und Durchschnitt von endlich vielen Mengen ohne weiteres auf abzählbar viele Mengen.

Wir wollen einige Mengen auf ihre Abzählbarkeit hin untersuchen und beweisen zunächst

**Satz 1.** *Abzählbar viele abzählbare Mengen haben stets eine abzählbare Vereinigungsmenge.*

*Beweis.* Die abzählbar vielen Mengen seien

$$\left.\begin{array}{l}\mathfrak{A}_1 \text{ mit den Elementen } a_{11},\ a_{12},\ a_{13},\ \ldots,\ a_{1n},\ \ldots \\ \mathfrak{A}_2 \text{ mit den Elementen } a_{21},\ a_{22},\ a_{23},\ \ldots,\ a_{2n},\ \ldots \\ \cdots\cdots\cdots\cdots\cdots\cdots\cdots\cdots\cdots\cdots\cdots\cdots\cdots\cdots\cdots\cdots \\ \mathfrak{A}_p \text{ mit den Elementen } a_{p1},\ a_{p2},\ a_{p3},\ \ldots,\ a_{pn},\ \ldots \\ \cdots\cdots\cdots\cdots\cdots\cdots\cdots\cdots\cdots\cdots\cdots\cdots\cdots\cdots\cdots\cdots\end{array}\right\} \quad (11)$$

Die Elemente bilden also eine Matrix mit abzählbar vielen Zeilen und abzählbar vielen Spalten. Um die Elemente abzuzählen, kann man daher nicht zeilen- oder spaltenweise zählen, sondern man zählt längs den von rechts oben nach links unten verlaufenden Diagonalen. Es hat

$$\left.\begin{array}{l}\text{die 1. Diagonale } 1 \text{ Element: } a_{11}, \\ \text{die 2. Diagonale } 2 \text{ Elemente: } a_{12},\ a_{21}, \\ \cdots\cdots\cdots\cdots\cdots\cdots\cdots\cdots\cdots\cdots\cdots\cdots\cdots\cdots \\ \text{die } p. \text{ Diagonale } p \text{ Elemente: } a_{1p},\ a_{2\,p-1},\ \ldots,\ a_{p1}, \\ \cdots\cdots\cdots\cdots\cdots\cdots\cdots\cdots\cdots\cdots\cdots\cdots\cdots\cdots\end{array}\right\} \quad (12)$$

Allgemein enthält also die $p$-te Diagonale die $p$ Elemente mit der Indexsumme $p + 1$.

Die Elemente der gegebenen Mengen werden in der durch das Schema (12) gegebenen Reihenfolge abgezählt. Um festzustellen, welche Nummer dabei das beliebig vorgegebene Element $a_{pn}$ bekommt, nehme man zunächst an, daß die Mengen $\mathfrak{A}_1, \mathfrak{A}_2, \ldots, \mathfrak{A}_p, \ldots$ zu je zweien• elementefremd sind. Dann gehören sämtliche Elemente der Matrix (11) zur Vereinigungsmenge. Nach (12) steht das Element $a_{pn}$ in der Diagonale $n + p - 1$. In der Numerierung *vor* $a_{pn}$ stehen also die Elemente der 1. bis $(n + p - 2)$-ten Diagonale und die $p - 1$ Elemente $a_{1\,n+p-1}, a_{2\,n+p-2}, \ldots, a_{p-1\,n+1}$ der $(n + p - 1)$-ten Diagonale. Folglich erhält $a_{pn}$ die Nummer

$$N = 1 + 2 + 3 + \cdots + (n + p - 2) + p = \frac{(n+p-1)\,(n+p-2)}{2} + p.$$

Hierbei haben wir I, (65a) benutzt.

Sind $\mathfrak{A}_1, \mathfrak{A}_2, \ldots, \mathfrak{A}_p, \ldots$ nicht elementefremd, so gehören ihrer Vereinigungsmenge nur die voneinander verschiedenen Elemente in (11) an. Das bedeutet, daß man beim Abzählen längs der Diagonale ein Element auszulassen hat, wenn es vorher schon einmal vorgekommen ist. Dann bekommt $a_{pn}$ eine Nummer $N' \leqq N$. Aber in jedem Fall lassen sich die Elemente der Vereinigungsmenge numerieren und hierbei vollständig erfassen.

**Satz 1′.** *Höchstens abzählbar viele höchstens abzählbare Mengen haben stets eine höchstens abzählbare Vereinigungsmenge.*

*Beweis.* a) Hat man endlich viele höchstens abzählbare Mengen, so hat das Schema (11) endlich viele Zeilen, und man kann spaltenweise abzählen.

b) Hat man höchstens abzählbar viele endliche Mengen, so hat das Schema (11) endlich viele Spalten, und man kann zeilenweise abzählen.

c) Hat man abzählbar viele abzählbare Mengen, so liegt die bereits bewiesene Aussage von Satz 1 vor.

*Beispiel.* Die Menge der ganzen rationalen Zahlen ist abzählbar, da sie die Vereinigungsmenge aus den drei höchstens abzählbaren Mengen der positiven ganzen Zahlen, der negativen ganzen Zahlen und der Null ist.

**8. Die Menge der rationalen Zahlen.** Wir benutzen die Sätze 1 und $1'$ für den Nachweis der Abzählbarkeit bestimmter Mengen.

**Satz 2.** *Die Menge der rationalen Zahlen ist abzählbar.*

*Beweis.* a) Wir betrachten zunächst die Menge $\mathfrak{M}_1$ der rationalen Zahlen $x$, für die $0 \leq x < 1$ gilt, d. h. die Menge der echten Brüche. Wir ordnen diese Brüche nach ihren Nennern $1, 2, 3, \ldots, n, \ldots$ Da es zu jedem Nenner $n$ höchstens $n - 1$ Brüche gibt, die kleiner als 1 und von den Brüchen mit kleineren Nennern verschieden sind, läßt sich $\mathfrak{M}_1$ in abzählbar viele endliche Mengen zerlegen:

$$\mathfrak{A}_1 = \left\{\tfrac{0}{1}\right\} = \{0\}^{1},$$
$$\mathfrak{A}_2 = \left\{\tfrac{1}{2}\right\},$$
$$\mathfrak{A}_3 = \left\{\tfrac{1}{3}, \tfrac{2}{3}\right\},$$
$$\mathfrak{A}_4 = \left\{\tfrac{1}{4}, \tfrac{3}{4}\right\},$$
$$\mathfrak{A}_5 = \left\{\tfrac{1}{5}, \tfrac{2}{5}, \tfrac{3}{5}, \tfrac{4}{5}\right\},$$
$$\ldots\ldots\ldots\ldots\ldots\ldots$$

und ist als deren Vereinigungsmenge nach Satz $1'$ abzählbar.

b) Die Menge $\mathfrak{M}'$ der rationalen Zahlen $x \geq 0$ wird als Vereinigungsmenge der abzählbar vielen Mengen

$$\mathfrak{M}_1 \text{ der rationalen Zahlen } x \text{ mit } 0 \leq x < 1,$$
$$\mathfrak{M}_2 \text{ der rationalen Zahlen } x \text{ mit } 1 \leq x < 2,$$
$$\ldots\ldots\ldots\ldots\ldots\ldots\ldots\ldots\ldots\ldots\ldots\ldots\ldots$$
$$\mathfrak{M}_p \text{ der rationalen Zahlen } x \text{ mit } p - 1 \leq x < p,$$
$$\ldots\ldots\ldots\ldots\ldots\ldots\ldots\ldots\ldots\ldots\ldots\ldots\ldots\ldots$$

aufgefaßt, deren jede selbst abzählbar ist. Für $\mathfrak{M}_1$ trifft dies nach a) zu. Für $p = 2, 3, \ldots$ ist $\mathfrak{M}_p$ zu $\mathfrak{M}_1$ äquivalent; denn es ist

$$x = p - 1 + x' \quad \text{mit} \quad x \in \mathfrak{M}_p, \ x' \in \mathfrak{M}_1,$$

so daß die Zuordnung $x \longleftrightarrow x'$ eine eineindeutige Abbildung von $\mathfrak{M}_p$ auf $\mathfrak{M}_1$ liefert. Folglich ist nach Regel 9, 3) jedes $\mathfrak{M}_p$ abzählbar $(p = 1, 2, 3, \ldots)$ und daher $\mathfrak{M}'$ nach Satz 1 abzählbar.

---

[1] Diese aus der Zahl 0 bestehende, also ein Element enthaltende Menge darf nicht mit der Nullmenge 0 verwechselt werden.

c) Es sei $\mathfrak{M}^{(1)}$ die Menge der positiven rationalen Zahlen, $\mathfrak{M}^{(2)}$ die Menge der negativen rationalen Zahlen, $\mathfrak{M}$ die Menge aller rationalen Zahlen. Dann ist $\mathfrak{M} = \mathfrak{M}^{(1)} \dotplus \{0\} \dotplus \mathfrak{M}^{(2)}$. Hierin ist $\mathfrak{M}^{(1)}$ als Teil von $\mathfrak{M}'$ nach b) abzählbar, ferner $\mathfrak{M}^{(2)}$ auf Grund der eineindeutigen Zuordnung

$$x \longleftrightarrow -x, \quad x \in \mathfrak{M}^{(1)}, \quad -x \in \mathfrak{M}^{(2)}$$

zu $\mathfrak{M}^{(1)}$ äquivalent, also nach Regel 9, 3) ebenfalls abzählbar. Daher ist $\mathfrak{M}$ nach Satz 1' abzählbar.

Damit ist Satz 2 bewiesen, der die in Nr. 5 gemachte Aussage präzisiert und dahin verschärft, daß es sogar ebenso viele — nämlich abzählbar viele — rationale Zahlen wie natürliche Zahlen gibt.

**9. Die Menge der algebraischen Zahlen.** Es sei P der Körper der rationalen Zahlen (vgl. I, Nr. 14) und

$$a_0 x^n + a_1 x^{n-1} + \cdots + a_{n-1} x + a_n = 0 \quad (a_0 \neq 0) \quad (13)$$

eine algebraische Gleichung $n$-ten Grades über P (vgl. IV, Nr. 4). Man darf annehmen, daß (13) *ganze* rationale Koeffizienten hat. Sind nämlich $a_0, a_1, \ldots, a_n$ Brüche, so multipliziert man die Gleichung mit dem Hauptnenner dieser Brüche; die Wurzeln der Gleichung werden dadurch nicht beeinflußt. Im Körper K der komplexen Zahlen hat (13) genau $n$ Wurzeln (vgl. IV, Nr. 15).

**Definition.** *Eine komplexe Zahl heißt* **algebraisch,** *wenn sie Wurzel einer algebraischen Gleichung ist, deren Koeffizienten ganze rationale Zahlen sind.*

Jede rationale Zahl $x = p/q$ ($p$, $q$ ganze Zahlen, $q \geqq 1$) ist eine algebraische Zahl, denn sie genügt der algebraischen Gleichung ersten Grades

$$q x - p = 0,$$

die die ganzen rationalen Zahlen $q$ und $-p$ als Koeffizienten hat. Auch $i$, die imaginäre Einheit (vgl. I, Nr. 10), ist algebraisch; sie genügt der Gleichung $x^2 + 1 = 0$.

Diese Beispiele zeigen, daß die Menge der rationalen Zahlen ein echter Teil der Menge der algebraischen Zahlen ist. Trotzdem ist auch diese noch abzählbar, wie wir gleich zeigen werden.

**Definition.** *Ist $g(x) = a_0 x^n + a_1 x^{n-1} + \cdots + a_n$ ein Polynom in $x$ vom Grade $n$ mit ganzen rationalen Zahlen als Koeffizienten, so heißt die positive ganze Zahl*

$$h = n + |a_0| + |a_1| + \cdots + |a_n| \quad (14)$$

*die* **Höhe** *des Polynoms $g(x)$.*

**Satz 3.** *Die Menge der algebraischen Zahlen ist abzählbar.*

*Beweis.* Aus (14) folgt $n \leqq h$, da die absoluten Beträge $|a_\nu| \geqq 0$ sind. Wegen $a_0 \neq 0$ ist sogar $n < h$. Zu vorgegebener Höhe $h$ gibt es also nur die endlich vielen Grade $1, 2, \ldots, h - 1$ für Polynome mit ganzzahligen Koeffizienten und der Höhe $h$. Für einen festen Grad $n < h$ ist dann

$$|a_0| + |a_1| + \cdots + |a_n| = h - n > 0 \qquad (15)$$

eine feste ganze rationale Zahl. Für diese gibt es nur endlich viele Möglichkeiten, als Summe von $n + 1$ nichtnegativen ganzzahligen Summanden dargestellt zu werden. Aus jeder solchen Lösung $|a_0|$, $|a_1|, \ldots, |a_n|$ von (15) erhält man höchstens $2^{n+1}$ Kombinationen $\pm |a_0|, \pm |a_1|, \ldots, \pm |a_n|$. Jede dieser Kombinationen liefert für die angenommenen Werte von $n$ und $h$ ein ganzzahliges Polynom $n$-ten Grades der Höhe $h$, und jedes solche Polynom definiert durch (13) höchstens $n$ verschiedene algebraische Zahlen.

Zu jeder Höhe $h$ gibt es also nur endlich viele algebraische Zahlen, und die Höhen $h$ selbst bilden die abzählbare Menge $\mathfrak{N}$ der natürlichen Zahlen; folglich ist die Menge der algebraischen Zahlen nach Satz 1' abzählbar.

Bei der Abzählung, die praktisch daran scheitert, daß man nicht jede algebraische Gleichung exakt lösen kann, hat man natürlich nur die voneinander verschiedenen algebraischen Zahlen zu berücksichtigen. Außerdem kann man für jedes $h$ auf den Fall $n = 0$ verzichten, da ein Polynom 0-ten Grades keine Gl. (13) liefert. Es ist also $n \geqq 1$ und $h \geqq 2$. Für $h = 2$ und $h = 3$ erhält man nach (15):

1) $h = 2$.   $n = 1$;   $|a_0| + |a_1| = 1$   ergibt   $|a_0| = 1, |a_1| = 0$, d. h.   $a_0 = \pm 1, a_1 = 0$; und $\pm x = 0$ liefert die Zahl 0.

2) $h = 3$.   a) $n = 1$; $|a_0| + |a_1| = 2$ ergibt $|a_0| = 1, |a_1| = 1$ oder $|a_0| = 2, |a_1| = 0$, d. h.   $a_0 = \pm 1, a_1 = \pm 1$   oder   $a_1 = \pm 2, a_1 = 0$; $\pm (x + 1) = 0$ und $\pm (x - 1) = 0$ oder $\pm 2x = 0$ liefern als neue Zahlen $x = 1$ und $x = -1$.

b) $n = 2$; $|a_0| + |a_1| + |a_2| = 1$ ergibt $|a_0| = 1, |a_1| = |a_2| = 0$; $a_0 = \pm 1, a_1 = a_2 = 0$; $\pm x^2 = 0$ liefert keine neue Zahl.

Der Leser führe selbst noch den Fall $h = 4$ durch. In diesem tritt bereits $i$ auf, da $x^2 + 1$ die Höhe 4 hat.

**10. Die Menge der reellen Zahlen.** Sind $a$ und $b$ beliebige reelle Zahlen mit $a < b$, so heißt — man denke an die Abbildung der reellen Zahlen auf die Zahlengerade (I, Nr. 3) — die Menge der Zahlen $x$ zwischen $a$ und $b$ ein **Intervall** oder ein **Kontinuum.** Das Intervall heißt dabei **offen, halboffen** oder **abgeschlossen,** je nachdem von den Zahlen (Punkten) $a$ und $b$ keine, eine oder beide zum Intervall hinzugenommen werden.

Je zwei Intervalle, gleichgültig, ob offen, halboffen oder abgeschlossen, sind mengentheoretisch äquivalent [Nr. 6, Beispiele b) und c)]. Daher kann man, wenn es sich um Fragen der Mächtigkeit handelt, von dem Kontinuum schlechthin sprechen und diese Bezeichnung etwa auf das Intervall $0 \leq x \leq 1$ beschränken. Es ist sogar jedes Intervall, d. h. das Kontinuum, mit der ganzen Zahlengeraden, also mit der Menge der reellen Zahlen gleichmächtig. Dies folgt leicht durch Zusammensetzen der in Nr. 6, Beispiele c) und d) angegebenen Abbildungen. Will man also die Mächtigkeit der reellen Zahlen untersuchen, so darf man ein beliebiges Intervall herausgreifen.

**Satz 4.** *Die Menge der reellen Zahlen ist nicht abzählbar.*

*Beweis.* Wir zeigen, daß die Menge $\Re$ der reellen Zahlen $x$ mit $0 \leq x < 1$ nicht abzählbar ist. Hierzu denken wir uns $x$ als echten Dezimalbruch dargestellt:

$$x = 0, a_1 a_2 a_3 \cdots a_n \cdots, \qquad 0 \leq a_n \leq 9. \quad (16)$$

Hierbei entspricht jeder nichtnegativen reellen Zahl $< 1$ eineindeutig eine Darstellung (16), wenn wir, wie üblich, vereinbaren, daß für einen abbrechenden Dezimalbruch von den beiden Darstellungen

$$0, a_1 a_2 \cdots a_r \, 0 \, 0 \cdots 0 \cdots = 0, a_1 a_2 \cdots (a_r - 1) \, 9 \, 9 \cdots 9 \cdots \quad (17)$$

die erste genommen werden soll. Der Beweis verläuft indirekt.

Wäre $\Re$ abzählbar, so könnte man die Elemente von $\Re$ in einer Folge $r_1, r_2, \ldots, r_n, \ldots$ anordnen. Es sei

$$\left.\begin{aligned}
r_1 &= 0, \ a_{11} \ a_{12} \ a_{13} \ \cdots \ a_{1k} \cdots \\
r_2 &= 0, \ a_{21} \ a_{22} \ a_{23} \ \cdots \ a_{2k} \cdots \\
&\cdots\cdots\cdots\cdots\cdots\cdots\cdots\cdots\cdots\cdots \\
r_n &= 0, \ a_{n1} \ a_{n2} \ a_{n3} \ \cdots \ a_{nk} \cdots \\
&\cdots\cdots\cdots\cdots\cdots\cdots\cdots\cdots\cdots\cdots
\end{aligned}\right\} \quad (18)$$

Hierbei ist jede der Zahlen $a_{nk}$ eine der Ziffern $0, 1, 2, \ldots, 9$, und es soll jeder Dezimalbruch, bei dem von einer bestimmten Stelle an nur Neunen auftreten, nach (17) durch den ihm gleichen abbrechenden Dezimalbruch ersetzt werden. Man bilde nun einen unendlichen Dezimalbruch

$$s = 0, \ b_1 \, b_2 \, b_3 \cdots b_k \cdots$$

nach folgender Vorschrift: Es sei $b_1 \neq a_{11}$ und $\neq 9$, ebenso $b_2 \neq a_{22}$ und $\neq 9, \ldots$, allgemein $b_k \neq a_{kk}$ und $\neq 9$. Dann ist $s$ ein Element von $\Re$, unterscheidet sich aber von dem $n$-ten Element der Folge (18) an der $n$-ten Stelle ($n = 1, 2, 3, \ldots$) und kann, da es keine Neunen enthält, auch nicht auf Grund von (17) einem $r_n$ gleich werden. Daher kommt $s$ in der Folge (18) nicht vor, im Widerspruch zu der Annahme, daß diese Folge alle Elemente von $\Re$ umfaßt.

**11. Die Menge der transzendenten Zahlen.** Nach Satz 4 ist die Mächtigkeit des Kontinuums größer als die Mächtigkeit irgendeiner abzählbaren Menge. Insbesondere ist die Menge der reellen Zahlen von größerer Mächtigkeit als die der reellen algebraischen Zahlen, die als Teilmenge aller algebraischen Zahlen nach Satz 3 auch abzählbar ist.

**Definition.** *Jede komplexe Zahl, die nicht algebraisch ist, heißt* *transzendent.*

**Satz 5.** *Die Menge der transzendenten Zahlen ist nicht abzählbar.*

*Beweis.* Die Menge der transzendenten Zahlen enthält die der reellen transzendenten Zahlen als Teilmenge, und schon diese ist nicht abzählbar. Denn sonst wäre die Menge der reellen Zahlen als Vereinigungsmenge der beiden abzählbaren Mengen der reellen algebraischen und der reellen transzendenten Zahlen ebenfalls abzählbar, im Widerspruch zu Satz 4.

Obgleich es hiernach nichtabzählbar viele transzendente Zahlen gibt, ist der explizite Nachweis schwierig. Transzendent ist z. B. die Zahl $e$, die Basis der natürlichen Logarithmen (1873 zuerst bewiesen von Ch. Hermite), ferner $\pi$, die das Verhältnis von Umfang und Durchmesser eines Kreises kennzeichnende Zahl (1882 zuerst bewiesen von F. v. Lindemann[1]) und $e^{\pi}$ (zuerst bewiesen von A. Gelfond[2]).

**12. Cantors Teilmengensatz.** Mit der Mächtigkeit des Kontinuums ist aber nicht etwa eine größte Mächtigkeit erreicht. Vielmehr gilt

**Satz 6.** *Zu jeder Menge $\mathfrak{M}$ läßt sich eine Menge von größerer Mächtigkeit angeben, nämlich die Menge der Teilmengen von $\mathfrak{M}$.*

*Beweis.* Es sei $\mathfrak{M}^*$ die Menge der Teilmengen von $\mathfrak{M}$ und

$$\mathfrak{M} = \{a, b, c, \ldots\}, \quad \mathfrak{M}^* = \{\mathfrak{A}, \mathfrak{B}, \mathfrak{C}, \ldots\}.$$

Hierbei soll diese Schreibweise nur die Elemente von $\mathfrak{M}$ und $\mathfrak{M}^*$, nicht aber eine Abzählbarkeit zum Ausdruck bringen. Da jedes Element von $\mathfrak{M}$ auch Teilmenge von $\mathfrak{M}$ ist, so kommen $\{a\}$, $\{b\}$, $\{c\}$, $\ldots$ unter den $\mathfrak{A}$, $\mathfrak{B}$, $\mathfrak{C}$, $\ldots$ vor, d. h. es gibt ein $\mathfrak{M}' \subseteq \mathfrak{M}^*$ mit $\mathfrak{M}' \sim \mathfrak{M}$. Ferner gilt auch $\mathfrak{M} \in \mathfrak{M}^*$, d. h. $\mathfrak{M}'$ ist sogar echter Teil von $\mathfrak{M}^*$. Aber dies genügt für den Beweis von Satz 6 noch nicht, wie z. B. die Sätze 2 und 3 zeigen. Wir müssen vielmehr nachweisen, daß $\mathfrak{M}'$ und $\mathfrak{M}^*$, also auch $\mathfrak{M}$ und $\mathfrak{M}^*$ nicht gleichmächtig sind.

Wäre $\mathfrak{M} \sim \mathfrak{M}^*$, so gäbe es eine eineindeutige Abbildung der $a$, $b$, $c$, $\ldots$ auf die $\mathfrak{A}$, $\mathfrak{B}$, $\mathfrak{C}$. $\ldots$ Hierbei kann ein Element von $\mathfrak{M}$ in der ihm entsprechenden Teilmenge (Element von $\mathfrak{M}^*$) enthalten sein oder auch nicht. Es sei $\mathfrak{T}$ die Menge derjenigen Elemente von $\mathfrak{M}$, die in ihrer entsprechenden Teilmenge *nicht* vorkommen. Dann ist $\mathfrak{T}$ als Teilmenge von $\mathfrak{M}$ Element von $\mathfrak{M}^*$. In der angenommenen eineindeutigen Abbildung von $\mathfrak{M}$ auf $\mathfrak{M}^*$ sei $t$ das Originalelement zu $\mathfrak{T}$. Wir zeigen, daß $t$ nicht existieren kann, daß also die Annahme $\mathfrak{M} \sim \mathfrak{M}^*$ falsch ist. Wäre nämlich ein Originalelement $t$ zu $\mathfrak{T}$ in $\mathfrak{M}$ vorhanden, so müßte $t$ entweder zu der Teilmenge $\mathfrak{T}$ von $\mathfrak{M}$ gehören oder nicht.

---

[1] Ferdinand v. Lindemann, 1852—1939, von 1893 an Professor der Mathematik an der Universität München.

[2] A. O. Gelfond, geb. 24. 10. 1906, seit 1931 Professor der Mathematik an der Universität Moskau.

Beides ist aber nicht der Fall. Denn aus der Definition von $\mathfrak{T}$ folgt: Ist $t \in \mathfrak{T}$, so ist $t \notin \mathfrak{T}$, und wenn $t \notin \mathfrak{T}$ ist, muß $t \in \mathfrak{T}$ sein.

Der damit bewiesene Satz 6 gilt auf Grund der Festsetzung in Nr. 2 auch für die Nullmenge. Diese enthält kein Element; die Menge ihrer Teilmengen hat aber ein Element, nämlich die Nullmenge. Bei einer einelementigen Menge $\{a\}$ besteht die Menge der Teilmengen aus 0 und $\{a\}$, enthält also zwei Elemente.

Die Ergebnisse von Nr. 8 an legen es nahe, von allen Mengen gleicher Mächtigkeit den Begriff der Mächtigkeit $|\mathfrak{M}|$ (gelesen: $\mathfrak{M}$ absolut) als einen Zahlbegriff höherer Stufe zu abstrahieren, wie man aus allen endlichen Mengen mit einer gleichen Anzahl $n$ von Elementen dieses allen gemeinsame Merkmal als den Begriff der positiven ganzen Zahl $n$ ableitet. G. CANTOR kommt auf diese Weise zu den sog. transfiniten Kardinalzahlen, die die Reihe der natürlichen Zahlen (der endlichen Kardinalzahlen) fortsetzen, und damit zu der in Nr. 5 erwähnten Gliederung des Unendlichen in vergleichbare Mächtigkeiten.

**13. Intuitionismus und Formalismus.** Wir können auf diese außerordentlich reizvollen Untersuchungen hier nicht weiter eingehen, da sie über den Rahmen dieses Buches hinausreichen. Außerdem muß bemerkt werden, daß gewisse als *transfinit* bezeichnete Schlußweisen der Mengenlehre angegriffen werden, z. B. die Anwendung des auf die aristotelische Logik zurückgehenden Prinzips des ,,tertium non datur'' bei unendlichen Mengen, nach dem eine Aussage nur entweder richtig oder falsch sein kann und das die Grundlage jedes indirekten Beweises bildet (vgl. I, Nr. 4). Für endliche Mengen ist dieses Prinzip stets anwendbar; bei unendlichen Mengen kann es aber außer dem Zutreffen oder Nichtzutreffen einer Aussage noch die dritte Möglichkeit geben, daß die Frage nicht entscheidbar ist. Zu dieser dritten Möglichkeit gelangt man zwangsläufig, wenn man die naive, auch von CANTOR vertretene Auffassung einer unendlichen Menge durch eine strenge Begriffsbildung ersetzt.

Die naive Auffassung stellt sich, indem sie eine Denkgewohnheit vom Endlichen auf das Unendliche überträgt, die Elemente einer unendlichen Menge als festexistierende Individuen vor, d. h. als im Geist objektiv vorhanden. Dem steht die strenge, sog. *intuitionistische* Auffassung gegenüber, die nur die subjektive Fähigkeit des Geistes anerkennt, die Elemente der betrachteten Menge nach Bedarf unbeschränkt zu erzeugen, die also mit der Menge nur ein unbegrenztes Verfahren zur Schaffung immer neuer Elemente als gegeben ansieht. Um den Unterschied der beiden Auffassungen an einem Beispiel klarzumachen, betrachten wir die Aufgabe, von zwei gegebenen unendlichen Dezimalbrüchen $\alpha$ und $\beta$ zu entscheiden, ob $\alpha = \beta$ oder $\alpha \neq \beta$ ist. Die naive Auffassung sieht die beiden unendlichen Ziffernfolgen der Dezimalbrüche sozusagen als in Reih und Glied angetreten dastehen und nimmt daher folgende Disjunktion als evident an: Entweder sind je zwei entsprechende Ziffern einander gleich — dann ist $\alpha = \beta$ —, oder es gibt Stellen, an denen die Ziffern beider Brüche voneinander abweichen — dann ist $\alpha \neq \beta$. Für den Intuitionisten ist aber ein Dezimalbruch nur ein Verfahren (vgl. etwa Nr. 20), das zu jedem Stellenindex des Bruches eindeutig die zugehörige Ziffer liefert. Nun ist es denkbar, daß für $\alpha$ und $\beta$ dies Verfahren, soweit man probiert, stets dieselben Ziffern ergibt, ohne daß man einen Beweis dafür hat, daß alle Ziffern übereinstimmen müssen. Dann bleibt die Frage, ob $\alpha = \beta$ oder $\alpha \neq \beta$ ist, unentschieden. Denn im intuitionistischen Sinne gilt $\alpha = \beta$ erst dann, wenn sich *beweisen* läßt, daß die Durchführung des Verfahrens bei $\alpha$ und $\beta$ *je* zwei entsprechende Stellen mit gleichen Ziffern besetzt, und $\alpha \neq \beta$ erst dann, wenn man wirklich eine Stelle *angeben* kann, an der die Ziffern beider Brüche verschieden sind.

Während also bei der naiven Auffassung der *Beweis des Zutreffens* einer Eigenschaft für *alle* Elemente einer unendlichen Menge nur den Sinn hat, einen als objektiv bestehend angenommenen Sachverhalt aufzudecken, bedeutet für den Intuitionisten die *Aussage des Zutreffens* der Eigenschaft für *jedes* Element der Menge überhaupt nur, daß ein Beweis dafür vorhanden ist.

Die Einwände des Intuitionismus, in erster Linie von L. E. J. BROUWER[1] vorgebracht, lassen sich nicht widerlegen. Ihre Berücksichtigung würde aber den bisherigen Aufbau der Mathematik, insbesondere der Analysis, völlig umwerfen und viele Ergebnisse als ungesichert hinstellen, die die mathematische Forschung erarbeitet hat und bei deren Anwendung noch nie ein nachweisbarer Fehler zutage getreten ist. Es sind daher Bemühungen im Gange, das gewaltige Loch, das der Intuitionismus in die Mathematik reißt, wieder zu schließen, indem man die gefährdeten Ergebnisse auf einwandfreie Weise sichert. Insbesondere hat D. HILBERT[2] einen erfolgversprechenden Weg gezeigt, nämlich: nachzuweisen, daß die angefochtenen transfiniten Schlußweisen widerspruchslos sind, d. h. daß man sie anwenden darf, ohne Gefahr zu laufen, je auf einen Widerspruch zu stoßen, und damit auch ohne Gefahr, je zu einem falschen Ergebnis zu gelangen.

Diese Nachweise benutzen die in der mathematischen Logik eingeführte *Begriffsschrift*, die neben den mathematischen auch die logischen Begriffe und Operationen durch Zeichen symbolisiert. Dadurch wird jeder Beweis zu einer aus *endlich vielen* dieser Zeichen nach festgelegten Regeln aufgebauten Figur, deren Widerspruchsfreiheit nun mit *finiten* Schlußweisen zu prüfen ist. Das Operieren mit dem Unend-

---

[1] L. E. J. BROUWER, geb. 27. 2. 1881, seit 1909 Professor der Mathematik an der Universität Amsterdam.

[2] DAVID HILBERT, 1862—1943, von 1895 an Professor der Mathematik an der Universität Göttingen.

lichen soll also durch das Endliche gesichert werden, und die Rolle, die dem Unendlichen bleibt, ist nach HILBERT nur die einer *Idee*, aber einer Idee, der wir unbedenklich vertrauen dürfen in dem Rahmen, den die von HILBERT vertretene *formalistische Methode* gesteckt hat.

## § 3. Geordnete Mengen.

**14. Ordnung.** Neben der Mächtigkeit einer Menge $\mathfrak{M}$, die, als Kardinalzahl aufgefaßt, die Anzahl der Elemente von $\mathfrak{M}$ repräsentiert, ist für viele Untersuchungen auch die Ordnung der Elemente von Bedeutung, d. h. die Reihenfolge, in der sie in $\mathfrak{M}$ aufeinanderfolgen.

**Definition.** *Eine Menge $\mathfrak{M}$ heißt* **geordnet,** *wenn für je zwei verschiedene ihrer Elemente eine, etwa durch* **vor** *ausgedrückte, Beziehung mit den beiden folgenden Eigenschaften besteht:*

1) *Die Beziehung ist asymmetrisch, d. h. wenn a vor b ist, so ist nicht b vor a.*

2) *Sie ist transitiv, d. h. aus a vor b und b vor c folgt a vor c.*

Beispiele geordneter Mengen sind die Menge der natürlichen Zahlen, die der rationalen und die der reellen Zahlen. In allen drei Fällen ist die ordnende Beziehung $a$ vor $b$ die Beziehung $a < b$ (vgl. I, Nr. 1, Grundgesetze D). Ist nämlich $\mathfrak{M}$ geordnet, so ist es, mit derselben ordnenden Beziehung, auch jede Teilmenge von $\mathfrak{M}$. Geordnet ist auch die Menge der komplexen Zahlen[1], z. B. durch folgende Beziehung: Sind $\alpha = r(\cos\varphi + i\sin\varphi)$, $\beta = s(\cos\psi + i\sin\psi)$ komplexe Zahlen, so heiße $\alpha$ vor $\beta$, wenn $r < s$ oder, falls $r = s$ ist, dann $\varphi < \psi$ ist. Der Leser überzeuge sich selbst davon, daß damit eine Ordnungsbeziehung erklärt wird.

Im übrigen besagt Eigenschaft 1), daß für irgend zwei Elemente $a, b$ von $\mathfrak{M}$ genau eine der drei Möglichkeiten

$$a \text{ vor } b, \quad a = b, \quad b \text{ vor } a$$

zutrifft.

**Definition.** *Zwei geordnete Mengen heißen* **gleich,** *wenn sie identisch sind, d. h. als Mengen einschließlich der Reihenfolge der Elemente übereinstimmen.*

Ist etwa $\mathfrak{M}$ die Menge der rationalen Zahlen $x$ mit $0 \leqq x < 1$ in der natürlichen Reihenfolge, d. h. der Größe nach geordnet, und $\mathfrak{M}_1$ die Menge derselben Zahlen, aber wie in Nr. 8 nach wachsenden Nennern geordnet, so sind $\mathfrak{M}$ und $\mathfrak{M}_1$ als Mengen einander gleich (Nr. 1), aber als geordnete Mengen verschieden.

In einer geordneten Menge ist ein Element erst dann gekennzeichnet, wenn außer seinem Wert auch sein ihm durch die Ordnung zugewiesener Platz bekannt ist. Daher kann hier dasselbe Element

---

[1] Das ist kein Widerspruch zu I, Satz 4; man prüfe nach, daß die im Text angegebene Ordnungsbeziehung nicht alle Grundgesetze D erfüllt.

mehrmals vorkommen, sofern es nur an verschiedenen Plätzen steht. Beispielsweise wird durch die Vorschrift

$$1 + (-1)^n \qquad (n = 1, 2, 3, \ldots)$$

die geordnete Menge der Zahlen $0, 2, 0, 2, 0, 2, \ldots$ geliefert. Ihre Ordnungsbeziehung lautet:

$$1 + (-1)^m \text{ vor } 1 + (-1)^n,$$

wenn $m < n$ ist.

**15. Offen und dicht.** Mit dem Begriff der Ordnung einer Menge sind einige weitere wichtige Begriffe verknüpft.

**Definition.** *Ist $\mathfrak{M}$ eine geordnete Menge und $a$ ein Element von $\mathfrak{M}$, so heißt die Teilmenge $\mathfrak{M}_a$ (gelesen: $\mathfrak{M}$ unten $a$) der Elemente vor $a$ das* **Anfangsstück von $a$ in** $\mathfrak{M}$. *Die Teilmenge $\mathfrak{M}^a$ (gelesen: $\mathfrak{M}$ oben $a$) der Elemente, vor denen $a$ ist, heißt das* **Endstück von $a$ in** $\mathfrak{M}$.

Auf Grund dieser Definition ist also

$$\left.\begin{aligned} x &\in \mathfrak{M}_a, \quad \text{wenn} \quad x \in \mathfrak{M} \quad \text{und} \quad x \text{ vor } a; \\ y &\in \mathfrak{M}^a, \quad \text{wenn} \quad y \in \mathfrak{M} \quad \text{und} \quad a \text{ vor } y; \end{aligned}\right\} \tag{19}$$

$$\mathfrak{M}_a \dotplus \{a\} \dotplus \mathfrak{M}^a = \mathfrak{M}, \qquad \mathfrak{M}_a \, \mathfrak{M}^a = 0. \tag{20}$$

**Definition.** *Gibt es ein Element $a$ in $\mathfrak{M}$, dessen Anfangsstück $\mathfrak{M}_a$ leer ist, so heißt $a$* **erstes** *oder* **kleinstes** *Element von $\mathfrak{M}$, in Zeichen: $a = \min \mathfrak{M}$ (gelesen:* **Minimum** *von $\mathfrak{M}$). Und wenn es in $\mathfrak{M}$ ein Element $b$ gibt, dessen Endstück $\mathfrak{M}^b$ leer ist, so heißt $b$* **letztes** *oder* **größtes** *Element von $\mathfrak{M}$, in Zeichen: $b = \max \mathfrak{M}$ (gelesen:* **Maximum** *von $\mathfrak{M}$).*

Es ist z. B. 1 erstes Element in der Menge der natürlichen Zahlen oder 0 erstes Element in der Menge der Zahlen $x$ des Intervalls $0 \leqq x \leqq 1$. Ebenso ist $-1$ letztes Element in der Menge der negativen ganzen rationalen Zahlen oder 1 letztes Element des Intervalls $0 \leqq x \leqq 1$.

**Definition.** *Eine geordnete Menge heißt* **offen,** *wenn sie weder ein erstes noch ein letztes Element besitzt.*

Beispiele offener Mengen sind die Menge aller ganzen Zahlen, die Menge der rationalen und die der reellen Zahlen, aber auch das Intervall $0 < x < 1$; halboffen sind z. B. die Intervalle $0 \leqq x < 1, 0 < x \leqq 1$.

**Definition.** *Sind $a, b$ Elemente von $\mathfrak{M}$ und ist $a$ vor $b$, so liegt ein Element $x$ von $\mathfrak{M}$* **zwischen** *$a$ und $b$, wenn $a$ vor $x$ und $x$ vor $b$, also $x$ Element des Durchschnitts $\mathfrak{M}^a \mathfrak{M}_b$ ist. Ist $\mathfrak{M}^a \mathfrak{M}_b = 0$, so liegt kein Element von $\mathfrak{M}$ zwischen $a$ und $b$. Dann heißt $a$ das* **unmittelbar vorangehende** *Element zu $b$ in $\mathfrak{M}$ und $b$ das* **unmittelbar folgende** *Element zu $a$ in $\mathfrak{M}$.*

In der Menge der ganzen rationalen Zahlen hat jedes Element ein unmittelbar folgendes und ein unmittelbar vorangehendes Element. Dies trifft für die Menge der rationalen Zahlen nicht mehr zu. Denn es gilt:

**Satz 7.** *Zwischen je zwei rationalen Zahlen liegen unendlich viele weitere rationale Zahlen.*

*Beweis.* Wir zeigen, daß zwischen je zwei rationalen Zahlen mindestens e i n e andere rationale Zahl liegt. Dann folgt durch wiederholte Anwendung dieser Aussage die Behauptung. Sind nun $a = \dfrac{p_1}{q_1}$, $b = \dfrac{p_2}{q_2}$ zwei rationale Zahlen und ist $a < b$, so ist (vgl. I, Nr. 4) $\dfrac{a}{2} < \dfrac{b}{2}$ und

$$a = \frac{a}{2} + \frac{a}{2} < \frac{a}{2} + \frac{b}{2} < \frac{b}{2} + \frac{b}{2} = b, \qquad \frac{a+b}{2} = \frac{p_1 q_2 + p_2 q_1}{2\, q_1 q_2}.$$

Daher ist $\dfrac{a+b}{2}$ eine rationale Zahl zwischen $a$ und $b$.

**Definition.** *Eine geordnete Menge $\mathfrak{M}$ heißt **dicht**, wenn zwischen je zwei Elementen von $\mathfrak{M}$ stets noch mindestens ein weiteres Element von $\mathfrak{M}$ liegt.*

Die Menge der rationalen Zahlen ist also eine (mittels der Relation $<$) geordnete, (bezüglich dieser Ordnung) offene und dichte Menge.

**16. Schnitte in einer Menge.** Es sei $\mathfrak{M}$ eine geordnete, offene und dichte Menge. Dann ist für ein beliebiges Element $a$ von $\mathfrak{M}$ weder $\mathfrak{M}_a$ noch $\mathfrak{M}^a$ leer, und jedes Element von $\mathfrak{M}_a$ kommt vor jedem Element von $\mathfrak{M}^a$. Fügt man das zwischen $\mathfrak{M}_a$ und $\mathfrak{M}^a$ stehende Element $a$ einer dieser beiden Teilmengen hinzu, so erhält man beide Male eine Zerlegung von $\mathfrak{M}$ in zwei elementefremde Teilmengen, die mit $\mathfrak{U}$ und $\mathfrak{O}$ bezeichnet seien. Nach (20) ist entweder

$$\mathfrak{U} = \mathfrak{M}_a \dotplus \{a\}, \qquad \mathfrak{O} = \mathfrak{M}^a, \qquad \mathfrak{U} \dotplus \mathfrak{O} = \mathfrak{M} \qquad (21)$$

oder

$$\mathfrak{U} = \mathfrak{M}_a, \qquad \mathfrak{O} = \{a\} \dotplus \mathfrak{M}^a, \qquad \mathfrak{U} \dotplus \mathfrak{O} = \mathfrak{M}. \qquad (22)$$

**Definition.** *Eine Zerlegung der geordneten Menge $\mathfrak{M}$ in zwei Teilmengen $\mathfrak{U}$ und $\mathfrak{O}$ heißt ein **Schnitt**[1] **in der Menge** $\mathfrak{M}$ und $\mathfrak{U}$ die **Unterklasse**, $\mathfrak{O}$ die **Oberklasse** des Schnittes, wenn die folgenden drei Eigenschaften erfüllt sind:*

*1) Jedes Element von $\mathfrak{M}$ gehört zu genau einer der beiden Teilmengen (Klassen).*

*2) Keine der beiden Klassen ist leer.*

*3) Jedes Element der Unterklasse kommt vor jedem Element der Oberklasse.*

Beispielsweise ist jede der beiden Zerlegungen (21) und (22) ein Schnitt in der eingangs gegebenen Menge $\mathfrak{M}$. Denn 1) ist erfüllt, weil $\mathfrak{M}$ Vereinigungsmenge der beiden elementefremden Teilmengen $\mathfrak{U}$ und $\mathfrak{O}$ ist; 2) gilt, da $\mathfrak{M}_a$ und $\mathfrak{M}^a$ nicht leer sind ($\mathfrak{M}$ ist offen); 3) folgt aus der in $\mathfrak{M}$ geltenden Ordnung.

---

[1] Auch *dedekindscher Schnitt* genannt, nach RICHARD DEDEKIND, 1831—1916, von 1863 an Professor der Mathematik an der Technischen Hochschule Braunschweig.

Man nennt $a$ das den Schnitt **erzeugende Element**, und zwar in beiden Fällen. Denn beiden Zerlegungen (21) und (22) ist auf Grund der Definitionen (19) von $\mathfrak{M}_a$ und $\mathfrak{M}^a$ gemeinsam, daß $a$ von keinem Element der Unterklasse übertroffen und von keinem Element der Oberklasse untertroffen wird.

**Satz 8.** *Jedes Element einer geordneten, offenen und dichten Menge erzeugt in dieser Menge einen Schnitt, bei dem entweder die Unterklasse ein größtes und dann die Oberklasse kein kleinstes ·Element oder die Unterklasse kein größtes und dann die Oberklasse ein kleinstes Element besitzt.*

*Beweis.* Wie oben gezeigt, folgt aus den beiden ersten Eigenschaften (geordnet, offen) von $\mathfrak{M}$, daß jedes $a \in \mathfrak{M}$ in $\mathfrak{M}$ einen Schnitt erzeugt, der entweder durch (21) oder durch (22) beschrieben werden kann. Die beiden Zerlegungen (21) und (22) unterscheiden sich jedoch in der Zugehörigkeit des Elementes $a$. Bei der ersten Zerlegung gehört $a$ zur Unterklasse $\mathfrak{U}$, bei der zweiten zur Oberklasse $\mathfrak{O}$; also hat in der ersten Zerlegung $\mathfrak{U}$ ein letztes, in der zweiten $\mathfrak{O}$ ein erstes Element, nämlich $a$. Daß $\mathfrak{O}$ im Falle (21) kein erstes Element hat, folgt aus der dritten Eigenschaft von $\mathfrak{M}$, dicht zu sein. Hätte nämlich $\mathfrak{O}$ ein erstes Element $e$, so sei $y$ ein Element von $\mathfrak{M}$ zwischen $a$ und $e$, d. h. $a$ vor $y$, $y$ vor $e$. Ein solches $y$ gibt es, weil $\mathfrak{M}$ dicht ist, und dies $y$ gehört, da $\mathfrak{O} = \mathfrak{M}^a$ ist, nach (19) zu $\mathfrak{O}$, im Widerspruch zur Annahme, daß $e$ erstes Element von $\mathfrak{O}$ ist. Analog zeigt man, daß $\mathfrak{U}$ im Falle (22) kein letztes Element hat.

**17. Stetigkeit einer Menge.** Es sei jetzt umgekehrt in einer geordneten, offenen und dichten Menge $\mathfrak{M}$ ein Schnitt gegeben. Gibt es dann immer ein Element von $\mathfrak{M}$, das diesen Schnitt erzeugt? Wir werden sehen, daß das nicht immer der Fall zu sein braucht.

Unter- und Oberklasse des vorgelegten Schnitts seien wieder mit $\mathfrak{U}$ bzw. $\mathfrak{O}$ bezeichnet. Dann sind formal vier Möglichkeiten vorhanden:

a) $\mathfrak{U}$ hat ein  größtes Element $g$;  $\mathfrak{O}$ hat kein kleinstes Element,

b) $\mathfrak{U}$ hat kein größtes Element;  $\mathfrak{O}$ hat ein  kleinstes Element $k$,

c) $\mathfrak{U}$ hat kein größtes Element;  $\mathfrak{O}$ hat kein kleinstes Element,

d) $\mathfrak{U}$ hat ein  größtes Element $g$;  $\mathfrak{O}$ hat ein  kleinstes Element $k$.

Von diesen scheidet aber der Fall d) bei einer dichten Menge $\mathfrak{M}$ aus. Denn aus der Schnitteigenschaft 3) folgt $g$ vor $k$. Zwischen $g$ und $k$ gibt es aber, weil $g$ und $k$ als Elemente von $\mathfrak{U}$ bzw. $\mathfrak{O}$ zu $\mathfrak{M}$ gehören und $\mathfrak{M}$ dicht ist, noch mindestens ein Element $z$ von $\mathfrak{M}$. Dieses gehört, da $g$ vor $z$ und $z$ vor $k$ ist, weder zu $\mathfrak{U}$ noch zu $\mathfrak{O}$, was der Schnitteigenschaft 1) widerspricht.

Im Fall a) wird der Schnitt durch $g$ erzeugt. Denn für jedes $x$ in $\mathfrak{U}$ ist entweder $x$ vor $g$ oder $x = g$, und für jedes $y$ in $\mathfrak{O}$ ist $g$ vor $y$, da $g$ zu $\mathfrak{U}$ gehört. Es wird also $g$ von keinem $x$ übertroffen und von keinem $y$ untertroffen.

Im Fall b) wird der Schnitt durch $k$ erzeugt. Denn für jedes $x$ in $\mathfrak{U}$ ist $x$ vor $k$, da $k$ zu $\mathfrak{O}$ gehört, und für jedes $y$ in $\mathfrak{O}$ ist entweder $y = k$ oder $k$ vor $y$.

Während so die Fälle a), b) und d) sich für jede geordnete, offene und dichte Menge $\mathfrak{M}$ eindeutig entscheiden lassen, liegt es im Fall c) anders. Es gibt geordnete, offene und dichte Mengen $\mathfrak{M}$, für die der Fall c) nicht eintritt — dann sind für $\mathfrak{M}$ nur die Fälle a) und b) möglich, d. h. der Schnitt wird durch ein Element von $\mathfrak{M}$ erzeugt; und es gibt solche Mengen $\mathfrak{M}$, für die der Fall c) eintritt — dann wird der betrachtete Schnitt nicht durch ein Element von $\mathfrak{M}$ erzeugt. Man muß daher die geordneten, offenen, dichten Mengen hinsichtlich ihres Verhaltens im Fall c) unterscheiden. Das geschieht durch die folgende

**Definition.** *Eine geordnete, offene, dichte Menge $\mathfrak{M}$ heißt* **stetig,** *wenn jeder Schnitt in $\mathfrak{M}$ durch ein Element von $\mathfrak{M}$ erzeugt wird, anderenfalls* **unstetig.**

Je nachdem also der Fall c) bei keinem oder auch nur bei einem einzigen Schnitt in $\mathfrak{M}$ eintritt, gehört $\mathfrak{M}$ zu den stetigen oder zu den unstetigen Mengen.

**18. Beispiel der rationalen Zahlen.** Wir wollen die Ergebnisse von Nr. 16 und 17 an einigen Beispielen prüfen. Wir nehmen dazu die rationalen Zahlen, da wir von ihnen wissen (vgl. Nr. 15), daß sie eine geordnete, offene und dichte Menge bilden; diese sei mit $\mathfrak{P}$ bezeichnet.

Nach Satz 8 erzeugt jede rationale Zahl einen Schnitt in $\mathfrak{P}$, z. B. $a = 0$ den Schnitt, bei dem $\mathfrak{U}$ aus allen negativen rationalen Zahlen, $\mathfrak{O}$ aus allen nichtnegativen rationalen Zahlen besteht. Bei diesem Schnitt gehört 0 zur Oberklasse $\mathfrak{O}$. Aber auch der Schnitt, bei dem $\mathfrak{U}$ aus allen nichtpositiven rationalen Zahlen, $\mathfrak{O}$ aus allen positiven rationalen Zahlen besteht, wird durch 0 erzeugt. In diesem Fall gehört 0 zur Unterklasse $\mathfrak{U}$. Entsprechend liegt es bei jeder anderen rationalen Zahl $r$. Der durch $r$ erzeugte Schnitt in $\mathfrak{P}$ hat als Unterklasse $\mathfrak{U}$ alle rationalen Zahlen $\leq r$ (oder $< r$) und als Oberklasse $\mathfrak{O}$ alle rationalen Zahlen $> r$ (bzw. $\geq r$). Im ersten Fall gehört $r$ zu $\mathfrak{U}$, im zweiten Fall zu $\mathfrak{O}$.

Die Menge $\mathfrak{P}$ ist (Satz 2) eine abzählbare Teilmenge der nicht mehr abzählbaren Menge $\mathfrak{R}$ der reellen Zahlen (Satz 4). Obgleich also $\mathfrak{P}$ dicht ist, d. h. zwischen je zwei rationalen Zahlen noch unendlich viele weitere rationale Zahlen liegen (Satz 7), ist $\mathfrak{P}$ mit seinen Elementen doch nur sozusagen lose eingestreut in die Menge $\mathfrak{R}$, deren Mächtigkeit um vieles größer ist. Hieran liegt es, daß $\mathfrak{P}$ zu den Mengen gehört, bei denen der Fall c) eintreten kann, d. h. zu den unstetigen Mengen. Wir wollen das an einem konkreten Beispiel nachweisen und zeigen zunächst:

**Hilfssatz.** *Es gibt keine rationale Zahl, deren Quadrat gleich 2 ist, d. h. $\sqrt{2}$ ist keine rationale Zahl.*

*Beweis.* Angenommen, es gäbe eine rationale Zahl $p/q$ so, daß

$$\frac{p}{q} = \sqrt{2}, \quad \text{also} \quad \left(\frac{p}{q}\right)^2 = \frac{p^2}{q^2} = 2 \tag{23}$$

ist. Dann kann man $p/q$ in gekürzter Form, d. h. die ganzen Zahlen $p$ und $q$ ohne gemeinsamen Teiler annehmen. Aus $p^2 = 2q^2$ folgt nun, daß $p^2$, also auch $p$ gerade sein muß. Es sei $p = 2p_1$. Dann geht $p^2 = 2q^2$ in $2p_1^2 = q^2$ über. Dies zeigt, daß auch $q^2$, d. h. $q$, eine gerade Zahl sein muß, etwa $q = 2q_1$. Der Bruch $p/q$ ist also, im Widerspruch zur Annahme, nicht gekürzt. Es kann also keine rationale Zahl geben, die (23) erfüllt.

**19. Unstetigkeit der Menge der rationalen Zahlen.** Nunmehr definieren wir (vgl. Nr. 16) einen Schnitt in $\mathfrak{P}$ und untersuchen, welcher der drei Fälle a), b) oder c) zutrifft. Man bilde eine Zerlegung in $\mathfrak{P}$ durch die Vorschrift:

$$\left.\begin{array}{l} x \in \mathfrak{U}, \quad \text{wenn} \quad x \in \mathfrak{P} \quad \text{und} \quad x \leqq 0 \quad \text{oder} \quad x > 0 \quad \text{und} \quad x^2 < 2 \\ y \in \mathfrak{O}, \quad \text{wenn} \quad y \in \mathfrak{P}, \quad y > 0 \quad \text{und} \quad y^2 > 2. \end{array}\right\} \tag{24}$$

Für diese Zerlegung wollen wir dreierlei nachweisen:

1. *Die Zerlegung ist ein Schnitt in $\mathfrak{P}$.* Die Schnitteigenschaft 1) ist erfüllt, da eine rationale Zahl entweder zu $\mathfrak{U}$ oder zu $\mathfrak{O}$ gehört: in $\mathfrak{U}$ liegen alle nichtpositiven und von den positiven diejenigen, deren Quadrat kleiner als 2 ist, in $\mathfrak{O}$ dagegen diejenigen positiven, deren Quadrat größer als 2 ist; und mehr rationale Zahlen sind nicht vorhanden, da es keine rationale Zahl gibt, deren Quadrat gleich 2 ist. Ferner ist keine Klasse leer. In $\mathfrak{U}$ liegt z. B. 0, in $\mathfrak{O}$ z. B. 2, da $2 > 0$ und $2^2 = 4 > 2$ ist. Also gilt auch Eigenschaft 2). Schließlich folgt Eigenschaft 3) aus der Ordnung von $\mathfrak{P}$. Alle $x \leqq 0$ aus $\mathfrak{U}$ kommen vor den $y > 0$ von $\mathfrak{O}$. Und für jedes $x > 0$ aus $\mathfrak{U}$ ist $x^2 < 2$, für jedes $y$ aus $\mathfrak{O}$ ist $y > 0$ und $y^2 > 2$, also $x^2 < 2 < y^2$. Aus $x^2 < y^2$ und $y > 0$ folgt aber $x < y$ nach I, Regel 7.

2. *Die Oberklasse hat kein kleinstes Element.* Hierzu zeigen wir, daß sich zu *jedem* $y_0$ aus $\mathfrak{O}$ ein kleineres $y_1$ in $\mathfrak{O}$ angeben läßt, d. h. ein $y_1 = y_0 - k$ mit rationalem $k > 0$, $y_0 - k > 0$ und $(y_0 - k)^2 > 2$. Da

$$(y_0 - k)^2 = y_0^2 - 2k y_0 + k^2 > y_0^2 - 2k y_0 \tag{25}$$

ist, wähle man $k > 0$ so, daß $y_0^2 - 2k y_0 > 2$ ist, d. h. so, daß

$$0 < k < \frac{y_0^2 - 2}{2 y_0} \tag{26}$$

gilt. Da $y_0$ zu $\mathfrak{O}$ gehört, ist $y_0 > 0$ und $y_0^2 > 2$, also die rechte Seite in (26) positiv und daher (26) sinnvoll. Nach Satz 7 läßt sich aus (26) ein rationales $k$ entnehmen. Für jedes solche $k$ ist dann nach (26)

$$k < \frac{y_0}{2} - \frac{1}{y_0} < y_0, \quad \text{also} \quad y_0 - k > 0$$

und ferner nach (25) und (26) auch $(y_0 - k)^2 > 2$.

3. *Die Unterklasse hat kein größtes Element.* Hierzu zeigen wir, daß sich zu *jedem* $x_0 > 0$ aus $\mathfrak{U}$ (das genügt) ein größeres $x_1$ in $\mathfrak{U}$ angeben läßt, d. h. ein $x_1 = x_0 + h$ mit rationalem $h > 0$ und $(x_0 + h)^2 < 2$. Wir beschränken uns darauf, $h < 1$ zu wählen. Dann ist $h^2 < h$, also

$$(x_0 + h)^2 = x_0^2 + 2h x_0 + h^2 < x_0^2 + 2h x_0 + h = x_0^2 + h(2x_0 + 1). \quad (27)$$

Wählt man $h$ ferner so, daß auch $x_0^2 + h(2x_0 + 1) < 2$ ist, d. h. also so, daß

$$0 < h < 1 \quad \text{und} \quad 0 < h < \frac{2 - x_0^2}{2x_0 + 1} \quad (28)$$

gilt, so folgt, wie gewünscht, $(x_0 + h)^2 < 2$ aus (27). Da $x_0 > 0$ zu $\mathfrak{U}$ gehört, ist $2x_0 + 1 > 0$ und $2 - x_0^2 > 0$, also auch die zweite der Bestimmungsungleichungen (28) sinnvoll. Nach Satz 7 läßt sich daher $h$ als rationale Zahl so wählen, daß $h$ beiden Bedingungen (28) genügt.

Damit ist gezeigt, daß die Zerlegung (24) ein Schnitt in $\mathfrak{P}$ ist, für den der Fall c) eintritt. Es gilt also

**Satz 9.** *Die Menge der rationalen Zahlen ist eine unstetige Menge.*

**20. Näherungsweise Berechnung von $\sqrt{2}$.** Die den Schnitt (24) erzeugende Zahl ist die reelle, nichtrationale Zahl $\sqrt{2}$. Wir wollen zeigen, wie man $\sqrt{2}$ mit Hilfe dieses Schnittes näherungsweise durch rationale Zahlen berechnen kann. Das gibt zugleich ein numerisches Beispiel für die Bestimmung von $k$ und $h$ gemäß (26) bzw. (28).

Wir wählen für $x_0$ ein möglichst großes Element aus $\mathfrak{U}$, etwa $x_0 = 1,4$. Hierfür ist

$$x_0^2 = 1,96 < 2, \quad 2 - x_0^2 = 0,04, \quad 2x_0 + 1 = 3,8.$$

Die Bedingungen (28) für $h$ lauten also

$$0 < h < 1 \quad \text{und} \quad 0 < h < \frac{0,04}{3,8} = 0,0105\ldots \quad (29)$$

Wählen wir $h = 0,01$, so ist $h$ rational und beide Bedingungen (29) sind erfüllt. Die Zahl $x_1 = x_0 + h = 1,41$ gehört nach Punkt 3 des Beweises in Nr. 19 noch zu $\mathfrak{U}$. In der Tat ist

$$1,41^2 = 1,9881 < 2. \quad (30)$$

Jetzt nehmen wir als $y_0$ ein möglichst kleines Element aus $\mathfrak{D}$, etwa $y_0 = 1,5$. Hierfür ist

$$y_0^2 = 2,25 > 2, \quad y_0^2 - 2 = 0,25, \quad 2y_0 = 3.$$

Die Bedingung (26) für $k$ lautet also

$$0 < k < \frac{0,25}{3} = 0,083 \ldots \tag{31}$$

Wählen wir $k = 0,08$, so ist $k$ rational und erfüllt die Bedingung (31). Die Zahl $y_1 = y_0 - k = 1,42$ gehört nach Punkt 2 des Beweises in Nr. 19 noch zu $\mathfrak{D}$. In der Tat ist

$$1,42^2 = 2,0164 > 2. \tag{32}$$

Aus (30) und (32) folgt mit Benutzung von I, Regel 7

$$1,41^2 < 2 < 1,42^2, \quad \text{d. h.} \quad 1,41 < \sqrt{2} < 1,42.$$

Hiermit hat man eine erste Annäherung von $\sqrt{2}$ durch rationale Zahlen.

Dies Verfahren kann man fortsetzen. Der Leser führe den nächsten Schritt selbst durch, indem er zu $x_1 = 1,41$ eine rationale Zahl $x_2 = x_1 + h_1$ und zu $y_1 = 1,42$ eine rationale Zahl $y_2 = y_1 - k_1$ bestimmt, wobei $h_1$ und $k_1$ gemäß Bedingungen zu wählen sind, die sich aus (26) und (28) ergeben, indem man darin $x_0$ und $y_0$ durch $x_1$ bzw. $y_1$ ersetzt.

**21. Stetigkeit einer Geraden.** Wir nehmen als letztes Beispiel die Menge $\mathfrak{G}$ der Punkte auf einer Geraden. Diese Menge ist *geordnet*. Denken wir uns die Gerade horizontal, so kommt ein Punkt $P$ von $\mathfrak{G}$ *vor* einem (von $P$ verschiedenen) Punkt $Q$ von $\mathfrak{G}$, wenn $P$ links von $Q$ liegt. Die Menge $\mathfrak{G}$ ist *offen*, da die Gerade beiderseits unbegrenzt ist, und $\mathfrak{G}$ ist *dicht*, da zwischen je zwei Punkten der Geraden immer noch mindestens ein Punkt der Geraden liegt. Die Menge $\mathfrak{G}$

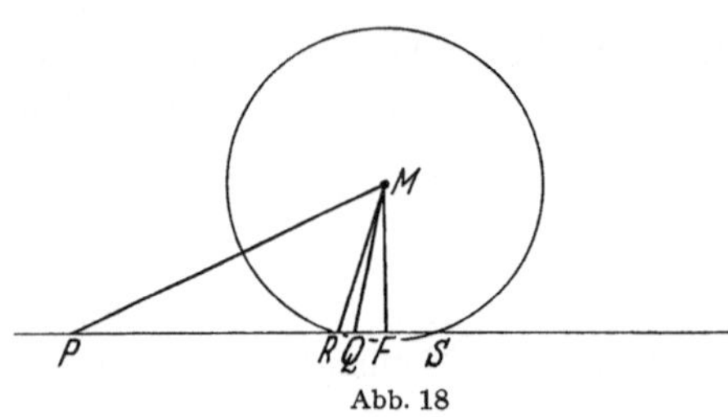

Abb. 18

ist auch *stetig*. Dies läßt sich nun nicht mehr beweisen. Wir müssen vielmehr die Stetigkeit von $\mathfrak{G}$ f o r d e r n, also als Axiom aufstellen, d. h. als eine Aussage, die der Erfahrung oder der Anschauung entnommen und ohne Beweis als richtig vorausgesetzt wird. Daß man dieses Axiom tatsächlich benutzt, d. h. die Stetigkeit von $\mathfrak{G}$ als etwas Selbstverständliches betrachtet, wollen wir an einem Beispiel aus der Elementargeometrie verdeutlichen.

Es sei $\mathfrak{g}$ eine Gerade, $F$ ein Punkt auf $\mathfrak{g}$ (Abb. 18), ferner $\mathfrak{l}$ das Lot auf $\mathfrak{g}$ in $F$ und $M$ ein Punkt außerhalb $\mathfrak{g}$ auf $\mathfrak{l}$. Hat nun ein Kreis um $M$ mit einem Radius $r > MF$ stets einen Schnittpunkt mit $\mathfrak{g}$? Um diese Frage zu beantworten, zerlegen wir $\mathfrak{G}$ nach folgender Vorschrift: Es sei $P \in \mathfrak{U}$, wenn $P \in \mathfrak{G}$, $P$ vor $F$ und $MP \geq r$ ist; $Q \in \mathfrak{D}$, wenn $Q \in \mathfrak{G}$ und a) $Q$ vor $F$ und $MQ < r$, b) $Q = F$, c) $F$ vor $Q$ ist.

Diese Zerlegung ist ein Schnitt in $\mathfrak{G}$, denn jeder Punkt von $\mathfrak{G}$ gehört entweder zu $\mathfrak{U}$ oder zu $\mathfrak{O}$, keine Klasse ist leer und jeder Punkt $P$ von $\mathfrak{U}$ kommt vor jedem Punkt $Q$ von $\mathfrak{O}$. Letzteres ist für die Punkte $P$ vor $F$ und $Q$ mit $Q = F$ oder $F$ vor $Q$ klar. Wäre ein vor $F$ liegendes $Q$ vor einem $P$, so wäre der Winkel $MPQ > 90°$, also $MQ > MP$; es ist aber $MP \geqq r > MQ$. Folglich kommen die Punkte $P$ auch vor den vor $F$ liegenden Punkten $Q$.

Dieser Schnitt wird durch den Punkt $P$ aus $\mathfrak{U}$ erzeugt, für den $MP = r$ ist, d. h. durch das größte Element von $\mathfrak{U}$, den Schnittpunkt $R$ des Kreises mit der Geraden $\mathfrak{g}$. Wie aber, wenn es in $\mathfrak{G}$ kein $P$ mit $MP = r$ gibt? Dann hätte weder die Unterklasse ein größtes noch die Oberklasse ein kleinstes Element, und $\mathfrak{G}$ wäre unstetig. Die uns selbstverständliche Annahme, daß der Schnittpunkt $R$ für $r > MF$ stets existiert, und die wir brauchen, um überhaupt Elementargeometrie treiben zu können, findet ihren Ausdruck im Axiom der Stetigkeit von $\mathfrak{G}$.

**22. Wohlordnung.** Von den geordneten Mengen haben gewisse mit der Menge der natürlichen Zahlen eine Eigenschaft gemeinsam, die für viele Beweisverfahren von Bedeutung und daher besonders hervorzuheben ist.

**Definition.** *Eine geordnete Menge $\mathfrak{M}$ heißt* **wohlgeordnet,** *wenn jede nichtleere Teilmenge von $\mathfrak{M}$ ein erstes Element besitzt. Die leere Menge gilt als wohlgeordnet.*

Die Menge der natürlichen Zahlen ist wohlgeordnet, ebenso jede endliche Menge. Die Menge aller ganzen Zahlen oder die Menge der rationalen Zahlen sind nicht wohlgeordnet. Ordnet man aber die Elemente dieser beiden abzählbaren Mengen so an, daß sie sich abzählen lassen (vgl. Nr. 7 und 8), so ist die Eigenschaft der Wohlordnung vorhanden. Man kann also sagen: Die Menge aller ganzen Zahlen und die der rationalen *lassen* sich wohlordnen. Das gilt natürlich für jede abzählbare Menge.

Ferner ist jede Teilmenge $\mathfrak{T}$ einer wohlgeordneten Menge $\mathfrak{M}$ ebenfalls wohlgeordnet, wenn man in $\mathfrak{T}$ die für $\mathfrak{M}$ geltende Ordnung zugrunde legt. Denn jede Teilmenge von $\mathfrak{T}$ ist auch Teilmenge von $\mathfrak{M}$.

**Satz 10.** *In einer wohlgeordneten Menge hat jedes Element mit Ausnahme des letzten, falls dieses vorhanden ist, ein unmittelbar folgendes Element.*

*Beweis.* Es sei $\mathfrak{M}$ wohlgeordnet und $a \in \mathfrak{M}$. Dann gibt es für das Endstück $\mathfrak{M}^a$ von $a$ in $\mathfrak{M}$ (vgl. Nr. 15) zwei Möglichkeiten: Entweder ist $\mathfrak{M}^a$ leer, dann ist $a$ letztes Element von $\mathfrak{M}$, oder $\mathfrak{M}^a$ ist nicht leer, dann hat $\mathfrak{M}^a$ als nichtleere Teilmenge von $\mathfrak{M}$ ein erstes Element. Dieses ist das unmittelbar auf $a$ folgende Element von $\mathfrak{M}$.

Es hat aber nicht jedes Element einer wohlgeordneten Menge, auch abgesehen vom ersten, ein unmittelbar vorangehendes Element. Man betrachte z. B., wenn $n$ die Menge der natürlichen Zahlen durchläuft, die Menge

$$\mathfrak{M}_0 = \left\{ -1,\ -\frac{1}{2},\ -\frac{1}{3},\ \ldots,\ -\frac{1}{n},\ \ldots,\ 0,\ 1,\ 2,\ 3,\ \ldots,\ n,\ \ldots \right\}.$$

Diese ist wohlgeordnet, aber 0 hat kein unmittelbar vorangehendes Element, da zwischen $-\frac{1}{n}$ und 0 für jedes $n$ noch das Element $-\frac{1}{n+1}$ von $\mathfrak{M}_0$ liegt. Addiert man zu jedem Element von $\mathfrak{M}_0$ die positive ganze Zahl $p$, so entsteht eine ebenfalls wohlgeordnete Menge $\mathfrak{M}_p$, bei der $p$ kein unmittelbar vorangehendes Element besitzt. Nimmt man jetzt aus jeder Menge $\mathfrak{M}_p$ $(p = 0, 1, 2, \ldots)$ die Teilmenge

$$\mathfrak{T}_p = \left\{ p-1,\ p-\frac{1}{2},\ \ldots,\ p-\frac{1}{n},\ \ldots \right\}$$

und bildet hieraus durch Hintereinanderschreiben der elementefremden Mengen $\mathfrak{T}_0, \mathfrak{T}_1, \mathfrak{T}_2, \ldots$ die Menge

$$\left\{ -1,\ -\frac{1}{2},\ \ldots,\ -\frac{1}{n},\ \ldots,\ 0,\ \frac{1}{2},\ \ldots,\ 1-\frac{1}{n},\ \ldots,\ 1,\ \frac{3}{2},\ \ldots,\ 2-\frac{1}{n},\ \ldots \right\}.$$

so hat man eine wohlgeordnete Menge, bei der keines der ganzzahligen Elemente $-1, 0, 1, 2, \ldots$ ein unmittelbar vorangehendes Element besitzt.

**23. Ähnlichkeit.** Eine Abbildung zweier geordneten Mengen $\mathfrak{M}$ und $\mathfrak{N}$ aufeinander kann mit und ohne Berücksichtigung ihrer Ordnung vorgenommen werden. Eine Besonderheit liegt offenbar bei der ersten Möglichkeit vor. In diesem Fall folgt — wenn $m, m'$ Elemente von $\mathfrak{M}$ und $n, n'$ ihre Bilder in $\mathfrak{N}$ sind — aus $m$ *vor* $m'$ stets $n$ *vor* $n'$, wobei mit *vor* das erste Mal die Ordnungsbeziehung in $\mathfrak{M}$, das zweite Mal die in $\mathfrak{N}$ gemeint ist.

**Definition.** *Zwei geordnete Mengen $\mathfrak{M}$ und $\mathfrak{N}$ heißen* **ähnlich,** *in Zeichen: $\mathfrak{M} \simeq \mathfrak{N}$ (gelesen: $\mathfrak{M}$ ähnlich $\mathfrak{N}$), wenn sie sich unter Erhaltung ihrer Ordnung eineindeutig aufeinander abbilden lassen.*

Zwei ähnliche Mengen sind also stets von gleicher Mächtigkeit (Nr. 6), und man überzeugt sich (mittels Regel 9) leicht, daß auch für die Ähnlichkeitsrelation die drei Grundgesetze A (vgl. I, Nr. 1) erfüllt sind:

1. *Stets ist $\mathfrak{M} \simeq \mathfrak{M}$.*
2. *Mit $\mathfrak{M} \simeq \mathfrak{N}$ gilt auch $\mathfrak{N} \simeq \mathfrak{M}$.*
3. *Aus $\mathfrak{M} \simeq \mathfrak{N}$ und $\mathfrak{N} \simeq \mathfrak{P}$ folgt $\mathfrak{M} \simeq \mathfrak{P}$.*

Beispielsweise ist die Menge $\{1, 2, 3, 4, \ldots\}$ der natürlichen Zahlen ähnlich zur Menge $\{2, 4, 6, 8, \ldots\}$ der geraden Zahlen, ebenso zur Menge $\{1, 4, 9, 16, \ldots\}$ der Quadratzahlen. Denn die Zuordnung $n \longleftrightarrow 2n$ bzw. $n \longleftrightarrow n^2$ ist eineindeutig, und aus $m < n$ folgt $2m < 2n$ bzw. $m^2 < n^2$ (I, Regel 4). Kehrt man dagegen die Reihenfolge der natürlichen Zahlen um, so ist $\{\ldots, 4, 3, 2, 1\}$ zwar noch gleichmächtig, aber nicht mehr ähnlich mit $\{1, 2, 3, 4, \ldots\}$. Denn für die Zuordnung

$n \longleftrightarrow n$ ist bei $m < n$ in der ersten Menge $n$ vor $m$, in der zweiten $m$ vor $n$, also bleibt bei dieser Abbildung die Ordnung nicht erhalten. Und dies gilt auch für jede andere eineindeutige Abbildung der beiden Mengen, da $\{\ldots, 4, 3, 2, 1\}$ im Gegensatz zu $\{1, 2, 3, 4, \ldots\}$ kein erstes Element besitzt. Dies steht aber im Widerspruch zu

**Satz 11.** *Sind zwei Mengen zueinander ähnlich, so gibt es entweder in beiden oder in keiner von ihnen ein erstes (letztes) Element.*

*Beweis.* Es sei $\mathfrak{M} \simeq \mathfrak{N}$, und es habe etwa $\mathfrak{M}$ ein erstes Element $a$. Dann gilt $a$ *vor* $m$ für jedes andere $m \in \mathfrak{M}$. Ist $b$ bzw. $n$ das Bild von $a$ bzw. $m$ in $\mathfrak{N}$ bei der zwischen $\mathfrak{M}$ und $\mathfrak{N}$ bestehenden Abbildung, so gilt, nach Definition der Ähnlichkeit, $b$ *vor* $n$ für jedes $n \neq b$ von $\mathfrak{N}$. Also ist $b$ erstes Element von $\mathfrak{N}$. Analog schließt man, falls eine der beiden Mengen ein letztes Element besitzt.

Hiernach ist auch die Abbildung in Nr. 6, Beispiel c) keine Ähnlichkeit. Die beiden ersten oben genannten Beispiele zeigen, daß eine geordnete, sogar wohlgeordnete Menge einem echten Teil von sich ähnlich sein kann. Demgegenüber gilt

**Satz 12.** *Eine wohlgeordnete Menge kann niemals einem Anfangsstück von sich ähnlich sein.*

*Beweis.* Es sei $\mathfrak{M}$ wohlgeordnet, $a \in \mathfrak{M}$ und $\mathfrak{A} = \mathfrak{M}_a$ ein Anfangsstück von $\mathfrak{M}$ (vgl. Nr. 15). Wäre $\mathfrak{M} \simeq \mathfrak{A}$, so gäbe es mindestens ein Element von $\mathfrak{M}$, das auf ein ihm in $\mathfrak{M}$ vorangehendes Element abgebildet wird. Denn $\mathfrak{M} \dot{-} \mathfrak{A}$ ist nicht leer, da $a$ zu $\mathfrak{M} \dot{-} \mathfrak{A}$ gehört, und jedes Element von $\mathfrak{M} \dot{-} \mathfrak{A}$ kann weder auf sich noch auf ein späteres Element abgebildet werden, da diese in $\mathfrak{A}$ nicht vorkommen. Es sei $\mathfrak{T}$ die Teilmenge der Elemente von $\mathfrak{M}$, deren jedes auf ein ihm in $\mathfrak{M}$ vorangehendes Element abgebildet wird, und $q$ das erste Element von $\mathfrak{T}$. Ein solches $q$ existiert, da $\mathfrak{T}$ nichtleere Teilmenge der wohlgeordneten Menge $\mathfrak{M}$ ist (Nr. 22). Das Bild von $q$ in $\mathfrak{A}$ sei $p$. Dann liegt $p$ in $\mathfrak{M}$ vor $q$, kann aber weder auf sich abgebildet werden (sonst hätte $p$ zwei Originale) noch auf ein Element hinter $p$ (sonst wäre nach der Abbildung $q$ vor $p$ und die Ordnung zerstört). Es müßte also $p$ auf ein ihm vorangehendes Element abgebildet werden im Widerspruch dazu, daß $q$ das erste Element mit dieser Eigenschaft ist. Folglich kann die Annahme $\mathfrak{M} \simeq \mathfrak{A}$ nicht zutreffen.

**24. Allgemeine Äquivalenz.** Wir haben bereits mehrfach Beziehungen definiert, die wie die Gleichheit von Zahlen (I, Nr. 1) die drei Grundgesetze A der Arithmetik, d. h. das Reflexiv-, das Symmetrie- und das Transitivgesetz, erfüllen. Es sei etwa erinnert an die Isomorphie von Gruppen (VI, Nr. 14), die Ähnlichkeit von Matrizen (VII, Nr. 11) oder die Gleichmächtigkeit bzw. Ähnlichkeit von Mengen (Nr. 6 bzw. Nr. 23). Wir wollen jetzt das Wesentliche dieser Beziehungen betrachten, indem wir absehen von der speziellen Art, *wie* sie definiert sind, und von der Art der Größen, *zwischen* denen sie definiert sind.

**Definition.** *Unter einer Äquivalenzrelation* $a \sim b$ *(gelesen: a äqui-valent b) versteht man eine irgendwie zwischen den Elementen einer Gesamtheit $\mathfrak{G}$ definierte Beziehung, die erstens für je zwei Elemente a und b von $\mathfrak{G}$ entscheiden läßt, ob*

$$a \sim b \quad oder \quad a \nsim b \tag{33}$$

*(gelesen: a nicht äquivalent b) ist und die zweitens den drei Grund-gesetzen* A *der Arithmetik genügt:*

$$Stets \ ist \ a \sim a. \tag{34.1}$$

$$Mit \ a \sim b \ gilt \ auch \ b \sim a. \tag{34.2}$$

$$Aus \ a \sim b \ und \ b \sim c \ folgt \ a \sim c. \tag{34.3}$$

Bei der in Nr. 6 definierten Gleichmächtigkeit oder der in Nr. 23 definierten Ähnlichkeit von Mengen handelt es sich um die Gesamtheit aller bzw. die aller geordneten Mengen, und die Beziehung ist die ein-eindeutige Abbildbarkeit, im zweiten Fall mit Berücksichtigung der Ordnung. Von dem speziellen Äquivalenzbegriff der Gleichmächtigkeit, die meist schon Äquivalenz genannt wird, übernehmen wir auch das Zeichen $\sim$ sowohl für den allgemeinen Äquivalenzbegriff wie auch für andere Spezialfälle, die wir noch definieren werden. Es wird stets aus dem Zusammenhang klar sein, welche Art von Äquivalenz gemeint ist. Auch das Zeichen $=$ drückt ja nicht immer dieselbe Art von Gleich-heit aus; diese wird vielmehr von Fall zu Fall definiert, je nach den Größen (Zahlen, Matrizen, Mengen usw.), zwischen denen das Gleich-heitszeichen stehen soll. Sind jedoch für Größen gleicher Art mehrere Äquivalenzrelationen definiert, so müssen diese natürlich durch ver-schiedene Zeichen wiedergegeben werden. Beispielsweise benutzen wir bei *Mengen* die Zeichen $=$, $\sim$ und $\simeq$, um Gleichheit, Gleichmächtig-keit und Ähnlichkeit auszudrücken, während dieselben Zeichen bei *Gruppen* Gleichheit, Homomorphie und Isomorphie bedeuten.

**25. Äquivalenzklassen.** Die Bedeutung einer Äquivalenzrelation besteht darin, daß sie Anlaß gibt, die Gesamtheit $\mathfrak{G}$, für deren Elemente sie definiert ist, in bestimmter Weise zu zerlegen.

**Definition.** *Ist a irgendein Element von $\mathfrak{G}$, so versteht man unter der* **Klasse** $\mathfrak{K}(a)$ *von $\mathfrak{G}$ (in bezug auf die Relation $\sim$) die Gesamtheit aller zu a äquivalenten Elemente von $\mathfrak{G}$.*

Jede Äquivalenzklasse $\mathfrak{K}(a)$ ist also eine Teilmenge von $\mathfrak{G}$ mit folgenden Eigenschaften:

1. $\mathfrak{K}(a)$ *ist nicht leer.* Denn $\mathfrak{K}(a)$ enthält nach (34.1) *mindestens* $a$.

2. *Alle Elemente von* $\mathfrak{K}(a)$ *sind untereinander äquivalent.* Denn aus $b \sim a$ und $c \sim a$ folgt $a \sim c$ nach (34.2), dann $b \sim c$ nach (34.3).

3. *Ist b irgendein Element von* $\mathfrak{K}(a)$, *so ist* $\mathfrak{K}(b) \subseteq \mathfrak{K}(a)$. Ist nämlich $b \sim a$ und $c \in \mathfrak{K}(b)$, also $c \sim b$, so ist nach (34.3) auch $c \sim a$, d. h. $c \in \mathfrak{K}(a)$.

4. *Ist $a \sim b$, so haben $\mathfrak{K}(a)$ und $\mathfrak{K}(b)$ kein Element gemeinsam.*
Gäbe es nämlich ein $c$, für das $c \sim a$ und $c \sim b$ gilt, so wäre nach
(34.2) und (34.3) auch $a \sim b$ im Widerspruch zur Voraussetzung.
Aus diesen Eigenschaften folgt nun leicht

**Satz 13.** *Jedes Element von $\mathfrak{G}$ gehört einer und nur einer Klasse an, und jede Klasse ist durch jedes ihrer Elemente vollständig bestimmt.*

*Beweis.* Ist $a \in \mathfrak{G}$ gegeben, so gehört $a$ zu $\mathfrak{K}(a)$. Wäre $a$ auch Element einer Klasse $\mathfrak{K}(b)$, so wäre $a \sim b$ und daher $\mathfrak{K}(a) \subseteq \mathfrak{K}(b)$; ferner wäre auch $b \sim a$ und daher $\mathfrak{K}(b) \subseteq \mathfrak{K}(a)$, mithin $\mathfrak{K}(b) = \mathfrak{K}(a)$. Damit ist der erste Teil des Satzes bewiesen. Ist nun $b$ ein beliebiges Element von $\mathfrak{K}(a)$, so ist $b \sim a$, und es folgt wie eben $\mathfrak{K}(b) = \mathfrak{K}(a)$, d. h. der zweite Teil von Satz 13.

**Satz 14.** *Dann und nur dann ist $\mathfrak{K}(a) = \mathfrak{K}(b)$, wenn $a \sim b$ ist.*

*Beweis.* 1) Wenn $a \sim b$ ist, so ist $\mathfrak{K}(a) = \mathfrak{K}(b)$, wie eben gezeigt worden ist (Beweis von Satz 13).

2) Wenn $\mathfrak{K}(a) = \mathfrak{K}(b)$ ist, so ist $a \sim b$. Wäre nämlich $a \nsim b$, so hätten $\mathfrak{K}(a)$ und $\mathfrak{K}(b)$ kein Element gemeinsam, was nicht zutrifft, da $\mathfrak{K}(a)$ und $\mathfrak{K}(b)$ übereinstimmen und nicht leer sind.

Auf Grund dieser Sätze haben zwei Äquivalenzklassen entweder alle ihre Elemente gemeinsam oder keins — in diesem Falle sagt man auch, die beiden Klassen sind *elementefremd* — und $\mathfrak{G}$ zerfällt, da *jedes* Element einer Klasse angehört, in bezug auf jede in $\mathfrak{G}$ definierte Äquivalenzrelation in paarweise elementefremde Klassen äquivalenter Elemente.

Ist umgekehrt eine Zerlegung von $\mathfrak{G}$ in paarweise elementefremde Klassen gegeben, so hat man damit eine Äquivalenzrelation für $\mathfrak{G}$, indem man zwei Elemente als äquivalent bezeichnet, wenn sie derselben Klasse angehören. Denn dann sind offensichtlich (33) und (34) erfüllt. So kann man z. B. mittels der Zerlegung einer Gruppe $\mathfrak{G}$ in Restklassen nach einer Untergruppe $\mathfrak{U}$ (vgl. VI, Nr. 10) definieren: Für zwei Elemente $A$, $B$ von $\mathfrak{G}$ sei $A \sim B$ (in bezug auf $\mathfrak{U}$), wenn $A$ mit $B$ in derselben Restklasse nach $\mathfrak{U}$ liegt.

**26. Anzahlbegriff.** Die Definition einer Menge als endliche Menge (Nr. 7) können wir mit den inzwischen eingeführten Begriffen folgendermaßen formulieren:

**Definition.** *Eine Menge heißt* **endlich,** *wenn sie mit einem Anfangsstück der Menge $\mathfrak{N}$ der natürlichen Zahlen gleichmächtig ist.*

Dies besagt zugleich, daß eine Menge dann und nur dann *unendlich* ist, wenn sie mit keinem Anfangsstück der Menge $\mathfrak{N}$ gleichmächtig ist. Ferner hat eine Menge, wenn überhaupt mit einem, dann genau mit einem solchen Anfangsstück gleiche Mächtigkeit. Anderenfalls wären nach dem für jede Äquivalenzrelation geltenden Transitivgesetz (34.3) zwei verschiedene Anfangsstücke gleichmächtig. Dies trifft aber nicht zu. Sind nämlich

$$\mathfrak{N}_a = \{1, 2, \ldots, a - 1\}, \quad \mathfrak{N}_b = \{1, 2, \ldots, b - 1\}$$

zwei Anfangsstücke der Menge $\mathfrak{N}$, wobei etwa $a < b$ sei, und ist $\mathfrak{N}_a \sim \mathfrak{N}_b$, so sind die Elemente von $\mathfrak{N}_a$ in einer bestimmten Reihenfolge den Elementen $1, 2, \ldots, b-1$ von $\mathfrak{N}_b$ eineindeutig zugeordnet. Dann ist hierdurch mittelbar eine eineindeutige Zuordnung der Elemente $1, 2, \ldots, a-1$ zu den Elementen $1, 2, \ldots, b-1$, je in der angeschriebenen Reihenfolge, gegeben; also gilt $\mathfrak{N}_a \sim \mathfrak{N}_b$ sogar unter Erhaltung der Ordnung, d. h. $\mathfrak{N}_a \simeq \mathfrak{N}_b$. Das ist aber nach Satz 12 unmöglich, da $\mathfrak{N}_a$ als echter Teil von $\mathfrak{N}_b$ auch Anfangsstück von $\mathfrak{N}_b$ ist.

Zerlegt man also die Gesamtheit der endlichen Mengen — unter Benutzung der Gleichmächtigkeit als Äquivalenzrelation — in Äquivalenzklassen, so enthält jede Klasse genau ein Anfangsstück von $\mathfrak{N}$. Dies berechtigt uns zu der folgenden

**Definition.** *Ist $\mathfrak{M}$ eine beliebige Menge, die mit dem Anfangsstück* $\mathfrak{N}_{n+1} = \{1, 2, \ldots, n\}$ *von $\mathfrak{N}$ gleichmächtig ist, so heißt die hierdurch eindeutig bestimmte natürliche Zahl $n$ die **Anzahl** der Elemente von $\mathfrak{M}$. Man sagt auch: $\mathfrak{M}$ ist eine Menge von $n$ Elementen oder $\mathfrak{M}$ enthält $n$ Elemente.*

Man pflegt daher die Elemente von $\mathfrak{M}$ durch Anhängen der Indizes $1, 2, \ldots, n$ zu numerieren und schreibt etwa

$$\mathfrak{M} = \{a_1, a_2, \ldots, a_n\}.$$

Daß der so definierte Anzahlbegriff auch unabhängig ist von der Art des *Abzählens* der Elemente von $\mathfrak{M}$, d. h. unabhängig von der Zuordnung, die man zwischen diesen und den Elementen von $\mathfrak{N}_{n+1}$ festsetzt, ergibt sich unmittelbar daraus, daß jede aus $\mathfrak{M}$ durch Umordnung der Elemente entstehende Menge mit $\mathfrak{M}$ gleichmächtig ist und daher derselben Klasse angehört.

**27. Isomorphie.** Den Begriff des Isomorphismus haben wir bereits im Spezialfall der Gruppe kennengelernt (vgl. VI, Nr. 14). Wir wollen ihn jetzt auf beliebige Mengen ausdehnen, für deren Elemente eine Verknüpfung (Addition, Multiplikation od. a.) definiert ist. Wir nennen eine solche Menge *in sich verknüpfbar* und bezeichnen ihre Verknüpfung, auch wenn mehrere Mengen mit verschiedenen Verknüpfungen gleichzeitig betrachtet werden, einheitlich mit dem neutralen Ausdruck **Komposition** und das Kompositionszeichen durch ∘ (gelesen: *komponiert mit*, kurz: *mit*).

**Definition.** *Zwei je in sich verknüpfbare Mengen $\mathfrak{A}$, $\mathfrak{B}$ heißen **isomorph** (in bezug auf ihre Komposition), in Zeichen[1]:*

$$\mathfrak{A} \approx \mathfrak{B} \quad (gelesen: \mathfrak{A}\ isomorph\ \mathfrak{B}),$$

*wenn sie sich unter Erhaltung der Komposition eineindeutig aufeinander abbilden lassen. Eine Abbildung mit dieser Eigenschaft heißt ein **Isomorphismus**.*

---

[1] Zum Unterschied von dem Isomorphismus zwischen Gruppen erhält der Isomorphismus zwischen Mengen ein anderes Zeichen.

Zur Isomorphie gehört also zunächst, daß $\mathfrak{A}$ und $\mathfrak{B}$ gleichmächtig sind; das Wesentliche ist aber, daß man eine Abbildung $\mathfrak{A} = \varphi(\mathfrak{B})$ herstellen kann [vgl. Nr. 5, (9)], bei der für je zwei Elemente $b_1$, $b_2$ von $\mathfrak{B}$

$$\varphi(b_1 \circ b_2) = \varphi(b_1) \circ \varphi(b_2) \tag{35}$$

gilt. Hierbei ist links die Komposition in $\mathfrak{B}$, rechts die Komposition in $\mathfrak{A}$ zu denken.

Der Vergleich mit Nr. 23 lehrt, daß Isomorphie und Ähnlichkeit analoge Begriffsbildungen sind. Im ersten Fall bleibt bei der Abbildung die *Komposition*, im zweiten Fall die *Ordnung* der aufeinander abgebildeten Mengen erhalten. Die Bedingung für die Ähnlichkeit von $\mathfrak{A}$ und $\mathfrak{B}$ lautet in Analogie zu (35):

$$\text{Aus} \quad b_1 \text{ vor } b_2 \quad \text{folgt} \quad \varphi(b_1) \text{ vor } \varphi(b_2). \tag{36}$$

Ist in den beiden miteinander verglichenen Mengen mehr als eine Verknüpfung erklärt, so kann man fragen, ob ein Isomorphismus in bezug auf eine oder mehrere dieser Verknüpfungen besteht. Beispielsweise ist nach II, Nr. 14 die Menge der Vektoren des $\mathfrak{R}_n$ mit der Menge der reellen $n$-Zahlenreihen isomorph in bezug auf jede der für sie erklärten Verknüpfungen (Addition, Multiplikation mit einer Zahl und skalare Multiplikation), ebenso die Menge der Vektoren des $\mathfrak{R}^{(n)}$ mit der der komplexen $n$-Zahlenreihen (II, Nr. 18, 19, 20). Dagegen ist der komplexe $\mathfrak{R}^{(1)}$ mit dem reellen $\mathfrak{R}_2$ nur isomorph in bezug auf die Addition (II, Nr. 21).

Die Bedeutung der Isomorphie besteht darin, daß isomorphe Mengen hinsichtlich der betrachteten Komposition gleichwertig sind, d. h. jede durch die andere ersetzbar ist. Alle Begriffe und Relationen, die für die Elemente von $\mathfrak{B}$ auf Grund der in $\mathfrak{B}$ bestehenden Komposition definiert und abgeleitet sind, gelten auch für die Elemente und Komposition in $\mathfrak{A}$ und umgekehrt. Geht man nämlich von einem mittels der vorhandenen Begriffe und Relationen aus Elementen $b$ von $\mathfrak{B}$ aufgebauten Ausdruck $B$ zu seinem Bilde $\varphi(B)$ über, so setzt sich $\varphi(B)$ auf Grund von (35) genau so aus den Elementen $\varphi(b)$ von $\mathfrak{A}$ zusammen wie $B$ aus den Elementen $b$ von $\mathfrak{B}$. Genügt z. B. die Komposition in $\mathfrak{B}$ dem assoziativen Gesetz

$$(b_1 \circ b_2) \circ b_3 = b_1 \circ (b_2 \circ b_3),$$

so ist auf Grund der Abbildung zunächst

$$\varphi\big((b_1 \circ b_2) \circ b_3\big) = \varphi\big(b_1 \circ (b_2 \circ b_3)\big).$$

Hieraus folgt dann, weil die Abbildung ein Isomorphismus ist, durch zweimalige Anwendung von (35) auf beiden Seiten

$$\big(\varphi(b_1) \circ \varphi(b_2)\big) \circ \varphi(b_3) = \varphi(b_1) \circ \big(\varphi(b_2) \circ \varphi(b_3)\big),$$

d. h. das Assoziativgesetz für die Komposition in $\mathfrak{A}$.

Isomorphe Mengen unterscheiden sich also hinsichtlich der Komposition — und entsprechend ähnliche Mengen hinsichtlich der Ordnung — nur in der Bezeichnung der Elemente. Man pflegt sie daher, wenn es nur auf die Eigenschaften der Komposition bzw. Ähnlichkeit ankommt, als nicht wesentlich verschieden anzusehen. Im allgemeinen werden sie sogar direkt einander gleichgesetzt.

Kapitel IX.

# Die ganzen rationalen Zahlen.

## § 1. Die Menge der natürlichen Zahlen.

**1. Vorbemerkungen über Axiome.** Wir haben im ersten Kapitel (I, Nr. 1) die reellen Zahlen und das Rechnen mit ihnen als bekannt vorausgesetzt. Hierzu gehören die Definition der als Addition und Multiplikation bezeichneten Verknüpfungen und der Anordnung sowie die Grundgesetze A der Gleichheit, B der Addition, C der Multiplikation und D der Anordnung. Hieraus haben wir die weiteren Eigenschaften hergeleitet, ferner die Definition und den Beweis der entsprechenden Verknüpfungen und Grundgesetze für die komplexen Zahlen (I, Nr. 6 und 7). Wir wollen jetzt für das Rechnen mit reellen Zahlen die erforderlichen Definitionen und die Beweise für die Gültigkeit der Grundgesetze nachholen. Da die Definition der reellen Zahlen und ihrer Verknüpfungen auf die entsprechenden Begriffe bei den rationalen Zahlen zurückgeht und diese wiederum sich auf die natürlichen Zahlen gründen, so beginnen wir damit, Addition und Multiplikation für natürliche Zahlen zu definieren und deren Grundgesetze abzuleiten.

Von einer Definition der natürlichen Zahlen selbst sehen wir ab. Wir haben in VIII, Nr. 26 gezeigt, daß man die natürliche Zahl $n$ als Anzahl der Elemente einer passenden endlichen Menge auffassen kann. Dabei haben wir allerdings die Menge der natürlichen Zahlen als gegeben vorausgesetzt. Um sich davon unabhängig zu machen, müßte man die Endlichkeit einer Menge anders definieren, als es in VIII, Nr. 26 geschehen ist, etwa so, daß eine Menge als **endlich** bezeichnet werde, wenn sie nicht mit einem echten Teil von sich gleichmächtig ist. Sodann hätte man zu zeigen, daß sich die endlichen Mengen nach ihrer Mächtigkeit ordnen lassen, und hätte alle endlichen Mengen gleicher Mächtigkeit in einer Äquivalenzklasse zusammenzufassen. Damit ergäbe sich die Möglichkeit, $n$ als gemeinsames Merkmal aller Mengen einer Klasse zu erklären. Mit dieser Andeutung wollen wir uns begnügen. Man mag noch so weit zurückgehen, irgendwann einmal muß man bestimmte Dinge als gegeben hinnehmen, wenn man — wie wir es jetzt für die Zahlen vorhaben — die Ergebnisse eines Teilgebiets der Mathematik systematisch ordnen will. Für diese, als *Grundbegriffe* bezeichneten, Dinge stellt man einige wenige charakteristische Eigenschaften in Grundsätzen zusammen, *Axiome* genannt, die als unmittelbar einleuchtend oder durch die Erfahrung bestätigt *unbewiesen* zugrunde gelegt werden. Mit den als gegeben hingenommenen Grundbegriffen und den für sie formulierten Axiomen hat man dann eine feste Ausgangsbasis, aus der die weiteren Eigenschaften *abgeleitet* werden, indem man nach und nach die erforderlichen Begriffe *definiert* und Aussagen *beweist*.

Die Menge der zugrunde gelegten Axiome heißt das *Axiomensystem* des betreffenden Gebietes. Von ihm verlangt man drei Eigenschaften: Es muß *vollständig*, *widerspruchsfrei* und *unabhängig* sein, d. h. kein für den Aufbau des Gebiets notwendiges Axiom soll fehlen, keine einwandfreie Anwendung der Axiome darf auf einen Widerspruch führen und kein Axiom soll überflüssig, d. h. aus den anderen Axiomen ableitbar sein. Das Aufstellen eines Axiomensystems, insbesondere der Nachweis seiner Vollständigkeit, Widerspruchsfreiheit und Unabhängigkeit, gehört mit zu den·schwierigsten Aufgaben in der Mathematik. In den Methoden der mathematischen Logik hat man Mittel geschaffen, um diese sich auf die Grundlagen der Mathematik und ihrer Teilgebiete erstreckenden Fragen angreifen zu können. Jedoch ist die Arbeit hieran noch keineswegs abgeschlossen.

**2. Die Schmidtschen Axiome der natürlichen Zahlen.** Die Menge der natürlichen Zahlen

$$\mathfrak{N} = \{1, 2, 3, \ldots, n, \ldots\}$$

betrachten wir als gegeben, und zwar nicht nur als Menge schlechthin, sondern als *geordnete* Menge. Wir benutzen auch einige der für Mengen, insbesondere geordnete Mengen abgeleiteten Begriffe und Eigenschaften, *nicht jedoch Eigenschaften von Zahlen irgendwelcher Art.* Soweit wir im vorangehenden Kapitel über Mengen Zahlen betrachtet haben, ist es stets nur im Sinne von *Beispielen* geschehen. Diese sollen die Aussagen über Mengen lediglich *beleuchten*, aber *nicht* etwa *stützen*.

Mit den in VIII, Nr. 15 und 22 definierten Begriffen formulieren wir nun für $\mathfrak{N}$ drei Axiome, aus denen wir die Eigenschaften zunächst der natürlichen, dann der rationalen und reellen, also aller Zahlen (die komplexen haben wir bereits in Kap. I mittels der reellen Zahlen geschaffen) ableiten wollen. Diese Ableitung soll uns als Nachweis für die Brauchbarkeit des Axiomensystems genügen. Auf die Untersuchung seiner Vollständigkeit, Widerspruchsfreiheit und Unabhängigkeit müssen wir verzichten[1].

---

[1] Es läßt sich zeigen, daß es dem Axiomensystem von DEDEKIND-PEANO äquivalent ist. Vgl. H. ROHRBACH: Das Axiomensystem von Erhard Schmidt für die Menge der natürlichen Zahlen. Math. Nachr. 4 (1950), S. 315 bis 321.

**Axiom 1.** *Die Menge $\mathfrak{N}$ der natürlichen Zahlen ist wohlgeordnet.*

**Axiom 2.** *Jedes Element von $\mathfrak{N}$ mit Ausnahme des ersten hat ein unmittelbar vorangehendes Element.*

**Axiom 3.** *Die Menge $\mathfrak{N}$ hat kein letztes Element.*

Die Elemente von $\mathfrak{N}$ sind im Sinne der Definition einer Menge (VIII, Nr. 1) wohlunterschiedene, d. h. logisch verschiedene Objekte. Gleichheit bedeutet also Identität, so daß eine Relation $a = b$ in $\mathfrak{N}$ nur dann möglich ist, wenn $a$ und $b$ Symbole für ein und dieselbe natürliche Zahl sind. Anders ausgedrückt: Je zwei natürliche Zahlen sind voneinander verschieden. Wir wissen ferner — da uns $\mathfrak{N}$ als geordnete Menge gegeben ist — bei irgend zwei (vorgegebenen) natürlichen Zahlen, welche von beiden vor der anderen kommt. Die Ordnungsbeziehung *vor* in $\mathfrak{N}$ drücken wir durch das Zeichen $<$ aus.

Die Elemente von $\mathfrak{N}$ sind also unmittelbar als *Ordnungszahlen (Ordinalzahlen)* gegeben. Daß wir sie im folgenden aber auch als *Anzahlen (Kardinalzahlen)* verwenden dürfen, haben wir in VIII, Nr. 26 gezeigt.

Aus dem ersten Axiom, der Wohlordnung, von $\mathfrak{N}$ ergibt sich (VIII, Nr. 22), daß jedes Element $n$ von $\mathfrak{N}$ ein unmittelbar folgendes Element besitzt. Wir nennen dieses den **Nachfolger** von $n$ und bezeichnen es mit $n'$ (gelesen: $n$ Strich). Auf Grund des zweiten Axioms hat $n$, sofern $n \neq 1$ ist, auch ein unmittelbar vorangehendes Element. Wir nennen dieses den **Vorgänger** von $n$ und bezeichnen es mit $'n$ (gelesen: Strich $n$). Dann gilt

$$1 \leqq {}'n < n < n',$$

und zwischen $'n$ und $n$ sowie $n$ und $n'$ liegt kein Element von $\mathfrak{N}$.

Auf Grund des dritten Axioms ist $\mathfrak{N}$ eine unendliche Menge. Wäre $\mathfrak{N}$ nämlich endlich, also (vgl. VIII, Nr. 26) einem Anfangsstück $\mathfrak{N}_a$ von $\mathfrak{N}$ äquivalent, so hätte $\mathfrak{N}$ ein letztes Element $a - 1$, im Widerspruch zu Axiom 3. Es ist daher nicht möglich, eine Aussage über natürliche Zahlen etwa dadurch zu beweisen, daß man sie an den Zahlen einzeln nachprüft. Ein häufig benutztes, auf die Menge $\mathfrak{N}$ zugeschnittenes Beweisverfahren ist die Methode der vollständigen Induktion (vgl. III, Nr. 10), die wir jetzt aus den Axiomen ableiten wollen.

**3. Vollständige Induktion.** Wir werden die Methode der vollständigen Induktion[1] nicht nur zum Beweis von Aussagen, sondern auch zur Definition von Begriffen benutzen.

---

[1] Zur Erklärung dieser Bezeichnung sei folgendes bemerkt: In der Logik bezeichnet man als *Induktion* den Schluß vom Besonderen auf das Allgemeine. Hierzu gehört insbesondere das oft aus mehreren Schlüssen zusammengesetzte Verfahren, aus der Kenntnis einiger Einzelfälle auf das ihnen zugrunde liegende allgemeine Gesetz oder den allgemeinen Begriff zu schließen. Ein solches verallgemeinernde Verfahren ist jedoch nicht immer berechtigt. Damit es einwandfrei ist, muß es durch besondere Nachweise vervollständigt sein. Die Methode der hier betrachteten *vollständigen Induktion* ist ein in diesem Sinne vervollständigtes Induktionsverfahren.

**Satz 1 (Satz von der vollständigen Induktion).** *Es sei $\mathfrak{T}$ eine Teilmenge von $\mathfrak{N}$ mit den beiden Eigenschaften:*

$$1)\ 1 \in \mathfrak{T}, \qquad 2)\ \text{mit } n \in \mathfrak{T} \text{ ist auch } n' \in \mathfrak{T}.$$

*Dann ist $\mathfrak{T} = \mathfrak{N}$.*

*Beweis.* Es sei $\mathfrak{K}$ die Komplementärmenge (VIII, Nr. 1) zu $\mathfrak{T}$ in bezug auf $\mathfrak{N}$, also $\mathfrak{K} = \mathfrak{N} \div \mathfrak{T}$. Dann ist zu zeigen, daß $\mathfrak{K}$ leer ist. Wäre $\mathfrak{K}$ nicht leer, so hätte $\mathfrak{K}$ als Teilmenge von $\mathfrak{N}$ ein erstes Element $e$ (nach Axiom 1). Da $1 \in \mathfrak{T}$ und $e \in \mathfrak{K}$, ist $1 < e$. Also hat $e$ einen *Vorgänger* $'e$ in $\mathfrak{N}$ (nach Axiom 2). Da $'e < e$ und $e$ erstes Element von $\mathfrak{K}$ ist, gehört $'e$ zu $\mathfrak{T}$. Nun ist aber $e$ der Nachfolger von $'e$, also muß nach Eigenschaft 2) mit $'e$ auch $e$ zu $\mathfrak{T}$ gehören. Daher kann $e$ nicht Element von $\mathfrak{K}$ sein, im Widerspruch zur Annahme, d. h. $\mathfrak{K}$ muß leer sein.

Statt 1 kann auch eine andere natürliche Zahl $a$ Anfang der Induktion sein. Satz 1 lautet dann allgemeiner:

**Satz 1*.** *Ist $a \geqq 1$, $\mathfrak{T} \subseteq \mathfrak{N} \div \mathfrak{N}_a$ und*

$$1^*)\ a \in \mathfrak{T}, \qquad 2)\ \text{mit } n \in \mathfrak{T}, \text{ auch } n' \in \mathfrak{T},$$

*so ist $\mathfrak{T} = \mathfrak{N} \div \mathfrak{N}_a$.*

*Beweis.* Man ersetze im vorausgehenden Beweis $\mathfrak{N}$ durch $\mathfrak{N}^* = \mathfrak{N} \div \mathfrak{N}_a$. Dann bleiben alle Schlüsse gültig, da $\mathfrak{N}^*$ als Teil von $\mathfrak{N}$ ebenfalls wohlgeordnet ist und aus $a \in \mathfrak{T}$, $e \in \mathfrak{K}$, d. h. $a < e$, und $1 \leqq a$ wieder $1 < e$ folgt.

**Folgerung 1 (Beweis durch vollständige Induktion).** *Es sei für eine Aussage $A(n)$ über die natürliche Zahl $n$ nachgewiesen:*

*1) $A(1)$ ist richtig bzw. $1^*$) $A(a)$ ist richtig für ein $a \in \mathfrak{N}$.*

*2) Aus der Richtigkeit von $A(n)$ folgt die von $A(n')$.*

*Dann ist $A(n)$ für alle natürlichen Zahlen $n$ bzw. für alle natürlichen Zahlen $n \geqq a$ richtig.*

Diese Folgerung ergibt sich aus Satz 1 bzw. Satz 1*, indem man, falls 1) und 2) bewiesen sind, als Teilmenge $\mathfrak{T}$ die Menge der Elemente $n$ von $\mathfrak{N}$ nimmt, für die $A(n)$ richtig ist, und im Fall, daß $1^*$) und 2) bewiesen sind, als $\mathfrak{T}$ die Menge der Elemente $n$ von $\mathfrak{N}^*$, für die $A(n)$ richtig ist. In entsprechender Weise erhält man

**Folgerung 2 (Definition durch vollständige Induktion).** *Es gelte für einen von der natürlichen Zahl $n$ abhängenden Begriff $B(n)$:*

*1) $B(1)$ ist definiert bzw. $1^*$) $B(a)$ ist definiert für ein $a \in \mathfrak{N}$.*

*2) Wenn $B(n)$ definiert ist, ist stets auch $B(n')$ definiert.*

*Dann ist, falls es eine Funktion $B(n)$ mit diesen Eigenschaften gibt, $B(n)$ für alle natürlichen Zahlen $n$ bzw. für alle natürlichen Zahlen $n \geqq a$ definiert.*

Jede solche Definition durch vollständige Induktion (auch *Definition durch Rekursion* genannt) bedarf also noch der Ergänzung durch einen Existenzbeweis für $B(n)$. Denn die durch die Definition eingeführte Funktion $B(n)$ wird nicht explizit durch einen Ausdruck aus bereits bekannten Begriffen gegeben. Daher muß gezeigt werden, daß es genau eine Funktion gibt, die das Rekursionsschema 1), 2) bzw. 1*), 2) erfüllt. Anders ausgedrückt: Eine Definition durch vollständige Induktion ist lediglich eine *Nominaldefinition*; sie gibt nur an, wann einer auf $\mathfrak{N}$ erklärten Funktion $B(n)$ der definierte Begriff (Name) beigelegt werden soll. Ob es aber eine solche Funktion gibt, muß in jedem konkreten Fall untersucht werden.

Im Gegensatz zur Nominaldefinition gibt eine *konstruktive Definition* die Erklärung eines Begriffes durch eine eindeutige Konstruktionsvorschrift, so daß mit dem definierten Begriff zugleich die Existenz genau eines Trägers gesichert ist.

Wir brauchen im folgenden das Prinzip der vollständigen Induktion nur in der Fassung von Satz 1 bzw. Satz 1*. Der Vollständigkeit halber geben wir aber auch die zweite Fassung (vgl. III, Nr. 10).

**Satz 1**.** *Es sei $\mathfrak{T}$ eine Teilmenge von $\mathfrak{N} \div \mathfrak{N}_a$ mit den Eigenschaften:* 1*) $1 \leqq a \in \mathfrak{T}$. 2*) *Ist $m \in \mathfrak{T}$ für jedes $m < n$, so ist auch $n \in \mathfrak{T}$. Dann ist $\mathfrak{T} = \mathfrak{N} \div \mathfrak{N}_a$.*

*Beweis.* Es sei wieder $\mathfrak{N} \div \mathfrak{N}_a = \mathfrak{N}^*$, $\mathfrak{R} = \mathfrak{N}^* - \mathfrak{T}$. Wäre $\mathfrak{R}$ nicht leer, so hätte $\mathfrak{R}$ ein erstes Element $e$. Wegen 1*) wäre $1 \leqq a < e$. Es gäbe also Elemente $m < e$ in $\mathfrak{N}^*$; alle diese gehörten zu $\mathfrak{T}$, da $e$ erstes Element von $\mathfrak{R}$ ist, also wäre nach 2*) auch $e \in \mathfrak{T}$. Es ist aber $e \notin \mathfrak{T}$.

Man beachte, daß in Satz 1** und seinem Beweis nur das erste der Axiome, insbesondere nicht die Existenz eines Vorgängers benutzt wird. Der Satz gilt also für *jede* wohlgeordnete Menge (vgl. VIII, Satz 10).

## § 2. Das Rechnen mit natürlichen Zahlen.

**4. Gleichheit und Addition in $\mathfrak{N}$.** Wie wir schon in Nr. 2 bemerkt haben, sind zwei natürliche Zahlen dann und nur dann einander gleich, wenn sie identisch sind. Das besagt praktisch: Von zwei Symbolen $a$ und $b$, die beide dieselbe natürliche Zahl bedeuten, ist jedes durch das andere ersetzbar. Damit aber hat man bereits die Gültigkeit der Grundgesetze A der Gleichheit (I, Nr. 1) für die natürlichen Zahlen.

**Regel 1.** *Sind $a, b, c$ Zahlen aus $\mathfrak{N}$, so gilt:*
1. *Stets ist $a = a$.*
2. *Mit $a = b$ ist auch $b = a$.*
3. *Aus $a = b$ und $b = c$ folgt $a = c$.*

Die Addition in $\mathfrak{N}$ wird mittels der Nachfolgerelation durch vollständige Induktion nach einem der beiden Summanden erklärt.

**Definition.** *Ist $a$ eine natürliche Zahl, so versteht man für jede natürliche Zahl $b$ unter der* **Summe** *$S(a, b)$ von $a$ und $b$ die gemäß folgender Vorschrift zu bildende natürliche Zahl:*

$$1)\quad S(a, 1) = a', \qquad 2)\ S(a, b') = \bigl(S(a, b)\bigr)'. \tag{1}$$

*Das Zusammenfassen von a und b zur Summe S (a, b) nennt man (b zu a)* **addieren** *oder* **Addition** *(von b zu a), jede der Zahlen a und b einen* **Summanden.**

Man bezeichnet $S(a, b)$ mit $a + b$ (gelesen: $a$ plus $b$). Dann ist also

$$1)\ a + 1 = a', \quad 2)\ a + b' = (a + b)'. \tag{2}$$

Hierdurch ist $a + b$ für jedes feste $a$ von $\mathfrak{N}$ durch vollständige Induktion in bezug auf $b$ wirklich definiert und eindeutig bestimmt. Denn es gilt

**Satz 2.** *Man kann auf eine und nur eine Weise zu zwei natürlichen Zahlen a und b eine natürliche Zahl S (a, b) so bestimmen, daß (1), 1) und 2) erfüllt sind.*

*Beweis.* a) *Eindeutigkeit von S (a, b).* Angenommen, es gäbe eine zweite Möglichkeit, eine natürliche Zahl $T(a, b)$ so zu bestimmen, daß

$$1)\ T(a, 1) = a', \quad 2)\ T(a, b') = \big(T(a, b)\big)' \tag{3}$$

ist. Es sei $\mathfrak{T}$ die Menge derjenigen natürlichen Zahlen $b$, für die $S(a, b) = T(a, b)$ ist bei irgendeinem $a$ aus $\mathfrak{N}$. Dann ist $\mathfrak{T}$ nicht leer, denn nach (1), 1) und (3), 1) ist $1 \in \mathfrak{T}$. Ferner folgt aus $b \in \mathfrak{T}$ auch $b' \in \mathfrak{T}$. Denn $b \in \mathfrak{T}$ bedeutet $S(a, b) = T(a, b)$ für dieses $b$. Sind aber $S(a, b)$ und $T(a, b)$ dieselbe natürliche Zahl, so haben sie auch denselben Nachfolger in $\mathfrak{N}$. Daher gilt nach (1), 2) und (3), 2)

$$T(a, b') = \big(T(a, b)\big)' = \big(S(a, b)\big)' = S(a, b').$$

Folglich gehört mit $b$ auch $b'$ zu $\mathfrak{T}$; also ist $\mathfrak{T} = \mathfrak{N}$ nach Satz 1.

b) *Existenz von S (a, b).* Es sei $\mathfrak{S}$ die Menge derjenigen natürlichen Zahlen $a$, für die mit irgendeinem $b$ aus $\mathfrak{N}$ sich $S(a, b)$ so definieren läßt, daß (1), 1) und 2) erfüllt sind. Dann ist $\mathfrak{S}$ nicht leer. Setzt man nämlich für jedes $b$ aus $\mathfrak{N}$

$$S(1, b) = b', \tag{4}$$

so ist $S(1, 1) = 1'$, also (1), 1) für $a = 1$ richtig. Ferner folgt aus (4) durch zweimalige Anwendung

$$S(1, b') = (b')' = \big(S(1, b)\big)',$$

d. h. (1), 2) für $a = 1$. Daher ist $1 \in \mathfrak{S}$.

Jetzt zeigen wir: Aus $a \in \mathfrak{S}$ folgt $a' \in \mathfrak{S}$. Wenn nämlich $a$ zu $\mathfrak{S}$ gehört, so ist für dieses $a$ und irgendein $b$ von $\mathfrak{N}$ die Zahl $S(a, b)$ vorhanden und (1), 1) und 2) sind erfüllt. Dann setze man

$$S(a', b) = \big(S(a, b)\big)' \tag{5}$$

für beliebiges $b$ aus $\mathfrak{N}$. Diese Zahl (5) existiert als Nachfolger von $S(a, b)$ in $\mathfrak{N}$. Nunmehr folgt mittels (1), 1) bzw. 2)

$$S(a', 1) = \big(S(a, 1)\big)' = (a')', \quad \text{d. h.} \quad (1), 1) \text{ für } a'.$$

$$S(a', b') = \big(S(a, b')\big)' = \big(S(a, b)'\big)' = \big(S(a', b)\big)', \quad \text{d. h.} \quad (1), 2) \text{ für } a'.$$

Also gehört auch $a'$ zu $\mathfrak{S}$ für jedes $a$ aus $\mathfrak{N}$; d. h. es ist $\mathfrak{S} = \mathfrak{N}$ nach Satz 1.

**5. Die ersten drei Gesetze der Addition.** Wir zeigen zunächst die Gültigkeit der Grundgesetze B. 1, B. 2, B. 3 der Addition (I, Nr. 1).

**Regel 2.** *Die Addition natürlicher Zahlen genügt dem schwachen Monotoniegesetz. Sind $a, b, c$ Zahlen von $\mathfrak{N}$, so gilt:*

$$\text{Aus } a = b \text{ folgt } a + c = b + c. \tag{6}$$

Ist nämlich $c = 1$, also $a + 1 = a'$, $b + 1 = b'$, so stimmen mit $a$ und $b$ auch die Nachfolger überein: daher gilt (6) für $c = 1$. Ist $c$ ein beliebiges Element in $\mathfrak{N}$, so nehme man an, es sei (6) bei beliebigem $a = b$ aus $\mathfrak{N}$ bereits bewiesen. Dann ist nach (2), 2)

$$a + c' = (a + c)', \qquad b + c' = (b + c)',$$

und da mit $a + c$ und $b + c$ auch deren Nachfolger übereinstimmen, gilt (6) auch für $c'$, d. h. für alle Elemente von $\mathfrak{N}$ nach Folgerung 1.

**Regel 3.** *Die Addition natürlicher Zahlen genügt dem kommutativen Gesetz. Für je zwei Zahlen $a, b$ aus $\mathfrak{N}$ ist*

$$a + b = b + a. \tag{7}$$

*Man darf also von der Addition zweier natürlichen Zahlen zueinander sprechen.*

Der Beweis hierfür ist im wesentlichen bereits in dem von Satz 2, Teil b) enthalten. Die Vorschriften (4) mit $a$ statt $b$ und (1), 1) liefern beide $a'$, also ist

$$S(a, 1) = S(1, a), \quad \text{d. h.} \quad a + 1 = 1 + a. \tag{8}$$

Die Vorschriften (5) und (1), 2) ergeben beide $\big(S(a, b)\big)'$. Schreibt man in (5) noch $a$ statt $b$ und $b$ statt $a$, so gilt also

$$S(b', a) = \big(S(b, a)\big)', \quad \text{d. h.} \quad b' + a = (b + a)'. \tag{9}$$

Hieraus ergibt sich nun (7) durch Induktion nach $b$ bei beliebigem $a$ aus $\mathfrak{N}$. Denn nach (8) ist (7) für $b = 1$ richtig, und nimmt man (7) für $b$ als bewiesen an, so folgt aus (2), 2) und (9)

$$a + b' = (a + b)' = (b + a)' = b' + a.$$

Es ist also (7) auch für $b'$ richtig, und damit gilt (7) allgemein nach Folgerung 1.

**Regel 4.** *Die Addition natürlicher Zahlen genügt dem assoziativen Gesetz. Für je drei Zahlen $a, b, c$ aus $\mathfrak{N}$ ist*

$$a + (b + c) = (a + b) + c. \tag{10}$$

Der Beweis erfolgt durch vollständige Induktion nach $c$. Für beliebige $a, b$ und $c = 1$ ist (10) richtig auf Grund von (2). Denn es ist

$b + 1 = b'$ und $(a + b) + 1 = (a + b)'$. Man nehme (10) bei beliebigen $a, b$ aus $\mathfrak{N}$ für $c$ als bewiesen an. Dann folgt mittels (2)

$$a + (b + c') = a + (b + c)' = \left(a + (b + c)\right)'$$
$$= ((a + b) + c)' = (a + b) + c',$$

d. h. (10) gilt auch für $c'$ und damit allgemein nach Folgerung 1.

**6. Die ersten beiden Gesetze der Anordnung.** Mit der Menge $\mathfrak{N}$ ist uns auch ihre Ordnung gegeben (Axiom 1), d. h. wir wissen erstens, daß von je zwei natürlichen Zahlen eine vor der anderen kommt, und zweitens, welche von beiden vorangeht. Nehmen wir noch die Gleichheit hinzu, so kann also (vgl. VIII, Nr. 14), falls $m, n$ natürliche Zahlen bedeuten, stets nur eine der drei Möglichkeiten

$$m < n, \quad m = n, \quad m > n \tag{11}$$

eintreten, und sind uns irgend zwei natürliche Zahlen konkret gegeben, so können wir auch entscheiden, welche dieser Möglichkeiten (11) vorliegt. Schließlich impliziert die Ordnung auch das Transitivgesetz:

**Regel 5.** *Für je drei Zahlen $a, b, c$ aus $\mathfrak{N}$ gilt:*

$$\text{Aus } a < b \text{ und } b < c \text{ folgt } a < c. \tag{12}$$

Die Ordnung in $\mathfrak{N}$ kann man durch

$$m < n, \quad \text{wenn} \quad n = m + p \quad \text{ist} \quad (p \in \mathfrak{N}),$$

beschreiben, doch brauchen wir das nicht. Es genügt die *Existenz* der Ordnung, d. h. das Vorhandensein einer Kleinerrelation, die (11) und (12) erfüllt.

Man pflegt Regel 5 zu erweitern zu

**Regel 6.** *Bedeuten $a, b, c$ Zahlen aus $\mathfrak{N}$, so gilt:*

$$\text{Aus } a \leqq b \text{ und } b < c \text{ oder } \text{aus } a < b \text{ und } b \leqq c \text{ folgt } a < c. \tag{13}$$

Da nämlich $a = b$ besagt, daß $b$ durch $a$ ersetzbar ist, so geht $b < c$ in $a < c$ über: im Falle $b = c$ ist $b$ durch $c$ ersetzbar, so daß $a < b$ in $a < c$ übergeht.

**Regel 7.** *Die Addition natürlicher Zahlen genügt dem starken Monotoniegesetz. Für je drei Zahlen $a, b, c$ aus $\mathfrak{N}$ gilt:*

$$\text{Aus } a < b \text{ folgt } a + c < b + c. \tag{14}$$

*Außerdem gilt auch stets*

$$a < a + b. \tag{15}$$

Wir beweisen zunächst (15). Da $a < a' = a + 1$ ist, gilt (15) für für $b = 1$. Nimmt man (15) für $b$ als bewiesen an, so folgt aus (2), 2)

$$a < a + b < (a + b)' = a + b'.$$

Folglich ist (15) auch für $b'$ und damit für alle $b$ aus $\mathfrak{N}$ richtig bei beliebigem $a$ aus $\mathfrak{N}$.

Zum Beweis von (14) zeigen wir erst die Richtigkeit von (14) für $c = 1$. Aus $a < b$ folgt $a + 1 = a' \leqq b$; ferner ist $b < b + 1$, also nach (13) auch $a + 1 < b + 1$. Man nehme daher (14) bei beliebigen $a, b$ aus $\mathfrak{N}$ für $c$ als bewiesen an. Dann ist auch $(a + c)' < (b + c)'$, also

$$a + c' = (a + c)' < (b + c)' = b + c',$$

d. h. (14) ist auch für $c'$, also allgemein richtig.

Die Regeln 5 und 7 besagen, daß für die Ordnung in $\mathfrak{N}$ die Grundgesetze D. 1 und D. 2 der Anordnung gelten. Von Bedeutung ist auch die Umkehrbarkeit der Regeln 2 und 7.

**Regel 8.** *Für je drei natürliche Zahlen $a, b, c$ gilt:*

$$Aus \ a + c = b + c \ folgt \ a = b. \tag{16a}$$

$$Aus \ a + c < b + c \ folgt \ a < b. \tag{16b}$$

Wäre nämlich $a \neq b$ im Fall (16a), so wäre entweder $a < b$ oder $b < a$ und dann $a + c < b + c$ oder $b + c < a + c$ nach (14). Beides widerspricht der Voraussetzung $a + c = b + c$. Damit ist (16a) bewiesen. Zum Beweis von (16b) nehme man an, es wäre $a > b$ oder $a = b$. Dann wäre im ersten Fall $b < a$, also $b + c < a + c$ nach (14), im zweiten Fall, wenn man noch $c = c$ hinzunimmt und (6) benutzt, $a + c = b + c$. Beide Fälle stehen also im Widerspruch zur Voraussetzung.

Die Aussagen (16a) und (16b) pflegt man zusammenzufassen zu der Doppelaussage:

$$Aus \ a + c \leqq b + c \ folgt \ a \leqq b. \tag{17}$$

**7. Umkehrbarkeit der Addition in $\mathfrak{N}$.** Es ist jetzt noch die Frage zu klären, ob bzw. wieweit das Grundgesetz B. 4 der Addition gilt.

**Satz 3.** *Die Addition natürlicher Zahlen ist, wenn sie umkehrbar ist, eindeutig umkehrbar. Für gegebene Zahlen $a, b$ aus $\mathfrak{N}$ hat aber die Gleichung*

$$a + x = b \tag{18}$$

*nur im Fall $b > a$ eine Lösung $x$ in $\mathfrak{N}$.*

*Beweis.* Wir führen den Nachweis in drei Schritten:

1. Die Gl. (18) hat höchstens eine Lösung. Für zwei Lösungen $x_1, x_2$ wäre nämlich $a + x_1 = a + x_2 = b$, also $x_1 = x_2$ nach (16a).

2. Die Gl. (18) hat keine Lösung, wenn $b \leqq a$ ist. Denn für jedes $x$ aus $\mathfrak{N}$ ist $a < a + x$ nach (15), also $b < a + x$ für jedes $x$ aus $\mathfrak{N}$ nach (13). Folglich gibt es kein $x$ mit $b = a + x$.

3. Die Gl. (18) hat stets eine Lösung, wenn $b > a$ ist. Dies zeigen wir mittels vollständiger Induktion nach $b$. Aus $b > a$ folgt $b \geqq a'$. Für $b = a'$ ist $x = 1$ eine Lösung auf Grund von (2), 1). Nimmt man an, daß $a + y = b$ für $b > a'$ in $\mathfrak{N}$ lösbar ist, so ergibt sich hieraus die Lösung $z = y'$ von $a + z = b'$. Denn nach (2), 2) ist $b' = a + y'$. Also ist (18) für jedes $b \geqq a'$ in $\mathfrak{N}$ lösbar.

**Definition.** *Die für $b > a$ in $\mathfrak{N}$ eindeutig vorhandene Lösung von $a + x = b$ heißt die* **Differenz** *$b$ minus $a$ in $\mathfrak{N}$. Sie wird mit $b - a$ bezeichnet. Das Bilden einer Differenz nennt man* **subtrahieren** *oder* **Subtraktion.** *In $b - a$ heißt $b$ der* **Minuend,** *$a$ der* **Subtrahend.**

Zu gegebenen natürlichen Zahlen $a$ und $b$ mit $a < b$ ist also $b - a$ diejenige natürliche Zahl, die durch

$$a + (b - a) = b \tag{19}$$

bestimmt ist. Die Lösung von (18) ist $x = b - a$. Hieraus folgt für den Vorgänger $'a$ von $a$ die Darstellung

$$'a = a - 1.$$

Denn der Vorgänger $'a$ existiert für jedes $a > 1$. Nach (19) gilt dann $1 + (a - 1) = a$. Benutzt man noch (2), 1) für $'a$, so folgt mittels (7)

$$(a - 1) + 1 = 1 + (a - 1) = a = ('a)' = 'a + 1,$$

d. h. $a - 1 = 'a$ nach (16a).

**8. Multiplikation in $\mathfrak{N}$.** Das Produkt zweier natürlichen Zahlen wird ähnlich wie die Summe mittels vollständiger Induktion definiert.

**Definition.** *Ist $a$ eine natürliche Zahl, so versteht man für jede natürliche Zahl $b$ unter dem* **Produkt** *$P(a, b)$ von $a$ die gemäß folgender Vorschrift zu bildende natürliche Zahl:*

$$1) \quad P(a, 1) = a, \qquad 2) \quad P(a, b') = P(a, b) + a. \tag{20}$$

*Das Zusammenfassen von $a$ mit $b$ zum Produkt $P(a, b)$ nennt man ($a$ mit $b$)* **multiplizieren** *oder* **Multiplikation** *(von $a$ mit $b$), jede der Zahlen $a$ und $b$ einen* **Faktor.**

Man bezeichnet $P(a, b)$ mit $a \cdot b$ oder $ab$ (gelesen: $a$ mal $b$). Also

$$1) \quad a \cdot 1 = a, \qquad 2) \quad a \cdot b' = ab + a. \tag{21}$$

Hierdurch ist $ab$ für jedes feste $a$ von $\mathfrak{N}$ durch vollständige Induktion in bezug auf $b$ wirklich definiert und eindeutig bestimmt. Denn es gilt

**Satz 4.** *Man kann auf eine und nur eine Weise zu zwei natürlichen Zahlen $a$ und $b$ die natürliche Zahl $P(a, b)$ so bestimmen, daß (20), 1) und 2) erfüllt sind.*

*Beweis.* a) *Eindeutigkeit von $P(a, b)$.* Angenommen, es gäbe eine zweite Möglichkeit, eine natürliche Zahl $Q(a, b)$ zu bestimmen mit

$$1) \quad Q(a, 1) = a, \qquad 2) \quad Q(a, b') = Q(a, b) + a. \tag{22}$$

Es sei $\mathfrak{T}$ die Menge derjenigen Zahlen $b$ von $\mathfrak{N}$, für die $Q(a, b) = P(a, b)$ ist bei irgendeinem $a$ von $\mathfrak{N}$. Dann ist $1 \in \mathfrak{T}$ nach (20), 1) und (22), 1). Ferner gilt mit $b \in \mathfrak{T}$ auch $b' \in \mathfrak{T}$. Ist nämlich $Q(a, b) = P(a, b)$ für dieses $b$, so folgt $Q(a, b') = P(a, b')$ mittels (6) aus (20), 2) und (22), 2). Daher ist $\mathfrak{T} = \mathfrak{N}$ nach Satz 1.

b) *Existenz von* $P(a, b)$. Es sei $\mathfrak{S}$ die Menge derjenigen Zahlen $a$ von $\mathfrak{N}$, für die bei irgendeinem $b$ von $\mathfrak{N}$ sich $P(a, b)$ so definieren läßt, daß (20), 1) und (20), 2) erfüllt sind. Dann ist $\mathfrak{S}$ nicht leer. Setzt man nämlich

$$P(1, b) = b, \tag{23}$$

so ist $P(1, 1) = 1$ und daher (20), 1) für $a = 1$ richtig. Ferner folgt aus (23)

$$P(1, b') = b' = b + 1 = P(1, b) + 1,$$

also ist auch (20), 2) für $a = 1$ richtig. Folglich ist $1 \in \mathfrak{S}$.

Jetzt ist noch zu zeigen: Aus $a \in \mathfrak{S}$ folgt $a' \in \mathfrak{S}$. Ist nun $a \in \mathfrak{S}$, so ist für dieses $a$ und jedes $b$ von $\mathfrak{N}$ die Zahl $P(a, b)$ vorhanden und (20), 1) und 2) sind erfüllt. Dann setze man

$$P(a', b) = P(a, b) + b \tag{24}$$

für beliebiges $b$ von $\mathfrak{N}$. Die Zahl (24) gehört zu $\mathfrak{N}$, und aus (24) und (20), 1) und 2) folgt mittels der Rechenregeln für die Addition

$$P(a', 1) = P(a, 1) + 1 = a + 1 = a', \tag{25}$$

$$\begin{aligned} P(a', b') &= P(a, b') + b' = \big(P(a, b) + a\big) + (b + 1) \\ &= \big(P(a, b) + b\big) + (a + 1) = P(a', b) + a'. \end{aligned} \tag{26}$$

Nach (25) ist (20), 1), nach (26) auch (20), 2) für $a'$ richtig; also gehört $a'$ ebenfalls zu $\mathfrak{S}$ für jedes $a$ von $\mathfrak{S}$, d. h. es ist $\mathfrak{S} = \mathfrak{N}$ nach Satz 1.

**9. Die ersten vier Gesetze der Multiplikation.** Das durch (20) definierte Produkt genügt, wie im folgenden gezeigt wird, den vier Grundgesetzen C. 1, C. 2, C. 3, C. 4 der Multiplikation (I, Nr. 1).

**Regel 9.** *Für jede natürliche Zahl $a$ ist*

$$a \cdot 1 = 1 \cdot a = a. \tag{27}$$

Denn es ist $a \cdot 1 = a$ nach Definition. Ferner ist $1 \cdot a = a$ richtig für $a = 1$, ebenfalls nach (20). Man nehme $1 \cdot a = a$ als bewiesen an. Dann folgt

$$1 \cdot a' = 1 \cdot a + 1 = a + 1 = a',$$

womit auch der zweite Teil von (27) bewiesen ist.

**Regel 10.** *Die Multiplikation natürlicher Zahlen genügt dem kommutativen Gesetz. Für je zwei Zahlen $a$, $b$ aus $\mathfrak{N}$ ist*

$$ab = ba. \tag{28}$$

*Man darf also von der Multiplikation zweier natürlichen Zahlen miteinander sprechen.*

Nach (27) ist nämlich (28) richtig für $b = 1$ bei beliebigem $a$ von $\mathfrak{N}$. Nimmt man (28) für $b$ und irgendein $a$ als bewiesen an, so folgt

$$ab' = ab + a = ba + a. \tag{29}$$

Die Festsetzungen (23) und (24) stimmen nach Satz 3 mit der Definition des Produkts durch (20), 1) und 2) überein. Nach (24) ist aber

$$b'a = ba + a. \tag{30}$$

Nach (29) und (30) gilt daher $ab' = b'a$, wenn $ab = ba$ erfüllt ist. Daraus folgt (28) nach Satz 1.

**Regel 11.** *Die Multiplikation natürlicher Zahlen genügt dem schwachen Monotoniegesetz. Sind $a, b, c$ Zahlen von $\mathfrak{R}$, so gilt:*

$$Aus \ a = b \ folgt \ ac = bc. \tag{31}$$

Denn (31) ist richtig für $c = 1$, und aus $ac = bc$ und $a = b$ folgt nach (6) (vgl. I, Regel 1)

$$ac' = ac + a = bc + b = bc'.$$

**Regel 12.** *Die Multiplikation natürlicher Zahlen genügt in Verbindung mit der Addition dem distributiven Gesetz. Für je drei Zahlen $a, b, c$ von $\mathfrak{R}$ ist*

$$a(b + c) = ab + ac. \tag{32}$$

Denn dies ist nach (20), 2) und 1) richtig für $c = 1$. Nimmt man (32) bei beliebigem $a$ und $b$ von $\mathfrak{R}$ für $c$ als bewiesen an, so folgt mit Benutzung von (2), 2) aus (21)

$$a(b + c') = a(b + c)' = a(b + c) + a = ab + ac + a = ab + ac'.$$

Daher gilt (32) allgemein nach Satz 1.

**Regel 13.** *Die Multiplikation natürlicher Zahlen genügt dem assoziativen Gesetz. Für je drei Zahlen $a, b, c$ von $\mathfrak{R}$ ist*

$$a(bc) = (ab)c. \tag{33}$$

Denn dies ist nach (28) richtig für $c = 1$. Nimmt man (33) bei beliebigen $a, b$ von $\mathfrak{R}$ für $c$ als bewiesen an, so folgt aus $bc' = bc + b$ nach (32), (33) und (21)

$$a(bc') = a(bc + b) = a(bc) + ab = (ab)c + ab = (ab)c'.$$

Damit gilt (33) allgemein nach Satz 1.

**10. Monotoniegesetz der Multiplikation.** Die Gültigkeit der Ordnungsgesetze D. 1 und D. 2 haben wir in Nr. 6 erkannt. Nunmehr erfolgt der Nachweis für D. 3.

**Regel 14.** *Die Multiplikation natürlicher Zahlen genügt dem starken Monotoniegesetz. Für je drei Zahlen $a, b, c$ von $\mathfrak{R}$ gilt:*

$$Aus \ a < b \ folgt \ ac < bc. \tag{34}$$

*Außerdem gilt auch*

$$a < ab \ für \ b > 1. \tag{35}$$

Wir beweisen (34) durch vollständige Induktion nach $c$. Für $c = 1$ ist (34) richtig. Man nehme daher (34) für irgendein $c$ von $\mathfrak{R}$ als bewiesen an. Dann folgt aus $ac < bc$ nach (21) und (14)

$$ac' = ac + a < bc + a.$$

Ferner folgt aus $a < b$ nach (14), (7) und (21)

$$a + bc < b + bc = bc + b = bc'.$$

Beide Ungleichungen zusammen ergeben $ac' < bc'$ nach (28) und (13). Damit ist (34) bewiesen.

Der Beweis von (35) erfolgt direkt. Da $b > 1$ ist, gilt $b = 1 + (b-1)$ nach (19). Hiermit folgt aus (32), (27) und (15)

$$ab = a\big(1 + (b-1)\big) = a + a(b-1) > a.$$

Die Aussagen (31) und (34) lassen sich in der folgenden Form umkehren.

**Regel 15.** *Für je drei natürliche Zahlen $a$, $b$, $c$ gilt:*

$$\text{Aus } ac = bc \text{ folgt } a = b. \tag{36a}$$

$$\text{Aus } ac < bc \text{ folgt } a < b. \tag{36b}$$

Wäre nämlich $a \neq b$ im Fall (36a), so wäre entweder $a < b$ oder $b < a$ und daher $ac < bc$ oder $bc < ac$ nach (34), d. h. $ac \neq bc$ im Widerspruch zur Voraussetzung. Und wäre $b < a$ oder $b = a$ im Fall (36b), so wäre $bc < ac$ nach (34) oder $bc = ac$ nach (31), also $bc \leq ac$ im Widerspruch zur Voraussetzung.

Die Aussagen (36a) und (36b) kann man zusammenfassen zu der Doppelaussage:

$$\text{Aus } ac \leq bc \text{ folgt } a \leq b. \tag{37}$$

**11. Umkehrbarkeit der Multiplikation in $\mathfrak{R}$.** In Nr. 9 und 10 haben wir gesehen, daß die Grundgesetze C. 1, C. 2, C. 3, C. 4 der Multiplikation und das Grundgesetz D. 3 der Anordnung für die Multiplikation der natürlichen Zahlen erfüllt sind. Es bleibt jetzt nur noch zu prüfen, ob bzw. wieweit das Grundgesetz C. 5 gilt.

**Satz 5.** *Die Multiplikation natürlicher Zahlen ist, wenn sie umkehrbar ist, eindeutig umkehrbar. Für gegebene Zahlen $a$, $b$ von $\mathfrak{R}$ hat aber die Gleichung*

$$a x = b \tag{38}$$

*höchstens im Fall $b \geq a$ eine Lösung $x$ in $\mathfrak{R}$.*

*Beweis.* Wir führen den Beweis, indem wir zeigen:

1. Die Gl. (38) hat höchstens eine Lösung. Gäbe es nämlich zwei Lösungen $x_1$, $x_2$, so wäre $a x_1 = a x_2 = b$, also $x_1 = x_2$ nach (36a).

2. Die Gl. (38) hat keine Lösung für $b < a$. Denn für jedes $x$ in $\mathfrak{R}$ ist $a \leq a x$ nach (27) und (35), also $b < a x$ nach (13). Folglich gibt es kein $x$ in $\mathfrak{R}$ mit $b = a x$.

**Definition.** *Wenn es zu zwei natürlichen Zahlen $a$ und $b$ eine natürliche Zahl $n$ so gibt, daß $an = b$ ist, so heißt $a$ ein **Teiler** von $b$ oder $b$ ein **Vielfaches** von $a$ oder $b$ durch $a$ **teilbar.***

Nach Satz 5 kann $a$ höchstens dann ein Teiler von $b$ sein, wenn $b \geqq a$ ist, und die Frage, wann (38) in $\mathfrak{N}$ lösbar, d. h. die Multiplikation natürlicher Zahlen umkehrbar ist, hat als Antwort: genau dann, wenn $b$ durch $a$ teilbar ist.

Von den mannigfachen Möglichkeiten, die Multiplikation mit der Subtraktion zu verbinden, geben wir nur ein Beispiel:

**Regel 16.** *Sind $a, b, c$ natürliche Zahlen und ist $b > c$, so ist*

$$a(b - c) = ab - ac. \tag{39}$$

Denn mittels (32) und (19) erhält man

$$ac + a(b - c) = a\big(c + (b - c)\big) = ab.$$

Folglich stimmt $a(b - c)$ nach (19) mit der Differenz $ab - ac$ überein.

## § 3. Die Addition der ganzen Zahlen.

**12. Prinzip der Erweiterung.** Dem Rechnen mit natürlichen Zahlen, das hinsichtlich Addition und Multiplikation uneingeschränkt ausführbar ist, haftet der Mangel an, daß diese beiden Operationen nicht immer umkehrbar sind, daß man also in $\mathfrak{N}$ nur in Ausnahmefällen subtrahieren und dividieren kann. Durch diese Unvollkommenheit der Menge $\mathfrak{N}$ wird man dazu gedrängt, den Zahlbereich zu vergrößern und neue Zahlen einzuführen. Das zeigt auch die Entwicklungsgeschichte des Rechnens. Man kommt mit den natürlichen Zahlen aus, wenn man Zahlen nur zum *Zählen* braucht. Will man aber Dinge auch *messen*, so werden weitere Zahlen notwendig. So lassen die Bedürfnisse der Praxis nach und nach die Brüche und die negativen Zahlen entstehen.

Bei der Einführung neuer Zahlen zu einem schon vorhandenen Zahlbereich, er heiße $\mathfrak{B}$, liegt es nun am nächsten, sie diesem durch geeignete Definitionen einfach hinzuzufügen. Es zeigt sich aber, daß man dann nicht ohne neue Axiome auskommt. Man muß über die Verknüpfungen der neuen Zahlen (untereinander und mit den alten Zahlen) Annahmen machen, und dadurch wird dieser Weg zur Erweiterung eines Zahlbereichs unbefriedigend und schwerfällig.

Man pflegt statt dessen so vorzugehen, daß man mittels der Zahlen des vorhandenen Zahlbereichs $\mathfrak{B}$ Klassen bildet, diese Klassen als Elemente einer neuen Menge $\mathfrak{C}$ nimmt, dann für diese Elemente Gleichheit, Addition, Multiplikation und Ordnung so definiert, daß möglichst alle Grundgesetze der Arithmetik erfüllt sind, und schließlich in $\mathfrak{C}$ eine Teilmenge $\mathfrak{A}$ nachweist, die zum ursprünglichen Zahlbereich $\mathfrak{B}$ ähnlich (VIII, Nr. 23) und in bezug auf jede der beiden Verknüpfungen isomorph ist (VIII, Nr. 27). Man kann dann $\mathfrak{A}$ durch die gleichwertige Menge $\mathfrak{B}$ ersetzen und, indem man die Elemente von $\mathfrak{C}$ nun als *Zahlen* bezeichnet, $\mathfrak{C}$ als eine *Erweiterung* des ursprünglichen Zahlbereichs $\mathfrak{B}$

ansehen[1]. Oder aber man geht (was praktisch auf dasselbe hinausläuft, nur begrifflich sauberer durchgeführt ist) von $\mathfrak{C}$ zu einer zu $\mathfrak{C}$ isomorphen und ähnlichen Menge $\mathfrak{D}$ über, die Obermenge zu $\mathfrak{B}$ und damit wirklich eine *Erweiterung von* $\mathfrak{B}$ ist. Die Möglichkeit eines solchen Übergangs beruht auf

**Satz 6.** *Sind* $\mathfrak{A}$, $\mathfrak{B}$, $\mathfrak{C}$ *Mengen und* $\mathfrak{A} \subset \mathfrak{C}$, $\mathfrak{A} \approx \mathfrak{B}$, *so gibt es eine Obermenge* $\mathfrak{D}$ *zu* $\mathfrak{B}$ *derart, daß* $\mathfrak{D} \approx \mathfrak{C}$ *ist in bezug auf jede in* $\mathfrak{C}$ *erklärte Verknüpfung, die beim Isomorphismus* $\mathfrak{A} \approx \mathfrak{B}$ *erhalten bleibt. Ist überdies* $\mathfrak{C}$ *geordnet und* $\mathfrak{A} \simeq \mathfrak{B}$, *so läßt sich erreichen, daß auch* $\mathfrak{D} \simeq \mathfrak{C}$ *wird.*

*Beweis.* Bei der gesuchten eineindeutigen Abbildung werde das Bildelement jeweils durch Anhängen eines * an das Originalelement gekennzeichnet. Man ordne jedem $s \in \mathfrak{S} = \mathfrak{C} \div \mathfrak{A}$ eineindeutig ein neues Symbol $s^*$ zu (d. h. ein weder in $\mathfrak{C}$ noch in $\mathfrak{B}$ liegendes Element). Die Menge aller $s^*$ sei $\mathfrak{R}$. Setzt man dann $\mathfrak{B} \dotplus \mathfrak{R} = \mathfrak{D}$, so ist dies die gesuchte Menge. Jedem $d \in \mathfrak{D}$ bzw. $c \in \mathfrak{C}$ entspricht eineindeutig ein $d^* \in \mathfrak{C}$ bzw. $c^* \in \mathfrak{D}$, und zwar nach Voraussetzung jedem $a \in \mathfrak{A}$ bzw. $b \in \mathfrak{B}$ eineindeutig ein $a^* \in \mathfrak{B}$ bzw. $b^* \in \mathfrak{A}$ und nach Konstruktion jedem $r \in \mathfrak{R}$ bzw. $s \in \mathfrak{S}$ eineindeutig ein $r^* \in \mathfrak{S}$ bzw. $s^* \in \mathfrak{R}$. Es ist also $\mathfrak{D} \sim \mathfrak{C}$.

Ist ferner $\circ$ eine Verknüpfung, die in ganz $\mathfrak{C}$ erklärt ist und bei dem Isomorphismus $\mathfrak{A} \approx \mathfrak{B}$ erhalten bleibt, so setze man

$$b \circ r = (b^* \circ r^*)^* \quad \text{für} \quad b \in \mathfrak{B}, \quad r \in \mathfrak{R};$$
$$r_1 \circ r_2 = (r_1^* \circ r_2^*)^* \quad \text{für} \quad r_1, r_2 \in \mathfrak{R}.$$

Die rechten Seiten sind wegen $\mathfrak{D} \sim \mathfrak{C}$ eindeutig bestimmt. Wegen der Invarianz der Verknüpfung ist auch

$$b_1 \circ b_2 = (b_1^* \circ b_2^*)^* \quad \text{für} \quad b_1, b_2 \in \mathfrak{B}.$$

Daher gilt $d_1 \circ d_2 = (d_1^* \circ d_2^*)^*$ für irgend zwei $d_1, d_2 \in \mathfrak{D}$, also

$$(d_1 \circ d_2)^* = \left((d_1^* \circ d_2^*)^*\right)^* = d_1^* \circ d_2^*.$$

Dieser Nachweis gilt für jede in Betracht kommende Verknüpfung. Daher ist $\mathfrak{D} \approx \mathfrak{C}$.

Ist schließlich $\mathfrak{C}$ geordnet und $\mathfrak{A} \simeq \mathfrak{B}$, so definiere man

$$d_1 \gtreqless d_2, \quad \text{je nachdem} \quad d_1^* \gtreqless d_2^*$$

ist, für je zwei $d_1, d_2 \in \mathfrak{D}$. Für $d_1, d_2 \in \mathfrak{B} \subset \mathfrak{D}$ deckt sich diese Festsetzung mit der Voraussetzung $\mathfrak{A} \simeq \mathfrak{B}$. Daher ist auch $\mathfrak{D} \simeq \mathfrak{C}$.

Den hiermit gewiesenen Weg werden wir bei den vorzunehmenden Erweiterungen gehen. Er mag zunächst etwas befremden. Seine großen

---

[1] Genau genommen handelt es sich um eine Erweiterung des ursprünglichen *Zahlbegriffs*; d. h. die Bezeichnung *Zahl*, die zunächst nur den Elementen von $\mathfrak{B}$ zukommt, wird nach Durchführung der erforderlichen Nachweise auch den Elementen von $\mathfrak{C}$ beigelegt.

Vorzüge sind aber, daß man bei keinem Schritt neue Axiome vorauszusetzen braucht, sondern mit den drei für die natürlichen Zahlen aufgestellten Axiomen (Nr. 2) vollständig auskommt, und daß man jedesmal einen Zahlbereich mit *gleichartigen* Elementen erhält. Der Aufbau des Zahlensystems erfolgt also nicht durch wiederholtes Anbauen, sondern durch mehrmaligen Neubau des *ganzen* jeweils gewünschten Zahlbereichs.

**13. Der Klassenbildungsprozeß.** Wir gehen aus von einer Menge $\mathfrak{B}$, in der eine Verknüpfung — wir nennen sie wieder Komposition (VIII, Nr. 27) — definiert ist, die je zwei Elementen $a, b$ von $\mathfrak{B}$ eindeutig ein drittes Element von $\mathfrak{B}$ zuordnet — das *Kompositum* $a \circ b$ genannt — und außerdem für je drei Elemente $a, b, c$ von $\mathfrak{B}$ den folgenden Gesetzen genügt:

$$Aus \qquad a = b \qquad folgt \quad a \circ c = b \circ c. \qquad (40.1)$$

$$a \circ b = b \circ a. \qquad (40.2)$$

$$a \circ (b \circ c) = (a \circ b) \circ c. \qquad (40.3)$$

$$Aus \quad a \circ c = b \circ c \quad folgt \quad a = b. \qquad (40.4)$$

Dabei soll die Gleichheit in $\mathfrak{B}$ natürlich die drei Grundgesetze A erfüllen. Nun betrachten wir geordnete *Paare* $(a, b)$ aus Elementen von $\mathfrak{B}$, wobei $a$ die erste, $b$ die zweite *Komponente* des Paares heißen und der Zusatz *geordnet* besagen soll, daß es auf die Reihenfolge der beiden Komponenten ankommt. Zwei Paare gelten als *gleich*, wenn sie identisch sind, d. h. in entsprechenden Komponenten übereinstimmen. Es sei $\mathfrak{M}$ die Menge aller Paare $(a, b)$. Dann definieren wir in dieser Gesamtheit $\mathfrak{M}$ eine Äquivalenzrelation (vgl. VIII, Nr. 25).

**Definition.** *Zwei Paare* $(a, b)$ *und* $(c, d)$ *heißen in* $\mathfrak{M}$ **äquivalent**, *wenn das Kompositum der äußeren Komponenten mit dem der inneren übereinstimmt, in Zeichen:*

$$(a, b) \sim (c, d), \quad wenn \quad a \circ d = b \circ c \quad ist. \qquad (41)$$

Da die Komposition in $\mathfrak{B}$ bekannt ist, ist die Entscheidung über die Äquivalenz zweier Paare stets möglich. Aus den Gesetzen (40.1) bis (40.4) folgt ferner, daß die Relation (41) den drei Grundgesetzen der Äquivalenz [vgl. VIII, (34.1) bis (34.3)] genügt, also wirklich eine Äquivalenzrelation darstellt:

$$Stets \ ist \quad (a, b) \sim (a, b). \qquad (42.1)$$

$$Mit \quad (a, b) \sim (c, d) \quad ist \ auch \quad (c, d) \sim (a, b). \qquad (42.2)$$

$$Aus \ (a, b) \sim (c, d) \ und \ (c, d) \sim (e, f) \ folgt \ (a, b) \sim (e, f). \qquad (42.3)$$

Denn man erhält (42.1) unmittelbar aus (40.2), ebenso (42.2), wenn man noch das Symmetriegesetz für die Gleichheit in $\mathfrak{B}$ benutzt. Den Beweis von (42.3) führen wir vollständig aus. Man komponiere die vorausgesetzten Gleichheiten $a \circ d = b \circ c$ und $c \circ f = d \circ e$ mit $f$ bzw. $b$. Dann folgt mittels (40.1), (40.3) und dem Transitivgesetz der Gleichheit in $\mathfrak{B}$:

$$(a \circ d) \circ f = (b \circ c) \circ f = b \circ (c \circ f) = b \circ (d \circ e).$$

Hieraus erhält man auf Grund von (40.2) und (40.3)

$$(a \circ f) \circ d = (b \circ e) \circ d, \quad \text{d. h.} \quad a \circ f = b \circ e$$

mit Hilfe von (40.4). Folglich ist $(a, b) \sim (e, f)$ und damit (42.3) bewiesen.

Man kann also $\mathfrak{M}$ in bezug auf die Relation (41) nach VIII, Nr. 25 in Äquivalenzklassen zerlegen. Für die durch $(a, b)$ bestimmte Klasse $\mathfrak{K}(a, b)$ — zu ihr gehören beispielsweise alle Paare $(a \circ n, b \circ n)$ bei beliebigem $n$ aus $\mathfrak{B}$ — führen wir die einfachere Bezeichnung und Abkürzung

$$\alpha = [a, b] = \mathfrak{K}(a, b) \tag{43}$$

ein und fassen diese Klassen als Elemente einer neuen Menge $\mathfrak{C}$ auf. *Es sei also $\mathfrak{C}$ die Menge der Äquivalenzklassen, in die $\mathfrak{M}$ in bezug auf die für die Elemente von $\mathfrak{B}$ definierte Äquivalenzrelation (41) zerfällt.* Eine solche Menge $\mathfrak{C}$ oder die auf Grund von Satz 6 konstruierbare, zu $\mathfrak{C}$ isomorphe und ähnliche Menge $\mathfrak{D}$ werden wir im folgenden im Sinne von Nr. 12 mehrmals als Erweiterung eines Ausgangsbereiches $\mathfrak{B}$ benutzen. Daß $\mathfrak{C}$ tatsächlich eine Erweiterung in diesem Sinne ist, muß in jedem Anwendungsfall noch nachgewiesen werden.

**14. Gleichheit im erweiterten Bereich.** Beim Operieren mit den Klassen $\alpha$, den Elementen von $\mathfrak{C}$, ist es zwar zu deren *Kennzeichnung* nach VIII, Satz 13 gleichgültig, welches der Paare $(a, b)$, aus denen sich die Klasse $\alpha$ zusammensetzt, man als ihren Vertreter herausgreift. Werden aber Verknüpfungen oder Relationen zwischen Klassen unter Zurückführung auf Operationen zwischen Vertretern dieser Klassen definiert — und das wird des öfteren geschehen —, so muß stets nachgewiesen werden, daß eine solche Definition unabhängig von der Auswahl der Vertreter ist. Denn eine Vorschrift, die bei Anwendung auf verschiedene Vertretersysteme der beteiligten Klassen zu verschiedenen Ergebnissen führt, ist als Definition unbrauchbar.

In Übereinstimmung mit VIII, Satz 14 setzen wir fest:

**Definition.** *Zwei Elemente $\alpha$ und $\beta$ von $\mathfrak{C}$ heißen* **gleich,** *wenn ein Vertreter der Klasse $\alpha$ einem Vertreter der Klasse $\beta$ äquivalent ist.*

Daß diese Definition von der Wahl der Vertreter in $\alpha$ und $\beta$ unabhängig ist, folgt unmittelbar aus dem Transitivgesetz (42.3). Ferner erhält man mittels (41) sofort das

**Kriterium.** *Ist $\alpha = [a, b]$ und $\beta = [c, d]$, so ist dann und nur dann*

$$[a, b] = [c, d], \quad \textit{wenn} \quad a \circ d = b \circ c \quad \textit{ist.} \tag{44}$$

**Satz 7.** *Die Gleichheit in* $\mathfrak{C}$ *genügt den drei Grundgesetzen* A. *Für je drei Elemente* $\alpha, \beta, \gamma$ *von* $\mathfrak{C}$ *gilt:*

$$Stets\ ist\quad \alpha = \alpha. \tag{45.1}$$

$$Mit\quad \alpha = \beta\quad ist\ auch\quad \beta = \alpha. \tag{45.2}$$

$$Aus\quad \alpha = \beta\quad und\quad \beta = \gamma\quad folgt\quad \alpha = \gamma. \tag{45.3}$$

*Beweis.* Auf Grund der Definition der Gleichheit ergibt sich (45.1) aus (42.1), (45.2) aus (42.2), (45.3) aus (42.3).

**15. Der erste Erweiterungsschritt.** Das in Nr. 12 und 13 geschilderte Verfahren wenden wir nun an, um den Bereich der natürlichen Zahlen so zu erweitern, daß *in dem neuen Zahlbereich sämtliche 15 Grundgesetze der Arithmetik gültig* sind. Dieses Ziel werden wir in zwei Schritten erreichen. Der erste Schritt, mit dem wir uns jetzt beschäftigen wollen, wird uns von der Menge der natürlichen Zahlen zur Menge der ganzen Zahlen führen. Dazu setzen wir den Klassenbildungsprozeß von Nr. 13 für den Spezialfall an, daß $\mathfrak{B} = \mathfrak{N}$ und die Komposition von $\mathfrak{B}$ die Addition in $\mathfrak{N}$ ist; statt $\circ$ haben wir also $+$ zu schreiben. Diese Spezialisierung ist zulässig, da nach den Regeln von § 2 die Addition in $\mathfrak{N}$ die Gesetze (40.1) bis (40.4) und die Gleichheit in $\mathfrak{N}$ die Grundgesetze A erfüllt. Die Äquivalenz zweier Paare $(a, b)$ und $(c, d)$ sowie die Gleichheit der hierdurch bestimmten Klassen ergibt sich aus (41) bzw. (44), indem man das Zeichen $\circ$ durch $+$ ersetzt:

$$\left.\begin{array}{l}(a, b) \sim (c, d) \\ [a, b] = [c, d]\end{array}\right\}, \text{ wenn } a + d = b + c \text{ ist.} \qquad\begin{array}{l}(46)\\[1ex](47)\end{array}$$

Die zu $\mathfrak{B} = \mathfrak{N}$ gehörende Menge $\mathfrak{C}$ der Äquivalenzklassen heiße $\mathfrak{G}$. Unsere Aufgabe ist es nun, für die Elemente von $\mathfrak{G}$ — nachdem die Gleichheit durch (47) erklärt und die Ableitung der Grundgesetze A in Nr. 14 auch für diesen Spezialfall gültig ist — noch Addition, Multiplikation und Anordnung geeignet zu definieren und zu zeigen, daß $\mathfrak{G}$ wirklich eine Erweiterung von $\mathfrak{N}$ im Sinne von Nr. 12 ist. Das Ergebnis dieses ersten Erweiterungsschrittes von $\mathfrak{N}$ zu $\mathfrak{G}$ wird sein, daß in $\mathfrak{G}$ alle Grundgesetze der Arithmetik, ausgenommen C. 5, die Umkehrbarkeit der Multiplikation, gelten. Der zweite Erweiterungsschritt wird dann auch diese Einschränkung beseitigen[1].

**16. Addition in $\mathfrak{G}$.** Kleine lateinische Buchstaben bedeuten bis auf weiteres stets natürliche Zahlen; doch soll $a'$ nicht mehr den Nachfolger von $a$ bezeichnen — dafür schreiben wir jetzt $a + 1$ —, so daß der Strich $(')$ wieder zu anderweitiger Verwendung frei ist.

---

[1] Man kann den Aufbau des Zahlensystems auch in der Weise vollziehen, daß man zuerst die Umkehrbarkeit der Multiplikation ermöglicht, dann die der Addition. Hinsichtlich der Vor- und Nachteile dieser beiden Wege sei auf die Bemerkung in XI, Nr. 24 hingewiesen.

**Definition.** *Sind $\alpha, \beta$ Elemente von $\mathfrak{G}$ und ist $(a, b)$ bzw. $(c, d)$ ein Vertreter von $\alpha$ bzw. $\beta$, so versteht man unter der* **Summe** *$\alpha + \beta$ in $\mathfrak{G}$ die durch das Zahlenpaar $(a + c, b + d)$ bestimmte Klasse, in Zeichen:*

$$[a, b] + [c, d] = [a + c, b + d]. \tag{48}$$

Diese Definition ist unabhängig von der Wahl der Klassenvertreter. Ist nämlich $(a, b) \sim (a', b')$ und $(c, d) \sim (c', d')$, also

$$a + b' = b + a', \quad c + d' = d + c', \tag{49}$$

so folgt hieraus durch Addition mittels (6), (7) und (10)

$$(a + c) + (b' + d') = (b + d) + (a' + c'),$$

d. h.

$$(a + c, b + d) \sim (a' + c', b' + d').$$

Damit ist gezeigt: Es gilt auch $[a', b'] + [c', d'] = [a + c, b + d]$.

Setzt man $[a', b'] = \alpha'$ und $[c', d'] = \beta'$, so erkennt man, daß nach (46) mit dem Vorstehenden zugleich die Gültigkeit des Grundgesetzes B. 1 für die Addition (48) bewiesen ist, sogar in der allgemeineren Form von I, Regel 1; man hat also

**Regel 17.** *Sind $\alpha, \alpha', \beta, \beta'$ Elemente von $\mathfrak{G}$, so gilt:*

$$Aus \; \alpha = \alpha' \quad und \quad \beta = \beta' \quad folgt \quad \alpha + \beta = \alpha' + \beta'. \tag{50}$$

Ebenso leicht verifiziert man die Grundgesetze B. 2 und B. 3.

**Regel 18.** *Für je zwei Elemente $\alpha, \beta$ von $\mathfrak{G}$ gilt*

$$\alpha + \beta = \beta + \alpha. \tag{51}$$

**Regel 19.** *Für je drei Elemente $\alpha, \beta, \gamma$ von $\mathfrak{G}$ gilt*

$$(\alpha + \beta) + \gamma = \alpha + (\beta + \gamma). \tag{52}$$

Man braucht nur $\alpha, \beta, \gamma$ durch

$$\alpha = [a, b], \quad \beta = [c, d], \quad \gamma = [e, f] \tag{53}$$

zu ersetzen. Dann folgen die Behauptungen sofort aus (47) und (48) und den Regeln 3 und 4 (Nr. 5).

Auf Grund des Assoziativgesetzes (52) kann man von der *Summe $\alpha + \beta + \gamma$ dreier Summanden* sprechen.

**17. Ordnung von $\mathfrak{G}$.** Die Menge $\mathfrak{G}$ ist eine geordnete Menge, denn es läßt sich in $\mathfrak{G}$ eine Ordnungsbeziehung gemäß VIII, Nr. 15 definieren. Wir verwenden für sie wieder das Zeichen $<$ (gelesen: kleiner als).

**Definition.** *Sind $\alpha, \beta$ verschiedene Elemente von $\mathfrak{G}$, und ist $(a, b)$ bzw. $(c, d)$ ein Vertreter von $\alpha$ bzw. $\beta$, so heißt $\alpha$* **kleiner als** *$\beta$, wenn die Summe der äußeren Komponenten kleiner ist als die der inneren Komponenten; in Zeichen:*

$$[a, b] < [c, d], \quad wenn \quad a + d < b + c \quad ist. \tag{54}$$

Statt $\alpha < \beta$ schreibt man auch $\beta > \alpha$ (gelesen: $\beta$ *größer als* $\alpha$). Daher gilt entsprechend zu (54):

$$[a, b] > [c, d], \quad \text{wenn} \quad a + d > b + c \quad \text{ist.} \tag{55}$$

Diese Definitionen sind sinnvoll, da mit $\alpha \neq \beta$ nach (47) auch $a + d \neq b + c$ ist, und sie sind unabhängig von der Wahl der Klassenvertreter. Wir zeigen dies für (54). Es sei $(a', b') \sim (a, b)$ und $(c', d') \sim (c, d)$, ferner $a + d < b + c$. Dann folgt nach (14)

$$(a + d) + (b' + d') < b + c + (b' + d')$$

und hieraus nach (7), (10) und (49)

$$(a' + d') + (b + d) < (c' + d') + (b + d).$$

Daher ist auch $a' + d' < c' + d'$ nach (16b).

Schließlich ist (54) auch wirklich eine Ordnungsbeziehung; denn sie ist asymmetrisch (mit $\alpha < \beta$ kann nicht zugleich $\beta < \alpha$ sein) und transitiv. Dies zeigt

**Regel 20.** *Sind $\alpha, \beta, \gamma$ Elemente von $\mathfrak{G}$, so gilt:*

$$\text{Aus} \quad \alpha < \beta \quad \text{und} \quad \beta < \gamma \quad \text{folgt} \quad \alpha < \gamma. \tag{56}$$

Mit den Vertretern (53) besagen nämlich die Voraussetzungen:

$$a + d < b + c, \quad c + f < d + e,$$

und hieraus folgt durch Addition mittels (14)

$$(a+f) + (d+c) = (a+d) + (c+f) < (b+c) + (d+e) = (b+e) + (d+c),$$

d. h. $a + f < b + e$ nach (16b), also $\alpha < \gamma$.

**Regel 21.** *Sind $\alpha, \beta, \gamma$ Elemente von $\mathfrak{G}$, so gilt:*

$$\text{Aus} \quad \alpha < \beta \quad \text{folgt} \quad \alpha + \gamma < \beta + \gamma. \tag{57}$$

Für $\alpha < \beta$, d. h. $a + d < b + c$ mit (53), ergibt sich nämlich

$$(a + e) + (d + f) = (a + d) + (e + f) < (b + c) + (e + f)' = (b+f) + (c+e),$$

also $\alpha + \gamma < \beta + \gamma$ unter Anwendung von (48).

Damit sind für die Ordnungsbeziehung (54) die Grundgesetze D. 1 und D. 2 bewiesen.

**18. Umkehrbarkeit der Addition in $\mathfrak{G}$.** Nunmehr können wir zeigen, daß die Menge $\mathfrak{G}$ unsere Hauptforderung erfüllt: Die Addition in $\mathfrak{G}$ ist stets und zwar eindeutig umkehrbar; man kann also in $\mathfrak{G}$ nicht nur unbeschränkt addieren, sondern auch unbeschränkt subtrahieren. Dies zeigt

**Satz 8.** *Sind $\alpha$ und $\beta$ irgend zwei Elemente von $\mathfrak{G}$, so hat die Gleichung*

$$\alpha + \xi = \beta \tag{58}$$

*stets eine und nur eine Lösung $\xi$ in $\mathfrak{G}$.*

*Beweis.* 1. *Eindeutigkeit.* Gäbe es zwei Lösungen $\xi$ und $\xi'$ von (58) in $\mathfrak{G}$, und ist etwa $\xi < \xi'$, so wäre nach (57)

$$\beta = \alpha + \xi < \alpha + \xi' = \beta,$$

was nicht zutrifft.

2. *Existenz.* Ist $\alpha = [a, b]$, $\beta = [c, d]$, so setze man

$$\xi = [x, y] \quad \text{mit} \quad x = b + c, \quad y = a + d. \tag{59}$$

Dann ist nach (48) und (47)

$$\alpha + \xi = [a, b] + [b + c, a + d] = [a + b + c, b + a + d] = [c, d] = \beta,$$

also das Element $[b + c, a + d]$ von $\mathfrak{G}$ Lösung der Gl. (58).

**Definition.** *Diese eindeutig bestimmte Lösung $\xi$ von* (58) *heißt die* **Differenz** *$\beta$ minus $\alpha$ in $\mathfrak{G}$, in Zeichen:*

$$\xi = \beta - \alpha, \tag{60}$$

*oder das durch* **Subtraktion** *des Elements $\alpha$ von $\beta$ entstehende Element von $\mathfrak{G}$.*

Damit hat man also für die Differenz $\beta - \alpha$ die Definitionsgleichung

$$\alpha + (\beta - \alpha) = \beta \tag{61}$$

und — wenn man zum Vergleich mit der Additionsvorschrift (48) statt $\beta - \alpha$ die Differenz $\alpha - \beta$ betrachtet — für die Subtraktion die Rechenvorschrift

$$[a, b] - [c, d] = [a + d, b + c]. \tag{62}$$

**19. Die Null in $\mathfrak{G}$.** Wir beweisen zunächst eine Umkehrung von Regel 17.

**Regel 22.** *Für je drei Elemente $\alpha$, $\alpha'$, $\beta$ von $\mathfrak{G}$ gilt:*

$$Aus \quad \alpha + \beta = \alpha' + \beta \quad folgt \quad \alpha = \alpha'. \tag{63}$$

Wäre nämlich $\alpha \neq \alpha'$, also $\alpha < \alpha'$ oder $\alpha' < \alpha$, so wäre nach (57)

$$\alpha + \beta < \alpha' + \beta \quad \text{oder} \quad \alpha' + \beta < \alpha + \beta, \quad \text{d. h.} \quad \alpha + \beta \neq \alpha' + \beta$$

im Widerspruch zur Voraussetzung.

Nunmehr betrachten wir die Gl. (58) speziell für den Fall $\beta = \alpha$. Es sei $\nu_\alpha$ die zugehörige Lösung, also $\alpha + \nu_\alpha = \alpha$.

**Satz 9.** *Die Lösung $\nu_\alpha$ der Gleichung*

$$\alpha + \xi = \alpha \qquad (\alpha \in \mathfrak{G}) \tag{64}$$

*ist unabhängig von $\alpha$.*

*Beweis.* Es sei $\gamma$ ein beliebiges Element von $\mathfrak{G}$ und $\nu_\gamma$ die Lösung von $\gamma + \xi = \gamma$, also $\gamma + \nu_\gamma = \gamma$. Dann folgt hiermit nach (52) und (51)

$$(\alpha + \nu_\gamma) + \gamma = \alpha + (\nu_\gamma + \gamma) = \alpha + (\gamma + \nu_\gamma) = \alpha + \gamma$$

und hieraus $\alpha + \nu_\gamma = \alpha$ mittels (63). Es ist also auch $\nu_\gamma$ Lösung von (64). Da aber nach Satz 8 die Lösung $\nu_\alpha$ von (64) eindeutig bestimmt ist, ist $v_\gamma = v_\alpha$. Daher gilt $\gamma + v_\alpha = \gamma$ für jedes $\gamma \in \mathfrak{G}$, womit Satz 9 bewiesen ist.

Es gibt also genau ein Element in $\mathfrak{G}$, das die Gl. (64) für alle $\alpha \in \mathfrak{G}$ erfüllt.

**Definition.** *Dieses durch* (64) *eindeutig bestimmte und ausgezeichnete Element von* $\mathfrak{G}$ *heißt das* **Nullelement** *oder die* **Null** *in* $\mathfrak{G}$; *das Zeichen hierfür ist* 0 (*gelesen: Null*).

Mit dieser Bezeichnung lautet die definierende Relation für die Null entweder — wobei wir noch (51) heranziehen —:

$$\alpha + 0 = 0 + \alpha = \alpha \quad \text{für jedes} \quad \alpha \in \mathfrak{G} \tag{65}$$

oder, unter Benutzung von (60):

$$0 = \alpha - \alpha \quad \text{für irgendein} \quad \alpha \in \mathfrak{G}. \tag{66}$$

Hieraus folgt schließlich mittels (62) die Darstellung der Null als Klasse von Zahlenpaaren:

$$0 = [a + b, \, a + b] = [n, \, n], \tag{67}$$

wo $n$ jede natürliche Zahl bedeuten darf.

**20. Das zu $\alpha$ entgegengesetzte Element in $\mathfrak{G}$.** Ein anderer wichtiger Spezialfall der Gl. (58) ist der Fall $\beta = 0$. Für jedes $\alpha$ in $\mathfrak{G}$ hat nach Satz 8 die Gleichung

$$\alpha + \xi = 0, \tag{68}$$

da $0 \in \mathfrak{G}$ ist, eine und nur eine Lösung in $\mathfrak{G}$. In ihrer Abhängigkeit von $\alpha$ bezeichnen wir sie mit $\bar{\alpha}$ (gelesen: $\alpha$ überstrichen oder $\alpha$ quer).

**Definition.** *Die zu jedem Element $\alpha$ von $\mathfrak{G}$ eindeutig bestimmte Lösung $\bar{\alpha}$ von* (68) *heißt das zu $\alpha$* **entgegengesetzte Element** *in* $\mathfrak{G}$.

Dieses Element $\bar{\alpha}$ gehört also ebenfalls zu $\mathfrak{G}$ und wird — wenn man wieder (51) berücksichtigt — durch die Relation

$$\alpha + \bar{\alpha} = \bar{\alpha} + \alpha = 0 \tag{69}$$

bei gegebenem $\alpha \in \mathfrak{G}$ gekennzeichnet. Ferner folgt aus (60)

$$\bar{\alpha} = 0 - \alpha. \tag{70}$$

Statt $0 - \alpha$ pflegt man für $\alpha \neq 0$ kürzer $-\alpha$ zu schreiben. Für $\alpha = 0$ liefert der Vergleich von (64) und (68)

$$\bar{0} = 0. \tag{71}$$

Schließlich erhält man die Darstellung von $\bar{\alpha}$ als Klasse von Zahlenpaaren nach (62) aus (67) und (70). Für $\alpha = [a, \, b]$ ergibt sich:

$$\bar{\alpha} = [b + n, \, a + n] = [b, \, a]. \tag{72}$$

Dies zeigt, daß eine Gleichheit beim Überstreichen erhalten bleibt:

$$\textit{Aus} \quad \alpha = \beta \quad \textit{folgt} \quad \bar{\alpha} = \bar{\beta}. \tag{73}$$

Ist nämlich $[a, b] = [c, d]$, also $a + d = b + c$, so ist nach dem Symmetriegesetz der Gleichheit in $\mathfrak{N}$ auch $b + c = a + d$ und daher $[b, a] = [d, c]$, also $\bar{\alpha} = \bar{\beta}$ nach (72).

**Satz 10.** *Das Subtrahieren eines Elements $\alpha$ ist gleichbedeutend mit dem Addieren des zu $\alpha$ entgegengesetzten Elements, d. h. für je zwei Elemente $\alpha, \beta$ von $\mathfrak{G}$ gilt:*

$$\beta - \alpha = \beta + \bar{\alpha}. \tag{74}$$

*Beweis.* Unter Benutzung von (52), (51), (69) und (65) folgt

$$\alpha + (\beta + \bar{\alpha}) = (\alpha + \beta) + \alpha = (\beta + \alpha) + \bar{\alpha} = \beta + (\alpha + \bar{\alpha}) = \beta + 0 = \beta.$$

Es ist also $\beta + \bar{\alpha}$ eine Lösung von (58). Da diese eindeutig bestimmt und nach (68) gleich $\beta - \alpha$ ist, müssen beide übereinstimmen. Also gilt (74).

Auf Grund von Satz 10 ergeben sich die Rechenregeln für die Subtraktion sehr einfach aus denen der Addition (Nr. 16), wenn man folgende Regel beachtet:

**Regel 23.** *Für beliebige Elemente $\alpha, \beta$ von $\mathfrak{G}$ gilt:*

$$\overline{(\bar{\alpha})} = \alpha, \tag{75}$$

$$\overline{\alpha + \beta} = \bar{\alpha} + \bar{\beta}. \tag{76}$$

Denn $\overline{(\bar{\alpha})}$ ist nach Definition die Lösung der Gleichung $\bar{\alpha} + \xi = 0$. Diese Lösung ist aber nach (69) gleich $\alpha$. Und analog folgt (76), da die Gleichung $(\alpha + \beta) + \xi = 0$ durch $\bar{\alpha} + \bar{\beta}$ gelöst wird. Man hat nämlich nach (52), (51), (69) und (65)

$$(\alpha + \beta) + (\bar{\alpha} + \bar{\beta}) = \alpha + (\beta + (\bar{\alpha} + \bar{\beta})) = \alpha + ((\beta + \bar{\beta}) + \bar{\alpha})$$
$$= \alpha + (0 + \bar{\alpha}) = \alpha + \bar{\alpha} = 0.$$

## § 4. Die Multiplikation der ganzen Zahlen.

**21. Multiplikation in $\mathfrak{G}$.** Das Addieren und Subtrahieren von Äquivalenzklassen ist uns nunmehr bekannt und geläufig. In der Tat denken wir schon kaum noch daran, daß die Elemente von $\mathfrak{G}$ Klassen von Paaren aus natürlichen Zahlen sind, sondern behandeln sie bereits als neue Individuen, als Größen, mit denen man rechnen, jedenfalls addieren und subtrahieren kann. Wir wollen für sie jetzt auch das Multiplizieren erklären.

**Definition.** *Sind $\alpha, \beta$ Elemente von $\mathfrak{G}$ und ist $(a, b)$ bzw. $(c, d)$ ein Vertreter von $\alpha$ bzw. $\beta$, so versteht man unter dem* **Produkt** *$\alpha \cdot \beta$ in $\mathfrak{G}$ (meist $\alpha\beta$ geschrieben) die durch das Zahlenpaar $(ac + bd, ad + bc)$ bestimmte Klasse, in Zeichen:*

$$[a, b] \cdot [c, d] = [ac + bd, ad + bc]. \tag{77}$$

Diese Definition ist unabhängig von der Wahl der Klassenvertreter. Ist $(a, b) \sim (a', b')$ und $(c, d) \sim (c', d')$, so ist auch

$$(ac + bd, ad + bc) \sim (a'c' + b'd', a'd' + b'c'). \tag{78}$$

Aus den Voraussetzungen [vgl. (49)] folgt nämlich:

$$(a + b') (c + d') + (d + d') (b + b') = (b + a') (d + c') + (d + d') (b + b'),$$
$$ac + bd + b'(c + d') + (a + b') d' = a'c' + b'd' + b(d + c') + (a' + b) d,$$
$$ac + bd + b'(c' + d) + (a' + b) d' = a'c' + b'd' + b(d' + c) + (a + b') d,$$
$$(ac + bd) + (a'd' + b'c') = (a'c' + b'd') + (ad + bc).$$

Damit ist aber (78) bewiesen.

Setzt man $[a', b'] = \alpha'$ und $[c', d'] = \beta'$, so erkennt man, daß mit dem Vorstehenden zugleich das Grundgesetz C. 1 für die Multiplikation (77) abgeleitet ist, sogar in der allgemeineren Form von I, Regel 1; man hat also

**Regel 24.** *Sind $\alpha$, $\alpha'$, $\beta$, $\beta'$ Elemente von $\mathfrak{G}$, so gilt:*

$$Aus \quad \alpha = \alpha' \quad und \quad \beta = \beta' \quad folgt \quad \alpha\beta = \alpha'\beta'. \tag{79}$$

Unmittelbar aus den entsprechenden Gesetzen für die natürlichen Zahlen (Nr. 9) ergeben sich die Grundgesetze C. 2, C. 3 und C. 4.

**Regel 25.** *Für je zwei Elemente $\alpha$, $\beta$ von $\mathfrak{G}$ gilt:*

$$\alpha\beta = \beta\alpha. \tag{80}$$

**Regel 26.** *Für je drei Elemente $\alpha$, $\beta$, $\gamma$ von $\mathfrak{G}$ gilt:*

$$(\alpha\beta)\gamma = \alpha(\beta\gamma). \tag{81}$$

**Regel 27.** *Für je drei Elemente $\alpha$, $\beta$, $\gamma$ von $\mathfrak{G}$ gilt:*

$$\alpha(\beta + \gamma) = \alpha\beta + \alpha\gamma. \tag{82}$$

Wählt man nämlich wieder die Klassenvertreter (53), so ist

$$\alpha\beta = [ac + bd, ad + bc] = [ca + db, cb + da] = \beta\alpha,$$
$$(\alpha\beta)\gamma = [(ac + bd) e + (ad + bc) f, (ac + bd) f + (ad + bc) e]$$
$$= [a(ce + df) + b(cf + de), a(cf + de) + b(ce + df)] = \alpha(\beta\gamma),$$
$$\alpha(\beta + \gamma) = [a(c + e) + b(d + f), a(d + f) + b(c + e)]$$
$$= [(ac + bd) + (ae + bf), (ad + bc) + (af + be)]$$
$$= [ac + bd, ad + bc] + [ae + bf, af + be] = \alpha\beta + \alpha\gamma.$$

Auf Grund des Assoziativgesetzes (81) kann man von dem *Produkt* $\alpha\beta\gamma$ *dreier Faktoren* sprechen.

**22. Positive und negative Elemente in $\mathfrak{G}$.** Die Elemente $\alpha \neq 0$ von $\mathfrak{G}$ zerfallen in bezug auf ihre durch die Ordnung in $\mathfrak{G}$ ihnen zugewiesene Stellung zum Nullelement in das Anfangsstück $\mathfrak{G}_0$ der Elemente vor 0 und das Endstück $\mathfrak{G}^0$ der Elemente hinter 0; es ist

$$\alpha \in \mathfrak{G}_0, \quad falls \quad \alpha < 0. \quad und \quad \alpha \in \mathfrak{G}^0, \quad falls \quad \alpha > 0$$

ist. Die Zugehörigkeit von $\alpha$ zu $\mathfrak{G}_0$ bzw. $\mathfrak{G}^0$ ist leicht zu entscheiden.

**Kriterium.** *Ist $\alpha = [a, b] \neq 0$, so ist*

$$\alpha < 0, \quad wenn \quad a < b \quad ist, \quad \alpha > 0, \quad wenn \quad a > b \quad ist. \tag{83}$$

Denn nach (67) ist $0 = [n, n]$, und daher folgt aus (54) bzw. (55), daß $\alpha < 0$ bzw. $\alpha > 0$ ist, je nachdem

$$a + n < b + n \quad \text{oder} \quad a + n > b + n$$

ist. Wegen (16b) ist damit (83) bewiesen. Das Kriterium gilt, gleichgültig, wie der Vertreter $(a, b)$ in $\alpha$ gewählt wird. Ist $(a', b') \sim (a, b)$, so gilt mit $a < b$ auch $a' < b'$ und umgekehrt. Wäre nämlich $a' \geqq b'$, so wäre nach (6) und (14)

$$a' + b \geqq b' + b > b' + a$$

im Widerspruch zu $a' + b = b' + a$. Analog schließt man im umgekehrten Falle.

**Definition.** *Ein Element* $\alpha \neq 0$ *von* $\mathfrak{G}$ *heißt* **positiv,** *wenn* $\alpha > 0$ *ist, dagegen* **negativ,** *wenn* $\alpha < 0$ *ist.*

Demnach besteht $\mathfrak{G}_0$ aus den negativen, $\mathfrak{G}^0$ aus den positiven Elementen von $\mathfrak{G}$. Wir behaupten weiter:

**Satz 11.** *Die Mengen* $\mathfrak{G}_0$ *und* $\mathfrak{G}^0$ *sind gleichmächtig, aber nicht ähnlich. Die Ordnung von* $\mathfrak{G}_0$ *ist zu der von* $\mathfrak{G}^0$ *entgegengesetzt.*

*Beweis.* 1. Man betrachte die Abbildung der Menge $\mathfrak{G}$ auf sich selbst, bei der jedem $\alpha \in \mathfrak{G}$ das entgegengesetzte $\bar{\alpha} \in \mathfrak{G}$ zugeordnet wird. Diese Abbildung ist eineindeutig. Denn mit $\bar{\alpha} \neq \bar{\beta}$ gilt nach (73) stets $\alpha \neq \beta$ und nach (75) auch das Umgekehrte. Bei dieser Abbildung von $\mathfrak{G}$ auf sich selbst ist wegen $\bar{0} = 0$ das Nullelement sich selbst zugeordnet. 0 ist aber auch das einzige Element dieser Art. Denn nach (72) und (83) ist $\bar{\alpha} > 0$ für $\alpha < 0$ und $\bar{\alpha} < 0$ für $\alpha > 0$. Daher liegt $\bar{\alpha}$ in $\mathfrak{G}_0$, wenn $\alpha$ zu $\mathfrak{G}^0$ gehört, und umgekehrt. Läßt man also $\alpha$ die Elemente von $\mathfrak{G}_0$ durchlaufen, so liegen die Bilder $\bar{\alpha}$ stets in $\mathfrak{G}^0$, und jedes Element von $\mathfrak{G}^0$ hat genau ein Original in $\mathfrak{G}_0$. Entsprechendes gilt, wenn man $\alpha$ die Elemente von $\mathfrak{G}^0$ durchlaufen läßt. Folglich ist $\mathfrak{G}_0 \sim \mathfrak{G}^0$.

2. Der Abbildungsvorgang läßt sich noch deutlicher beschreiben. Für je zwei Elemente $\alpha, \beta$ von $\mathfrak{G}$ gilt nämlich:

$$\text{Aus} \quad \alpha < \beta \quad \text{folgt} \quad \bar{\alpha} > \bar{\beta} \quad \text{und umgekehrt.} \tag{84}$$

Denn für $\alpha = [a, b]$, $\beta = [c, d]$ ist $\bar{\alpha} = [b, a]$, $\bar{\beta} = [d, c]$, und $a + d < b + c$ bedeutet nach (54) und (55) sowohl $\alpha < \beta$ wie $\bar{\alpha} > \bar{\beta}$. Die Umkehrung ergibt sich nach Regel 23. Entnimmt man insbesondere $\alpha, \beta$ aus $\mathfrak{G}^0$, so zeigt (56), daß in $\mathfrak{G}_0$ die zu $\mathfrak{G}^0$ entgegengesetzte Ordnung herrscht.

Denkt man sich also die Elemente von $\mathfrak{G}$ auf einer Geraden, in gleichen Abständen aufeinander folgend, angeordnet, so kann man sich diese Abbildung von $\mathfrak{G}$ auf sich selbst als Drehung der Geraden um $180°$ um das Nullelement veranschaulichen. Führt man die Abbildung, d. h. die Drehung, zweimal nacheinander aus, so kommt man zur

Ausgangslage zurück. Dies ist, anschaulich gefaßt, die Bedeutung von Formel (75).

**23. Monotoniegesetz der Multiplikation.** Die beiden in $\mathfrak{G}$ definierten Verknüpfungen zeigen hinsichtlich der eben betrachteten Abbildung unterschiedliches Verhalten. Während die Addition nach (76) erhalten bleibt, gilt dies für die Multiplikation nicht mehr.

**Regel 28.** *Sind* $\alpha \neq 0$, $\beta \neq 0$ *Elemente von* $\mathfrak{G}$, *so ist*

$$\alpha \bar{\beta} = \bar{\alpha} \beta = \overline{\alpha \beta}, \tag{85}$$

$$\bar{\alpha} \bar{\beta} = \alpha \beta. \tag{86}$$

Denn mit $\alpha = [a, b]$, $\beta = [c, d]$ folgt aus (72) und (77)

$$\alpha \bar{\beta} = [a, b]\,[d, c] = [ad + bc,\ ac + bd] = \overline{\alpha \beta},$$

$$\bar{\alpha} \beta = [b, a]\,[c, d] = [bc + ad,\ bd + ac] = \overline{\alpha \beta},$$

$$\bar{\alpha} \bar{\beta} = [b, a]\,[d, c] = [bd + ac,\ bc + ad] = \alpha \beta.$$

**Regel 29.** *Für jedes Element* $\alpha$ *von* $\mathfrak{G}$ *gilt*

$$\alpha \cdot 0 = 0 \cdot \alpha = 0. \tag{87}$$

Mit (67) folgt nämlich aus (77) und (80)

$$\alpha \cdot 0 = 0 \cdot \alpha = [n, n]\,[a, b] = [na + nb,\ nb + na] = 0.$$

**Regel 30.** *Sind* $\alpha, \beta, \gamma$ *Elemente von* $\mathfrak{G}$, *so gilt:*

$$\text{Aus}\quad \alpha < \beta \quad \text{und} \quad \gamma > 0 \quad \text{folgt} \quad \alpha\gamma < \beta\gamma. \tag{88}$$

Auf Grund der Voraussetzungen ist nämlich — wir benutzen wieder die Vertreter (53) — nach (54) und (83)

$$a + d < b + c \quad \text{und} \quad e > f, \quad \text{also} \quad e - f \in \mathfrak{N}.$$

Daher folgt mittels (34), (32) und (39)

$$(a + d)\,(e - f) < (b + c)\,(e - f),$$

$$a\,(e - f) + d\,(e - f) < b\,(e - f) + c\,(e - f),$$

$$(ae - af) + (de - df) < (be - bf) + (ce - cf)$$

und hieraus, indem man beiderseits $(af + df) + (bf + cf)$ nach (14) addiert und mittels (7), (10) und (19) zusammenfaßt:

$$(ae + bf) + (cf + de) < (af + be) + (ce + df).$$

Dies ist aber nach (54) die Behauptung $\alpha\gamma < \beta\gamma$; denn es ist

$$\alpha\gamma = [ae + bf,\ af + be], \quad \beta\gamma = [ce + df,\ cf + de].$$

Mit (88) ist das Grundgesetz D. 3 für die Multiplikation in $\mathfrak{G}$ bewiesen. Um die Bedeutung der Voraussetzung $\gamma > 0$ klarzulegen, betrachten wir auch den Fall $\gamma < 0$.

**Regel 31.** *Sind* $\alpha, \beta, \gamma$ *Elemente von* $\mathfrak{G}$, *so gilt:*

$$\text{Aus}\quad \alpha < \beta \quad \text{und} \quad \gamma < 0 \quad \text{folgt} \quad \alpha\gamma > \beta\gamma. \tag{89}$$

Da nämlich $\bar{\gamma} > 0$ ist für $\gamma < 0$, so ergibt sich nach (85) und (86):

$$\overline{\alpha\gamma} = \alpha\,\bar{\gamma} < \beta\,\bar{\gamma} = \overline{\beta\gamma}$$

und hieraus mittels (84) die Behauptung.

Vergleicht man (88) und (89), so wird klar, wie die Multiplikation in die Ordnung von $\mathfrak{G}$ eingreift. Während die Addition — das ist der Sinn des Monotoniegesetzes (57) — auf die Ordnung ohne Einfluß ist, gilt dies und damit ein (starkes) Monotoniegesetz für die Multiplikation nur unter der in D. 3 gemachten Voraussetzung $\gamma > 0$. Im Fall $\gamma < 0$ dagegen bleibt die Ordnung nicht erhalten. Dies beruht auf den Eigenschaften (84) und (85) der Abbildung durch entgegengesetzte Elemente. Weil es in $\mathfrak{N}$ solche Elemente nicht gibt, gilt in $\mathfrak{N}$ das Monotoniegesetz der Multiplikation uneingeschränkt (Nr. 10).

Als Folgerung ergibt sich die Umkehrung von Regel 24:

**Regel 32.** *Sind $\alpha$, $\alpha'$ und $\beta$ Elemente von $\mathfrak{G}$, so gilt:*

$$Aus \quad \alpha\beta = \alpha'\beta \quad und \quad \beta \neq 0 \quad folgt \quad \alpha = \alpha'. \tag{90}$$

Wäre nämlich $\alpha \neq \alpha'$, also $\alpha < \alpha'$ oder $\alpha' < \alpha$, so wäre

$$\alpha\beta < \alpha'\beta \quad oder \quad \alpha'\beta < \alpha\beta \quad \text{im Falle} \quad \beta > 0$$
$$\alpha\beta > \alpha'\beta \quad oder \quad \alpha'\beta > \alpha\beta \quad \text{im Falle} \quad \beta < 0,$$

in jedem Falle also $\alpha\beta \neq \alpha'\beta$ im Widerspruch zur Voraussetzung.

**Regel 33.** *Es gilt auch die Umkehrung des Monotoniegesetzes:*

$$Aus \quad \alpha\gamma < \beta\gamma \quad und \quad \gamma > 0 \quad folgt \quad \alpha < \beta. \tag{91}$$

Wäre nämlich $\alpha \geq \beta$, also $\beta \leq \alpha$, so wäre nach (79) und (89) auch $\beta\gamma \leq \alpha\gamma$ im Widerspruch zur Voraussetzung.

**24. Nichtumkehrbarkeit der Multiplikation in $\mathfrak{G}$.** Für das Rechnen in $\mathfrak{G}$ haben wir jetzt alle Grundgesetze A, B, C und D bis auf eins als gültig nachgewiesen. Unentschieden ist nur noch die Gültigkeit von C. 5, d. h. die Frage, ob die Gleichung

$$\alpha\xi = \beta \qquad (\alpha \in \mathfrak{G},\ \beta \in \mathfrak{G}) \tag{92}$$

eine Lösung $\xi$ in $\mathfrak{G}$ besitzt. Nach (90) kann es jedenfalls für $\alpha \neq 0$ nicht mehr als eine geben.

Wir betrachten zunächst den Spezialfall $\beta = \alpha$. Dann ist $\varepsilon = [1 + n,\, n]$ eine Lösung, sogar für jedes $\alpha \in \mathfrak{G}$. Denn es ist $\varepsilon \in \mathfrak{G}$, und mit $\alpha = [a,\, b]$ folgt

$$\alpha \cdot \varepsilon = [a(1+n)+bn,\ an+b(1+n)] = [a+(a+b)n,\ b+(a+b)\,n] = [a,\,b] = \alpha.$$

Nun kann man sich auf den weiteren Spezialfall $\beta = \varepsilon$ beschränken. Denn hat man in $\mathfrak{G}$ eine Lösung $\eta$ von

$$\alpha\eta = \varepsilon \qquad (\alpha \in \mathfrak{G}) \tag{93}$$

gefunden, so ist $\xi = \beta\eta$ eine Lösung von (92), da

$$\alpha(\beta\eta) = (\alpha\beta)\eta = (\beta\alpha)\eta = \beta(\alpha\eta) = \beta\varepsilon = \beta$$

für jedes $\beta \in \mathfrak{G}$ gilt. Die Gl. (93) ist aber für $\alpha \neq \varepsilon$, $\alpha \neq \bar{\varepsilon}$ in $\mathfrak{G}$ stets unlösbar. Für $\alpha = 0$ ist nämlich (93) nach (87) unmöglich, da $\varepsilon \neq 0$ ist. Ist aber $\alpha \neq 0$, so schließt man folgendermaßen:

Es sei $\alpha = [a, b]$ und etwa $\alpha > 0$, d. h. $a > b$. Gäbe es in $\mathfrak{G}$ eine Lösung $\eta = [x, y]$ von (93), so müßte

$$a x + b y = a y + b x + 1 \tag{94}$$

sein. Diese Gleichung ist aber für $\alpha \neq \varepsilon$ mit natürlichen Zahlen $a$, $b$, $x$, $y$ unmöglich. Um das zu zeigen, genügt es, die Unlösbarkeit von

$$(a - b)\, x = (a - b)\, y + 1 \tag{95}$$

für $\alpha \neq \varepsilon$ zu beweisen; denn hieraus folgt (94), indem man beiderseits $b x + b y$ addiert und (39) und (19) benutzt. In (95) ist $a - b \in \mathfrak{N}$, da $a > b$ sein soll. Angenommen nun, (95) hätte eine Lösung $x$, $y$ in $\mathfrak{N}$. Dann kann nicht $x \leqq y$ sein, da sonst $(a - b)\, x \leqq (a - b)\, y$ wäre nach (34), im Widerspruch zu (95). Ist jedoch $x > y$, so sei zunächst $x > y + 1$. Dann wäre

$$(a - b)\, x > (a - b)\, y + (a - b) \geqq (a - b)\, y + 1, \tag{96}$$

da $a - b \in \mathfrak{N}$, also $a - b \geqq 1$ ist. Auch (96) steht aber im Widerspruch mit (95). Daher kann (95) höchstens für $x = y + 1$ lösbar sein. In diesem Fall ist

$$(a - b)\, x = (a - b)\, y + (a - b),$$

und der Vergleich mit (95) liefert mittels (16a)

$$a - b = 1, \quad \text{d. h.} \quad a = b + 1.$$

Folglich wäre $\alpha = [b + 1, b] = [1 + n, n] = \varepsilon$. Für $\alpha \neq \varepsilon$, $\alpha > 0$ ist daher (95) und damit (94) unmöglich, also (93) in $\mathfrak{G}$ nicht lösbar. Dagegen hat (93) für $\alpha = \varepsilon$ die Lösung $\eta = \varepsilon$.

Für $\alpha < 0$, d. h. $a < b$, folgt analog, daß (93) nur im Falle $y = x + 1$, $b = a + 1$ lösbar ist. Dies gibt $\alpha = \bar{\varepsilon}$ und als Lösung $\eta = \bar{\varepsilon}$. Für $\alpha \neq \bar{\varepsilon}$, $\alpha < 0$ ist (93) ebenfalls nicht lösbar. Infolgedessen hat auch in diesem Fall (92) im allgemeinen keine Lösung in $\mathfrak{G}$, d. h. das Grundgesetz C. 5 gilt in $\mathfrak{G}$ nicht.

**25. $\mathfrak{G}$ als Erweiterung von $\mathfrak{N}$.** Das Rechnen mit den Elementen von $\mathfrak{G}$ und ihre Ordnung ist erklärt, und die dafür gültigen Gesetze sind abgeleitet. Damit erhebt sich nun die Frage, wie sich die natürlichen Zahlen in die Menge $\mathfrak{G}$ der neugeschaffenen Elemente einordnen lassen. Hierzu beweisen wir (vgl. Nr. 12)

**Satz 12.** *Die Teilmenge $\mathfrak{G}^0$ von $\mathfrak{G}$ ist zur Menge $\mathfrak{N}$ ähnlich und in bezug auf jede der beiden Verknüpfungen isomorph.*

*Beweis.* Nach Definition (Nr. 22) ist $\mathfrak{G}^0$ die Menge der Elemente $\alpha > 0$ von $\mathfrak{G}$, d. h. in $\alpha = [a, b]$ ist $a > b$. Daher ist $a - b = n \in \mathfrak{N}$, und $\mathfrak{G}^0$ besteht aus den Klassen $[n + b, b]$ bei beliebigem $b \in \mathfrak{N}$.

Man wähle $b = 1$ und ordne jedem $n$ aus $\mathfrak{N}$ die Klasse $[n + 1, 1]$ von $\mathfrak{G}^0$ zu, setze also

$$\varphi(n) = [n + 1, 1]. \tag{97}$$

Dann ist $\mathfrak{G}^0 = \varphi(\mathfrak{N})$ eine Abbildung der verlangten Art. Denn sie ist erstens eineindeutig:

$$\text{Mit} \quad m = n \quad \text{gilt} \quad \varphi(m) = \varphi(n) \quad \text{und umgekehrt,} \tag{98}$$

da nach (6), (16a) und (47) die Gleichheiten

$$m = n, \quad (m + 1) + 1 = (n + 1) + 1, \quad [m + 1, 1] = [n + 1, 1]$$

sich gegenseitig bedingen. Die Abbildung (97) ist zweitens ein Isomorphismus in bezug auf die Addition:

$$\varphi(m + n) = \varphi(m) + \varphi(n) \tag{99}$$

und zugleich ein Isomorphismus in bezug auf die Multiplikation:

$$\varphi(m \cdot n) = \varphi(m) \cdot \varphi(n). \tag{100}$$

Denn aus (48), (77) und (47) folgt

$$\varphi(m) + \varphi(n) = [(m + n + 1) + 1, \, 1 + 1] = [m + n + 1, 1] = \varphi(m + n),$$

$$\varphi(m) \cdot \varphi(n) = [m\,n + d + 1, \, d + 1] = [m\,n + 1, 1] = \varphi(m\,n)$$

mit $d = m + n + 1$. Und drittens sind $\mathfrak{N}$ und $\mathfrak{G}^0$ mittels (97) einander ähnlich:

$$\text{Mit} \quad m < n \quad \text{gilt} \quad \varphi(m) < \varphi(n) \quad \text{und umgekehrt,} \tag{101}$$

da nach (14), (16b) und (54) die Ungleichheiten

$$m < n, \quad (m + 1) + 1 < (n + 1) + 1, \quad [m + 1, 1] < [n + 1, 1]$$

sich gegenseitig bedingen.

Gemäß VIII, Nr. 27 sind daher $\mathfrak{N}$ und $\mathfrak{G}^0$ hinsichtlich des Rechnens mit ihren Elementen vollkommen gleichwertig. Nach (98), (99), (100) und (101) werden durch (97) die Relationen der Gleichheit, Summe, Produkt und Ordnung beider Mengen eineindeutig aufeinander bezogen. Wir wollen daher auch die Elemente von $\mathfrak{G}$ jetzt als *Zahlen* bezeichnen [1]. Wir nennen sie die *ganzen Zahlen*.

Insbesondere ordnen die Verknüpfungen und Rechengesetze von $\mathfrak{N}$ sich denen von $\mathfrak{G}$ als Spezialfall unter, denn $\mathfrak{G}^0$ ist Teilmenge von $\mathfrak{G}$. Wir brauchen also die Elemente von $\mathfrak{N}$ und die von $\mathfrak{G}$ hinsichtlich des Rechnens nicht mehr auseinanderzuhalten und können uns auf das Rechnen in $\mathfrak{G}$ beschränken; $\mathfrak{G}^0$ stellt einen in dieser Hinsicht vollwertigen Ersatz für $\mathfrak{N}$ dar. Diesen Sachverhalt meint man, wenn man sagt: *Der Zahlbereich $\mathfrak{G}$ der ganzen Zahlen ist eine Erweiterung des Zahlbereichs $\mathfrak{N}$ der natürlichen Zahlen.*

---

[1] Das ist, streng genommen (vgl. I, Nr. 6), noch nicht erlaubt, da C. 5 nicht erfüllt ist. Wir nehmen die Bezeichnung *Zahl* auf Grund von X, Nr. 10 vorweg. Man vergleiche auch Fußnote 1 auf S. 284.

**26. Neubezeichnung der ganzen Zahlen.** Wir wollen jedoch die Einordnung der natürlichen Zahlen in die Menge der ganzen Zahlen auch im Sinne von Satz 6 vollziehen. Dazu haben wir nach dem dort angegebenen Verfahren den Elementen von $\mathfrak{G} \dotdiv \mathfrak{G}^0 = \mathfrak{S}$ neue Symbole zuzuordnen und für sie Verknüpfung und Ordnung festzusetzen. Das geschieht folgendermaßen:

Ein Element von $\mathfrak{G}$, d. h. eine Klasse $[a, b]$, gehört zu $\mathfrak{G}^0$, falls $a > b$ ist, dagegen zu $\mathfrak{G} \dotdiv \mathfrak{G}^0 = \mathfrak{S}$, falls $a \leqq b$ ist. Wir ordnen, wie bereits geschehen, der Klasse $[a, a]$ das Symbol 0, ferner der Klasse $[a, b]$ mit $b > a$, $b - a = n \in \mathfrak{N}$ das Symbol $-n$ zu und umgekehrt. Die Gesamtheit dieser neuen Symbole

$$\mathfrak{R} = \{0, -1, -2, \ldots, -n, \ldots\}$$

gibt dann zusammen mit $\mathfrak{N}$ den Erweiterungsbereich $\mathfrak{N} \dotplus \mathfrak{R}$ von $\mathfrak{N}$. Nach Satz 6 wird weiter, auf Grund der Rechenregeln in $\mathfrak{G}$:

$$n + (-m) = (n^* + (-m)^*)^* \\ = ([n+1, 1] + [1, m+1])^* = [n, m]^* = \begin{cases} n - m & \text{für } n > m \\ 0 & \text{für } n = m \\ -(m-n) & \text{für } n < m, \end{cases}$$

$$-n + (-m) = ((-n)^* + (-m)^*)^* = ([1, n+1] + [1, m+1])^* \\ = [1, n+m+1]^* = -(n+m),$$

$$n \cdot (-m) = (n^* \cdot (-m)^*)^* = ([n+1, 1] \cdot [1, m+1])^* \\ = [1, nm+1]^* = -(nm),$$

$$(-n) \cdot (-m) = ((-n)^* \cdot (-m)^*)^* = ([1, n+1] \cdot [1, m+1])^* \\ = [nm+1, 1]^* = nm.$$

Schließlich gilt $n > 0$, $0 > -m$, also auch $n > -m$ stets, da

$$n^* = [n+1, 1] > [n, n] = 0^* > [1, m+1] = (-m)^*$$

ist, und

$$-m \gtreqless -n, \text{ je nachdem } [1, m+1] \gtreqless [1, n+1], \quad \text{d. h. } n \gtreqless m$$

ist. Damit erhält man in

$$\ldots, -n, \ldots, -3, -2, -1, 0, 1, 2, 3, \ldots, n, \ldots \qquad (102)$$

die vereinfachte, uns allen geläufige Darstellung der Menge der ganzen Zahlen. Im Anschluß an Nr. 22 geben wir den Zahlen $<0$ die Bezeichnung **negative ganze Zahlen,** den Zahlen $>0$, also den natürlichen Zahlen, die Bezeichnung **positive ganze Zahlen.**

Damit können wir jetzt auch das Geheimnis aufdecken, das sich hinter den hier benutzten Zahlenpaaren $(a, b)$ und den Klassen $[a, b]$ verbirgt. Die Klasse $[a, b]$ ist im Grunde genommen nur ein Ersatz für die Differenz $a - b$, genauer für die Gesamtheit aller Paare $(a, b)$

gleicher Differenz. Dabei heißen zwei Differenzen $a - b$ und $c - d$ *gleich*, wenn $a + d = b + c$ ist. Im Bereich der natürlichen Zahlen hat eine solche Differenz nur für $a > b$ einen Sinn. Um den für $a \leqq b$ zunächst sinnlosen „Differenzen" Bedeutung zu verleihen, betrachtet man die Gesamtheit aller Paare $(a, b)$ gleicher „Differenz" — gleichgültig, ob $a > b$, $a = b$ oder $a < b$ ist —, ersetzt aber den nichtdefinierten Begriff „Differenz" durch die Äquivalenz (46) und erhält so den Bereich der ganzen Zahlen als den Wertevorrat aller Klassen äquivalenter Paare, d. h. aller „Differenzen" von natürlichen Zahlen.

Nachdem die Klassen ihren Zweck erfüllt haben und ihnen neue, einfachere Symbole zugeordnet sind, brauchen wir sie nicht mehr und legen sie beiseite. Die dadurch frei werdende Bezeichnung $\mathfrak{G}$ geht auf die Menge der Zahlen (102) über. Dementsprechend heben wir auch unsere Vereinbarung von Nr. 16, daß kleine lateinische Buchstaben natürliche Zahlen bedeuten sollen, auf und erstrecken sie statt dessen auf die ganzen Zahlen. *Von jetzt an sind also $a, b, c, \ldots$ bis auf weiteres Elemente von* $\mathfrak{G}$. Die Rechenregeln, die wir in den §§ 3 und 4 für die Klassen aufgestellt haben, sind die Rechenregeln für die ganzen Zahlen, und bei den Anwendungen haben wir künftig diese Regeln von $\alpha, \beta, \gamma, \ldots$ auf $a, b, c, \ldots$ umzudenken oder umzuschreiben. Insbesondere ist in Nr. 24 das Element $\varepsilon$, das für jedes $\alpha$ der Gleichung $\alpha \cdot \varepsilon = \alpha$ genügt, durch die ihm entsprechende 1 zu ersetzen, und damit erhalten wir, indem wir noch (47) benutzen:

$$a \cdot 1 = 1 \cdot a = a \quad \text{für jedes} \quad a \in \mathfrak{G}. \tag{103}$$

Diese Regel, die wir bisher nur für natürliche Zahlen kennengelernt haben [Nr. 9, (27)], gilt also für alle ganzen Zahlen.

Wir verzichten darauf, sämtliche Rechenregeln der §§ 3 und 4 in dieser Weise umzuschreiben, und beschränken uns dabei auf die wichtigsten Regeln über entgegengesetzte, d. h. negative Zahlen. In diesen hat man also stets $\bar{\alpha}, \bar{\beta}, \ldots$ durch $-a, -b, \ldots$ zu ersetzen. Zum Beispiel lautet (74) jetzt

$$b + (-a) = b - a, \tag{104}$$

und hiermit geht (69) über in

$$a - a = -a + a = 0. \tag{105}$$

Ferner liefern (75), (76), (85) und (86) die Regeln:

$$-(-a) = a, \tag{106}$$

$$-(a + b) = -a - b. \tag{107}$$

$$a(-b) = (-a)b = -(ab), \tag{108}$$

$$(-a)(-b) = ab, \tag{109}$$

und nach (73) und (84) gilt:

$$\text{Aus} \quad a = b \quad \text{folgt} \quad -a = -b. \tag{110}$$

$$\text{Aus} \quad a < b \quad \text{folgt} \quad -a > -b. \tag{111}$$

Für $a = 0$ bzw. $b = 0$ ergibt dies:

$$\text{Aus} \quad b > 0 \quad \text{folgt} \quad -b < 0. \tag{112}$$

$$\text{Aus} \quad a < 0 \quad \text{folgt} \quad -a > 0. \tag{113}$$

Denn nach (70) ist

$$-0 = 0. \tag{114}$$

Kapitel X.

# Die rationalen Zahlen.

## § 1. Das Rechnen mit rationalen Zahlen.

**1. Der zweite Erweiterungsschritt.** Im Zahlbereich der ganzen Zahlen können wir unbeschränkt addieren, subtrahieren und multiplizieren. Das Ergebnis dieser Rechenoperationen ist stets wieder eine ganze Zahl. Lediglich die Division ist nur in Ausnahmefällen ausführbar, da das Grundgesetz C. 5 nicht gilt. Wir nehmen daher jetzt den zweiten Erweiterungsschritt vor, der uns von der Menge der ganzen Zahlen zu einem Zahlbereich führen soll, in dem auch das letzte noch zu erfüllende Grundgesetz der Arithmetik, die Umkehrbarkeit der Multiplikation, Gültigkeit hat.

Für diese zweite Erweiterung benutzen wir wieder den Klassenbildungsprozeß mittels Äquivalenzklassen (IX, Nr. 13) und wählen als Ausgangsbereich $\mathfrak{B}$ die Menge $\mathfrak{G}$ der ganzen Zahlen, als Komposition von $\mathfrak{B}$ die Multiplikation in $\mathfrak{G}$. Diese Spezialisierung ist sicher zulässig, wenn wir *die Null ausschließen*, als Komponenten der Paare also nur die von Null verschiedenen ganzen Zahlen zulassen. Denn dann erfüllt nach den Regeln 24, 25, 26 und 32 (bei dieser tritt die Bedingung $\beta \neq 0$ auf!) von IX, § 4 die Multiplikation in $\mathfrak{G}$ die Gesetze (40.1) bis (40.4), und die Gleichheit in $\mathfrak{G}$, die durch IX, (47) definiert ist, genügt nach IX, Satz 7 für den Spezialfall $\mathfrak{C} = \mathfrak{G}$ den Grundgesetzen A. Wir brauchen aber die Null nicht durchweg als Komponente der Paare auszuschließen. Wieweit das notwendig ist, wollen wir jetzt klarstellen.

Die Bedingung für die Äquivalenz zweier Paare $(a, b)$ und $(c, d)$ aus ganzen Zahlen sowie für die Gleichheit der hierdurch bestimmten Klassen ergibt sich, da wir statt $\circ$ jetzt $\cdot$ zu schreiben haben, aus IX, (41) bzw. (44) und lautet:

$$\left.\begin{aligned} (a, b) &\sim (c, d) \\ [a, b] &= [c, d] \end{aligned}\right\}, \quad \text{wenn} \quad a \cdot d = b \cdot c \text{ ist.} \tag{1} \tag{2}$$

Um Äquivalenzklassen in bezug auf die Relation (1) bilden zu können, muß (1) die drei Gesetze IX, (42.1) bis (42.3) erfüllen. Das ist nach IX, Nr. 13 gesichert, wenn die Elemente $a, b, c, \ldots$ und die betrachtete Verknüpfung (hier die Multiplikation) den Gesetzen IX, (40.1) bis (40.4) genügen. Für die Multiplikation der ganzen Zahlen gilt aber (40.4) nur in der eingeschränkten Form [vgl. IX, (90); Regel 32]:

$$\text{Aus} \quad a \cdot c = b \cdot c \quad \text{und} \quad c \neq 0 \quad \text{folgt} \quad a = b. \tag{3}$$

Jedoch wird (40.4) in IX, Nr. 13 nur zum Beweis des Transitivgesetzes (42.3) benutzt, und zwar wird mittels (40.4), d. h. — auf den jetzigen Spezialfall $\cdot$ des Kompositionszeichens $\circ$ übertragen — mittels (3), von

$$(a \cdot f) \cdot d = (b \cdot e) \cdot d \quad \text{auf} \quad a \cdot f = b \cdot e \tag{4}$$

geschlossen. Das geht nach (3) nur, wenn $d \neq 0$ ist.

Die Voraussetzung des Nichtverschwindens ($d \neq 0$) betrifft also nur die *zweite* Komponente eines Paares. Auch die Zahlen $b$ und $f$, mit denen beim Beweis von (42.3) in IX, Nr. 13 multipliziert wird, sind zweite Komponenten. Die ersten Komponenten werden durch die Einschränkung $c \neq 0$ in (3) nicht berührt. *Daher genügt es, die Null für die zweiten Komponenten der Paare auszuschließen.* Wir betrachten demgemäß die Menge aller Paare aus ganzen Zahlen, deren zweite Komponente von 0 verschieden ist, und zerlegen sie in Äquivalenzklassen in bezug auf die Relation (1). Das ergibt die zu $\mathfrak{B} = \mathfrak{G}$ gehörende Menge $\mathfrak{C}$ von Äquivalenzklassen. Wir bezeichnen sie für diesen Spezialfall mit $\mathfrak{P}$ und haben nun die Aufgabe, für die Elemente von $\mathfrak{P}$ — nachdem die Gleichheit durch (2) erklärt ist und IX, Satz 7 und damit die Grundgesetze A auf Grund der Bemerkung zu (4) auch im Spezialfall $\mathfrak{C} = \mathfrak{P}$ gelten — noch Addition, Multiplikation und Ordnung geeignet zu definieren und zu zeigen, daß $\mathfrak{P}$ wirklich eine Erweiterung von $\mathfrak{G}$ im Sinne von IX, Nr. 12 ist. Mit diesem zweiten Erweiterungsschritt werden wir das dort gesteckte Ziel erreichen: In $\mathfrak{P}$ gelten sämtliche 15 Grundgesetze der Arithmetik.

**2. Addition in $\mathfrak{P}$.** Da die Elemente von $\mathfrak{G}$ nunmehr mit kleinen lateinischen Buchstaben bezeichnet werden, sind die kleinen griechischen Buchstaben frei zur Bezeichnung der Klassen gemäß IX, (43); sie bedeuten jetzt also Elemente von $\mathfrak{P}$. Als Vertreter einer Klasse darf nach VIII, Satz 13 jedes Element dieser Klasse gewählt werden. Nun ist nach IX, (108)

$$a(-b) = (-a)\,b, \quad \text{d. h.} \quad (a, b) \sim (-a, -b);$$

also gehören je zwei Paare $(a, b)$ und $(-a, -b)$ derselben Klasse an. Da nur Paare mit von 0 verschiedener zweiter Komponente zugelassen sind, ist $b \neq 0$ und daher entweder $b > 0$ oder $-b > 0$ nach IX, (113).

Folglich enthält jede Klasse Vertreter, deren *zweite Komponente positiv* ist. Wir werden uns bei $\mathfrak{P}$ durchweg auf Vertreter dieser Art beschränken:

$$\alpha = [a, b] \qquad (a, b \in \mathfrak{G}, \; b > 0). \qquad (5)$$

In diesem Zusammenhang brauchen wir den Hilfssatz:

$$\textit{Mit} \quad b > 0, \quad b' > 0 \quad \textit{ist auch} \quad b \cdot b' > 0. \qquad (6)$$

Dies ergibt sich aus IX, (88) und (87); denn hiernach ist $b \cdot b' > 0 \cdot b' = 0$.

**Definition.** *Sind $\alpha$, $\beta$ Elemente von $\mathfrak{P}$ und die Vertreter $(a, b)$ von $\alpha$ und $(c, d)$ von $\beta$ gemäß (5) gewählt, so versteht man unter der* **Summe** *$\alpha + \beta$ in $\mathfrak{P}$ die durch das Paar $(ad + bc, bd)$ bestimmte Klasse, in Zeichen:*

$$[a, b] + [c, d] = [ad + bc, bd]. \qquad (7)$$

Nach (6) ist $bd > 0$, also $\neq 0$ und daher die Summe $\alpha + \beta$ wieder ein Element von $\mathfrak{P}$, der Vertreter sogar von der Art (5). Die Definition (7) ist ferner unabhängig von der Wahl der Vertreter. Ist nämlich $(a, b) \sim (a', b')$ und $(c, d) \sim (c', d')$, also

$$ab' = ba', \quad cd' = dc', \qquad (8)$$

so folgt hieraus, indem man die erste Gleichung mit $dd'$, die zweite mit $bb'$ multipliziert und dann beide addiert, mittels IX, (79), (80), (81) und (82)

$$(ad + bc)\, b'd' = (a'd' + b'c')\, bd. \qquad (9)$$

Nach (1) ist also $(ad + bc, bd) \sim (a'd' + b'c', b'd')$ und daher auch

$$[a', b'] + [c', d'] = [ad + bc, bd].$$

**Satz 1.** *Sind $\alpha$, $\alpha'$, $\beta$, $\beta'$, $\gamma$ beliebige Elemente von $\mathfrak{P}$, so gilt:*

$$\textit{Aus} \quad \alpha = \alpha' \quad \textit{und} \quad \beta = \beta' \quad \textit{folgt} \quad \alpha + \beta = \alpha' + \beta'. \qquad (10)$$

$$\alpha + \beta = \beta + \alpha. \qquad (11)$$

$$\alpha + (\beta + \gamma) = (\alpha + \beta) + \gamma. \qquad (12)$$

*Beweis.* Setzt man $[a', b'] = \alpha'$, $[c', d'] = \beta'$, so ist (10) bereits mit (8) und (9) bewiesen. Ist ferner

$$\alpha = [a, b], \quad \beta = [c, d], \quad \gamma = [e, f], \qquad (13)$$

so ergibt sich (11) aus (7) mittels der beiden Kommutativgesetze von $\mathfrak{G}$, und (12), d. h.

$$[a \cdot df + b(cf + de),\, b \cdot df] = [(ad + bc)\, f + bd \cdot e,\, bd \cdot f],$$

folgt aus dem Distributivgesetz und beiden Assoziativgesetzen von $\mathfrak{G}$.

**3. Ordnung von $\mathfrak{P}$.** Für die Definition der Ordnungsbeziehung in $\mathfrak{P}$ — die wir wieder durch das Zeichen $<$ ausdrücken — ist die Verabredung wesentlich, nur Vertreter mit positiver zweiter Komponente zu wählen. Dann können wir in Analogie zu IX, (54) festsetzen:

**Definition.** *Sind $\alpha, \beta$ verschiedene Elemente von $\mathfrak{P}$ und ihre Vertreter $(a, b)$ bzw. $(c, d)$ gemäß (5) gewählt, so heißt $\alpha$ **kleiner als** $\beta$, wenn das Produkt der äußeren Komponenten kleiner ist als das der inneren, in Zeichen:*

$$[a, b] < [c, d], \quad \text{wenn} \quad ad < bc \quad \text{ist} \quad (b > 0, d > 0). \tag{14}$$

Die Bedingung $b > 0, d > 0$ ist zu beachten, bedeutet aber nach der Vorbemerkung in Nr. 2 keine Einschränkung. Statt $\alpha < \beta$ schreibt man auch $\beta > \alpha$. Daher gilt für $b > 0$, $d > 0$:

$$[a, b] > [c, d], \quad \text{wenn} \quad ad > bc \quad \text{ist.} \tag{15}$$

Aus (14) und (15) erhält man die Negation zu (2):

$$[a, b] \neq [c, d], \quad \text{wenn} \quad ad \neq bc \quad \text{ist.} \tag{16}$$

Die Definition (14) und damit auch (15) ist unabhängig von der Wahl der Klassenvertreter. Ist $(a', b') \sim (a, b)$ und $(c', d') \sim (c, d)$ mit $b' > 0$, $d' > 0$, so gilt mit $ad < bc$ auch $a'd' < b'c'$. Denn nach (6) ist $b'd' > 0$, also folgt nach IX, (88)

$$ad \cdot d'b' < bc \cdot d'b', \quad \text{d. h.} \quad a'd' \cdot bd < b'c' \cdot bd \tag{17}$$

bei Beachtung von (8) und IX, (80), (81). Aus (17) erhält man aber $a'd' < b'c'$ nach IX, (91), da $bd > 0$ ist.

Ferner ist (14) wirklich eine Ordnungsbeziehung, denn sie ist nach (15) asymmetrisch und nach (18) transitiv.

**Satz 2.** *Sind $\alpha, \beta, \gamma$ Elemente von $\mathfrak{P}$, so gilt:*

$$\text{Aus} \quad \alpha < \beta, \; \beta < \gamma \quad \text{folgt} \quad \alpha < \gamma. \tag{18}$$

$$\text{Aus} \quad \alpha < \beta \quad \text{folgt} \quad \alpha + \gamma < \beta + \gamma. \tag{19}$$

*Beweis.* Aus $ad < bc, cf < de$ folgt durch Multiplikation mit $f > 0$ bzw. $b > 0$ nach IX, (88) und (56)

$$adf < bcf < bde, \quad \text{d. h.} \quad af < be$$

nach IX, (91). Damit ist (18) bewiesen. Und aus $ad < bc$ erhält man wegen $f > 0$ nach IX, (88), (57), (80), (81) und (82):

$$adf < bcf, \qquad\qquad adf + bde < bcf + bde,$$

$$(af + be)\,d < b(cf + de), \quad (af + be)\,df < bf(cf + de),$$

$$[af + be, bf] < [cf + de, df].$$

Damit ist (19) bewiesen.

**4. Umkehrbarkeit der Addition in $\mathfrak{P}$.** Die Addition (7) ist in $\mathfrak{P}$, sogar eindeutig, umkehrbar. Es gilt

**Satz 3.** *Sind $\alpha$ und $\beta$ irgend zwei Elemente von $\mathfrak{P}$, so hat die Gleichung*

$$\alpha + \xi = \beta \tag{20}$$

*stets eine und nur eine Lösung $\xi$ in $\mathfrak{P}$.*

*Beweis.* Die Eindeutigkeit der Lösung folgt (vgl. IX, Satz 8) aus dem Monotoniegesetz (19), die Existenz durch Angabe der Lösung: Werden $\alpha, \beta$ nach (13) gewählt, so setze man

$$\xi = [x, y] \quad \text{mit} \quad x = bc - ad, \ y = bd. \tag{21}$$

Dann ist $bd > 0$ nach (6), also $\xi \in \mathfrak{P}$ und nach (7) und (2)

$$\alpha + \xi = [a, b] + [bc - ad, bd] = [a \cdot bd + b(bc - ad), b \cdot bd]$$
$$= [b \cdot bc, b \cdot bd] = [c, d] = \beta,$$

d. h. (21) ist eine Lösung von (20).

**Definition.** *Diese eindeutig bestimmte Lösung von* (20) *heißt die* **Differenz** $\beta$ *minus* $\alpha$ *in* $\mathfrak{P}$, *in Zeichen:*

$$\xi = \beta - \alpha. \tag{22}$$

*Die Bezeichnungen* **Subtraktion, Minuend, Subtrahend** *gelten entsprechend* (vgl. IX, Nr. 7).

Die Definitionsgleichung für die Differenz ist formal dieselbe wie die in $\mathfrak{G}$ [vgl. IX, (61)], die Ausführung der Subtraktion geschieht jedoch nach der Rechenvorschrift

$$[a, b] - [c, d] = [ad - bc, bd]. \tag{23}$$

Hierbei haben wir wieder, um die Korrespondenz mit der Additionsvorschrift (7) hervortreten zu lassen, $\alpha - \beta$ statt $\beta - \alpha$ gebildet.

**5. Null und entgegengesetztes Element in $\mathfrak{P}$.** Zwei Spezialfälle von (20) führen auf die Null und die entgegengesetzten Elemente in $\mathfrak{P}$. Im Fall $\beta = \alpha$ ist die Klasse $\nu = [0, 1]$ Lösung von (20) für jedes $\alpha$ von $\mathfrak{P}$, da stets

$$\alpha + \nu = [a, b] + [0, 1] = [a \cdot 1 + b \cdot 0, \ b \cdot 1] = [a, b] = \alpha$$

ist nach IX, (103) und (87). Und im Falle $\beta = \nu$ ist $\bar{\alpha} = [-a, b]$ die Lösung von (20); denn nach (2) ist $[0, b] = [0, 1]$ und daher

$$\alpha + \bar{\alpha} = [a, b] + [-a, b] = [ab + b(-a), \ b \cdot b]$$
$$= [b(a - a), \ b \cdot b] = [0, b] = \nu$$

nach IX, (104) und (105).

Ferner gilt mit diesem $\bar{\alpha}$ wieder $\beta - \alpha = \beta + \bar{\alpha}$. Es ist nämlich nach IX, (104) und (107)

$$[c, d] + [-a, b] = [cb + d(-a), db] = [cb - da, db] = [c, d] - [a, b].$$

**Definition.** *Die Klasse* $[0, 1]$ *heißt das* **Nullelement** *oder die* **Null** *in* $\mathfrak{P}$, *die Klasse* $[-a, b]$ *das zu* $[a, b]$ **entgegengesetzte Element** *in* $\mathfrak{P}$, *in Zeichen:*

$$[0, 1] = 0, \tag{24}$$

$$[-a, b] = -[a, b]. \tag{25}$$

Die Bezeichnungen $0$ für die Null und $-\alpha$ für das zu $\alpha$ entgegengesetzte Element übernehmen wir von $\mathfrak{G}$ nach $\mathfrak{P}$. Denn die charakteristischen Eigenschaften sind, wenn man das eben Bewiesene und (11) beachtet, die gleichen wie in $\mathfrak{G}$:

$$\alpha + 0 = 0 + \alpha = \alpha \qquad \text{für jedes } \alpha \in \mathfrak{P}. \tag{26}$$

$$\beta + (-\alpha) = \beta - \alpha. \tag{27}$$

$$\alpha - \alpha = -\alpha + \alpha = 0 \qquad \text{für irgendein } \alpha \in \mathfrak{P}. \tag{28}$$

Außerdem folgt aus (24), (25) und IX, (114)

$$-0 = 0, \tag{29}$$

und es gilt, entsprechend zu IX, (75) und (76):

$$-(-\alpha) = \alpha, \tag{30}$$

$$-(\alpha + \beta) = -\alpha - \beta. \tag{31}$$

Denn nach (25) und IX, (106) bzw. (107) ist

$$-[-a, b] = [-(-a), b] = [a, b],$$

$$-[a, b] - [c, d] = [-a, b] + [-c, d] = [-ad - bc, bd]$$

$$= [-(ad + bc), bd] = -([a, b] + [c, d]).$$

**6. Multiplikation in $\mathfrak{P}$.** Wir kommen jetzt zum entscheidenden Abschnitt dieses Kapitels: zur Definition der Multiplikation in $\mathfrak{P}$, von der nachgewiesen werden soll, daß sie die Eigenschaft der Umkehrbarkeit besitzt. Wir nehmen uns dazu die (schon als umkehrbar erkannte) Addition in $\mathfrak{G}$ zum Vorbild (IX, § 3) und brauchen dort nur $\cdot$ statt $+$ zu schreiben.

**Definition.** *Sind $\alpha$ und $\beta$ Elemente von $\mathfrak{P}$ und ihre Vertreter $(a, b)$ bzw. $(c, d)$ gemäß (5) gewählt, so versteht man unter dem* **Produkt** *$\alpha \cdot \beta$ in $\mathfrak{P}$ (meist $\alpha\beta$ geschrieben) die durch das Paar $(a \cdot c, b \cdot d)$ bestimmte Klasse, in Zeichen:*

$$[a, b] \cdot [c, d] = [a \cdot c, b \cdot d]. \tag{32}$$

Nach (6) ist $bd \neq 0$, sogar $>0$, also das Produkt $\alpha\beta$ tatsächlich Element von $\mathfrak{P}$ und sein Vertreter wieder von der Art (5). Die Definition (32) ist ferner unabhängig von der Wahl der Vertreter. Ist nämlich $(a, b) \sim (a', b')$ und $(c, d) \sim (c', d')$, also (8) erfüllt, so folgt durch Multiplikation der Gl. (8) nach IX, (79), (80) und (81)

$$ac \cdot b'd' = bd \cdot a'c', \quad \text{d. h.} \quad (ac, bd) \sim (a'c', b'd'). \tag{33}$$

Folglich ist nach (1) und (2) das Produkt $\alpha\beta$ durch (32) eindeutig bestimmt.

**Satz 4.** *Sind $\alpha, \alpha', \beta, \beta', \gamma$ beliebige Elemente von $\mathfrak{P}$, so gilt:*

$$\text{Aus} \quad \alpha = \alpha' \quad \text{und} \quad \beta = \beta' \quad \text{folgt} \quad \alpha\beta = \alpha'\beta'. \tag{34}$$

$$\alpha\beta = \beta\alpha. \tag{35}$$

$$\alpha(\beta\gamma) = (\alpha\beta)\gamma. \tag{36}$$

$$\alpha(\beta + \gamma) = \alpha\beta + \alpha\gamma. \tag{37}$$

*Beweis.* Setzt man $[a', b'] = \alpha'$, $[c', d'] = \beta'$, so ist (34) bereits durch (33) bestätigt. Und wählt man die Vertreter für $\alpha, \beta, \gamma$ gemäß (13), so ergeben sich (35) bzw. (36) unmittelbar aus (32) auf Grund des Kommutativ- bzw. des Assoziativgesetzes der Multiplikation in $\mathfrak{G}$ [IX, (80) bzw. (81)], während (37) auf dem Distributivgesetz in $\mathfrak{G}$ [IX, (32)] beruht. Denn es ist

$$\alpha(\beta + \gamma) = [a, b]\,[cf + de, df] = [a\,(cf + de),\, b\,df],$$

$$\alpha\beta + \alpha\gamma = [ac, bd] + [ae, bf] = [b(acf + ade),\, b \cdot bdf].$$

Die Klassen auf den rechten Seiten stimmen aber nach (2) überein. Im Sonderfall der Multiplikation mit 0 gilt

$$\alpha \cdot 0 = 0 \cdot \alpha = 0 \quad \text{für jedes} \quad \alpha \in \mathfrak{P}. \tag{38}$$

Denn nach (35) und (32) folgt mittels (24)

$$\alpha \cdot 0 = 0 \cdot \alpha = [0, 1]\,[a, b] = [0, b] = [0, 1] = 0.$$

**7. Einfluß auf die Ordnung.** Auch Multiplikation, Übergang zum entgegengesetzten Element und Ordnung stehen in $\mathfrak{P}$ paarweise miteinander in Beziehung. Die Zusammenhänge entsprechen denen in $\mathfrak{G}$.

**Satz 5.** *Für die Multiplikation mit dem entgegengesetzten Element gelten die Regeln:*

$$\alpha \cdot (-\beta) = (-\alpha) \cdot \beta = -(\alpha \cdot \beta), \tag{39}$$

$$(-\alpha) \cdot (-\beta) = \alpha \cdot \beta. \tag{40}$$

*Beweis.* Mittels (25), (32) und IX, (108), (109) folgt

$$\alpha \cdot (-\beta) = [a, b]\,[-c, d] = [-ac, bd] = -[ac, bd] = -(\alpha\beta),$$

$$(-\alpha) \cdot \beta = [-a, b]\,[c, d] = [-ac, bd] = -[ac, bd] = -(\alpha\beta),$$

$$(-\alpha) \cdot (-\beta) = [-a, b]\,[-c, d] = [ac, bd] = \alpha\beta.$$

**Satz 6.** *Beim Übergang zum entgegengesetzten Element kehrt sich die Ordnung um:*

$$\textit{Aus} \quad \alpha \lesseqgtr \beta \quad \textit{folgt} \quad -\alpha \gtreqless -\beta. \tag{41}$$

*Hierbei gehören an entsprechender Stelle stehende Zeichen beider Relationen zusammen*[1].

*Beweis.* Es sei $\alpha = [a, b]$, $\beta = [c, d]$ und $\alpha < \beta$, also $ad < bc$. Dann ist nach IX, (108) und (109)

$$(-a)\,d = -ad > -bc = b(-c), \quad \text{d. h.} \quad [-a, b] > [-c, d],$$

also $-\alpha > -\beta$. Im Falle $\alpha > \beta$ folgt analog $-\alpha < -\beta$. Ist schließlich $\alpha = \beta$, d. h. $ad = bc$, so gilt $(-a)\,d = b(-c)$ nach IX, (110) und (108), also $[-a, b] = [-c, d]$ oder $-\alpha = -\beta$.

---

[1] Die Zeichen $\lesseqgtr$ bzw. $\gtreqless$ werden gelesen: *kleiner, gleich oder größer* bzw. *größer, gleich oder kleiner.*

Mittels (29) erhält man aus (41) für $\beta = 0$ die Folgerung:

$$Aus \quad \alpha \gtreqless 0 \quad folgt \quad -\alpha \lesseqgtr 0. \tag{42}$$

Die Frage, wann $\alpha = [a, b] \lesseqgtr 0$ ist, ist leicht zu entscheiden:

$$Es \; ist \quad [a, b] \lesseqgtr 0, \quad je \; nachdem \quad a \lesseqgtr 0 \quad ist. \tag{43}$$

Denn für $0 = [0, 1]$ gilt nach (14), (2) und (15):

$$[a, b] < [0, 1] \quad \text{bedeutet} \quad a \cdot 1 < b \cdot 0 = 0, \quad \text{d. h.} \quad a < 0,$$
$$[a, b] = [0, 1] \quad \text{bedeutet} \quad a \cdot 1 = b \cdot 0 = 0, \quad \text{d. h.} \quad a = 0,$$
$$[a, b] > [0, 1] \quad \text{bedeutet} \quad a \cdot 1 > b \cdot 0 = 0, \quad \text{d. h.} \quad a > 0.$$

**Satz 7.** *Für die Ordnung in $\mathfrak{P}$ gilt das starke Monotoniegesetz der Multiplikation:*

$$Aus \quad \alpha < \beta \quad und \quad \gamma > 0 \quad folgt \quad \alpha\gamma < \beta\gamma. \tag{44}$$

*Beweis.* Die Voraussetzungen besagen, mittels (13), (14) und (32) ausgedrückt:

$$ad < bc \quad \text{und} \quad e > 0.$$

Nach (5) ist $f > 0$, also $ef > 0$ nach (6) und daher nach IX, (88)

$$ae \cdot df = ad \cdot ef < bc \cdot ef = bf \cdot ce. \tag{45}$$

Nun ist $\alpha\gamma = [ae, bf]$ und $\beta\gamma = [ce, df]$, also $\alpha\gamma < \beta\gamma$ nach (45).

**8. Umkehrbarkeit der Multiplikation in $\mathfrak{P}$.** Die durch (32) definierte Multiplikation ist — von *einem* Ausnahmefall abgesehen — umkehrbar, sogar eindeutig umkehrbar. Es gilt

**Satz 8.** *Sind $\alpha$ und $\beta$ Elemente von $\mathfrak{P}$ und ist $\alpha \neq 0$, so hat die Gleichung*

$$\alpha\xi = \beta \tag{46}$$

*eine und nur eine Lösung $\xi$ in $\mathfrak{P}$.*

*Beweis.* 1. *Eindeutigkeit.* Da $\alpha \neq 0$ ist, ist $\alpha > 0$ oder $\alpha < 0$. Gäbe es nun in $\mathfrak{P}$ zwei Lösungen $\xi$ und $\xi'$ von (46), so sei etwa $\xi < \xi'$. Dann wäre für $\alpha > 0$ nach (44) auch $\alpha\xi < \alpha\xi'$. Für $\alpha < 0$ wäre $-\alpha > 0$ nach (42), also nach (39) und (44)

$$-(\alpha\xi) = (-\alpha)\,\xi < (-\alpha)\,\xi' = -(\alpha\xi'), \quad \text{d. h.} \quad \alpha\xi > \alpha\xi'$$

nach (41) und (30). Es ist aber $\alpha\xi = \beta = \alpha\xi'$.

2. *Existenz.* Ist $\alpha = [a, b], \beta = [c, d]$, so setze man

$$\xi = [x, y] \quad \text{mit} \quad x = bc, \; y = ad. \tag{47}$$

Dann ist nach (32) und (2)

$$\alpha\xi = [a, b]\,[bc, ad] = [ab \cdot c, \, ba \cdot d] = [c, d] = \beta,$$

also $[bc, ad]$ eine Lösung von (46). Ferner ist $[bc, ad]$ Element von $\mathfrak{P}$. Wegen $\alpha \neq 0$ ist nämlich nach (43) auch $a \neq 0$ und daher $ad \neq 0$. Denn da $d > 0$ ist [vgl. (5)], ist für $a > 0$ nach (6) auch $ad > 0$, und für $a < 0$ folgt $ad < 0$ nach IX, (89). In diesem Fall setze man $\xi = [-x, -y]$, um der Vereinbarung (5) zu genügen.

Die Gl. (46) hat also, wenn $\alpha \neq 0$ ist, stets eine eindeutig bestimmte Lösung. Für $\alpha = 0$ liegt der eingangs erwähnte Ausnahmefall vor. Denn die Gleichung $0 \cdot \xi = \beta$ hat, da für jedes $\xi \in \mathfrak{P}$ nach (38) stets $0 \cdot \xi = 0$ ist, entweder keine Lösung (falls nämlich $\beta \neq 0$ ist) oder jedes $\xi \in \mathfrak{P}$ als Lösung (falls $\beta = 0$ ist).

**Definition.** *Die für* $\alpha \neq 0$ *eindeutig bestimmte Lösung* $\xi$ *von* (46) *heißt der* **Quotient** $\beta$ *durch* $\alpha$ *in* $\mathfrak{P}$, *in Zeichen:*

$$\xi = \beta : \alpha \quad oder \quad \xi = \frac{\beta}{\alpha}, \tag{48}$$

*auch das durch* **Division** *von* $\beta$ *mit* $\alpha$ *entstehende Element von* $\mathfrak{P}$. *Man nennt* $\beta$ *den* **Dividend** *oder* **Zähler,** $\alpha$ *den* **Divisor** *oder* **Nenner** *des Quotienten* (48).

Damit hat man also für den Quotienten die Definitionsgleichung

$$\alpha \cdot (\beta : \alpha) = \beta \quad oder \quad \alpha \cdot \frac{\beta}{\alpha} = \beta \quad (\alpha \neq 0) \tag{49}$$

und für die Division die Rechenvorschrift

$$[c, d] : [a, b] = \frac{[c, d]}{[a, b]} = [bc, ad] \quad (a \neq 0). \tag{50}$$

Ist $\beta \neq 0$, so kann man auch $\alpha : \beta$ bilden und erhält

$$[a, b] : [c, d] = \frac{[a, b]}{[c, d]} = [ad, bc] \quad (c \neq 0). \tag{51}$$

Diese Form gestattet einen bequemen Vergleich mit der Multiplikationsvorschrift (32).

**9. Das inverse Element in $\mathfrak{P}$.** Besondere Beachtung verdienen wieder zwei Spezialfälle. In (46) sei erstens $\beta = \alpha$. Dann hat man die Gleichung $\alpha \cdot \xi = \alpha$ und erhält mittels (47) oder (50) die Lösung

$$\xi = \frac{\alpha}{\alpha} = \frac{[a, b]}{[a, b]} = [ba, ab] = [1, 1]$$

nach (2) und IX, (80). Wir setzen $[1, 1] = \varepsilon$. Dann hat $\varepsilon$ die Eigenschaft:

$$\alpha \cdot \varepsilon = \varepsilon \cdot \alpha = \alpha \quad \text{für jedes} \quad \alpha \in \mathfrak{P}. \tag{52}$$

Denn $\varepsilon$ ist unabhängig von $\alpha$. Daher ist (52) für *jedes* $\alpha \neq 0$ nach (35) und der Definition von $\varepsilon$ erfüllt; für $\alpha = 0$ gilt (52) aber auf Grund von (38). Und $\varepsilon$ ist das einzige Element von $\mathfrak{P}$ mit der Eigenschaft (52), da $\alpha \xi = \alpha$ nach Satz 8 nur *eine* Lösung hat.

Nun sei in (46) zweitens $\beta = \varepsilon$. Dann handelt es sich um die Gleichung $\alpha \xi = \varepsilon$ mit der Lösung

$$\xi = \frac{\varepsilon}{\alpha} = \frac{[1, 1]}{[a, b]} = [b, a].$$

Hier ist $a \neq 0$ nach (43), da $\alpha \neq 0$ ist. Falls $a < 0$ ist, setze man $\xi = [-b, -a]$. Die so durch einen Vertreter mit positiver zweiter

Komponente gekennzeichnete Lösung heiße $\alpha^{-1}$. Es ist also $\alpha^{-1}$ ein Element von $\mathfrak{P}$ mit der Eigenschaft:

$$\alpha \cdot \alpha^{-1} = \alpha^{-1} \cdot \alpha = \varepsilon \qquad (\alpha \in \mathfrak{P}, \alpha \neq 0). \qquad (53)$$

Auch hier ist $\alpha^{-1}$ zu jedem $\alpha \neq 0$ in $\mathfrak{P}$ nach Satz 8 eindeutig bestimmt.

**Definition.** *Das durch* (52) *bestimmte Element $\varepsilon$ von $\mathfrak{P}$ heißt das* **Einheits-** *oder* **Einselement** *oder die* **Eins** *von $\mathfrak{P}$. Es ist*

$$\varepsilon = [1, 1]. \qquad (54)$$

*Das durch* (53) *zu jedem Element $\alpha \neq 0$ von $\mathfrak{P}$ bestimmte Element $\alpha^{-1}$ von $\mathfrak{P}$ heißt das* **inverse Element** *zu $\alpha$ in $\mathfrak{P}$. Es ist*

$$\alpha^{-1} = \left\{ \begin{array}{c} [b, a] \\ [-b, -a] \end{array} \right\}, \quad \textit{falls} \quad \alpha = [a, b] \neq 0, \left\{ \begin{array}{c} a > 0 \\ a < 0 \end{array} \right\} \textit{ ist.} \qquad (55)$$

**Satz 9.** *Statt durch ein Element $\alpha \neq 0$ von $\mathfrak{P}$ zu dividieren, kann man auch mit dem inversen Element $\alpha^{-1}$ multiplizieren. Sind $\alpha \neq 0$ und $\beta$ Elemente von $\mathfrak{P}$, so ist*

$$\beta : \alpha = \frac{\beta}{\alpha} = \beta \cdot \alpha^{-1}. \qquad (56)$$

*Beweis.* Mit Hilfe von (36), (35), (53) und (52) folgt

$$\alpha \, (\beta \, \alpha^{-1}) = (\alpha \beta) \, \alpha^{-1} = (\beta \, \alpha) \, \alpha^{-1} = \beta \, (\alpha \, \alpha^{-1}) = \beta \, \varepsilon = \beta.$$

Also ist $\beta \, \alpha^{-1}$ Lösung von (46). Da diese eindeutig bestimmt und nach (48) gleich $\beta : \alpha$ ist, müssen beide übereinstimmen. Damit ist (56) bewiesen.

Auf Grund von Satz 9 erhält man die Rechenregeln für die Division sehr einfach aus denen der Multiplikation. Hierzu geben wir noch einige Regeln für das Rechnen mit dem inversen Element an.

**Regel 1.** *Sind $\alpha$ und $\beta$ von 0 verschieden, so ist*

$$(\alpha^{-1})^{-1} = \alpha, \qquad (57)$$

$$(\alpha \beta)^{-1} = \alpha^{-1} \beta^{-1}. \qquad (58)$$

Denn $(\alpha^{-1})^{-1}$ ist Lösung der Gleichung $\alpha^{-1} \, \xi = \varepsilon$, und diese wird nach (53) und Satz 8 eindeutig durch $\alpha$ erfüllt. Analog folgt (58), da $\alpha^{-1} \beta^{-1}$ Lösung von $\alpha \beta \cdot \xi = \varepsilon$ ist. Nach (35), (36), (53) und (52) ist nämlich

$$(\alpha \beta) \cdot (\alpha^{-1} \beta^{-1}) = \alpha \beta \cdot (\beta^{-1} \alpha^{-1}) = \alpha \, (\beta \, \beta^{-1}) \, \alpha^{-1} = (\alpha \, \varepsilon) \, \alpha^{-1} = \alpha \, \alpha^{-1} = \varepsilon.$$

**Regel 2.** *Für das Einselement $\varepsilon$ von $\mathfrak{P}$ gilt:*

$$\frac{\varepsilon}{\alpha} = \alpha^{-1}, \qquad (59)$$

$$\varepsilon = \varepsilon^{-1}, \qquad (60)$$

$$\varepsilon \cdot \varepsilon^{-1} = \varepsilon^{-1} \cdot \varepsilon = \varepsilon. \qquad (61)$$

Denn (59) folgt aus (56) und (52), zum Beweis von (60) wende man (55) auf (54) an, und (61) ist ein Spezialfall von (53).

## § 2. Der Bereich der rationalen Zahlen.

**10. $\mathfrak{P}$ als Erweiterung von $\mathfrak{G}$.** In $\mathfrak{P}$ haben wir nun eine Menge vor uns, für deren Elemente alle Grundgesetze der Arithmetik gültig sind. Denn die Gleichheit in $\mathfrak{P}$ erfüllt nach IX, Satz 7 — der auf Grund der Bemerkung zu (4) auch für den Spezialfall $\mathfrak{C} = \mathfrak{P}$ richtig ist — die Gesetze A. 1, A. 2 und A. 3, die Addition in $\mathfrak{P}$ nach Satz 1 und Satz 3 die Gesetze B. 1, B. 2, B. 3 und B. 4, die Multiplikation nach Satz 4 und Satz 8 die Gesetze C. 1, C. 2, C. 3, C. 4 und C. 5, schließlich die Ordnung in $\mathfrak{P}$ nach Satz 2 und Satz 7 die Gesetze D. 1, D. 2 und D. 3.

In der Durchführung unserer Aufgabe (vgl. Nr. 1) fehlt jetzt nur noch der Nachweis, daß $\mathfrak{P}$ eine Teilmenge $\mathfrak{G}'$ enthält, die zur Menge $\mathfrak{G}$ im Sinne von IX, Nr. 12 isomorph und ähnlich ist. Dazu betrachten wir die Menge derjenigen Klassen von $\mathfrak{P}$, die *ein Paar mit der zweiten Komponente* 1 enthalten, und wählen dieses Paar als Vertreter der Klasse. Es sei also

$$\mathfrak{G}' = \{[a,\, 1],\ [b,\, 1],\ [c,\, 1],\, \ldots\}.$$

**Satz 10.** *Die Teilmenge $\mathfrak{G}'$ von $\mathfrak{P}$ ist zur Menge $\mathfrak{G}$ der ganzen Zahlen ähnlich und in bezug auf jede der beiden Verknüpfungen isomorph.*

*Beweis.* Es seien $a, b, c, \ldots$ die Elemente von $\mathfrak{G}$. Man betrachte die durch die Zuordnung

$$\varphi(a) = [a,\, 1] \tag{62}$$

gegebene Abbildung von $\mathfrak{G}$ auf $\mathfrak{G}'$, d. h. jedem $a \in \mathfrak{G}$ entspricht als Bild $\varphi(a) \in \mathfrak{G}'$ die Klasse $[a,\, 1]$. Dann hat diese Abbildung die verlangten Eigenschaften. Denn sie ist erstens eineindeutig:

$$\text{Mit} \quad a = b \quad \text{gilt} \quad \varphi(a) = \varphi(b) \quad \text{und umgekehrt,} \tag{63}$$

da nach (2) die Gleichheiten

$$a = b \quad \text{und} \quad [a,\, 1] = [b,\, 1]$$

sich gegenseitig bedingen. Die Abbildung (62) ist zweitens ein Isomorphismus in bezug auf die Addition:

$$\varphi(a + b) = \varphi(a) + \varphi(b) \tag{64}$$

und zugleich ein Isomorphismus in bezug auf die Multiplikation:

$$\varphi(a \cdot b) = \varphi(a) \cdot \varphi(b). \tag{65}$$

Denn aus (7), (32) und (62) folgt

$$\varphi(a) + \varphi(b) = [a + b,\, 1] = \varphi(a + b), \quad \varphi(a) \cdot \varphi(b) = [a \cdot b,\, 1] = \varphi(ab).$$

Und drittens sind $\mathfrak{G}$ und $\mathfrak{G}'$ auf Grund von (62) einander ähnlich:

$$\text{Mit} \quad a < b \quad \text{gilt} \quad \varphi(a) < \varphi(b) \quad \text{und umgekehrt,} \tag{66}$$

da nach (14) die Ungleichungen $a < b$ und $[a,\, 1] < [b,\, 1]$ sich gegenseitig bedingen.

Damit ist Satz 10 bewiesen, und wir sehen, daß durch (62) die Relationen der Gleichheit, Summe, Produkt und Ordnung von $\mathfrak{G}'$ und $\mathfrak{G}$ eineindeutig aufeinander bezogen werden, so daß die Verknüpfungen und Rechengesetze von $\mathfrak{G}$ sich denen von $\mathfrak{P}$ als Spezialfall unterordnen, da $\mathfrak{G}'$ Teilmenge von $\mathfrak{P}$ ist. Wir brauchen daher die Elemente von $\mathfrak{G}$ und die von $\mathfrak{P}$ hinsichtlich des Rechnens nicht mehr auseinanderzuhalten und können uns auf das Rechnen in $\mathfrak{P}$ beschränken. Nach VIII, Nr. 27 ist $\mathfrak{G}'$ in dieser Hinsicht vollwertiger Ersatz für $\mathfrak{G}$. Wir dürfen daher die Elemente von $\mathfrak{P}$ als *Zahlen* bezeichnen[1], und *der Zahlbereich $\mathfrak{P}$ dieser Zahlen kann als Erweiterung des Zahlbereichs $\mathfrak{G}$ der ganzen Zahlen angesehen werden.*

**Definition.** *Die Elemente von $\mathfrak{P}$ heißen* **rationale Zahlen,** *und zwar die Elemente* $\alpha > 0$ *die* **positiven,** *die Elemente* $\alpha < 0$ *die* **negativen** *rationalen Zahlen.*

**11. Neubezeichnung der rationalen Zahlen.** Um zu einer möglichst einfachen Darstellung der rationalen Zahlen zu kommen, konstruieren wir uns nach IX, Satz 6 eine zu $\mathfrak{P}$ isomorphe und ähnliche Obermenge von $\mathfrak{G}$. Mit dem dort angegebenen Verfahren, angewandt auf . $\mathfrak{A} = \mathfrak{G}'$, $\mathfrak{B} = \mathfrak{G}$, $\mathfrak{C} = \mathfrak{P}$, ordnen wir den Elementen von $\mathfrak{P} \dot{-} \mathfrak{G}' = \mathfrak{S}$, d. h. den Klassen $[a, b]$ mit $b > 1$, neue Symbole zu und setzen für sie Verknüpfung und Ordnung fest. Es entspreche der Klasse $[a, b]$ mit $b > 1$ das Symbol $\frac{a}{b}$ (gelesen: $a$ durch $b$) und umgekehrt. Die Gesamtheit dieser Symbole

$$\mathfrak{R} = \left\{ \frac{a_1}{b_1}, \frac{a_2}{b_2}, \dots \right\}$$

gibt dann zusammen mit der Menge der ganzen Zahlen $\mathfrak{G} = \{g_1, g_2, \dots\}$ die gesuchte Erweiterung $\mathfrak{G} \dot{+} \mathfrak{R}$ von $\mathfrak{G}$. Ferner folgt, unter Anwendung der Rechenregeln in $\mathfrak{P}$:

$$g + \frac{a}{b} = \left(g^* + \left(\frac{a}{b}\right)^*\right)^* = ([g, 1] + [a, b])^* = [gb + a, b]^* = \frac{gb + a}{b},$$

$$\frac{a_1}{b_1} + \frac{a_2}{b_2} = \left(\left(\frac{a_1}{b_1}\right)^* + \left(\frac{a_2}{b_2}\right)^*\right)^* = ([a_1, b_1] + [a_2, b_2])^* \tag{67}$$
$$= [a_1 b_2 + a_2 b_1, b_1 b_2]^* = \frac{a_1 b_2 + a_2 b_1}{b_1 b_2};$$

$$g \cdot \frac{a}{b} = \left(g^* \cdot \left(\frac{a}{b}\right)^*\right)^* = ([g, 1] \cdot [a, b])^* = [ga, b]^* = \frac{ga}{b},$$

$$\frac{a_1}{b_1} \cdot \frac{a_2}{b_2} = \left(\left(\frac{a_1}{b_1}\right)^* \cdot \left(\frac{a_2}{b_2}\right)^*\right)^* = ([a_1, b_1] \cdot [a_2, b_2])^* \tag{68}$$
$$= [a_1 a_2, b_1 b_2]^* = \frac{a_1 a_2}{b_1 b_2};$$

$$g \gtreqless \frac{a}{b}, \text{ je nachdem } [g, 1] \gtreqless [a, b], \quad \text{d. h.} \quad gb \gtreqless a \text{ ist,}$$

$$\frac{a_1}{b_1} \gtreqless \frac{a_2}{b_2}, \text{ je nachdem } [a_1, b_1] \gtreqless [a_2, b_2], \quad \text{d. h.} \quad a_1 b_2 \gtreqless a_2 b_1 \text{ ist.}$$
$$\tag{69}$$

---

[1] Vgl. Fußnote 1 auf ·S. 284.

Hiermit sind im ganzen Bereich $\mathfrak{G} \dotplus \mathfrak{R}$ Addition, Multiplikation und Ordnung erklärt. Wir nennen das Symbol $\frac{a}{b}$ den **Quotienten** der ganzen Zahlen $a$ und $b$ $(b > 1)$. Seine Eigenschaften sind durch die Klasse $[a, b]$ gegeben, der das Paar $(a, b)$ angehört. Insbesondere ist nach (2)

$$\frac{a}{b} = \frac{a'}{b'}, \quad \text{wenn} \quad a b' = b a' \text{ ist.} \tag{70}$$

Die Bezeichnung *Quotient* für $\frac{a}{b}$ ist dadurch gerechtfertigt, daß $[a, b]$ nach (51) als Quotient zweier Klassen von $\mathfrak{G}$ darstellbar ist:

$$[a, b] = \frac{[a, 1]}{[b, 1]}$$

und $[a, 1]$ bzw. $[b, 1]$ der ganzen Zahl $a$ bzw. $b$ entspricht.

Die Folgerungen (67), (68), (69) zeigen, daß es zweckmäßig ist, eine ganze Zahl $g$ als Quotienten $\frac{g}{1}$ zu schreiben. Dann ist nämlich je die erste dieser Folgerungen formal in der zweiten enthalten, so daß man sich auf diese zweiten beschränken kann. Damit hat man $\mathfrak{G} \dotplus \mathfrak{R}$ als Menge aller voneinander verschiedenen Quotienten ganzer Zahlen $\frac{a}{b}$ mit $b \geqq 1$ und erkennt auch die Bedeutung, die diesmal hinter den Symbolen $(a, b)$ und $[a, b]$ steckt (vgl. IX, Nr. 26). Um von der Menge der ganzen zur Menge der rationalen Zahlen zu kommen, hat man im wesentlichen nur den Quotienten zweier ganzen Zahlen einzuführen. Dies geschieht mit Hilfe der Klasse $[a, b]$, die ein Ersatz ist für den gemeinsamen Wert aller gleichen „Quotienten" $\frac{a}{b}$. Da man den Begriff „Quotient" noch nicht hat, umgeht man ihn, indem man statt von „gleichen Quotienten" von äquivalenten Paaren $(a, b)$ mit $b > 0$ spricht.

Nachdem die Klassen $[a, b]$ ihren Zweck erfüllt haben, die rationalen Zahlen und das Rechnen mit ihnen zu begründen, legen wir sie wieder beiseite und verwenden für die rationalen Zahlen nur noch die Darstellung als Quotient zweier ganzen Zahlen. Hierbei müssen wir uns aber dessen bewußt bleiben, daß für einen festen Quotienten und damit auch für die durch ihn bestimmte rationale Zahl neben der einen Darstellung $a : b$ gemäß (70) noch beliebig viele andere Darstellungen $a' : b'$ möglich sind, sofern nur $a b' = b a'$ ist.

Statt $\frac{a}{b}$ ist neben $a : b$ auch die Schreibweise $a/b$ (gelesen: $a$ $b$-tel) und statt Quotient die Bezeichnung **Bruch** üblich. Die frei gewordene Bezeichnung $\mathfrak{P}$ geht auf die Menge $\mathfrak{G} \dotplus \mathfrak{R}$ über.

**12. Neue Schreibweise der Rechenregeln in $\mathfrak{P}$.** In der rationalen Zahl (dem Quotienten ganzer Zahlen) $\frac{a}{b}$ darf man $b > 0$ annehmen,

denn (vgl. Nr. 2) für $b < 0$ ist $-b > 0$, und man kann $\frac{a}{b}$ gemäß (70)
durch $\frac{-a}{-b}$ ersetzen. Wir haben uns daher von vornherein auf
Darstellungen $\frac{a}{b}$ mit *positivem* Nenner $b$ beschränkt. Daher ist
nach (43)

$$\frac{a}{b} < 0, \quad \frac{a}{b} = 0 \quad \text{oder} \quad \frac{a}{b} > 0, \tag{71}$$

je nachdem $a < 0$, $a = 0$ oder $a > 0$ ist. Ist $\frac{c}{d}$ mit $d > 0$ eine zweite
rationale Zahl, so gilt [vgl. (69)] nach (14), (2) und (15) genau eine der
drei Beziehungen

$$\frac{a}{b} < \frac{c}{d}, \quad \frac{a}{b} = \frac{c}{d}, \quad \frac{a}{b} > \frac{c}{d}, \tag{72}$$

je nachdem

$$ad < bc, \quad ad = bc, \quad ad > bc$$

ist. Ferner erhält man nach (7) bzw. (67) für die **Summe:**

$$\frac{a}{b} + \frac{c}{d} = \frac{ad + bc}{bd}, \tag{73}$$

nach (23) für die **Differenz:**

$$\frac{a}{b} + \frac{c}{d} = \frac{ad - bc}{bd} \tag{74}$$

nach (32) bzw. (68) für das **Produkt:**

$$\frac{a}{b} \cdot \frac{c}{d} = \frac{ac}{bd} \tag{75}$$

und nach (51) für den **Quotienten,** falls $\frac{c}{d} \neq 0$, d. h. $c \neq 0$ ist:

$$\frac{a}{b} : \frac{c}{d} = \frac{\dfrac{a}{b}}{\dfrac{c}{d}} = \frac{ad}{bc}. \tag{76}$$

Ist hierbei $c < 0$, also $bc < 0$, so formt man das Ergebnis in $\frac{-ad}{-bc}$ um.

Dem Einselement $\varepsilon$ entspricht im neuen $\mathfrak{P}$ nach (54) und unserer
Zuordnungsvorschrift die 1. Damit erhält man für $a \neq 0$ aus (55)

$$\frac{1}{\dfrac{a}{b}} = \frac{b}{a} \left(\text{bzw.} = \frac{-b}{-a}, \text{ falls } a < 0 \text{ ist}\right). \tag{77}$$

Diese Zahl heißt der **reziproke Wert** oder **Kehrwert** von $\frac{a}{b}$. Für den
**negativen Wert** von $\frac{a}{b}$ erhält man nach (25)

$$-\frac{a}{b} = \frac{-a}{b}. \tag{78}$$

Die Rechengesetze (Grundgesetze der Arithmetik) brauchen wir
nicht noch einmal zu formulieren. Wir wissen, daß sie auf Grund von
IX, Satz 6 auch für die Quotienten $a/b$ sämtlich erfüllt sind. Wenn wir

unter den Quotienten Brüche verstehen, geben die Formeln (73) bis (76) die Regeln für das *Rechnen mit Brüchen* an.

**13. Quotientenbildung bei ganzen Zahlen.** Nachdem nunmehr der Quotient zweier ganzen Zahlen als Element von $\mathfrak{P}$ definiert ist und in Nr. 12 die Rechenregeln für solche Quotienten angegeben sind, können wir die Frage untersuchen, ob die Multiplikation von $\mathfrak{G}$ jetzt in $\mathfrak{P}$ umkehrbar ist, und damit die Multiplikationsregeln für $\mathfrak{G}$ durch einige wichtige weitere Regeln ergänzen. Natürlich spielt sich jetzt alles in $\mathfrak{P}$ ab, aber vorwiegend mit den Elementen von $\mathfrak{G}$. Wir brauchen nichts anderes zu tun, als die Betrachtungen von Nr. 9 auf die Elemente von $\mathfrak{G}$ zu spezialisieren und wie in Nr. 11 die Abbildung * heranzuziehen.

Ist $a \neq 0$ eine ganze Zahl, so hat man unter dem inversen Element $a^{-1}$ nach (55) für $a > 0$ die rationale Zahl

$$a^{-1} = ((a^*)^{-1})^* = ([a, 1]^{-1})^* = [1, a]^* = \frac{1}{a}, \qquad (79)$$

für $a < 0$ entsprechend die Zahl $\dfrac{-1}{-a}$ zu verstehen. Diese Formel ist das Analogon zu (59); sie liefert den *reziproken* oder *Kehrwert der ganzen Zahl a* als Element von $\mathfrak{P}$. Für diesen gilt in Analogie zu (53) und (56)

$$a \cdot \frac{1}{a} = \frac{1}{a} \cdot a = 1, \qquad (80)$$

$$\frac{b}{a} = b \cdot \frac{1}{a}, \qquad (81)$$

Schließlich folgt für den Quotienten $\dfrac{b}{a}$ die Regel

$$a \cdot \frac{b}{a} = b. \qquad (82)$$

In allen drei Formeln sind $a > 0$ und $b$ ganze Zahlen, aber $\dfrac{1}{a}$ bzw. $\dfrac{b}{a}$ rationale Zahlen und daher Verknüpfung und Gleichheit in $\mathfrak{P}$ zu deuten. Der Beweis der Formeln ist in (68) enthalten.

Hinsichtlich der Ordnung gilt: Ist $b > 0$, so ist nach (71) auch $\dfrac{1}{b} > 0$, und zwar ist

$$\frac{1}{b} \lesseqgtr 1, \quad \text{je nachdem } b \gtreqless 1 \qquad (83)$$

ist. Dies ergibt sich aus (69) für $a = g = 1$.

**Satz 11 (Satz von Archimedes [1]).** *Zu jeder rationalen Zahl* $\dfrac{b}{a}$ *gibt es eine natürliche Zahl n derart, daß*

$$n > \frac{b}{a} \qquad (84)$$

*ist.*

---

[1] Archimedes von Syrakus, 287—212 v. Chr., Mathematiker und Ratgeber des Königs Hieron II. von Syrakus.

*Beweis.* Ist $\frac{b}{a} \leqq 0$, so ist (84) wegen $0 < n$ für jedes $n \in \mathfrak{N}$ stets richtig; schon $n = 1$ reicht aus. Ist $\frac{b}{a} > 0$ und ganz, also $a = 1$, so erfüllt $n = b + 1$ die Bedingung, da $\frac{b}{1} = b < b + 1$ ist. Ist schließlich $\frac{b}{a} > 0$ und nicht ganz, also $a > 1$, so folgt nach (82) und dem Monotoniegesetz (44)

$$ b = a \cdot \frac{b}{a} > 1 \cdot \frac{b}{a} = \frac{b}{a}, $$

so daß (84) mit $n = b$ gilt.

**14. Normalform einer Rationalzahl.** Mit Rücksicht auf die Vieldeutigkeit bei der Schreibweise einer rationalen Zahl in der Form $a/b$ empfiehlt es sich, eine der möglichen Darstellungen auszuzeichnen und dem Rechnen mit rationalen Zahlen ein für allemal zugrunde zu legen.

**Definition.** *Sind $t \neq 0$ und $a$ ganze rationale Zahlen, so heißt $t$ ein* **Teiler** *von $a$, in Zeichen: $t \mid a$ (gelesen: $t$ Teiler von $a$), wenn es eine Darstellung $a = q \cdot t$ mit ganzrationalem $q$ gibt.*

Hiermit wird die Definition von IX, Nr. 11 in naheliegender Weise auf ganze rationale Zahlen ausgedehnt. Aus $a = 1 \cdot a = (-1)(-a)$ folgt, daß $a$ stets die Teiler $1$, $a$, $-1$ und $-a$ besitzt. Alle etwaigen weiteren Teiler von $a$ liegen, wie man mittels IX, (35) in Verbindung mit IX, (108) und (109) erkennt, zwischen $-a$ und $a$. Daher hat jede ganze rationale Zahl nur endlich viele Teiler.

**Definition.** *Unter der* **Normalform** *der rationalen Zahl $\frac{a}{b}$ versteht man denjenigen Quotienten, bei dem $b > 0$ ist und $a$, $b$ keinen Teiler außer $1$ und $-1$ gemeinsam haben.*

**Satz 12.** *Zu jeder rationalen Zahl gibt es eine und nur eine Normalform.*

*Beweis* 1. *Existenz.* Ist $\frac{a}{b}$ gegeben und haben $a$ und $b$ einen Teiler $t$ gemeinsam, ist also etwa $a = tp$, $b = tq$, so folgt $a \cdot tq = b \cdot tp$, $t \neq 0$ und nach IX, (90)

$$ aq = bp, \quad \text{d. h.} \quad \frac{a}{b} = \frac{p}{q} $$

nach (70). In der Darstellung $\frac{p}{q}$ von $\frac{a}{b}$ haben Zähler und Nenner weniger Teiler als in der ursprünglichen. Falls $p$ und $q$ noch gemeinsame Teiler haben, setzt man die Schlußweise fort. Da Zähler und Nenner überhaupt nur endlich viele Teiler besitzen, gelangt man schließlich zu einer Darstellung von $\frac{a}{b}$, in der Zähler und Nenner nur noch $1$ und $-1$ als Teiler gemeinsam haben. Es sei dies bereits $\frac{p}{q}$.

Ist dann $q < 0$, so multipliziert man $p$ und $q$ mit $-1$ (vgl. Nr. 12),
und man hat die gesuchte Normalform zu $\dfrac{a}{b}$ erhalten.

2. *Eindeutigkeit.* Angenommen, es gäbe zu $\dfrac{a}{b}$ zwei Normalformen

$$\frac{a}{b} = \frac{p}{q} = \frac{p'}{q'}, \quad q > 0,\ q' > 0, \quad \begin{cases} p,\ q \text{ ohne gemeinsamen Teiler,} \\ p',\ q' \text{ ohne gemeinsamen Teiler.} \end{cases}$$

Dann ist $pq' = p'q$, also $q \mid pq'$ und $q' \mid p'q$. Da aber $q$ mit $p$ und ebenso
$q'$ mit $p'$ keinen Teiler außer $1$ und $-1$ gemeinsam hat, folgt $q \mid q'$
und $q' \mid q$, d. h. aber $q = q'$ oder $q = -q'$. Wegen $q > 0$ und $q' > 0$
ist nur $q = q'$ möglich. Dann muß aber auch $p = p'$ sein; die beiden
Normalformen sind also identisch.

Die Normalform ist es, die z. B. dem Beweise des Hilfssatzes in
VIII, Nr. 18 zugrunde liegt. Spricht man von Brüchen (statt rationalen
Zahlen), so nennt man einen Bruch in Normalform *reduziert* oder
*gekürzt* und den Übergang von einer nichtreduzierten zur reduzierten
Form *Kürzen*, den umgekehrten Vorgang *Erweitern* des Bruches.

## § 3. Folgerungen für das Buchstabenrechnen.

**15. Voraussetzungen.** Der rationale Zahlbereich $\mathfrak{P}$, dessen Verknüpfungen und Rechenregeln wir nunmehr kennen, ist im Zuge
unseres Aufbaus des Zahlensystems der erste, in dem sämtliche Grundgesetze der Arithmetik (vgl. I, Nr. 1) gültig sind. Auf diesen Grundgesetzen beruhen alle weiteren Regeln und Begriffsbildungen des formalen Buchstabenrechnens. Wir wollen auf einige davon noch ein-
gehen. Hierbei legen wir aber nicht speziell den rationalen Zahlbereich $\mathfrak{P}$
zugrunde, sondern irgendeinen Zahlbereich $\mathfrak{Z}$, in dem zwei Verknüpfungen, Addition und Multiplikation, sowie eine Gleichheit und
eine Ordnungsbeziehung definiert und sämtliche 15 Grundgesetze der
Arithmetik erfüllt sind. Die Elemente von $\mathfrak{Z}$ bezeichnen wir mit
kleinen lateinischen Buchstaben.

Wir setzen ferner voraus, daß $\mathfrak{Z}$ die folgenden Eigenschaften hat,
die wir im Fall des rationalen Zahlbereiches teils allein aus den Grundgesetzen, teils mit Hinzunahme der speziellen Art der Verknüpfungen
und Relationen hergeleitet haben:

*Addition und Multiplikation sind,* wenn sie umkehrbar sind, *eindeutig umkehrbar.*

Es gibt *ein und nur ein Nullelement* $0$ und *ein und nur ein Einselement* $1$; sie sind charakterisiert durch:

$$\left. \begin{aligned} a + 0 &= 0 + a = a \\ a \cdot 0 &= 0 \cdot a = 0 \\ a \cdot 1 &= 1 \cdot a = a \end{aligned} \right\} \text{ für jedes } a \in \mathfrak{Z}.$$

$$\text{(85a)}$$
$$\text{(85b)}$$
$$\text{(85c)}$$

Es gibt zu jedem $a \in \mathfrak{Z}$ *ein und nur ein entgegengesetztes Element* $-a$ und zu jedem $a \neq 0$ von $\mathfrak{Z}$ *ein und nur ein inverses Element,* $a^{-1}$ oder $\dfrac{1}{a}$ geschrieben; sie sind charakterisiert durch:

$$a - a = -a + a = 0, \quad -0 = 0, \tag{86a}$$

$$a \cdot \frac{1}{a} = \frac{1}{a} \cdot a = 1 \quad (a \neq 0). \tag{86b}$$

Die Umkehrung der Addition, *Subtraktion* genannt, läßt sich auffassen als *Addition des entgegengesetzten Elements,* entsprechend die Umkehrung der Multiplikation, *Division* genannt, als *Multiplikation mit dem inversen Element:*

$$a - b = a + (-b), \tag{87a}$$

$$a : b = a \cdot \frac{1}{b} \quad (b \neq 0). \tag{87b}$$

Für die *Multiplikation mit entgegengesetzten Elementen* gilt:

$$a \cdot (-b) = (-a) \cdot b = -(a \cdot b), \tag{88a}$$

$$(-a) \cdot (-b) = a \cdot b. \tag{88b}$$

Beim *Übergang zum entgegengesetzten oder zum inversen Element* kehrt sich die Ordnung um:

$$\text{Aus} \quad a \lesseqgtr b \qquad\qquad \text{folgt} \quad -a \gtreqless -b \tag{89a}$$

$$\text{Aus} \quad a > 0,\ b > 0,\ a \gtreqless b \quad \text{folgt} \quad \frac{1}{a} \lesseqgtr \frac{1}{b}. \tag{89b}$$

Man merke sich hier insbesondere die Spezialfälle $b = 0$ in (89a) und $b = 1$ in (89b).

**16. Rechengesetze für Subtraktion und Division.** Die Grundgesetze B, C und D berücksichtigen nur die beiden Verknüpfungen selbst, nicht aber deren Umkehrungen. Treten im Verlauf einer Rechnung Subtraktionen oder Divisionen auf, so hat man sie gemäß (87a) bzw. (87b) auf Additionen bzw. Multiplikationen zurückzuführen. Dabei hat man noch die Regeln

$$-(-a) = a, \quad (90a) \qquad\qquad -(a + b) = -a - b, \quad (90b)$$

$$(a^{-1})^{-1} = a \quad (91a) \qquad\qquad \frac{1}{ab} = \frac{1}{a} \cdot \frac{1}{b} \quad (91b)$$

zu beachten, die sich aus (86a) bzw. (86b) ergeben (vgl. IX, Nr. 20, Regel 23 bzw. X, Nr. 9, Regel 1; die dortigen Beweise gelten auch für $\mathfrak{Z}$, da sie nur die Grundgesetze, nicht die spezielle Art der Addition bzw. Multiplikation benutzen). Wir betrachten als Beispiele je das assoziative, das distributive und das starke Monotoniegesetz. Bei jeder Division wird natürlich der *Divisor* als *von 0 verschieden* vorausgesetzt.

Aus B. 3 folgen die Formeln

$$a + (b - c) = (a + b) - c, \tag{92a}$$

$$a - (b + c) = (a - b) - c, \tag{92b}$$

$$a - (b - c) = (a - b) + c. \tag{92c}$$

Denn mittels (87a), (90a) und (90b) erhält man

$$a + (b - c) = a + (b + (-c)) = (a + b) + (-c) = (a + b) - c,$$

$$a - (b + c) = a + (-(b + c)) = a + (-b - c) = a + (-b + (-c))$$

$$= (a + (-b)) + (-c) = (a - b) - c,$$

$$a - (b - c) = a + (-(b + (-c))) = a + (-b + c) = (a + (-b)) + c$$

$$= (a - b) + c.$$

Entsprechend folgt aus C. 3

$$a \cdot (b : c) = (a \cdot b) : c \quad \text{oder} \quad a \cdot \frac{b}{c} = \frac{ab}{c}, \tag{93a}$$

$$a : (b \cdot c) = (a : b) : c \quad \text{oder} \quad \frac{a}{b \cdot c} = \frac{\frac{a}{b}}{c}, \tag{93b}$$

$$a : (b : c) = (a : b) \cdot c \quad \text{oder} \quad \frac{a}{\frac{b}{c}} = \frac{a}{b} \cdot c. \tag{93c}$$

Man braucht im Beweis zu (92a) bis (92c) nur $+$ durch $\cdot$, ferner $-$ durch $:$ und $-c$ durch $\frac{1}{c}$ zu ersetzen und (87b), (91a) und (91b) zu berücksichtigen.

Derartige Formeln — hier und später — kann man je nach Bedarf von links nach rechts oder von rechts nach links gelesen anwenden. Beispielsweise wird in (93b) die Hauptanwendung die von rechts nach links sein, und (93c) läßt sich mittels (93a), wenn man dies erst in der einen, dann in der anderen Richtung benutzt, weiter umformen zu der Regel:

$$a : \frac{b}{c} = a \cdot \frac{c}{b}. \tag{93d}$$

Ferner erhält man aus C. 4:

$$a(b - c) = ab - ac, \tag{94a}$$

$$(a + b) : c = a : c + b : c \quad \text{oder} \quad \frac{a + b}{c} = \frac{a}{c} + \frac{b}{c}. \tag{94b}$$

Denn mittels (87a) und (88a) folgt:

$$a(b - c) = a(b + (-c)) = ab + a(-c) = ab + (-ac) = ab - ac$$

und mittels (87b):

$$(a + b) : c = (a + b) \cdot \frac{1}{c} = a \cdot \frac{1}{c} + b \cdot \frac{1}{c} = a : c + b : c.$$

Schließlich liefern die Monotoniegesetze D. 2 und D. 3:

$$\text{Aus}\quad a < b\quad \text{folgt}\quad a - c < b - c. \tag{95a}$$

$$\text{Aus}\quad a < b\quad \text{und}\quad c > 0\quad \text{folgt}\quad a : c < b : c. \tag{95b}$$

Das erste ergibt sich sofort mittels (87a), das zweite mittels (87b), wenn man noch hinzunimmt:

$$\text{Mit}\quad c > 0\quad \text{ist auch}\quad \frac{1}{c} > 0. \tag{96}$$

Dies gilt, da aus der Annahme $\frac{1}{c} \leqq 0$ mittels (86b) und D. 3 der Widerspruch $1 = c \cdot \frac{1}{c} \leqq c \cdot 0 = 0$ folgen würde.

**17. Rechnen mit Gleichheiten und Ungleichheiten.** Daß man Gleichheiten addieren und multiplizieren darf, wissen wir aus I, Regel 1, bei deren Beweis lediglich die Grundgesetze, nicht die spezielle Art der Zahlen, benutzt worden sind. Hieraus folgt mittels (87a) bzw. (87b):

$$\text{Aus}\quad a = b, \qquad a' = b' \qquad \text{folgt}\quad a - a' = b - b'. \tag{97a}$$

$$\text{Aus}\quad a = b\quad \text{und}\quad a' = b' \neq 0\quad \text{folgt}\quad a : a' = b : b'. \tag{97b}$$

Denn mit $a' = b'$ gilt auch $-a' = -b'$ nach (89a) und, falls $a' = b' \neq 0$ sind, nach (89b) und (89a) auch $\frac{1}{a} = \frac{1}{b}$. Man darf also Gleichheiten subtrahieren und dividieren, letzteres mit der selbstverständlichen Einschränkung, daß nicht durch 0 dividiert werden darf.

Über die Verknüpfung von Ungleichheiten gilt zunächst:

$$\text{Aus}\quad a < b, \quad c < d\quad \text{folgt}\quad a + c < b + d. \tag{98a}$$

$$\text{Aus}\quad a < b, \quad c < d, \quad b > 0, \quad c > 0\quad \text{folgt}\quad ac < bd. \tag{98b}$$

Denn mittels D. 2 bzw. D. 3 erhält man

$$a + c < b + c, \quad b + c < b + d\quad \text{bzw.}\quad ac < bc, \quad bc < bd$$

und hieraus mittels D. 1 die Behauptungen (98a) bzw. (98b).

Damit ist gezeigt, wie man Ungleichheiten addieren und multiplizieren darf. Für die Subtraktion und Division hat man die Umkehrung der Ordnung gemäß (89a) und (89b) zu beachten:

$$\text{Aus}\quad a < b, \quad c < d\qquad \text{folgt}\qquad a - d < b - c. \tag{99a}$$

$$\text{Aus}\quad a < b, \quad c < d, \quad b > 0, \quad c > 0\quad \text{folgt}\quad a : d < b : c. \tag{99b}$$

Denn (99a) erhält man aus (98a) mittels (87a) und $-d < -c$, und (99b) ergibt sich aus (98b) mittels (87b) und $\frac{1}{d} < \frac{1}{c}$. Hierin ist wegen $d > c$ und $c > 0$ nach D. 1 auch $d > 0$, also $\frac{1}{d} > 0$ nach (96) und daher (98b) anwendbar.

Neben diesem Verknüpfen von Gleichheiten und Ungleichheiten spielt das Schließen mittels der Umkehrungen von B. 1, C. 1, D. 2 und D. 3 eine wesentliche Rolle. Es gilt:

$$\text{Aus} \quad a + c = b + c \quad \text{folgt} \quad a = b. \tag{100a}$$

$$\text{Aus} \quad a \cdot c = b \cdot c \quad \text{und} \quad c \neq 0 \quad \text{folgt} \quad a = b. \tag{100b}$$

Wäre nämlich $a \gtrless b$, so wäre nach D. 2 bzw. D. 3 im Widerspruch zur Voraussetzung $a + c \gtrless b + c$ bzw. $a \cdot c \gtrless b \cdot c$, letzteres zunächst für $c > 0$. Ist $c < 0$, so schließe man mit $c' = -c > 0$ und beachte (89a). Entsprechend gilt:

$$\text{Aus} \quad a + c < b + c \quad \text{folgt} \quad a < b. \tag{101a}$$

$$\text{Aus} \quad a \cdot c < b \cdot c \quad \text{und} \quad c \neq 0 \quad \text{folgt} \quad \begin{cases} a < b & \text{für} \quad c > 0 \\ a > b & \text{für} \quad c < 0. \end{cases} \tag{101b}$$

Denn mit $a \geq b$ wäre nach B. 1 und D. 2 auch $a + c \geq b + c$ und nach D. 3, falls $c > 0$ ist, $ac \geq bc$. Wäre aber $a \leq b$ im Fall $c < 0$, so folgte mit $-c > 0$ und (89a) ebenfalls $ac \geq bc$, im Widerspruch zur Voraussetzung.

**18. Abschätzen.** Dem Rechnen mit Ungleichheiten kommt oft eine größere Bedeutung zu als dem Rechnen mit Gleichheiten. Denn es ist häufig nicht möglich, den genauen Wert einer Größe $x$ zu berechnen, so daß man sich damit begnügen muß, ihn *angenähert* zu bestimmen (vgl. VIII, Nr. 20). Dies wird dadurch erreicht, daß man $x$ zwischen zwei Schranken einschließt, d. h. eine Zahl $s < x$ und eine Zahl $t > x$ berechnet. Dann gilt $s < x < t$, und die *Näherungswerte* $s$ und $t$ werden von dem genauen Wert von $x$ um so weniger abweichen, je kleiner die Differenz $t - s$ ausfällt. Man nennt $s$ auch eine *untere*, $t$ eine *obere Schranke* für $x$, und in vielen Untersuchungen genügt es bereits, statt des genauen Wertes von $x$ eine untere oder eine obere Schranke für $x$ zu kennen. Man spricht dann von einer *Abschätzung* von $x$ *nach unten* bzw. *nach oben*[1], und um $x$ in dieser Weise abzuschätzen, braucht man neben dem Rechnen mit Ungleichheiten sogar Regeln über die Umwandlung von Gleichheiten in Ungleichheiten:

$$a + b = c \quad \text{und} \quad b > 0 \quad \text{bedeutet} \quad a < c. \tag{102a}$$

$$a - b = c \quad \text{und} \quad b > 0 \quad \text{bedeutet} \quad a > c. \tag{102b}$$

Denn aus $b > 0$ bzw. $-b < 0$ folgt nach D. 2

$$c = a + b > a + 0 = a \quad \text{bzw.} \quad c = a - b = a + (-b) < a + 0 = a.$$

Entsprechend gilt:

$$a \cdot b = c, \quad a > 0, \quad b > 1 \quad \text{bedeutet} \quad a < c. \tag{103a}$$

$$a : b = c, \quad a > 0, \quad b > 1 \quad \text{bedeutet} \quad a > c. \tag{103b}$$

---

[1] Als Beispiele hierfür sei auf die Ungleichungen von BERNOULLI in Nr. 27 verwiesen.

Denn aus $b > 1$ bzw. $\frac{1}{b} < 1$ folgt nach D. 3 wegen $a > 0$

$$c = a \cdot b > a \cdot 1 = a \quad \text{bzw.} \quad c = a : b = a \cdot \frac{1}{b} < a \cdot 1 = a.$$

**19. Einsetzen.** Wir betrachten als nächstes das Umformen von Gleichheiten und Ungleichheiten. Hierbei handelt es sich im wesentlichen um zwei Prozesse. Der erste ist das *Einsetzen*, d. h. Ersetzen einer Zahl durch eine ihr gleiche. Wir formulieren allgemein:

$$\text{Aus} \quad a \circ b = c \quad \text{und} \quad b = d \quad \text{folgt} \quad a \circ d = c. \qquad (104)$$

$$\text{Aus} \quad a \circ b < c \quad \text{und} \quad b = d \quad \text{folgt} \quad a \circ d < c. \qquad (105)$$

Hierin darf das Kompositionszeichen $\circ$ entweder $+$ oder $-$ oder $\cdot$ oder, falls $b \neq 0$ und daher auch $d \neq 0$ ist, auch $:$ bedeuten.

Zum Beweis von (104) und (105) genügt es nach (87a) und (87b), sich auf die Kompositionszeichen $+$ und $\cdot$ zu beschränken; denn die Zahlen $-b$ und $\frac{1}{b}$ ($b \neq 0$) gehören mit $b$ ebenfalls zu $\mathfrak{Z}$. Mittels B. 1 und C. 1 folgt nun aus $b = d$

$$a \circ b = a \circ d, \quad \text{also} \quad a \circ d = c$$

auf Grund von A. 2 und A. 3. Also gilt (104).

Zum weiteren Beweis von (105) sei $\circ$ zunächst das Zeichen $+$ Dann ist nach B. 2, B. 3, D. 2 und B. 1

$$(a + d) + b = (a + b) + d < c + d = c + b. \qquad (106)$$

Hieraus folgt $a + d < c$ nach (101a). Nunmehr sei $\circ$ das Zeichen $\cdot$ Ist dann $b = d = 0$, so ist $a \cdot b = 0$ und $a \cdot d = 0$, so daß Voraussetzung und Behauptung in (105) gleich lauten und nichts zu beweisen ist. Ist $b = d > 0$, so gilt nach C. 2, C. 3, D. 3 und C. 1

$$(a \cdot d) \cdot b = (a \cdot b) \cdot d < c \cdot d = c \cdot b. \qquad (107)$$

Hieraus folgt $a \cdot d < c$ nach (101b). Analog schließt man im Falle $b = d < 0$. Dann ist $-b = -d > 0$, und man erhält wie (107) unter Beachtung von (88a)

$$a d \cdot (-b) = -(a d)\, b = -(a b)\, d = a b\, (-d) < c\, (-d) = (-c)\, d = (-c)\, b = c\, (-b).$$

Hieraus folgt wie eben $a d < c$. Damit ist auch (105) vollständig bewiesen.

**20. Wegschaffen.** Als zweiten Umformungsprozeß betrachten wir das *Wegschaffen*, d. h. Hinüberbringen einer Zahl von einer Seite einer Gleichheit oder Ungleichheit auf die andere. Damit ist gemeint:

$$\text{Aus} \quad a + b \leqq c \quad \text{folgt} \quad a \leqq c - b. \qquad (108a)$$

$$\text{Aus} \quad a - b \leqq c \quad \text{folgt} \quad a \leqq c + b. \qquad (108b)$$

Und entsprechend für die Multiplikation, bei der jedoch Gleichheiten und Ungleichheiten gesondert zu behandeln sind:

$$\text{Aus} \quad a \cdot b = c \quad \text{und} \quad b \neq 0 \quad \text{folgt} \quad a = c : b. \qquad (109\,\text{a})$$

$$\text{Aus} \quad a : b = c \quad \text{mit} \quad b \neq 0 \quad \text{folgt} \quad a = c \cdot b. \qquad (109\,\text{b})$$

$$\text{Aus} \quad a \cdot b < c \quad \text{und} \quad b \gtrless 0 \quad \text{folgt} \quad a \lessgtr c : b. \qquad (110\,\text{a})$$

$$\text{Aus} \quad a : b < c \quad \text{und} \quad b \gtrless 0 \quad \text{folgt} \quad a \lessgtr c \cdot b. \qquad (110\,\text{b})$$

Zum Beweis von (108a) addiert man in $a + b \leqq c$ nach B. 1 bzw. D. 2 beiderseits $-b$ und wendet (92a), (86a), (85a) und (87a) an. Analog folgt (108b) durch Addition von $b$ und Benutzung von (92c), (86a) und (85a). Um (109a) zu erhalten, dividiert man $ab = c$ nach (97b) beiderseits durch $b$ und wendet (93a), (86b) und (85c) an. Entsprechend ergibt sich (109b) durch Multiplikation mit $b$ nach C. 1 mittels (93c), (86b) und (85c). Bei (110a) bzw. (110b) multipliziert man die Voraussetzung nach D. 3 mit $\frac{1}{b}$ bzw. $b$, falls $b > 0$, dagegen mit $-\frac{1}{b}$ bzw. $-b$, falls $b < 0$ ist. Dann benutzt man wieder (93a) bzw. (93c) sowie (86b) und (85c).

Wir notieren noch zwei Spezialfälle. Aus (108a) erhält man für $a = 0$:

$$\text{Aus} \quad c \geqq b \quad \text{folgt} \quad c - b \geqq 0, \qquad (111\,\text{a})$$

und aus (108b) für $c = 0$:

$$\text{Aus} \quad a - b \leqq 0 \quad \text{folgt} \quad a \leqq b. \qquad (111\,\text{b})$$

## § 4. Mehrgliedrige Ausdrücke.

**21. Mehrgliedrige Summen und Produkte.** Den bisherigen Ausführungen liegen Summen von zwei bis drei Summanden und Produkte von zwei bis drei Faktoren zugrunde. Durch die Definition von Summe bzw. Produkt wird nämlich nur erklärt, was unter $a + b$ bzw. $a \cdot b$ zu verstehen ist. Das assoziative Gesetz

$$(a + b) + c = a + (b + c) \quad \text{bzw.} \quad (a \cdot b) \cdot c = a \cdot (b \cdot c) \qquad (112)$$

muß in dieser Weise mit Klammern geschrieben werden, da zunächst nur zweigliedrige Summen bzw. Produkte definiert sind. Da nun aber nach (112) das Ergebnis unabhängig davon ist, welche zweigliedrigen Zusammenfassungen man aus den drei Gliedern $a, b, c$ bildet, so erhält man durch (112) zugleich eine Definition der dreigliedrigen Ausdrücke

$$a + b + c \quad \text{bzw.} \quad a \cdot b \cdot c.$$

Diese sind nichts anderes als der gemeinsame Wert der beiden durch das Assoziativgesetz als gleich erkannten Bildungen $(a + b) + c$ und $a + (b + c)$ bzw. $(a \cdot b) \cdot c$ und $a \cdot (b \cdot c)$. Entsprechend kann man vier- und höhergliedrige Ausdrücke durch Zurückführung auf zwei-

oder dreigliedrige erklären. Um allgemein für eine beliebige Anzahl $n \geqq 3$ zu definieren, was man unter einer Summe von $n$ Summanden bzw. einem Produkt mit $n$ Faktoren zu verstehen hat, muß man natürlich induktiv vorgehen und muß wie in IX, Nr. 4 und Nr. 8 die Möglichkeit und die Eindeutigkeit der Definition durch vollständige Induktion nachweisen. Wir wollen dies für die Addition und die Multiplikation gemeinsam durchführen und verwenden dazu wieder den neutralen Ausdruck *Komposition*. Das Zeichen ∘ darf jetzt also durchweg $+$ oder durchweg $\cdot$ bedeuten, dementsprechend das Wort *Kompositum* entweder Summe oder Produkt und das Wort *Glied* entweder Summand oder Faktor.

**22. Definition des *n*-gliedrigen Kompositums.** Im folgenden ist $\mathfrak{Z}$ wie in § 3 ein Zahlbereich, in dem die Grundgesetze der Arithmetik erfüllt sind. Bedeutet $n$ eine beliebige Anzahl, so werden wir $n$ Elemente von $\mathfrak{Z}$ oder $n$ andere Dinge nach VIII, Nr. 26 durch Anhängen der Indizes $1, 2, \ldots, n$ kennzeichnen.

**Definition.** *Sind $a_1, a_2, \ldots, a_n$ irgend $n$ Elemente von $\mathfrak{Z}$, so versteht man für $n \geqq 1$ unter dem n-gliedrigen Kompositum $\overset{n}{\underset{i=1}{K}} a_i$ (gelesen: Kompositum $a_i$, $i = 1$ bis $n$) dieser Elemente das gemäß folgender Vorschrift mit einem $a_{n+1} \in \mathfrak{Z}$ zu bildende Element von $\mathfrak{Z}$:*

$$1)\quad \overset{1}{\underset{i=1}{K}}\, a_i = a_1, \qquad 2)\quad \overset{n+1}{\underset{i=1}{K}}\, a_i = \left(\overset{n}{\underset{i=1}{K}}\, a_i\right) \circ a_{n+1}. \tag{113}$$

Hiermit ist $\overset{n}{\underset{i=1}{K}}\, a_i$ für jedes natürliche $n$ wirklich definiert und eindeutig bestimmt. Denn es gilt

**Satz 13.** *Für jede natürliche Zahl $n$ und jedes System $a_1, a_2, \ldots, a_n$ von Elementen aus $\mathfrak{Z}$ gibt es genau eine für $x = 1, 2, \ldots, n$ definierte Funktion $f_n(x)$ mit Werten aus $\mathfrak{Z}$ und den Eigenschaften*

$$1)\ f_n(1) = a_1, \quad 2)\ f_n(x+1) = f_n(x) \circ a_{x+1} \ (x = 1, 2, \ldots, n-1). \tag{114}$$

*Beweis.* a) *Eindeutigkeit.* Angenommen, es habe $g_n(x)$ ebenfalls die Eigenschaften (114), 1) und 2). Dann sei $\mathfrak{T}$ die Teilmenge derjenigen $x$ aus der Menge $\mathfrak{N}$ der natürlichen Zahlen, für die entweder $x \leqq n$ und $g_n(x) = f_n(x)$ oder $x > n$ ist. Offenbar ist $1 \in \mathfrak{T}$. Denn es ist $1 \leqq n$ und $g_n(1) = a_1 = f_n(1)$. Ferner gehört mit $x$ auch $x + 1$ zu $\mathfrak{T}$. Ist nämlich $x \in \mathfrak{T}$, so ist entweder $x < n$ und $g_n(x) = f_n(x)$, also $x + 1 \leqq n$ und auch

$$g_n(x+1) = g_n(x) \circ a_{x+1} = f_n(x) \circ a_{x+1} = f_n(x+1),$$

oder es ist $x \geqq n$ und daher $x + 1 > n$, in jedem Falle also $x + 1 \in \mathfrak{T}$. Folglich ist $\mathfrak{T} = \mathfrak{N}$, insbesondere

$$g_n(x) = f_n(x) \quad \text{für} \quad x = 1, 2, \ldots, n.$$

Dies besagt aber, daß $g_n(x)$ und $f_n(x)$ im Definitionsbereich übereinstimmen.

  b) *Existenz*. Es sei $\mathfrak{S}$ die Teilmenge der $n$ von $\mathfrak{N}$, für die es ein $f_n(x)$ mit den Eigenschaften (114), 1) und 2) gibt. Dann ist $1 \in \mathfrak{S}$; denn $f_1(1) = a_1$ erfüllt (114), 1), und die Forderung (114), 2) besteht nicht, da für $n = 1$ das Argument $x < 1$ sein müßte, was bei $x \in \mathfrak{N}$ nicht möglich ist. Ferner gehört mit $n$ auch $n + 1$ zu $\mathfrak{S}$. Ist nämlich $n \in \mathfrak{S}$, also ein $f_n(x)$ für $x = 1, 2, \ldots, n$ vorhanden, so wähle man ein $a_{n+1}$ beliebig und setze

$$f_{n+1}(x) = \begin{cases} f_n(x) & \text{für} \quad x = 1, 2, \ldots, n \\ f_n(n) \circ a_{n+1} & \text{für} \quad x = n + 1. \end{cases}$$

Dann leistet diese Funktion das Gewünschte für $x = 1, 2, \ldots, n + 1$. Denn es ist erstens $f_{n+1}(1) = f_n(1) = a_1$ und zweitens

$$f_{n+1}(x + 1)$$

$$= \begin{cases} f_n(x+1) = f_n(x) \circ a_{x+1} = f_{n+1}(x) \circ a_{x+1} & \text{für} \quad x = 1, 2, \ldots, n-1 \\ f_{n+1}(n+1) = f_n(n) \circ a_{n+1} = f_{n+1}(n) \circ a_{n+1} & \text{für} \quad x = n, \end{cases} \tag{115}$$

also

$$f_{n+1}(x + 1) = f_{n+1}(x) \circ a_{x+1} \quad \text{für} \quad x = 1, 2, \ldots, n.$$

Mithin hat $f_{n+1}(x)$ die Eigenschaften (114), 1) und 2), und daher ist $n + 1 \in \mathfrak{S}$. Folglich ist $\mathfrak{S} = \mathfrak{N}$, und damit Satz 13 vollständig bewiesen.

  Hiermit ist nun tatsächlich die für $\mathop{K}\limits_{i=1}^{n} a_i$ gegebene Definition (113) gerechtfertigt. Setzt man nämlich

$$\mathop{K}\limits_{i=1}^{n} a_i = f_n(n) \quad \text{für jedes} \quad n \in \mathfrak{N}, \tag{116}$$

so ist $\mathop{K}\limits_{i=1}^{n} a_i$ nach Satz 13 eindeutig als Element von $\mathfrak{Z}$ bestimmt und erfüllt (114), 1) und 2). Denn es ist

$$f_1(1) = a_1 \quad \text{und} \quad f_{n+1}(n + 1) = f_n(n) \circ a_{n+1},$$

letzteres auf Grund der zweiten Relation (115).

  **Festsetzung.** *Hat* $\circ$ *die Bedeutung* $+$, *so schreibt man* $\sum$ *(gelesen: Summe) statt* $\mathbf{K}$; *hat* $\circ$ *die Bedeutung* $\cdot$, *so schreibt man* $\prod$ *(gelesen: Produkt) statt* $\mathbf{K}$.

  Damit sind die $n$-gliedrigen Ausdrücke

$$\sum_{i=1}^{n} a_i \quad \text{und} \quad \prod_{i=1}^{n} a_i \tag{117}$$

für irgend $n$ Elemente $a_i$ aus $\mathfrak{Z}$ definiert. Statt $i$ kann jeder andere Buchstabe benutzt werden (vgl. I, Nr. 20), da $i$ bei der vorstehenden Herleitung überhaupt keine Rolle spielt. Es sei noch bemerkt, daß die Definition von $\overset{n}{\underset{i=1}{K}}\, a_i$ im Spezialfall $n = 2$ die bereits bekannten Definitionen für Summe und Produkt in $\mathfrak{Z}$ ergeben. Denn es ist

$$\overset{2}{\underset{i=1}{K}}\, a_i = \overset{1+1}{\underset{i=1}{K}}\, a_i = \overset{1}{\underset{i=1}{K}}\, a_i \circ a_{1+1} = a_1 \circ a_2$$

nach (113), 1) und 2), und dies bedeutet:

$$\sum_{i=1}^{2} a_i = a_1 + a_2, \qquad \prod_{i=1}^{2} a_i = a_1 \cdot a_2. \tag{118}$$

**23. Zusammenfassungsregeln.** Wir haben den $n$ Elementen $a$ von $\mathfrak{Z}$, um sie voneinander unterscheiden zu können, die Zahlen 1, 2, ..., $n$ als Indizes angehängt. Statt dessen hätten wir auch irgendeine andere Kennzeichnung wählen können, die die Zuordnung der $n$ Elemente zu den Zahlen 1, 2, ..., $n$ zum Ausdruck bringt. Schreibt man statt $a_i$ allgemeiner $g(i)$, so ändert sich an der Definition von Nr. 22 inhaltlich nichts. Man hat dann statt (116) nur $\overset{n}{\underset{i=1}{K}}\, g(i) = f_n(n)$ zu setzen und erhält an Stelle von (113), 1) und 2):

$$1)\quad \overset{1}{\underset{i=1}{K}}\, g(i) = g(1) \qquad 2)\quad \overset{n+1}{\underset{i=1}{K}}\, g(i) = \overset{n}{\underset{i=1}{K}}\, g(i) \circ g(n+1), \tag{119}$$

sofern nur die $g(i)$ Elemente von $\mathfrak{Z}$ sind. Wir behalten die Schreibweise $a_i$ bei, werden jedoch auch (119) zu berücksichtigen haben.

   **Regel 3.** *Sind für irgend zwei natürliche Zahlen $m$ und $n$ die $m+n$ Elemente $a_1, a_2, \ldots, a_m, a_{m+1}, \ldots, a_{m+n}$ von $\mathfrak{Z}$ gegeben, so ist*

$$\overset{m+n}{\underset{i=1}{K}}\, a_i = \overset{m}{\underset{i=1}{K}}\, a_i \circ \overset{n}{\underset{i=1}{K}}\, a_{m+i}. \tag{120}$$

   *Beweis.* Es sei $\mathfrak{T}$ bei festem $m$ die Menge der $n \in \mathfrak{N}$, für die (120) erfüllt ist. Dann gehört 1 zu $\mathfrak{T}$. Denn es ist nach (113), 2) und (119), 1)

$$\overset{m+1}{\underset{i=1}{K}}\, a_i = \overset{m}{\underset{i=1}{K}}\, a_i \circ a_{m+1} = \overset{m}{\underset{i=1}{K}}\, a_i \circ \overset{1}{\underset{i=1}{K}}\, a_{m+i}.$$

Ferner gehört mit $n$ auch $n+1$ zu $\mathfrak{T}$. Ist nämlich $n \in \mathfrak{T}$, d. h. (120) gültig, so folgt mittels (113), 2), (120) und B. 3 (für $+$) bzw. C. 3 (für $\cdot$) sowie (119), 2):

$$\overset{(m+n)+1}{\underset{i=1}{K}}\, a_i = \overset{m+n}{\underset{i=1}{K}}\, a_i \circ a_{(m+n)+1} = \left( \overset{m}{\underset{i=1}{K}}\, a_i \circ \overset{n}{\underset{i=1}{K}}\, a_{m+i} \right) \circ a_{(m+n)+1}$$

$$= \overset{m}{\underset{i=1}{K}}\, a_i \circ \left( \overset{n}{\underset{i=1}{K}}\, a_{m+i} \circ a_{m+(n+1)} \right) = \overset{m}{\underset{i=1}{K}}\, a_i \circ \overset{n+1}{\underset{i=1}{K}}\, a_{m+i}.$$

Denn $\overset{m}{\underset{i=1}{K}}\, a_i$ und $\overset{n}{\underset{i=1}{K}}\, a_{m+i}$ sind nach Definition selbst Elemente von $\mathfrak{Z}$; also ist B. 3 bzw. C. 3 anwendbar. Und der letzte Schluß benutzt (119), 2) für den Fall $g(i) = a_{m+i}$. Es ist also $\mathfrak{T} = \mathfrak{N}$ und (120) damit bewiesen.

**Regel 4.** *Sind für irgendeine natürliche Zahl $n$ die Elemente $a_1$, $a_2, \ldots, a_n$ und $b_1, b_2, \ldots, b_n$ von $\mathfrak{B}$ gegeben, so ist*

$$\mathop{\textbf{K}}_{i=1}^{n} a_i \circ \mathop{\textbf{K}}_{i=1}^{n} b_i = \mathop{\textbf{K}}_{i=1}^{n} (a_i \circ b_i). \tag{121}$$

*Beweis.* Es sei $\mathfrak{T}$ die Menge der $n \in \mathfrak{N}$, für die (121) erfüllt ist. Dann ist $1 \in \mathfrak{T}$, denn es ist

$$\mathop{\textbf{K}}_{i=1}^{1} a_i \circ \mathop{\textbf{K}}_{i=1}^{1} b_i = a_1 \circ b_1 = \mathop{\textbf{K}}_{i=1}^{1} (a_i \circ b_i)$$

nach (119), 1). Ferner gehört mit $n$ auch $n+1$ zu $\mathfrak{T}$. Ist nämlich $n \in \mathfrak{T}$, d. h. (121) gültig, so folgt mittels (113), 2), mehrfacher Anwendung von B. 2 und B. 3 (für $+$) bzw. C. 2 und C. 3 (für $\cdot$), (121) und (119), 2):

$$
\begin{aligned}
\mathop{\textbf{K}}_{i=1}^{n+1} a_i \circ \mathop{\textbf{K}}_{i=1}^{n+1} b_i &= \left( \mathop{\textbf{K}}_{i=1}^{n} a_i \circ a_{n+1} \right) \circ \left( \mathop{\textbf{K}}_{i=1}^{n} b_i \circ b_{n+1} \right) \\[2mm]
&= \left( \mathop{\textbf{K}}_{i=1}^{n} a_i \circ a_{n+1} \right) \circ \left( \mathop{\textbf{K}}_{i=1}^{n} b_i \right) \circ b_{n+1} \\[2mm]
&= \left( \mathop{\textbf{K}}_{i=1}^{n} a_i \circ \left( a_{n+1} \circ \mathop{\textbf{K}}_{i=1}^{n} b_i \right) \right) \circ b_{n+1} \\[2mm]
&= \left( \mathop{\textbf{K}}_{i=1}^{n} a_i \circ \left( \mathop{\textbf{K}}_{i=1}^{n} b_i \circ a_{n+1} \right) \right) \circ b_{n+1} \\[2mm]
&= \left( \mathop{\textbf{K}}_{i=1}^{n} a_i \circ \mathop{\textbf{K}}_{i=1}^{n} b_i \right) \circ (a_{n+1} \circ b_{n+1}) \\[2mm]
&= \left( \mathop{\textbf{K}}_{i=1}^{n} a_i \circ b_i \right) \circ (a_{n+1} \circ b_{n+1}) \\[2mm]
&= \mathop{\textbf{K}}_{i=1}^{n+1} (a_i \circ b_i).
\end{aligned}
$$

Hierbei wurde zuletzt (119), 2) mit $g(i) = a_i \circ b_i$ benutzt. Es ist also $\mathfrak{T} = \mathfrak{N}$ und (121) damit bewiesen.

Mit (120) und (121) hat man für die Ausdrücke (117) die folgenden Regeln gewonnen:

$$\sum_{i=1}^{m+n} a_i = \sum_{i=1}^{m} a_i + \sum_{i=1}^{n} a_{m+i}, \tag{122}$$

$$\prod_{i=1}^{m+n} a_i = \prod_{i=1}^{m} a_i \cdot \prod_{i=1}^{n} a_{m+i}, \tag{123}$$

$$\sum_{i=1}^{n} a_i + \sum_{i=1}^{n} b_i = \sum_{i=1}^{n} (a_i + b_i), \tag{124}$$

$$\prod_{i=1}^{n} a_i \cdot \prod_{i=1}^{n} b_i = \prod_{i=1}^{n} a_i b_i. \tag{125}$$

**24. Vielfaches und Potenz.** Von besonderer Bedeutung ist der Spezialfall des $n$-gliedrigen Kompositums, bei dem die Elemente $a_i$ in (113) alle einander gleich sind.

**Definition.** *Ist $a$ ein beliebiges Element von $\mathfrak{Z}$, so versteht man unter dem* **Vielfachen** *$na$ (gelesen: $na$) von $a$ die $\sum\limits_{i=1}^{n} a$ und unter der* **Potenz** *$a^n$ (gelesen: $a$ hoch $n$) von $a$ das $\prod\limits_{i=1}^{n} a$, also*

$$\sum_{i=1}^{n} a = na, \qquad \prod_{i=1}^{n} a = a^n. \tag{126}$$

*Hierin heißt $a$ die* **Basis** *und $n$ im Fall der Summe die* **Vielfachheit,** *im Falle des Produkts der* **Exponent.**

Die zweiten Potenzen der natürlichen Zahlen ($a \in \mathfrak{N}$) nennt man auch *Quadratzahlen* oder *Quadrate,* die dritten Potenzen *Kubikzahlen* oder *Kuben,* die vierten Potenzen *Biquadratzahlen* oder *Biquadrate.* Auch für eine beliebige Basis $a$ wird $a^2$ meist $a$-quadrat gelesen.

**Definition.** *Für irgendein $a \in \mathfrak{Z}$ setzen wir*

$$1a = a, \quad 0a = 0, \quad (127) \qquad\qquad a^1 = a, \quad a^0 = 1. \tag{128}$$

Das Vielfache $na$, auch $n$-*faches* von $a$ genannt, ist die Summe aus $n$ gleichen Summanden $a$, die Potenz $a^n$, auch $n$-*te Potenz* von $a$ genannt, das Produkt aus $n$ gleichen Faktoren $a$. Auf Grund von Satz 13 sind diese Bildungen sinnvoll und erhalten ihre begriffliche Definition durch (126). Beide Bezeichnungen, $na$ sowohl wie $a^n$, sind lediglich Abkürzungen für die links stehenden Ausdrücke in (126). Jedoch läßt sich $na$ auch als Produkt $n \cdot a$ auffassen, sofern die Multiplikation der natürlichen Zahl $n$ mit dem Element $a$ von $\mathfrak{Z}$ erklärt ist, wenn also $\mathfrak{Z}$ z. B. eine Erweiterung von $\mathfrak{N}$ darstellt und damit $n$ auch als Element von $\mathfrak{Z}$ gedacht werden kann. Dann läßt sich

$$\sum_{i=1}^{n} a = n \cdot a \tag{129}$$

induktiv beweisen. Ist nämlich $\mathfrak{T}$ die Menge der $n \in \mathfrak{N}$, für die (129) zutrifft, so ist $1 \in \mathfrak{T}$, da $\sum\limits_{i=1}^{1} a = a = 1 \cdot a$ ist, und mit $n$ gehört auch $n + 1$ zu $\mathfrak{T}$. Denn mittels (129) folgt aus (113), 2)

$$\sum_{i=1}^{n+1} a = \left( \sum_{i=1}^{n} a \right) + a = n \cdot a + a = (n + 1)\, a.$$

Daher ist $\mathfrak{T} = \mathfrak{N}$ und somit (129) allgemein gültig.

*Beispiel.* Ist $n = 0$ oder eine natürliche Zahl, so ist

$$n1 = n, \quad 1^n = 1. \tag{130}$$

Denn nach (129) ist $n1 = n \cdot 1 = n$. Ist ferner $\mathfrak{T}$ die Menge der $n \in \mathfrak{N}$, für die $1^n = 1$ gilt, so ist $1 \in \mathfrak{T}$ nach (128). Ferner folgt aus $n \in \mathfrak{T}$ auch $n + 1 \in \mathfrak{T}$, da

$$1^{n+1} = 1^n \cdot 1 = 1 \cdot 1 = 1$$

ist. Folglich ist $\mathfrak{T} = \mathfrak{N}$ und (130) damit für jedes natürliche $n$ bewiesen. Für $n = 0$ ist (130) nach (127) bzw. (128) richtig.

**25. Grundregeln für Vielfaches und Potenz.** Die Regeln 3 und 4 ergeben für den jetzt betrachteten Spezialfall von lauter gleichen Elementen $a_i$ bzw. $b_i$ die Formeln

$$\mathop{\mathbf{K}}_{i=1}^{m} a \circ \mathop{\mathbf{K}}_{i=1}^{n} a = \mathop{\mathbf{K}}_{i=1}^{m+n} a, \tag{131}$$

$$\mathop{\mathbf{K}}_{i=1}^{n} a \circ \mathop{\mathbf{K}}_{i=1}^{n} b = \mathop{\mathbf{K}}_{i=1}^{n} (a \circ b). \tag{132}$$

Hierzu kommt in diesem Spezialfall die Möglichkeit, auf $\mathop{\mathbf{K}}\limits_{i=1}^{n} a$ als Element von $\mathfrak{Z}$ den Kompositionsprozeß noch einmal anzuwenden. Das ergibt die Formel

$$\mathop{\mathbf{K}}_{i=1}^{m}\left(\mathop{\mathbf{K}}_{i=1}^{n} a\right) = \mathop{\mathbf{K}}_{i=1}^{m \cdot n} a. \tag{133}$$

Ist nämlich $\mathfrak{T}$ die Menge der $m \in \mathfrak{N}$, für die dies bei festem $n$ zutrifft, so ist $1 \in \mathfrak{T}$, da nach (119), 1)

$$\mathop{\mathbf{K}}_{i=1}^{1}\left(\mathop{\mathbf{K}}_{i=1}^{n} a\right) = \mathop{\mathbf{K}}_{i=1}^{n} a = \mathop{\mathbf{K}}_{i=1}^{1 \cdot n} a$$

ist, und mit $m$ gehört auch $m + 1$ zu $\mathfrak{T}$. Denn nach (119), 2) folgt mittels (133) und (131)

$$\mathop{\mathbf{K}}_{i=1}^{m+1}\left(\mathop{\mathbf{K}}_{i=1}^{n} a\right) = \mathop{\mathbf{K}}_{i=1}^{m}\left(\mathop{\mathbf{K}}_{i=1}^{n} a\right) \circ \mathop{\mathbf{K}}_{i=1}^{n} a = \mathop{\mathbf{K}}_{i=1}^{m \cdot n} a \circ \mathop{\mathbf{K}}_{i=1}^{n} a = \mathop{\mathbf{K}}_{i=1}^{mn+n} a = \mathop{\mathbf{K}}_{i=1}^{(m+1)n} a.$$

Folglich ist $\mathfrak{T} = \mathfrak{N}$ und (133) bewiesen.

**Regel 5.** *Sind m und n natürliche Zahlen, a und b Elemente von* $\mathfrak{Z}$, *so gilt für deren Vielfache:*

$$ma + na = (m + n)\, a, \tag{134a} \qquad na + nb = n(a + b), \tag{134b}$$

$$n(ma) = (nm)\, a. \tag{134c}$$

Diese Formeln erhält man mittels (126), wenn man in (131), (132) und (133) als Komposition die Addition in $\mathfrak{Z}$ betrachtet. Deutet man die Vielfachen gemäß (129) als Produkte, so ergeben sich (134a), (134b) und (134c) aus dem distributiven und dem assoziativen Gesetz für die Multiplikation in $\mathfrak{Z}$.

**Regel 6.** *Sind m und n natürliche Zahlen, a und b Elemente von* $\mathfrak{Z}$, *so gilt für deren Potenzen:*

$$a^m \cdot a^n = a^{m+n}, \tag{135a} \quad a^n \cdot b^n = (a \cdot b)^n, \tag{135b} \quad (a^m)^n = a^{mn}. \tag{135c}$$

Diese Formeln erhält man mittels (126) aus (131), (132) und (133), wenn man als Komposition die Multiplikation in $\mathfrak{Z}$ nimmt.

**26. Einige weitere Regeln.** Das Rechnen mit Gleichheiten und Ungleichheiten, das wir in Nr. 17 speziell für zwei Summanden bzw. Faktoren betrachtet haben, läßt sich auch auf $n$-gliedrige Komposita übertragen. Wir geben einige solche Regeln sowie Anwendungen von ihnen an.

**Regel 7.** *Sind $a_i$ und $b_i$ Elemente von $\mathfrak{Z}$ und ist $a_i = b_i$ für $i = 1, 2, \ldots, n$, so ist auch*

$$\mathop{K}_{i=1}^{n} a_i = \mathop{K}_{i=1}^{n} b_i. \tag{136}$$

Ist nämlich $\mathfrak{T}$ die Menge der $n \in \mathfrak{N}$, für die dies gilt, so ist $1 \in \mathfrak{T}$, da $\mathop{K}\limits_{i=1}^{1} a_i = a_1 = b_1 = \mathop{K}\limits_{i=1}^{1} b_i$ ist. Ferner folgt aus $n \in \mathfrak{T}$ auch $n + 1 \in \mathfrak{T}$; denn nach (113), 2) ist

$$\mathop{K}_{i=1}^{n+1} a_i = \mathop{K}_{i=1}^{n} a_i \circ a_{n+1} = \mathop{K}_{i=1}^{n} b_i \circ b_{n+1} = \mathop{K}_{i=1}^{n+1} b_i,$$

wenn man noch B. 1 bzw. C. 1 benutzt, je nachdem $K = \sum$ oder $K = \prod$ zu setzen ist. Folglich ist $\mathfrak{T} = \mathfrak{N}$ und Regel 7 bewiesen. Sie zerfällt in die beiden Aussagen:

$$Aus \quad a_i = b_i \ (i = 1, 2, \ldots, n) \quad folgt \quad \sum_{i=1}^{n} a_i = \sum_{i=1}^{n} b_i. \tag{137a}$$

$$Aus \quad a_i = b_i \ (i = 1, 2, \ldots, n) \quad folgt \quad \prod_{i=1}^{n} a_i = \prod_{i=1}^{n} b_i. \tag{137b}$$

Im Spezialfall $a_i = a$ und $b_i = b$ für $i = 1, 2, \ldots, n$ erhält man:

$$Aus \quad a = b \quad folgt \quad na = nb. \tag{138a}$$

$$Aus \quad a = b \quad folgt \quad a^n = b^n. \tag{138b}$$

**Regel 8.** *Sind $a_i$ und $b_i$ Elemente von $\mathfrak{Z}$ und ist $0 < a_i < b_i$ für $i = 1, 2, \ldots, n$, so ist auch*

$$0 < \mathop{K}_{i=1}^{n} a_i < \mathop{K}_{i=1}^{n} b_i. \tag{139}$$

Es sei wieder $\mathfrak{T}$ die Menge der $n \in \mathfrak{N}$, für die dies gilt. Dann ist $1 \in \mathfrak{T}$, da $\mathop{K}\limits_{i=1}^{1} a_i = a_1 < b_1 = \mathop{K}\limits_{i=1}^{1} b_i$ ist, und aus $n \in \mathfrak{T}$ folgt auch $n + 1 \in \mathfrak{T}$. Denn nach (113), 2) und (98a) bzw. (98b) ist

$$\mathop{K}_{i=1}^{n+1} a_i = \mathop{K}_{i=1}^{n} a_i \circ a_{n+1} < \mathop{K}_{i=1}^{n} b_i \circ b_{n+1} = \mathop{K}_{i=1}^{n+1} b_i.$$

Folglich ist $\mathfrak{T} = \mathfrak{N}$ und Regel 8 damit bewiesen. Man sieht überdies, daß im Falle $K = \sum$, d. h. falls (98a) anzuwenden ist, auf die Voraussetzung $0 < a_i$ verzichtet werden kann. Im Falle $K = \prod$ darf

(98b) benutzt werden, da $\mathop{K}\limits_{i=1}^{n} a_i > 0$ und damit auch $\mathop{K}\limits_{i=1}^{n} b_i > 0$ ist; denn es ist $n \in \mathfrak{T}$, also (139) gültig.

Mit Regel 8 hat man die beiden Aussagen:

$$\text{Aus} \quad a_i < b_i \qquad (i = 1, 2, \ldots, n) \quad \text{folgt} \quad \sum_{i=1}^{n} a_i < \sum_{i=1}^{n} b_i. \qquad (140\mathrm{a})$$

$$\text{Aus} \quad 0 < a_i < b_i \quad (i = 1, 2, \ldots, n) \quad \text{folgt} \quad \prod_{i=1}^{n} a_i < \prod_{i=1}^{n} b_i. \qquad (140\mathrm{b})$$

Im Spezialfall $a_i = a$ und $b_i = b$ für $i = 1, 2, \ldots, n$ erhält man:

$$\text{Aus} \quad a < b \qquad \text{folgt} \quad na < nb. \qquad (141\mathrm{a})$$

$$\text{Aus} \quad 0 < a < b \quad \text{folgt} \quad 0 < a^n < b^n. \qquad (141\mathrm{b})$$

Von den Formeln (138) und (141) gelten auch die Umkehrungen:

$$\text{Aus} \quad na = nb \quad \text{folgt} \quad a = b. \qquad (142\mathrm{a})$$

$$\text{Aus} \quad a^n = b^n, \; a > 0, \; b > 0 \quad \text{folgt} \quad a = b. \qquad (142\mathrm{b})$$

Wäre nämlich $a \neq b$, also $a < b$ oder $b < a$, so wäre auch $na < nb$ bzw. $nb < na$ nach (141a), d. h. $na \neq nb$ im Widerspruch zur Voraussetzung. Und aus $0 < a < b$ bzw. $0 < b < a$ folgt $a^n < b^n$ bzw. $b^n < a^n$ nach (141b), d. h. $a^n \neq b^n$, was ebenfalls der Voraussetzung widerspricht.

$$\text{Aus} \quad na < nb \quad \text{folgt} \quad a < b. \qquad (143\mathrm{a})$$

$$\text{Aus} \quad a^n < b^n \quad \text{und} \quad b > 0 \quad \text{folgt} \quad a < b. \qquad (143\mathrm{b})$$

Wäre nämlich $a \geqq b$, d. h. $b < a$ oder $b = a$, so wäre auch $nb < na$ bzw. $nb = na$, d. h. $nb \leqq na$ im Widerspruch zur Voraussetzung. Und aus $0 < b < a$ bzw. $b = a$ erhielte man $b^n < a^n$ bzw. $b^n = a^n$, was beides der Voraussetzung widerspricht.

**27. Ungleichungen von Bernoulli[1].** Wir bringen für spätere Anwendungen noch einige spezielle Formeln.

**Folgerung 1.** *Ist $k \in \mathfrak{Z}$, so ist für jedes $n \in \mathfrak{N}$*

$$(k - 1) \sum_{i=1}^{n} k^{i-1} = k^n - 1, \qquad (144)$$

*und ist insbesondere $k > 1$, so gilt*

$$\sum_{i=1}^{n} k^{i-1} > n. \qquad (145)$$

*Beweis.* Es sei $\mathfrak{T}$ die Menge der $n \in \mathfrak{N}$, für die (144) erfüllt ist. Dann ist $1 \in \mathfrak{T}$, denn es ist

$$(k - 1) \sum_{i=1}^{1} k^{i-1} = (k - 1) \cdot k^{1-1} = (k - 1) \cdot k^0 = k - 1$$

---

[1] Johann Bernoulli, 1667—1748, von 1705 an Professor der Mathematik an der Universität Basel.

nach (119), 1) und (128). Ferner folgt aus $n \in \mathfrak{T}$ auch $n + 1 \in \mathfrak{T}$. Es ist nämlich nach (113), 2), C. 4 und (94a)

$$(k-1) \sum_{i=1}^{n+1} k^{i-1} = (k-1) \left[ \sum_{i=1}^{n} k^{i-1} + k^n \right] = (k-1) \sum_{i=1}^{n} k^{i-1} + (k-1) k^n$$
$$= k^n - 1 + k^{n+1} - k^n = k^{n+1} - 1 .$$

Also ist $\mathfrak{T} = \mathfrak{N}$ und (144) damit bewiesen.

Ist ferner $k > 1$, so folgt $k^{i-1} > 1^{i-1} = 1$ nach (141b) und (130), und dies liefert mittels (140a) und (130)

$$\sum_{i=1}^{n} k^{i-1} > \sum_{i=1}^{n} 1 = n1 = n .$$

Also ist auch (145) gültig.

**Folgerung 2 (Erste BERNOULLIsche Ungleichung).** *Es sei* $p \in \mathfrak{Z}$ *und* $p > 0$ *oder* $-1 < p < 0$. *Dann gilt für jedes* $n \geqq 2$ *von* $\mathfrak{N}$

$$(1 + p)^n > 1 + np . \tag{146}$$

*Beweis.* Es sei $\mathfrak{T}$ die Menge der $n \in \mathfrak{N}$, für die (146) erfüllt ist. Dann ist $2 \in \mathfrak{T}$, denn sowohl für $p > 0$ wie für $p < 0$ ist $p^2 > 0$ nach D. 3 und daher

$$(1 + p)^2 = 1 + 2p + p^2 > 1 + 2p$$

nach C. 4 und (102a). Ferner folgt aus $n \in \mathfrak{T}$ auch $n + 1 \in \mathfrak{T}$. Nach Voraussetzung ist nämlich $1 + p > 0$ und $np^2 > 0$, also

$$(1 + p)^{n+1} = (1 + p) (1 + p)^n > (1 + p) (1 + np)$$
$$= 1 + (n + 1) p + np^2 > 1 + (n + 1) p$$

nach (135a), D. 3, (146), C. 4 und (102a). Also umfaßt $\mathfrak{T}$ alle $n \geqq 2$ von $\mathfrak{N}$ nach IX, Satz 1*.

**Folgerung 3 (Zweite BERNOULLIsche Ungleichung).** *Es sei* $p \in \mathfrak{Z}$ *und* $p > -1$. *Dann gilt für jedes* $n \in \mathfrak{N}$, *sofern* $p < \dfrac{1}{n}$ *bleibt*,

$$(1 + p)^n < \frac{1}{1 - np} . \tag{147}$$

*Beweis.* Es sei $\mathfrak{T}$ die Menge der $n \in \mathfrak{N}$, für die (147) gilt. Dann ist $1 \in \mathfrak{T}$, denn nach (102b) ist

$$(1 + p) (1 - p) = 1 - p^2 < 1 , \quad \text{also} \quad 1 + p < \frac{1}{1 - p} \tag{148}$$

nach (110a), da $1 - p > 0$ ist. Ferner folgt aus $n \in \mathfrak{T}$ auch $n + 1 \in \mathfrak{T}$. Da nämlich $1 + p > 0$ ist, erhält man mittels (147) und (148)

$$(1 + p)^{n+1} = (1 + p) (1 + p)^n < (1 + p) \frac{1}{1 - np} < \frac{1}{1 - p} \frac{1}{1 - np}$$
$$= \frac{1}{1 - (n + 1) p + np^2} \leqq \frac{1}{1 - (n + 1) p} ,$$

letzteres nach (102a) und (89b), weil nach Voraussetzung

$$np^2 \geqq 0 \quad \text{und} \quad 1 - (n + 1) p + np^2 \geqq 1 - (n + 1) p > 0$$

ist. Daher ist $\mathfrak{T} = \mathfrak{N}$ und (147) bewiesen.

Kapitel XI.

# Die reellen Zahlen.

## § 1. Die positiven reellen Zahlen.

**1. Abschnitte.** Die einzelnen Etappen beim Aufbau des Zahlensystems, die wir bisher durchlaufen haben, sind durch das Ziel bestimmt gewesen, einen Zahlbereich zu erhalten, in dem beide Verknüpfungen umkehrbar sind, in dem man also unbeschränkt addieren, subtrahieren, multiplizieren und — bis auf die nicht zulässige Division durch 0 — auch stets dividieren kann. Dieses Ziel haben wir mit dem Bereich $\mathfrak{P}$ der rationalen Zahlen erreicht. Warum setzt man den Aufbau jetzt noch weiter fort? Nun, dazu ist zu sagen: Wir brauchen die Zahlen nicht nur zum Rechnen; sie dienen ebenso zum Messen und müssen daher auch für diesen Zweck bestimmten Anforderungen genügen. Man wird z. B. mindestens fordern, daß die Länge jeder Strecke durch eine Zahl ausgedrückt werden kann. Das ist aber, wenn man sich auf den rationalen Zahlbereich beschränkt, nicht immer möglich. Beispielsweise hat die Diagonale eines Quadrats von der Seitenlänge 1 eine Länge, die nicht durch eine rationale Zahl wiedergegeben werden kann. Denn $\sqrt{2}$ ist nicht rational [vgl. VIII, Nr. 18, (23)].

Wollen wir also jeder Strecke eine Maßzahl zuordnen, so müssen wir den Zahlbereich nochmals erweitern. Wir gehen aus vom rationalen Zahlbereich $\mathfrak{P}$, dessen Elemente wir jetzt mit kleinen lateinischen Buchstaben $a, b, c, \ldots$ bezeichnen, um die kleinen griechischen Buchstaben wieder für die Elemente des Erweiterungsbereiches frei zu haben. Im Bedarfsfalle schreiben wir die rationalen Zahlen als Quotienten zweier ganzen Zahlen mit positivem Nenner:

$$a = \frac{p}{q}, \quad b = \frac{r}{s}, \ldots \quad (q > 0, s > 0, \ldots),$$

so daß kleine lateinische Buchstaben künftig sowohl für ganze wie auch für rationale Zahlen gebraucht werden. Den Übergang vom rationalen Zahlbereich $\mathfrak{P}$ zum Bereich $\mathfrak{R}$ der reellen Zahlen vollziehen wir, wie den von $\mathfrak{N}$ zu $\mathfrak{P}$, ebenfalls in zwei Schritten. Zunächst definieren wir die positiven, später (§ 2) die übrigen reellen Zahlen. Wir benutzen auch hierfür je einen Klassenbildungsprozeß, für den ersten Schritt allerdings von anderer Art als bisher. Er beruht nicht auf einer Äquivalenzrelation (VIII, Nr. 25), sondern auf einer Schnittbildung im Bereich der (positiven) rationalen Zahlen (VIII, Nr. 16).

**Definition.** *Unter einem **Abschnitt** einer geordneten, offenen Menge $\mathfrak{M}$ versteht man eine echte, nicht leere Teilmenge von $\mathfrak{M}$, die kein letztes Element und mit einem Element von $\mathfrak{M}$ auch alle ihm vorangehenden Elemente von $\mathfrak{M}$ enthält.*

Bezeichnet $\alpha$ einen solchen Abschnitt, so ist also $\alpha$ durch folgende drei Eigenschaften gekennzeichnet:

$$1. \quad \alpha \neq \mathfrak{M}, \quad \alpha \neq 0, \quad \alpha \subset \mathfrak{M}. \tag{1}$$

$$2. \text{ Zu jedem } x \in \alpha \text{ gibt es mindestens ein } x' \in \alpha \text{ mit } x' > x. \tag{2}$$

$$3. \text{ Aus } x, y \in \mathfrak{M}, \quad x \text{ vor } y, \quad y \in \alpha \text{ folgt } x \in \alpha. \tag{3}$$

Ist $\bar{\alpha}$ die Komplementärmenge zu $\alpha$ in bezug auf $\mathfrak{M}$ (vgl. VIII, Nr. 2), so bildet die Zerlegung von $\mathfrak{M}$ in die beiden Teilmengen $\alpha$ und $\bar{\alpha}$ einen Schnitt in $\mathfrak{M}$, bei dem $\alpha$ die Unterklasse, $\bar{\alpha}$ die Oberklasse darstellt. Denn (vgl. VIII, Nr. 16) jedes Element von $\mathfrak{M}$ gehört entweder zu $\alpha$ oder zu $\bar{\alpha}$, nach (1) ist keine der beiden Klassen leer, und nach (3) kommt jedes Element von $\alpha$ vor jedem Element von $\bar{\alpha}$. Die Eigenschaft (2) bedeutet, daß das erzeugende Element des Schnittes, wenn vorhanden, nicht zu $\alpha$ gehört. Umgekehrt folgt in entsprechender Weise, daß die Unterklasse eines Schnittes in $\mathfrak{M}$, bei dem ein etwaiges erzeugendes Element zur Oberklasse gerechnet wird, einen Abschnitt von $\mathfrak{M}$ darstellt. Wir brauchen jedoch die Tatsache, daß $\alpha$ als Unterklasse eines Schnittes aufgefaßt werden kann, vorläufig nicht. Diese Bemerkung soll lediglich die jetzt benutzte Art der Klassenbildung klarlegen. Wir werden erst später auf diesen Zusammenhang zurückgreifen (Nr. 11 und Nr. 27).

**2. Ein Hilfssatz.** Wir betrachten für den geplanten Erweiterungsschritt als Menge $\mathfrak{M}$ speziell die Menge $\mathfrak{P}^+$ der positiven rationalen Zahlen. Diese ist durch die Relation $<$ geordnet. Sie ist ferner eine offene Menge, da aus $\frac{1}{2} < 1 < 2$ und $a > 0$ auch

$$0 < \frac{a}{2} < a < 2a$$

folgt und daher zu jedem $a \in \mathfrak{P}^+$ ein größeres und ein kleineres Element in $\mathfrak{P}^+$ vorhanden ist. Man kann also Abschnitte von $\mathfrak{P}^+$ bilden. Beispielsweise ist die Menge $\alpha$ der rationalen Zahlen $x$ mit $0 < x < a$ ein Abschnitt von $\mathfrak{P}^+$. Die drei Eigenschaften (1), (2), (3) sind, wie man leicht nachprüft, für $\alpha$ erfüllt.

Wir können, allerdings mit einer Einschränkung, in $\mathfrak{P}^+$ auch rechnen. Für $\frac{p}{q} > 0$ und $\frac{r}{s} > 0$, d. h. $p > 0, q > 0, r > 0, s > 0$ [vgl. X, (71)], ist stets auch

$$\frac{p}{q} + \frac{r}{s} = \frac{ps + qr}{qs} > 0, \tag{4}$$

$$\frac{p}{q} \cdot \frac{r}{s} = \frac{pr}{qs} > 0, \tag{5}$$

$$\frac{p}{q} : \frac{r}{s} = \frac{ps}{qr} > 0, \tag{6}$$

gleichgültig, wie $\dfrac{p}{q}$ und $\dfrac{r}{s}$ in $\mathfrak{P}^+$ gewählt werden. Jedoch gilt

$$\frac{p}{q} - \frac{r}{s} = \frac{ps - qr}{qs} > 0 \tag{7}$$

nur, falls $ps - qr > 0$, d. h. $\dfrac{p}{q} > \dfrac{r}{s}$ ist [X, (72)]. Daher kann man in $\mathfrak{P}^+$ zwar unbeschränkt addieren, multiplizieren und dividieren, aber subtrahieren nur, falls der Minuend größer als der Subtrahend ist. Das Grundgesetz B. 4 gilt also in $\mathfrak{P}^+$ nicht allgemein. Daher erfüllt $\mathfrak{P}^+$ nicht alle Voraussetzungen, die wir in X, Nr. 16 an einen Zahlbereich $\mathfrak{P}$ gestellt haben, und wir dürfen die in X, § 2 abgeleiteten Regeln, soweit sie die Subtraktion benutzen, nicht ohne nochmalige Prüfung anwenden.

**Hilfssatz 1.** *Ist $k$ ein Element, $\alpha$ ein Abschnitt von $\mathfrak{P}^+$, so gibt es Elemente $x \in \alpha$, $\bar{x} \in \bar{\alpha}$ derart, daß $\bar{x} - x = k$ ist.*

*Beweis.* Man wähle $x_1 \in \alpha$ und $\bar{x}_1 \in \bar{\alpha}$ beliebig. Dann ist $(\bar{x}_1 - x_1)/k$ eine rationale Zahl. Folglich gibt es nach X, Satz 11 eine natürliche Zahl $n$, für die

$$n > \frac{\bar{x}_1 - x_1}{k}$$

gilt. Hieraus folgt, da $k \in \mathfrak{P}^+$, also $k > 0$ ist, mittels X, (110b) und (108b)

$$x_1 + nk > \bar{x}_1, \quad \text{d. h.} \quad x_1 + nk \in \bar{\alpha}.$$

Anderenfalls wäre nämlich nach (3) auch $\bar{x}_1 \in \alpha$, was nicht zutrifft. In der Folge der Zahlen

$$x_1, \; x_1 + k, \; x_1 + 2k, \; \ldots, \; x_1 + nk \tag{8}$$

haben nun je zwei benachbarte die Differenz $k$, da

$$(x_1 + ik) + k = x_1 + (i + 1) k \quad (i = 0, 1, 2, \ldots, n-1)$$

ist. Ferner liegt die erste Zahl von (8) in $\alpha$, die letzte in $\bar{\alpha}$. Also muß es in (8) zwei benachbarte Zahlen geben, deren erste, sie heiße $x$, zu $\alpha$, deren zweite, sie heiße $\bar{x}$, zu $\bar{\alpha}$ gehört. Für diese beiden Elemente ist dann $\bar{x} - x = k$.

**3. Gleichheit und Ordnung in $\mathfrak{R}^+$.** Es sei $\mathfrak{R}^+$ die Menge aller Abschnitte von $\mathfrak{P}^+$. Wir wollen zeigen, daß man mit diesen Abschnitten rechnen kann und sie daher als Zahlen ansprechen darf.

**Definition.** *Zwei Elemente $\alpha, \beta$ von $\mathfrak{R}^+$ heißen* **gleich,** *wenn sie als Mengen einander gleich sind, in Zeichen:*

$$\alpha = \beta, \quad \text{wenn} \quad \alpha \subseteq \beta \quad \text{und} \quad \beta \subseteq \alpha. \tag{9}$$

Da für die Gleichheit von Mengen die drei Grundgesetze A erfüllt sind (vgl. VIII, Nr. 2), so genügt auch die Gleichheit (9) den Gesetzen A. 1, A. 2 und A. 3 (I, Nr. 1). Ist (9) nicht erfüllbar, so heißen $\alpha$ und $\beta$ voneinander *verschieden*, und man schreibt $\alpha \neq \beta$ (gelesen: $\alpha$ ungleich $\beta$).

**Definition.** *Sind $\alpha$ und $\beta$ verschiedene Elemente von $\mathfrak{R}^+$, so heißt $\alpha$ kleiner als $\beta$, wenn $\alpha$ echte Teilmenge von $\beta$ ist, in Zeichen:*

$$\alpha < \beta, \quad \text{wenn} \quad \alpha \subseteq \beta, \quad \alpha \neq \beta. \tag{10}$$

Hiermit ist tatsächlich eine Ordnungsbeziehung definiert, denn die Relation (10) ist asymmetrisch und transitiv. Wäre mit $\alpha < \beta$ auch $\beta < \alpha$ erfüllt, so wäre $\alpha = \beta$ nach (9), im Widerspruch zur Voraussetzung. Und ist $\alpha$ echt in $\beta$ enthalten und $\beta$ in $\gamma$, so ist $\alpha$ auch echte Teilmenge von $\gamma$. In $\mathfrak{R}^+$ gilt also das Gesetz D. 1. Statt $\alpha < \beta$ schreibt man auch $\beta > \alpha$ (gelesen: $\beta$ größer als $\alpha$).

**Satz 1.** *Sind $\alpha$ und $\beta$ irgend zwei Elemente von $\mathfrak{R}^+$, so gilt genau eine der drei Relationen*

$$\alpha < \beta, \quad \alpha = \beta, \quad \alpha > \beta. \tag{11}$$

*Beweis.* Nach Definition ist entweder $\alpha = \beta$ oder $\alpha \neq \beta$. Im zweiten Fall ist eine der beiden Mengen in der anderen echt enthalten. Denn wegen $\alpha \neq \beta$ gibt es mindestens ein Element $y$ von $\mathfrak{P}^+$, das nur zu einer der beiden Mengen gehört. Es sei etwa $y \notin \alpha$, aber $y \in \beta$. Ist dann $x$ ein beliebiges Element von $\alpha$, so muß $y \geqq x$ sein; mit $y < x$ und $x \in \alpha$ wäre nämlich nach (3) auch $y \in \alpha$. Aus $y \geqq x$ und $y \in \beta$ folgt aber, wieder nach (3), daß $x \in \beta$ ist. Da dies für *jedes* $x$ von $\alpha$ gilt, ist $\alpha$ Teil von $\beta$, und zwar echter Teil, da $y \in \beta$, aber $y \notin \alpha$ ist. Analog schließt man, falls $y \in \alpha$, aber $y \notin \beta$ ist. In diesem Fall ist $\beta \subset \alpha$. Aus $\alpha \neq \beta$ folgt daher, daß entweder $\alpha < \beta$ oder $\beta < \alpha$ ist.

**4. Addition in $\mathfrak{R}^+$.** Zur Definition der Summe zweier Abschnitte brauchen wir den folgenden Satz.

**Satz 2.** *Es seien $\alpha$ und $\beta$ Abschnitte von $\mathfrak{P}^+$. Durchläuft dann $x$ die Elemente von $\alpha$, $y$ die von $\beta$, so bildet die Menge $\gamma$ der Elemente $x + y$ wieder einen Abschnitt von $\mathfrak{P}^+$.*

*Beweis.* Wir haben zu zeigen, daß $\gamma$ die Eigenschaften (1), (2) und (3) hat. Nach (4) ist $\gamma \subseteq \mathfrak{P}^+$, und es ist $\gamma \neq 0$, da $\alpha$ und $\beta$ nicht leer sind. Ferner ist $\gamma \neq \mathfrak{P}^+$; ist nämlich $\bar{a} \in \bar{\alpha}$, $\bar{b} \in \bar{\beta}$, so ist für alle $x$ aus $\alpha$ bzw. alle $y$ aus $\beta$

$$x < \bar{a} \quad \text{bzw.} \quad y < \bar{b}, \quad \text{also} \quad x + y < \bar{a} + \bar{b}$$

nach X, (98a). Dies bedeutet $\bar{a} + \bar{b} \in \bar{\gamma}$; folglich ist $\bar{\gamma}$ nicht leer, $\gamma \neq \mathfrak{P}^+$. Damit ist (1) für $\gamma$ nachgewiesen. Ist nun $z \in \gamma$, so ist

$$z = x + y < x' + y = z' \quad \text{und} \quad z' \in \gamma, \tag{12}$$

falls man — was nach (2) für $\alpha$ möglich ist — $x'$ als Element von $\alpha$ und $x' > x$ wählt. (12) besagt, daß (2) für $\gamma$ zutrifft. Ist schließlich $z \in \mathfrak{P}^+$, $z^* \in \mathfrak{P}^+$ und $z^* < z$, $z \in \gamma$, d. h. $z = x + y$ mit $x \in \alpha$, $y \in \beta$, so nehme man etwa $x \leqq y$ an und unterscheide die beiden Fälle

$$0 < z^* \leqq x \quad \text{und} \quad x < z^* < x + y.$$

Im ersten Fall ist $z^* \in \alpha$, und für irgendein $a$ mit $0 < a < z^*$ gilt $z^* = a + r$ mit $r = z^* - a$. Nach (3) ist $a \in \alpha$, ferner nach X, (109a) und (100b)

$$0 < r = z^* - a < z^* \leqq x \leqq y, \quad \text{also} \quad r \in \beta,$$

so daß $z^* \in \gamma$ ist. Im zweiten Fall ist $z^* = x + r'$ mit $0 < r' < y$, also $r' \in \beta$ und daher ebenfalls $z^* \in \gamma$. Damit ist auch (3) für $\gamma$ nachgewiesen.

**Definition.** *Sind $\alpha$ und $\beta$ Elemente von $\mathfrak{R}^+$, so versteht man unter der* **Summe** *$\alpha + \beta$ in $\mathfrak{R}^+$ den nach Satz 2 vorhandenen Abschnitt $\gamma$ von $\mathfrak{P}^+$, d. h. es ist*

$$\alpha + \beta = \textit{Menge aller } x + y \quad \textit{mit} \quad x \in \alpha, \ y \in \beta. \tag{13}$$

**Satz 3.** *Es seien $\alpha, \beta, \gamma$ Elemente von $\mathfrak{R}^+$. Dann gilt:*

$$\textit{Aus} \quad \alpha = \beta \quad \textit{folgt} \quad \alpha + \gamma = \beta + \gamma. \tag{14}$$

$$\alpha + \beta = \beta + \alpha. \tag{15}$$

$$(\alpha + \beta) + \gamma = \alpha + (\beta + \gamma). \tag{16}$$

$$\textit{Aus} \quad \alpha < \beta \quad \textit{folgt} \quad \alpha + \gamma < \beta + \gamma. \tag{17}$$

*Beweis.* Wenn $\alpha$ und $\beta$ dieselben Elemente enthalten, so gilt das gleiche nach (13) auch für $\alpha + \gamma$ und $\beta + \gamma$. Daraus folgt (14). Auch die Aussagen (15) und (16) ergeben sich unmittelbar aus (13), da für Elemente $x, y, z$ von $\mathfrak{P}^+$ das kommutative und das assoziative Gesetz gelten. Ist schließlich $\alpha < \beta$, also jedes $x$ aus $\alpha$ auch Element von $\beta$, so ist für irgendein $z \in \gamma$ stets $x + z$ nicht nur Element von $\alpha + \gamma$, sondern auch von $\beta + \gamma$, also $\alpha + \gamma \subseteq \beta + \gamma$. Um zu zeigen, daß $\alpha + \gamma$ echter Teil von $\beta + \gamma$ ist, wähle man erstens $\bar{x}$ so, daß $\bar{x} \in \bar{\alpha}$ und $\bar{x} \in \beta$ ist (das geht wegen $\alpha < \beta$), zweitens $y$ so, daß $y > \bar{x}$ und $y \in \beta$ ist [das geht nach (2)], drittens $z \in \gamma$ und $\bar{z} \in \bar{\gamma}$ so, daß $\bar{z} - z = y - \bar{x}$ ist (das geht nach Hilfssatz 1). Dann ist

$$y + z = \bar{x} + \bar{z}, \quad y + z \in \beta + \gamma, \quad \bar{x} + \bar{z} \in \overline{\alpha + \gamma}.$$

Folglich gibt es ein Element, nämlich $y + z$, das zu $\beta + \gamma$, aber nicht zu $\alpha + \gamma$ gehört. Dies besagt aber, daß $\alpha + \gamma < \beta + \gamma$ ist. Also ist auch (17) bewiesen.

**5. Umkehrbarkeit der Addition in $\mathfrak{R}^+$.** Hinsichtlich der Bildung von Differenzen befinden wir uns in einer ähnlichen Lage wie im Bereich der natürlichen Zahlen, denn es gehören (vgl. Nr. 2) nicht alle Differenzen zwischen Elementen von $\mathfrak{P}^+$ wieder zu $\mathfrak{P}^+$. Infolgedessen werden wir auch in $\mathfrak{R}^+$ nicht unbeschränkt subtrahieren können.

**Satz 4.** *Es seien $\alpha$ und $\beta$ Abschnitte von $\mathfrak{P}^+$, und zwar sei $\alpha < \beta$. Durchläuft dann $\bar{x}$ die Elemente von $\bar{\alpha}$, $y$ die von $\beta$, so bildet die Menge $\delta$ der Elemente $y - \bar{x}$ mit $y > \bar{x}$ wieder einen Abschnitt von $\mathfrak{P}^+$.*

*Beweis.* Da jedes $y - x > 0$ ist, ist $\delta \subseteq \mathfrak{P}^+$. Ferner ist $\delta \neq 0$; denn wegen $\alpha < \beta$ gibt es ein $\bar{x}$ in $\beta$ und dann auch ein $y > \bar{x}$ in $\beta$, da $\beta$ kein letztes Element besitzt. Und es ist auch $\delta \neq \mathfrak{P}^+$. Ist nämlich $\bar{b} \in \bar{\beta}$, so ist für jedes $d \in \delta$

$$d = y - \bar{x} < y < \bar{b},$$

also $\bar{b} \in \bar{\delta}$, d. h. $\bar{\delta}$ nicht leer. Damit ist (1) für $\delta$ nachgewiesen. Auch (2) ist erfüllt. Denn für jedes $d \in \delta$ ist

$$d = y - \bar{x} < y' - \bar{x} = d' \quad \text{und} \quad d' \in \delta,$$

falls $y < y'$ und $y'$ als Element von $\beta$ gewählt wird. Das geht, da $\beta$ kein letztes Element enthält. Ist schließlich $d \in \mathfrak{P}^+$, $d^* \in \mathfrak{P}^+$ und $d^* < d$, $d \in \delta$, also $d = y - \bar{x}$, so setze man $d - d^* = r$. Dann ist $0 < r < d < y$ [vgl. X, (102 b)] und

$$0 < d^* = d - r = (y - \bar{x}) - r = (y - r) - \bar{x},$$

also $d^* \in \delta$, da $y - r < y$ und daher $y - r \in \beta$, ferner $x \in \bar{\alpha}$ und $y - r > \bar{x}$ ist. Folglich gilt auch (3) für $\delta$.

**Definition.** *Sind $\alpha$ und $\beta$ Elemente von $\mathfrak{R}^+$ und ist $\alpha < \beta$, so versteht man unter der **Differenz** $\beta - \alpha$ in $\mathfrak{R}^+$ den nach Satz 4 vorhandenen Abschnitt $\delta$ von $\mathfrak{P}^+$, d. h. es ist*

$$\beta - \alpha = Menge\ aller\ y - \bar{x} \quad mit \quad x \in \bar{\alpha},\ y \in \beta,\ y > \bar{x}. \tag{18}$$

**Satz 5.** *Für je zwei Elemente $\alpha$, $\beta$ von $\mathfrak{R}^+$ mit $\alpha < \beta$ hat die Gleichung*

$$\alpha + \xi = \beta \tag{19}$$

*eine und nur eine Lösung $\xi$ in $\mathfrak{R}^+$.*

*Beweis.* Die Eindeutigkeit der Lösung folgt (vgl. IX, Nr. 18, Satz 8) aus dem Monotoniegesetz (17), die Existenz mittels (18). Denn für $\alpha < \beta$ ist $\beta - \alpha$ vorhanden und

$$\alpha + (\beta - \alpha) = \beta. \tag{20}$$

Um dies zu beweisen, muß nach (9) gezeigt werden, daß $\alpha + (\beta - \alpha) \subseteq \beta$ und $\beta \subseteq \alpha + (\beta - \alpha)$ gilt. Es sei zunächst $z \in \alpha + (\beta - \alpha)$. Dann ist[1] mit $x' \in \alpha$, $y - x \in \beta - \alpha$

$$z = x' + (y - \bar{x}) = y - (\bar{x} - x') < y, \tag{21}$$

da $x' < \bar{x}$ (denn $x' \in \alpha$, $\bar{x} \in \bar{\alpha}$), also $\bar{x} - x' > 0$ ist. Aus $z < y$ und $y \in \beta$ folgt aber $z \in \beta$. Daher ist $\alpha + (\beta - \alpha) \subseteq \beta$. Ist umgekehrt $y \in \beta$ und, was wegen $\alpha < \beta$ möglich ist, $y \in \bar{\alpha}$, so wähle man $y' \in \beta$

---

[1] Wir benutzen jetzt die Grundgesetze und die aus ihnen abgeleiteten Regeln (vgl. X, § 3), ohne sie jedesmal vollständig anzugeben, führen auch nicht mehr jeden Schritt einer Rechnung vor, sondern überlassen manches dem Leser zur Nachprüfung. Beispielsweise folgt (21) mittels B. 2 und X, (92 c) so:

$$x' + (y - \bar{x}) = (y - \bar{x}) + x' = y - (\bar{x} - x').$$

mit $y' > y$ und hierzu nach Hilfssatz 1 (Nr. 2) $x \in \alpha$, $\bar{x} \in \bar{\alpha}$ so, daß $\bar{x} - x = y' - y$ ist. Dann ist

$$y' = y + (\bar{x} - x) = \bar{x} + (y - x) > x$$

(denn wegen $x \in \alpha$, $y \in \bar{\alpha}$ ist $x < y$, also $y - x > 0$) und daher

$$y = y' - (\bar{x} - x) = (y' - x) + x = x + (y' - \bar{x}) \in \alpha + (\beta - \alpha).$$

Ist aber $y \in \beta$ und $y \in \alpha$, so ist ebenfalls $y \in \alpha + (\beta - \alpha)$. Denn da die Elemente $y$ von $\bar{\alpha}$, wie eben gezeigt, zu $\alpha + (\beta - \alpha)$ gehören, so trifft dies nach (3) erst recht für die ihnen vorangehenden Elemente von $\alpha$ zu. Folglich ist $\beta \subseteq \alpha + (\beta - \alpha)$ und damit (20) bewiesen.

**6. Ein zweiter Hilfssatz.** Das Analogon zu Hilfssatz 1 für die Division lautet:

**Hilfssatz 2.** *Ist $k > 1$ ein Element, $\alpha$ ein Abschnitt von $\mathfrak{P}^+$, so gibt es Elemente $x \in \alpha$, $\bar{x} \in \bar{\alpha}$ derart, daß $\bar{x} : x = k$ ist.*

*Beweis.* Man wähle $x_1 \in \alpha$ beliebig. Dann folgt für jede natürliche Zahl $n$ nach X, (144) und (145)

$$x_1 k^n = x_1 + x_1 (k^n - 1) = x_1 + x_1 (k - 1) \sum_{i=1}^{n} k^{i-1} > x_1 + x_1 (k - 1) n. \quad (22)$$

Nunmehr wähle man $\bar{x}_1 \in \bar{\alpha}$ beliebig und dann $n \geqq 2$ so groß, daß

$$n > \frac{\bar{x}_1 - x_1}{x_1 (k - 1)} \quad (23)$$

ist. Das ist, da der Quotient auf der rechten Seite eine rationale Zahl ist, nach X, Satz 11 möglich. Aus (23) folgt

$$x_1 + x_1 (k - 1) n > \bar{x}_1 \quad (24)$$

und daher aus (22) und (24) nach D. 1, daß für das gemäß (23) gewählte $n$

$$x_1 k^n > \bar{x}_1, \quad \text{d. h.} \quad x_1 k^n \in \bar{\alpha}$$

ist. In der Folge der Zahlen

$$x_1, \; x_1 k, \; x_1 k^2, \ldots, \; x_1 k^n \quad (25)$$

haben nun je zwei benachbarte den Quotienten $k$, da

$$x_1 k^i \cdot k = x_1 k^{i+1} \qquad (i = 0, 1, \ldots, n - 1)$$

ist. Ferner liegt die erste Zahl von (25) in $\alpha$, die letzte in $\bar{\alpha}$. Also muß es in (25) zwei benachbarte Zahlen geben, deren erste, sie heiße $x$, zu $\alpha$, deren zweite, sie heiße $\bar{x}$, zu $\bar{\alpha}$ gehört. Für diese beiden Elemente ist dann $\bar{x} : x = k$.

**7. Multiplikation in $\mathfrak{R}^+$.** Die Definition des Produktes zweier Abschnitte wird wie die von Summe und Differenz durch einen Existenzsatz vorbereitet.

**Satz 6.** *Sind $\alpha$ und $\beta$ Abschnitte von $\mathfrak{P}^+$ und durchläuft $x$ die Elemente von $\alpha$, $y$ die von $\beta$, so bildet die Menge $\mu$ aller Produkte $x \cdot y$ wieder einen Abschnitt von $\mathfrak{P}^+$.*

*Beweis.* Nach (5) ist $\mu \subseteq \mathfrak{P}^+$, ferner ist $\mu \neq 0$, da $\alpha$ und $\beta$ nicht leer sind, und $\mu \neq \mathfrak{P}^+$; denn für $\bar{x} \in \bar{\alpha}$, $\bar{y} \in \bar{\beta}$ ist nach X, (98b) jedes fragliche $xy < \bar{x}\,\bar{y}$, also $\bar{x}\bar{y} \in \bar{\mu}$. Folglich ist (1) für $\mu$ erfüllt. Ist nun $z \in \mu$, so ist

$$z = xy < x'y = z' \quad \text{und} \quad z' \in \mu,$$

falls man — was nach (2) für $\alpha$ möglich ist — $x'$ als Element von $\alpha$ und $x' > x$ wählt. Zu jedem Element von $\mu$ gibt es also ein größeres, $z'$, in $\mu$; mithin gilt auch (2) für $\mu$. Ist schließlich $z \in \mathfrak{P}^+$, $z^* \in \mathfrak{P}^+$ und $z^* < z$, $z \in \mu$, d. h. $z = xy$ mit $x \in \alpha$, $y \in \beta$, so ist

$$0 < \frac{z^*}{x} = z^* \cdot \frac{1}{x} < z \cdot \frac{1}{x} = xy \cdot \frac{1}{x} = \left(x \cdot \frac{1}{x}\right) y = y, \quad \text{d. h.} \quad \frac{z^*}{x} \in \beta.$$

Setzt man $z^* : x = y'$, so ist $z^* = xy' \in \mu$. Damit ist auch (3) für $\mu$ nachgewiesen.

**Definition.** *Sind $\alpha$ und $\beta$ Elemente von $\mathfrak{R}^+$, so versteht man unter dem* **Produkt** $\alpha \cdot \beta$ *in $\mathfrak{R}^+$ den nach Satz 6 vorhandenen Abschnitt $\mu$ von $\mathfrak{P}^+$, d. h. es ist*

$$\alpha \cdot \beta = Menge\ aller\ x \cdot y \quad mit \quad x \in \alpha,\ y \in \beta. \tag{26}$$

**Satz 7.** *Es seien $\alpha, \beta, \gamma$ Elemente von $\mathfrak{R}^+$. Dann gilt:*

$$Aus \quad \alpha = \beta \quad folgt \quad \alpha \cdot \gamma = \beta \cdot \gamma. \tag{27}$$

$$\alpha \cdot \beta = \beta \cdot \alpha. \tag{28}$$

$$(\alpha \cdot \beta) \cdot \gamma = \alpha \cdot (\beta \cdot \gamma). \tag{29}$$

$$\alpha \cdot (\beta + \gamma) = \alpha \cdot \beta + \alpha \cdot \gamma. \tag{30}$$

$$Aus \quad \alpha < \beta \quad folgt \quad \alpha \cdot \gamma < \beta \cdot \gamma. \tag{31}$$

*Beweis.* Die Behauptungen (27), (28) und (29) ergeben sich unmittelbar aus den Definitionen (9) und (26) von Gleichheit und Produkt und den entsprechenden Eigenschaften der Elemente von $\alpha, \beta, \gamma$. Zum Beweis von (30) sei $x \in \alpha$, $y \in \beta$, $z \in \gamma$. Dann ist nach X, (37) stets $x(y + z) = xy + xz$, also $\alpha(\beta + \gamma) \subseteq \alpha\beta + \alpha\gamma$. Ist umgekehrt $xy + x'z$ mit $x' \in \alpha$ ein Element von $\alpha\beta + \alpha\gamma$, so sei etwa $x \leqq x'$. Dann ist

$$xy \leqq x'y, \quad \frac{xy}{x'} \leqq y, \quad \text{also} \quad \frac{xy}{x'} = y' \in \beta.$$

Folglich ist $xy = x'y'$ und daher

$$xy + x'z = x'y' + x'z = x'(y' + z) \in \alpha(\beta + \gamma),$$

also $\alpha\beta + \alpha\gamma \subseteq \alpha(\beta + \gamma)$ und damit (30) bewiesen. Zum Beweis von (31) wähle man erstens $\bar{x}$ so, daß $\bar{x} \in \bar{\alpha}$, $\bar{x} \in \beta$ ist (das ist wegen $\alpha < \beta$ möglich), zweitens $y$ so, daß $y > \bar{x}$ und $y \in \beta$ ist [das geht nach (2)], drittens $z \in \gamma$ und $\bar{z} \in \bar{\gamma}$ so, daß $\bar{z} : z = y : \bar{x}$ ist (das geht nach Hilfssatz 2, da $y > \bar{x}$, also $y : \bar{x} > 1$ ist). Dann gilt

$$\frac{\bar{z}}{z} = \frac{y}{\bar{x}}, \quad \text{also} \quad yz = \bar{x}\bar{z},$$

und dies bedeutet, daß das zu $\beta\gamma$ gehörende Element $yz$ nicht zu $\alpha\gamma$ gehört (denn es ist $\bar{x}\bar{z} \in \bar{\alpha}\bar{\gamma}$), also $\alpha\gamma < \beta\gamma$ ist.

**8. Umkehrbarkeit der Multiplikation in $\mathfrak{R}^+$.** Nach (6) gehört der Quotient zweier Elemente von $\mathfrak{P}^+$ stets zu $\mathfrak{P}^+$. Daher darf man erwarten, daß die Multiplikation in $\mathfrak{R}^+$ umkehrbar ist. Wir beweisen zunächst

**Satz 8.** *Sind $\alpha$ und $\beta$ Abschnitte von $\mathfrak{P}^+$ und durchläuft $\bar{x}$ die Elemente von $\bar{\alpha}$, $y$ die von $\beta$, so bildet die Menge $\varkappa$ der Elemente $y : \bar{x}$ wieder einen Abschnitt von $\mathfrak{P}^+$.*

*Beweis.* Wir haben wieder die Eigenschaften (1), (2) und (3), diesmal für $\varkappa$, nachzuweisen. Nach (6) ist $\varkappa \subseteq \mathfrak{P}^+$; ferner ist $\varkappa \neq 0$, da $\alpha$ und $\beta$ nicht leer sind, und es ist $\varkappa \neq \mathfrak{P}^+$. Ist nämlich $a$ irgendein Element von $\alpha$, so ist $a < \bar{x}$ für jedes $\bar{x} \in \bar{\alpha}$ und daher

$$\frac{1}{\bar{x}} < \frac{1}{a}, \quad \text{also} \quad \frac{y}{\bar{x}} < \frac{y}{a}$$

für jedes $y$, insbesondere jedes $y \in \beta$. Folglich gehört $y : a$ zu $\bar{\varkappa}$. Damit ist (1) für $\varkappa$ nachgewiesen. Ist nun $z \in \varkappa$, so ist

$$z = \frac{y}{\bar{x}} < \frac{y'}{\bar{x}} = z' \quad \text{und} \quad z' \in \varkappa,$$

falls man — was nach (2) für $\beta$ möglich ist — $y'$ als Element von $\beta$ und $y' > y$ wählt. Also gilt auch (2) für $\varkappa$. Ist schließlich $z \in \mathfrak{P}^+$ $z^* \in \mathfrak{P}^+$ und $z^* < z$, $z = \frac{y}{\bar{x}} \in \varkappa$, so ist $0 < z^* < \frac{y}{\bar{x}}$, also $\bar{x} < \frac{y}{z^*}$ d. h. $\frac{y}{z^*} \in \bar{\alpha}$. Folglich gibt es ein $\bar{x}' \in \bar{\alpha}$ so, daß

$$\frac{y}{z^*} = \bar{x}', \quad \text{d. h.} \quad z^* = \frac{y}{\bar{x}'}$$

und daher $z^* \in \varkappa$ ist. Damit ist (3) für $\varkappa$ bewiesen.

**Definition.** *Sind $\alpha$ und $\beta$ Elemente von $\mathfrak{R}^+$, so versteht man unter dem **Quotienten** $\beta : \alpha$ in $\mathfrak{R}^+$ den nach Satz 8 vorhandenen Abschnitt $\varkappa$ von $\mathfrak{P}^+$, d. h. es ist* [1]

$$\beta : \alpha = \frac{\beta}{\alpha} = \text{Menge aller } \frac{y}{\bar{x}} \text{ mit } \bar{x} \in \bar{\alpha}, \, y \in \beta. \tag{32}$$

**Satz 9.** *Für je zwei Elemente $\alpha$ und $\beta$ von $\mathfrak{R}^+$ hat die Gleichung*

$$\alpha\xi = \beta \tag{33}$$

*eine und nur eine Lösung $\xi$ in $\mathfrak{R}^+$.*

*Beweis.* 1. *Eindeutigkeit.* Angenommen, (33) habe zwei Lösungen $\xi$ und $\xi'$, und es sei etwa $\xi < \xi'$. Nach (31) wäre dann $\alpha\xi < \alpha\xi' = \beta$, im Widerspruch zu (33).

2. *Existenz.* Der Quotient $\beta : \alpha$ löst (33), d. h. es ist

$$\alpha \cdot \frac{\beta}{\alpha} = \beta. \tag{34}$$

---

[1] Für $\frac{\beta}{\alpha}$ wird zuweilen auch $\beta/\alpha$ geschrieben.

Ist nämlich $z \in \alpha \cdot \dfrac{\beta}{\alpha}$, also $z = x \cdot \dfrac{y}{\bar{x}}$ mit $x \in \alpha$, $\bar{x} \in \bar{\alpha}$, $y \in \beta$, so ist

$$x < \bar{x}, \quad \text{also} \quad z = x \cdot \frac{y}{\bar{x}} < \bar{x} \cdot \frac{y}{\bar{x}} = y$$

und daher $z \in \beta$. Folglich ist $\alpha \cdot \dfrac{\beta}{\alpha} \subseteq \beta$. Ist umgekehrt $y \in \beta$, so wähle man $y' > y$ nach (2) als Element von $\beta$ und nach Hilfssatz 2 dann $x \in \alpha$, $\bar{x} \in \bar{\alpha}$ so, daß

$$\frac{\bar{x}}{x} = \frac{y'}{y} > 1, \quad \text{also} \quad y = x \cdot \frac{y'}{\bar{x}}$$

ist. Dann ist $y \in \alpha \cdot \dfrac{\beta}{\alpha}$ und daher $\beta \subseteq \alpha \cdot \dfrac{\beta}{\alpha}$. Nach (9) ist damit (34) bewiesen.

**9. Inverses Element in $\mathfrak{R}^+$.** Ist speziell $\beta = \alpha$ in (33), so sei $\varepsilon$ die Lösung, also $\alpha \cdot \varepsilon = \alpha$. Daß diese Lösung $\varepsilon$ von $\alpha$ unabhängig ist, erkennt man am einfachsten durch Angabe von $\varepsilon$ als Abschnitt. Es ist nämlich

$$\varepsilon = \text{Menge der } y \in \mathfrak{P}^+ \quad \text{mit} \quad 0 < y < 1. \tag{35}$$

**Satz 10.** *Der durch* (35) *definierte Abschnitt von $\mathfrak{P}^+$ ist das Einselement von $\mathfrak{R}^+$, d. h. es ist*

$$\alpha \cdot \varepsilon = \varepsilon \cdot \alpha = \alpha \quad \textit{für jedes} \quad \alpha \in \mathfrak{R}^+. \tag{36}$$

*Beweis.* Durchläuft $x$ die Elemente von $\alpha$, so besteht $\alpha\varepsilon$ nach (26) aus allen Elementen $xy$ mit $0 < xy < x$. Nach (3) ist also jedes $xy \in \alpha$, d. h. $\alpha\varepsilon \subseteq \alpha$. Ist umgekehrt $x_0$ irgendein Element von $\alpha$, so gibt es nach (2) ein $x_1 > x_0$ in $\alpha$. Man setze $y = \dfrac{1}{x_1} x_0$. Dann ist

$$y = \frac{1}{x_1} x_0 < \frac{1}{x_0} x_0 = 1, \quad \text{d. h.} \quad y \in \varepsilon$$

und daher $x_0 = x_1 y \in \alpha\varepsilon$. Folglich ist $\alpha \subseteq \alpha\varepsilon$, also $\alpha = \alpha\varepsilon$ nach (9). Der zweite Teil der Behauptung (36) folgt aus (28).

**Satz 11.** *Zu jedem Element $\alpha$ von $\mathfrak{R}^+$ gibt es ein inverses Element $\alpha^{-1}$ in $\mathfrak{R}^+$. Division in $\mathfrak{R}^+$ und Multiplikation mit dem inversen Element sind gleichbedeutend. Es ist*

$$\frac{\varepsilon}{\alpha} = \alpha^{-1}. \tag{37}$$

$$\frac{\beta}{\alpha} = \beta \cdot \frac{\varepsilon}{\alpha} = \beta \cdot \alpha^{-1}. \tag{38}$$

*Beweis.* Beides folgt aus der eindeutigen Lösbarkeit von (33). Denn $\alpha^{-1}$ ist definiert als Lösung von $\alpha \xi = \varepsilon$, und diese Lösung ist nach (34) gleich $\varepsilon/\alpha$. Es gilt also (37) und damit auch

$$\alpha \cdot \frac{\varepsilon}{\alpha} = \frac{\varepsilon}{\alpha} \cdot \alpha = \varepsilon. \tag{39}$$

Ferner ist

$$\alpha \cdot \left(\beta \cdot \frac{\varepsilon}{\alpha}\right) = (\alpha \cdot \beta) \cdot \frac{\varepsilon}{\alpha} = (\beta \cdot \alpha)\,\frac{\varepsilon}{\alpha} = \beta \cdot \left(\alpha \cdot \frac{\varepsilon}{\alpha}\right) = \beta \cdot \varepsilon = \beta,$$

also muß $\beta \cdot \frac{\varepsilon}{\alpha}$ mit der Lösung $\frac{\beta}{\alpha}$ von $\alpha\,\xi = \beta$ übereinstimmen. Damit ist (38) bewiesen.

**10. Einige Folgerungen.** In der üblichen Weise [vgl. X, (100) und (101)] ergeben sich die Umkehrungen der Grundgesetze B. 1, C. 1, D. 2 und D. 3 in $\mathfrak{R}^+$. Da wir sie für das Folgende benötigen, notieren wir sie und schließen einige Folgerungen an, auf die wir später zurückgreifen müssen.

Mittels (17) bzw. (31) erhält man indirekt:

$$\text{Aus}\quad \alpha + \gamma = \beta + \gamma \quad \text{bzw.}\quad \alpha \cdot \gamma = \beta \cdot \gamma \quad \text{folgt}\quad \alpha = \beta. \tag{40}$$

Man beachte, daß (31) in $\mathfrak{R}^+$ ohne Ausnahme gilt. Entsprechend liefern (14) und (17) bzw. (27) und (31):

$$\text{Aus}\quad \alpha + \gamma < \beta + \gamma \quad \text{bzw.}\quad \alpha \cdot \gamma < \beta \cdot \gamma \quad \text{folgt}\quad \alpha < \beta. \tag{41}$$

Ferner gilt für je zwei Elemente $\alpha, \beta$ von $\mathfrak{R}^+$:

$$\alpha < \alpha + \beta. \tag{42}$$

Wählt man nämlich zu $y \in \beta$ nach Hilfssatz 1 ein $x \in \alpha$ und ein $\bar{x} \in \bar{\alpha}$ so, daß $\bar{x} - x = y$ wird, so ist

$$x < \bar{x} = x + y.$$

Dies besagt erstens, nach (3), daß $\alpha$ Teil von $\alpha + \beta$ ist, und zweitens, daß $x + y$ zu $\alpha + \beta$, aber nicht zu $\alpha$ gehört, also $\alpha$ *echter* Teil von $\alpha + \beta$, mithin $\alpha < \alpha + \beta$ ist.

Schließlich läßt sich (30) auf die Subtraktion ausdehnen. Es ist

$$\alpha(\beta - \gamma) = \alpha\beta - \alpha\gamma, \tag{43}$$

falls $\beta - \gamma \in \mathfrak{R}^+$, d. h. $\beta > \gamma$ ist. Denn dann ist nach (31) auch $\alpha\beta > \alpha\gamma$, also $\alpha\beta - \alpha\gamma$ als Lösung von

$$\alpha\gamma + \xi = \alpha\beta \tag{44}$$

vorhanden. Andererseits folgt aus $\gamma + (\beta - \gamma) = \beta$ durch Multiplikation mit $\alpha$ nach (27) und (30)

$$\alpha\gamma + \alpha(\beta - \gamma) = \alpha\beta. \tag{45}$$

Aus (44) und (45) ergibt sich (43) auf Grund von Satz 5.

**11. $\mathfrak{R}^+$ als Erweiterung von $\mathfrak{P}^+$.** Fassen wir die bisherigen Ergebnisse über das Rechnen in $\mathfrak{R}^+$ zusammen, so können wir sagen, daß man je zwei Abschnitte von $\mathfrak{P}^+$ addieren, multiplizieren und dividieren kann und daß die Grundgesetze der Arithmetik mit Ausnahme von B. 4 sämtlich erfüllt sind. Die Addition ist nicht immer umkehrbar; subtrahieren kann man in $\mathfrak{R}^+$ nur, wenn der Minuend größer als der Subtrahend ist.

Wir wollen, trotz des fehlenden Gesetzes B. 4, die Elemente von $\mathfrak{R}^+$, d. h. die Abschnitte von $\mathfrak{P}^+$, als *Zahlen* bezeichnen. Wir nennen sie die *positiven reellen Zahlen* und behaupten, daß $\mathfrak{R}^+$ eine Erweiterung von $\mathfrak{P}^+$ im Sinne von IX, Nr. 12 ist. Es sei $a > 0$ eine rationale Zahl und der Abschnitt $\alpha$ von $\mathfrak{P}^+$ definiert durch

$$\alpha = \text{Menge der } x \in \mathfrak{P}^+ \text{ mit } 0 < x < a. \tag{46}$$

Schließlich sei $\mathfrak{P}^*$ die Menge dieser Abschnitte. Dann gilt

**Satz 12.** *Die Teilmenge $\mathfrak{P}^*$ von $\mathfrak{R}^+$ ist zu $\mathfrak{P}^+$ ähnlich und in bezug auf jede der beiden Verknüpfungen isomorph.*

*Beweis.* Man betrachte die durch die Zuordnung

$$\varphi(a) = \alpha \tag{47}$$

vermittelte Abbildung von $\mathfrak{P}^+$ auf $\mathfrak{P}^*$, wo $\alpha$ durch (46) gegeben ist. Es sei $b$ ein zweites Element von $\mathfrak{P}^+$ und $\varphi(b) = \beta$, also

$$\beta = \text{Menge der } y \in \mathfrak{P}^+ \text{ mit } 0 < y < b. \tag{48}$$

Dann gilt: Die Abbildung (47) ist erstens eineindeutig, d. h.

$$\text{Aus } a = b \text{ folgt } \varphi(a) = \varphi(b) \text{ und umgekehrt.} \tag{49}$$

Dies ergibt sich ohne Mühe mittels (9) aus (46) und (47). Ebenso erhält man mittels (10):

$$\text{Aus } a < b \text{ folgt } \varphi(a) < \varphi(b) \text{ und umgekehrt.} \tag{50}$$

Die Abbildung (47) ist also zweitens eine ähnliche Abbildung. Sie ist drittens ein Isomorphismus sowohl in bezug auf die Addition:

$$\varphi(a + b) = \varphi(a) + \varphi(b), \tag{51}$$

als auch in bezug auf die Multiplikation:

$$\varphi(a \cdot b) = \varphi(a) \cdot \varphi(b). \tag{52}$$

Denn aus $0 < x < a$ und $0 < y < b$ folgt

$$0 < x \circ y < a \circ b,$$

wo $\circ$ entweder durchweg $+$ oder durchweg $\cdot$ bedeuten darf. Es ist also nach (13) bzw. (26) und (46)

$$\varphi(a \circ b) = \alpha \circ \beta = \varphi(a) \circ \varphi(b).$$

Damit ist Satz 12 bewiesen.

**Satz 13.** *Ein Abschnitt $\alpha$ entspricht dann und nur dann einer positiven rationalen Zahl, wenn $\bar{\alpha}$ ein erstes Element besitzt.*

*Beweis.* Ist $a > 0$ eine rationale Zahl und $\alpha$ der durch (46) definierte Abschnitt, so besteht die Komplementärmenge aus allen rationalen Zahlen $\bar{x} \geqq a$. Also hat $\bar{\alpha}$ ein erstes Element, nämlich $a$. Ist umgekehrt $\alpha$ ein Abschnitt von $\mathfrak{P}^+$ derart, daß $\bar{\alpha}$ ein erstes Element besitzt, so ist dieses eine positive rationale Zahl $a$ und $\alpha$ der Abschnitt (46). Denn nach Nr. 1 sind $\alpha$ und $\bar\alpha$ die beiden Klassen eines dedekindschen Schnitts in der Menge $\mathfrak{P}^+$ der positiven rationalen Zahlen. Hat nun die Oberklasse $\bar\alpha$ ein erstes Element, $a$, so gehört $a$ (vgl. VIII, Nr. 17) zu $\mathfrak{P}^+$, und $\alpha$ besteht aus allen Elementen von $\mathfrak{P}^+$ vor $a$.

**12. Gleichsetzung von $\mathfrak{P}^+$ und $\mathfrak{P}^*$.** Auf Grund von Satz 13 können und werden wir die nach Satz 12 mögliche Einbettung der positiven rationalen Zahlen in die Menge $\mathfrak{R}^+$ der positiven reellen Zahlen, d. h. die Gleichsetzung von $\mathfrak{P}^+$ mit $\mathfrak{P}^*$, in der Weise vollziehen, daß wir jeden Abschnitt $\alpha$ von $\mathfrak{P}^+$, dessen Komplementärmenge $\bar\alpha$ ein erstes Element, es heiße $a$, besitzt, mit dieser positiven rationalen Zahl $a$ identifizieren. Beispielsweise ist nach (35) das Einselement $\varepsilon$ von $\mathfrak{P}^+$ durch 1 zu ersetzen.

**Definition.** *Ein Abschnitt $\alpha$ von $\mathfrak{P}^+$, dessen Komplementärmenge $\bar\alpha$ kein erstes Element besitzt, heißt eine positive **irrationale Zahl**.*

Es gibt irrationale Zahlen. Ist z. B. $\alpha_0$ die Menge der positiven rationalen Zahlen $x$, für die $x^2 < 2$ ist, so ist $\alpha_0$, wie dem Beweis in VIII, Nr. 19 zu entnehmen ist, ein Abschnitt von $\mathfrak{P}^+$, für den $\bar\alpha_0$ kein erstes Element hat; $\alpha_0$ ist also eine irrationale Zahl. Ist ferner $\beta$ irgendeine positive rationale Zahl, so ist $\alpha_0 + \beta$ stets irrational. Wäre nämlich $\alpha_0 + \beta = \gamma$ rational, so wäre $\gamma > \beta$ und $\alpha_0 = \gamma - \beta$ als Differenz zweier rationalen Zahlen selbst rational, was nicht zutrifft.

Als Anwendung und zur Übung im Gleichsetzen von $\mathfrak{P}^*$ und $\mathfrak{P}^+$ beweisen wir zwei später benötigte Sätze.

**Satz 14.** *Ist $a > 0$ eine rationale Zahl, $\beta$ eine beliebige Zahl von $\mathfrak{R}^+$, so ist dann und nur dann $a \in \beta$, wenn $a < \beta$ ist.*

*Beweis.* In dieser Behauptung ist $a$ einmal als Element von $\mathfrak{P}^+$, d. h. als rationale *Zahl*, zum andern als Element von $\mathfrak{R}^+$, d. h. als *Abschnitt* (46), anzusehen. Es sei nun $a \in \beta$. Dann ist (der Abschnitt) $a \subseteq \beta$ und $a \neq \beta$, da (die Zahl) $a$ zu $\beta$, aber nicht zu (dem Abschnitt) $a$ gehört. Also ist $a < \beta$. Ist umgekehrt $a < \beta$, so gibt es eine rationale Zahl $b > 0$, die zu $\beta$, aber nicht zu (dem Abschnitt) $a$ gehört. Es kann nicht $b \leq a$ sein, da sonst $b \in a$ wäre nach (46). Also ist $a < b$, d. h. (die Zahl) $a \in \beta$ nach (3).

**Satz 15.** *Zu je zwei Zahlen $\alpha, \beta$ von $\mathfrak{R}^+$ mit $\alpha < \beta$ gibt es eine rationale Zahl $x$ mit $\alpha < x < \beta$.*

*Beweis.* Da $\alpha < \beta$ ist, gibt es ein $y$ mit $y \in \beta$, $y \notin \alpha$. Dann ist $y \geq \alpha$ nach Satz 14. Man wähle nach (2) ein $x \in \beta$ mit $x > y$. Für dieses gilt, wieder nach Satz 14, $x < \beta$ und daher $\alpha \leq y < x < \beta$.

Auch hier ist es natürlich möglich, statt die Elemente von $\mathfrak{P}^*$ und $\mathfrak{P}^+$ zu identifizieren, durch Einführung neuer Symbole nach IX, Satz 6 zu einer mit $\mathfrak{R}^+$ isomorphen und ähnlichen, $\mathfrak{P}^+$ umfassenden Menge überzugehen und diese als Erweiterung von $\mathfrak{P}^+$ anzusehen. Die Durchführung sei dem Leser überlassen.

## § 2. Der Bereich aller reellen Zahlen.

**13. Konstruktion von $\Re$.** Der Übergang von der Menge $\Re^+$ der positiven reellen Zahlen zur Menge $\Re$ aller reellen Zahlen geschieht — ähnlich wie in IX, § 3 bei der Einführung der nichtpositiven ganzen Zahlen — durch Bildung von Klassen aus Zahlenpaaren (vgl. IX, Nr. 13). Man nimmt als Ausgangsmenge $\mathfrak{B}$ die Menge $\Re^+$, als Komposition die Addition in $\Re^+$ und erhält, wobei kleine lateinische Buchstaben jetzt Elemente aus $\Re^+$ bedeuten, wie in IX, Nr. 13 die Zerlegung der Menge $\mathfrak{M}$ aller Zahlenpaare $(a, b)$ in Äquivalenzklassen $\alpha = [a, b]$. Denn die Menge $\Re^+$ erfüllt nach (14), (15), (16) und (40) die vier Gesetze IX, (40), kann also als Ausgangsmenge $\mathfrak{B}$ genommen werden. Dabei sind Äquivalenz und Gleichheit entsprechend zu IX, (46) bzw. (47) festgelegt; es ist also

$$\left.\begin{aligned} (a, b) \sim (c, d) \\ [a, b] = [c, d] \end{aligned}\right\}, \text{ wenn } a + d = b + c \text{ ist.} \qquad \begin{aligned} (53) \\ (54) \end{aligned}$$

Die zu $\mathfrak{B} = \Re^+$ gehörende Menge $\mathfrak{C}$ der Äquivalenzklassen heiße $\Re$. Dann folgt zunächst aus IX, Satz 7 unmittelbar

**Satz 16.** *Die Gleichheitsrelation in $\Re$ genügt den drei Grundgesetzen* A. 1, A. 2 *und* A. 3.

Für die Elemente der Menge $\Re$ sind nun noch Addition, Multiplikation und Anordnung so zu definieren, daß $\Re$ im Sinne von IX, Nr. 12 eine Erweiterung von $\Re^+$ darstellt. Daß dies möglich ist, werden wir jetzt zeigen. Bei der Durchführung dieses Nachweises, der für die Addition zu IX, § 3 parallel läuft, werden wir Addition und Multiplikation gleich nebeneinander behandeln.

**14. Addition und Multiplikation in $\Re$.** Für die Elemente von $\Re^+$ sind Addition und Multiplikation nach (13) bzw. (26) bekannt. Hieran anknüpfend, setzt man in Analogie zu IX, (48) und (77) fest:

**Definition.** *Sind $\alpha = [a, b]$ und $\beta = [c, d]$ Elemente von $\Re$, so versteht man unter der* **Summe** *$\alpha + \beta$ die Klasse $[a + c, b + d]$ und unter dem* **Produkt** *$\alpha\beta$ die Klasse $[ac + bd, ad + bc]$, in Zeichen:*

$$[a, b] + [c, d] = [a + c, b + d], \qquad (55)$$

$$[a, b] \cdot [c, d] = [ac + bd, ad + bc]. \qquad (56)$$

Hierdurch sind $\alpha + \beta$ und $\alpha\beta$ als Elemente von $\Re$ bestimmt, und zwar eindeutig, da die erzeugenden Zahlenpaare eindeutig und die Definitionen unabhängig von der Wahl der Klassenvertreter sind. Dies zeigt man durch die gleiche Rechnung wie im Anschluß an IX, (48) und (77).

**Satz 17.** *Addition und Multiplikation in $\Re$ genügen den Grundgesetzen* B. 1, B. 2, B. 3 *bzw.* C. 1, C. 2, C. 3, C. 4.

Der Beweis ergibt sich wie der für die Regeln 17, 18 und 19 in IX, Nr. 16 bzw. für die Regeln 24, 25, 26 und 27 in IX, Nr. 21. Denn man benutzt die formal mit IX, (48) bzw. (77) übereinstimmenden Definitionen (55) bzw. (56), und für die Elemente $a, b, c, d, \ldots$ von $\Re^+$ sind die entsprechenden Gesetze in § 1 als gültig nachgewiesen.

**15. Umkehrbarkeit der Verknüpfungen.** Die Operationen der Addition und Multiplikation lassen sich in $\Re$ umkehren, die erste stets, die zweite bis auf eine Ausnahme. Hierüber gilt zunächst

**Satz 18.** *Sind* $\alpha = [a, b]$ *und* $\beta = [c, d]$ *Elemente von* $\Re$, *so hat die Gleichung*

$$\alpha + \xi = \beta \tag{57}$$

*stets eine Lösung in* $\Re$, *die Gleichung*

$$\alpha \xi = \beta \tag{58}$$

*immer dann, wenn* $a \neq b$ *ist.*

*Beweis.* Für die Gl. (57) ist die Klasse

$$\xi = [b + c, a + d] \tag{59}$$

von $\Re$ stets eine Lösung, da nach (55) und (54)

$$[a, b] + [b + c, a + d] = [a + b + c, b + a + d] = [c, d]$$

ist. Liegt die Gl. (58) vor, so setze man

$$\xi = \left[ \frac{c}{a-b}, \ \frac{d}{a-b} \right], \quad \text{falls} \quad a > b \quad \text{ist,} \tag{60a}$$

bzw.

$$\xi = \left[ \frac{d}{b-a}, \ \frac{c}{b-a} \right], \quad \text{falls} \quad a < b \quad \text{ist.} \tag{60b}$$

Dann ist $a - b$ bzw. $b - a$ in $\Re^+$ erklärt, also $\xi$ ein Element von $\Re$, ferner im ersten Fall

$$[a, b] \left[ \frac{c}{a-b}, \ \frac{d}{a-b} \right] = \left[ \frac{ac + bd}{a-b}, \ \frac{ad + bc}{a-b} \right] = [c, d],$$

da nach den Rechenregeln in $\Re^+$

$$\frac{ac + bd}{a-b} + d = \frac{ad + bc}{a-b} + c = \frac{ac + ad}{a-b}$$

ist; und analog folgt im zweiten Fall

$$[a, b] \left[ \frac{d}{b-a}, \ \frac{c}{b-a} \right] = \left[ \frac{ad + bc}{b-a}, \ \frac{ac + bd}{b-a} \right] = [c, d].$$

Im Falle $a = b$ ist $a - b$ und ebenso $b - a$ in $\Re^+$ nicht erklärt, also das zur Bestimmung von $\xi$ benutzte Zahlenpaar nicht bildbar. Wir kommen auf diesen Fall noch zurück, untersuchen aber zuvor die Ordnung von $\Re$.

**16. Ordnung von $\Re$.** Wir gehen wieder nach dem Vorbild von Kapitel IX vor.

**Definition.** *Sind* $\alpha = [a, b]$ *und* $\beta = [c, d]$ *voneinander verschiedene Elemente von* $\Re$, *so heißt* $\alpha$ **kleiner als** $\beta$, *in Zeichen* $\alpha < \beta$, *d. h.*

$$[a, b] < [c, d], \quad \textit{wenn} \quad a + d < b + c \quad \textit{ist.} \tag{61}$$

*Entsprechend gilt $\alpha > \beta$, d. h.*

$$[a, b] > [c, d], \quad \text{wenn} \quad a + d > b + c \quad \text{ist}. \tag{62}$$

Diese Festsetzungen, zusammen mit (54) und Satz 1, zeigen, daß für irgend zwei Elemente von $\mathfrak{R}$ genau eine der drei Relationen

$$\alpha < \beta, \quad \alpha = \beta, \quad \alpha > \beta \tag{63}$$

zutrifft. Die Beziehung (61) ist mithin asymmetrisch. Sie ist auch transitiv, also wirklich eine Ordnungsbeziehung:

$$\text{Aus} \quad \alpha < \beta \quad \text{und} \quad \beta < \gamma \quad \text{folgt} \quad \alpha < \gamma. \tag{64}$$

Ferner ist sie unabhängig von der Wahl der Klassenvertreter. Man beweist beides wie in IX, Nr. 17.

**Satz 19.** *Sind $\alpha, \beta, \gamma$ Elemente von $\mathfrak{R}$, so gilt:*

$$\text{Aus} \quad \alpha < \beta \quad \text{folgt} \quad \alpha + \gamma < \beta + \gamma. \tag{65}$$

*Ist insbesondere $\gamma = [e, f]$ und $e \neq f$, so folgt weiter:*

$$\text{Aus} \quad \alpha < \beta \quad \text{und} \quad e > f \quad \text{folgt} \quad \alpha\gamma < \beta\gamma. \tag{66a}$$

$$\text{Aus} \quad \alpha < \beta \quad \text{und} \quad e < f \quad \text{folgt} \quad \alpha\gamma > \beta\gamma. \tag{66b}$$

*Beweis.* 1. Es sei $\alpha = [a, b], \beta = [c, d]$. Dann bedeutet $\alpha < \beta$ nach (61)

$$a + d < b + c. \tag{67}$$

Dies gibt nach (15), (16) und (17)

$$(a + e) + (d + f) = (a + d) + (e + f) < (b + c) + (e + f) = (b + e) + (c + f)$$

und damit $\alpha + \gamma < \beta + \gamma$ nach (55) und (61).

2. Ist $\gamma = [e, f]$ und $e > f$, also $e - f \in \mathfrak{R}^+$, so folgt aus (67) mittels (43) und (31)

$$(a + d) e - (a + d) f = (a + d) (e - f) < (b + c) (e - f) = (b + c) e - (b + c) f$$

und hieraus mittels (17), (20), (30), (15) und (16)

$$(ae + bf) + (cf + de) = (a + d) e + (b + c) f$$
$$< (a + d) f + (b + c) e = (af + be) + (ce + df).$$

Dies besagt jedoch $\alpha\gamma < \beta\gamma$ nach (56) und (61). Ist aber $e < f$, also $f - e \in \mathfrak{R}^+$, so erhält man aus (67) entsprechend (man braucht in der vorangehenden Rechnung nur $f$ und $e$ zu vertauschen):

$$(af + be) + (ce + df) < (ae + bf) + (cf + de), \quad \text{d. h.} \quad \beta\gamma < \alpha\gamma.$$

**17. Eindeutigkeit der Umkehrbarkeit in $\mathfrak{R}$.** Bei der gemeinsamen Behandlung von Addition und Multiplikation verwenden wir wieder das neutrale Verknüpfungszeichen ∘ (gelesen: mit), das durchweg + oder durchweg · bedeuten darf. Die Grundgesetze B. 1 und C. 1 z. B. lassen sich zusammenfassen zu:

$$\text{Aus} \quad \alpha = \alpha' \quad \text{folgt} \quad \alpha \circ \beta = \alpha' \circ \beta. \tag{68}$$

Hierbei sind $\alpha, \alpha', \beta$ Elemente von $\Re$. Ist nun *im Bedarfsfall*, d. h. *wenn als Verknüpfung die Multiplikation genommen wird*,

$$a \neq b \quad \text{in} \quad \alpha = [a, b], \tag{69}$$

so gilt auch die Umkehrung zu (68):

$$\text{Aus} \quad \alpha \circ \beta = \alpha \circ \beta' \quad \text{folgt} \quad \beta = \beta'. \tag{70}$$

Wäre nämlich $\beta < \beta'$ oder $\beta' < \beta$, so wäre nach (65) bzw. (66a, b)

$$\alpha \circ \beta \leqq \alpha \circ \beta' \quad \text{oder} \quad \alpha \circ \beta' \leqq \alpha \circ \beta,$$

jedenfalls $\alpha \circ \beta \neq \alpha \circ \beta'$ im Widerspruch zur Voraussetzung. Da (65) ohne Einschränkung gilt, ist (69) nur im Bedarfsfall notwendig.

**Satz 20.** *Die Gl. (57) bzw. (58), d. h. die Gleichung*

$$\alpha \circ \xi = \beta \qquad (\alpha, \beta \in \Re) \tag{71}$$

*ist, wenn (69) im Bedarfsfall gilt, in $\Re$ eindeutig lösbar.*

*Beweis.* Angenommen, es sei $\alpha \circ \xi = \beta$ und $\alpha \circ \xi' = \beta$, also $\alpha \circ \xi = \alpha \circ \xi'$. Dann ist nach (70), da (69) im Bedarfsfall erfüllt ist, $\xi = \xi'$.

**Definition.** *Die eindeutig bestimmte Lösung $\xi$ von (57) bzw. (58) heißt die* **Differenz** *$\beta$ minus $\alpha$ bzw. der* **Quotient** *$\beta$ durch $\alpha$ in $\Re$, in Zeichen:*

$$\xi = \beta - \alpha \tag{72}$$

*bzw. [hier muß also wieder (69) erfüllt sein]*

$$\xi = \beta : \alpha = \frac{\beta}{\alpha}, \tag{73}$$

*oder das durch* **Subtraktion** *des Elements $\alpha$ von $\beta$ bzw. durch* **Division** *von $\beta$ mit $\alpha$ entstehende Element von $\Re$.*

Die Differenz $\beta - \alpha$ wird also durch

$$\alpha + (\beta - \alpha) = \beta, \tag{74}$$

bei Gültigkeit von (69) der Quotient $\beta : \alpha$ durch

$$\alpha \cdot (\beta : \alpha) = \alpha \cdot \frac{\beta}{\alpha} = \beta \tag{75}$$

erklärt, und für die Subtraktion bzw. Division in $\Re$ hat man die Rechenvorschrift

$$[a, b] - [c, d] = [a + d, b + c], \tag{76}$$

$$[a, b] : [c, d] = \begin{cases} \left[ \dfrac{a}{c - d}, \dfrac{b}{c - d} \right] & \text{für} \quad c > d \\[2ex] \left[ \dfrac{b}{d - c}, \dfrac{a}{d - c} \right] & \text{für} \quad c < d. \end{cases} \tag{77}$$

**18. Null und Eins in $\Re$.** Nunmehr sei in (71) speziell $\beta = \alpha$. Dann gilt

**Satz 21.** *Gilt im Bedarfsfall wieder (69), so ist in*

$$\alpha \circ \xi = \alpha \qquad (\alpha \in \Re) \tag{78}$$

*die Lösung $\xi$ unabhängig von $\alpha$.*

*Beweis.* Neben (78) werde noch die Gleichung $\alpha' \circ \xi = \alpha'$ betrachtet, $\gamma$ bzw. $\gamma'$ seien die Lösungen, also

$$\alpha \circ \gamma = \alpha \quad \text{und} \quad \alpha' \circ \gamma' = \alpha'.$$

Dann folgt mittels B. 2, B. 3 und C. 2, C. 3 (vgl. Satz 17)

$$\alpha \circ (\alpha' \circ \gamma) = \alpha \circ (\gamma \circ \alpha') = (\alpha \circ \gamma) \circ \alpha' = \alpha \circ \alpha',$$

also $\alpha' \circ \gamma = \alpha'$ nach (70) und daher $\gamma = \gamma'$ nach Satz 20.

**Definition.** *Die eindeutig bestimmte und für alle $\alpha$ von $\Re$ gleiche Lösung von* (78) *heißt, falls $\circ$ das Zeichen $+$ bedeutet, das* **Nullelement** *oder die* **Null** *von $\Re$, dagegen, falls $\circ$ das Zeichen $\cdot$ bedeutet, das* **Einselement** *oder die* **Eins** *von $\Re$.*

Wir bezeichnen die Null wieder mit 0, auch die Eins schon mit 1, doch hat man diese Zeichen zunächst noch von den bisher bekannten Zahlen 0 und 1 zu unterscheiden. Nach Satz 21 und B. 2 bzw. C. 2 ist dann die Null durch die Relation

$$\alpha + 0 = 0 + \alpha = \alpha \quad \text{für jedes} \quad \alpha \in \Re \tag{79}$$

oder nach (72) auch durch

$$0 = \alpha - \alpha \quad \text{für irgendein} \quad \alpha \in \Re \tag{80}$$

und die Eins durch die Relation

$$\alpha \cdot 1 = 1 \cdot \alpha = \alpha \quad \text{für jedes} \quad \alpha \in \Re \text{ mit } a \neq b \tag{81}$$

oder nach (73) auch durch

$$1 = \alpha : \alpha = \frac{\alpha}{\alpha} \quad \text{für irgendein} \quad \alpha \in \Re \text{ mit } a \neq b \tag{82}$$

gekennzeichnet. Die Darstellung von 0 und 1 als Zahlenpaar erhält man aus (76) und (77) in der Form

$$0 = [b+a,\, a+b], \quad 1 = \left[\frac{a}{a-b},\, \frac{b}{a-b}\right] = \left[1 + \frac{b}{a-b},\, \frac{b}{a-b}\right] \quad \text{für} \quad a > b$$

(hierbei ist die 1 in der eckigen Klammer die 1 aus $\Re^+$) bzw.

$$1 = \left[\frac{b}{b-a},\, \frac{a}{b-a}\right] = \left[1 + \frac{a}{b-a},\, \frac{a}{b-a}\right] \quad \text{für} \quad a < b.$$

Man kann also setzen:

$$0 = [r,\, r], \quad 1 = [1+s,\, s], \tag{83}$$

wo $r$ und $s$ beliebige Elemente von $\Re^+$ bedeuten dürfen. Diese Darstellungen charakterisieren die Null und die Eins von $\Re$ vollständig. Ist nämlich $(u, v)$ ein beliebiges Zahlenpaar mit Elementen aus $\Re^+$ und

$$(u,\, v) \sim (r,\, r) \quad \text{bzw.} \quad (u,\, v) \sim (1+s,\, s),$$

so folgt aus (53) und (40), daß $u = v$ bzw. $u = v + 1$ sein muß. *Die Klasse 0 besteht also aus allen und nur den Paaren, deren beide Kom-*

*ponenten gleich sind, die Klasse 1 aus denen, deren erste Komponente um (die positiv-reelle) 1 größer ist als die zweite.*

**19. Einige Folgerungen.** Nachdem wir nunmehr wissen, welche Klasse von Zahlenpaaren die Rolle der Null in $\Re$ spielt, brauchen wir bei den Voraussetzungen für die Multiplikation in $\Re$ nicht mehr auf ein erzeugendes Zahlenpaar zurückzugreifen. Denn aus (83) ergibt sich mittels (53), (61), (62) und (41):

**Folgerung 1.** *Für* $\alpha = [a, b] \in \Re$ *ist*

$$\alpha \gtreqless 0, \quad \text{je nachdem} \quad a \gtreqless b \quad \text{ist.} \tag{84}$$

Es ist also (69) nichts anderes als die Voraussetzung $\alpha \neq 0$. Damit lassen sich die Aussagen der Sätze 18, 20, 21 auch hinsichtlich der Multiplikation in der geläufigen Art formulieren:

*Die Gleichung* $\alpha \xi = \beta$ $(\alpha, \beta \in \Re)$ *ist für* $\alpha \neq 0$ *stets, und zwar eindeutig, in* $\Re$ *lösbar, und im Falle* $\beta = \alpha \neq 0$ *ist die Lösung unabhängig von* $\alpha$.

Satz 18 liefert also

**Folgerung 2.** *In* $\Re$ *gelten die Grundgesetze* B. 4 *und* C. 5.

Ferner gibt (84) nach Satz 19 für $\alpha, \beta, \gamma \in \Re$ mit $\gamma \neq 0$:

$$\text{Aus} \quad \alpha < \beta \quad \text{und} \quad \gamma \gtrless 0 \quad \text{folgt} \quad \alpha\gamma \lessgtr \beta\gamma. \tag{85}$$

Zusammen mit (64) und (65) hat man also

**Folgerung 3.** *Die Ordnungsbeziehung in* $\Re$ *erfüllt die Grundgesetze* D. 1, D. 2 *und* D. 3.

Und die Aussage (68) lautet für die Multiplikation:

$$\text{Aus} \quad \alpha\beta = \alpha\beta' \quad \text{und} \quad \alpha \neq 0 \quad \text{folgt} \quad \beta = \beta'. \tag{86}$$

Ebenso ist $\alpha \neq 0$ die notwendige Bedingung für das Bestehen von (73), (75) und (82).

Schließlich folgt für irgendein $\alpha = [a, b]$ in $\Re$ nach (56)

$$0 \cdot \alpha = [r, r] [a, b] = [ra + rb, rb + ra] = 0.$$

Daher gilt für die Multiplikation mit 0: Es ist

$$\alpha \cdot 0 = 0 \cdot \alpha = 0 \quad \text{für jedes} \quad \alpha \in \Re. \tag{87}$$

Dies zeigt einerseits als Ergänzung zu Satz 18, daß die Gleichung $\alpha \xi = \beta$ im Falle $\alpha = 0$ nur dann lösbar ist, wenn auch $\beta = 0$ ist, und dann jedes Element von $\Re$ eine Lösung darstellt, andererseits für $\alpha = 1$, daß (81) nicht nur für $\alpha \neq 0$, sondern auch für $\alpha = 0$ gilt.

**20. Entgegengesetztes und inverses Element in $\Re$.** Nunmehr betrachte man die Spezialfälle $\beta = 0$ in (57) und $\beta = 1$ in (58).

**Definition.** *Die zu jedem Element* $\alpha$ *von* $\Re$ *eindeutig bestimmte Lösung von* $\alpha + \xi = 0$ *heißt das zu* $\alpha$ **entgegengesetzte,** *die zu jedem* $\alpha \neq 0$ *von* $\Re$ *eindeutig bestimmte Lösung von* $\alpha \xi = 1$ *das zu* $\alpha$ **inverse Element** *von* $\Re$.

Wir bezeichnen das entgegengesetzte Element zu $\alpha$ mit $\bar{\alpha}$, das inverse mit $\alpha^{-1}$. Dann ist nach Definition

$$\alpha + \bar{\alpha} = \bar{\alpha} + \alpha = 0, \quad \alpha \cdot \alpha^{-1} = \alpha^{-1} \cdot \alpha = 1, \tag{88}$$

ferner nach (74) bzw. (75)

$$\bar{\alpha} = 0 - \alpha, \quad \alpha^{-1} = 1 : \alpha = \frac{1}{\alpha}. \tag{89}$$

Aus $0 + \xi = 0$, einmal aufgefaßt als Definitionsgleichung für $\bar{0}$, zum anderen als Spezialfall von (78) für $\alpha = 0$ (Addition), entsprechend aus $1 \cdot \xi = 1$, folgt

$$\bar{0} = 0, \quad 1^{-1} = 1; \tag{90}$$

und der Darstellung $\alpha = [a, b]$ entspricht nach (89) mittels (76), (77) und (83) die Darstellung

$$\bar{\alpha} = [b + r, a + r] = [b, a], \tag{91}$$

$$\alpha^{-1} = \begin{cases} \left[\dfrac{1+s}{a-b}, \ \dfrac{s}{a-b}\right] = \left[\dfrac{1}{a-b} + t, t\right] & \text{für} \quad \alpha > 0 \\[3ex] \left[\dfrac{s}{b-a}, \ \dfrac{1+s}{b-a}\right] = \left[t, \dfrac{1}{b-a} + t\right] & \text{für} \quad \alpha < 0. \end{cases} \tag{92}$$

Weiter gelten in $\mathfrak{R}$ die Regeln:

$$\text{Aus } \alpha = \beta \text{ folgt } \bar{\alpha} = \bar{\beta} \text{ und für } \alpha \neq 0 \text{ auch } \alpha^{-1} = \beta^{-1}. \tag{93}$$

$$\overline{(\bar{\alpha})} = \alpha, \qquad (\alpha^{-1})^{-1} = \alpha, \tag{94}$$

$$\overline{(\alpha + \beta)} = \bar{\alpha} + \bar{\beta}, \qquad (\alpha \cdot \beta)^{-1} = \alpha^{-1} \cdot \beta^{-1}, \tag{95}$$

$$\beta - \alpha = \beta + \bar{\alpha}, \quad \frac{\beta}{\alpha} = \beta \cdot \frac{1}{\alpha} = \beta \cdot \alpha^{-1}. \tag{96}$$

Die Beweise ergeben sich für die links stehenden Aussagen wie in IX, Nr. 20, für die rechts stehenden entsprechend oder wie in X, Nr. 9. Nach dem Muster von IX, Nr. 23 erhält man ferner

$$\alpha\bar{\beta} = \bar{\alpha}\beta = \overline{\alpha\beta}, \tag{97}$$

$$\bar{\alpha}\bar{\beta} = \alpha\beta. \tag{98}$$

Aus (97) folgt für den Spezialfall $\beta = 1$

$$\bar{1} \cdot \alpha = \alpha \cdot \bar{1} = \bar{\alpha} \cdot 1 = \bar{\alpha} \quad \text{für jedes} \quad \alpha \in \mathfrak{R}. \tag{99}$$

Schließlich regelt sich der Einfluß auf die Ordnung gemäß den Regeln:

$$\text{Aus} \qquad \alpha < \beta \text{ folgt } \bar{\alpha} > \bar{\beta}. \tag{100}$$

$$\text{Aus } 0 < \alpha < \beta \text{ folgt } \alpha^{-1} > \beta^{-1} > 0. \tag{101}$$

Denn (100) entnimmt man sofort aus (61) und (91), wogegen (101) sich aus (92) folgendermaßen ergibt: Aus $0 < \alpha < \beta$, d. h. $a + d < b + c$, folgt $0 < a - b < c - d$ und hieraus

$$\frac{1}{a-b} > \frac{1}{c-d}, \quad \text{also} \quad \frac{1}{a-b} + t + t' > \frac{1}{c-d} + t' + t,$$

d. h. $\alpha^{-1} > \beta^{-1}$, wenn $\beta^{-1} = \left[\dfrac{1}{c-d} + t', \, t'\right]$ gesetzt wird. Ferner ist $\beta^{-1} > 0$ nach (42).

**21. Zusammenfassung.** Wir sind damit am Ende unseres geplanten Aufbaus des Zahlensystems. Der letzte Schritt, die Konstruktion von $\Re$ (Nr. 13), hat sich auf Grund der im Vorangehenden festgestellten Eigenschaften als brauchbar erwiesen. Die Elemente von $\Re$ genügen sämtlichen 15 Grundgesetzen der Arithmetik und umfassen die rationalen Zahlen als Spezialfall (Nachweis in Nr. 23). Wir dürfen sie daher als *Zahlen* bezeichnen. Wir nennen sie die *reellen Zahlen*, $\Re$ den *reellen Zahlbereich*[1]. In dieser Darstellung ist also eine reelle Zahl eine aus Paaren von Elementen von $\Re^+$, d. h. von Abschnitten der Menge $\mathfrak{P}^+$ der positiven rationalen Zahlen, bestehende Äquivalenzklasse mit (53) als Äquivalenzrelation.

Neben den Grundgesetzen der Arithmetik erfüllen die Elemente von $\Re$, wie wir gesehen haben, alle Voraussetzungen von X, Nr. 15. Infolgedessen gelten für die reellen Zahlen und den reellen Zahlbereich alle Folgerungen und Begriffsbildungen, die wir in X, § 3 und § 4 für einen allgemeinen Zahlbereich $\mathfrak{Z}$ gewonnen haben. *Auf diese Eigenschaften gehen wir daher nicht mehr ein, sondern benutzen sie ohne weiteres.* Wir müssen nur noch vereinbaren, daß wir die Bezeichnung $\bar{\alpha}$ für die zu $\alpha$ entgegengesetzte Zahl auf Grund von $\bar{\alpha} = 0 - \alpha$ durch die übliche Schreibweise $-\alpha$ ersetzen. Hiermit gehen beispielsweise die Relationen (97), (98) und (99) über in

$$\alpha \, (-\beta) = (-\alpha) \, \beta = -\alpha\beta , \tag{102a}$$

$$(-\alpha) \, (-\beta) = \alpha\beta , \tag{102b}$$

$$-\alpha = (-1) \cdot \alpha . \tag{102c}$$

Ferner fügen wir den Folgerungen in X, § 3 zwei für die Anwendungen wesentliche hinzu. Man betrachte als erstes den Spezialfall $\beta' = 0$ von (86). Dann erhält man mittels (87):

$$\text{\textit{Aus} } \alpha\beta = 0 \text{ \textit{und} } \alpha \neq 0 \text{ \textit{folgt} } \beta = 0. \tag{103}$$

Und hieraus ergibt sich weiter (vgl. I, Nr. 2)

**Satz 22.** *Das Produkt zweier reellen Zahlen ist dann und nur dann gleich Null, wenn mindestens einer der Faktoren die Null ist.*

*Beweis.* a) Ist $\alpha = 0$ oder $\beta = 0$, so ist nach (87) auch $\alpha\beta = 0$.

b) Es sei $\alpha\beta = 0$. Wäre dann $\alpha \neq 0$ und $\beta \neq 0$, so erhielte man aus (103) einen Widerspruch.

**22. Positive und negative Elemente.** Die Elemente $\alpha \neq 0$ von $\Re$ gehören (vgl. IX, Nr. 22) entweder zum Anfangsstück $\Re_0$ der Elemente vor 0 oder zum Endstück $\Re^0$ der Elemente hinter 0; es ist $\alpha \in \Re_0$, falls $\alpha < 0$ ist, und $\alpha \in \Re^0$, falls $\alpha > 0$ ist.

---

[1] In der Sprache der Algebra ist $\Re$ der *Körper* der reellen Zahlen.

**Definition.** *Ein Element* $\alpha \neq 0$ *von* $\Re$, *also eine reelle Zahl* $\alpha \neq 0$, *heißt* **positiv,** *wenn* $\alpha > 0$ *ist, dagegen* **negativ,** *wenn* $\alpha < 0$ *ist.*

Demnach besteht $\Re_0$ aus den negativen, $\Re^0$ aus den positiven Elementen von $\Re$. Betrachtet man die Abbildung, bei der jedem $\alpha \in \Re$ das entgegengesetzte $\bar{\alpha} \in \Re$ zugeordnet wird, so hat man eine auf Grund von (93) und (94) eineindeutige Abbildung von $\Re$ auf sich selbst, bei der 0 nach (90) fest bleibt. Nun ist, wie aus (91) und (84) folgt, $\bar{\alpha} > 0$ für $\alpha < 0$ und $\bar{\alpha} < 0$ für $\alpha > 0$. Läßt man daher $\alpha$ die Elemente von $\Re_0$ bzw. $\Re^0$ durchlaufen, so liegen die Bilder $\bar{\alpha}$ in $\Re^0$ bzw. $\Re_0$. Die beiden Teilmengen $\Re_0$ und $\Re^0$ von $\Re$ sind also gleichmächtig, elementefremd und nach (100) von entgegengesetzter Ordnung. Sie werden durch die Null voneinander getrennt. Denkt man sich also die reellen Zahlen nach ihrer Größe auf einer Geraden angeordnet, so liegen die negativen Zahlen auf der einen Seite, die positiven auf der anderen Seite von 0, und man kann sich die betrachtete Abbildung von $\Re$ auf sich selbst als Drehung der Geraden um $180°$ um das Nullelement veranschaulichen (vgl. auch § 4).

**23. $\Re$ als Erweiterung von $\mathfrak{P}$.** Wir haben schon früher (IX, Nr. 22, Nr. 26; X, Nr. 10) positive und negative Zahlen definiert. Der Bereich $\mathfrak{P}$ der rationalen Zahlen ist bisher der umfassendste, der sie enthält. Um nachzuweisen, daß die jetzt eingeführten Begriffe *positiv* und *negativ* (Nr. 22) die früheren als Spezialfall enthalten, zeigen wir, daß sich $\Re$ als Erweiterung von $\mathfrak{P}$ (im Sinne von IX, Nr. 12) auffassen läßt. Hierzu sei $\mathfrak{P}^+$ die Menge der positiven, $\mathfrak{P}^-$ die Menge der negativen rationalen Zahlen, also

$$\mathfrak{P} = \mathfrak{P}^+ \dotplus \{0\} \dotplus \mathfrak{P}^-.$$

Ferner seien $\mathfrak{P}_0$ bzw. $\mathfrak{P}^0$ die Teilmengen der Klassen $[1, r+1]$ bzw. $[r+1, 1]$ von $\Re$, wobei $r$ die Elemente von $\mathfrak{P}^+$, aufgefaßt als Elemente von $\Re^+$ (vgl. Nr. 11), durchläuft. Schließlich sei

$$\mathfrak{P}' = \mathfrak{P}_0 \dotplus \{[1, 1]\} \dotplus \mathfrak{P}^0.$$

**Satz 23.** *Die Teilmenge* $\mathfrak{P}'$ *von* $\Re$ *ist zu* $\mathfrak{P}$ *ähnlich und in bezug auf jede der beiden Verknüpfungen isomorph.*

*Beweis.* Ist $r > 0$ eine rationale Zahl, so ordne man $r$ diejenige Klasse von $\Re$ zu, die das Zahlenpaar $(r+1, 1)$ enthält, und $-r$ die Klasse mit dem Zahlenpaar $(1, r+1)$, betrachte also die durch die Zuordnungen

$$\varphi(r) = [r+1, 1], \quad \varphi(0) = [1, 1], \quad \varphi(-r) = [1, r+1] \quad (r \in \mathfrak{P}^+) \quad (104)$$

definierte Abbildung von $\mathfrak{P}$ auf $\mathfrak{P}'$, durch die $\mathfrak{P}^-$ und $\mathfrak{P}_0$, 0 und $[1, 1]$, $\mathfrak{P}^+$ und $\mathfrak{P}^0$ aufeinander bezogen werden. Diese Abbildung ist erstens eineindeutig:

$$\text{Mit} \quad a = b \quad \text{gilt} \quad \varphi(a) = \varphi(b) \quad \text{und umgekehrt} \quad (a, b \in \mathfrak{P}). \quad (105)$$

Denn 0 und $[1, 1]$ entsprechen nur einander, da $\varphi(r)$ und $\varphi(-r)$ von $\varphi(0)$ verschieden sind, und die Gleichheiten

$$r = s, \quad (r+1)+1 = 1+(s+1), \quad \varphi(r) = [r+1, 1] = [s+1, 1] = \varphi(s)$$
$$-r = -s, \quad 1+(s+1) = (r+1)+1, \quad \varphi(-r) = [1, r+1] = [1, s+1] = \varphi(-s) \tag{106}$$

mit $r, s \in \mathfrak{P}^+$ bedingen sich gegenseitig. Die Abbildung (104) ist zweitens ein Isomorphismus in bezug auf die Addition:

$$\varphi(a + b) = \varphi(a) + \varphi(b) \qquad (a, b \in \mathfrak{P}) \tag{107}$$

und zugleich ein Isomorphismus in bezug auf die Multiplikation:

$$\varphi(a \cdot b) = \varphi(a) \cdot \varphi(b) \qquad (a, b \in \mathfrak{P}). \tag{108}$$

Denn aus (55) und (54) erhält man, indem man die Zugehörigkeit von $a, b$ zu $\mathfrak{P}^+$, $\{0\}$ oder $\mathfrak{P}^-$ unterscheidet ($r, s$ bedeuten dementsprechend durchweg Elemente aus $\mathfrak{P}^+$):

$$\left.\begin{aligned}
\varphi(r) + \varphi(s) &= [(r+s)+2, 2] = [(r+s)+1, 1] = \varphi(r+s), \\
\varphi(-r) + \varphi(s) &= [1+(s+1), (r+1)+1] \\
&= \begin{cases} [s-r+1, 1] = \varphi(s-r) \\ [1, r-s+1] = \varphi(-(r-s)) \end{cases} = \varphi(-r+s) \quad \text{für} \quad \begin{cases} s > r \\ s < r, \end{cases} \\
\varphi(-r) + \varphi(-s) &= [2, 2+(r+s)] = [1, 1+(r+s)] = \varphi(-r-s), \\
\varphi(0) + \varphi(r) &= [1+(r+1), 2] = [r+1, 1] = \varphi(r), \\
\varphi(0) + \varphi(-r) &= [2, 1+(r+1)] = [1, r+1] = \varphi(-r), \\
\varphi(0) + \varphi(0) &= [2, 2] = [1, 1] = \varphi(0),
\end{aligned}\right\} \tag{109}$$

und aus (56) und (54) folgt entsprechend:

$$\left.\begin{aligned}
\varphi(r)\,\varphi(s) &= [rs + (r+s+1)+1, (r+1)+(s+1)] = [rs+1, 1] = \varphi(rs), \\
\varphi(r)\,\varphi(-s) &= [(r+1)+(s+1), rs+(r+s+1)+1] = [1, rs+1] = \varphi(-rs), \\
\varphi(-r)\,\varphi(-s) &= [1+(rs+r+s+1), (s+1)+(r+1)] = [rs+1, 1] = \varphi(rs), \\
\varphi(0)\,\varphi(r) &= [(r+1)+1, (r+1)+1] = [1, 1] = \varphi(0), \\
\varphi(0)\,\varphi(-r) &= [1+(r+1), (r+1)+1] = [1, 1] = \varphi(0), \\
\varphi(0)\,\varphi(0) &= [2, 2] = [1, 1] = \varphi(0).
\end{aligned}\right\} \tag{110}$$

Drittens sind $\mathfrak{P}$ und $\mathfrak{P}'$ mittels (104) einander ähnlich:

Mit $a < b$ gilt $\varphi(a) < \varphi(b)$ und umgekehrt $(a, b \in \mathfrak{P})$. (111)

Denn nach (61) und den Rechenregeln in $\mathfrak{P}$ bedingen sich die in jeder der nachfolgenden Zeilen stehenden Ungleichheiten gegenseitig:

$$\left.\begin{aligned}
r < s, \quad & (r+1)+1 < 1+(s+1), \quad \varphi(r) = [r+1, 1] < [s+1, 1] = \varphi(s), \\
0 < s, \quad & 1+1 < 1+(s+1), \quad \varphi(0) = [1, 1] < [s+1, 1] = \varphi(s), \\
-r < s, \quad & 0 < r+s, \quad 1+1 < (r+1)+(s+1), \quad \varphi(-r) < \varphi(s), \\
-r < 0, \quad & 0 < r, \quad 1+1 < (r+1)+1, \quad \varphi(-r) = [1, r+1] < [1, 1] = \varphi(0), \\
-r < -s, \quad & s < r, \quad 1+(s+1) < (r+1)+1, \quad \varphi(-r) < \varphi(-s),
\end{aligned}\right\} \tag{112}$$

Damit ist Satz 23 bewiesen, und wir haben die Möglichkeit, auf $\mathfrak{P}$ zu verzichten und $\mathfrak{P}$ durch die Teilmenge $\mathfrak{P}'$ von $\mathfrak{R}$ zu ersetzen. Wir wollen dies tun und betten damit die rationalen Zahlen in den reellen Zahlbereich $\mathfrak{R}$ ein. Da hierbei $\mathfrak{P}^-$ mit $\mathfrak{P}_0$ und $\mathfrak{P}^+$ mit $\mathfrak{P}^0$ identifiziert wird, werden insbesondere die negativ-rationalen Zahlen in die negativ-reellen, die positiv-rationalen in die positiv-reellen eingebettet.

**24. $\mathfrak{R}$ als Erweiterung von $\mathfrak{R}^+$.** Mit der Einbettung von $\mathfrak{P}$ in $\mathfrak{R}$ ist zwar auch ein zu $\mathfrak{P}^+$, aber noch nicht ein zu $\mathfrak{R}^+$ isomorpher Teilbereich von $\mathfrak{R}$ nachgewiesen. Jedoch läßt sich die Abbildung (104) in naheliegender Weise so verallgemeinern, daß $\mathfrak{R}$ auch als Erweiterung von $\mathfrak{R}^+$ aufgefaßt werden kann. Hierzu sei $\mathfrak{R}^*$ die Menge der Klassen $[r + 1, 1]$ von $\mathfrak{R}$, wo $r$ jetzt ein beliebiges Element von $\mathfrak{R}^+$ bedeuten darf. Dann gilt (vgl. IX, Nr. 25)

**Satz 24.** *Die Teilmenge $\mathfrak{R}^*$ von $\mathfrak{R}$ ist zur Menge $\mathfrak{R}^+$ ähnlich und in bezug auf jede der beiden Verknüpfungen isomorph.*

*Beweis.* Man ordne jedem $r \in \mathfrak{R}^+$ die Klasse

$$\varphi(r) = [r + 1, 1] \tag{113}$$

zu. Dann ist $\mathfrak{R}^* = \varphi(\mathfrak{R}^+)$ eine Abbildung der verlangten Art. Denn sie erfüllt die vier Forderungen:

$$\text{Mit} \quad r = s \quad \text{gilt} \quad \varphi(r) = \varphi(s) \quad \text{und umgekehrt.}$$

$$\varphi(r + s) = \varphi(r) + \varphi(s), \quad \varphi(r \cdot s) = \varphi(r) \cdot \varphi(s).$$

$$\text{Mit} \quad r < s \quad \text{gilt} \quad \varphi(r) < \varphi(s) \quad \text{und umgekehrt.}$$

Die Richtigkeit dieser Aussagen ergibt sich durch die in (106), (109), (110) und (112) durchgeführte Rechnung, nur daß jetzt $r$ und $s$ Elemente von $\mathfrak{R}^+$ bedeuten.

**Bemerkung.** Es wird dem Leser nicht entgangen sein, daß wir bei dem hier dargebotenen Aufbau des Zahlensystems negative Zahlen mehrmals eingeführt haben: erst bei der Definition der ganzen, dann bei der der rationalen und schließlich bei der der reellen Zahlen. Infolgedessen ist der in Nr. 23 und dieser Nr. 24 geführte Nachweis erforderlich, daß die nacheinander gegebenen Definitionen zueinander passen, d. h. die negativ-reellen Zahlen die vorher definierten negativen Zahlen umfassen. Man wird fragen, ob dieser Umstand nicht vermeidbar sei. Das ist in der Tat möglich. Neben dem hier begangenen Weg von der Menge $\mathfrak{R}$ der natürlichen Zahlen über die Menge $\mathfrak{G}$ der ganzen und die Menge $\mathfrak{P}$ der rationalen zur Menge $\mathfrak{R}$ der reellen Zahlen (wobei wir von $\mathfrak{P}$ effektiv nur $\mathfrak{P}^+$ gebraucht haben und von $\mathfrak{P}^+$ über $\mathfrak{R}^+$ zu $\mathfrak{R}$ gegangen sind) gibt es auch einen zweiten Weg, nämlich direkt von $\mathfrak{R}$ über $\mathfrak{P}^+$ und $\mathfrak{R}^+$ zu $\mathfrak{R}$. Bei diesem werden also als erstes die positiven rationalen Zahlen (Brüche) eingeführt und erst zuletzt die negativen Zahlen, diese gleich in der umfassenden Menge der negativ-reellen

Zahlen. Der zweite Weg ist zweifellos ökonomischer als der erste. Daß wir hier trotzdem den ersten vorgezogen haben, hat zwei Gründe. Der Erweiterungsschritt von $\Re$ zu $\mathfrak{G}$ bewirkt, daß zuerst die Umkehrung der ersten der beiden Verknüpfungen (die Subtraktion) unbeschränkt ausführbar wird, während das der zweite Weg erst als letztes klarstellt. Und damit wird auch der andere Beweggrund sichtbar: Der Schritt von $\mathfrak{G}$ zu $\mathfrak{P}$ zeigt, daß bereits $\mathfrak{P}$ ein Bereich ist, in dem alle Grundgesetze der Arithmetik gelten, nicht erst $\Re$, und daß das Motiv für die Erweiterung von $\mathfrak{P}$ zu $\Re$ seiner Natur nach ein anderes ist als das für die Erweiterung von $\Re$ zu $\mathfrak{P}$.

**25. Gleichsetzung von $\Re^*$ und $\Re^+$.** Auf Grund von Satz 24 können wir auf die Menge $\Re^+$ verzichten und statt ihrer die Teilmenge $\Re^*$ von $\Re$ heranziehen, d. h. $\Re^+$ und $\Re^*$ miteinander identifizieren, oder nach IX, Satz 6 zu einer $\Re^+$ umfassenden, zu $\Re$ isomorphen und ähnlichen Menge übergehen. Ferner stimmt $\Re^*$ mit $\Re^0$ überein. Da nämlich $r + 1 > 1$ ist nach (42), ist $[r + 1, 1] > 0$ für jedes $r \in \Re^+$, also $\Re^* \subseteq \Re^0$. Ist umgekehrt $[a, b] \in \Re^0$, so ist $a - b > 0$, also $a - b \in \Re^+$, etwa $a - b = r$ und daher

$$[a, b] = [r + b, b] = [r + 1, 1] \in \Re^*.$$

Folglich ist auch $\Re^0 \subseteq \Re^*$, d. h. $\Re^0 = \Re^*$. Dies besagt, daß $\Re^*$ die positiven Elemente von $\Re$ enthält. Damit ist die — in Nr. 11 schon vorweggenommene — Bezeichnung der Elemente von $\Re^+$ als *positivreelle Zahlen* gerechtfertigt.

Ähnlich liegt es bei der Bezeichnung für die Eins. Denn der 1 von $\Re^+$ entspricht bei der Abbildung (113) die Klasse $\varphi(1) = [2, 1]$. Diese stimmt aber mit der Darstellung (83) überein, da $[2, 1] = [s + 1, 1]$ ist. Setzt man nun $\Re^*$ und $\Re^+$ einander gleich, so erhält $[2, 1]$ die Bezeichnung 1.

Die *negativen reellen Zahlen*, d. h. die Elemente von $\Re_0$, werden (vgl. Nr. 23) durch die Klassen $[1, r + 1]$ repräsentiert, falls $r$ die Elemente von $\Re^+$ durchläuft. Denn $1 < r + 1$ bedeutet $[1, r + 1] < 0$. Die Null schließlich erhält die Darstellung $[1, 1]$, die natürlich mit (83) übereinstimmt.

Die Menge $\Re$ der Äquivalenzklassen über $\Re^+$ erfüllt also nicht nur die 15 Grundgesetze der Arithmetik, sondern umfaßt auch — in dem uns jetzt hinreichend geläufigen Sinne (IX, Nr. 12) — die Menge $\mathfrak{P}$ und damit zugleich die Mengen $\mathfrak{G}$ und $\Re$. Wir vergessen nunmehr den ganzen komplizierten Aufbau, der uns von $\Re$ über $\mathfrak{G}$ und $\mathfrak{P}$ zu $\Re$ geführt hat, und merken uns lediglich, daß und wie man mit den Elementen von $\Re$ rechnen kann — für sie gelten z. B. alle Regeln von X, § 3 — und daß der von ihnen gebildete reelle Zahlbereich die rationalen Zahlen und damit auch die ganzen und die natürlichen Zahlen enthält.

## § 3. Stetigkeit der Menge der reellen Zahlen.

**26. Vorbereitungen.** Der Anschluß an unseren Ausgangspunkt (I, § 1) ist damit hergestellt. Sachlich fügt sich jetzt die in I, Nr. 6 bis 9 durchgeführte Erweiterung von $\Re$ zum Körper der komplexen Zahlen hier an. Der Aufbau des Zahlensystems nach der Skizze von I, Nr. 14 ist also abgeschlossen. Zur Abrundung dieses Aufbaus fehlt nur noch der Nachweis, daß die Menge $\Re$ uns wirklich in den Stand versetzt, zu *messen*. Dies ist ja der eigentliche Anlaß zur Konstruktion von $\Re$ gewesen. Messen bedeutet nun, daß man der geometrischen Größe, die gemessen werden soll — z. B. einer Strecke —, in bestimmter Weise eine Zahl — dann *Länge* genannt — zuordnet. Dem geht voraus die Zuordnung von Zahlen zu Punkten, und diese wiederum beruht auf einer Abbildung der reellen Zahlen auf die Punkte einer Geraden. Hierzu soll zunächst die Stetigkeit der Menge $\Re$ (vgl. VIII, Nr. 17) nachgewiesen werden.

**Satz 25.** *Die Menge $\Re$ ist geordnet und in bezug auf diese Ordnung offen und dicht.*

*Beweis.* Die Ordnung von $\Re$ ist nach Nr. 16 gesichert, die Ordnungsbeziehung durch (61) gegeben. Ferner besitzt $\Re$ weder ein erstes noch ein letztes Element. Für irgendein $\alpha = [a, b]$ von $\Re$ ist nämlich $\alpha - 1 < \alpha < \alpha + 1$; denn nach (42) ist $a + b + 1 < (a + b + 1) + 1$ und daher nach (61)

$$\alpha - 1 = [a + 1, b + 2] < [a, b] < [a + 2, b + 1] = \alpha + 1.$$

Schließlich ist $\Re$ auch dicht. Für je zwei Elemente $\alpha, \beta$ von $\Re$ mit $\alpha < \beta$ gilt nämlich

$$\alpha < \frac{\alpha + \beta}{2} < \beta. \tag{114}$$

Denn (114) besagt mit $\alpha = [a, b], \beta = [c, d], 2 = [3, 1]$ nach (77):

$$[a, b] < \frac{[a + c, b + d]}{[3, 1]} = \left[ \frac{a + c}{2}, \frac{b + d}{2} \right] < [c, d],$$

und dies folgt aus der Voraussetzung $a + d < b + c$ auf Grund von (17) und (31).

**Satz 26.** *Der Durchschnitt der Menge $\mathfrak{P}^+$ mit einem Abschnitt von $\Re$ ist leer oder ein Abschnitt von $\mathfrak{P}^+$.*

*Beweis.* Nach Nr. 23 dürfen wir $\mathfrak{P}^+$ als Teil von $\Re$ ansehen. Es sei $\mathfrak{A}$ ein Abschnitt (vgl. Nr. 1) von $\Re$, $\delta = \mathfrak{A} \cap \mathfrak{P}^+$ (vgl. VIII, Nr. 3). Gehört zu $\mathfrak{A}$ keine positive Zahl, so ist $\delta$ leer. Andernfalls enthält $\mathfrak{A}$ mindestens eine reelle Zahl $\beta > 0$, aber nicht alle positiven Zahlen, die Komplementärmenge $\overline{\mathfrak{A}}$ ist also nicht leer. Nach Satz 15 gibt es daher eine Rationalzahl $x$ mit $0 < x < \beta$ und, falls $\bar{\alpha} \in \overline{\mathfrak{A}}$ ist, eine Rationalzahl $\bar{x}$ mit $\bar{\alpha} < \bar{x} < \bar{\alpha} + 1$. Folglich ist $\delta$ eine echte, nicht leere Teilmenge von $\mathfrak{P}^+$. Ist ferner $d \in \delta$, so gibt es ein $d' \in \delta$ mit $d' > d$; denn $d \in \delta$ bedeutet nach Satz 14 nur $d < \delta$, so daß nach Satz 15 ein $d'$ mit $d < d' < \delta$, d. h. $d < d' \in \delta$, existiert. Sind schließlich $x, y$ Elemente von $\mathfrak{P}^+$ mit $x < y$, $y \in \delta$, so gehört $y$ zu $\mathfrak{A}$ und deshalb, da $\mathfrak{A}$ Abschnitt ist, auch $x$ zu $\delta$. Damit sind die drei Eigenschaften (1), (2), (3) für $\delta$ bewiesen, also ist $\delta$ ein Abschnitt von $\mathfrak{P}^+$, d. h. eine positive reelle Zahl.

**27. Beweis der Stetigkeit von $\mathfrak{R}$.** Nach Satz 25 besitzt $\mathfrak{R}$ die für die Stetigkeit einer Menge zunächst einmal notwendigen Eigenschaften. Daß $\mathfrak{R}$ nun auch wirklich stetig ist, besagt

**Satz 27.** *Jeder Schnitt in der Menge $\mathfrak{R}$ wird durch eine reelle Zahl erzeugt.*

*Beweis.* Es sei ein Schnitt $(\mathfrak{U}/\mathfrak{O})$ in $\mathfrak{R}$ mit $\mathfrak{U}$ als Unterklasse, $\mathfrak{O}$ als Oberklasse gegeben (VIII, Nr. 16); ein etwaiges erzeugendes Element werde zu $\mathfrak{O}$ gerechnet. Dann ist zu zeigen: Es gibt ein $\varrho \in \mathfrak{R}$ derart, daß für alle $\xi$ in $\mathfrak{U}$ stets $\xi \leq \varrho$, für alle $\eta$ in $\mathfrak{O}$ stets $\eta \geq \varrho$ ist. Wir unterscheiden mehrere Fälle.

1. Enthält $\mathfrak{U}$ alle negativen Zahlen, $\mathfrak{O}$ die 0 und die positiven Zahlen oder $\mathfrak{U}$ alle Zahlen $\leq 0$ und $\mathfrak{O}$ die Zahlen $> 0$, so ist $\varrho = 0$ die erzeugende Zahl.

2. Enthält $\mathfrak{U}$ außer den Zahlen $\leq 0$ eine positive Zahl $\beta$, so auch eine positive rationale Zahl (man wende Satz 15 auf 0 und $\beta$ an); also ist der Durchschnitt $\delta$ von $\mathfrak{U}$ und $\mathfrak{P}^+$ nicht leer und daher nach Satz 25 ein Abschnitt von $\mathfrak{P}^+$, d. h. eine positive reelle Zahl. Dann leistet diese, d. h. $\varrho = \delta$, das Gewünschte. Es sei nämlich $\xi \in \mathfrak{U}$, $\eta \in \mathfrak{O}$. Wäre $\xi > \delta$, so gäbe es nach Satz 15 ein $x \in \mathfrak{P}^+$ mit $\delta < x < \xi$. Dann wäre aber einerseits $\delta \in x$ nach Satz 14, andererseits auch $x \in \mathfrak{U}$, also $x \in \delta = \mathfrak{U} \frown \mathfrak{P}^+$. Daher ist die Annahme $\xi > \delta$ nicht möglich, also $\xi \leq \delta$ für jedes $\xi \in \mathfrak{U}$. Und wäre $\eta < \delta$, so gäbe es entsprechend ein $y \in \mathfrak{P}^+$ mit $\eta < y < \delta$. Dies $y$ wäre also einerseits Element von $\delta$; andererseits gehörte $y$ zu $\mathfrak{O}$, deshalb nicht zu $\mathfrak{U}$ und daher auch nicht zu $\delta$. Folglich ist $\eta < \delta$ nicht möglich, d. h. $\eta \geq \delta$ für jedes $\eta \in \mathfrak{O}$.

3. Enthält $\mathfrak{U}$ nicht alle negativen Zahlen, also $\mathfrak{O}$ eine reelle Zahl $\alpha < 0$, so betrachte man den Schnitt $(\mathfrak{U}'/\mathfrak{O}')$, der $\mathfrak{U}' = -\mathfrak{O}$ als Unterklasse, $\mathfrak{O}' = -\mathfrak{U}$ als Oberklasse hat. Dabei bedeutet $-\mathfrak{O}$ bzw. $-\mathfrak{U}$ die Menge der zu den Elementen von $\mathfrak{O}$ bzw. $\mathfrak{U}$ entgegengesetzten Elemente. Wie man sofort erkennt, ist die Zerlegung von $\mathfrak{R}$ in die Teilmengen $\mathfrak{U}'$ und $\mathfrak{O}'$ in bezug auf die Anordnung (100) ein Schnitt in $\mathfrak{R}$. Bei diesem Schnitt enthält die Unterklasse $\mathfrak{U}'$ die positive Zahl $\beta' = -\alpha$. Die Schlußweise von Fall 2 liefert daher eine positive reelle Zahl $\delta' = \mathfrak{U}' \frown \mathfrak{P}^+$, die den Schnitt $(\mathfrak{U}'/\mathfrak{O}')$ erzeugt. Es ist also $\xi' = \delta'$ für jedes $\xi' \in \mathfrak{U}'$ und $\eta' \geq \delta'$ für jedes $\eta' \in \mathfrak{O}'$. Dann ist aber

$\eta = -\xi' \in -\mathfrak{U}' = \mathfrak{O}$ nach (94), ebenso $\xi = -\eta' \in -\mathfrak{O}' = \mathfrak{U}$ und nach (100)

$$\eta \geqq -\delta' \quad \text{für jedes} \quad \eta \in \mathfrak{O}, \quad \xi \leqq -\delta' \quad \text{für jedes} \quad \xi \in \mathfrak{U}.$$

Folglich leistet jetzt $\varrho = -\delta'$ das Verlangte.

Damit ist Satz 27 bewiesen, denn die betrachteten Fälle erschöpfen alle Möglichkeiten.

**28. Existenz von $\sqrt[n]{a}$ für $a > 0$.** Wir vollziehen nunmehr auch äußerlich den Abstraktionsvorgang, in den Elementen von $\mathfrak{R}$ nur noch die reellen Zahlen zu sehen, die alle vorher konstruierten Zahlen als Spezialfall enthalten (Nr. 25), und gehen in der Bezeichnung reeller Zahlen von griechischen zu lateinischen Buchstaben über.

**Satz 28.** *Ist $a > 0$ eine reelle, $n$ eine natürliche Zahl, so hat die Gleichung*

$$x^n = a \tag{115}$$

*stets eine und nur eine positiv-reelle Lösung $x$.*

*Beweis.* a) *Eindeutigkeit.* Angenommen, es gäbe $x_1 > 0$ und $x_2 > 0$ mit $x_1^n = a$, $x_2^n = a$. Wäre dann $x_1 \neq x_2$, etwa $x_1 < x_2$, so wäre nach X, (141b) auch $x_1^n < x_2^n$ im Widerspruch zu $x_1^n = a = x_2^n$.

b) *Existenz.* Für $a = 1$ ist $x = 1$ eine Lösung nach X, (130), für $n = 1$ stets $x = a$ nach X, (128). Es sei also $a \neq 1$, $n \geqq 2$. Angenommen, es gäbe in diesen Fällen kein $x$ der verlangten Art. Dann sei $\mathfrak{U}$ die Menge aller Zahlen $\leqq 0$ von $\mathfrak{R}$ und derjenigen $u > 0$ von $\mathfrak{R}$, für die $u^n < a$ ist, ferner $\mathfrak{O}$ die Menge der Zahlen $v > 0$ von $\mathfrak{R}$, für die $v^n > a$ ist. Diese Zerlegung $(\mathfrak{U}/\mathfrak{O})$ von $\mathfrak{R}$ bildet einen Schnitt in $\mathfrak{R}$. Denn es gilt:

1. *Jede reelle Zahl gehört zu einer Klasse.* Die negativ-reellen samt 0 gehören zu $\mathfrak{U}$, und für irgendein positiv-reelles $x$ ist nach (63) entweder $x^n < a$ oder $x^n = a$ oder $x^n > a$. Da aber $x^n = a$ nach Annahme ausscheidet, bleiben nur die beiden anderen Möglichkeiten übrig, die die Zugehörigkeit zu $\mathfrak{U}$ bzw. $\mathfrak{O}$ eindeutig entscheiden.

2. *Keine Klasse ist leer.* $\mathfrak{U}$ enthält z. B. die 0, während zu $\mathfrak{O}$ im Falle $0 < a < 1$ die 1 gehört, da dann $1^n = 1 > a$ ist, im Falle $a > 1$ jedoch $a$ selbst, da dann $a^n > a$ ist. Dies ergibt sich induktiv: Für $n = 2$ ist die Aussage richtig, wie aus $a > 1$ durch Multiplikation mit $a$ nach (85) oder (31) folgt. Nimmt man daher $a^{n-1} > a$ schon als bewiesen an, so erhält man ebenso $a^n > a^2$ und hieraus mit $a^2 > a$ nach (64) die Behauptung.

3. *Jede Zahl von $\mathfrak{U}$ ist kleiner als jede Zahl von $\mathfrak{O}$.* Ist nämlich $u \in \mathfrak{U}$, $v \in \mathfrak{O}$ und wäre $v \leqq u$, so wäre, da $v > 0$ ist, $v^n \leqq u^n$ nach X, (138b) und (141b), also $v^n < a$ nach (64), im Widerspruch zur Festsetzung für $v$.

Für diesen Schnitt $(\mathfrak{U}/\mathfrak{O})$ in $\mathfrak{R}$ muß es nach Satz 27 eine reelle Zahl geben, die ihn erzeugt. Diese Zahl sei $s$. Dann muß $s$ entweder größtes Element von $\mathfrak{U}$ oder kleinstes Element von $\mathfrak{O}$ sein (VIII, Nr. 16).

Es trifft aber weder das eine noch das andere zu — und damit ist unsere Annahme zum Widerspruch geführt, also Satz 28 bewiesen —, denn es gilt:

1. *Ist* $s \in \mathfrak{U}$, *so gibt es ein* $u \in \mathfrak{U}$ *mit* $u > s$.
2. *Ist* $s \in \mathfrak{O}$, *so gibt es ein* $v \in \mathfrak{O}$ *mit* $v < s$.

Um dies zu zeigen, bilde man die reellen Zahlen

$$c = \frac{s(a - s^n)}{na} \quad \text{und} \quad d = \frac{s^n - a}{n\,s^{n-1}}.$$

Da $a$, $n$ und $s$ positiv sind ($s > 0$ gilt, weil in beiden Fällen $s \geqq u$ ist für jedes $u \in \mathfrak{U}$), sind die Nenner $\neq 0$, ferner $c > 0$ für $s^n < a$ und $d > 0$ für $s^n > a$. Ist nun $s \in \mathfrak{U}$, also $s^n < a$ und daher $0 < \frac{s^n}{a} < 1$, so wähle man eine reelle Zahl $h$, die der Bedingung $0 < h < c$ genügt. Das geht nach Satz 15. Dann ist nach den Rechenregeln von X, § 3

$$0 < \frac{h}{s} < \frac{a - s^n}{na}, \quad \text{d. h.} \quad \frac{h}{s} < \frac{1}{n}\left(1 - \frac{s^n}{a}\right) < \frac{1}{n} \quad \text{und} \quad s^n < a\left(1 - n\frac{h}{s}\right),$$

also $u = s + h > s$ und unter Benutzung von X, (147)

$$u^n = (s + h)^n = s^n\left(1 + \frac{h}{s}\right)^n < s^n \frac{1}{1 - n\dfrac{h}{s}} < a.$$

Ist aber $s \in \mathfrak{O}$, also $s^n > a$, so wähle man (wieder nach Satz 15) $k$ gemäß der schärferen der beiden Bedingungen $0 < k < s$ und $0 < k < d$. Dann ist

$$0 > -\frac{k}{s} > -1 \quad \text{und} \quad k < \frac{s^n - a}{n\,s^{n-1}}, \quad \text{d. h.} \quad s^n\left(1 - n\frac{k}{s}\right) > a,$$

also $v = s - k < s$ und unter Benutzung von X, (146)

$$v^n = (s - k)^n = s^n\left(1 - \frac{k}{s}\right)^n > s^n\left(1 - n\frac{k}{s}\right) > a.$$

**Definition.** *Ist $a$ eine positiv-reelle, $n$ eine natürliche Zahl, so heißt die nach Satz 28 vorhandene und eindeutig bestimmte Lösung von $x^n = a$ die **n-te Wurzel** aus $a$, in Zeichen:*

$$x = \sqrt[n]{a} \quad oder \quad x = a^{\frac{1}{n}}. \tag{116}$$

**29. Potenzen mit rationalen Exponenten.** In X, Nr. 25 haben wir die Potenz $a^n$ definiert mit beliebiger Basis $a$ und natürlichem Exponenten $n$. Wir können diese Definition jetzt auf ganze und beliebige rationale Zahlen als Exponenten erweitern.

**Definition.** *Ist $a$ eine positiv-reelle, $n$ eine natürliche Zahl, so setzt man*

$$a^{-n} = \frac{1}{a^n}, \quad a^0 = 1 \tag{117}$$

*und, falls $m$ eine beliebige ganze Zahl bedeutet:*

$$a^{\frac{1}{n}} = \sqrt[n]{a}, \quad a^{\frac{m}{n}} = (a^m)^{\frac{1}{n}}. \tag{118}$$

Damit ist die Potenz $a^r$, allerdings nur für eine *positive* Basis $a$, für *jeden* rationalen Exponenten $r$ erklärt, denn es genügt, $r = \dfrac{m}{n}$ mit $n > 0$ zu betrachten.

**Satz 29.** *Sind $a > 0$, $b > 0$ reelle Zahlen, $r$ und $s$ rationale Zahlen, so gelten die Regeln*

$$a^r \cdot a^s = a^{r+s}, \tag{119}$$

$$(a^r)^s = a^{rs}, \tag{120}$$

$$a^r \cdot b^r = (a\,b)^r. \tag{121}$$

*Beweis.* Es sei $r = \dfrac{m}{n}$, $s = \dfrac{p}{q}$ $(n > 0, q > 0)$. Offenbar gilt nach (116) und (118)

$$\xi = a^{\frac{m}{n}} \quad \text{dann und nur dann, wenn} \quad \xi^n = a^m \tag{122}$$

ist. Sind nun zunächst $r > 0$, $s > 0$, also $m > 0$, $p > 0$ und daher $m, n, p, q$ natürliche Zahlen, so darf man die Regeln X, (135) benutzen. Setzt man $a^{\frac{m}{n}} = \xi$, $a^{\frac{p}{q}} = \eta$, so folgt aus ihnen mittels (122)

$$\xi^n = a^m, \quad \eta^q = a^p, \quad \text{also} \quad \xi^{nq} = a^{mq}, \quad \eta^{qn} = a^{pn}$$

und hieraus durch Multiplikation

$$(\xi\eta)^{nq} = a^{mq+pn}, \quad \text{d. h.} \quad \xi\eta = a^{\frac{mq+pn}{nq}} = a^{\frac{m}{n}+\frac{p}{q}}$$

nach (122). Setzt man wieder $a^{\frac{m}{n}} = \xi$, dann aber $\xi^{\frac{p}{q}} = \eta$, so folgt entsprechend $a^m = \xi^n$, $\xi^p = \eta^q$, also

$$a^{mp} = \xi^{np} = \eta^{nq}, \quad \text{d. h.} \quad \eta = a^{\frac{mp}{nq}} = a^{\frac{m}{n}\cdot\frac{p}{q}}.$$

Setzt man schließlich $a^{\frac{m}{n}} = \xi$, $b^{\frac{m}{n}} = \eta$, so folgt $a^m = \xi^n$, $b^m = \eta^n$ und daher

$$(a\,b)^m = (\xi\,\eta)^n, \quad \text{d. h.} \quad \xi\,\eta = (a\,b)^{\frac{m}{n}}.$$

Damit sind die Regeln (119), (120), (121) für $r > 0$, $s > 0$ bewiesen.

Für $r = 0$ oder $s = 0$ oder $r = s = 0$ sind sie aber unmittelbar klar. Es bleiben also noch die drei Fälle

1) $r = -r' < 0$, $s > 0$;   2) $r > 0$, $s = -s' < 0$;   3) $r = -r' < 0$, $s = -s' < 0$.

Hierfür braucht man die Hilfsregel: *Für natürliche Zahlen $m$, $n$ ist*

$$a^{-\frac{m}{n}} = (a^{-1})^{\frac{m}{n}} = \left(a^{\frac{m}{n}}\right)^{-1} = \frac{1}{a^{\frac{m}{n}}}. \tag{123}$$

Dies trifft zu, denn auf Grund der Definition der verschiedenen Potenzen und nach dem für positive Exponenten schon bewiesenen (120) ist

$$a^{-\frac{m}{n}} = a^{\frac{-m}{n}} = (a^{-m})^{\frac{1}{n}} = \left(\frac{1}{a^m}\right)^{\frac{1}{n}} = \left(\left(\frac{1}{a}\right)^m\right)^{\frac{1}{n}} = \left(\frac{1}{a}\right)^{\frac{m}{n}},$$

ferner ist nach dem für positive Exponenten gültigen (121)

$$a^{\frac{m}{n}} \cdot \left(\frac{1}{a}\right)^{\frac{m}{n}} = \left(a \cdot \frac{1}{a}\right)^{\frac{m}{n}} = 1^{\frac{m}{n}} = 1, \quad \text{d. h.} \quad \left(\frac{1}{a}\right)^{\frac{m}{n}} = \left(a^{\frac{m}{n}}\right)^{-1}.$$

Zum weiteren Beweis von (119) darf man sich aus Symmetriegründen auf Fall 1) und 3) beschränken. Im Fall 1) setze man $r = -\dfrac{m}{n}$, $s = \dfrac{p}{q}$ und $a^{-\frac{m}{n}} = \xi$, $a^{\frac{p}{q}} = \eta$. Dann erhält man $a^{-m} = \xi^n$, $a^p = \eta^q$ und hieraus auf Grund der Definitionen und des bereits Bewiesenen

$$(\xi\,\eta)^{nq} = \xi^{nq}\,\eta^{qn} = (a^{-m})^q\, a^{pn} = \left(\frac{1}{a^m}\right)^q a^{pn} = \frac{1}{a^{mq}}\, a^{pn} = a^{pn-mq}$$

(letzteres für $pn \geqq mq$ wie für $pn < mq$). Dies ergibt aber

$$\xi\eta = a^{\frac{pn-mq}{nq}} = a^{\frac{p}{q}-\frac{m}{n}} = a^{s+r}.$$

Im Fall 3) folgt nach (123) und dem für positive Exponenten gültigen (119)

$$a^r \cdot a^s = a^{-r'} \cdot a^{-s'} = (a^{-1})^{r'}\,(a^{-1})^{s'} = (a^{-1})^{r'+s'} = a^{-(r'+s')} = a^{r+s}.$$

Damit ist (119) vollständig bewiesen.

Für (120) erledigen sich die drei Fälle mittels (123) und dem bereits Bewiesenen wie folgt:

1) $(a^r)^s = (a^{-r'})^s = (a^{-1})^{r's} = a^{-r's} = a^{rs}$,

2) $(a^r)^s = (a^r)^{-s'} = \left((a^r)^{-1}\right)^{s'} = \left((a^{-1})^r\right)^{s'} = (a^{-1})^{rs'} = a^{-rs'} = a^{rs}$,

3) $(a^r)^s = (a^{-r'})^{-s'} = \left((a^{-r'})^{-1}\right)^{s'} = \left(\dfrac{1}{a^{-r'}}\right)^{s'} = \left(\dfrac{1}{(a^{r'})^{-1}}\right)^{s'}$
$$= (a^{r'})^{s'} = a^{r's'} = a^{rs}.$$

Damit ist (120) vollständig bewiesen.

Für (121) schließlich fehlt nur noch der Fall $r = -r' < 0$. Hierfür ist nach (123)

$$a^r b^r = a^{-r'} b^{-r'} = (a^{r'})^{-1}\,(b^{r'})^{-1} = \frac{1}{a^{r'}} \cdot \frac{1}{b^{r'}} = \frac{1}{(ab)^{r'}} = (ab)^{-r'} = (ab)^r.$$

**30. Vorzeichen und absoluter Betrag.** Wir wenden uns jetzt der bereits erwähnten Zuordnung von Zahlen und Punkten zu, um damit die Frage der Längenmessung von Strecken klären zu können.

**Definition.** *Unter dem* **Vorzeichen** *oder* **Signum** *einer reellen Zahl $a$, in Zeichen:* sgn $a$ *(gelesen: signum $a$), versteht man 1, 0 oder $-1$, je nachdem $a > 0$, $a = 0$ oder $a < 0$ ist:*

$$\text{sgn}\, a = \begin{cases} 1 & \text{für} \quad a > 0 \\ 0 & \text{,,} \quad\;\; a = 0 \\ -1 & \text{,,} \quad\;\; a < 0. \end{cases} \qquad (124)$$

**Regel 1.** *Sind* $a, b$ *reelle Zahlen, so gilt*

$$\operatorname{sgn}(-a) = -\operatorname{sgn} a, \tag{125}$$

$$\operatorname{sgn} a \cdot \operatorname{sgn} b = \operatorname{sgn}(a \cdot b). \tag{126}$$

Denn (125) folgt mittels (100) unmittelbar aus der Definition (124), und (126) erhält man aus (87), (81) und (102). Ist nämlich eine der beiden Zahlen, etwa $a$, gleich 0, so ist auch $ab = 0$ bei beliebigem $b \gtreqless 0$, und in (126) steht beiderseits 0. Sind aber beide Zahlen von 0 verschieden, so wird die Aussage (126) zu

$$1 \cdot 1 = (-1) \cdot (-1) = 1 \quad \text{oder} \quad 1 \cdot (-1) = (-1) \cdot 1 = -1, \tag{127}$$

je nachdem $a$ und $b$ gleiches oder entgegengesetztes Vorzeichen haben, und die Relationen (127) sind als Spezialfälle von (81) bzw. (102) richtig.

Man pflegt eine positive reelle Zahl $a$, wenn ihr Positivsein betont werden soll, auch mit $+a$ zu bezeichnen. So sind z. B. $+1$ und $-1$ die beiden möglichen Vorzeichen einer Zahl $a \neq 0$. Ersetzt man demgemäß in (124) und (127) die 1 durch $+1$ und schreibt dann einfach $+$ und $-$ statt $+1$ und $-1$, so gibt (127) die bekannte Kurzform der Vorzeichenregel:

**Regel 2 (*Vorzeichenregel*).** *Für die Multiplikation der Vorzeichen gilt:*

$$+ \cdot + = - \cdot - = +, \quad + \cdot - = - \cdot + = -. \tag{128}$$

**Definition.** *Unter dem **absoluten Betrag** einer reellen Zahl $a$, in Zeichen $|a|$ (gelesen: a absolut), versteht man $a$, 0 oder $-a$, je nachdem $a > 0$, $a = 0$ oder $a < 0$ ist:*

$$|a| = \begin{cases} +a \ \ \textit{für} \ \ a > 0 \\ \ \ 0 \ \ \ ,, \ \ \ a = 0 \\ -a \ \ \ ,, \ \ \ a < 0. \end{cases} \tag{129}$$

**Regel 3.** *Sind* $a, b$ *reelle Zahlen, so gilt*

$$|a| = \operatorname{sgn} a \cdot a, \tag{130}$$

$$|a + b| \leq |a| + |b|, \tag{131}$$

$$|ab| = |a| \cdot |b|. \tag{132}$$

Denn (130) liest man unmittelbar aus den Definitionen (124) und (129) ab, und (132) folgt dann leicht mittels (130) und (126). Es ist nämlich

$$|a| \cdot |b| = \operatorname{sgn} a \cdot \operatorname{sgn} b \cdot ab = \operatorname{sgn}(ab) \cdot ab = |ab|.$$

Zum Beweis von (131) sei zunächst $\operatorname{sgn} a = \operatorname{sgn} b$. Dann ist aber $\operatorname{sgn}(a + b) = \operatorname{sgn} a$ und (130) gibt

$$|a| + |b| = \operatorname{sgn} a \cdot (a + b) = \operatorname{sgn}(a + b) \cdot (a + b) = |a + b|.$$

Es gilt also (131) mit dem Gleichheitszeichen. Ist aber $\operatorname{sgn} a \neq \operatorname{sgn} b$, so sei etwa $a \geqq 0$, $b < 0$ (die Fälle $a > 0$, $b \leqq 0$; $a < 0$, $b \geqq 0$; $a \leqq 0$, $b > 0$ beweist man entsprechend). Dann ist für $a = 0$ nichts zu beweisen, für $a > 0$ aber

$$\operatorname{sgn} b = -\operatorname{sgn} a \quad \text{und} \quad |a| + |b| = \operatorname{sgn} a \cdot (a - b) = a - b.$$

Daher ergibt sich mittels X, (102a) und (102b)

$$a + b < a < a - b = |a| + |b|, \quad -a - b < -b < a - b = |a| + |b|$$

und hieraus nach (129) wieder (131), diesmal mit dem $<$-Zeichen.

Aus (130) erhält man schließlich die Zerlegung

$$a = \operatorname{sgn} a \cdot |a|. \tag{133}$$

**31. Abbildung der rationalen Zahlen.** Man denke sich eine nach beiden Seiten unbegrenzte Gerade $\mathfrak{G}$ gezeichnet und nehme auf ihr zwei Punkte, $O$ und $E$, willkürlich an. Es ist üblich, die Gerade

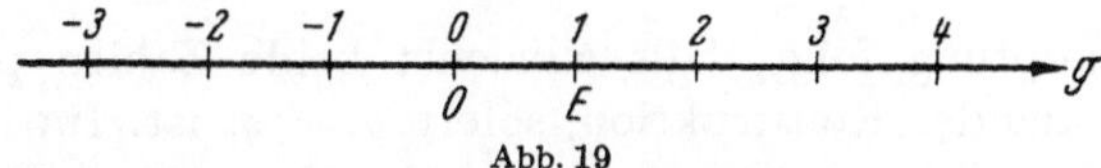

Abb. 19

horizontal und $O$ links von $E$ zu wählen (Abb. 19), ferner die Durchlaufungsrichtung von $O$ nach $E$ als die *positive* Richtung auszuzeichnen (vgl. II, Nr. 12).

**Axiom.** *Die Menge der Punkte einer Geraden ist eine stetige Menge.*

Dieses Axiom, auf dessen Bedeutung für die Geometrie wir bereits hingewiesen haben (VIII, Nr. 21), brauchen wir für den Aufbau des Zahlensystems nicht. Denn die Stetigkeit der Menge der reellen Zahlen läßt sich, wie wir gesehen haben (Nr. 27), aus den an den Anfang gestellten Axiomen 1, 2 und 3 (IX, Nr. 2) beweisen. Erst für die Abbildung der reellen Zahlen auf die Punkte einer Geraden brauchen wir deren Stetigkeitseigenschaft, die wir, da uns der axiomatische Aufbau der Geometrie hier fehlt, als Axiom fordern müssen.

Nunmehr sei eine rationale Zahl $\dfrac{p}{q} \neq 0$ in der Normalform gegeben (X, Nr. 14). Man zerlege die Strecke $OE$ mit der bekannten elementargeometrischen Konstruktion in $q$ gleiche Teile — hierbei wird nur mit *Strecken* gearbeitet, der Begriff der *Länge* wird nicht benutzt — und trage die an $O$ angrenzende Teilstrecke auf $\mathfrak{g}$ von $O$ aus $|p|$-mal nach rechts bzw. nach links ab, je nachdem $p > 0$ oder $p < 0$ ist. Dann ordne man dem dabei erreichten Punkt von $\mathfrak{g}$ die Zahl $p/q$ zu, ferner dem Punkte $O$ die Zahl 0. Für $q = 1$ z. B. hat man die Strecke $OE$ abzutragen und kommt zu den Punkten, denen die Zahlen 1, 2, 3, ..., $|p|$, ... bzw. $-1, -2, -3, \ldots, -|p|, \ldots$ entsprechen (Abb. 19). Insbesondere gehört zu $E$ die Zahl 1.

Diese Zuordnung liefert eine Abbildung der Menge der rationalen Zahlen auf eine Punktmenge von $\mathfrak{g}$, bei der jeder rationalen Zahl genau ein Punkt entspricht. Da nämlich nach X, Satz 12 die Normalform einer Rationalzahl eindeutig bestimmt ist, ergibt die obige Konstruktion für eine feste Zahl stets denselben Punkt von $\mathfrak{g}$, gleichgültig, von welcher Schreibweise der rationalen Zahl man ausgeht. Wir nennen die den rationalen Zahlen entsprechenden Punkte von $\mathfrak{g}$ kurz *rationale Punkte*.

**32. Ähnlichkeit der Abbildung.** Wie eben bemerkt, entsprechen verschiedenen Punkten verschiedene Zahlen. Es gilt aber auch das Umgekehrte, denn bei dieser eindeutigen Abbildung der rationalen Zahlen auf die rationalen Punkte bleibt die Ordnung erhalten. Ist $P_1$ bzw. $P_2$ der Punkt, dem die Zahl $\dfrac{p_1}{q_1}$ bzw. $\dfrac{p_2}{q_2}$ entspricht, so gilt mit $\dfrac{p_1}{q_1} < \dfrac{p_2}{q_2}$ auch $P_1$ vor $P_2$. Dabei ist die Ordnung der Punkte auf der Geraden durch die positive Durchlaufungsrichtung festgelegt (Nr. 31).

Die Behauptung folgt, falls zunächst beide Zahlen positiv sind, unmittelbar aus der Konstruktion, sofern $q_1 = q_2$ ist. Im Falle $q_1 \neq q_2$ erweitere man mit $q_2$ bzw. $q_1$; dann ist auch

$$\frac{p_1}{q_1} = \frac{p_1 q_2}{q_1 q_2} < \frac{p_2 q_1}{q_2 q_1} = \frac{p_2}{q_2},$$

und die für diese Darstellungsweise ausgeführten Konstruktionen führen erstens ebenfalls auf die Punkte $P_1$ bzw. $P_2$ (aus elementargeometrischen Überlegungen klar) und liefern zweitens wegen der übereinstimmenden Nenner wieder $P_1$ vor $P_2$.

Ist sodann $\dfrac{p_1}{q_1} \leqq 0,\ \dfrac{p_2}{q_2} > 0$ bzw. $\dfrac{p_1}{q_1} < 0,\ \dfrac{p_2}{q_2} \geqq 0$, so liegt $P_2$ bestimmt rechts von 0 bzw. $P_1$ bestimmt links von 0 und daher in beiden Fällen $P_1$ vor $P_2$. Sind schließlich beide Zahlen negativ, so ist

$$\frac{-p_1}{q_1} > \frac{-p_2}{q_2}, \qquad \text{also} \quad |p_1 q_2| > |p_2 q_1|,$$

und man folgert wie im positiven Fall, erst für $q_1 = q_2$, dann für $q_1 \neq q_2$, aus der Konstruktion, daß $P_1$ vor $P_2$ liegt.

**33. Abbildung der reellen Zahlen.** Die Abbildung der rationalen Zahlen auf die rationalen Punkte ist also eineindeutig. Aber nicht jeder Punkt von $\mathfrak{g}$ ist ein rationaler Punkt. Denn die Menge der rationalen Punkte ist mit der der rationalen Zahlen gleichmächtig und daher wie diese abzählbar und unstetig (VIII, Nr. 19), während die Menge der Punkte einer Geraden ein Kontinuum bildet und stetig ist (VIII, Nr. 21). Auf Grund der ordnungserhaltenden Eigenschaft der Abbildung (Nr. 32) bewirkt jeder Schnitt im Bereich der rationalen Zahlen auch einen Schnitt im Bereich der rationalen Punkte.

Beschränkt man sich nun auf die positiven Zahlen, d. h. auf $\mathfrak{P}^+$, so bestimmt ein Schnitt in $\mathfrak{P}^+$, falls das etwa vorhandene erzeugende Element zur Oberklasse gerechnet wird, mit seiner Unterklasse einen Abschnitt von $\mathfrak{P}^+$ (vgl. Nr. 1), also eine positive reelle Zahl. Sie heiße $a$. Der entsprechende Schnitt in der Menge der rationalen Punkte rechts von $O$ sei $(\mathfrak{U}/\mathfrak{O})$. Ist dann $\mathfrak{U}'$ bzw. $\mathfrak{O}'$ die Menge aller Punkte von $\mathfrak{g}$, die *vor jedem Element von* $\mathfrak{O}$ bzw. *nicht vor einem Element von* $\mathfrak{U}$ kommen, so ist, wie man sofort sieht, $(\mathfrak{U}'/\mathfrak{O}')$ ein Schnitt in der Menge der Punkte von $\mathfrak{g}$. Wegen der Stetigkeit von $\mathfrak{g}$ wird dieser Schnitt von einem Punkt von $\mathfrak{g}$ erzeugt; er heiße $A$. Ordnet man dann den Punkt $A$ der positiv-reellen Zahl $a$ zu und der negativ-reellen Zahl $-a$ den durch den Schnitt $(-\mathfrak{O}'/-\mathfrak{U}')$ erzeugten Punkt von $\mathfrak{g}$, während $O$ und $0$ aufeinander bezogen bleiben, so stellt diese Zuordnung eine, wie wir gleich zeigen werden, eineindeutige Abbildung $\varphi$ der Menge der reellen Zahlen auf die Punkte einer Geraden dar: $\mathfrak{g} = \varphi(\mathfrak{R})$.

**34. Eineindeutigkeit der Abbildung.** Zwei verschiedenen reellen Zahlen entsprechen auch verschiedene Punkte. Denn zu verschiedenen positiven Zahlen gehören verschiedene Abschnitte von $\mathfrak{P}^+$, also auch Schnitte in $\mathfrak{g}$ und damit verschiedene Bildpunkte. Entsprechend folgt es für negative Zahlen. Deren Bildpunkte werden durch Schnitte bestimmt, die durch Drehung der Geraden um den Nullpunkt $O$ (oder Spiegelung am Nullpunkt) aus den zu positiven Zahlen gleichen Absolutbetrages gehörenden Schnitten hervorgehen. Man vergleiche hierzu die Betrachtung in Nr. 22, die zugleich lehrt, daß auch bei der Abbildung der reellen Zahlen auf die Punkte von $\mathfrak{g}$ die Ordnung erhalten bleibt.

Es gehören aber auch umgekehrt zu verschiedenen Punkten verschiedene Zahlen. Zunächst entspricht überhaupt jedem Punkt von $\mathfrak{g}$ eine reelle Zahl. Ist nämlich $R$ ein Punkt rechts von $O$ auf $\mathfrak{g}$, so betrachte man in dem durch $R$ auf $\mathfrak{g}$ bewirkten Schnitt nur die rationalen Punkte rechts von $O$. Auch in dieser Menge bewirkt $R$ einen Schnitt. Gehört $R$ selbst zur Menge, so rechne man $R$ zur Oberklasse des Schnittes. Dann bestimmt die Unterklasse des entsprechenden Schnittes in der Menge $\mathfrak{P}^+$, als Abschnitt von $\mathfrak{P}^+$ aufgefaßt, eine positive reelle Zahl. Geht man nun von zwei verschiedenen Punkten $Q$, $R$ rechts von $O$ aus, so kommt man zu verschiedenen Abschnitten, also auch zu zwei verschiedenen positiv-reellen Zahlen. Liegt $R$ in $O$, so erhält man die Zahl $0$ als Bild. Liegt $R$ links von $O$, so betrachtet man in dem durch $R$ auf $\mathfrak{g}$ bewirkten Schnitt nur die rationalen Punkte links von $O$. Auch in dieser Menge erzeugt $R$ einen Schnitt. Rechnet man $R$, falls $R$ selbst ein rationaler Punkt ist, jetzt zur Unterklasse, so bildet die Oberklasse das Spiegelbild in bezug auf $O$ eines Abschnitts von $\mathfrak{P}^+$, also eine negativ-reelle Zahl. Es ist klar, daß nun für zwei *beliebige* verschiedene Punkte $Q$, $R$ von $\mathfrak{g}$ die ihnen entsprechenden reellen Zahlen verschieden sind.

Auch die rationalen Zahlen und Punkte werden bei der Abbildung $\varphi(\mathfrak{R})$ aufeinander bezogen. Jedesmal dann nämlich, wenn $R$ zur Menge (der rationalen Punkte) gehört, ist der zugehörige Abschnitt von $\mathfrak{P}^+$ bzw. das Spiegelbild eines solchen Abschnitts eine positive bzw. negative rationale Zahl. Berücksichtigt man nur die rationalen Zahlen, betrachtet also die Abbildung $\varphi(\mathfrak{P})$, so ist diese isomorph zu der in Nr. 31 definierten Abbildung. Da wir diesen Zusammenhang aber nicht brauchen, überlassen wir dem Leser den Nachweis dafür.

**35. Länge einer Strecke.** Die Gerade $\mathfrak{g}$, die sich so als eineindeutiges Bild der Menge der reellen Zahlen ergeben hat, heißt die **Zahlengerade.** Sie gestattet, die Zahlen, insbesondere ihre Anordnung (vgl. Nr. 22), geometrisch zu veranschaulichen und daher auch Längen von Strecken zu messen.

**Definition.** *Ist $A$ der Punkt, der der reellen Zahl $a$ entspricht, so heißt $a$ die **Koordinate** von $A$ und $|a|$ der **Abstand** des Punktes $A$ von $O$ oder die **Länge** der Strecke $OA$, jeweils in bezug auf die als Einheitsstrecke bezeichnete Strecke $OE$.*

Insbesondere hat $E$ den Abstand 1 von $O$ und $OE$ die Länge 1, wodurch der Name *Einheitsstrecke* gerechtfertigt ist. Daß $O$ und $E$ willkürlich wählbar sind (Nr. 31), bedeutet also, daß die Längeneinheit, der *Maßstab*, auf der Geraden $\mathfrak{g}$ nach Belieben vorgeschrieben werden darf. Alle übrigen Längenangaben auf $\mathfrak{g}$ beziehen sich auf diese vorgegebene Längeneinheit.

Soll die Länge *irgendeiner* Strecke gemessen werden, so legt man durch die Strecke eine Gerade und steckt auf dieser nach Belieben, also den Umständen anpaßbar, eine Längeneinheit $OE$ ab. Dann gilt:

**Definition.** *Sind $A$ und $B$ die Endpunkte der gegebenen Strecke, $a$ und $b$ ihre Koordinaten in bezug auf $OE$, so heißt $|a - b|$ die **Länge** der Strecke $AB$.*

Damit sind wir am Ende unserer Überlegungen. Mit den rationalen Zahlen allein kann man nur rationale Punkte konstruieren und daher auch nur Strecken messen, die durch solche Punkte begrenzt sind. Erst die reellen Zahlen ermöglichen es, jedem Punkt einer Geraden eine Koordinate und damit jeder Strecke eine Länge zuzuordnen. Nachträglich erkennen wir auch — ähnlich wie bei den früheren Erweiterungsschritten —, daß zur Definition der reellen Zahl gerade der Begriff benutzt wird, um dessentwillen die Erweiterung vorgenommen wird. Denn der Abschnitt $a$, der die positiv-reelle Zahl $a$ definiert, ist nichts anderes als die Koordinate $a$, d. h. die *Länge* des Abschnitts, wenn man ihn auf der Zahlengeraden veranschaulicht.

# Namen- und Sachverzeichnis.